자격증 교육 1위* 해커스자격증

해커스 소방설비기사
무료 특강 제공!

지금 바로 **시청**하고
단기 **합격**하기

소방 기계 귀재
권대영 선생님
대기업 연구원 출신

이용방법
- 해커스자격증(pass.Hackers.com) 접속 ▶
- 사이트 상단 [소방설비기사] 클릭 ▶
- 상단의 [무료콘텐츠 > 무료강의] 탭 클릭하여 이용

▲ 무료특강 바로가기

소방설비기사
전 강좌 10% 할인쿠폰

K727 D468 KKFF D000

이용방법
- 해커스자격증(pass.Hackers.com) 접속 후 로그인 ▶
- 우측 퀵메뉴의 [쿠폰/수강권 등록] 클릭 ▶
- [나의 쿠폰] 화면에서 [쿠폰/수강권 등록] 클릭 ▶
- 쿠폰 번호 입력 후 등록 및 즉시 사용 가능

* 등록 후 3일간 사용 가능

쿠폰 바로 등록하기
(로그인 필요)

초보합격가이드

* PDF

이용방법
- 해커스자격증(pass.Hackers.com) 접속 ▶
- 사이트 상단 [소방설비기사] 클릭 ▶
- 상단의 [이벤트 > 입문패키지 0원] 탭 클릭하여 이동

* 매일 선착순 30명 제공(ID당 1회에 한해 참여 가능)

이벤트 바로가기

* [자격증 교육 1위 해커스] 주간동아 선정 2022 올해의 교육브랜드 파워 온·오프라인 자격증 부문 1위 해커스

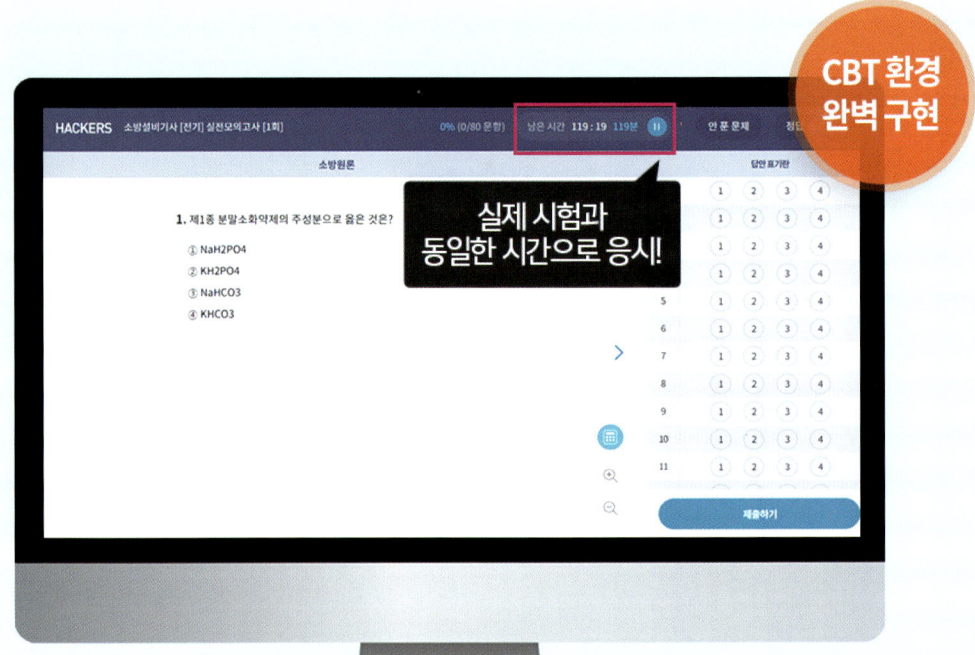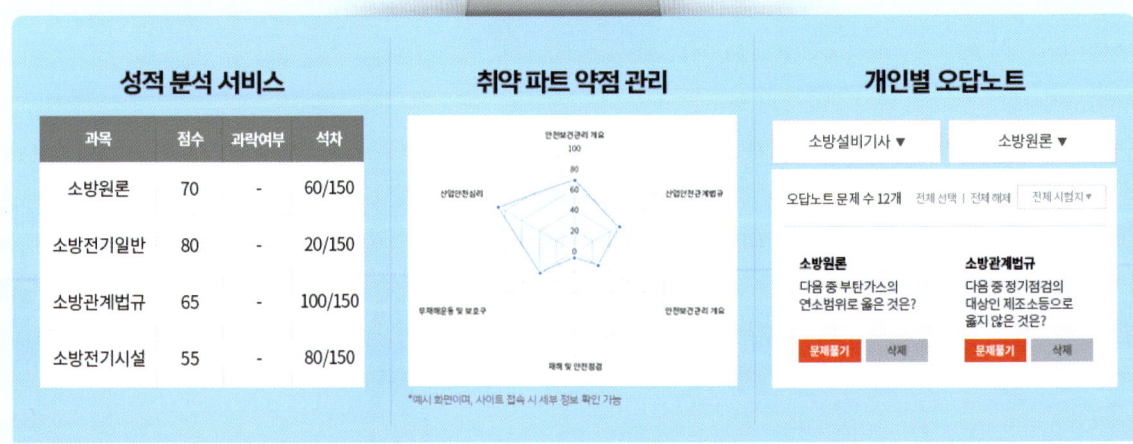

해커스
소방설비기사
필기 기계
한권완성 　이론+최신기출+핵심노트

해커스

권대영

약력
서울대학교 공과대학 졸업
서울대학교 공과대학 대학원 졸업(기계설계학 석사)
현 | 해커스자격증 소방설비기사 강의
현 | 해커스자격증 소방설비산업기사 강의
현 | 해커스잡 기계일반 강의
전 | 서울대학교 정밀연구소 연구원(정밀기계개발)
전 | (주)삼성전자 주임연구원(ECIM 업무)
전 | (주)LG전자 선임연구원(냉동기 개발업무)
전 | (주)모든직업 연구소 소장(기계설비교육 및 교재 개발업무)

저서
- 해커스 소방설비기사 필기 기계 한권완성 이론 + 최신기출 + 핵심노트
- 해커스 소방설비산업기사 필기 기계 한권완성 이론 + 최신기출 + 핵심노트
- 해커스 소방설비기사·산업기사 실기 기계 필수이론 + 최신 기출문제
- 해커스공기업 쉽게 끝내는 기계직 기본서

소방설비기사 단기 합격을 향한 길을 비추는 환한 불빛 같은 수험서

해커스 소방설비기사
필기 기계 한권완성 이론+최신기출+핵심노트

소방설비기사 시험은 방대한 학습량으로 인해 많은 수험생들이 학습을 시작하기 전 막연한 두려움을 가질 수 있습니다. 그러나 방대한 이론을 체계적으로 정리하고, 시험에 필요한 내용만을 중점적으로 학습한다면 학습한 내용을 오래 기억하고 실제 시험 문제에 적용하여 보다 쉬운 합격의 길을 갈 수 있을 것입니다.

수험생 여러분들의 합격의 길에 함께하기 위해 오랫동안 소방분야에서 전문적인 강의를 했던 경험과 체계적인 이론을 바탕으로 「해커스 소방설비기사 필기 기계 한권완성 이론+최신기출+핵심노트」 교재를 출간하게 되었습니다.

「해커스 소방설비기사 필기 기계 한권완성 이론+최신기출+핵심노트」 교재는 수험생 여러분이 학습한 내용을 완전한 '나의 것'으로 만들 수 있도록 다음과 같은 특징을 교재에 담았습니다.

01 교재의 흐름을 그대로 따라가는 학습이 가능하도록 구성하였습니다.

교재 이외에 별도의 자료를 찾아 학습할 필요가 없도록 반드시 알아야 할 기본적인 이론부터 학습의 순서에 맞춰 교재를 구성하였습니다. 이를 통해 전체 이론을 더욱 효율적으로 학습할 수 있습니다.

02 다양한 학습 요소를 통해 입체적인 학습을 할 수 있도록 구성하였습니다.

다양한 형태의 도표 및 그림자료를 수록하여 복잡한 이론을 보다 쉽게 이해할 수 있도록 하였습니다. 또한 '참고'를 통해 이론 학습에 도움이 되는 배경 및 심화이론까지 학습할 수 있습니다.

03 교재 전체 영역에 최신의 내용을 반영하였습니다.

한국산업인력공단의 출제기준 및 최신 개정법령과 세부규정을 모두 빠짐없이 반영하였습니다.
이를 통해 가장 최신의 내용을 정확하게 학습할 수 있습니다.

더불어 자격증 시험 전문 사이트 해커스자격증(pass.Hackers.com)에서 교재 학습 중 궁금한 점을 나누고 다양한 무료 학습자료를 함께 이용하여 학습 효과를 극대화할 수 있습니다.

소방설비기사 시험에 도전하시는 모든 분들의 최종 합격을 진심으로 기원합니다.

권대영

목차

책의 구성 및 특징	6
소방설비기사 시험 정보	8
출제기준	10
학습플랜	12

Part 01 소방유체역학

Chapter 01	기본유체역학	16
Chapter 02	유체 정역학	24
Chapter 03	유체 동역학	34
Chapter 04	관유동	45
Chapter 05	유체기계	49
Chapter 06	열역학	57

Part 02 소방기계시설의 구조 및 원리

Chapter 01	소화에 필요한 설비	66
Chapter 02	피난구조에 관한 설비	141
Chapter 03	소화용수에 관한 설비	148
Chapter 04	소화활동에 관한 설비	150

최신기출

2025년 제3회(CBT)	168
2025년 제2회(CBT)	179
2025년 제1회(CBT)	191
2024년 제3회(CBT)	202
2024년 제2회(CBT)	214
2024년 제1회(CBT)	225
2023년 제4회(CBT)	238
2023년 제2회(CBT)	250
2023년 제1회(CBT)	261
2022년 제4회(CBT)	272
2022년 제2회	283
2022년 제1회	294
2021년 제4회	306
2021년 제2회	321
2021년 제1회	335
2020년 제4회	348
2020년 제3회	360
2020년 제1, 2회	372
2019년 제4회	385
2019년 제2회	397
2019년 제1회	411
2018년 제4회	424
2018년 제2회	438
2018년 제1회	452

책의 구성 및 특징

01 학습 중 놓치는 내용 없이 완벽한 이해를 가능하게!

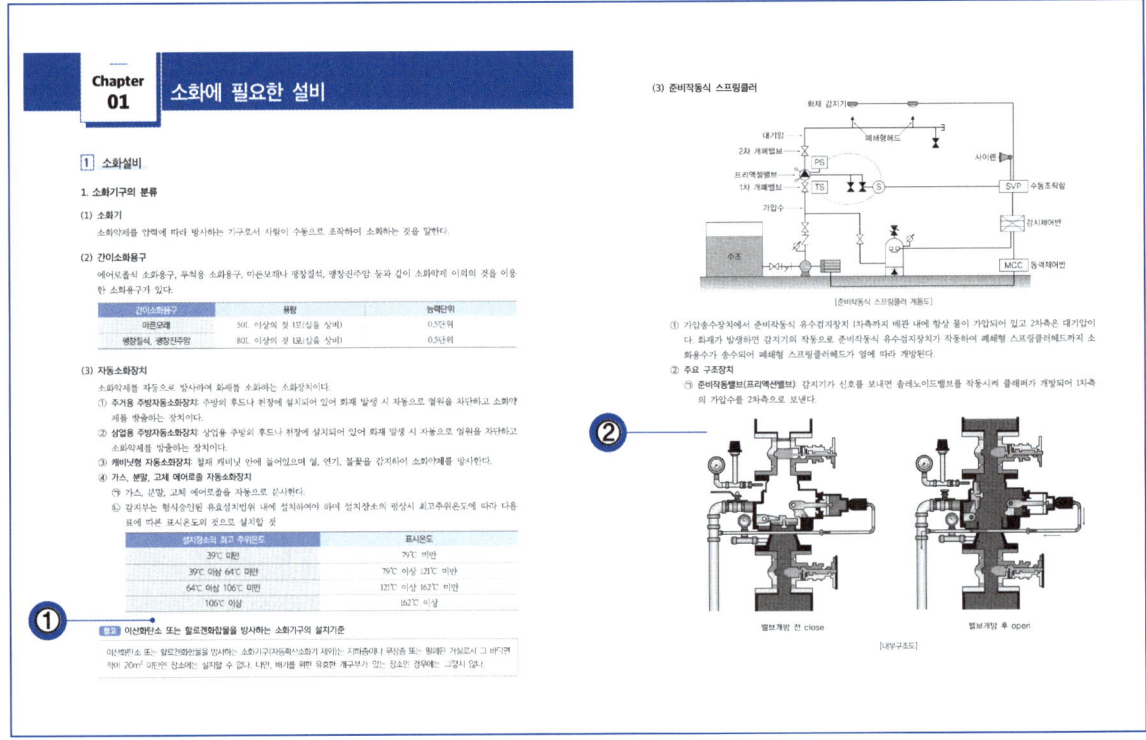

① 참고
더 알아두면 학습에 도움이 되는 배경 및 개념 등의 이론을 '참고'에 담아 수록하였습니다. 이를 통해 이론 학습을 보충하고, 심화 내용까지 학습할 수 있습니다.

② 사진 및 그림자료
내용의 이해를 돕기 위해 다양한 그림자료를 함께 수록하였습니다. 이를 통해 복잡하고 어려운 이론 내용을 쉽고 빠르게 이해하고 학습할 수 있습니다.

02 확인 예제와 8개년 기출문제를 통해 실력 점검과 실전 대비까지 확실하게!

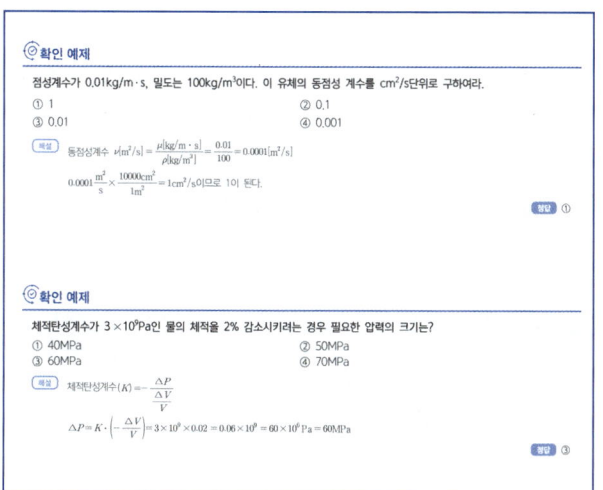

확인 예제

- 주요 이론 또는 시험에 자주 출제되는 이론을 문제로 구성한 확인 예제를 수록하였습니다.
- 이를 통해 학습한 내용을 정확히 이해하고 있는지 곧바로 확인할 수 있으며, 실제 시험에서 출제될 수 있는 문제의 경향도 함께 파악할 수 있습니다.

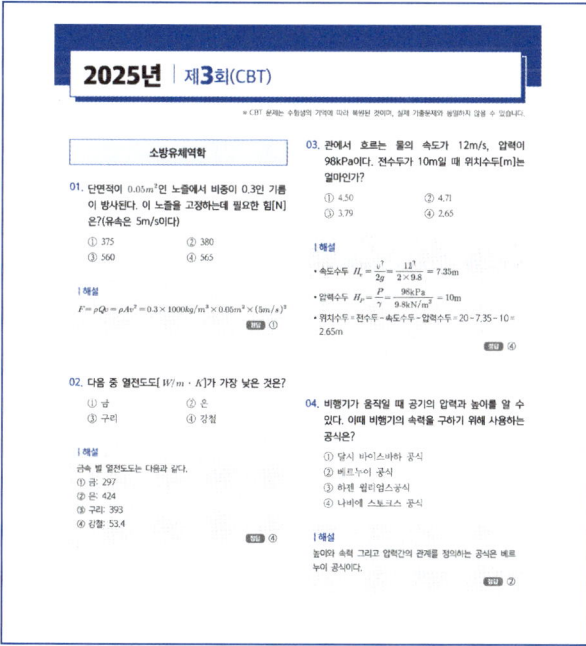

8개년 기출문제

- 2025 ~ 2018년의 8개년 기출문제를 수록하였습니다.
- 수록된 '모든' 문제에는 상세한 해설을 수록하여 문제풀이 과정에서 실전감각을 높이고 실력을 한층 향상시킬 수 있습니다.
- 또한 해설을 통해 옳은 지문뿐만 아니라 옳지 않은 지문의 내용까지 확인할 수 있으므로 문제를 풀고 답을 찾아가는 과정에서 자신의 학습 수준을 스스로 점검하고 보완하여 학습 효과를 높일 수 있습니다.

※ CBT 문제는 수험생의 기억에 따라 복원된 것이며, 실제 기출문제와 동일하지 않을 수 있습니다.

소방설비기사 시험 정보

01 시험 제도 및 과목

- 검정기준·방법 및 합격기준

검정기준	소방설비기사에 대한 공학적인 기술이론 지식을 통해 설계·시공·분석 등의 업무를 수행할 수 있는지를 검정합니다.
검정방법	• 필기: 객관식 4지 택일형으로 과목당 20문제가 출제되며, CBT 방식으로 시행됩니다. • 실기: 필답형으로 출제됩니다.
합격기준	• 필기: 과목당 40점 이상, 전과목 평균 60점 이상을 받으면 합격입니다(100점 만점 기준). • 실기: 60점 이상을 받으면 합격입니다(100점 만점 기준).

- 시험 과목

전기 분야	기계 분야
• 제1과목 - 소방원론 • 제2과목 - 소방전기일반 • 제3과목 - 소방관계법규 • 제4과목 - 소방전기시설의 구조 및 원리	• 제1과목 - 소방원론 • 제2과목 - 소방유체역학 • 제3과목 - 소방관계법규 • 제4과목 - 소방기계시설의 구조 및 원리

02 시험 일정

구분		원서접수(휴일 제외)	시험일	합격자 발표일
필기	정기 1회	1월 중	2 ~ 3월 중	3월 중
	정기 2회	4월 중	5 ~ 6월 중	6월 중
	정기 3회	7월 중	8월 중	9월 중
실기	정기 1회	3월 중	4 ~ 6월 중	6월 중
	정기 2회	6월 중	7 ~ 8월 중	9월 중
	정기 3회	9월 중	11월 중	12월 중

※ 정확한 날짜는 큐넷(Q-net) 홈페이지에서 확인하시길 바랍니다.
　큐넷(Q-net) > 자격정보 > 국가자격 종목별 상세정보

03 응시자격

다음은 일반적인 응시자격이며, 각자의 이력에 따른 개인별 응시자격은 Q - Net에서 정확히 확인하시기 바랍니다.

자격 소지	• 산업기사 이상 취득 후 실무 1년 이상 • 기능사 이상 취득 후 실무 3년 이상 • 다른 종목의 기사 이상 자격 취득자 • 외국에서 동일 종목 자격 취득자
관련학과 졸업	• 대학의 관련학과의 졸업(예정)자 • 3년제 전문대학 관련학과 졸업 후 실무 1년 이상 • 2년제 전문대학 관련학과 졸업 후 실무 2년 이상
기술훈련과정 이수	• 기사 수준 기술훈련과정 이수(예정)자 • 산업기사 수준 기술훈련과정 이수 후 실무 2년 이상
경력	동일 및 유사 직무분야에서 실무 4년 이상

※ 관련학과: 대학 및 전문대학의 소방학, 건축설비공학, 기계설비학, 가스냉동학, 공조냉동학 관련학과

04 최근 5년간 검정현황

구분		2025	2024	2023	2022	2021
전기분야	응시자	22,959	30,163	29,880	26,157	27,083
	합격자	11,803	14,028	14,628	11,902	12,483
	합격률	51.4%	46.5%	49.0%	44.9%	46.1%
기계분야	응시자	15,638	20,888	23,350	17,523	17,736
	합격자	7,596	9,662	10,689	8,206	9,048
	합격률	48.6%	46.3%	45.8%	46.8%	51.0%

* 2025년 3회 시험 미포함

출제기준

※ 한국산업인력공단에 공시된 출제기준으로 「해커스 소방설비기사 필기 기계 한권완성 이론 +최신기출 + 핵심노트」 전체 내용은 모두 아래 출제기준에 근거하여 제작되었습니다.

기계 분야

필기 과목명	주요항목	세부항목
1과목 소방원론	1. 연소이론	(1) 연소 및 연소현상
	2. 화재현상	(1) 화재 및 화재현상 (2) 건축물의 화재현상
	3. 위험물	(1) 위험물 안전관리
	4. 소방안전	(1) 소방안전관리 (2) 소화론 (3) 소화약제
2과목 소방유체역학	1. 소방유체역학	(1) 유체의 기본적 성질 (2) 유체정역학 (3) 유체유동의 해석 (4) 관내의 유동 (5) 펌프 및 송풍기의 성능 특성
	2. 소방 관련 열역학	(1) 열역학 기초 및 열역학 법칙 (2) 상태변화 (3) 이상기체 및 카르노사이클 (4) 열전달 기초
3과목 소방관계법규	1. 소방기본법	(1) 소방기본법, 시행령, 시행규칙
	2. 화재의 예방 및 안전관리에 관한 법	(1) 화재의 예방 및 안전관리에 관한 법, 시행령, 시행규칙
	3. 소방시설 설치 및 관리에 관한 법	(1) 소방시설 설치 및 관리에 관한 법, 시행령, 시행규칙
	4. 소방시설공사업법	(1) 소방시설공사업법, 시행령, 시행규칙
	5. 위험물안전관리법	(1) 위험물안전관리법, 시행령, 시행규칙
4과목 소방기계시설의 구조 및 원리	1. 소방기계 시설 및 화재안전성능 기준 · 화재안전기술기준	(1) 소화기구 (2) 옥내 · 외 소화전설비 (3) 스프링클러 설비 (4) 포 소화설비 (5) 이산화탄소, 할론, 할로겐화합물 및 불활성기체 소화설비 (6) 분말 소화설비 (7) 물분무 및 미분무 소화설비 (8) 피난구조설비 (9) 소화 용수 설비 (10) 소화 활동 설비 (11) 기타 소방기계설비

02 전기 분야

필기 과목명	주요항목	세부항목	
1과목 소방원론	1. 연소이론	(1) 연소 및 연소현상	
	2. 화재현상	(1) 화재 및 화재현상 (2) 건축물의 화재현상	
	3. 위험물	(1) 위험물 안전관리	
	4. 소방안전	(1) 소방안전관리 (3) 소화약제	(2) 소화론
2과목 소방전기일반	1. 전기회로	(1) 직류회로 (3) 교류회로	(2) 정전용량과 자기회로
	2. 전기기기	(1) 전기기기 (2) 전기계측	
	3. 제어회로	(1) 자동제어의 기초 (3) 제어기기 및 응용	(2) 시퀀스 제어회로
	4. 전자회로	(1) 전자회로	
3과목 소방관계법규	1. 소방기본법	(1) 소방기본법, 시행령, 시행규칙	
	2. 화재의 예방 및 안전관리에 관한 법	(1) 화재의 예방 및 안전관리에 관한 법, 시행령, 시행규칙	
	3. 소방시설 설치 및 관리에 관한 법	(1) 소방시설 설치 및 관리에 관한 법, 시행령, 시행규칙	
	4. 소방시설공사업법	(1) 소방시설공사업법, 시행령, 시행규칙	
	5. 위험물안전관리법	(1) 위험물안전관리법, 시행령, 시행규칙	
4과목 소방전기시설의 구조 및 원리	1. 소방전기시설 및 화재안전성능 기준·화재안전기술기준	(1) 비상경보설비 및 단독경보형감지기 (2) 비상방송설비 (3) 자동화재탐지설비 및 시각경보장치 (4) 자동화재속보설비 (5) 누전경보기 (6) 유도등 및 유도표지 (7) 비상조명등 (8) 비상콘센트 (9) 무선통신보조설비 (10) 기타 소방전기시설	

학습플랜

📅 5주 합격 학습플랜

- 이론과 기출문제를 모두 차근차근 학습하고 싶은 수험생에게 추천합니다.

	1일차 ☐	2일차 ☐	3일차 ☐	4일차 ☐	5일차 ☐	6일차 ☐	7일차 ☐
1주	Part 01						
	Chapter 01	Chapter 02	Chapter 03	Chapter 04	Chapter 05	Chapter 06	복습
	8일차 ☐	9일차 ☐	10일차 ☐	11일차 ☐	12일차 ☐	13일차 ☐	14일차 ☐
2주	Part 02						
	Chapter 01 **1**~**2**	Chapter 01 **3**~**4** 3	Chapter 01 **4** 4~11	Chapter 01 **5**~**6**	Chapter 01 **7**	Chapter 01 **8**~**10**	Chapter 02~03
	15일차 ☐	16일차 ☐	17일차 ☐	18일차 ☐	19일차 ☐	20일차 ☐	21일차 ☐
3주	Part 02			최신 기출문제			
	Chapter 04	Chapter 04	복습	2025년	2024년	2023년	2022년
	22일차 ☐	23일차 ☐	24일차 ☐	25일차 ☐	26일차 ☐	27일차 ☐	28일차 ☐
4주	최신 기출문제				Part 01		Part 02
	2021년	2020년	2019년	2018년	복습	Chapter 01 **1**~**6** 복습	~Chapter 04 복습
	29일차 ☐	30일차 ☐	31일차 ☐	32일차 ☐	33일차 ☐	34일차 ☐	35일차 ☐
5주	최신 기출문제					CBT 모의고사	최종정리
	2025~2024년	2023~2022년	2021~2010년	2019~2018년	복습		

📅 3주 합격 학습플랜

- 이론을 빠르게 학습하고 기출문제를 반복학습하고 싶은 수험생에게 추천합니다.

	1일차 ☐	2일차 ☐	3일차 ☐	4일차 ☐	5일차 ☐	6일차 ☐	7일차 ☐
1주	Part 01				Part 02		
	Chapter 01	Chapter 02	Chapter 03 ~ 04	Chapter 05 ~ 06	Chapter 01 ❶ ~ ❹	Chapter 01 ❺ ~ ❿	Chapter 02
	8일차 ☐	**9일차** ☐	**10일차** ☐	**11일차** ☐	**12일차** ☐	**13일차** ☐	**14일차** ☐
2주	Part 02	Part 01	Part 02	최신 기출문제			
	Chapter 03 ~ 04	복습	복습	2025년	2024년	2023년	2022년
	15일차 ☐	**16일차** ☐	**17일차** ☐	**18일차** ☐	**19일차** ☐	**20일차** ☐	**21일차** ☐
3주	최신 기출문제						최종정리
	2021년	2020년	2019년	2018	2025 ~ 2022년	2021 ~ 2018년	

해커스자격증
pass.Hackers.com

Part 01 소방유체역학

Chapter 01 기본유체역학
Chapter 02 유체 정역학
Chapter 03 유체 동역학
Chapter 04 관유동
Chapter 05 유체기계
Chapter 06 열역학

Chapter 01 기본유체역학

1 유체의 정의

정지하고 있을 때 수직방향의 압력(법선응력)만 작용하고 있는 물질로서, 수평방향의 압력(전단응력)이 작용하면 변형되는 물질을 말한다.

2 유체의 종류

1. 압축성 유체와 비압축성 유체

압축성 유체	비압축성 유체
공기와 같이 압력을 가하면 변형되는 유체	물과 같이 압력을 가해도 변형되지 않는 유체

2. 점성 유체와 비점성 유체

점성 유체	비점성 유체
끈적끈적한 성질을 가지는 유체	끈적임이 없는 유체

3. 이상 유체와 실제 유체

이상 유체	실제 유체
점성이 없고(비점성), 압축되지 않는(비압축) 유체	점성을 가지고 있고 압축되는 유체

3 단위와 차원

1. 단위

(1) 물리량의 정량적인 표현으로 국제표준인 SI단위계를 사용한다.
(2) MKS와 CGS단위계가 있다.

(3) MKS와 CGS단위계의 비교

구분	MKS	CGS	구분	MKS	CGS
질량	kg	g	에너지	kg·m²/s² (J)	g·cm²/s² (erg)
길이	m	cm	파워	kg·m²/s³ (W)	g·cm²/s³ (erg/s)
시간	s	s	압력	kg/s²·m N/m² Pa	g/s²·cm dyne/cm² atm
힘	kg중(N)	dyne	점성계수	kg/m·s	g/cm·s P cP
밀도	kg/m³	g/cm³			

2. 차원

물리량의 정성적인 표현으로 절대단위계에서는 MLT를, 중력단위계에서는 FLT를 사용한다.

(1) 1차 차원

질량	길이	시간
Mass	Length	Time
kg	m	s
M	L	T

(2) 2차 차원

구분	MLT	FLT	구분	MLT	FLT
면적	L^2	L^2	압력	$ML^{-1}T^{-2}$	FL^{-2}
부피	L^3	L^3	파워	ML^2T^{-3}	FLT^{-1}
속도	LT^{-1}	LT^{-1}	점성계수	$ML^{-1}T^{-1}$	$FL^{-2}T$
가속도	T^{-1}	T^{-1}	동점성계수	L^2T^{-1}	L^2T^{-1}
밀도	ML^{-3}	$FL^{-4}T^2$	에너지, 일	ML^2T^{-2}	$F \cdot L$

3. 차원 계산의 예

$$힘 \quad F = ma = MLT^{-2} = \frac{ML}{T^2}$$

$$압력 \quad P = \frac{힘}{넓이} = \frac{MLT^{-2}}{L^2} = ML^{-1}T^{-2}$$

4 밀도(Density)

(1) 물질의 밀집 정도를 말하며, 단위부피당 질량으로 표현한다.

$$\rho(\text{밀도, kg/m}^3) = \frac{m(\text{질량})}{V(\text{부피})}$$

(2) 물의 밀도 = 997kg/m³이지만, 일반적으로 1,000kg/m³을 주로 사용한다.

5 비중량(Specific Weight)

물질의 단위부피당 중량을 말하며, 물질의 밀도에 중력가속도 g를 곱한 값이다.

$$\gamma(\text{비중량, N/m}^3) = \rho g$$

▶ 물의 비중량 = 9.807kN/m³

6 비중(Specific Gravity)

어떤 물질의 밀도와 섭씨 4도 순수물의 밀도와의 비를 말하며 단위가 없다.

$$SG = \frac{\rho(\text{어떤 물질의 밀도})}{\rho_w(\text{물의 밀도})} = \frac{\gamma(\text{어떤 물질의 비중량})}{\gamma_w(\text{물의 비중량})}$$

확인 예제

비중이 0.5인 액체가 한 변이 1m인 정육면체의 반을 채울 때, 액체의 질량은?

① 0.5kg　　　　　　　　　　② 5kg
③ 50kg　　　　　　　　　　④ 250kg

해설
- 비중(0.5) = $\frac{\rho(\text{액체의 밀도})}{\rho_w(\text{물의 밀도})} = \frac{\rho}{1000\text{kg/m}^3}$

  $\rho = 0.5 \times 1000 = 500\text{kg/m}^3$

- $\rho(\text{액체의 밀도}) = \frac{m(\text{액체의 질량})}{V(\text{액체의 부피})}$

  액체의 부피 $V = 1m \times 1m \times 1m \times \frac{1}{2} = 0.5m^3$

  액체의 질량 $m = \rho V = 500\text{kg/m}^3 \times 0.5m^3 = 250\text{kg}$

정답 ④

7 비체적(Specific Volume)

물질의 단위질량당 부피를 말하며, 열역학에서 사용된다.

$$\nu(\text{비체적, m}^3/\text{kg}) = \frac{V(\text{부피})}{m(\text{질량})} = \frac{1}{\rho(\text{밀도})}$$

확인 예제

수은의 비중이 13일 때 수은의 비체적[m³/kg]은 얼마인가?

① $\frac{1}{13}$

② $\frac{1}{13} \times 10^{-3}$

③ 13

④ 13×10^{-3}

해설
- 비중(13) = $\frac{\rho(\text{수은의 밀도})}{\rho_w(\text{물의 밀도})}$

  $\rho(\text{수은의 밀도}) = 13 \times \rho_w(\text{물의 밀도}) = 13 \times 1000 \text{kg/m}^3$

- 비체적 = $\frac{1}{\rho(\text{수은의 밀도})} = \frac{1}{13 \times 1000} = \frac{1}{13} \times 10^{-3}$

정답 ②

8 뉴턴의 점성법칙

1. 뉴턴의 점성법칙의 정의

두 평판 사이로 점성있는 유체가 흐를 때, 흐름에 평행한 방향으로 생기는 전단응력 τ은 흐름의 수직방향 유속의 속도기울기에 비례한다는 법칙이다.

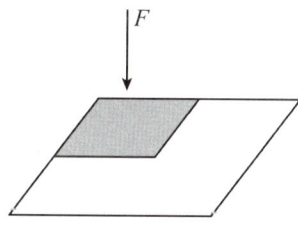

▶ 응력: 단위면적당 힘

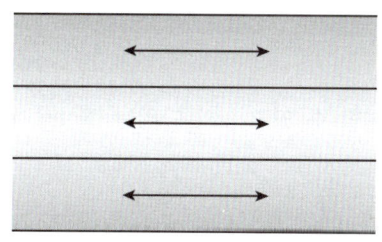

▶ 전단응력: 흐름에 평행한 방향의 힘(τ)

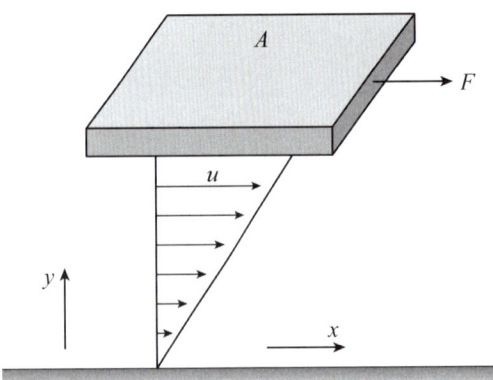

F: 평판을 잡아당기는 힘
A: 단면적
u: 점성유체의 x 방향 속도
μ: 점성계수

$$\tau(\text{전단응력}) = \mu \frac{du}{dy}$$

🔍 확인 예제

지름이 20cm인 실린더 속에 유체가 흐르고 있다. 벽면으로부터 가까운 곳에서 수직거리가 $u = y - 2y^2 [\text{m/s}]$로 표시된다면 벽면에서의 마찰전단응력은? (유체의 점성계수는 $4.18 \times 10^{-2} \text{N} \cdot \text{s/m}^2$이다)

① $2.09 \times 10^{-2} \text{Pa}$ ② $4.18 \times 10^{-2} \text{Pa}$
③ 4.18Pa ④ $8.36 \times 10^{-2} \text{Pa}$

해설 $\tau = \mu \frac{du}{dy} = \mu \frac{d}{dy}(y - 2y^2) = \mu(1 - 4y)$

벽면에서의 y는 0이므로 $\tau = \mu = 4.18 \times 10^{-2} \text{N/m}^2 [\text{Pa}]$

정답 ②

2. 점성계수

(1) $\mu = \tau \frac{dy}{du}$로 표현할 수 있고, τ의 단위는 [N/m²], u의 단위는 [m/s], y의 단위는 [m]이다.

(2) μ의 단위 $= \frac{\text{N}}{\text{m}^2} \cdot \frac{\text{m}}{1} \cdot \frac{\text{s}}{\text{m}} = \text{N} \cdot \text{s/m}^2$

3. 동점성 계수 (ν)

$\nu = \frac{\mu}{\rho}$로 표현할 수 있고, 단위는 [m²/s], [cm²/s(= stokes)]이다.

구분	MLT	FLT
MKS	kg/m · s = pa · s	N · s/m²
CGS	g/cm · s = poise	dyne · s/cm²

4. 점도계

측정방법	점도계의 종류
뉴튼의 점성법칙	스토머 점도계 맥미첼 점도계
스토크스 법칙	낙구식 점도계
하겐 포아젤 법칙	세이볼트 점도계 오스왈드 점도계 앵글러 점도계

확인 예제

점성계수가 0.01kg/m·s, 밀도는 100kg/m³이다. 이 유체의 동점성 계수를 cm²/s단위로 구하여라.

① 1
② 0.1
③ 0.01
④ 0.001

해설 동점성계수 $\nu[\mathrm{m^2/s}] = \dfrac{\mu[\mathrm{kg/m \cdot s}]}{\rho[\mathrm{kg/m^3}]} = \dfrac{0.01}{100} = 0.0001[\mathrm{m^2/s}]$

$0.0001\dfrac{\mathrm{m^2}}{\mathrm{s}} \times \dfrac{10000\mathrm{cm^2}}{1\mathrm{m^2}} = 1\mathrm{cm^2/s}$ 이므로 1이 된다.

정답 ①

9 체적탄성계수(K)

(1) 물질의 부피변화에 저항하는 정도를 나타내는 물리량으로 이 값이 클수록 물체의 부피를 변화시키기 어렵다.

(2) 압력의 변화량을 부피의 변화율로 나눈 값이다.

$$K = -\dfrac{\Delta P}{\dfrac{\Delta V}{V}}[\mathrm{N/m^2} = \mathrm{Pa}]$$

(3) 압력을 가할 때, 부피의 변화는 음의 값이므로 K는 양의 값을 가지게 된다.

확인 예제

체적탄성계수가 3×10^9Pa인 물의 체적을 2% 감소시키려는 경우 필요한 압력의 크기는?

① 40MPa
② 50MPa
③ 60MPa
④ 70MPa

해설 체적탄성계수$(K) = -\dfrac{\Delta P}{\dfrac{\Delta V}{V}}$

$\Delta P = K \cdot \left(-\dfrac{\Delta V}{V}\right) = 3 \times 10^9 \times 0.02 = 0.06 \times 10^9 = 60 \times 10^6 \mathrm{Pa} = 60\mathrm{MPa}$

정답 ③

10 압축률(β)

물질에 힘을 가할 때, 부피의 변화정도를 표현하는 물리량으로 큰 값을 가지면 쉽게 변형된다는 것을 의미한다.

$$\beta = \frac{1}{K} = -\frac{\frac{\Delta V}{V}}{\Delta P} [m^2/N]$$

11 표면장력(Surface Tension)

표면에 있는 물분자는 안쪽 방향의 힘만을 받기 때문에 공 모양의 표면 형태를 갖추게 된다. 이때 표면적을 최소화하기 위해 안쪽으로 잡아당기는 힘을 표면장력이라고 한다.

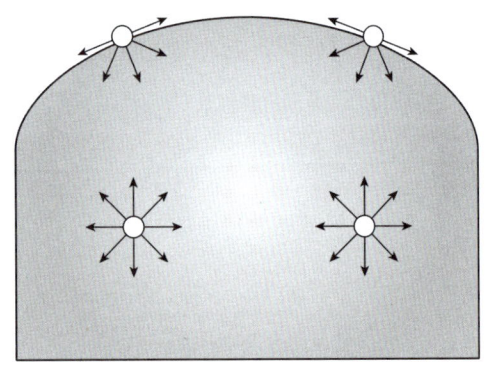
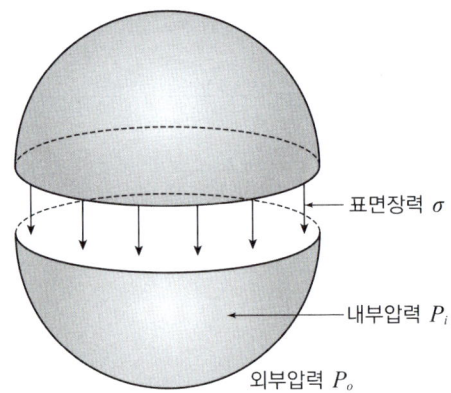

압력의 차이 $(P_i - P_o) \times \pi r^2 = \sigma \times 2\pi \times r$

표면장력 $\sigma = \frac{(P_i - P_o)r}{2} = \frac{\Delta PD}{4}$

(* r: 버블의 반지름, D: 버블의 직경)

12 모세관 현상(Capillary Action)

(1) 액체와 액체 사이의 응집력보다 액체와 표면 사이의 부착력이 더 클 때 액체가 가는 관을 타고 올라가는 현상이다.

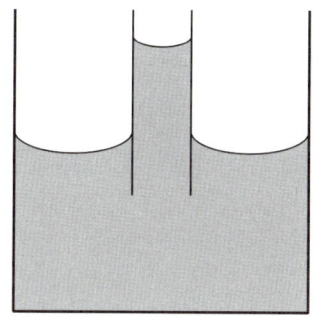

▶ 물
물 사이의 응집력 < 물과 관 사이의 부착력

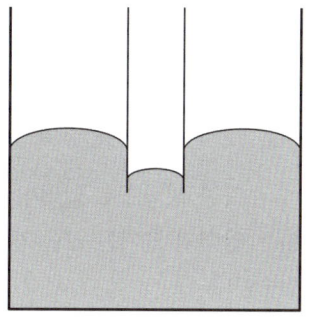

▶ 수은
수은 사이의 응집력 > 수은과 관 사이의 부착력

(2) 액체의 상승높이 h는 표면장력의 중력방향 성분과 상승한 액체기둥의 중량이 같다는 식에 의해 다음과 같이 구할 수 있다.

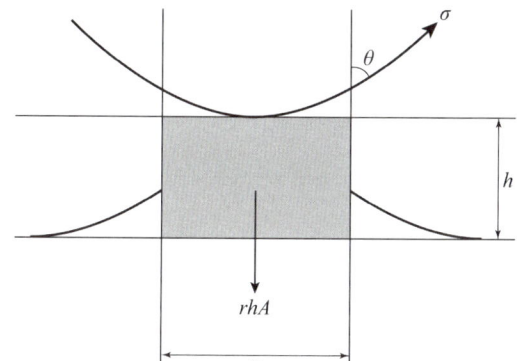

σ : 표면장력
θ : 접촉각
D : 관 직경
γ : 액체의 비중량
h : 액체의 상승높이
$h = \dfrac{4\sigma\cos\theta}{\gamma D}$

$$\sigma\cos\theta \cdot \pi D = \gamma h \cdot \dfrac{\pi D^2}{4}$$

확인 예제

수직유리관 속 물기둥의 모세관 현상에 의한 높이 h가 1mm 이하가 되도록 하기 위한 관의 최소직경은? (단, 물의 표면장력은 0.098N/m, 접촉각은 0, 물의 비중량 γ은 9800N/m³이다)

① 20mm
② 30mm
③ 40mm
④ 50mm

해설
h(액체의 상승높이) $= \dfrac{4\sigma\cos\theta}{\gamma D}$

D(관 직경) $= \dfrac{4\sigma\cos\theta}{\gamma h} = \dfrac{4 \times 0.098 \times \cos 0}{9800 \times 0.001} = 0.04\text{m} = 40\text{mm}$

정답 ③

Chapter 02 유체 정역학

1 유체 정역학의 기본 가정

(1) 평형상태의 유체를 다룬다.
(2) 유체와 접하는 면에 수직한 방향으로 압력이 작용한다.
(3) 어떤 점에서 작용하는 압력의 크기는 모든 방향으로 동일하다.
(4) 압력은 깊이만의 함수이다.
(5) 밀폐된 용기 안의 유체에 압력을 가하면 다른 모든 부분으로 이 압력이 전달된다.

2 압력

1. 압력의 정의

유체가 어떤 힘을 받을 때, 단위면적에 작용하는 힘의 크기 P를 말한다.

$$P = \frac{F}{A} [\text{N/m}^2 = \text{Pa}]$$

2. 압력의 단위

- $\text{N/m}^2 = \text{Pa}$
- MPa
- mAq
- mmHg
- mbar
- kN/m^2
- kgf/m^2
- mH_2O
- cmHg
- psi 등
- MN/m^2
- kgf/cm^2
- mmAq
- bar

3. 표준대기압

(1) 표준대기압은 1atm이다.

(2) 1atm = 101325Pa = 101.325kPa = 0.101325MPa
    = 760mmHg = 76cmHg = 0.76mHg
    = 10332mmAq = 10.332mAq
    = 1.013bar = 1013mbar = 1.033kgf/cm² = 10332.3kgf/m²
    = 14.7psi

4. 정지 유체 속의 압력

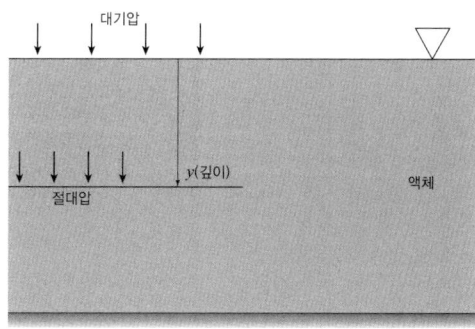

(1) 계기압

유면으로부터 깊이 y의 압력을 말한다.

$$P = \rho g y = \gamma y \, (*y: \text{유면으로부터의 깊이}, \gamma: \text{유체의 비중량})$$

(2) 절대압

깊이 y에서의 계기압과 대기압을 더한 값을 말한다.

$$P = \rho g y + P_0(\text{대기압}) = \gamma y + P_0$$

5. 파스칼의 원리

정지된 유체에 압력을 가하면 유체의 모든 부분에 모든 방향으로 같은 크기의 압력이 전달된다.

(1) $F_1 = P_1 A_1$, $P_1 = \dfrac{F_1}{A_1}$

→ 압력 P_1과 압력 P_2는 서로 같다.

(2) $F_2 = P_2 A_2 = P_1 A_2 = \dfrac{F_1}{A_1} A_2$

→ F_1이 작더라도 A_2가 크면 큰 힘을 얻을 수 있어 자동차를 들어 올릴 수 있다.

6. 경사면에 작용하는 유체의 힘(전압력)

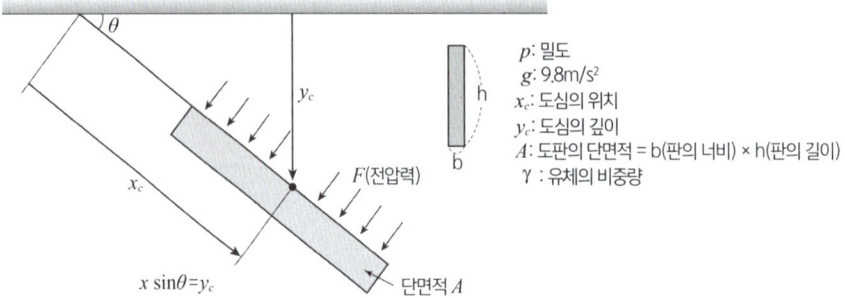

(1) 전압력의 크기

$$F(전압력) = \rho g y_c A = \gamma y_c A$$

(2) 작용점 찾기

전압력의 작용점은 도심이 아니다. 도심보다 약간 아래쪽에 위치하고 공식은 다음과 같다(도심: 면적의 중심).

$$x_F = x_c + \frac{I_c}{A x_c} = x_c + \frac{\frac{bh^3}{12}}{A x_c} \text{ (판이 직사각형일 경우)}$$

$$= x_c + \frac{\frac{1}{4}\pi R^4}{A x_c} \text{ (단면이 원형인 경우)}$$

(* x_c: 도심의 위치, b: 판의 너비, h: 판의 길이, A: 판의 넓이, I_c: 도심에 관한 2차 모멘트, R: 판의 반지름)

확인 예제

경사각 30도의 직사각형 판이 물 속에 있을 때 받는 힘의 크기와 작용점을 각각 구하시오. (단, 물의 비중량은 1,000N/m³으로 가정한다)

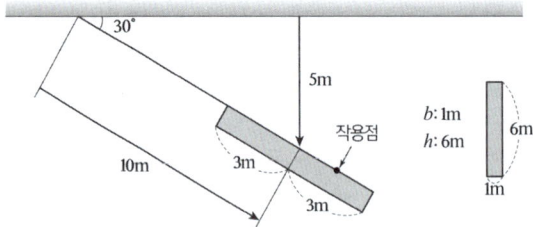

해설
- 전압력의 크기: $F = \gamma y_c A = 1000 N/m^3 \times 5m \times 1m \times 6m = 30000 \text{N} = 30\text{kN}$

- 작용점의 위치: $x_F = x_c + \dfrac{\frac{bh^3}{12}}{A x_c} = 10 + \dfrac{\frac{1 \times 6^3}{12}}{6 \times 10} = 10.3 \text{m}$

정답 30kN, 10.3m

7. 원형 곡면에 작용하는 압력(전압력)

전압력이란 수평방향의 힘과 수직방향의 힘을 합성한 힘을 말한다.

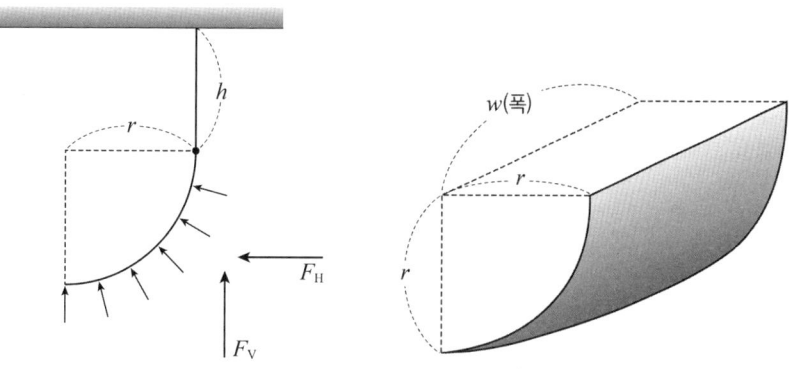

(1) 수평분력

$$F_H = \gamma y_c A = \gamma\left(h + \frac{r}{2}\right)A \quad (\gamma: \text{비중량},\ y_c: \text{옆면의 도심위치},\ w: \text{폭})$$

(* A: 옆면적)

(2) 수직분력

$$F_V = \gamma V = \gamma\left(rhw + \frac{\pi r^2}{4}w\right) \quad (\gamma: \text{비중량},\ y_c: \text{옆면의 도심위치},\ w: \text{폭})$$

(* V: 원형문 위의 유체부피)

(3) 전압력의 합력

$$F_R = \sqrt{F_H^2 + F_V^2}$$

 **확인 예제**

다음 그림과 같이 반지름 2m, 폭 2m인 곡면에 물에 의해 작용하는 전압력의 수직성분과 수평성분의 비는?

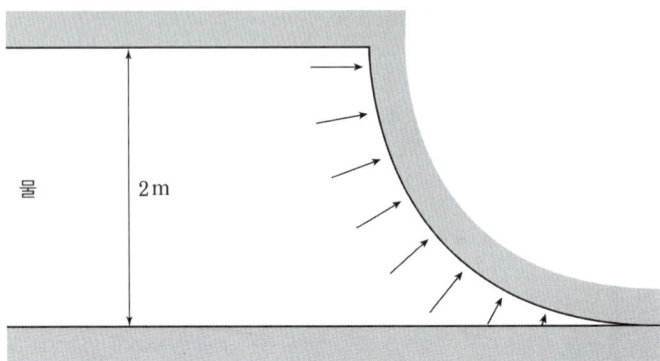

해설

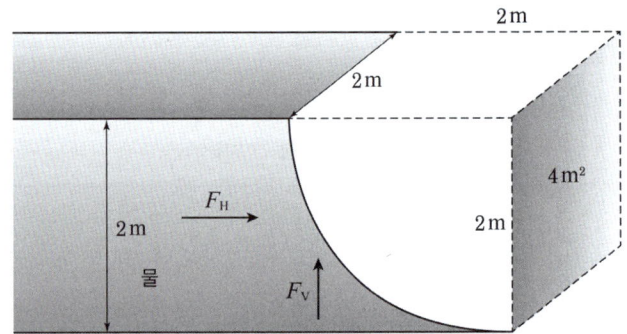

- 수평성분의 힘

  $F_H = \gamma y_c A = 10000\text{N/m}^3 \cdot 1\text{m} \cdot 4\text{m}^2 = 40000\text{N}$

  (* γ: 물의 비중량 10000N/m^3, y_c: 도심의 깊이, A: 옆면의 넓이)

- 수직성분의 힘

  $F_V = \gamma V = \gamma A W = 10000\text{N/m}^3 \cdot \dfrac{\pi}{4}(2m)^2 \cdot 2m = 20000\pi N$

  (* γ: 물의 비중량 10000N/m^3, A: 부분원의 넓이, W: 폭)

  $\therefore \dfrac{F_H}{F_V} = \dfrac{40000}{20000\pi} = \dfrac{2}{\pi}$

정답 $\dfrac{2}{\pi}$

3 부력(Buoyancy)

1. 부력의 정의

물체가 유체에 잠겼을 때 윗면과 아랫면의 압력의 차이로 위로 향하는 힘을 받는데 이를 부력이라고 한다.

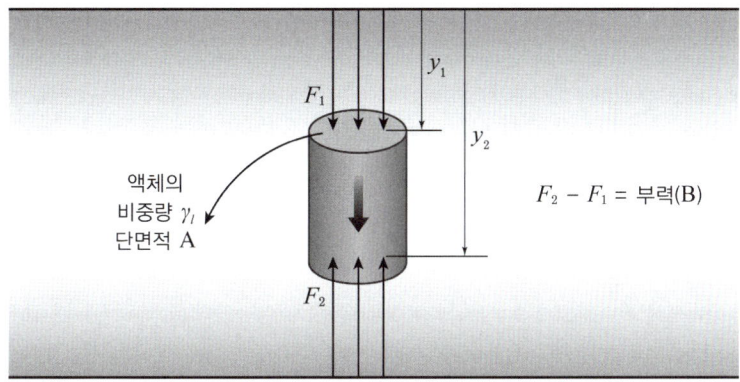

$$B(부력) = F_2 - F_1 = \gamma_l y_2 A - \gamma_l y_1 A = \gamma_l (y_2 - y_1) A$$

($* \gamma_l$: 액체의 비중량, A: 물체의 단면적)

2. 부력의 계산

만약 다음 그림과 같이 물체의 일부가 잠긴 경우, 부력은 다음과 같이 계산된다.

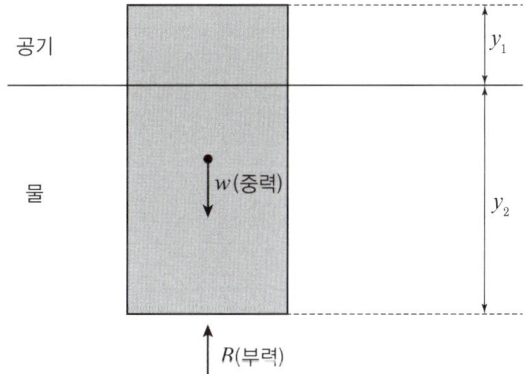

$$B(부력) = F_2 = \gamma_l y_2 A$$
$$W(중력) = \gamma_B (y_2 + y_1) A$$
$$B(부력) = W(중력)$$
$$\gamma_l y_2 A = \gamma_B (y_2 + y_1) A$$
$$\gamma_l V_{잠긴부분} = \gamma_{물체} V_{전체}$$

($* \gamma_l$: 액체의 비중량, $\gamma_{물체} = \gamma_B$: 물체의 비중량, A: 물체의 단면적)

확인 예제

50000N의 무게와 가로, 세로, 높이가 각각 2m, 5m, 1m인 물체가 물 위에 떠 있을 때, 물에 잠긴 부분의 깊이는 얼마인가? (단, 물의 비중량은 10000N/m³이다)

① 0.1m
② 0.25m
③ 0.5m
④ 1m

해설
$B(부력) = W(중력)$
$\gamma_l y_2 A = 50000\text{N}$
$\gamma_l V_{잠긴부분} = 50000\text{N}$
$10000 \times 2 \times 5 \times h = 50000$
$h = \dfrac{50000}{10000 \times 2 \times 5} = 0.5\text{m}$
(* γ_l: 액체의 비중량, h: 잠긴 부분의 깊이)

정답 ③

4 액주계

1. 피에조미터

용기 A의 압력이 대기압보다 크고 압력차이가 크지 않을 경우 계기압 P_A는 다음과 같이 구할 수 있다.

$$P_A = \gamma y$$
(* γ: 유체의 비중량)

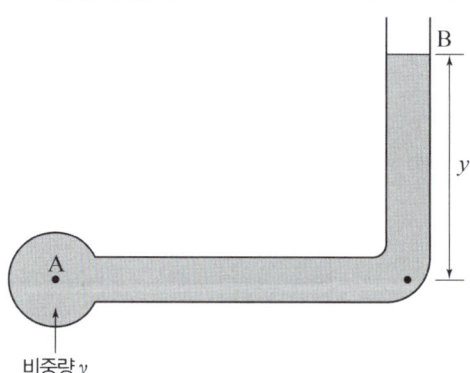

2. U자관 액주계

A 용기의 유체와 다른 종류의 유체를 사용하여 A, D 두 지점의 압력차(계기압)를 구한다.

$$P_A + \gamma_1 y_1 = P_B$$
$$P_B = P_C = P_A + \gamma_1 y_1$$
$$P_C = P_D + \gamma_2 y_2$$
$$P_D = P_C - \gamma_2 y_2 = P_A + \gamma_1 y_1 - \gamma_2 y_2$$

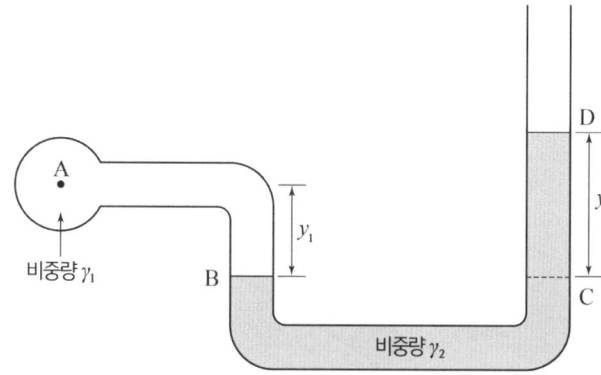

3. U자관 차압액주계

3종류의 다른 액체를 이용하여 A와 E의 압력차이를 구할 수 있다.

$$P_A + \gamma_1 y_1 = P_B$$
$$P_B = P_C = P_A + \gamma_1 y_1$$
$$P_C = P_D + \gamma_2 y_2$$
$$P_D = P_C - \gamma_2 y_2 = P_A + \gamma_1 y_1 - \gamma_2 y_2$$
$$P_D = P_E + \gamma_3 y_3$$
$$P_E = P_D - \gamma_3 y_3 = P_A + \gamma_1 y_1 - \gamma_2 y_2 - \gamma_3 y_3$$
$$P_E = P_A + \gamma_1 y_1 - \gamma_2 y_2 - \gamma_3 y_3$$

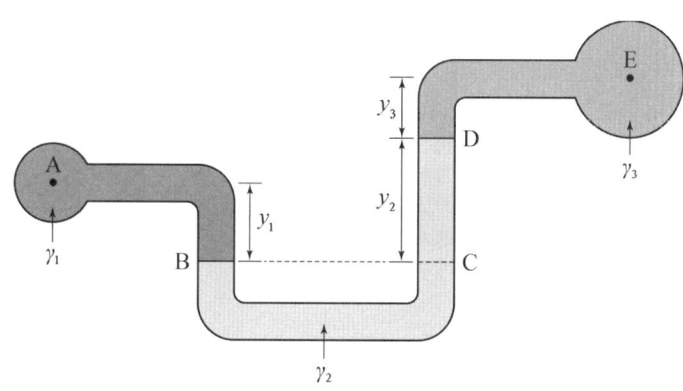

4. 경사관 차압액주계

A와 E 두 지점의 압력차가 매우 작을 때에는 경사관 액주계를 사용한다.

$$P_A + \gamma_1 y_1 = P_B$$
$$P_B = P_C = P_A + \gamma_1 y_1$$
$$P_C = P_D + \gamma_2 L \sin\theta$$
$$P_D = P_C - \gamma_2 L \sin\theta = P_A + \gamma_1 y_1 - \gamma_2 L \sin\theta$$
$$P_D = P_E + \gamma_3 y_3$$
$$P_E = P_D - \gamma_3 y_3 = P_A + \gamma_1 y_1 - \gamma_2 L \sin\theta - \gamma_3 y_3$$
$$P_E = P_A + \gamma_1 y_1 - \gamma_2 L \sin\theta - \gamma_3 y_3$$

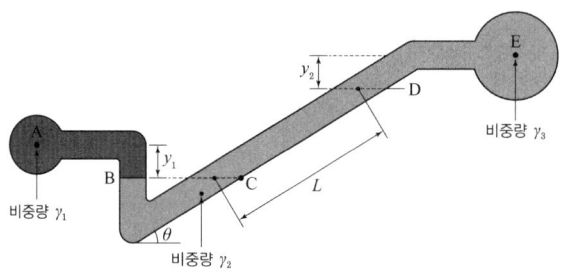

5. 역U자관 액주계

계기 유체의 비중이 관 유체의 비중보다 클 때 사용한다.

$$P_A - \gamma_1 y_1 = P_B$$
$$P_B = P_C = P_A - \gamma_1 y_1$$
$$P_D = P_C + \gamma_2 y_2 = P_A - \gamma_1 y_1 + \gamma_2 y_2$$
$$P_E = P_D + \gamma_3 y_3 = P_A - \gamma_1 y_1 + \gamma_2 y_2 + \gamma_3 y_3$$
$$P_E = P_A - \gamma_1 y_1 + \gamma_2 y_2 + \gamma_3 y_3$$

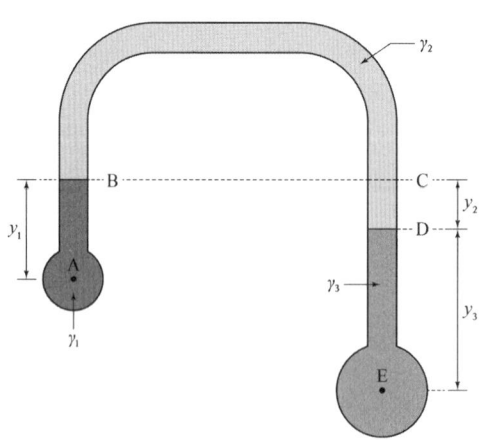

확인 예제

다음 액주계에서 A와 E의 압력차이는 얼마인지 구하시오. (단, A와 E에는 물이 들어있고, 중간 액체의 비중은 10, 물의 비중량은 10,000N/m³이라고 가정한다)

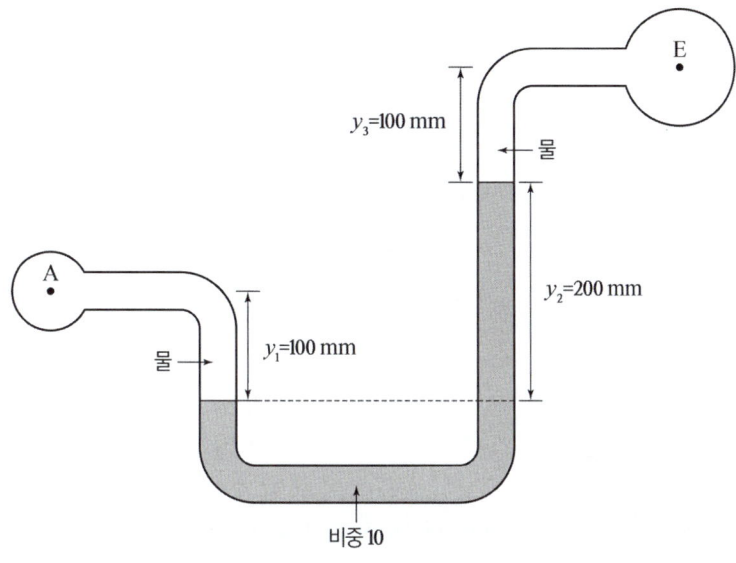

① 5kPa
② 10kPa
③ 15kPa
④ 20kPa

 해설

$P_E = P_A + \gamma_1 y_1 - \gamma_2 y_2 - \gamma_3 y_3$

$P_A - P_E = \gamma_2 y_2 + \gamma_3 y_3 - \gamma_1 y_1$

$\gamma_2 = S(비중) \cdot 물의\ 비중량 = 10 \times 10000 \text{N/m}^3 = 100000 \text{N/m}^3$

$P_A - P_E = \gamma_2 y_2 + \gamma_3 y_3 - \gamma_1 y_1$
$\qquad = 100000 \times 0.2\text{m} + 10000 \times 0.1\text{m} - 10000 \times 0.1\text{m}$
$\qquad = 20000 \text{N/m}^2 = 20\text{kPa}$

정답 ④

Chapter 03 유체 동역학

1 유체유동의 개념

1. 유체유동의 정의

유체가 압력, 온도, 밀도, 속도의 영향을 받아 공간 내에서 이동하거나 흐르는 현상이다.

2. 유체유동의 종류

(1) 정상류

유체유동이 시간의 흐름에도 변화하지 않고 일정한 유동으로서 압력, 온도, 밀도, 속도가 항상 일정하다.

(2) 비정상류

시간의 흐름에 따라 유체의 압력, 온도, 밀도, 속도가 변할 수 있는 유동이다.

3. 유동표현의 종류

(1) 유선(stream line)

유체가 흐르면 각 점에서 속도벡터가 존재한다. 이 속도벡터의 접선을 그려 모두 연결하면 곡선이 되는데 이 곡선을 유선이라고 한다.

(2) 유적선(path line)

유체의 입자를 따라가면서 그린 선을 말한다. 정상류에서는 유선과 일치하고, 비정상류에서는 유선과 일치하지 않는다.

(3) 유맥선(streak line)

공간상의 특정점을 지정하고 그 곳을 지나간 유체입자들을 이은 선이며, 순간궤적을 말한다.

2 연속방정식

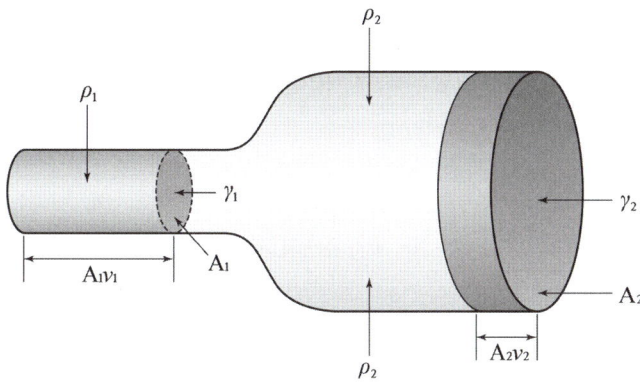

1. 연속방정식의 정의

정상류의 흐름에서 질량보존의 법칙에 의해 동일한 질량의 유체가 들어오고 나가야 하며, 1초 동안 들어오는 유량과 나가는 유량은 동일해야 한다. 이를 연속방정식이라고 한다.

2. 연속방정식의 종류

(1) 질량유량

$\rho_1 A_1 v_1 = \rho_2 A_2 v_2$ (* ρ : 밀도, A : 단면적, v : 유속)

(2) 중량유량

$\gamma_1 A_1 v_1 = \gamma_2 A_2 v_2$ (* γ : 비중량, A : 단면적, v : 유속)

(3) 체적유량

$A_1 v_1 = A_2 v_2$ (* A : 단면적, v : 유속)

확인 예제

정상류이고 밀도는 동일하며 단면 1과 단면 2의 비율이 $A_1/A_2 = 0.5$일 때, v_1/v_2의 비는 얼마인지 구하시오.

해설
$\rho_1 A_1 v_1 = \rho_2 A_2 v_2$
$\rho_1 = \rho_2$
$\dfrac{A_1}{A_2} = \dfrac{v_2}{v_1} = 0.5$
$\dfrac{v_1}{v_2} = 2$

정답 2

3 운동량이론

1. 운동량이론의 정의

(1) 운동량은 질량 곱하기 속도($m \cdot v$)의 물리량으로, 외력이 가해지지 않는 한 보존되어야 하고 외력이 가해지면 운동량의 변화가 생기며 다음과 같이 표현된다.

$$F = \rho Q(v_2 - v_1)$$

(* ρ: 유체의 밀도, $Q = Av$, v_1: 유체의 처음 속력, v_2: 유체의 나중 속력)

(2) 펌프에서는 날개의 힘과 유체의 속력을 알아내기 위하여 운동량식이 필요하다.

2. 고정된 평판에 작용하는 힘

$$F = \rho Q(v_2 - v_1)$$
$$-F = \rho Q(0 - v)$$
$$F = \rho Q v = \rho A v v = \rho A v^2$$

(* F: 평판에 가하는 힘, ρ: 유체의 밀도, Q: 유량, A: 노즐의 단면적, v: 유체의 속도)

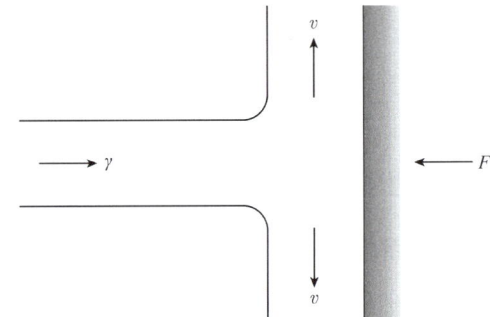

3. 이동하는 평판에 작용하는 힘

$$F = \rho Q(v_2 - v_1)$$
$$-F = \rho Q(u - v)$$
$$-F = \rho Q(u - v) = \rho A(v - u)(u - v) = -\rho A(v - u)^2$$
$$F = \rho A(v - u)^2 \text{(볼트 1개에 작용하는 힘)}$$

(* F: 평판에 가하는 힘, ρ: 유체의 밀도, Q: 유량, A: 노즐의 단면적, v: 유체의 속도)

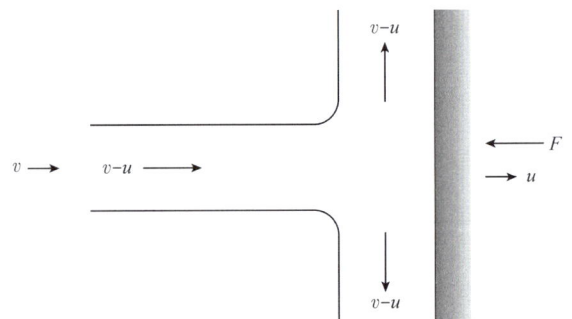

4. 노즐의 플랜지에 작용하는 힘

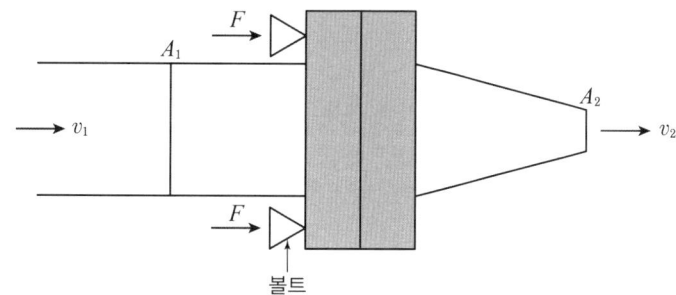

$$\frac{P_1}{\gamma}+\frac{v_1^2}{2g}=\frac{P_2}{\gamma}+\frac{v_2^2}{2g}$$

$$P_1=\gamma\left(\frac{v_2^2}{2g}-\frac{v_1^2}{2g}\right)=\frac{\gamma}{2g}\left(\frac{Q^2}{A_2^2}-\frac{Q^2}{A_1^2}\right)=\frac{\gamma Q^2}{2g}\left(\frac{1}{A_2^2}-\frac{1}{A_1^2}\right)$$

$$P_1A_1+2F=\rho Q(v_2-v_1)=\frac{\gamma}{g}Q(v_2-v_1)=\frac{\gamma^2 Q}{g}\left(\frac{Q}{A_2}-\frac{Q}{A_1}\right)=\frac{\gamma Q^2}{g}\left(\frac{1}{A_2}-\frac{1}{A_1}\right)$$

$$P_1A=\frac{\gamma Q^2 A_1}{2g}\left(\frac{1}{A_2^2}-\frac{1}{A_1^2}\right)=\frac{\gamma Q^2 A_1}{2g}\left(\frac{A_1^2-A_2^2}{A_1^2 A_2^2}\right)$$

$$2F=\frac{\gamma Q^2}{g}\left(\frac{1}{A_2}-\frac{1}{A_1}\right)-\frac{\gamma Q^2 A_1}{2g}\left(\frac{A_1^2-A_2^2}{A_1^2 A_2^2}\right)=\frac{2\gamma Q^2}{2g}\left(\frac{A_1-A_2}{A_1 A_2}\right)-\frac{\gamma Q^2 A_1}{2g}\left(\frac{A_1^2-A_2^2}{A_1^2 A_2^2}\right)$$

$$=\frac{\gamma Q^2}{2g}\left(\frac{2A_1-2A_2}{A_1 A_2}-\frac{A_1^2-A_2^2}{A_1^2 A_2^2}\right)=\frac{\gamma Q^2 A_1}{2g}\left(\frac{A_1-A_2}{A_1 A_2}\right)^2$$

$$\therefore F=\frac{\gamma Q^2 A_1}{4g}\left(\frac{A_1-A_2}{A_1 A_2}\right)^2 \text{ (볼트 1개에 작용하는 힘)}$$

(* ρ: 액체의 밀도, γ: 액체의 비중량, g: 중력가속도 9.8m/s^2)

4 베르누이 방정식

1. 베르누이 방정식의 정의

유체가 동일한 유선을 흐를 때 에너지 보존법칙을 유체의 위치, 압력, 속도의 식으로 표현한 것을 말하며, 정상상태, 비점성, 비압축 유체를 가정한다.

2. 베르누이 방정식의 식

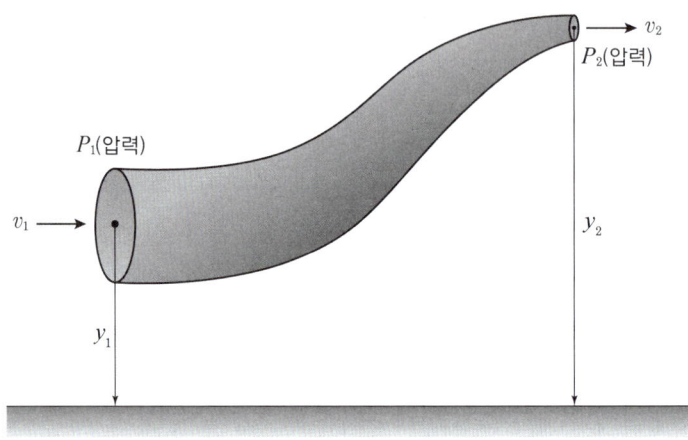

$$\frac{v_1^2}{2g}+\frac{P_1}{\gamma}+y_1=\frac{v_2^2}{2g}+\frac{P_2}{\gamma}+y_2$$

(* v_1, v_2: 속도, P_1, P_2: 압력, γ: 비중량, y_1, y_2: 높이)

확인 예제

높이가 동일한 원형관에서 유속이 9.8m/s^2에서 19.6m/s^2가 되었다면 압력수두의 차 $P_1 - P_2$는 얼마인지 구하시오. (단, 액체의 비중량 $\gamma = 1\text{N/m}^3$이다)

해설

$$\frac{v_1^2}{2g}+\frac{P_1}{\gamma}+y_1=\frac{v_2^2}{2g}+\frac{P_2}{\gamma}+y_2$$

높이는 동일하므로 $\dfrac{v_1^2}{2g}+\dfrac{P_1}{\gamma}=\dfrac{v_2^2}{2g}+\dfrac{P_2}{\gamma}$

$$\frac{9.8^2}{2g}+\frac{P_1}{1}=\frac{19.6^2}{2g}+\frac{P_2}{1}$$

$$\frac{9.8}{2}+P_1=\frac{(2\times 9.8)^2}{2g}+P_2=2\times 9.8+P_2$$

$$P_1-P_2=2\times 9.8-\frac{9.8}{2}=1.5\times 9.8=14.7\text{Pa}$$

정답 14.7Pa

3. 수정된 베르누이 방정식의 식

(1) 배관에서 마찰이 있을 경우

$$\frac{v_1^2}{2g}+\frac{P_1}{\gamma}+y_1=\frac{v_2^2}{2g}+\frac{P_2}{\gamma}+y_2+H_L$$

(* H_L: 손실수두)

(2) 펌프에서 마찰과 에너지공급(전양정)이 있을 경우

$$\frac{v_1^2}{2g}+\frac{P_1}{\gamma}+y_1+H_P=\frac{v_2^2}{2g}+\frac{P_2}{\gamma}+y_2+H_L$$

(* H_P: 펌프 전양정, H_L: 손실수두)

4. 에너지선과 동수경사선(수력구배선)

(1) 에너지선

속도수두, 압력수두, 위치수두를 합한 값(속도수두 + 압력수두 + 위치수두)이다.

(2) 동수경사선(수력구배선)

압력수두, 위치수두를 합한 값(압력수두 + 위치수두)이다.

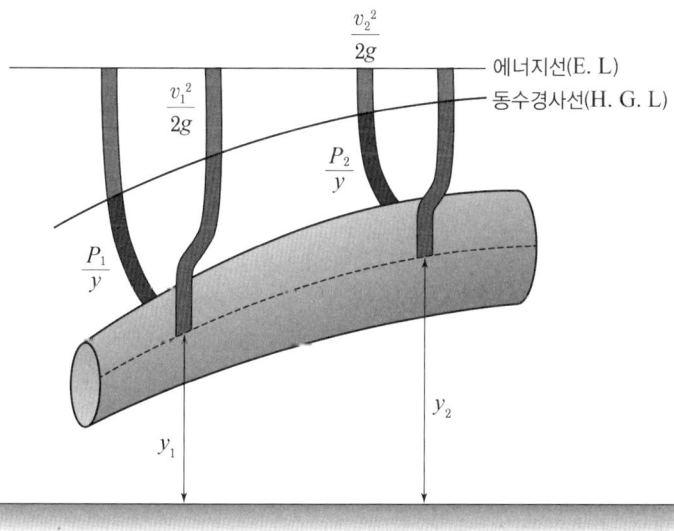

5. 토리첼리의 정리

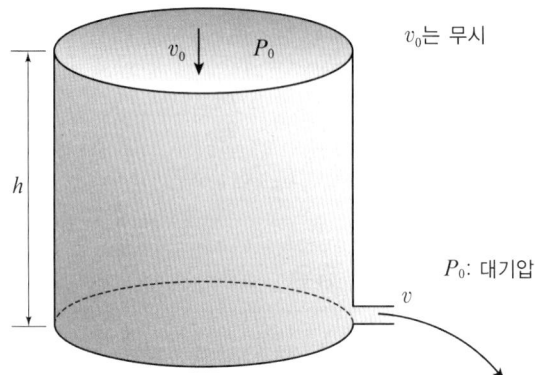

(1) 토리첼리의 정리는 다음과 같다.

$$\frac{v_0^2}{2g} + \frac{P_0}{\gamma} + y_0 = \frac{v^2}{2g} + \frac{P_0}{\gamma} + y_1 \quad (*\ v_0 \text{는 매우 작아서 무시한다.})$$
$$(*\ P_0: \text{대기압},\ \gamma: \text{비중량},\ g: \text{중력가속도},\ y_0, y_1: \text{높이})$$
$$y_0 = \frac{v^2}{2g} + y_1$$
$$y_0 - y_1 = \frac{v^2}{2g}$$
$$h = \frac{v^2}{2g}$$
$$v^2 = 2gh$$
$$v(\text{분출속도}) = \sqrt{2gh}$$

(2) 그러나 마찰손실로 인하여 실제유속과 유량은 다음과 같이 표현된다.

$$v_r(\text{실제분출속도}) = C_v\sqrt{2gh}$$
$$Q_r(\text{실제유량}) = Av_r = AC_v\sqrt{2gh}$$
$$(*\ C_v: \text{속도계수},\ A: \text{출구단면적})$$

(3) 사이펀 관에서의 높이 h는 수면으로부터의 높이차로 구한다.

확인 예제

아래 (1) 그림과 (2) 사이펀 관에서의 분출속도는 각각 얼마인지 구하시오.

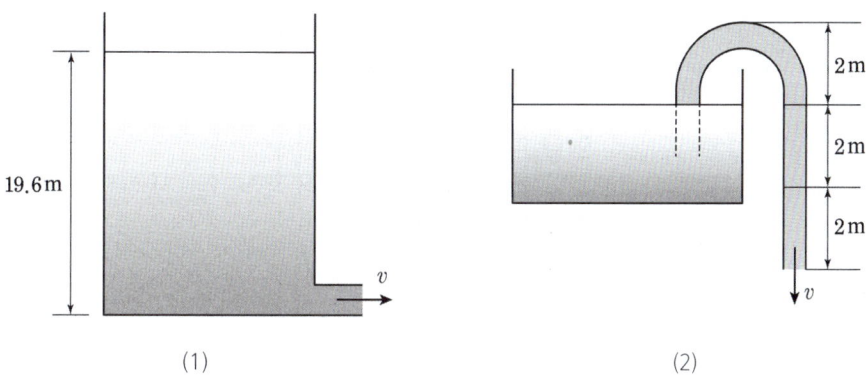

(1)　　　　　　　　　(2)

해설
(1)에서의 v(분출속도) $= \sqrt{2gh} = \sqrt{2 \times 9.8 \times 19.6} = \sqrt{4 \times 9.8^2} = 2 \times 9.8 = 19.6 \text{m/s}$
(2)에서의 v(분출속도) $= \sqrt{2gh} = \sqrt{2 \times 9.8 \times 4} = 8.85 \text{m/s}$

정답 (1) 19.6m/s, (2) 8.85m/s

5 유동측정

1. 정압관과 피토관

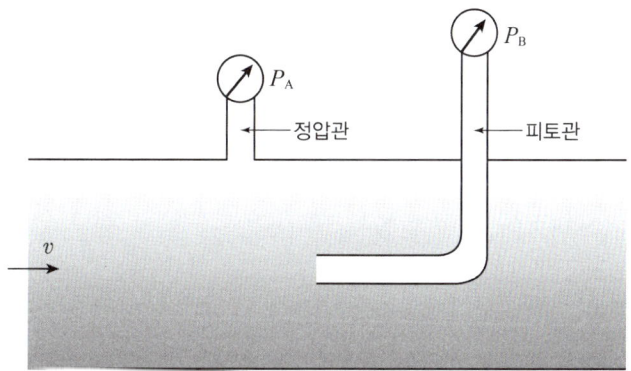

P_A는 유체 정지상태의 정압을 나타내고, P_B는 유체가 움직일 때의 전압을 나타낸다.

$$\text{전압}(P_B) = \text{정압}(P_A) + \text{동압}$$
$$\text{동압} = P_B - P_A$$

2. 유속측정

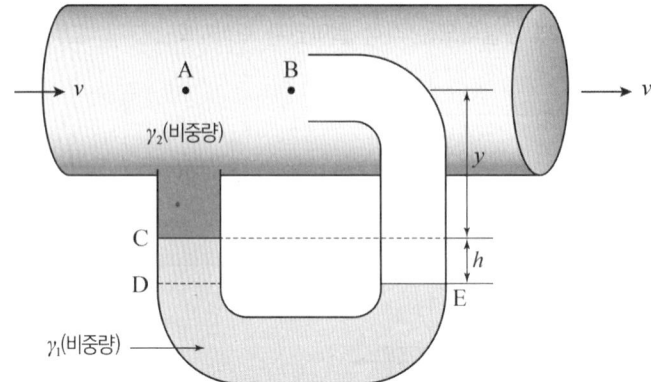

$$\frac{P_A}{\gamma}+\frac{v_A^2}{2g}+y_A = \frac{P_B}{\gamma}+\frac{v_B^2}{2g}+y_B$$

A, B는 같은 높이이고, v_B는 0이므로 다음과 같이 간단히 정리한다.

$$\frac{P_A}{\gamma_2}+\frac{v_A^2}{2g}=\frac{P_B}{\gamma_2}$$

$$\frac{v_A^2}{2g}=\frac{P_B}{\gamma_2}-\frac{P_A}{\gamma_2}=\frac{P_B-P_A}{\gamma_2}$$

$P_D = P_A + \gamma_2 y + \gamma_1 h$

$P_E = P_B + \gamma_2(y+h)$

$P_D = P_E$ 이므로 $P_A + \gamma_2 y + \gamma_1 h = P_B + \gamma_2(y+h)$

$P_B - P_A = \gamma_2 y + \gamma_1 h - \gamma_2(y+h) = \gamma_1 h - \gamma_2 h$

$$\therefore \frac{v_A^2}{2g}=\frac{P_B-P_A}{\gamma_2}=\frac{\gamma_1 h - \gamma_2 h}{\gamma_2}$$

$$v_A^2 = 2g\frac{\gamma_1 h - \gamma_2 h}{\gamma_2}$$

$$v_A = \sqrt{2gh\left(\frac{\gamma_1-\gamma_2}{\gamma_2}\right)} = \sqrt{2gh\left(\frac{S_1-S_2}{S_2}\right)}$$

(* γ_1: 피토관 유체의 비중량, γ_2: 배관 유체의 비중량, S_1: 피토관 유체의 비중, S_2: 배관 유체의 비중)

확인 예제

비중이 2인 유체가 들어있는 피토관의 높이차가 0.5m일 때, 물이 흐르는 배관의 유속은 얼마인지 구하시오.

해설

$$v_A = \sqrt{2gh\left(\frac{S_1 - S_2}{S_2}\right)}$$

$$v = \sqrt{2gh\left(\frac{S_1 - S_2}{S_2}\right)}$$

$$= \sqrt{2g \times 0.5 \left(\frac{2-1}{1}\right)}$$

$$= \sqrt{g} = 3.13 \text{m/s}$$

정답 3.13m/s

3. 유량측정

직관 내에 단면적이 축소되는 부분을 만들어 직관과 이곳의 압력차를 이용하여 유량을 측정할 수 있다.

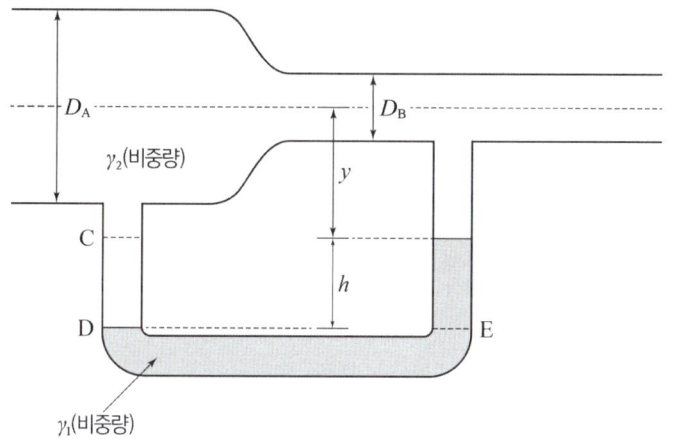

① $\dfrac{P_A}{\gamma} + \dfrac{v_A^2}{2g} + y_A = \dfrac{P_B}{\gamma} + \dfrac{v_B^2}{2g} + y_B$

A, B는 같은 높이이므로 다음과 같이 간단해진다.

$$\frac{P_A}{\gamma_2} + \frac{v_A^2}{2g} = \frac{v_B^2}{2g} + \frac{P_B}{\gamma_2}$$

$$\frac{v_A^2}{2g} - \frac{v_B^2}{2g} = \frac{P_B}{\gamma_2} - \frac{P_A}{\gamma_2} = \frac{P_B - P_A}{\gamma_2}$$

연속방정식 $Q_A = Q_B$, $A_A v_A = A_B v_B$

$$\frac{\pi D_A^2}{4} v_A = \frac{\pi D_B^2}{4} v_B$$

$$\therefore v_A = \left(\frac{D_B}{D_A}\right)^2 v_B$$

② $v_A^2 - v_B^2 = 2g\dfrac{P_B - P_A}{\gamma_2}$

$v_B^2 - v_A^2 = v_B^2 - \left(\dfrac{D_B}{D_A}\right)^4 v_B^2$

$\qquad\qquad = v_B^2\left[1 - \left(\dfrac{D_B}{D_A}\right)^4\right] = 2g\dfrac{P_A - P_B}{\gamma_2}$

앞 단원 내용에서 $P_A - P_B = (\gamma_1 - \gamma_2)h$ 이므로

$v_B^2\left[1 - \left(\dfrac{D_B}{D_A}\right)^4\right] = 2g\dfrac{(\gamma_1 - \gamma_2)h}{\gamma_2}$

$v_B^2 = \dfrac{1}{\left[1 - \left(\dfrac{D_B}{D_A}\right)^4\right]} 2g\dfrac{(\gamma_1 - \gamma_2)h}{\gamma_2}$

$\therefore v_B = \dfrac{1}{\sqrt{\left[1 - \left(\dfrac{D_B}{D_A}\right)^4\right]}} \sqrt{2g\dfrac{(\gamma_1 - \gamma_2)h}{\gamma_2}}$

실제유속 $v_B' = \dfrac{C}{\sqrt{\left[1 - \left(\dfrac{D_B}{D_A}\right)^4\right]}} \sqrt{2g\dfrac{(\gamma_1 - \gamma_2)h}{\gamma_2}}$ (* C: 유량계수)

실제유량 $Q' = \dfrac{\pi C D_B^2}{4\sqrt{\left[1 - \left(\dfrac{D_B}{D_A}\right)^4\right]}} \sqrt{2g\dfrac{(\gamma_1 - \gamma_2)h}{\gamma_2}}$

Chapter 04 관유동

1 유동의 종류

1. 레이놀즈수(Reynolds Number)의 정의

흐르는 유체의 관성에 의한 힘과 점성에 의한 힘의 비를 말하며, 유체 동역학 상사법칙의 중요한 기준이 된다.

$$Re = \frac{관성력}{점성력} = \frac{\rho VD}{\mu} = \frac{VD}{\nu}$$

(* ρ: 밀도, V: 유속, D: 관직경, μ: 점성계수, ν: 동점성계수)

2. 흐름의 종류

(1) 층류(Laminar Flow)

유체가 흐트러지지 않고 균일하게 흐르는 것을 말하며 레이놀즈수 2,100 이하일 때이다.

(2) 천이류(Transition Flow)

층류인 유동이 갑자기 교란되어져 난류가 되는 유동이며 레이놀즈수 2,100에서 4,000 사이이다.

(3) 난류(Turbulent Flow)

유체의 층이 평행하게 흐르지 않고 임의로 마구 뒤섞이는 유동을 말하며 레이놀즈수 4,000 이상에서 발생한다.

확인 예제

원형관을 흐르는 유체의 유속은 5m/s, 동점성계수는 $5.0 \times 10^{-4} \text{m}^2/\text{s}$, 관의 직경은 10cm일 때, 레이놀즈수를 구하시오.

해설 $Re = \dfrac{VD}{\nu} = \dfrac{5 \times 0.1}{5 \times 10^{-4}} = \dfrac{5 \times 10^{-1}}{5 \times 10^{-4}} = 1 \times 10^3 = 1000$

정답 1000

2 마찰손실

1. 관마찰계수(Friction Factor)

마찰의 정도를 표현한 값으로 레이놀즈수 2100 이하의 층류에서는 $f = \dfrac{64}{Re}$를 사용한다. 천이영역과 난류에서는 레이놀즈수와 상대조도에 의해 결정된다.

2. 배관의 마찰손실

(1) 달시-바이스바하의 식(Darcy-Weisbach Equation)

일정한 길이의 직관에 유체가 흐를 때 마찰로 인한 압력이나 수두손실을 유속과의 관계로 나타낸 식이다. 층류와 난류에 모두 사용할 수 있다.

$$H = f \dfrac{l}{D} \dfrac{V^2}{2g}$$

(* H: 마찰손실수두, f: 관마찰계수, l: 직관의 길이, D: 직관의 직경, V: 유속, g: 중력가속도)

(2) 하겐-포아젤 방정식(Hagen-Poiselle Equation)

비압축성이고 층류인 정상상태의 유동에서의 압력손실과 마찰손실수두를 표현한다.

$$\text{압력손실}(\Delta P) = \dfrac{128 \mu l Q}{\pi D^4}$$

$$\text{마찰손실수두}(H) = \dfrac{128 \mu l Q}{\gamma \pi D^4}$$

(* μ: 점성계수, l: 배관길이, Q: 유량, D: 배관직경, γ: 비중량)

(3) 배관의 부차적 손실

배관의 마찰과 낙차에 의한 손실 이외에 다음 4가지의 부차적 손실이 발생한다.

① 밸브 및 배관 피팅에서의 손실

㉠ 배관의 기하학적 형상변화에 따른 계수 K를 사용하여 다음과 같이 손실을 나타낸다.

$$H(\text{부차적 손실}) = K \dfrac{v^2}{2g}$$

(* K: 부차적 손실계수)

㉡ 또는 달시-바이스바하의 식을 이용하여 같은 직경, 같은 마찰손실을 가지는 동등한 관의 길이, 즉 관의 상당길이 L_e로 표현하는 방법이 있다.

$$K \dfrac{v^2}{2g} = f \dfrac{L_e}{D} \dfrac{v^2}{2g}$$

$$K = f \dfrac{L_e}{D} \text{이므로 } L_e = \dfrac{KD}{f}$$

② 배관 입구와 출구에서의 손실
③ 배관 팽창부나 수축부에서의 손실
  ㉠ 확대관 손실

$$H = \frac{(v_1 - v_2)^2}{2g} = K\frac{v_1^2}{2g}$$

$$K = (1 - \frac{A_1}{A_2})^2 = (1 - \left(\frac{D_1}{D_2}\right)^2)^2$$

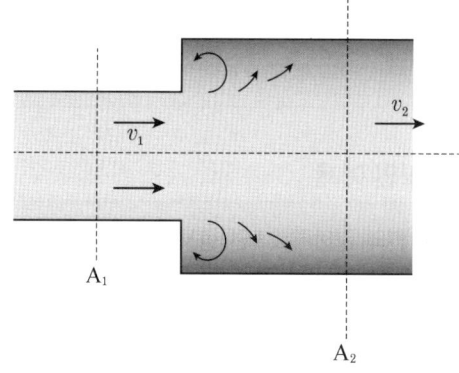

  ㉡ 축소관 손실

$$H = \frac{(v_0 - v_2)^2}{2g} = K\frac{v_2^2}{2g}$$

$$K = (\frac{v_0}{v_2} - 1)^2 = (\frac{A_2}{A_0} - 1)^2 = (\frac{1}{C_c} - 1)^2$$

$$\text{수축계수}(C_c) = \frac{A_0}{A_2}$$

$$A_0 v_0 = A_2 v_2 \text{이므로} \quad \frac{v_0}{v_2} = \frac{A_2}{A_0} = \frac{1}{C_c}$$

④ 곡선배관에 의한 손실

(4) 비원형관의 손실

① **수력반경**: 비원형 단면을 원형 단면으로 환산하기 위하여 수력반경 R_h를 사용한다.

$$R_h = \frac{\text{접수면적}}{\text{접수길이}} = \frac{A}{P}$$

예를 들어,
직사각형 단면의 폭이 b, 높이가 h일 때
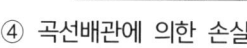, $P = 2b + 2h = 2(b+h)$이므로
수력반경 $R_h = \frac{A}{P} = \frac{bh}{2(b+h)}$ 가 된다.

② **수력직경**: 수력반경을 수력직경(D_h)으로 환산한다.

$$R_h = \frac{A}{P} = \frac{\frac{\pi}{4}D_h^2}{\pi D_h} = \frac{1}{4}D_h$$

$$\therefore D_h = 4R_h$$

③ 비원형관에서의 달시-바이스바하의 식

$$H(\text{마찰손실수두}) = f\frac{l}{D_h} \cdot \frac{v^2}{2g} = f\frac{l}{4R_h} \cdot \frac{v^2}{2g}$$

확인 예제

한 변의 길이가 $2L$인 정사각형 단면의 수력직경(D_h)은 얼마인지 구하시오.

해설
- 수력반경(R_h) $= \dfrac{\text{A}}{\text{P}} = \dfrac{(2L)^2}{(2L+2L)\times 2} = \dfrac{4L^2}{8L} = \dfrac{L}{2}$
- 수력직경(D_h) $= 4R_h = 4 \times \dfrac{L}{2} = 2L$

정답 $2L$

Chapter 05 유체기계

1 펌프의 종류

1. 터보(Turbo) 펌프

깃이 있는 임펠러의 회전에 의하여 원심력을 이용하여 압력을 가해서 유체를 보내는 펌프로서 진동이 적고 연속적인 송출이 가능하다.

(1) 원심식 펌프(Centrifugal Pump)

① **볼류트 펌프(Volute Pump)**: 임펠러(Impeller) 둘레에 안내깃(Guide Vane)이 없고 스파이럴 케이싱이 있으며 15m 이하의 저양정에 사용된다.
② **터빈 펌프(Turbine Pump)**: 임펠러(Impeller)와 스파이럴 케이싱 사이에 안내깃이 있으며, 20m 이상의 고양정에 사용된다.

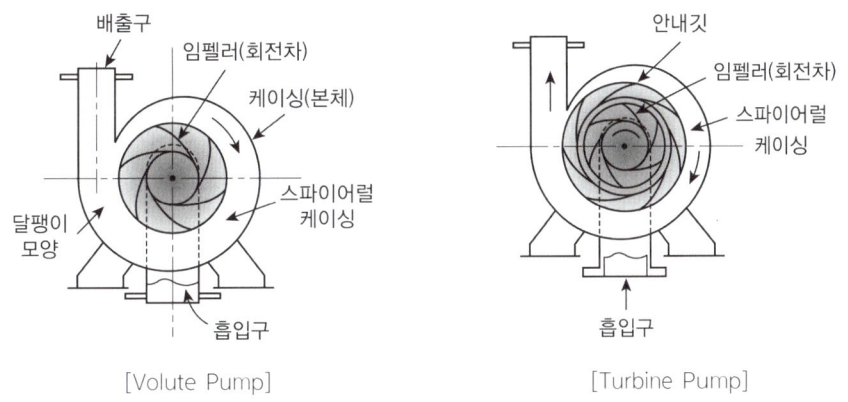

[Volute Pump]   [Turbine Pump]

(2) 축류식 펌프

축방향으로 들어온 유체가 그대로 축방향으로 송출되는 펌프이다.
① **축류 펌프**: 프로펠러형 날개를 회전시켜 유체를 축방향으로 보내는 펌프이다.
② **경사류펌프**: 유체흐름이 축에 경사된 방향으로 흐르는 펌프이다.

2. 용적형 펌프

압력의 변화에 상관없이 왕복부 또는 회전부에 공간을 두어 일정한 유량을 제공하는 펌프로 왕복식과 회전식이 있다.

(1) 왕복식 펌프

피스톤 또는 플런저가 실린더 내에서 왕복운동함으로써 유체를 송출하는 펌프로, 양수량은 적고 구조가 간단하며 고양정(고압)에 적합하다.
① **피스톤 펌프**: 피스톤이 실린더 속을 위아래로 움직이면서 한 쪽 끝에서 유체를 흡입하고 그것을 다른 쪽으로 밀어내는 펌프이다.
② **플런저 펌프**: 플런저의 왕복운동으로 실린더 내부의 유체를 다른 쪽으로 밀어내는 펌프이다.
③ **다이아프램 펌프**: 펌프 내부에 설치된 격막(Diaphragm)의 왕복운동으로 유체를 이동시키는 펌프이다.

(2) 회전식 펌프

회전자(rotor)에 의해 유체를 밀어내는 방식의 펌프이다. 구조가 간단하고 고양정을 얻을 수 있으며, 기름같은 고점도의 유체를 송출할 수 있다.
① **기어 펌프**: 맞물린 두 기어와 케이싱 내부의 공간에 유입된 유체를 기어의 회전에 의해 강제로 밀어내는 펌프이다.
② **나사 펌프**: 케이싱 속에 있는 나사가 로터를 회전시켜 유체를 나사 홈 사이로 밀어내는 펌프이다.
③ **베인 펌프**: 케이싱에 접하여 베인(날개)을 회전시켜 강제로 유체를 밀어내는 펌프이다.
④ **재생 펌프**: 임펠러 주변에 많은 홈을 파서 이곳에 유체를 강제로 밀어 넣어서 밀어내는 펌프이다.

3. 특수형 펌프

(1) 기포 펌프

장치의 바닥부분으로 공기를 주입하여 액체를 송출하는 펌프이다.

(2) 분사 펌프

고압유체를 분사할 때 발생하는 부압(음압)에 의해 저압유체를 흡인배출하는 펌프이다.

2 펌프의 운전

1. 펌프의 직렬운전

같은 성능의 펌프를 직렬로 연결하면 유량은 동일하고 양정(압력)은 2배가 된다.

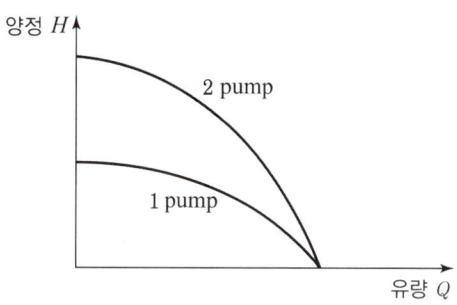

2. 펌프의 병렬운전

같은 성능의 펌프를 병렬로 연결하면 양정(압력)은 동일하고 유량은 2배가 된다.

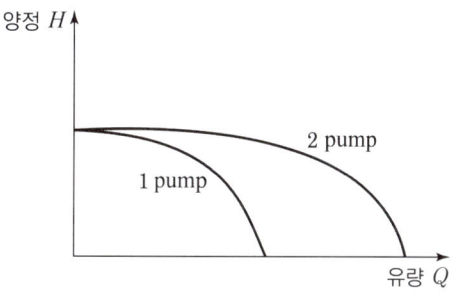

3 펌프의 계산

1. 비속도(비교회전속도 N_S)

(1) 단위유량 1m³/min일 때, 단위양정 1m가 되기 위한 회전차(임펠러)의 회전수를 말한다.

(2) 비속도가 큰 경우 유량은 크고 양정은 낮아지며, 비속도가 작은 경우 유량은 작고 양정은 높아진다.

$$N_S = \frac{N\sqrt{Q}}{H^{\frac{3}{4}}}$$

(* N: 회전수[rpm], Q: 유량[m³/min], H: 양정[m])

※ 다단펌프의 경우 H 대신에 $\frac{H}{n}$ (n: 단수)를 대입한다.

✓ 확인 예제

회전수 4000rpm, 유량은 0.25m³/min, 양정은 32m인 2단 원심펌프의 비속도를 구하시오.

해설 $N_S = \dfrac{N\sqrt{Q}}{H^{\frac{3}{4}}}$

다단펌프이므로 H 대신에 $\dfrac{H}{n}$ (*n: 단수)를 대입하여 $H = \dfrac{32}{2} = 16$

$\therefore N_S = \dfrac{4000\sqrt{0.25}}{16^{\frac{3}{4}}} = \dfrac{2000}{8} = 250$

정답 250rpm · m³/min · m

2. 흡입수두

흡입수두(NPSH; Net Positive Suction Head)란 펌프가 캐비테이션(Cavitation) 없이 펌프를 안전하게 사용할 수 있는 흡입가능압력을 말하며 유효흡입수두(NPSHav; Available Net Positive Suction Head)와 필요흡입수두(NPSHre; Required Net Positive Suction Head)가 있다.

(1) 유효흡입수두(NPSHav)

펌프가 문제 없이 작동되기 위한 압력(양정)을 의미하며, 흡입조건과 환경조건(배관시스템)에 의해 결정된다.

$$NPSHav = H_a \pm H_z - H_f - H_v = \dfrac{P_a}{\gamma} \pm H_z - H_f - \dfrac{P_v}{\gamma}$$

(* H_a: 대기압, H_z: 흡입양정, H_f: 흡입마찰손실수두, H_v: 포화증기압수두, γ: 비중량, P_a: 대기압, P_v: 포화증기압)

+: 수면이 펌프보다 높이 있는 경우(압입)
−: 수면이 펌프보다 낮게 있는 경우(흡입)

(2) 필요흡입수두(NPSHre)

펌프의 고유특성으로 펌프의 설계에 의해 결정된다. 펌프가 작동하기 위해 필요한 흡입양정을 말한다.

$$NPSHre = \left(\dfrac{N\sqrt{Q}}{N_S}\right)^{\frac{4}{3}}$$

$$N_S = \dfrac{N\sqrt{Q}}{H^{\frac{3}{4}}}$$

(* N: 회전수, Q: 유량, N_s: 비속도)

(3) NPSHav와 NPSHre의 관계

① **NPSHav < NPSHre**: 캐비테이션(Cavitation)이 발생한다.
② **NPSHav > NPSHre**: 캐비테이션(Cavitation)이 발생하지 않는다.
③ **실무조건**: NPSHav ≥ NPSHre × 1.3

3. 펌프의 동력

펌프의 동력은 전원이 모터에 가하는 모터동력, 모터가 펌프의 임펠러에 가하는 축동력, 펌프의 임펠러가 유체에 가하는 수동력의 3가지가 있다.

전원

모터동력(P_M) $P_M = P_S \times K = \dfrac{\gamma QH}{\eta} \times K$ (* K: 전달계수)

모터

축동력(P_S) $\eta P_S = P_W = \gamma QH$

$P_S = \dfrac{\gamma QH}{\eta}$ (* η: 효율)

펌프

수동력($P_W = \gamma QH$)

토출

(1) 수동력

펌프 임펠러가 유체에 가하여 토출시키는 동력을 말한다.

$$P = \gamma QH$$

(* P: 펌프의 동력[kW], γ: 물의 비중량[kN/m³], H: 양정[m], Q: 유량[m³/s])

(2) 축동력

모터가 펌프 임펠러에 가하는 동력을 말한다.

$$P = \dfrac{\gamma QH}{\eta}$$

(* P: 펌프의 동력[kW], γ: 물의 비중량[kN/m³], H: 양정[m], η: 펌프의 효율, Q: 유량[m³/s])

(3) 모터(전동기)동력

펌프를 작동시키기 위해 모터(전동기)에 공급해야 하는 실제 동력(Power)을 말한다.

$$P = \dfrac{\gamma QH}{\eta} \times K$$

(* P: 펌프의 동력[kW], γ: 물의 비중량[kN/m³], H: 양정[m], η: 펌프의 효율, K: 전달계수, Q: 유량[m³/s])

(4) 송풍기축동력

$$P = \dfrac{QP_T}{102 \times 60 \times \eta}$$

(* P: 송풍기축동력[kW], Q: 풍량[m³/min], P_T: 전압[mmH₂O], η: 전압효율)

확인 예제

유량은 10m³/min, 효율은 70%, 양정은 70m, 전달계수 2인 펌프를 작동시키기 위한 동력을 구하시오. (단, 물의 비중량은 10kN/m³이다)

해설

- 모터(전동기) 동력 $P = \dfrac{\gamma QH}{\eta} \times K$

- 유량의 단위 $m^3/\min$을 m^3/s로 맞추면, $Q = 10\text{m}^3/\min = \dfrac{10}{60}\text{m}^3/\text{s} = 0.167\text{m}^3/\text{s}$

$\therefore \dfrac{\gamma QH}{\eta} \times K = \dfrac{10 \times 0.167 \times 70}{0.7} \times 2 = 334\text{kW}$

정답 334kW

4. 펌프의 상사

펌프의 임펠러 사이즈가 달라도 비속도가 같다면 이를 기하학적 상사라고 하며, 3가지의 상사법칙이 존재한다.

(1) 유량의 상사

$$\dfrac{Q_2}{Q_1} = \left(\dfrac{N_2}{N_1}\right) \times \left(\dfrac{D_2}{D_1}\right)^3$$

(* Q_1, Q_2: 유량[m³/s], N_1, N_2: 회전수[rpm], D_1, D_2: 직경[m])

(2) 양정의 상사

$$\dfrac{H_2}{H_1} = \left(\dfrac{N_2}{N_1}\right)^2 \times \left(\dfrac{D_2}{D_1}\right)^2$$

(* H_1, H_2: 양정[m])

(3) 축동력의 상사

$$\dfrac{P_2}{P_1} = \left(\dfrac{N_2}{N_1}\right)^3 \times \left(\dfrac{D_2}{D_1}\right)^5$$

(* P_1, P_2: 축동력[kW])

확인 예제

두 펌프의 임펠러 직경의 비 $\frac{D_2}{D_1}$가 2일 때, 유량의 비 $\frac{Q_2}{Q_1}$를 같게 하려면 회전수의 비 $\frac{N_2}{N_1}$는 얼마가 되게 해야 하는지 구하시오.

해설
$$\frac{Q_2}{Q_1} = \left(\frac{N_2}{N_1}\right) \times \left(\frac{D_2}{D_1}\right)^3$$
$$1 = \left(\frac{N_2}{N_1}\right) \times (2)^3 \quad \therefore \quad \frac{N_2}{N_1} = \frac{1}{8}$$

정답 $\frac{1}{8}$

4 펌프의 이상현상

1. 공동현상(Cavitation)

물이 펌프배관에 흡입될 때에 흡입속력이 빨라지면 압력이 강하한다. 만약 압력이 주위 환경의 포화증기압보다 작아지면 물이 수증기로 증발되어 기포를 생성한다.

발생원인	방지대책
① 흡입측 수두가 클 경우	① 펌프의 위치를 수원의 위치보다 가능한 낮게 한다.
② 흡입측 마찰손실이 클 경우	② 마찰손실을 작게 한다.
③ 흡입측 배관의 길이가 긴 경우	③ 흡입 배관 길이를 짧게 한다.
④ 흡입측 배관 직경이 작은 경우	④ 흡입측 배관 직경을 크게 한다.
⑤ 흡입측 유속이 빠른 경우	⑤ 흡입측 유속을 느리게 한다.
⑥ 흡입측 압력이 낮은 경우	⑥ 흡입측 압력을 높게 한다.
⑦ 흡입측 물이 고온인 경우	⑦ 흡입측 물을 저온으로 한다.
	⑧ 임펠러의 회전수를 작게 한다.
	⑨ 양흡입펌프를 사용한다.
	⑩ 펌프를 병렬로 설치한다.

2. 서징(Surging)

맥동현상이라고도 하며 펌프 작동 시 압력, 유량, 임펠러의 회전수가 주기적으로 변하는 현상으로서 펌프나 배관이 파손될 수 있다.

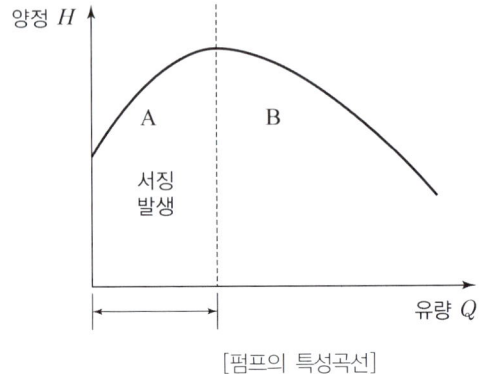

[펌프의 특성곡선]

발생원인	방지대책
① 펌프의 특성곡선이 A영역에 있을 때 ② 관로에 수조나 공기가 있을 때 ③ 유량조절밸브가 수조 뒤에 있을 때	① 펌프의 특성곡선을 B영역으로 옮긴다. ② 관로에 수조를 설치하지 않고 공기를 제거한다. ③ 유량조절밸브를 수조 앞으로 옮긴다. ④ Bypass 관로를 설치하여 펌프특성곡선을 B영역으로 옮긴다.

3. 수격현상(Water Hammering)

배관의 밸브를 갑자기 닫으면 운동하는 물체를 정지시킬 때와 같이 심한 충격을 받고 급격한 압력변화가 배관에 바로 전달되어 진동과 충격음을 유발하는 현상으로서 때로는 고장의 원인이 되기도 한다.

발생원인	방지대책
① 펌프의 갑작스런 기동 및 급정지 시 ② 대관로에서 소관로 또는 배관이 급격히 꺾일 때 ③ 밸브나 수전류의 급격한 개폐 시	① 배관 직경을 일정하게 유지하여 유속을 느리게 한다. ② 펌프에 플라이 휠(Fly Wheel)을 설치하여 유속의 급격한 변화를 방지한다. ③ 조압수조(Surge Tank)나 공기실(Air Chamber)을 설치하여 압력변화를 방지한다. ④ 자동수압밸브를 설치하여 압력의 변화를 막는다. ⑤ 릴리프 밸브, 체크밸브를 설치한다. ⑥ 수격방지기(Water Hammering Cushion)를 설치한다.

Chapter 06 열역학

1 열역학법칙

1. 열역학0법칙

물체 A와 물체 C가 열적평형상태에 있고, 물체 B와 물체 C가 열적평형상태에 있으면, 물체 A와 B가 열적평형상태에 있다. 열적평형상태에 있으면 동일 온도라고 할 수 있으며, 이는 온도계의 기본 원리이다.

2. 열역학1법칙

외부와의 교류가 없을 때 에너지 총합은 일정하다는 에너지보존법칙을 말하며 내부에너지, 열량과 일은 서로 전환이 된다.

$$\triangle U = Q - W$$
(* U: 내부에너지 변화, Q: 계에 가해진 열량, W: 계가 한 일의 양)

3. 열역학2법칙

자연현상은 엔트로피가 증가하는 방향으로 진행이 되며 방향성이 존재한다는 법칙이다. 대표적인 예를 들면 다음과 같다.
① 열을 100% 일로 전환할 수 없다.
② 열이 저절로 저온에서 고온으로 옮겨지지 않는다.
③ 자발적인 자연현상은 비가역적이다(다시 되돌릴 수 없다).
④ 흩어진 연기를 다시 모을 수 없다.

4. 열역학3법칙

절대온도 0도(-273℃)에서 계의 엔트로피는 0이 된다. 실제로 절대온도 0도에 도달할 수 없고, 0노 이하의 온도는 불가능하다.

2 열역학 계산

1. 엔탈피와 엔트로피

(1) 엔탈피(Enthalpy)

어떤 물질이 특정 온도와 압력에서 가지는 고유한 에너지로서 그 계의 내부에너지와 압력과 부피의 곱의 합이다.

$$H = U + PV$$
(* H: 엔탈피[kJ], U: 내부 에너지[kJ], P: 압력[kPa], V: 부피[m³])

(2) 엔트로피(Entropy)

① 무질서도를 나타내는 물리량으로 주어진 열이 일로 전환될 수 있는 가능성을 나타내기도 한다.
② 가역단열과정에서의 엔트로피 변화는 $\Delta S = 0$이나, 비가역단열과정에서는 ΔS가 증가한다.

$$\text{가역단열과정 } \Delta S = 0$$
$$\text{비가역단열과정 } \Delta S = \frac{\Delta Q}{T}$$
(* ΔS: 엔트로피[kJ/K], ΔQ: 열량[kJ], T: 절대온도[K])

2. 현열, 잠열, 비열

(1) 현열

상변화 없이 온도변화에만 사용되는 열량을 말한다.

$$Q = cm\Delta T$$
(* Q: 사용열량[kJ], c: 비열[kJ/kg·K], m: 질량[kg], ΔT: 온도변화[K])

(2) 잠열

온도변화 없이 상변화에만 필요한 열량을 말한다.

$$Q = Lm$$
(* Q: 필요열량[kJ], L: 잠열[kJ/kg], m: 질량[kg])

▶ 물의 융해잠열: 80kcal/kg, 335kJ/kg, 물의 증발잠열: 539kcal/kg, 2256kJ/kg

(3) 비열

어떤 물질 1g의 온도를 1℃ 올리는 데 필요한 열량을 말한다.

① **정압비열(C_p)**: 압력을 일정하게 유지할 때의 비열이다.

② **정적비열(C_v)**: 부피를 일정하게 유지할 때의 비열이다.

③ **비열비(k)**: 정압비열과 정적비열의 비($\frac{C_p}{C_v}$)이다.

④ **특별기체상수($\overline{R}$)**: 정압비열과 정적비열의 차($\overline{R} = C_p - C_v = \frac{R(\text{일반기체상수})}{M(\text{분자량})}$)이다.

3. 기체방정식

(1) 보일의 법칙(Boyle's Law)

이상기체의 온도가 일정하면 기체의 부피와 압력은 반비례한다.

$$P_1 V_1 = P_2 V_2$$
(* P_1, P_2: 기체의 압력, V_1, V_2: 기체의 부피)

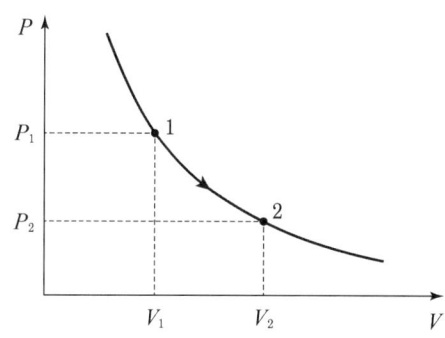

(2) 샤를의 법칙(Charles's Law)

이상기체의 압력이 일정하면 기체의 온도와 부피는 비례한다.

$$\frac{V_1}{T_1} = \frac{V_2}{T_2}$$
(* V_1, V_2: 기체의 부피, T_1, T_2: 기체의 온도)

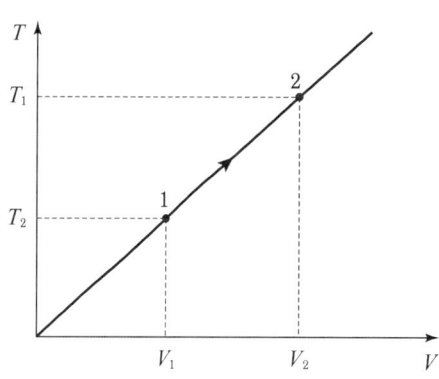

(3) 보일-샤를의 법칙(Boyle-Charles's Law)

이상기체의 부피는 압력과는 반비례하고, 온도와는 비례한다.

$$\frac{P_1 V_1}{T_1} = \frac{P_2 V_2}{T_2}$$

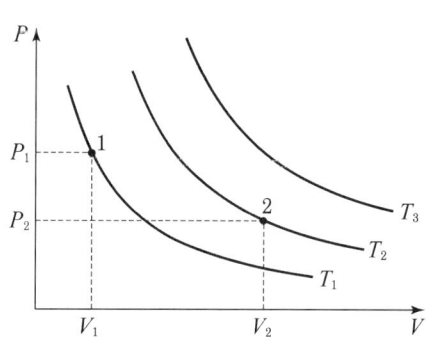

(4) 이상기체 상태방정식(Ideal Gas Law)

이상기체의 상태와 양을 나타내는 방정식으로 일반기체상수(R)를 사용하는 식과, 특별기체상수($\overline{R}$)를 사용하는 2개의 식이 존재한다.

$$PV = nRT$$

(*P: 압력[Pa], V: 체적[m³], n: 몰수($\dfrac{W(\text{기체질량})}{M(\text{기체분자량})}$), R: 일반기체상수(8.314J/mol·K), T: 절대온도[K])

$$PV = W\overline{R}T$$

(*P: 압력[Pa], V: 체적[m³], W: 기체질량[kg], $\overline{R}$: 특별기체상수(287J/kg·K), T: 절대온도[K])

확인 예제

공기 5kg이 온도 27℃, 부피 0.1m³의 용기 안에 들어 있을 때의 공기의 압력을 구하시오. (단, 공기의 특별기체상수는 300J/kg·K라고 가정한다)

해설
- $PV = W\overline{R}T$
- 섭씨온도를 절대온도로 변환하여 $T = 27 + 273 = 300$

$$\therefore P = \dfrac{W\overline{R}T}{V} = \dfrac{5 \times 300 \times 300}{0.1} = 4500000 = 4.5\text{MPa}$$

정답 4.5MPa

(5) 폴리트로픽 변화

이상기체가 아닌 실제기체의 압력과 부피는 '$PV^n = c(\text{일정})$'에 의한 변화를 한다. n의 값에 따라 4가지의 상태변화를 한다.

지수 n	상태변화
0	등압변화
1	등온변화
k	단열변화
∞	등적변화

단열팽창 $n = k$

$$\dfrac{T_2}{T_1} = \left(\dfrac{V_1}{V_2}\right)^{k-1} = \left(\dfrac{P_2}{P_1}\right)^{\frac{k-1}{k}}$$

(* T_1, T_2: 온도, V_1, V_2: 부피, P_1, P_2: 압력, k: 비열비)

확인 예제

300K, 1기압의 공기가 2기압까지 단열압축되었을 때의 온도를 구하시오. (단, 공기의 k는 1.4이다)

해설 단열팽창 $n = k$

$$\dfrac{T_2}{T_1} = \left(\dfrac{P_2}{P_1}\right)^{\frac{k-1}{k}}$$

$$T_2 = T_1 \left(\dfrac{P_2}{P_1}\right)^{\frac{k-1}{k}} = 300\left(\dfrac{2}{1}\right)^{\frac{1.4-1}{1.4}} = 300(2)^{\frac{0.4}{1.4}} = 365.7\text{K}$$

정답 365.7K

4. 카르노사이클

2개의 가역단열과정과 2개의 가역등온과정으로 이루어진 이상적인 열기관의 사이클이다. 효율이 가장 높은 가상적인 기관이므로 실제 존재하는 모든 기관의 효율은 카르노사이클보다 작게 된다.

(1) 등온팽창(1 - 2)

기체는 고온의 열원(T_H)로부터 Q_H의 열량을 흡수하고 부피가 팽창하면서 주변에 일을 하며 2번 상태에 도달한다.

(2) 단열팽창(2 - 3)

기체는 단열팽창하며 온도가 T_H에서 T_L로 낮아진다. 내부에너지를 이용하여 계속하여 외부에 일을 한다.

(3) 등온압축(3 - 4)

외부로부터 일을 받으며 등온압축된다. 열량 Q_L을 외부로 방출한다.

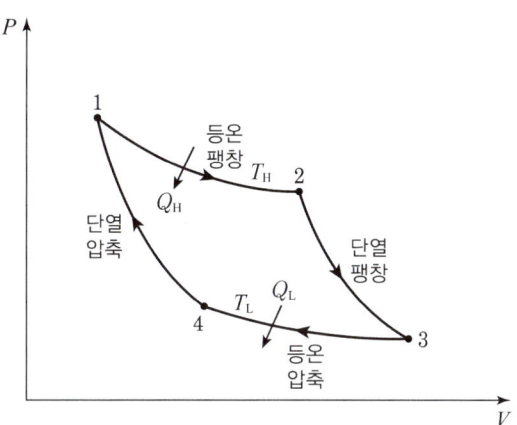

(4) 단열압축(4 - 1)

계속적으로 외부에서 일을 받으면서 압축이 된다. 열의 출입은 없으며 온도는 T_L에서 T_H로 증가하고 받은 일은 모두 내부에너지 증가로 변한다.

(5) 카르노사이클의 효율

$$\eta_c = \frac{Q_H - Q_L}{Q_H} = 1 - \frac{Q_L}{Q_H} = 1 - \frac{T_L}{T_H}$$

(*Q_H: 흡수열량, Q_L: 방출열량, T_H: 고온부의 온도, T_L: 저온부의 온도)

확인 예제

카르노사이클의 고온부 온도는 800K이고 저온부 온도는 400K이다. 이 카르노기관의 효율을 구하시오.

해설 $\eta_c = 1 - \dfrac{T_L}{T_H} = 1 - \dfrac{400}{800} = 1 - 0.5 = 0.5$

정답 0.5

3 열전달(Heat Transfer)

열전달은 열의 이동, 열에너지의 이동을 말하며 3가지 방식이 있다.

1. 전도(Conduction)

물질의 이동없이 열이 고온에서 저온으로 전달되는 현상이고, 주로 고체나 유체에서 일어나며 분자운동에 의한 열전달이다. 열전달 되는 양은 푸리에(Fourier)법칙에 의해 표현된다.

$$\dot{q} = -kA\frac{\Delta T}{\Delta x}$$

(* $\dot{q}$: 열전도율[W], k: 열전도도[W/m·K], A: 열전달면적[m^2], Δx: 물체의 두께[m], ΔT: 온도차이)

확인 예제

시멘트벽의 두께는 20cm이고, 열전도도는 0.01W/m·K, 열전달면적은 10m^2, 외부의 온도는 30℃, 내부의 온도는 10℃이다. 시멘트벽을 통한 열전도율을 구하시오.

해설 $\dot{q} = -kA\frac{\Delta T}{\Delta x} = -0.01 \times 10 \times \frac{10-30}{0.2} = 10\text{W}$

정답 10W

2. 대류(Convection)

공기나 물과 같은 유체를 통하여 열이 전달되는 현상으로서 열이 유체를 따라 고온부에서 저온부로 이동한다. 뉴턴의 냉각법칙(Newton's law of cooling)에 의해 열전달되는 양을 표현한다.

$$\dot{q} = hA\Delta T = hA(T_2 - T_1)$$

(* $\dot{q}$: 열전도율[W], h: 대류열전달계수[W/m^2·K], A: 열전달면적[m^2], ΔT: 온도차이)

확인 예제

난방벽의 한쪽 면이 공기에 의하여 강제대류 열전달되고 있다. 대류열전달계수는 100W/m^2·K, 열전달면적은 10m^2, 난방벽의 온도는 40℃, 공기의 온도는 10℃일 때 대류열전달률을 구하시오.

해설 $\dot{q} = hA(T_2 - T_1) = 100 \times 10(40-10) = 30000 = 30\text{kW}$

정답 30kW

3. 복사(Radiation)

열이 전자기파의 형태로 전달되기 때문에 열전달 매질이 필요없다. 태양빛이 지구에 도달하는 방식이며, 복사되는 열전달 양은 스테판-볼쯔만(Stephan-Boltzman)식에 의한다.

$$E = \epsilon \sigma A T_S^4$$

$$\dot{q} = \epsilon \sigma A (T_S^4 - T_a^4)$$

(* E: 복사에너지[W], σ: 스테판-볼쯔만상수(5.67×10^{-8}[W/m² · K⁴]), A: 열전달면적, $\dot{q}$: 열전달률, T_S: 흑체온도, T_a: 주위온도, ϵ: 방사율, 흑체 $\epsilon = 1$)

확인 예제

흑체의 표면적은 0.5로 감소하고, 온도가 2배 상승하면 복사에너지는 몇 배가 되는지 구하시오.

[해설] $E = \sigma A T_S^4$

$$\frac{E_2}{E_1} = \frac{\sigma 0.5 A (2T_S)^4}{\sigma A T_S^4} = 0.5 \times 16 = 8$$

∴ E_2는 E_1의 8배가 된다.

[정답] 8배

해커스자격증
pass.Hackers.com

Part 02

소방기계시설의 구조 및 원리

Chapter 01   소화에 필요한 설비
Chapter 02   피난구조에 관한 설비
Chapter 03   소화용수에 관한 설비
Chapter 04   소화활동에 관한 설비

Chapter 01 소화에 필요한 설비

1 소화설비

1. 소화기구의 분류

(1) 소화기

소화약제를 압력에 따라 방사하는 기구로서 사람이 수동으로 조작하여 소화하는 것을 말한다.

(2) 간이소화용구

에어로졸식 소화용구, 투척용 소화용구, 마른모래나 팽창질석, 팽창진주암 등과 같이 소화약제 이외의 것을 이용한 소화용구가 있다.

간이소화용구	용량	능력단위
마른모래	50L 이상의 것 1포(삽을 상비)	0.5단위
팽창질석, 팽창진주암	80L 이상의 것 1포(삽을 상비)	0.5단위

(3) 자동소화장치

소화약제를 자동으로 방사하여 화재를 소화하는 소화장치이다.
① **주거용 주방자동소화장치**: 주방의 후드나 천장에 설치되어 있어 화재 발생 시 자동으로 열원을 차단하고 소화약제를 방출하는 장치이다.
② **상업용 주방자동소화장치**: 상업용 주방의 후드나 천장에 설치되어 있어 화재 발생 시 자동으로 열원을 차단하고 소화약제를 방출하는 장치이다.
③ **캐비닛형 자동소화장치**: 철재 캐비닛 안에 들어있으며 열, 연기, 불꽃을 감지하여 소화약제를 방사한다.
④ **가스, 분말, 고체 에어로졸 자동소화장치**
  ㉠ 가스, 분말, 고체 에어로졸을 자동으로 분사한다.
  ㉡ 감지부는 형식승인된 유효설치범위 내에 설치해야 하며 설치장소의 평상시 최고주위온도에 따라 다음 표에 따른 표시온도의 것으로 설치해야 한다.

설치장소의 최고 주위온도	표시온도
39℃ 미만	79℃ 미만
39℃ 이상 64℃ 미만	79℃ 이상 121℃ 미만
64℃ 이상 106℃ 미만	121℃ 이상 162℃ 미만
106℃ 이상	162℃ 이상

> **참고** 이산화탄소 또는 할로겐화합물을 방사하는 소화기구의 설치기준
>
> 이산화탄소 또는 할로겐화합물을 방사하는 소화기구(자동확산소화기 제외)는 지하층이나 무창층 또는 밀폐된 거실로서 그 바닥면적이 20m² 미만인 장소에는 설치할 수 없다. 다만, 배기를 위한 유효한 개구부가 있는 장소인 경우에는 그렇지 않다.

2. 소화약제에 의한 소화기의 분류

(1) 물소화기
① 물의 냉각성능이 뚜렷하므로 소화약제로 사용되며, 깨끗한 물을 사용하는 것이 좋으나 계면활성제를 섞어 사용하기도 한다.
② 영하로 내려가는 온도에서 사용해서는 안 된다.
③ 물과 알칼리의 반응에 의해 생기는 이산화탄소의 압력에 의해 물을 방출하는 방식도 사용되며, 그 이외에도 강화액 소화기가 사용된다.

(2) 가스소화기
고압가스용기에 액체 이산화탄소를 저장했다가 기체로 분출하면서 화재를 진압하는 소화기로서, 이산화탄소소화기, 반응성이 약한 할로겐가스를 방출하는 할로겐화합물소화기가 있다.

(3) 분말소화기
소화약제로 건조된 미세분말을 방습제와 분산제로 처리하여 유동성과 방습성을 높인 소화기로서, 가압식과 축압식이 있다.

3. 가압방식에 의한 소화기의 분류

(1) 가압식
피스톤식 수동펌프에 의한 가압으로 약제를 방출시키는 수동펌프식, 소화약제의 화학반응에 생성된 가스의 압력으로 약제를 방출하는 화학반응식, 가압용 가스용기가 따로 부설되어 있는 가스가압식이 있다.

(2) 축압식
소화용기 내부에 압축공기, 이산화탄소, 질소를 충전하여 그 압력에 의해 소화약제를 방출하는 방식의 소화기이다.

4. 크기에 의한 소화기의 분류

구분	소형 소화기	대형 소화기
능력단위 (소화능력의 수치값)	1단위 이상 10단위 미만	① A급: 10단위 이상 ② B급: 20단위 이상 운반대와 바퀴가 설치되어야 한다.
보행거리	20m 이내	30m 이내

5. 대형소화기의 소화약제 충전량

소화약제	충전량	소화약제	충전량
포	20L 이상	분말	20kg 이상
강화액	60L 이상	할로겐화합물	30kg 이상
물	80L 이상	이산화탄소	50kg 이상

6. 8초 이상 사용 시 소화기 온도범위

소화액 종류	사용온도
강화액, 분말, 액체	-20 ~ 40℃
그 밖의 것	0 ~ 40℃

7. 소화기 호스 제외 가능

소화기 종류	약제의 중량
분말소화기	2kg 미만
이산화탄소소화기	3kg 미만
할로겐화합물소화기	4kg 미만
액체계 소화약제소화기	3L 미만

8. 소화기 설치기준

(1) 거주자 등이 손쉽게 사용할 수 있는 장소에 바닥으로부터 높이 1.5m 이하에 설치한다.

(2) 소화기는 각 층마다 설치하여야 하고, 특정소방대상물의 각 부분으로부터 1개의 소화기까지의 보행거리는 소형소화기는 20m 이내, 대형소화기는 30m 이내이다.

(3) 각층이 2 이상의 거실로 구획된 경우 각 층마다 설치하는 것 외에 33m^2 이상 구획된 각 거실에 설치하여야 한다 (APT는 각 세대).

9. 소화기의 감소

(1) 소형소화기를 설치하여야 할 특정소방대상물 또는 그 부분에 옥내소화전설비, 스프링클러설비, 물분무등소화설비, 옥외소화전설비 또는 대형소화기를 설치한 경우에는 소화기의 3분의 2(대형소화기는 2분의 1)를 감소할 수 있다. 다만, 층수가 11층 이상인 부분, 근린생활시설, 위락시설, 문화 및 집회시설, 운동시설, 판매시설, 운수시설, 숙박시설, 노유자시설, 의료시설, 아파트, 업무시설, 방송통신시설, 교육연구시설, 항공기 및 자동차 관련시설, 관광 휴게시설은 그러하지 아니한다.

(2) 대형소화기를 설치하여야 할 특정소방대상물 또는 그 부분에 옥내소화전설비, 스프링클러설비, 물분무등소화설비 또는 옥외소화전설비를 설치한 경우에는 해당 설비의 유효범위 안의 부분에 대하여는 대형소화기를 설치하지 아니할 수 있다.

10. 자동소화장치 설치기준

(1) 주거용 주방자동소화장치

① 소화약제 방출구는 환기구의 청소부분과 분리되어 있어야 하며, 형식승인을 받은 유효설치 높이 및 방호면적에 따라 설치한다.

② 감지부는 형식승인을 받은 유효한 높이 및 위치에 설치한다.
③ 차단장치(전기 또는 가스)는 상시 확인 및 점검이 가능하도록 한다.
④ 가스용 주방자동소화장치를 사용하는 경우 탐지부는 수신부와 분리하여 설치하되, 공기보다 가벼운 가스를 사용하는 경우에는 천장면으로부터 30cm 이하의 위치에 설치하고, 공기보다 무거운 가스를 사용 시에는 바닥면으로부터 30cm 이하의 위치에 설치한다.
⑤ 수신부는 주위의 열기류 또는 습기 등과 주위온도에 영향을 받지 아니하고 사용자가 상시 볼 수 있는 곳에 설치한다.

(2) 상업용 주방자동소화장치
① 조리기구의 종류별로 성능인증을 받은 설계매뉴얼에 적합하게 설치한다.
② 감지부는 성능인증을 받은 유효높이의 위치에 설치한다.
③ 차단장치(전기 또는 가스)는 상시 확인 및 점검이 가능하도록 설치한다.
④ 후드에 방출되는 분사헤드는 후드의 가장 긴 변의 길이까지 방출될 수 있도록 약제의 방출 방향 및 거리를 고려하여 설치한다.
⑤ 덕트(duct)에 방출되는 분사헤드는 성능인증을 받은 길이 이내로 설치한다.

11. 특정소방대상물별 소화기의 능력단위기준

특정소방대상물	소화기구의 능력단위(바닥면적)
위락시설	30m²마다 1단위 이상
공연장, 집회장, 관람장, 문화재, 장례식장 및 의료시설	50m²마다 1단위 이상
근린생활시설, 판매, 운수, 숙박, 노유자시설, 전시장, 공동주택, 업무시설, 방송통신시설, 공장, 창고시설, 항공기 및 자동차 관련시설, 관광 휴게시설	100m²마다 1단위 이상
그 밖의 것	200m²마다 1단위 이상

▶ 주의: 내화구조이며 내장재 등이 불연재(준불연재, 난연재 포함)일 경우 면적을 2배 적용함

(1) 특정소방대상물의 각 층마다 설치하되, 각층이 2 이상의 거실로 구획된 경우에는 각 층마다 설치하는 것 외에 바닥면적 33m² 이상으로 구획된 각 거실(아파트의 경우에는 각 세대를 말한다)에도 배치해야 한다(NFTC 101).
(2) 특정소방대상물의 각 부분으로부터 1개의 소화기까지의 보행거리가 소형소화기의 경우에는 20m 이내, 대형소화기의 경우에는 30m 이내가 되도록 배치할 것. 다만, 가연성 물질이 없는 작업장의 경우에는 작업장의 실정에 맞게 보행거리를 완화하여 배치할 수 있다(NFTC 101).

확인 예제

바닥면적이 1,500m²인 관람장의 소화기구의 최소능력단위를 구하시오. (단, 내장재는 불연재이다)

해설
- 관람장은 50m²마다 1단위 이상이고, 불연재는 면적을 2배 적용
- 능력단위 $= \dfrac{1500}{50 \times 2} = 15$단위

정답 15단위

12. 부속용도별로 추가하여야 할 소화기구 및 자동소화장치(NFTC 101)

용도별			소화기구의 능력단위
1. 다음의 시설. 다만, 스프링클러설비·간이스프링클러설비·물분무등소화설비 또는 상업용 주방자동소화장치가 설치된 경우에는 자동확산소화기를 설치하지 않을 수 있다. 가. 보일러실(아파트의 경우 방화구획된 것을 제외한다)·건조실·세탁소·대량화기취급소 나. 음식점(지하가의 음식점을 포함한다)·다중이용업소·호텔·기숙사·노유자시설·의료시설·업무시설·공장·장례식장·교육연구시설·교정 및 군사시설의 주방. 다만, 의료시설·업무시설 및 공장의 주방은 공동취사를 위한 것에 한한다. 다. 관리자의 출입이 곤란한 변전실·송전실·변압기실 및 배전반실(불연재료로 된 상자 안에 장치된 것을 제외한다)			1. 해당 용도의 바닥면적 25m²마다 능력단위 1단위 이상의 소화기로 할 것. 이 경우 나목의 주방에 설치하는 소화기 중 1개 이상은 주방화재용 소화기(K급)로 설치해야 한다. 2. 자동확산소화기는 해당 용도의 바닥면적을 기준으로 10m² 이하는 1개, 10m² 초과는 2개를 설치하되, 보일러, 조리기구, 변전설비 등 방호대상에 유효하게 분사될 수 있는 위치에 배치될 수 있는 수량으로 설치해야 한다.
2. 발전실·변전실·송전실·변압기실·배전반실·통신기기실·전산기기실·기타 이와 유사한 시설이 있는 장소. 다만, 제1호 다목의 장소를 제외한다.			해당 용도의 바닥면적 50m²마다 적응성이 있는 소화기 1개 이상 또는 유효설치방호체적 이내의 가스·분말·고체에어로졸 자동소화장치, 캐비닛형자동소화장치(다만, 통신기기실·전자기기실을 제외한 장소에 있어서는 교류 600V 또는 직류 750V 이상의 것에 한한다)
3. 「위험물안전관리법 시행령」 별표 1에 따른 지정수량의 1/5 이상 지정수량 미만의 위험물을 저장 또는 취급하는 장소			능력단위 2단위 이상 또는 유효설치방호체적 이내의 가스·분말·고체에어로졸 자동소화장치, 캐비닛형 자동소화장치
4. 「화재의 예방 및 안전관리에 관한 법률 시행령」 별표 2에 따른 특수가연물을 저장 또는 취급하는 장소	「화재의 예방 및 안전관리에 관한 법률 시행령」 별표 2에서 정하는 수량 이상		「화재의 예방 및 안전관리에 관한 법률 시행령」 별표 2에서 정하는 수량의 50배 이상마다 능력단위 1단위 이상
	「화재의 예방 및 안전관리에 관한 법률 시행령」 별표 2에서 정하는 수량의 500배 이상		대형소화기 1개 이상
5. 「고압가스안전관리법」·「액화석유가스의 안전관리 및 사업법」 또는 「도시가스사업법」에서 규정하는 가연성가스를 사용하는 장소	액화석유가스 기타 가연성가스를 연료로 사용하는 연소기기가 있는 장소		각 연소기로부터 보행거리 10m 이내에 능력단위 3단위 이상의 소화기 1개 이상. 다만, 상업용 주방자동소화장치가 설치된 장소는 제외한다.
	액화석유가스 기타 가연성가스를 연료로 사용하기 위하여 저장하는 저장실(저장량 300kg 미만은 제외한다)		능력단위 5단위 이상의 소화기 2개 이상 및 대형소화기 1개 이상
6. 「고압가스안전관리법」·「액화석유가스의 안전관리 및 사업법」 또는 「도시가스사업법」에서 규정하는 가연성가스를 제조하거나 연료외의 용도로 저장·사용하는 장소	저장하고 있는 양 또는 1개월 동안 제조·사용하는 양	200kg 미만 / 저장하는 장소	능력단위 3단위 이상의 소화기 2개 이상
		200kg 미만 / 제조·사용하는 장소	능력단위 3단위 이상의 소화기 2개 이상
		200kg 이상 300kg 미만 / 저장하는 장소	능력단위 5단위 이상의 소화기 2개 이상
		200kg 이상 300kg 미만 / 제조·사용하는 장소	바닥면적 50m²마다 능력단위 5단위 이상의 소화기 1개 이상
		300kg 이상 / 저장하는 장소	대형소화기 2개 이상
		300kg 이상 / 제조·사용하는 장소	바닥면적 50m²마다 능력단위 5단위 이상의 소화기 1개 이상

[비고] 액화석유가스·기타 가연성가스를 제조하거나 연료 외의 용도로 사용하는 장소에 소화기를 설치하는 때에는 해당 장소 바닥면적 50m² 이하인 경우에도 해당 소화기를 2개 이상 비치해야 한다.

13. 소화기구의 소화약제별 적응성(NFTC 101)

소화약제 구분 적응대상	가스			분말		액체				기타			
	이산화탄소 소화약제	할론 소화약제	할로겐 화합물 및 불활성 기체 소화약제	인산염류 소화약제	중탄산 염류 소화약제	산알칼리 소화약제	강화액 소화약제	포소화 약제	물·침윤 소화약제	고체 에어로졸 화합물	마른모래	팽창 질석·팽창 진주암	그 밖의 것
일반화재 (A급 화재)	-	○	○	○	-	○	○	○	○	○	○	○	-
유류화재 (B급 화재)	○	○	○	○	○	○	○	○	○	○	○	○	-
전기화재 (C급 화재)	○	○	○	○	○	*	*	*	*	○	-	-	-
주방화재 (K급 화재)	-	-	-	-	-	-	*	*	*	-	-	-	*
금속화재 (D급 화재)	-	-	-	-	*	-	-	-	-	-	○	○	*

소화약제별 적응성은 「소방시설 설치 및 관리에 관한 법률」 제37조에 의한 형식승인 및 제품검사의 기술기준에 따라 화재 종류별 적응성에 적합한 것으로 인정되는 경우에 한한다.

2 옥내소화전설비

화재발생 초기에 자체소화할 수 있는 1차 소화설비로서, 수원, 가압송수장치(기동용 수압개폐장치), 배관, 방수구, 제어반, 옥내소화전함(관창, 호스, 결합금속구)으로 구성된다.

1. 수원

(1) 수조의 설치기준

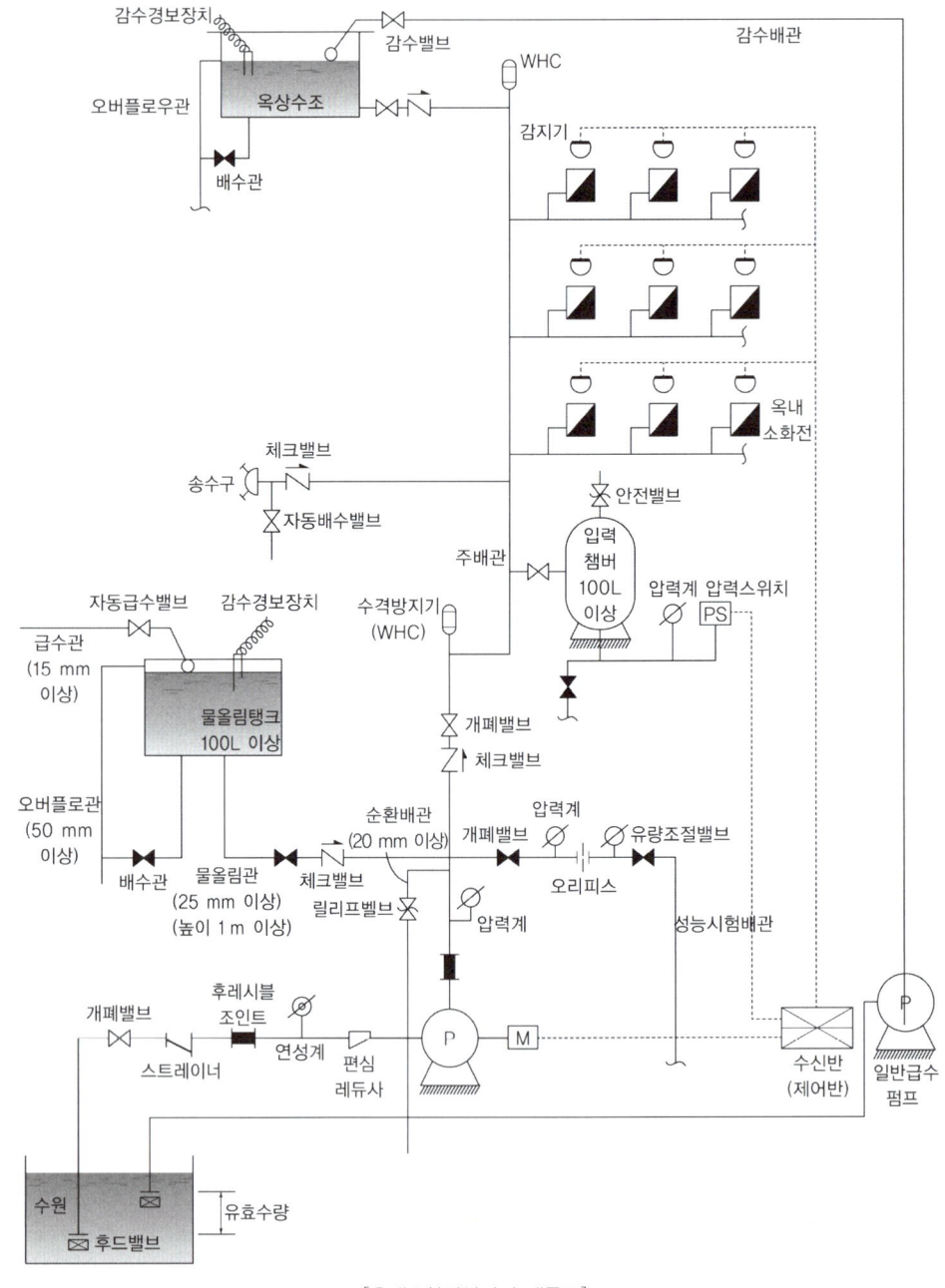

[옥내소화전설비의 계통도]

① 점검에 편리한 곳에 설치한다.
② 동결방지조치를 하거나 동결의 우려가 없는 장소에 설치한다.
③ 수조의 외측에는 수위계를 설치한다. 다만, 구조상 불가피한 경우는 수조의 맨홀 등을 통하여 수조 안의 물의 양을 쉽게 확인할 수 있도록 하여야 한다.
④ 수조의 상단이 바닥보다 높은 때에는 수조 외측에 고정식 사다리를 설치한다.
⑤ 수조가 실내에 설치된 때에는 그 실내에 조명설비를 설치한다.
⑥ 수조의 밑부분에는 청소용 배수밸브 또는 배수관을 설치한다.
⑦ 수조 외측의 보기 쉬운 곳에 "옥내소화전설비용 수조"라고 표시한다. 이 경우 그 수조를 다른 설비와 겸용하는 때에는 그 겸용되는 설비의 이름을 표시한 표지를 함께 하여야 한다.
⑧ 옥내소화전 펌프의 흡수배관 또는 옥내소화전설비의 수직배관 수조의 접속부분에는 "옥내소화전설비용 배관"이라고 표시한 표지를 하여야 한다.

(2) 수원의 양

$$\text{수원의 양} = \text{옥내소화전 개수} \times \text{옥내소화전 노즐 1개의 분당 방출량(130L/min)} \times \text{방출시간[min]}$$

① 30층 미만 건축물의 수원의 양

$$\text{수원의 양} = \text{옥내소화전 개수} \times 130\text{L/min} \times 20[\text{min}]$$
(* 30층 미만 옥내소화전 개수 최대 2개)

② 30층 이상 50층 미만 건축물의 수원의 양

$$\text{수원의 양} = \text{옥내소화전 개수} \times 130\text{L/min} \times 40[\text{min}]$$
(* 30~49층 옥내소화전 개수 최대 5개)

③ 50층 이상 건축물의 수원의 양

$$\text{수원의 양} = \text{옥내소화전 개수} \times 130\text{L/min} \times 60[\text{min}]$$
(* 50층 이상 옥내소화전 개수 최대 5개)

(3) 옥상수조의 수원의 양

옥상수조 수원의 양은 앞의 유효수량의 1/3 이상을 옥상에 저장하여야 한다. 다음의 경우는 옥상수조의 설치를 면제한다.
① 지하층만 있는 건축물
② 고가수조를 가압송수장치로 설치한 경우
③ 수원이 건축물의 최상층에 설치된 방수구보다 높은 위치에 설치된 경우
④ 건축물의 높이가 지표면으로부터 10m 이하인 경우
⑤ 주펌프와 동등 이상의 성능이 있는 별도의 펌프로서, 내연기관의 기동과 연동하여 작동되거나 비상전원을 연결하여 설치한 경우
⑥ 가압수조를 가압송수장치로 설치한 옥내소화전설비
⑦ 학교, 공장, 창고시설로서 동결 우려장소에 있어서는 기동스위치에 보호판을 부착하여 옥내소화전함 내에 설치한 경우

2. 가압송수장치

(1) 펌프방식

전동기 또는 내연기관에 의해 펌프를 사용하며 소방시설에서는 주로 원심펌프를 이용한다. 펌프의 전양정은 다음의 식에 의해 계산된다.

$$H = h_1 + h_2 + h_3 + 17\text{m}$$

H: 전양정[m]
h_1: 호스의 마찰손실수두[m]
h_2: 배관 및 부속품 마찰손실수두[m]
h_3: 실양정(흡입양정 + 토출양정), 낙차의 환산수두[m]
17m: 노즐에서의 방사압 환산수두

(2) 고가수조방식

높은 곳에 수조를 설치하여 중력을 이용하여 자연 방사하는 방식이다.

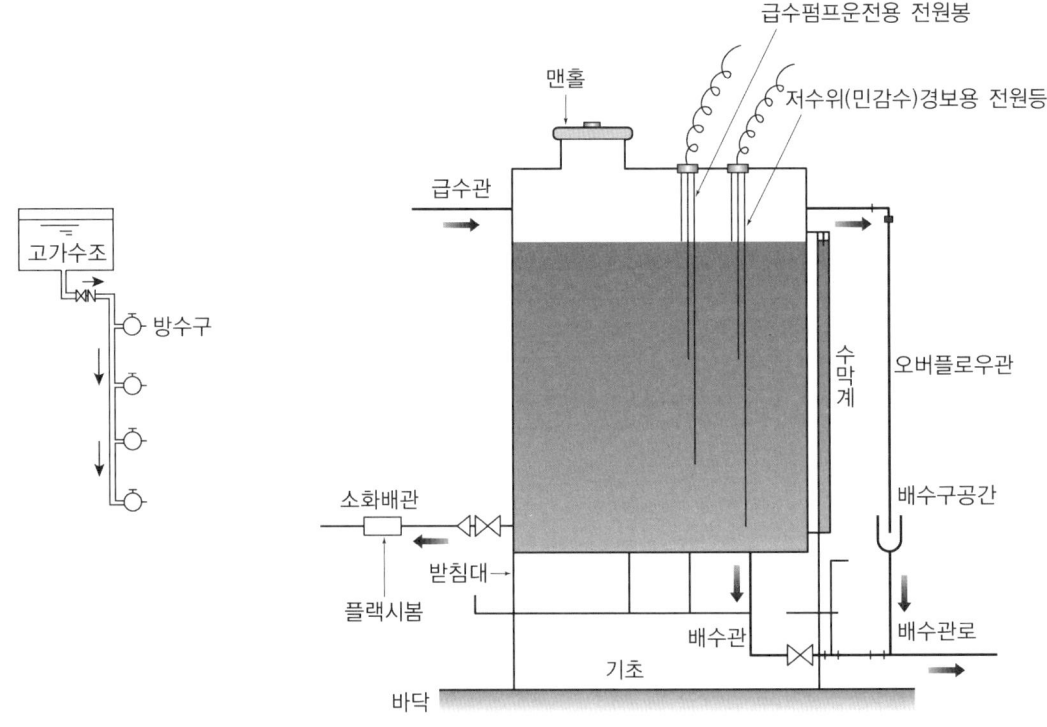

$$H = h_1 + h_2 + 17\text{m}$$

H: 전양정[m]
h_1: 호스의 마찰손실수두[m]
h_2: 배관 및 부속품 마찰손실수두[m]
17m: 노즐에서의 방사압 환산수두

(3) 압력수조방식

압력수조에 $\frac{2}{3}$는 물을 채우고 $\frac{1}{3}$은 압축공기를 채워 압축공기에 의해 물을 방사하는 방식이다.

$$P = P_1 + P_2 + P_3 + 17\text{MPa}$$

H: 전압력[Mpa]

P_1: 호스의 마찰손실수두압[Mpa]

P_2: 배관 및 부속품 마찰손실수두압[Mpa]

P_3: 실양정(흡입양정 + 토출양정), 낙차의 환산수두압[Mpa]

17Mpa: 노즐에서의 방사압 환산수두압

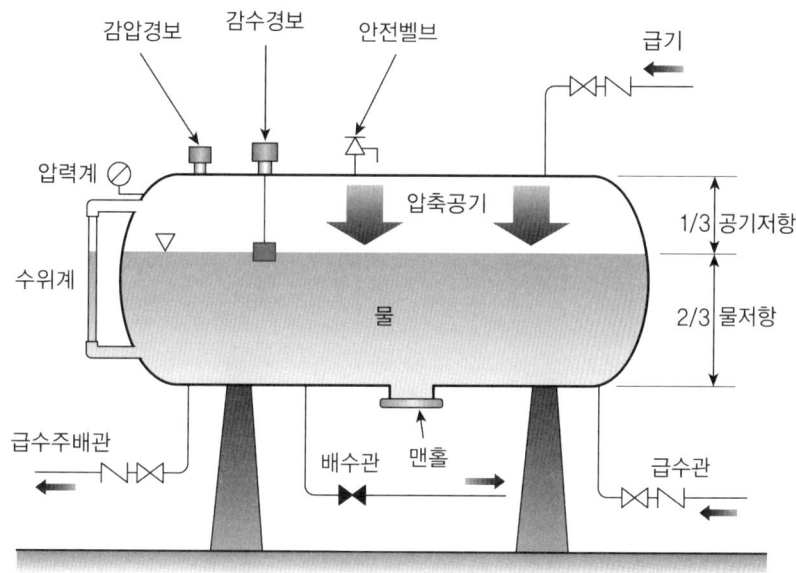

(4) 가압수조방식

① 압축공기나 질소와 같은 불연성 고압기체를 사용하여 방수압력을 얻는 방식이다.

② 비상시에도 동력없이 사용할 수 있는 장점이 있다.

③ 가압수조 및 가압원은 방화구획된 장소에 설치하여야 한다.

3. 옥내소화전의 주요 부분

(1) 펌프
펌프의 분류는 다음과 같다. 소방용 펌프로는 원심펌프를 이용한다.

① 펌프의 동력

> 참고 Part 01 소방유체역학(Chapter 05 유체기계) 참조

② **펌프의 성능**: 펌프의 토출량을 적게 하면 토출압력(양정)이 증가하고, 토출량을 크게 하면 토출압력(양정)이 낮아진다. 토출량과 토출압력(양정)의 관계를 나타낸 그림이 펌프의 성능곡선이다.

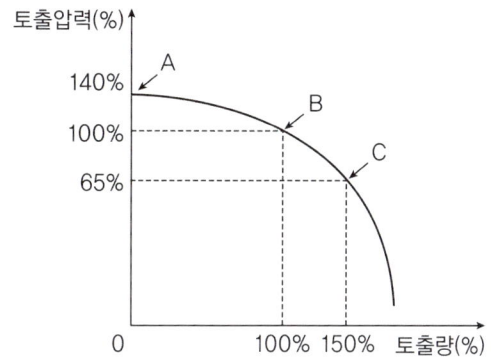

토출량	큰유량: m³/min	작은유량: L/min
토출량 환산	$X\text{m}^3/\text{min} = 1000 X \text{L/min[Lpm]}$	
토출압	정격압력 100%= YMPa= 100 Ym	
체절운전(A점)	공회전(물이 방사되지 않음)	토출압 < 정격압력의 140%
최대운전(C점)	정격토출량의 150%	토출압 > 정격압력의 65%

③ **충압펌프**: 배관 내 압력손실에 따른 주펌프의 빈번한 기동을 방지하기 위하여 부족한 압력을 보충한다. 토출압은 가압송수장치의 정격토출압력과 같거나 호스접결구의 자연압보다 0.2MPa 크게 하며, 볼류트 펌프와 웨스코(Westco)펌프가 사용된다.

(2) 물올림장치

수원이 펌프보다 낮은 경우 가압송수장치에 사용된다.

① 물올림전용 수조를 설치한다.
② 수조의 유효수량은 100L 이상, 직경 15mm 이상의 배관을 사용한다.

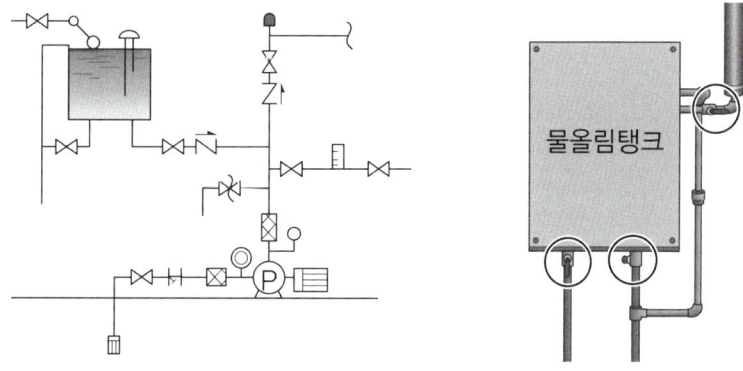

[물올림탱크의 구조]

4. 기동용 수압개폐장치

펌프를 자동적으로 기동시키거나 정지하기 위해 설치하며 압력챔버와 압력계로 이루어져 있다. '배관 내의 압력 감소 → 감지 → 압력스위치 작동 → 충압펌프 또는 주펌프 작동' 순으로 진행되며, 압력챔버의 용량은 100L 이상으로 한다.

① **압력계**: 펌프의 토출측에 설치하고 대기압보다 높은 정압(+ 압력)을 측정한다.
② **진공계 또는 연성계**: 펌프의 흡입쪽에 설치하고 진공계는 대기압보다 낮은 부압(- 압력), 연성계는 정압(+ 압력), 부압(- 압력)을 측정할 수 있다.

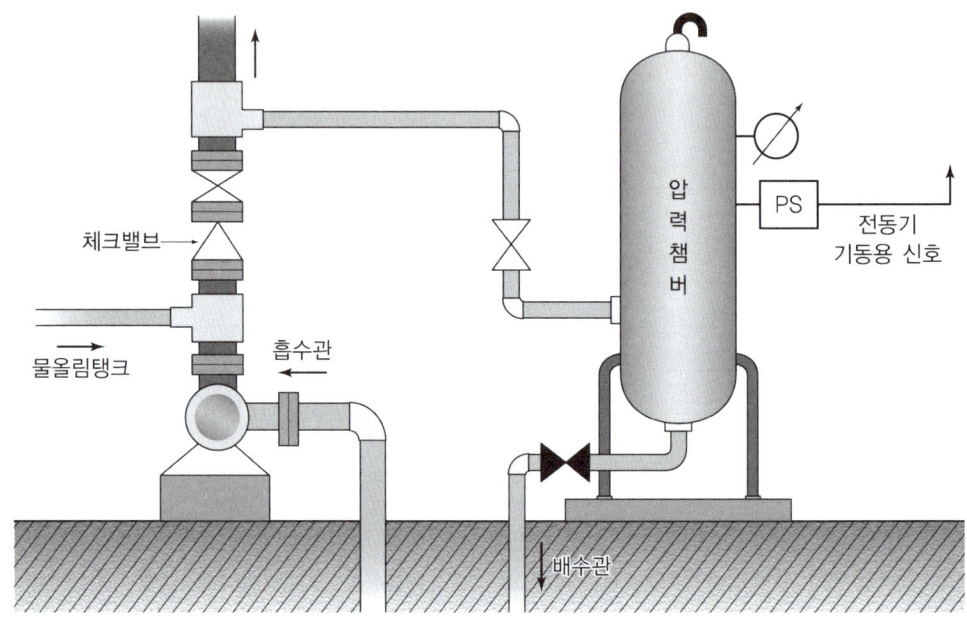

5. 배관

(1) 사용압력에 따른 배관의 종류

압력의 크기	사용되는 배관
1.2MPa 미만	① 배관용 탄소강관(KS D 3507) ② 이음매 없는 구리 및 구리합금관(KS D 5301, 습식만) ③ 배관용 스테인레스강관(KS D 3576) 또는 일반 배관용 스테인레스강관(KS D 3595) ④ 덕타일 주철관(KS D 4311)
1.2MPa 이상	① 압력배관용 탄소강관(KS D 3562) ② 배관용 아크용접 탄소강강관(KS D 3583)

(2) 배관의 직경

분류	주배관(유속 4m/s 이하)	가지배관
호스릴설비	32mm 이상	25mm 이상
일반설비	50mm 이상	40mm 이상
연결송수관설비의 배관과 겸용	100mm 이상	65mm 이상

6. 성능시험배관

화재를 대비하여 평상시 펌프의 성능을 시험하기 위하여 설치한다.

구분	세부 내용

설치기준	① 토출측 개폐밸브 이전에서 분기하여 설치
	② 유량측정장치를 기준으로
	  • 전단 직관부: 개폐밸브 설치
	  • 후단 직관부: 유량조절밸브 설치

유량측정장치	정격토출량의 175% 이상 측정이 가능해야 한다.
펌프의 분당 토출량(L/min)	$Q = 0.653 D^2 \sqrt{10P}$ (* Q: 분당 토출량[L/min], D: 배관 직경[mm], P: 방수압력[Mpa])

확인 예제

성능시험배관에서 노즐의 직경은 10mm이고, 방수압은 0.5MPa이면, 1분 동안의 방수량은 얼마인지 구하시오.

해설 $Q = 0.653 D^2 \sqrt{10P} = 0.653 \times 10^2 \times \sqrt{10 \times 0.5} = 146L$

정답 146L

7. 순환배관 및 릴리프밸브

체절운전을 지나치게 하면 과열이 발생해 펌프가 손상된다. 과열을 방지하기 위해 순환배관을 통해 물을 순환시키거나 릴리프밸브를 통해 일정량의 물을 배출시킨다.
▶ 체절운전이란 펌프의 성능시험을 목적으로 펌프토출측의 개폐밸브를 닫은 상태에서 펌프를 운전하는 것을 말한다.

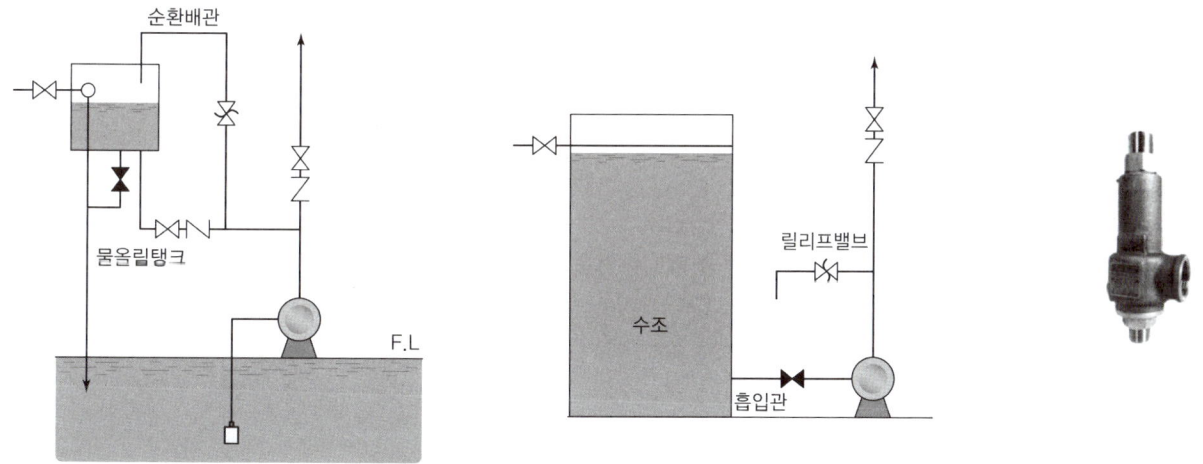

[순환배관]   [릴리프밸브]

설치 위치	펌프와 체크밸브 사이
배관 직경	20mm 이상
작동압력	체절압력 미만에서 작동

8. 송수구

(1) 소방차로부터 옥내소화전설비에 송수할 수 있는 송수구멍이다.

(2) 설치기준

① 소방차가 쉽게 접근할 수 있는 잘 보이는 장소에 설치하되, 소화에 지장을 주지 않아야 하며 높이는 0.5m 이상 1m 이하의 위치에 설치한다.
② 송수구로부터 주배관 사이에는 개폐밸브를 설치하지 아니한다.
③ 직경 65mm의 쌍구형 또는 단구형으로 한다.
④ 송수구의 가까운 부분에 자동배수밸브(또는 5mm의 배수구멍) 및 체크밸브를 설치한다.
⑤ 송수구에는 이물질을 막기 위한 마개를 씌운다.

[옥내소화전 송수구]

9. 방수구

(1) 옥내소화전에서 물이 나오는 40mm 구멍이며 40mm 호스와 연결된 부분을 말한다.

(2) 설치기준

① 층마다 설치하되, 소방대상물 각 부분으로부터 방수구까지 수평거리가 25m(호스릴옥내소화전 포함) 이하가 되도록 한다.
② 방수구는 바닥으로부터 1.5m 이하가 되도록 한다.
③ 호스는 구경 40mm(호스릴의 경우 25mm) 이상의 것으로서 각 부분에 물이 유효하게 살수될 수 있는 길이로 설치한다.
④ 호스릴설비 노즐에는 그 노즐을 쉽게 개폐할 수 있는 장치를 부착한다.

[옥내소화전 방수구]

(3) 설치제외

① 온도가 영하인 냉장실, 냉동실
② 발전소, 변전소 등의 전기시설
③ 고온의 노가 설치된 장소
④ 물과 격렬하게 반응하는 물품의 저장·취급장소
⑤ 식물원, 수족관, 목욕실, 수영장(관람석 제외), 야외음악당, 야외극장

10. 옥내소화전함

소화용으로 사용되는 방수용기구를 보관할 수 있는 함이며, 개폐밸브, 호스, 노즐, 접속기구 등이 내장되어 있다.

항목	구조
내부폭	180mm 이상
문열림	120° 이상
함의 두께	1.5mm 이상의 강판(4mm 이상의 합성수지)
문의 면적	0.5m² 이상으로 밸브조작, 호스 수납에 충분한 여유가 있어야 한다.
배관 통과부분 구경	32mm 이상
표면	표면에 '소화전'을 표시하고 함과 가깝고 보기 쉬운 곳에 외국어와 그림을 병기한 사용요령 표지판을 부착해야 한다. 함의 문에 표지판을 붙이는 경우엔 외부뿐만 아니라 안쪽에도 부착해야 한다.

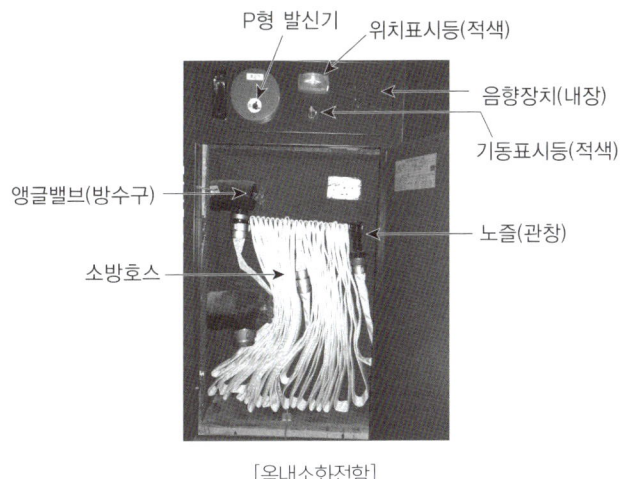

[옥내소화전함]

11. 제어반

옥내소화전설비에는 제어반을 설치하되 감시제어반과 동력제어반으로 구분하여 설치한다.

(1) 감시제어반

① 소화설비용 수신반으로서 감시 및 제어기능이 있는 것을 말하며, 일반적으로 소방시설들을 집중, 감시하는 별도의 장소에 설치한다.

② 감시제어반의 기능
  ㉠ 각 펌프의 작동여부를 확인할 수 있는 표시등 및 음향경보기능이 있어야 한다.
  ㉡ 각 펌프를 자동 및 수동으로 작동시키거나 중단시킬 수 있어야 한다.
  ㉢ 비상전원을 설치한 경우 상용전원 및 비상전원의 공급여부를 확인할 수 있어야 한다.
  ㉣ 수조 또는 물올림탱크가 저수위로 될 때 표시등 및 음향으로 경보한다.
  ㉤ 각 확인회로(기동용 수압개폐장치의 압력스위치회로, 수조, 물올림탱크의 감시회로)마다 도통시험 및 작동시험을 할 수 있어야 한다.
  ㉥ 예비전원이 확보되고 예비전원의 적합여부 시험이 가능하여야 한다.

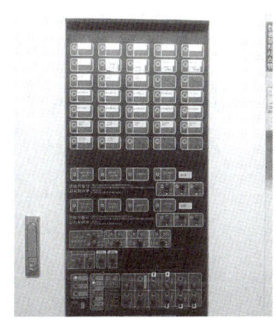

[감시제어반]

(2) 동력제어반

① MCC(Motor Control Center) panel을 말하며 각종 동력장치의 감시 및 제어기능이 있는 것을 말한다. 펌프의 직근에 설치한다.
② 동력제어반 설치기준
  ㉠ 앞면은 적색으로 하고 "옥내소화전설비용 동력제어반"이라고 표시한 표지를 설치한다.
  ㉡ 외함은 두께 1.5mm 이상의 강판 또는 이와 동등 이상의 강도 및 내열성능이 있는 것으로 한다.

[동력제어반]

12. 상용전원

옥내소화전설비에는 특정소방대상물의 수전방식에 따라 다음 기준에 따른 상용전원회로의 배선을 설치하여야 한다.
① 저압수전인 경우에는 인입개폐기의 직후에서 분기하여 전용배선으로 하여야 하며, 전용의 전선관에 보호되도록 한다.
② 특별고압수전 또는 고압수전일 경우에는 전력용 변압기 2차측의 주차단기 1차측에서 분기하여 전용배선으로 하되, 상용전원의 상시공급에 지장이 없을 경우에는 주차단기 2차측에서 분기하여 전용배선으로 한다.

13. 비상전원

(1) 비상전원의 설치대상

① 층수가 7층 이상으로서 연면적이 2,000m² 이상인 곳
② 지하층의 바닥면적의 합계가 3,000m² 이상인 곳

(2) 비상전원의 설치기준

① 점검에 편리하고 화재, 침수 등의 피해를 받을 우려가 없는 곳에 설치한다.
② 옥내소화전설비를 20분 이상 작동할 수 있어야 한다.
③ 전력의 공급이 중단된 때에는 자동으로 비상전원으로부터 전력을 공급받을 수 있도록 한다.
④ 비상전원의 설치장소는 다른 장소와 방화구획을 한다.
⑤ 비상전원을 실내에 설치하는 때에는 그 실내에 비상조명을 설치한다.

3 옥외소화전설비

1. 개요

(1) 화재 시 특정소방대상물의 외부에서 소화활동을 할 수 있도록 설치한 수동식 소화전이다.
(2) 수원은 건물 내에 존재한다.

2. 수원

(1) 펌프 토출량

$$350\text{L/min} \times N(\text{옥외소화전 설치개수, 2개 이상인 경우 2개로 계산})$$

(2) 수원의 양

$$350\text{L/min} \times N \times 20\text{min} = 7N\text{m}^3$$

확인 예제

국보지정 건물에 옥외소화전을 설치한다. 옥외소화전을 3개 설치할 때 필요한 수원의 양은?

해설 $7N = 7 \times 2 = 14\text{m}^3$ (2개 이상인 경우 N = 2개로 계산한다)

정답 14m^3

3. 가압송수장치

옥외소화전설비의 가압송수장치는 옥내소화전설비와 동일하나, 관창 끝 노즐 방수압이 옥내소화전은 최소 0.17MPa(17m) 옥외소화전은 최소 0.25MPa(25m)이다. 2개의 옥외소화전을 동시에 사용할 경우(2개 이상 설치된 경우에도 2개 사용) 각 옥외소화전의 노즐선단의 방수압은 0.25MPa 이상 0.7MPa 이하이고, 방수량은 350L/min 이상이 되어야 한다. 가압송수장치의 종류로는 펌프방식, 고가수조방식, 압력수조방식, 가압수조방식이 있다.

(1) 펌프방식(전동기 또는 내연기관)

$$H = h_1 + h_2 + h_3 + 25\text{m}$$

H: 전양정[m]
h_1: 소방호스 마찰손실수두[m]
h_2: 배관의 마찰손실수두[m]
h_3: 낙차의 손실수두 또는 실양정(흡입양정 + 토출양정)[m]
25m: 노즐 끝의 방사압 환산수두

(2) 고가수조방식

$$H = h_1 + h_2 + 25\text{m}$$

H: 전양정[m]
h_1: 소방호스 마찰손실수두[m]
h_2: 배관의 마찰손실수두[m]
25m: 노즐 끝의 방사압 환산수두

(3) 압력수조방식

$$P = P_1 + P_2 + P_3 + 0.25\text{MPa}$$

P: 전압력[Mpa]
P_1: 소방호스 마찰손실수두압[Mpa]
P_2: 배관의 마찰손실수두압[Mpa]
P_3: 낙차의 환산수두압[Mpa]
0.25Mpa: 노즐 끝의 방사압

(4) 가압수조방식

$$P = P_1 + P_2 + P_3 + 0.25\text{MPa}$$

P: 전압력[Mpa]
P_1: 소방호스 마찰손실수두압[Mpa]
P_2: 배관의 마찰손실수두압[Mpa]
P_3: 낙차의 환산수두압[Mpa]
0.25Mpa: 노즐 끝의 방사압

4. 배관

항목	세부사항
호스접결구	① 지면으로부터 높이가 0.5m 이상 1m 이하 ② 특정소방대상물의 각 부분으로부터 수평거리 40m 이내에 설치
호스	직경 65mm
배관	배관용 탄소강관, 압력배관용 탄소강관, 이음매 없는 배관용 동관(사용압력 1.2MPa 이상일 경우)
소방용 합성수지배관 가능한 경우	① 배관을 지하에 매설하는 경우 ② 다른 부분과 내화구조로 구획된 덕트 또는 피트의 내부에 설치하는 경우 ③ 천장과 반자를 불연재료 또는 준불연재료로 설치하고 그 내부에 항상 소화수가 채워진 상태로 설치하는 경우
성능시험배관	펌프의 토출측에 설치된 개폐밸브 이전에 분기하여 설치하고, 유량측정장치를 기준으로 전단직관부에 개폐밸브를, 후단직관부에 유량조절밸브를 설치할 것
유량측정장치	① 성능시험배관의 직관부에 설치할 것 ② 펌프의 정격토출량 175% 이상 측정할 수 있는 성능이 있을 것
개폐표시형	급수배관 설치 개폐밸브, 흡입측 배관 설치 개폐밸브(버터플라이밸브 제외)

5. 옥외소화전함 설치기준

옥외소화전설비에는 옥외소화전마다 그로부터 5m 이내의 장소에 소화전함을 다음 기준에 따라 설치하여야 한다.

설치기준	세부 내용
옥외소화전 10개 이하	옥외소화전마다 5m 이내에 1개 이상 설치
옥외소화전 11개 이상 30개 이하	11개의 소화전함을 분산 설치
옥외소화전 31개 이상	옥외소화전 3개마다 1개 이상의 함을 설치

6. 옥외소화전함 외관

옥내소화전함 외관을 준용한다. 표면에는 "옥외소화전"이라고 표기해야 한다.

4 스프링클러설비

1. 수원

(1) 폐쇄형 스프링클러헤드를 사용하는 경우에는 다음 표의 스프링클러 설치장소별 스프링클러헤드의 기준개수(설치개수가 가장 많은 층에 설치된 스프링클러헤드 개수가 기준개수보다 작은 경우에는 그 설치 개수)에 $1.6m^3$를 곱한 양 이상이 되도록 한다.

스프링클러설비 설치장소			기준개수
지하층을 제외한 층수가 10층 이하인 소방대상물	공장 또는 창고 (랙크식 창고를 포함)	특수가연물을 저장·취급하는 것	30
		그 밖의 것	20
	근린생활시설, 판매시설 및 영업시설 또는 복합건축물	슈퍼마켓, 도매시장, 소매시장 또는 복합건축물 (슈퍼마켓, 도매시장, 소매시장이 설치되는 복합건축물을 말한다)	30
		그 밖의 것	20
	그 밖의 것	헤드의 부착높이가 8m 이상인 것	20
		헤드의 부착높이가 8m 미만인 것	10
아파트			10
지하층을 제외한 층수가 11층 이상인 소방대상물(아파트 제외) 지하가 또는 지하역사+창고시설, 연결된 아파트주차장			30

① 헤드 분당토출량 = N(폐쇄형 헤드개수) × 80L/min 이상
② 수원의 양 = N×$1.6m^3$(20mm 방사)

(2) (1)에서 산출된 유효수량의 $\frac{1}{3}$ 이상을 옥상에 설치하여야 한다. 다만, 다음의 경우에는 그러하지 아니한다.

① 옥상이 없는 경우
② 지하층만 있는 경우
③ 고가수조를 가압송수장치로 설치한 스프링클러설비
④ 수원이 건축물의 지붕보다 높은 위치에 설치된 경우
⑤ 건축물의 높이가 지표면으로부터 10m 이하인 경우
⑥ 내연기관의 기동에 따른 펌프 또는 주펌프와 동등 이상의 성능이 있는 별도의 펌프에 비상전원을 연결하여 설치한 경우

(3) 가압송수장치
① 기동용 수압개폐장치(압력챔버)를 사용할 경우 그 용적은 100L 이상으로 한다.
② 수원의 수위가 펌프보다 낮은 위치에 있는 경우 물올림장치에는 전용의 수조를 설치하고 수조의 유효수량은 100L 이상이며, 구경 15mm 이상의 급수배관을 사용한다.
③ 가압송수장치의 정격토출압력은 하나의 헤드 선단에 0.1MPa 이상 1.2MPa 이하로 한다.

2. 스프링클러의 종류

구분	밸브의 1차측	밸브의 2차측	헤드	유수검지장치	감지기
습식	가압수	가압수	폐쇄형	알람체크밸브	×
건식	가압수	압축공기, 질소	폐쇄형	드라이밸브	×
준비작동식	가압수	대기압	폐쇄형	프리액션밸브	○
일제살수식	가압수	대기압	개방형	델류지밸브	○
부압식	가압수	부압수	폐쇄형	프리액션밸브	○

(1) 습식 스프링클러

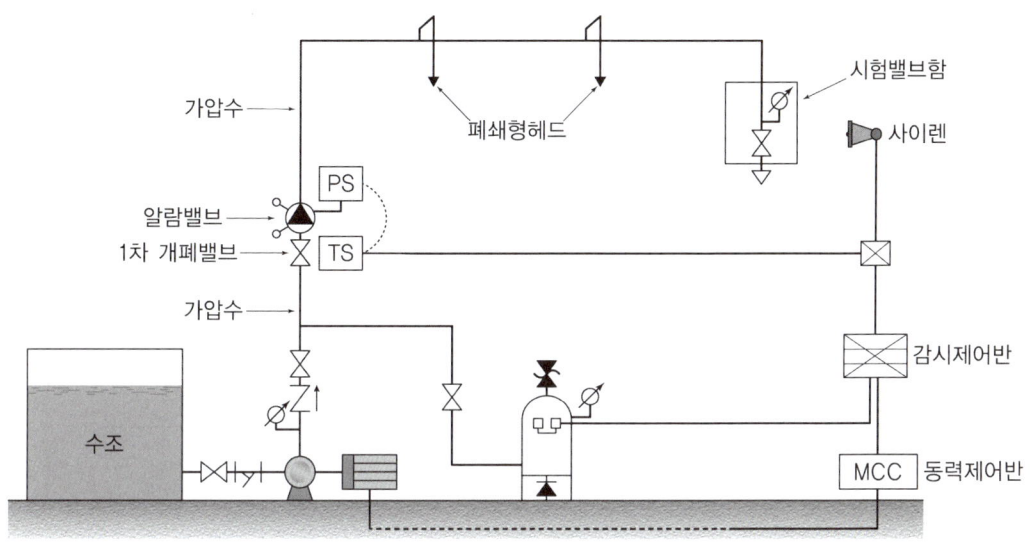

[습식 스프링클러 계통도]

① 가압송수장치에서 폐쇄형 스프링클러헤드까지 배관 내에 항상 물이 가압되어 있다가 헤드가 개방되면 배관 내에 유수가 발생하여 습식 유수검지장치가 작동하게 되는 스프링클러설비이다.

장점	• 간단한 방식이고 유지관리비가 저렴하다. • 즉시 방사, 빠른 소화가 가능하다.
단점	• 동결위험이 있다. • 감지기가 없고, 수동 기동도 불가능하다. • 배관 손상시 바로 누수와 부식이 발생한다. • 층고가 높으면 화재감지가 늦어져 개방시간이 지연된다.

② 주요 구조장치

㉠ **알람체크밸브(습식 자동경보밸브)**: 자동경보 클래퍼 1차측과 2차측은 항상 같은 압력으로 균형을 이루고 있으나, 화재 시 2차측의 압력이 감소되고, 알람체크밸브가 개방되면서 화재표시등과 화재경보가 동시에 작동한다.

㉡ **리타딩챔버**: 순간압력변동으로 밸브가 잠시 열려 발생하는 압력스위치의 잘못된 알림을 방지하기 위한 오동작 방지용 안전장치로 압력스위치를 20초간 작동을 지연한다.

㉢ **압력스위치**: 액체나 기체의 압력이 설정치 이상 또는 이하에 도달하면 전기신호를 내보낸다.

㉣ **경보정지밸브**: 알람체크밸브와 압력스위치의 연결배관에 설치하여 가압수를 차단하여 경보를 멈춘다.

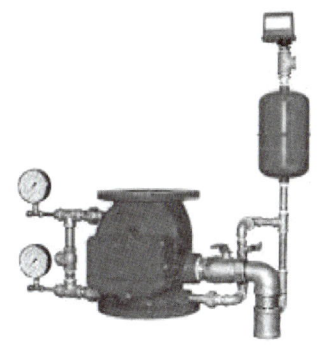

[알람체크밸브]

(2) 건식 스프링클러

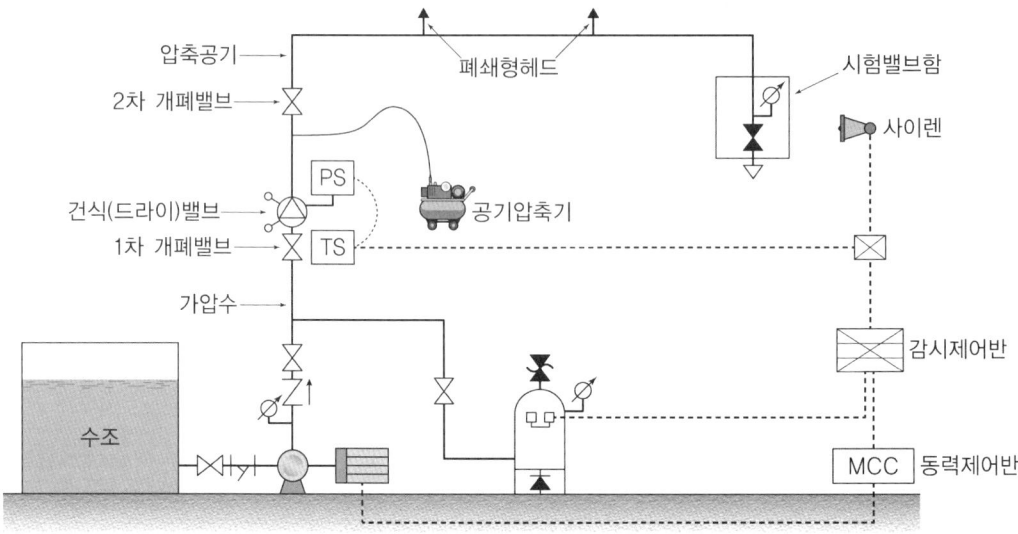

[건식 스프링클러 계통도]

① 2차측에 압축공기 또는 질소로 충전된 배관에 폐쇄형 스프링클러헤드가 개방되어 배관 내의 압축공기가 방출되면서 건식유수검지장치 1차측의 수압에 의하여 건식유수검지장치가 작동하게 되는 스프링클러설비이다.
② **주요 구조장치**
　㉠ **건식밸브(드라이밸브)**: 클래퍼를 기준으로 하여 1차측은 가압수가 충전되어 있고, 2차측은 압축공기가 충압되어 서로 균형을 이루고 있다. 화재 발생 시 폐쇄형 헤드가 개방되면 2차측의 압력이 저하되어 클래퍼가 개방된다.

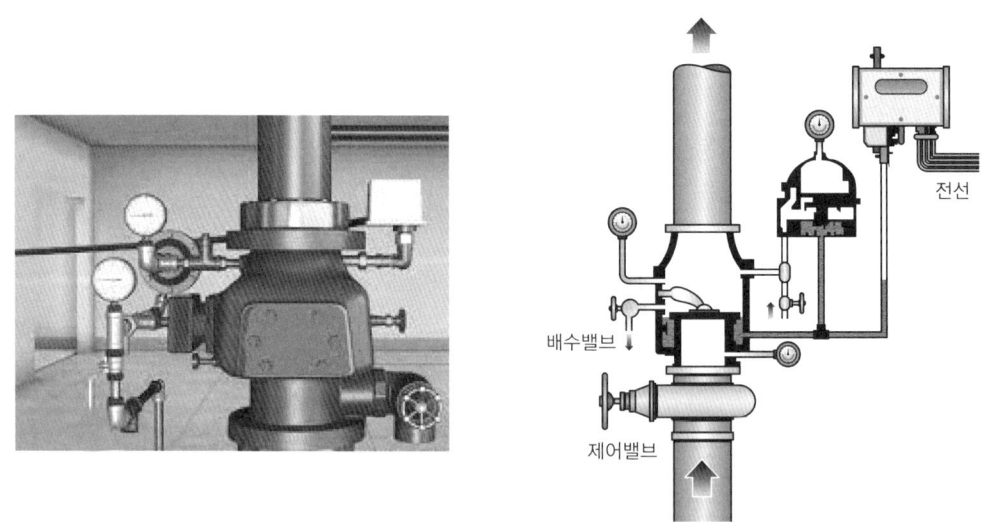

　㉡ **공기압축기**: 드라이밸브의 2차측에 연결되어 압축공기를 공급한다.
　㉢ **급속개방장치(Quick Opening Device)**
　　ⓐ **엑셀레이터(Accelerator)**: 클래퍼 위쪽의 2차측 공기를 신속히 제거해서 클래퍼가 빨리 열리게 한다.
　　ⓑ **이그조스터(Exhauster)**: 건식밸브의 2차측에 있는 공기를 즉시 배출시켜 건식밸브의 작동속도를 빠르게 한다.

(3) 준비작동식 스프링클러

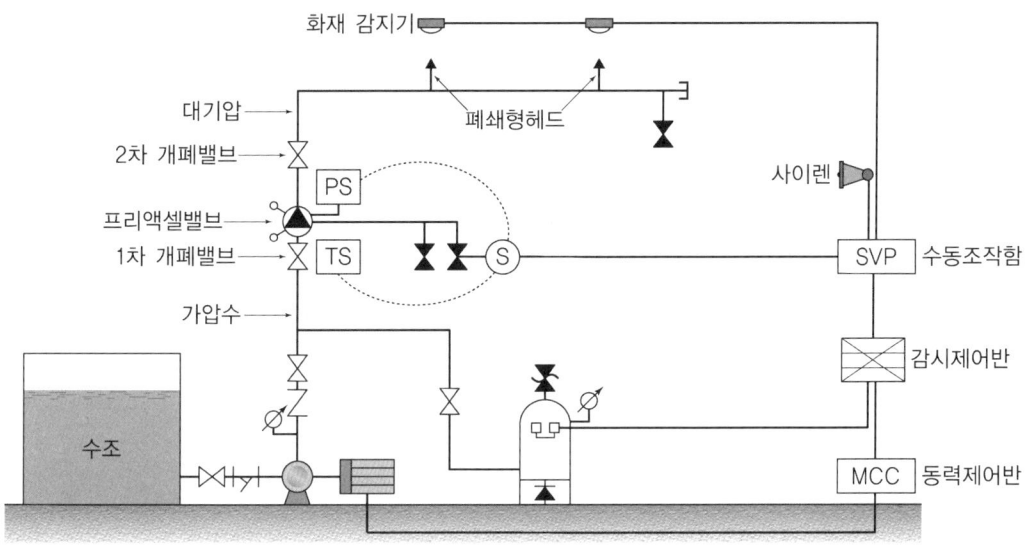

[준비작동식 스프링클러 계통도]

① 가압송수장치에서 준비작동식 유수검지장치 1차측까지 배관 내에 항상 물이 가압되어 있고 2차측은 대기압이다. 화재가 발생하면 감지기의 작동으로 준비작동식 유수검지장치가 작동하여 폐쇄형 스프링클러헤드까지 소화용수가 송수되어 폐쇄형 스프링클러헤드가 열에 의해 개방된다.

② 주요 구조장치
  ㉠ **준비작동밸브(프리액션밸브)**: 감지기가 신호를 보내면 솔레노이드밸브를 작동시켜 클래퍼가 개방되어 1차측의 가압수를 2차측으로 보낸다.

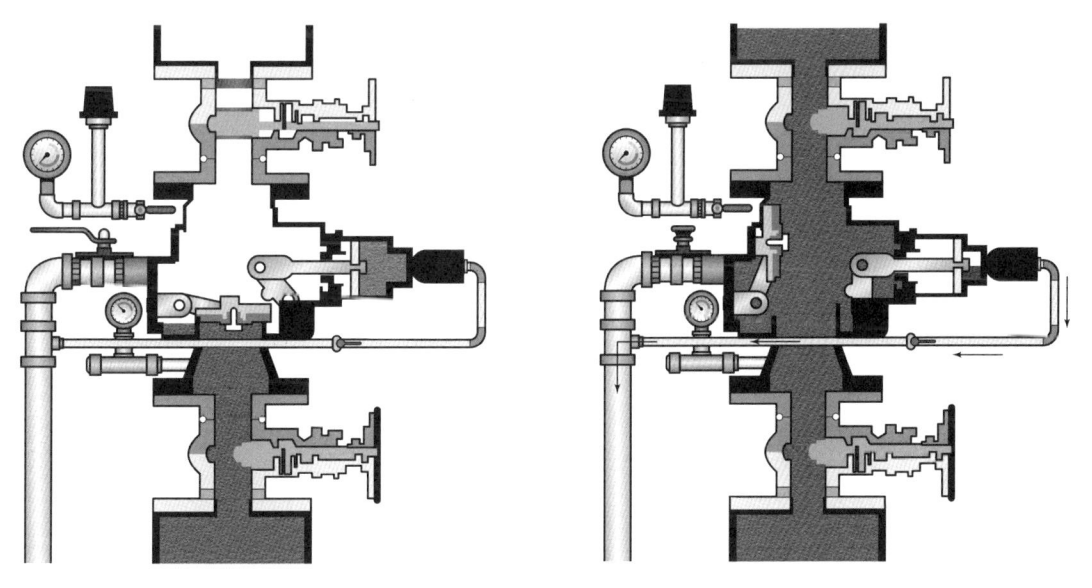

밸브개방 전 close   밸브개방 후 open

[내부구조도]

ⓒ **솔레노이드 밸브(Solenoid Valve)**: 전자밸브이며 작동하면 중간챔버 압력을 감소시켜 준비작동밸브 디스크를 개방시킴으로써 클래퍼를 개방한다. 평소에는 닫혀 있다.

ⓒ **슈퍼바이저리 판넬(Supervisory Panel)**: 일종의 감시·감독 판넬이다. 밸브와 전원을 감시, 제어할 수 있고, 수동 조작도 가능하다. 기동스위치를 누르면 바로 솔레노이드밸브가 개방되어 준비작동밸브가 작동한다.

ⓔ **감지기**: 교차회로(가위배선)방식을 사용하며, 하나의 회로가 작동하면 경보만 울리고, 2개의 회로가 동시에 작동하면 준비작동밸브가 동작된다.

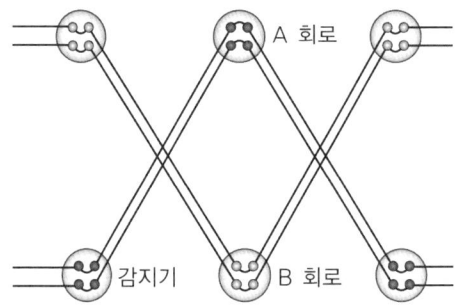

(4) 일제살수식 스프링클러

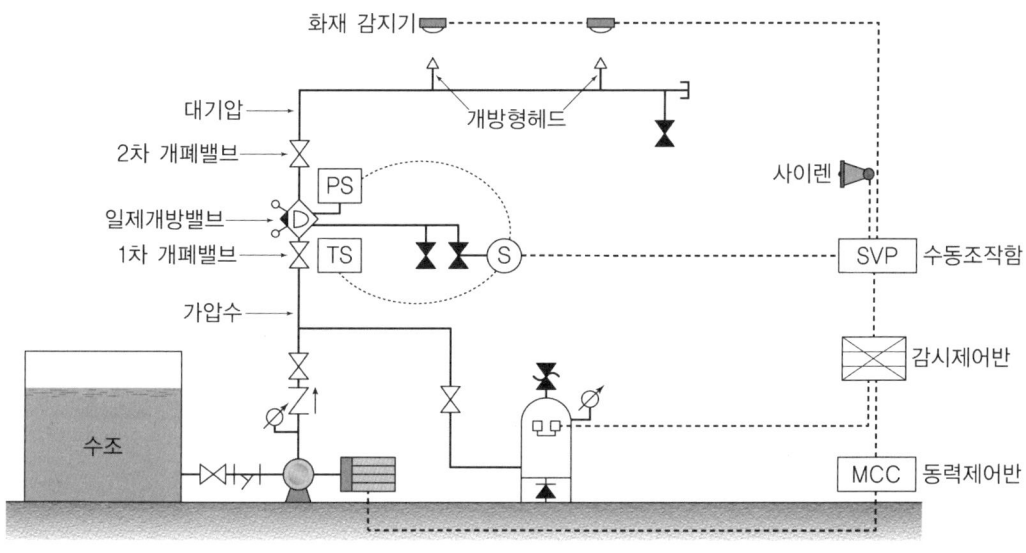

[일제살수식 스프링클러 계통도]

가압송수장치에서 일제개방밸브 1차측까지 배관 내에 항상 물이 가압되어 있고 2차측은 대기압이다. 화재가 발생하면 감지기의 작동으로 일제개방밸브가 작동하여 폐쇄형 스프링클러헤드까지 소화용수가 송수되는 방식이다. 주요 구조장치로는 일제개방밸브(델류지밸브)가 있다.

① **감압식**: 밸브 1차측에 가압수가 가득 차 피스톤을 누르고 있어 밸브가 닫혀 있다. 화재시 감지기에 의해 실린더 상단 배관에 위치한 전자개방밸브 또는 수동밸브가 개방되어 2차측 실린더 압력이 감압되면 1차측 가압수가 피스톤을 밀어 올려 밸브를 개방한다.

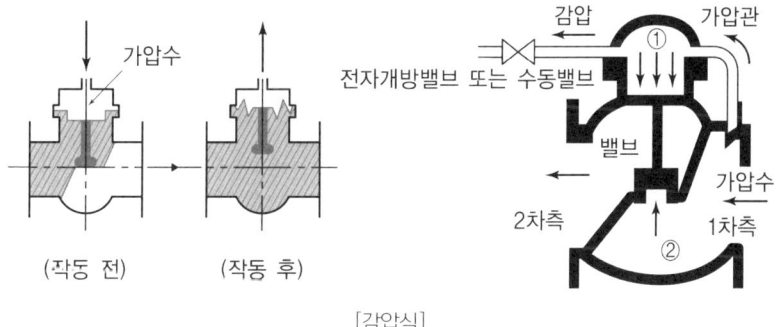

[감압식]

② **가압식**: 밸브 1차측에 가압수가 가득 차 피스톤을 누르고 있어 밸브가 닫혀 있다. 화재 시 감지기에 의해 실린더 상단 배관에 위치한 전자개방밸브 또는 수동밸브가 개방되면 1차측 실린더로 가압수가 들어가 큰 힘으로 피스톤을 밀어 올려 일제개방밸브가 개방된다.

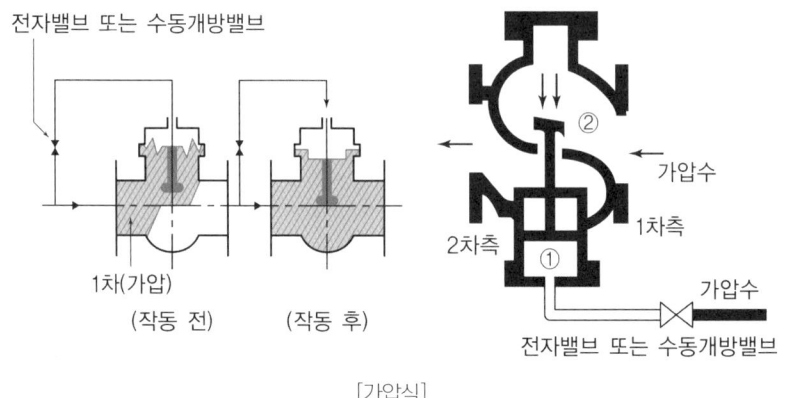

[가압식]

(5) 부압식 스프링클러

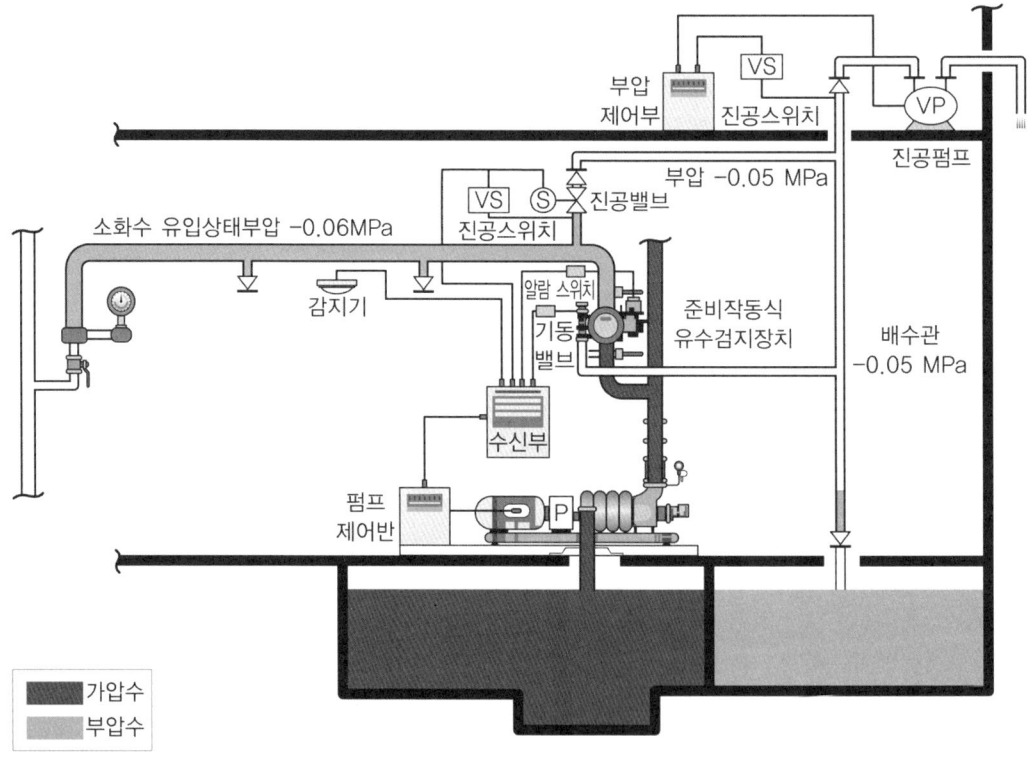

[부압식 스프링클러 계통도]

가압송수장치에서 준비작동식 유수검지장치의 1차측까지는 항상 정압의 물이 가압되고, 2차측 폐쇄형 스프링클러헤드까지는 소화수가 부압으로 되어 있다가 화재 시 감지기의 작동에 의해 정압으로 변하여 유수가 발생하면 작동하는 스프링클러설비이다.

3. 주요구성

(1) 스프링클러헤드의 구조

나사부	가지배관과 연결되는 부위이다.
프레임 (Frame)	나사부와 디플렉터를 연결하는 부위이다.
감열체 (감열부)	화재 시 일정온도에 도달하면 녹거나 파괴되어 방수구가 열리게 한다.
디플렉터 (반사판)	방사되는 물이 부딪혀서 골고루 퍼지도록 한다.

(2) 스프링클러헤드의 분류

① 감열체의 유무에 따른 분류

폐쇄형	감열체가 녹거나 파괴되어 헤드가 개방된다. • 퓨지블링크 타입: 이용성금속이 레버형으로 조립되어 있다. • 글라스벌브 타입: 유리로 되어 있는 감열체가 화재 시 파괴되면서 헤드가 개방된다.
개방형	감열체가 없이 항상 개방되어 있다.

② 설치방향에 따른 분류

상향형	• 헤드의 방수구가 위쪽을 향하도록 설치한다. • 분사패턴이 우수하고 건식설비에 적용된다.	
하향형	• 헤드의 방수구가 아래쪽을 향하도록 설치한다. • 습식설비에 적용되고 반구형으로 분사된다.	
측벽형	• 실내의 폭 9m 이내에 설치한다. • 헤드의 축을 중심으로 반원상으로 균일하게 분사된다.	

③ 용도에 따른 분류

드라이펜던트형 (Dry Pendent Type)	• 헤드의 길이가 길고 동파방지를 위해 긴 니플 내에 질소가 충전되어 있다. • 동결 우려가 있는 장소에 설치한다.	
플러쉬형 (Flush Type)	미관을 고려하는 경우 몸체의 일부 또는 전부가 천장면 안으로 들어간다.	
조기진압형 (ESFR)	• 빠른 감도를 가지고 있고 오리피스의 직경이 커 화재를 조기진압할 수 있다. • 랙크식 창고 또는 높은 천장이 있는 장소에 사용된다.	

라지드롭형	큰 물방울을 방사할 수 있어 저장창고 등에 사용된다.
주거형	• 방사각도를 크게 하여 높이 살수된다. • 감도, 방사량, 살수분포 특성이 주거지역 화재진압에 적합하다.
랙크형	방사된 물에 의하여 작동에 지장이 없도록 보호판이 설치된 헤드이며, 랙크식 창고에 사용된다.
속동형	초기화재 진압을 위해 열 감도성능이 우수하며, 반응이 빠르고 물방울 입자도 크다.

④ RTI에 따른 분류

㉠ RTI(Response Time Index)는 주위의 기류, 온도 및 작동시간에 따라 얼마나 빨리 헤드 개방 시간에 도달하는지를 나타내는 지수이다.

㉡ $RTI = \tau\sqrt{u}$ (* RTI : 반응시간지수[(m·s)$^{0.5}$], τ: 감열체시간상수[s], u: 기류속도[m/s])

㉢ RTI에 따른 분류

헤드 종류	RTI
조기반응형(Quick Response)	50 이하
특수반응형(Special Response)	51 초과 80 이하
표준반응형(Standard Response)	80 초과 350 이하

(3) 스프링클러헤드의 표시온도

폐쇄형 스프링클러는 설치장소의 평상시 최고 주위온도에 따라 다음 표의 표시온도의 것으로 설치하여야 한다.

설치장소의 최고 주위온도	표시온도
39℃ 미만	79℃ 미만
39℃ 이상 64℃ 미만	79℃ 이상 121℃ 미만
64℃ 이상 106℃ 미만	121℃ 이상 162℃ 미만
106℃ 이상	162℃ 이상

4. 스프링클러헤드의 설치

(1) 설치장소별 수평거리

설치장소	수평거리
무대부, 특수가연물 저장·취급장소	1.7m 이하
기타 구조	2.1m 이하
내화구조	2.3m 이하
공동주택(아파트)	2.6m 이하

(2) 스프링클러헤드의 배치

① 정방형(정사각형)

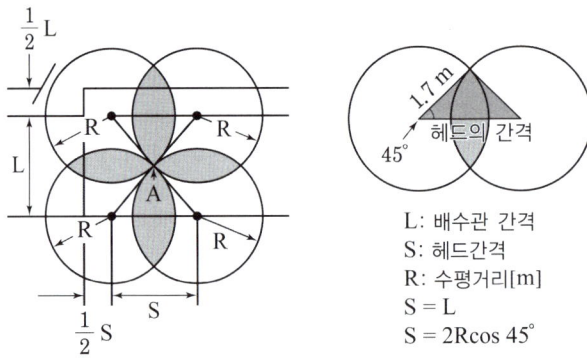

L: 배수관 간격
S: 헤드간격
R: 수평거리[m]
S = L
S = 2Rcos 45°

$$S = 2R\cos 45° \quad (* S: 헤드간격, R: 수평거리)$$

수평거리	헤드간격
1.7m	$2R\cos 45° = 2 \times 1.7 \times \dfrac{1}{\sqrt{2}} = 2.4\text{m}$
2.1m	2.97m
2.3m	3.25m
2.6m	3.68m

② 장방형(직사각형)

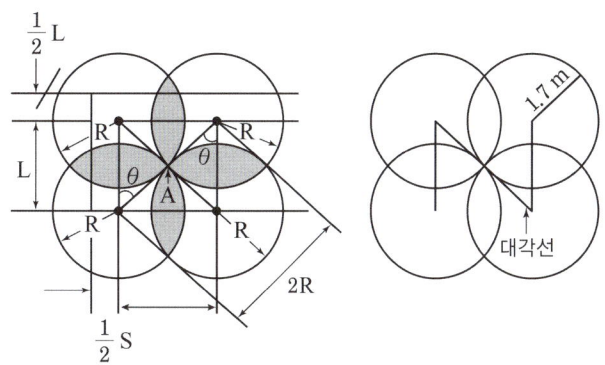

$$S = 2R\sin\theta \quad (* \ S: \text{헤드간격}, \ R: \text{수평거리})$$
$$L = 2R\sin\theta \quad (* \ L: \text{가지배관간격}, \ R: \text{수평거리})$$

수평거리 1.7m (만약 $\theta = 60°$ 라고 한다면)	• 헤드간격 $S = \sqrt{4R^2 - L^2} = \sqrt{4(1.7)^2 - 1.7^2} = 2.94\text{m}$ • 가지배관간격 $L = 2R\sin\theta = 2 \times 1.7 \times \sin 60° = 2.94\text{m}$

5. 스프링클러헤드의 설치기준

(1) 살수가 방해되지 아니하도록 스프링클러헤드로부터 반경 60cm 이상의 공간을 보유한다(벽과 스프링클러헤드와의 간격은 10cm 이상으로 한다).

(2) 스프링클러헤드와 그 부착면(상향식 헤드의 경우 부착면은 헤드 직상부의 천장, 반자 또는 이와 비슷한 것)과의 거리는 30cm 이하로 한다.

(3) 배관, 행거 및 조명기구 등 살수를 방해하는 것이 있는 경우 그로부터 아래에 설치하여 살수에 장애가 없도록 한다. 다만, 스프링클러헤드와 장애물과의 이격거리를 장애물 폭의 3배 이상 확보한 경우에는 예외로 한다.

(4) 스프링클러헤드의 반사판은 그 부착면과 평행히게 설치한다(측벽형과 연소할 우려가 있는 개구부의 경우는 제외).

(5) 경사지붕에 스프링클러헤드를 설치하는 경우는 다음 기준을 따른다.

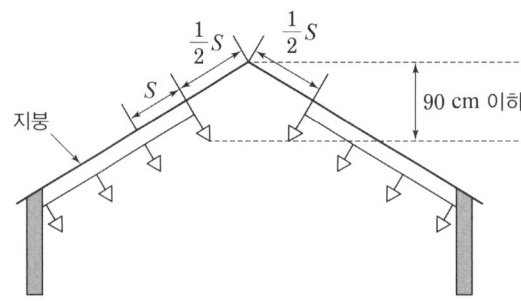

① 천장기울기가 1/10을 초과하는 경우 가지관을 천장마루와 평행하게 설치한다.
② 천장의 최상부를 중심으로 가지관을 서로 마주보게 설치하는 경우에는 최상부의 가지관 상호 간의 거리는 가지관 상의 스프링클러헤드 상호 간 거리의 1/2 이하(최소 1m 이상)가 되게 헤드를 설치하고, 가지관의 최상부에 설치하는 헤드는 천장의 상부로부터 수직거리가 90cm 이하가 되도록 한다. 톱날지붕, 둥근지붕의 경우에도 이에 준한다.

(6) 연소할 우려가 있는 개구부에는 그 상하좌우 2.5m 간격으로(개구부의 폭이 2.5m 이하인 경우에는 그 중앙에) 스프링클러헤드를 설치하되, 스프링클러헤드와 개구부의 내측면으로부터 직선거리는 15cm 이하가 되도록 한다. 이 경우 사람이 상시 출입하는 개구부로서 통행에 지장이 있는 때에는 개구부의 상부 또는 측면(개구부의 폭이 9m 이하인 경우에 한한다)에 설치하되, 헤드 상호 간의 간격은 1.2m 이하로 설치한다.

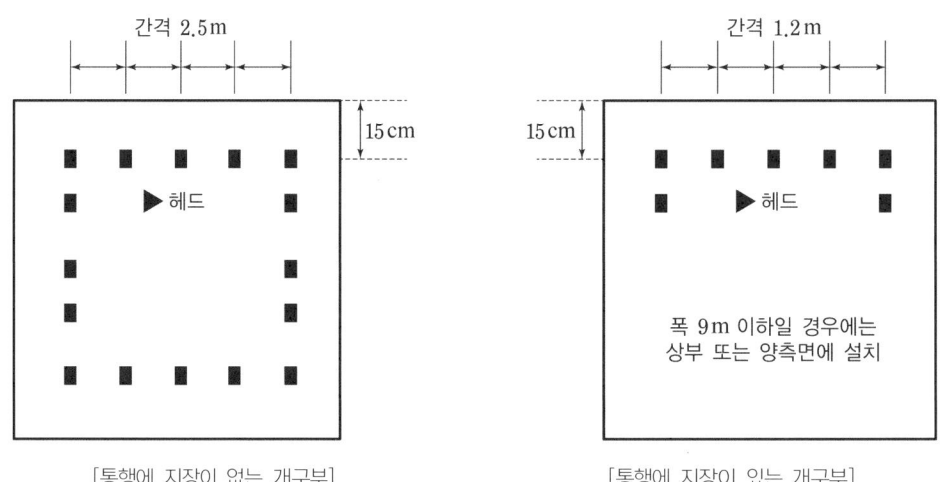

[통행에 지장이 없는 개구부]   [통행에 지장이 있는 개구부]

(7) 상부에 설치된 헤드의 방출수에 따라 감열부에 영향을 받을 우려가 있는 헤드에는 방출수를 차단할 수 있는 유효한 차폐판을 설치한다.

(8) 습식 스프링클러설비 및 부압식 스프링클러설비 외에는 상향식 스프링클러헤드를 설치한다. 다만, 다음에 해당하는 경우는 그러하지 아니하다.

① 드라이펜던트 스프링클러헤드를 사용하는 경우
② 스프링클러헤드의 설치장소가 동파의 우려가 없는 곳인 경우
③ 개방형스프링클러헤드를 사용하는 경우

(9) 측벽형 스프링클러헤드를 설치하는 경우는 다음과 같이 설치한다.
   ① 긴 변의 한쪽 벽에 일렬로 설치하고 3.6m 이내마다 설치한다.
   ② 폭이 4.5m 이상 9m 이하인 실에 있어서는 긴 변의 양쪽에 각각 일렬로 설치하되 마주보는 스프링클러헤드가 나란히꼴이 되도록 설치한다.

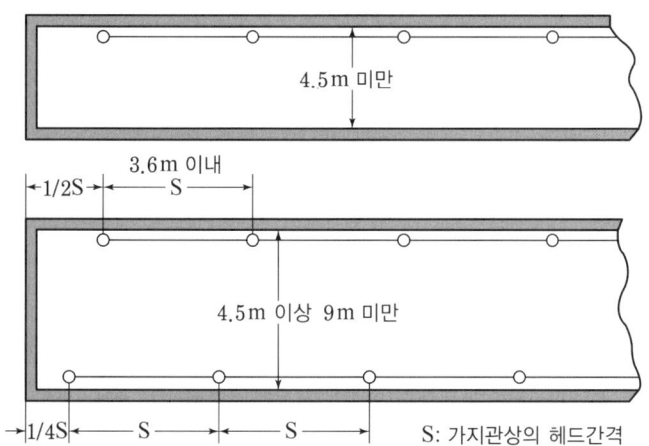

6. 헤드의 설치제외

(1) 계단실, 경사로, 승강기의 승강로, 비상용승강기의 승강장, 파이프덕트 및 덕트피트, 목욕실, 수영장, 화장실, 직접 외기에 개방되어 있는 복도, 기타 이와 유사한 장소

(2) 통신기기실, 전자기기실, 기타 이와 유사한 장소

(3) 발전실, 변전실, 변압기, 기타 이와 유사한 전기설비가 설치되어 있는 장소

(4) 병원의 수술실, 응급처치실, 기타 이와 유사한 장소

(5) **천장과 반자 양쪽이 불연재료로 되어 있는 경우**
   ① 천장과 반자 사이의 거리가 2m 미만인 부분
   ② 천장과 반자 사이의 벽이 불연재료이고 천장과 반자 사이의 거리가 2m 이상으로서 그 사이에 가연물이 존재하지 않는 부분

(6) 천장·반자 중 한쪽이 불연재료로 되어있고 천장과 반자 사이의 거리가 1m 미만인 부분

(7) 천장 및 반자가 불연재료 외의 것으로 되어 있고 천장과 반자 사이의 거리가 0.5m 미만인 부분

(8) 펌프실, 물탱크실, 엘리베이터 권상기실 그 밖의 이와 비슷한 장소

(9) 현관 또는 로비 등으로서 바닥으로부터 높이가 20m 이상인 장소

(10) 영하의 냉장창고의 냉장실 또는 냉동창고의 냉동실

(11) 고온의 노가 설치된 장소 또는 물과 격렬하게 반응하는 물품의 저장 또는 취급장소

(12) 공동주택 중 아파트의 대피공간

(13) 실내에 설치된 테니스장, 게이트볼장, 정구장, 또는 이와 비슷한 장소로서 실내바닥, 벽, 천장이 불연재료 또는 준불연재료로 구성되어 있고 가연물이 존재하지 않는 장소로서 관람석이 없는 운동시설(지하층은 제외)

7. 배관

스프링클러의 배관은 입상배관(주배관), 수평주행배관, 교차배관, 가지배관의 순서대로 구성되어 있다.

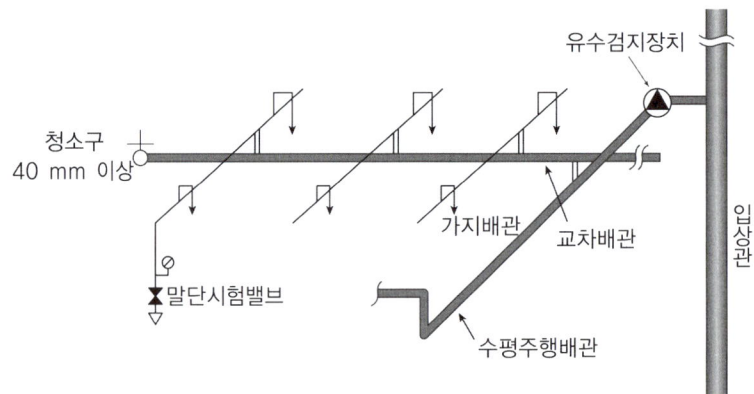

(1) 입상배관(주배관)

수조와 연결된 가장 굵은 배관이다. 급수배관은 전용으로 설치하고, 급수를 차단할 수 있는 개폐표시형 급수 차단 개폐밸브를 설치한다(흡입측 배관에는 버터플라이 외의 개폐표시형 밸브를 설치한다).

① 스프링클러헤드 급수관 구경[mm]에 따른 헤드 수

급수관구경[mm]	25	32	40	50	65	80	90	100	125	150
가	2	3	5	10	30	60	80	100	160	161 이상
나	2	4	7	15	30	60	65	100	160	161 이상
다	1	2	5	8	15	27	40	55	90	91 이상

② 폐쇄형 스프링클러헤드 사용 시
  ⊙ 1개 층에서 1개의 급수배관이 담당하는 구역의 최대면적은 3,000m^{2}를 초과하지 않아야 한다.
  ⊙ 급수관의 구경은 "가"란의 헤드 수에 따라 정한다.
  ⊙ 폐쇄형 스프링클러헤드를 설치하고 반자 아래의 헤드와 반자 속의 헤드를 동일 급수관의 가지관상에 병설하는 경우는 "나"란의 헤드 수를 따른다.
  ⊙ 무대부, 특수가연물을 저장 또는 취급하는 장소는 "다"란의 헤드 수를 따른다.

③ 개방형 스프링클러헤드 사용 시
  ⊙ 하나의 방수구역이 담당하는 헤드 수가 30개 이하일 때에는 "다"란의 헤드 수를 따른다.
  ⊙ 30개를 초과할 때에는 수리계산 방법에 따른다(가지배관의 유속은 6m/s 이하, 그 밖의 배관의 유속은 10m/s 이하).

(2) 수평주행배관

입상배관과 직접 연결되어 수평으로 물이 흐른다.

(3) 교차배관

① 교차배관은 가지배관과 수평으로 설치하거나 또는 가지배관 밑에 설치하고, 최소 구경은 40mm 이상이다.
② 청소구는 교차배관 끝에 구경 40mm 이상의 개폐밸브를 설치하고, 호스접결이 가능한 나사식 또는 고정배수 배관식으로 한다(이 경우 나사식 개폐밸브는 옥내소화전 접결용으로 하고 나사보호용 캡으로 덮는다).
③ 하향식 헤드를 설치하는 경우에 가지배관으로부터 헤드에 이르는 접속배관은 가지관 상부에서 분기한다.

(4) 가지배관

스프링클러헤드가 부착되는 배관이다.
① 토너먼트 방식이 아니어야 한다.
② 교차배관에서 분기되는 지점을 기점으로 한쪽 가지배관에 설치되는 헤드의 개수는 8개 이하로 한다(반자 아래와 반자 속의 헤드를 하나의 가지배관상에 병설하는 경우에는 반자 아래에 설치하는 헤드의 개수). 다만, 다음에 해당하는 경우에는 그러하지 아니한다.
  ㉠ 기존 방호구역 안에서 칸막이 등으로 구획하여 1개의 헤드를 증설하는 경우
  ㉡ 습식 스프링클러헤드 또는 부압식 스프링클러헤드 설비에 격자형 배관방식을 채택하는 때에는 헤드의 방수압 및 방수량이 충분히 소화목적을 달성할 수 있을 경우

(5) 행거

① 가지배관에는 헤드의 설치지점 사이마다 1개 이상의 행거를 설치하되, 헤드간의 거리가 3.5m를 초과하는 경우에는 3.5m마다 1개 이상 설치한다. 이 경우 상향식 헤드와 행거 사이에는 8cm 이상의 간격을 두어야 한다.
② 교차배관에는 가지배관과 가지배관 사이마다 1개 이상의 행거를 설치하되, 가지배관 사이가 4.5m를 초과하는 경우 4.5m 이내마다 1개 이상 설치한다.
③ 수평주행배관에는 4.5m 이내마다 1개 이상 설치한다.

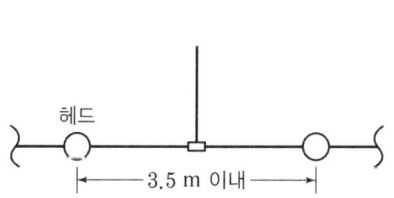
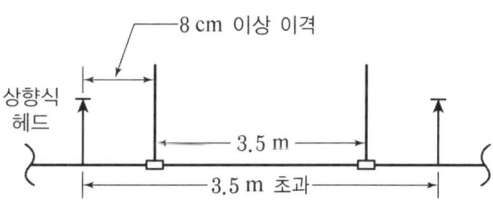
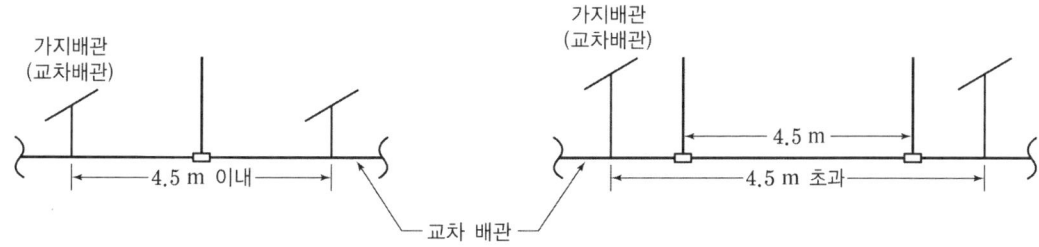

(6) 배수를 위한 배관의 기울기
　① 습식 스프링클러 또는 부압식 스프링클러의 배관은 수평으로 설치한다(배관의 구조상 소화수가 남아있는 곳에서는 배수밸브를 설치한다).
　② 습식 스프링클러 또는 부압식 스프링클러 외의 설비는 헤드를 향하여 상향으로 수평주행배관의 기울기를 1/500 이상, 가지배관의 기울기를 1/250 이상으로 한다.

8. 시험장치

습식 스프링클러, 건식 스프링클러, 부압식 스프링클러를 사용하는 경우 유수검지장치를 시험하기 위하여 가지배관의 말단에 동작시험장치를 설치한다.

(1) 유수검지장치에서 가장 먼 가지배관의 끝부터 연결하여 설치한다.
(2) 시험장치 배관의 구경은 유수검지장치에서 가장 먼 가지배관과 동일한 구경으로 하고 그 끝에 개폐밸브 및 개방형 헤드를 설치한다(이 경우 개방형 헤드는 반사판 및 프레임을 제거한 오리피스만으로 설치할 수 있다).
(3) 시험배관 끝에는 물받이통 및 배수관을 설치하여 시험 중 방사된 물이 바닥에 흐르지 않도록 한다. 다만, 목욕실, 화장실 또는 그 밖의 곳으로서 배수처리가 쉬운 장소에 시험배관을 설치한 경우는 그러하지 아니하다.

9. 송수구의 설치기준

(1) 송수구는 소방차가 쉽게 접근할 수 있는 잘 보이는 장소에 설치하되, 화재층으로부터 지면으로 떨어지는 유리창 등이 송수 및 그 밖의 소화작업에 지장을 주지 아니하는 장소에 설치한다.
(2) 송수구로부터 스프링클러설비의 주배관에 이르는 연결배관에 개폐밸브를 설치한 때에는 그 개방상태를 쉽게 확인 및 조작할 수 있는 옥외 또는 기계실 등의 장소에 설치한다.
(3) 구경 65mm의 쌍구형으로 한다.
(4) 송수구에는 가까운 곳의 보기 쉬운 곳에 송수입력범위를 표시한 표지를 한다.
(5) 폐쇄형 스프링클러헤드를 사용하는 스프링클러설비 송수구는 하나의 층의 바닥면적이 3,000m^2를 넘을 때마다 1개 이상을 설치한다(5개를 넘길 때에는 5개).
(6) 지면으로부터 높이가 0.5m ~ 1m 이하의 위치에 설치한다.
(7) 송수구의 가까운 부분에 자동배수밸브 및 체크밸브를 설치한다.
(8) 송수구에는 이물질을 막기 위한 마개를 씌워야 한다.

10. 간이스프링클러설비

다중이용업소 중 스프링클러설비가 설치되지 않는 장소에 설치하여 화재 시 인명 및 재산 피해를 최소화하기 위해 설치한다.

(1) 수원
　① 상수도 직결형은 수돗물을 사용한다.
　② 수조(캐비닛형 포함)를 설치하고자 하는 경우에는 적어도 1개 이상의 자동급수장치를 갖추어야 하고, 2개의 간이헤드에서 최소 10분 이상 방수 가능하여야 한다.

③ 근린생활시설(바닥면적합계가 1,000m² 이상인 모든 층), 생활형 숙박시설로서 바닥면적의 합계가 600m² 이상인 곳, 복합 건축물로서 연면적 1,000m² 이상인 곳은 5개의 헤드에서 최소 20분 이상 방수 가능하여야 한다.

수원의 종류	대상물	헤드종류	방사량
상수도설비 (수돗물)	특정소방대상물	간이헤드	-
수조 (캐비닛형 포함)	특정소방대상물	간이헤드	2헤드 × 50L/min × 10분 = 1m³
	특정소방대상물 부설 주차장	표준헤드	2헤드 × 80L/min × 10분 = 1.6m³
	• 근린생활시설(바닥면적합계가 1,000m² 이상인 모든 층) • 생활형 숙박시설로서 바닥면적의 합계가 600m² 이상인 곳 • 복합건축물로서 연면적 1,000m² 이상인 곳	간이헤드	5헤드 × 50L/min × 20분 = 5m³
		표준헤드	5헤드 × 80L/min × 20분 = 8m³

확인 예제

복합건축물로서 연면적 1,000m² 이상인 곳의 경우 간이스프링클러 표준헤드의 40분간 방사량을 구하시오.

해설 5헤드×80L/min×40분 = 16m³

정답 16m³

(2) 가압송수장치

가장 먼 가지배관에서 2개의 간이헤드를 동시에 개방할 때 간이헤드 선단의 방수압은 0.1MPa 이상, 방수량은 50L/min(표준형 헤드는 80L/min) 이상이어야 한다.

(3) 간이스프링클러설비의 방호구역, 유수검지장치

① 하나의 방호구역의 바닥면적은 1,000m²를 초과하지 아니한다.
② 하나의 방호구역에는 1개 이상의 유수검지장치를 설치한다.
③ 하나의 방호구역은 2개 층에 미치지 아니하도록 한다.
④ 유수검지장치의 높이는 바닥으로부터 0.8m 이상 1.5m 이하에 설치하고, 가로 0.5m 이상, 세로 1m 이상의 출입문을 설치하며 그 출입문 상단에 "유수검지장치실"이라고 표시한 표지를 설치한다.
⑤ 간이헤드에 공급되는 물은 유수검지장치를 지나도록 한다.

(4) 배관 및 밸브의 순서

① **상수도 직결형**: 수도용계량기 → 급수차단장치 → 개폐표시형밸브 → 체크밸브 → 압력계 → 유수검지장치 → 2개의 시험밸브

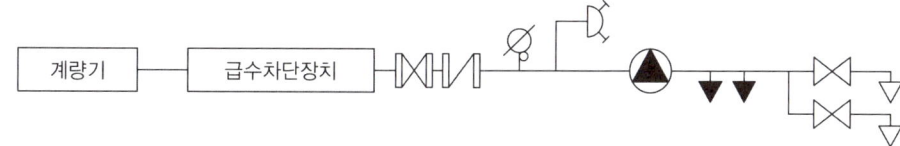

② **펌프식**: 수원 → 연성계 또는 진공계 → 펌프 또는 압력수조 → 압력계 → 체크밸브 → 성능시험배관 → 개폐표시형밸브 → 유수검지장치 → 시험밸브

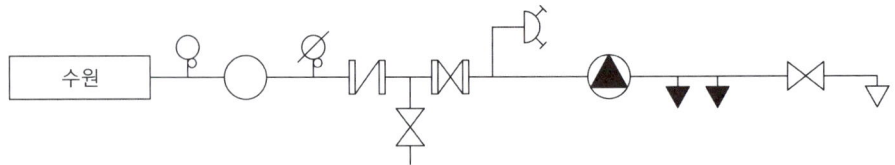

③ **가압수조방식**: 수원 → 가압수조 → 압력계 → 체크밸브 → 성능시험배관 → 개폐표시형밸브 → 유수검지장치 → 2개의 시험밸브

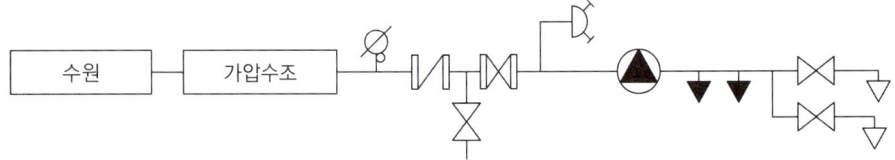

④ **캐비닛형 가압송수장치**: 수원 → 연성계 또는 진공계 → 펌프 또는 압력수조 → 압력계 → 체크밸브 → 개폐표시형밸브 → 2개의 시험밸브

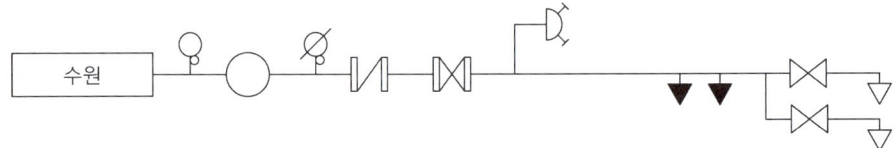

(5) 간이헤드

① 폐쇄형 간이헤드를 사용한다.
② 간이헤드의 작동온도

실내 최대주위 천장온도	공칭 작동온도
0℃ ~ 38℃	57℃ ~ 77℃
39℃ ~ 66℃	79℃ ~ 109℃

③ 간이헤드를 설치하는 천장, 반자, 천장과 반자 사이, 덕트, 선반 등의 각 부분으로부터 간이헤드까지의 수평거리는 2.3m 이하가 되도록 한다.
④ 간이헤드의 디플렉터에서 천장 또는 반자까지의 거리

상향식 간이헤드	25 ~ 102mm
하향식 간이헤드	25 ~ 102mm
측벽형 간이헤드	102 ~ 152mm
플러쉬 스프링클러헤드	102mm 이하

11. 화재조기진압용 스프링클러설비

화재위험이 높은 특정장소의 화재를 초기에 진압할 수 있도록 충분한 물을 방사할 수 있는 스프링클러설비이며, ESFR SP라고도 한다.

(1) 설치장소

해당층의 높이	13.7m 이하여야 한다. 다만, 2층 이상일 경우 해당 층의 바닥을 내화구조로 하고 다른 부분과 방화구획을 한다.
천장의 기울기	168/1,000 이하여야 한다. 이를 초과하는 경우는 반자를 지면과 수평으로 설치한다.
천장	평평해야 한다. 철재나 목재트러스 구조의 경우 철재나 목재의 돌출부분을 102mm 이하로 한다.
보의 간격	• 보로 사용되는 목재, 콘크리트 및 철재 사이의 간격은 0.9m ~ 2.3m이어야 한다. • 보의 간격이 2.3m 이상인 경우에는 보로 구획된 부분의 천장 및 반자의 넓이가 28m² 이하이어야 한다.
창고 내 선반	하부로 물이 침투되는 구조로 한다.

(2) 수원의 양

수리학적으로 가장 먼 가지배관 3개에 각각 4개의 스프링클러헤드가 동시에 개방되었을 때 헤드선단의 압력이 아래의 값 이상으로 60분간 방사할 수 있는 양이다.

최대층고	최대저장높이	화재조기진압용 스프링클러헤드(헤드선단의 압력 P[MPa])				
		K = 360 하향식	K = 320 하향식	K = 240 하향식	K = 240 상향식	K = 200 하향식
13.7m	12.2m	0.28	0.28	–	–	–
13.7m	10.7m	0.28	0.28	–	–	–
12.2m	10.7m	0.17	0.28	0.36	0.36	0.52
10.7m	9.1m	0.14	0.24	0.36	0.36	0.52
9.1m	7.6m	0.10	0.17	0.24	0.24	0.34

$$Q = 12 \times 60 \times K\sqrt{10P}$$

(* Q: 수원의 양[L], K: 상수, P: 헤드선단의 압력[Mpa])

확인 예제

최대층고 10.7m, 최대저장높이 9.1, K = 360 하향식에 필요한 수원의 양을 구하시오.

해설 $Q = 12 \times 60 \times K\sqrt{10P}$

∴ $Q = 12 \times 60 \times 360\sqrt{10 \times 0.14} = 306689.6L \simeq 306690L$

정답 306690L

(3) 화재조기진압용 스프링클러헤드 설치기준

헤드 하나의 방호면적		$6.0m^2 \sim 9.3m^2$
가지배관의 헤드 사이의 거리	천장의 높이가 9.1m 미만	$2.4m \sim 3.7m$
	천장의 높이가 9.1m 이상 13.7m 미만	$2.4m \sim 3.1m$
헤드의 반사판과 저장물의 최상부와의 거리		914mm 이상
헤드와 벽과의 거리		102mm 이상
헤드의 작동온도		74℃ 이상
상부에 설치된 헤드의 방출수에 따라 감열부에 영향을 받을 우려가 있는 헤드		방출수를 차단할 수 있는 유효한 차폐판을 설치해야 함

(4) 화재조기진압용 스프링클러헤드 설치 제외 물품
① 제4류 위험물
② 타이어, 두루마리 종이 및 섬유류, 섬유제품 등 연소 시 화염의 속도가 빠르고 방사된 물이 하부까지 도달하지 못하는 것

5 물분무소화설비

화재 발생 시 분무 노즐에서 물이 미립액체 상태로 살수되며 물에서 수증기로 상변화를 하면서 주위의 열을 빼앗아간다(냉각효과). 화재 대상물의 온도를 떨어뜨리고, 산소를 차단하며(질식효과), 비수용성 대상물의 표면에 에멀전을 형성한다(유화효과). 알코올류의 화재 시 알코올을 희석하여 소화성능을 높일 수 있다(희석효과).

1. 수원

설치장소	분당 토출량[L/min]	필요저수량[L]
특수가연물 저장·취급	바닥면적 × 10L (바닥면적 50m² 이하는 50m²로 한다)	바닥면적 × 10L × 20min
컨베이어벨트	벨트부분의 바닥면적 × 10L	바닥면적 × 10L × 20min
절연유봉입 변압기	바닥부분을 제외한 면적 × 10L	바닥부분을 제외한 면적 × 10L × 20min
케이블트레이, 케이블덕트	투영된 바닥면적 × 12L	투영된 바닥면적 × 12L × 20min
차고, 주차장	바닥면적 × 20L (바닥면적 50m² 이하는 50m²로 한다)	바닥면적 × 20L × 20min (바닥면적 50m² 이하는 50m²로 한다)

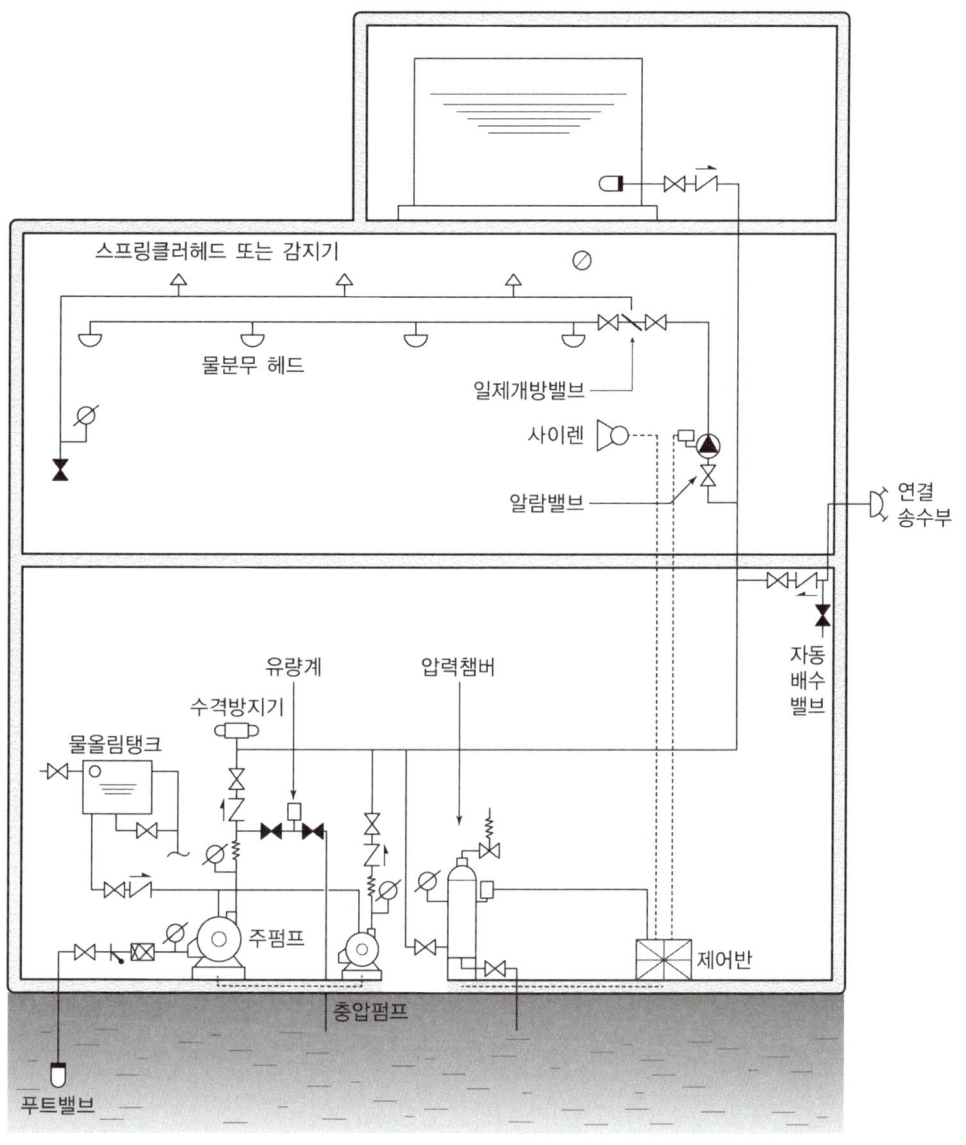

[물분무소화설비 계통도]

확인 예제

차고의 바닥면적이 40m²일 때, 물분무소화설비의 필요한 저수량은 얼마인지 구하시오.

해설) 차고의 필요저수량[L]은 바닥면적×20L×20min으로 구하고, 바닥면적 50m² 이하는 50m²로 계산하므로, 40m²는 50m²로 한다.
$50m^2 \times 20L \times 20min = 20000L$

정답) 20000L

2. 가압송수장치

펌프식, 고가수조식, 압력수조식, 가압수조식이 있다.

(1) 펌프식(모터 또는 내연기관)

$$H = h_1 + h_2 + h_3$$
(* H: 전양정, h_1: 물분무헤드의 설계압력환산수두, h_2: 배관의 마찰손실수두, h_3: 낙차의 환산수두(실양정))[m]

(2) 고가수조식(자연낙차)

$$H = h_1 + h_2$$
(* H: 필요낙차, h_1: 물분무헤드의 설계압력환산수두, h_2: 배관의 마찰손실수두)[m]

(3) 압력수조식

$$P = P_1 + P_2 + P_3$$
(* P: 필요한 압력, P_1: 물분무헤드의 설계압력, P_2: 배관의 마찰손실수두압, P_3: 낙차의 환산수두압)[MPa]

3. 물분무헤드

(1) 헤드의 종류

물분무헤드는 오리피스를 통과시켜 유속을 증가시킨 다음 충돌 또는 반사에 의해 미세 물방울을 만든다. 다음은 헤드의 종류이다.

헤드의 종류	원리
디플렉터형	물을 반사판에 충돌시켜 미세한 물방울을 만든다.
슬리터형	물을 슬릿(가늘고 긴 통로)에 통과시켜 미세한 물방울을 만든다.
충돌형	수류를 서로 충돌시켜 미세한 물방울을 만든다.
분사형	작은 직경의 오리피스를 통과하면서 압력이 낮아져 작은 물방울이 된다.
선회류형	선회류의 확산, 선회류와 직선류의 충돌에 의해 미세한 물방울을 만든다.

(2) 전기기기와 물분무헤드 사이의 거리

전압[kV]	거리[cm]	전압[kV]	거리[cm]
66 이하	70 이상	154 초과 181 이하	180 이상
66 초과 77 이하	80 이상	181 초과 220 이하	210 이상
77 초과 110 이하	110 이상	220 초과 275 이하	260 이상
110 초과 154 이하	150 이상		

(3) 물분무헤드의 설치 제외장소

① 물에 심하게 반응하는 물질 또는 물과 반응하여 위험한 물질을 생성하는 물질을 저장 또는 취급하는 장소
② 고온의 물질 및 증류범위가 넓어 끓어 넘치는 위험이 있는 물질을 저장 또는 취급하는 장소
③ 운전 시에 표면의 온도가 260℃ 이상으로 되는 등 직접분무를 하는 경우 그 부분에 손상을 입힐 우려가 있는 기계장치 등이 있는 장소

4. 기동장치

(1) 수동식 기동장치

① 직접 조작 또는 원격조작에 따라 각각의 가압송수장치 및 수동식 개방밸브 또는 가압송수장치 및 자동개방밸브를 개방할 수 있도록 설치해야 한다.
② 기동장치의 가까운 곳의 보기 쉬운 곳에 "기동장치"라고 표시한 표지를 설치해야 한다.

(2) 자동식 기동장치

자동식 기동장치는 자동화재탐지설비의 감지기의 작동 또는 폐쇄형 스프링클러헤드의 개방과 연동하여 경보를 발하고, 가압송수장치 및 자동개방밸브를 기동할 수 있는 것으로 하여야 한다.

5. 송수구

(1) 송수구는 화재층으로부터 지면으로 떨어지는 유리창 등이 송수 및 그 밖의 소화작업에 지장을 주지 아니하는 장소에 설치할 것. 이 경우 가연성가스의 저장·취급시설에 설치하는 송수구는 그 방호대상물로부터 20m 이상의 거리를 두거나 방호대상물에 면하는 부분이 높이 1.5m 이상 폭 2.5m 이상의 철근콘크리트 벽으로 가려진 장소에 설치해야 한다.
(2) 송수구로부터 물분무소화설비의 주배관에 이르는 연결배관에 개폐밸브를 설치한 때에는 그 개폐상태를 쉽게 확인 및 조작할 수 있는 옥외 또는 기계실 등의 장소에 설치해야 한다.
(3) 하나의 층의 바닥면적이 3,000m²를 넘을 때마다 1개(5개를 넘는 경우에는 5개) 이상을 설치해야 한다.
(4) 지면으로부터 높이가 0.5m 이상 1m 이하의 위치에 설치해야 한다.

6. 배관

배관용탄소강관(KS D 3507) 또는 배관 내 사용압력이 1.2MPa 이상일 경우에는 압력배관용탄소강관(KS D 3562) 또는 이음매 없는 동 및 동합금(KS D 5301)의 배관용동관이나 이와 동등 이상의 강도, 내식성 및 내열성을 가진 것으로 한다.

7. 배수설비

(1) 차량이 주차하는 장소의 적당한 곳에 높이 10cm 이상의 경계턱으로 배수구를 설치해야 한다.
(2) 배수구에는 새어나온 기름을 모아 소화할 수 있도록 길이 40m 이하마다 집수관·소화핏트 등 기름분리장치를 설치해야 한다.
(3) 차량이 주차하는 바닥은 배수구를 향하여 100분의 2 이상의 기울기를 유지해야 한다.
(4) 배수설비는 가압송수장치의 최대송수능력의 수량을 유효하게 배수할 수 있는 크기 및 기울기로 해야 한다.

5-1 미분무소화설비

1. 미분무소화설비

"미분무소화설비"란 가압된 물이 헤드를 통과한 후 미세한 입자로 분무됨으로써 소화성능을 가지는 설비를 말하며, 소화력을 증가시키기 위해 강화액 등을 첨가할 수 있다.

2. 미분무의 정의

"미분무"란 물만을 사용하여 소화하는 방식으로 최소설계압력에서 헤드로부터 방출되는 물입자 중 99%의 누적체적분포가 $400 \mu m$ 이하로 분무되고 A, B, C급 화재에 적응성을 갖는 것을 말한다.

3. 압력에 따른 분류

저압 미분무소화설비	최고사용압력이 1.2MPa 이하
중압 미분무소화설비	사용압력이 1.2MPa 초과 3.5MPa 이하
고압 미분무소화설비	최저사용압력이 3.5MPa 초과

4. 수원

(1) 미분무소화설비에 사용되는 용수는 「먹는물관리법」 제5조에 적합하고, 저수조 등에 충수할 경우 필터 또는 스트레이너를 통하여야 하며, 사용되는 물에는 입자·용해고체 또는 염분이 없어야 한다.
(2) 배관의 연결부(용접부 제외) 또는 주배관의 유입측에는 필터 또는 스트레이너를 설치하여야 하고, 사용되는 스트레이너에는 청소구가 있어야 하며, 검사·유지관리 및 보수 시에 배치위치를 변경하지 아니하여야 한다. 다만, 노즐이 막힐 우려가 없는 경우에는 설치하지 아니할 수 있다.
(3) 사용되는 필터 또는 스트레이너의 메쉬는 헤드 오리피스 지름의 80% 이하가 되어야 한다.

(4) 수원의 양은 다음의 식을 이용하여 계산한 양 이상으로 하여야 한다.

$$Q = N \times D \times T \times S + V$$

Q: 수원의 양[m³]
N: 방호구역(방수구역) 내 헤드의 개수
D: 설계유량[m³/min]
T: 설계방수시간[min]
S: 안전율(1.2 이상)
V: 배관의 총체적[m³]

확인 예제

미분무소화설비의 헤드 개수는 2, 설계유량은 10m³/min, 설계방수시간은 10min, 안전율은 1.5이고 배관의 총체적은 5m³이라고 할 경우 수원의 양은 얼마인지 구하시오.

해설　$Q = N \times D \times T \times S + V$
　　　$= 2 \times 10 \times 10 \times 1.5 + 5 = 305\text{m}^3$

정답　305m^3

5. 수조

수조의 재료는 냉간 압연 스테인레스 강판 및 강대(KS D 3698)의 STS 304 또는 이와 동등 이상의 강도, 내식성, 내열성이 있는 것으로 한다.

6. 설계도서 작성

미분무소화설비의 성능을 확인하기 위하여 하나의 발화원을 가정한 설계도서는 다음을 고려하여 작성되어야 하며, 설계도서는 일반설계도서와 특별설계도서로 구분한다.

(1) 점화원의 형태
(2) 초기 점화되는 연료 유형
(3) 화재 위치
(4) 문과 창문의 초기상태(열림, 닫힘) 및 시간에 따른 변화상태
(5) 공기조화설비, 자연형(문, 창문) 및 기계형 여부
(6) 시공 유형과 내장재 유형

7. 배관

(1) 배관은 배관용스테인레스강관(KS D 3576)이나 이와 동등 이상의 강도, 내열성을 가진 것으로 하여야 한다.
(2) 개방형 미분무소화설비에는 헤드를 향하여 상향으로 수평주행배관의 기울기를 500분의 1 이상, 가지배관의 기울기를 250분의 1 이상으로 한다.

8. 헤드

폐쇄형 미분무헤드는 그 설치장소의 평상시 최고주위온도에 따라 다음 식에 따른 표시온도의 것으로 설치한다.

$$T_a = 0.9 \times T_m - 27.3℃$$

(* T_a: 최고주위온도, T_m: 헤드의 표시온도)

9. 가압송수장치

부식으로 인한 펌프의 고착을 방지하기 위하여 다음을 사용한다.
① 임펠러는 청동 또는 스테인레스를 사용한다.
② 펌프축은 스테인레스 재질을 사용한다.

6 포소화설비

물과 포소화약제(계면활성제)를 혼합하여 거품을 만들어 화재 대상을 덮는다. 산소를 차단하는 질식소화와 수분에 의한 냉각소화가 가능하다.

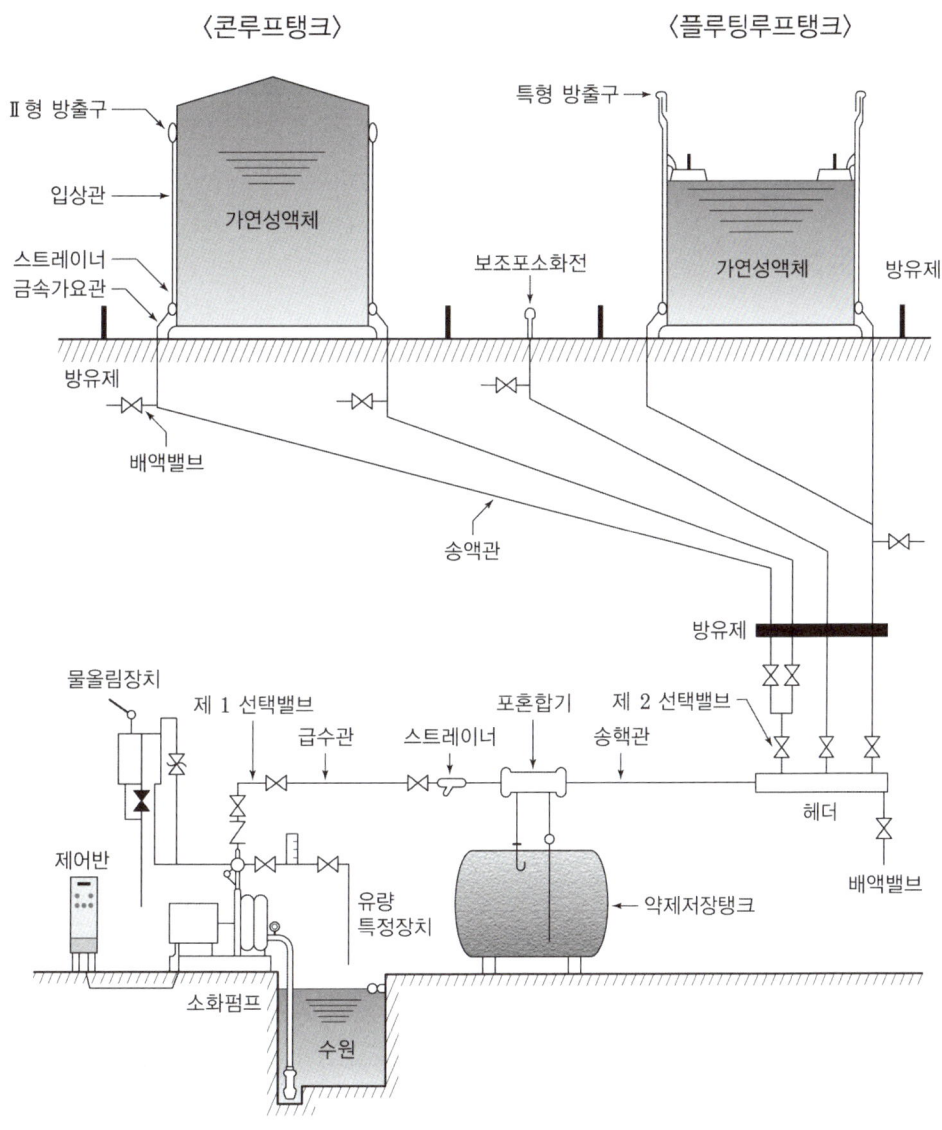

[고정포방출설비 계통도]

1. 포소화설비의 분류

포방출구방식은 저발포용과 고발포용으로 구분된다.

저발포용	포헤드방식	포헤드
		포워터스프링클러헤드
		포워터스프레이헤드
	포소화전방식	
	포호스릴방식	
	포모니터방식	
	고정포방출방식	I형
		II형
		III형
		IV형
		특형
고발포용	흡입식	
	압입식	

2. 특정소방대상물에 따라 적응하는 포소화설비

특정소방대상물	포소화설비
특수가연물을 저장·취급하는 공장 또는 창고	포워터스프링클러설비·포헤드설비 또는 고정포방출설비, 압축공기포소화설비
차고 또는 주차장	① 포워터스프링클러설비·포헤드설비 또는 고정포방출설비, 압축공기포소화설비 ② 호스릴포소화설비 또는 포소화전설비(완전 개방된 옥상주차장 또는 고가 밑의 주차장으로서 주된 벽이 없고 기둥 뿐이거나 주위가 위해방지용 철주 등으로 둘러싸인 부분, 지상 1층으로서 지붕이 없는 부분의 차고·주차장의 부분)
항공기격납고	① 포워터스프링클러설비·포헤드설비 또는 고정포방출설비, 압축공기포소화설비 ② 호스릴포소화설비(바닥면적의 합계가 1,000m² 이상이고 항공기의 격납위치가 한정되어 있는 경우)
발전기실, 엔진펌프실, 변압기, 전기케이블실, 유압설비	고정식 압축공기포소화설비(바닥면적의 합계가 300m² 미만의 장소)

[설치제외]
1. 사람이 상주하는 곳으로써 최대허용설계농도를 초과하는 장소
2. 제3류 위험물 및 제5류 위험물을 사용하는 장소

3. 수원

(1) 특수가연물을 저장·취급하는 공장 또는 창고

포워터스프링클러설비 또는 포헤드설비의 경우에는 포워터스프링클러헤드 또는 포헤드(이하 "포헤드"라 한다)가 가장 많이 설치된 층의 포헤드(바닥면적이 200m²를 초과한 층은 바닥면적 200m² 이내에 설치된 포헤드를 말한다)에서 동시에 표준방사량으로 10분간 방사할 수 있는 양 이상으로, 고정포방출설비의 경우에는 고정포방출구가 가장 많이 설치된 방호구역 안의 고정포방출구에서 표준방사량으로 10분간 방사할 수 있는 양 이상으로 한다. 이 경우 하나의 공장 또는 창고에 포워터스프링클러설비·포헤드설비 또는 고정포방출설비가 함께 설치된 때에는 각 설비별로 산출된 저수량 중 최대의 것을 그 특정소방대상물에 설치하여야 할 수원의 양으로 한다.

(2) 차고 또는 주차장

호스릴포소화설비 또는 포소화전설비의 경우에는 방수구가 가장 많은 층의 설치개수(호스릴포방수구 또는 포소화전방수구가 5개 이상 설치된 경우에는 5개)에 6m³를 곱한 양 이상으로 포워터스프링클러설비·포헤드설비 또는 고정포방출설비의 경우에는 (1)의 기준을 준용한다. 이 경우 하나의 차고 또는 주차장에 호스릴포소화설비·포소화전설비·포워터스프링클러설비·포헤드설비 또는 고정포방출설비가 함께 설치된 때에는 각 설비별로 산출된 저수량 중 최대의 것을 그 차고 또는 주차장에 설치하여야 할 수원의 양으로 한다.

(3) 항공기격납고

포워터스프링클러설비·포헤드설비 또는 고정포방출설비의 경우에는 포헤드 또는 고정포방출구가 가장 많이 설치된 항공기격납고의 포헤드 또는 고정포방출구에서 동시에 표준방사량으로 10분간 방사할 수 있는 양 이상으로 하되, 호스릴포소화설비를 함께 설치한 경우에는 호스릴포방수구가 가장 많이 설치된 격납고의 호스릴방수구수(호스릴포방수구가 5개 이상 설치된 경우에는 5개)에 6m³를 곱한 양을 합한 양 이상으로 하여야 한다.

(4) 압축공기포소화설비를 설치

방수량은 설계사양에 따라 방호구역에 최소 10분간 방사할 수 있어야 한다.

(5) 압축공기포소화설비의 설계방출밀도[L/min·m²]

설계사양에 따라 정하여야 하며 일반가연물, 탄화수소류는 1.63L/min·m² 이상, 특수가연물, 알코올류와 케톤류는 2.3L/min·m² 이상으로 하여야 한다.

4. 포소화약제 저장량

(1) 고정포방출구 방식(① + ② + ③)

① 고정포방출구에서 방출하기 위하여 필요한 양

$$Q = A \times Q1 \times T \times S$$

Q: 포소화약제의 양[L]
A: 탱크의 액표면적[m²]
$Q1$: 단위 포소화수용액의 양[L/m³·min]
T: 방출시간[min]
S: 포소화약제의 사용농도[%]

② 보조소화전에서 방출하기 위하여 필요한 양

$$Q = N \times S \times 8,000L$$

Q: 포소화약제의 양[L]
N: 호스접결구 수(3개 이상인 경우는 3)
S: 포소화약제의 사용농도[%]

③ 가장 먼 탱크까지의 송액관(내경 75mm 이하의 송액관을 제외한다)에 충전하기 위하여 필요한 양

$$Q = A \times L \times S \times 1,000L$$

Q: 배관보정량[L]
A: 배관 단면적[m^2]
L: 배관의 길이[m]
S: 포소화약제의 사용농도[%]

확인 예제

등유 9,000L를 저장하는 옥외탱크저장소에 고정포방출구를 설치할 때 다음 조건에 의한 포소화약제의 최소저장량[L]은 얼마인지 구하시오.

탱크 액표면적 30m^2, 고정포방출구 1개, 보조포소화전 수 2개(호스접결구 수 5개), 소화약제농도 4%, 단위포소화수용액의 양 5L/m$^3 \cdot$ min, 방출시간 1시간

해설 ㉠ 고정포방출구에서 방출하기 위하여 필요한 양
$Q = A \times Q1 \times T \times S = 30 \times 5 \times 60 \times 0.04 = 360L$
㉡ 보조소화전에서 방출하기 위하여 필요한 양
$Q = N \times S \times 8,000 = 3 \times 0.04 \times 8,000 = 960L$(호스접결구 수 3개 이상은 3개로 한다)
∴ 필요한 약제량은 ㉠ + ㉡ = 360 + 960 = 1,320L(배관보정량은 제외한다)

정답 1,320L

(2) 옥내포소화전방식 또는 호스릴방식(다만, 바닥면적이 200m^2 미만인 건축물에 있어서는 그 75%로 할 수 있다)

$$Q = N \times S \times 6,000L$$

Q: 포소화약제의 양[L]
N: 호스접결구 수(5개 이상인 경우는 5)
S: 포소화약제의 사용농도[%]

5. 고정포방출구의 종류

(1) I형 방출구

방출된 포가 탱크의 유면 위를 덮도록 탱크 내부에 포의 통로가 있다. Cone Roof Tank(추모양 지붕 탱크)에 사용된다.

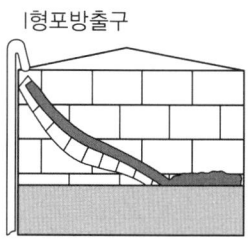

(2) II형 방출구

탱크의 액면 위에서 방출된 포가 반사판에서 반사되어 탱크 측판 내부로 흘러들어 유면을 덮어 소화작용을 한다. 고정지붕구조나 Cone Roof Tank에 사용된다.

(3) III형 방출구(표면하 주입)

탱크의 하부에서 방출하여 위로 떠올라 유면을 덮어 소화작용을 한다. Cone Roof Tank와 같은 대기압 탱크에 유리하며 플루팅 루프 탱크나 수용성 액체에는 적용할 수 없다. 포의 흐름이 유면에서 30m 이내일 때 유리하므로 탱크 직경이 60m를 초과할 때 효과적이다.

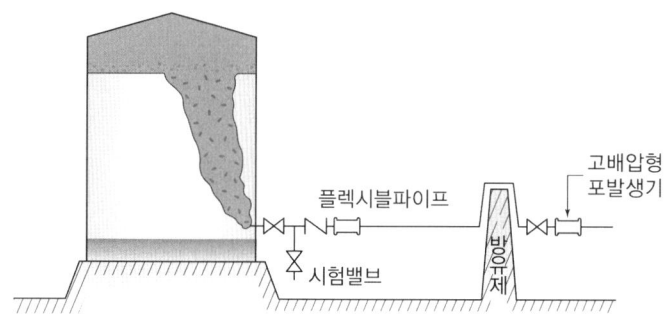

(4) IV형 방출구(반표면하 주입)

표면하 주입방식을 개선한 것으로 포가 아니라 호스가 유면 위로 떠올라 포를 방출한다. 포가 파괴되지 않고 유면을 덮을 수 있다.

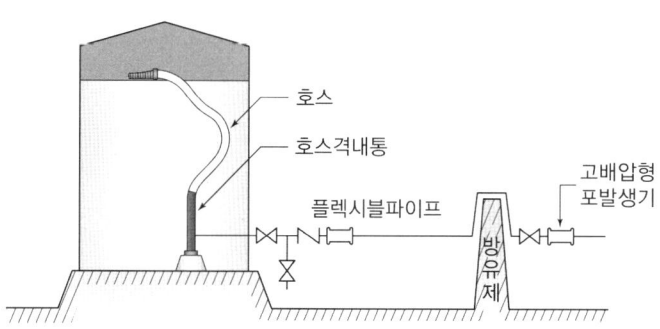

(5) 특형 방출구 플루팅루프 탱크(Floating Roof Tank)

탱크내측으로부터 1.2m 떨어진 곳에 높이 0.9m 이상의 금속제 굽도리판을 설치하고 양쪽 사이의 환상 부위에 포를 방사하는 구조의 포방출구를 말한다.

6. 포소화약제 혼합장치

(1) 펌프 프로포셔너방식(Pump Proportioner Type)

펌프의 토출관과 흡입관 사이의 배관 도중에 설치한 흡입기에 펌프에서 토출된 물의 일부를 보내고, 농도조정밸브에서 조정된 포소화약제의 필요량을 포소화약제 탱크에서 펌프 흡입측으로 보내어 이를 혼합하는 방식을 말한다.

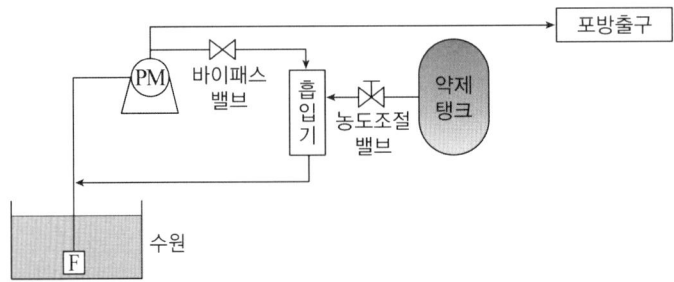

(2) 프레져 프로포셔너방식(Pressure Proportioner Type)

펌프와 발포기의 중간에 설치된 벤추리관의 벤추리작용과 펌프 가압수의 포소화약제 저장탱크에 대한 압력에 따라 포소화약제를 흡입·혼합하는 방식을 말한다.

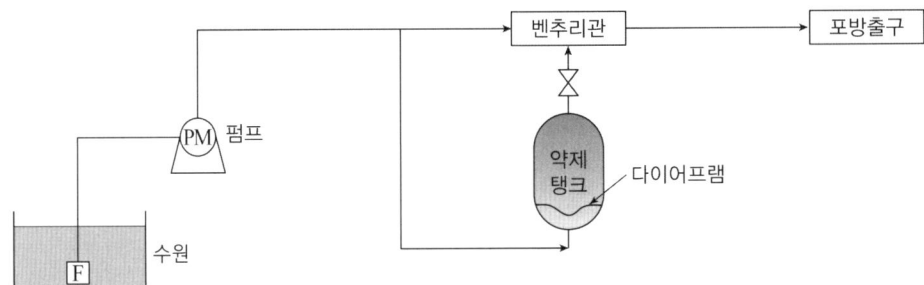

(3) 라인 프로포셔너방식(Line Proportioner Type)

펌프와 발포기의 중간에 설치된 벤추리관의 벤추리작용에 따라 포소화약제를 흡입·혼합하는 방식을 말한다.

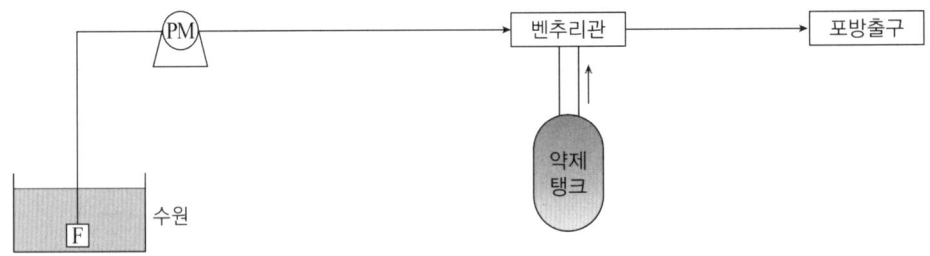

(4) 프레져사이드 프로포셔너방식(Pressure Side Proportioner Type)

펌프의 토출관에 압입기를 설치하여 포소화약제 압입용 펌프로 포소화약제를 압입시켜 혼합하는 방식을 말한다.

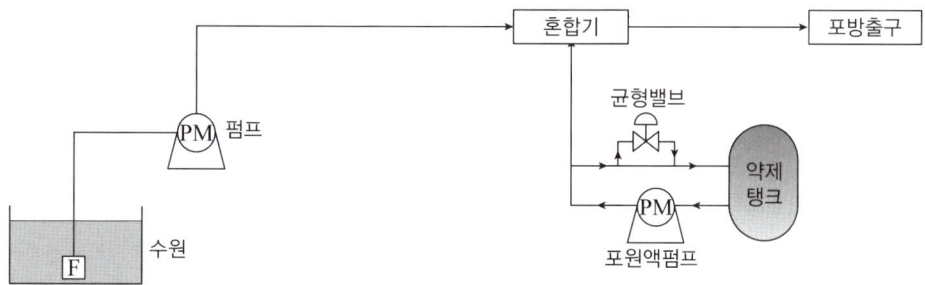

(5) 압축공기포소화설비

압축공기 또는 압축질소를 일정비율로 포수용액에 강제 주입, 혼합하는 방식을 말한다.

7. 팽창비

최종발생한 포체적을 원래 포수용액체적으로 나눈 값으로서 팽창비율에 따른 포의 종류는 다음의 표를 따른다.

팽창비율에 따른 포의 종류	포방출구의 종류
팽창비가 20 이하인 것(저발포)	포헤드, 압축공기포헤드
팽창비가 80 이상 1,000 미만인 것(고발포)	고발포용 고정포방출구

8. 기동장치

(1) 수동식 기동장치

① 직접조작 또는 원격조작에 따라 가압송수장치·수동식개방밸브 및 소화약제 혼합장치를 기동할 수 있는 것으로 한다.
② 2 이상의 방사구역을 가진 포소화설비에는 방사구역을 선택할 수 있는 구조로 한다.
③ 기동장치의 조작부는 화재시 쉽게 접근할 수 있는 곳에 설치하되, 바닥으로부터 0.8m 이상 1.5m 이하의 위치에 설치하고, 유효한 보호장치를 설치한다.
④ 기동장치의 조작부 및 호스접결구에는 가까운 곳의 보기 쉬운 곳에 각각 "기동장치의 조작부" 및 "접결구"라고 표시한 표지를 설치한다.
⑤ 차고 또는 주차장에 설치하는 포소화설비의 수동식 기동장치는 방사구역마다 1개 이상 설치한다.
⑥ 항공기격납고에 설치하는 포소화설비의 수동식 기동장치는 각 방사구역마다 2개 이상 설치하되, 그 중 1개는 각 방사구역으로부터 가장 가까운 곳 또는 조작에 편리한 장소에 설치하고, 1개는 화재감지수신기를 설치한 감시실 등에 설치한다.
⑦ 5kg 이하의 힘을 가하여 기동할 수 있는 구조로 한다.

(2) 자동식 기동장치

　① 폐쇄형 스프링클러헤드를 사용하는 경우

　　㉠ 표시온도가 79℃ 미만인 것을 사용하고, 1개의 스프링클러헤드의 경계면적은 20m² 이하로 한다.

　　㉡ 부착면의 높이는 바닥으로부터 5m 이하로 하고, 화재를 유효하게 감지할 수 있도록 한다.

　　㉢ 하나의 감지장치 경계구역은 하나의 층이 되도록 한다.

　② 화재감지기를 사용하는 경우

　　㉠ 화재감지기는 자동화재탐지설비의 화재안전기준(NFTC 203)의 기준에 따라 설치한다.

　　㉡ 화재감지기 회로에는 다음의 기준에 따른 발신기를 설치한다.

　　　ⓐ 조작이 쉬운 장소에 설치하고, 스위치는 바닥으로부터 0.8m 이상 1.5m 이하의 높이에 설치할 것

　　　ⓑ 특정소방대상물의 층마다 설치하되, 해당 특정소방대상물의 각 부분으로부터 수평거리가 25m 이하가 되도록 할 것. 다만, 복도 또는 별도로 구획된 실로서 보행거리가 40m 이상일 경우에는 추가로 설치할 것

　　　ⓒ 발신기의 위치를 표시하는 표시등은 함의 상부에 설치하되, 그 불빛은 부착 면으로부터 15° 이상의 범위 안에서 부착지점으로부터 10m 이내의 어느 곳에서도 쉽게 식별할 수 있는 적색등으로 할 것

(3) 동결우려가 있는 장소의 포소화설비의 자동식 기동장치는 자동화재탐지설비와 연동으로 한다.

9. 압축공기포소화설비의 분사헤드

천장 또는 반자에 설치하되 방호대상물에 따라 측벽에 설치할 수 있으며 유류탱크 주위에는 바닥면적 13.9m²마다 1개 이상, 특수가연물저장소에는 바닥면적 9.3m²마다 1개 이상으로 해당 방호대상물의 화재를 유효하게 소화할 수 있도록 한다.

방호대상물	방호면적 1m²에 대한 1분당 방출량
특수가연물	2.3L
기타의 것	1.63L

10. 자동폐쇄장치

(1) 환기장치를 설치한 것은 할로겐화합물 및 불활성기체소화약제가 방사되기 전에 해당 환기장치가 정지할 수 있도록 해야 한다.

(2) 개구부가 있거나 천장으로부터 1m 이상의 아랫부분 또는 바닥으로부터 해당층의 높이의 3분의 2 이내의 부분에 통기구가 있어 할로겐화합물 및 불활성기체소화약제의 유출에 따라 소화효과를 감소시킬 우려가 있는 것은 할로겐화합물 및 불활성기체소화약제가 방사되기 전에 해당 개구부 및 통기구를 폐쇄할 수 있도록 해야 한다.

11. 고발포용 포방출구

(1) 전역방출방식의 고발포용 고정포방출구

① 개구부에 자동폐쇄장치(60분 방화문, 30분 방화문 또는 불연재료로 된 문으로 포수용액이 방출되기 직전에 개구부가 자동적으로 폐쇄될 수 있는 장치)를 설치한다.
② 고정포방출구는 특정소방대상물 및 포의 팽창비에 따른 종별에 따라 해당 방호구역의 관포체적(해당 바닥면으로부터 방호대상물의 높이보다 0.5m 높은 위치까지의 체적을 말한다) 1m³에 대하여 1분당 방출량이 다음 표에 따른 양 이상이 되도록 한다.

소방대상물	포의 팽창비	1m³에 대한 분당 포수용액 방출량
항공기격납고	팽창비 80 이상 250 미만의 것	2.00L
	팽창비 250 이상 500 미만의 것	0.50L
	팽창비 500 이상 1,000 미만의 것	0.29L
차고 또는 주차장	팽창비 80 이상 250 미만의 것	1.11L
	팽창비 250 이상 500 미만의 것	0.28L
	팽창비 500 이상 1,000 미만의 것	0.16L
특수가연물을 저장 또는 취급하는 소방대상물	팽창비 80 이상 250 미만의 것	1.25L
	팽창비 250 이상 500 미만의 것	0.31L
	팽창비 500 이상 1,000 미만의 것	0.18L

③ 고정포방출구는 바닥면적 500m²마다 1개 이상으로 하여 방호대상물의 화재를 유효하게 소화할 수 있도록 한다.
④ 고정포방출구는 방호대상물의 최고부분보다 높은 위치에 설치한다.

(2) 국소방출방식의 고발포용 고정포방출구

① 방호대상물이 서로 인접하여 불이 쉽게 붙을 우려가 있는 경우에는 불이 옮겨붙을 우려가 있는 범위 내의 방호대상물을 하나의 방호대상물로 하여 설치한다.
② 고정포방출구는 방호대상물의 구분에 따라 해당 방호대상물의 높이의 3배(1m 미만의 경우에는 1m)의 거리를 수평으로 연장한 선으로 둘러싸인 부분의 면적 1m²에 대하여 1분당 방출량이 다음 표에 따른 양 이상이 되도록 한다.

방호대상물	방호면적 1m²에 대한 1분당 방출량
특수가연물	3L
기타의 것	2L

7 이산화탄소소화설비

액체이산화탄소 형태로 저장되어 있다가 기체로 방사된다. 이때 기화열로 주위의 열을 빼앗아 냉각소화, 산소농도를 낮추어 질식소화, 공기보다 무거워서 화재 대상물 표면을 덮는 피복소화를 한다.

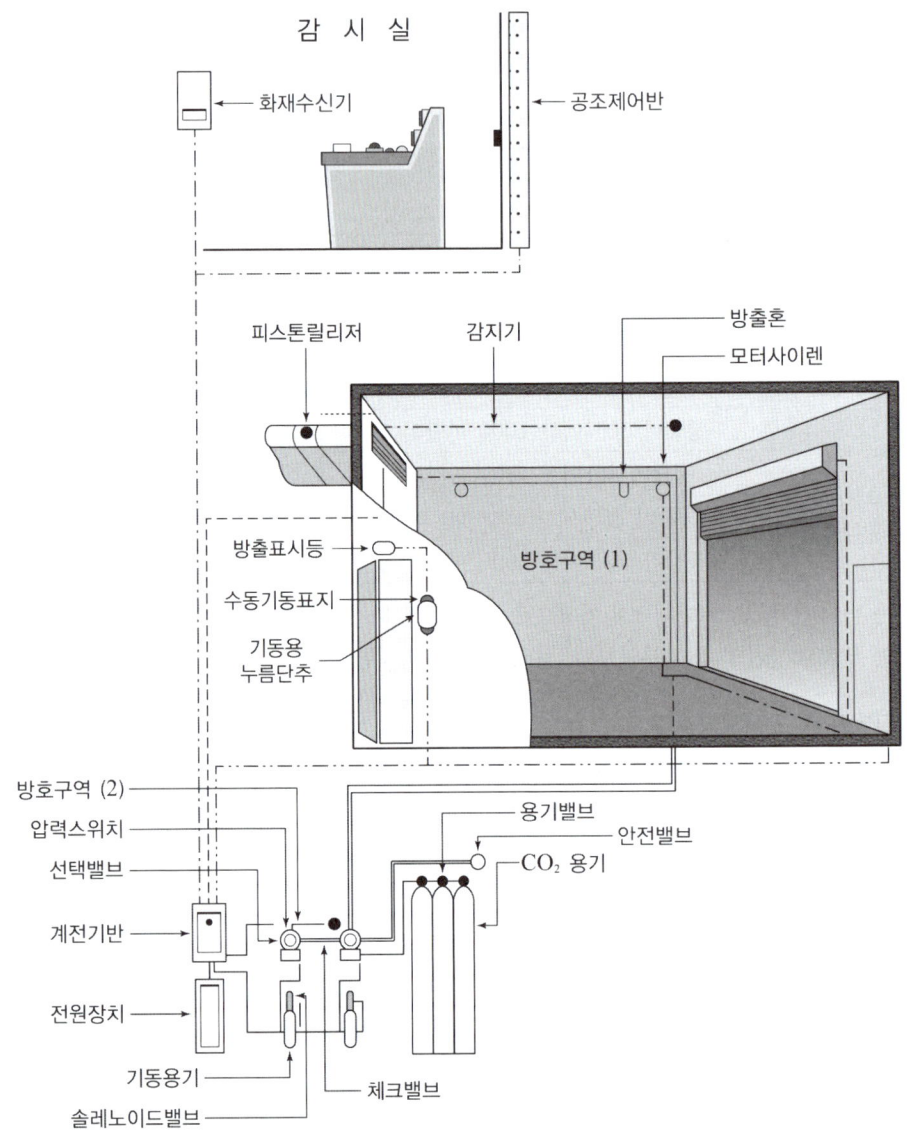

[이산화탄소소화설비 계통도]

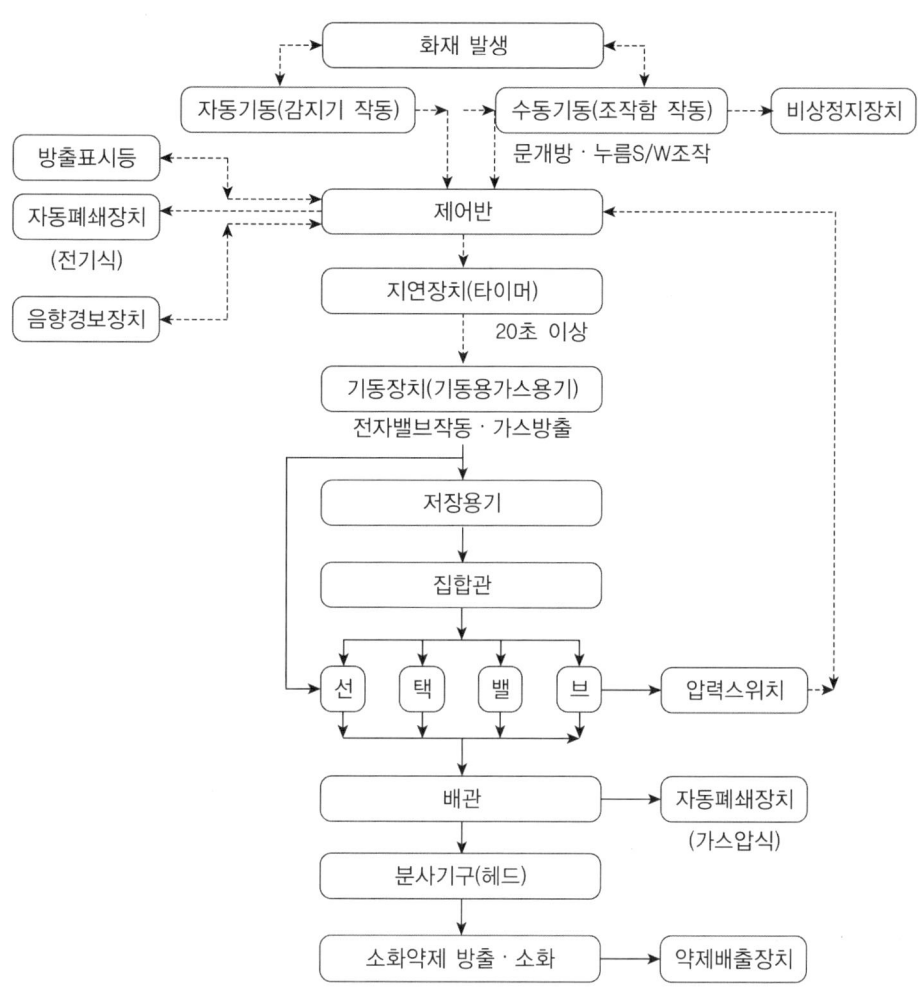

1. 소화약제의 저장용기 설치장소

(1) 방호구역 외의 장소에 설치할 것. 다만, 방호구역 내에 설치할 경우에는 피난 및 조작이 용이하도록 피난구 부근에 설치하여야 한다.
(2) 온도가 40℃ 이하이고, 온도변화가 적은 곳에 설치한다.
(3) 직사광선 및 빗물이 침투할 우려가 없는 곳에 설치한다.
(4) 방화문으로 구획된 실에 설치한다.
(5) 용기의 실지장소에는 해당 용기가 설치된 곳임을 표시하는 표지를 한다.
(6) 용기 간의 간격은 점검에 지장이 없도록 3cm 이상의 간격을 유지한다.
(7) 저장용기와 집합관을 연결하는 연결배관에는 체크밸브를 설치한다.

2. 저장용기 설치

(1) 저장용기의 충전비는 고압식은 1.5 이상 1.9 이하, 저압식은 1.1 이상 1.4 이하로 한다.

▶ "충전비"란 용기의 용적과 소화약제의 중량과의 비율을 말한다.

$$C = \frac{V}{G}$$

(* C: 충전비, V: 저장용기 부피[L], G: 액체 이산화탄소 중량[kg])

(2) 저압식 저장용기에는 내압시험압력의 0.64배부터 0.8배의 압력에서 작동하는 안전밸브와 내압시험압력의 0.8배부터 내압시험압력에서 작동하는 봉판을 설치한다.

(3) 저압식 저장용기에는 액면계 및 압력계와 1.9MPa 이상 2.3MPa 이하의 압력에서 작동하는 압력경보장치를 설치한다.

(4) 저압식 저장용기에는 용기 내부의 온도가 섭씨 영하 18℃ 이하에서 2.1MPa의 압력을 유지할 수 있는 자동냉동장치를 설치한다.

(5) 저장용기는 고압식은 25MPa 이상, 저압식은 3.5MPa 이상의 내압시험압력에 합격한 것으로 한다.

구분	충전비	내압시험 압력
저압식	1.1 ~ 1.4	3.5MPa 이상
고압식	1.5 ~ 1.9	25MPa 이상

3. 이산화탄소소화약제 저장량

(1) **전역방출방식**

"전역방출방식"이란 고정식 이산화탄소 공급장치에 배관 및 분사헤드를 고정설치하여 밀폐 방호구역 내에 이산화탄소를 방출하는 설비를 말한다.

① **표면화재의 약제량**

　㉠ 표면화재란 가연성물질의 표면에서 연소하는 것을 말한다.

　㉡ 방호구역의 체적(불연재료나 내열성의 재료로 밀폐된 구조물이 있는 경우에는 그 체적을 감한 체적) $1m^3$에 대하여 다음의 표에 따른 양. 다만, 다음의 표에 따라 산출한 양이 동표에 따른 저장량의 최저한도의 양 미만이 될 경우에는 그 최저한도의 양으로 한다.

방호구역 체적	방호구역의 체적 $1m^3$에 대한 소화약제의 양	소화약제 저장량의 최저한도의 양
$45m^3$ 미만	1.00kg	45kg
$45m^3$ 이상 $150m^3$ 미만	0.90kg	
$150m^3$ 이상 $1,450m^3$ 미만	0.80kg	135kg
$1,450m^3$ 이상	0.75kg	1,125kg

ⓒ 설계농도가 34% 이상인 방호대상물의 소화약제량은 ⓛ의 기준에 따라 산출한 기본 소화약제량에 다음 표에 따른 보정계수를 곱하여 산출한다.

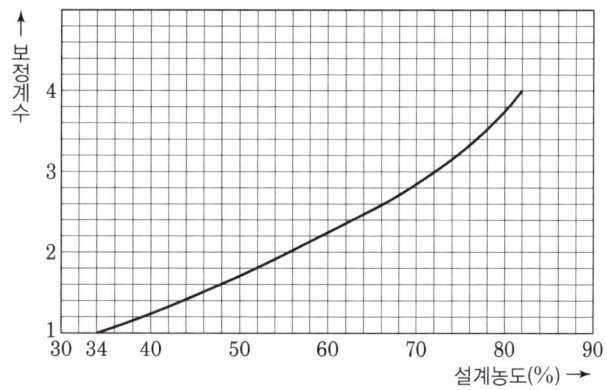

ⓔ 방호구역의 개구부에 자동폐쇄장치를 설치하지 아니한 경우에는 ⓛ 및 ⓒ의 기준에 따라 산출한 양에 개구부면적 1m²당 5kg을 가산하여야 한다. 이 경우 개구부의 면적은 방호구역 전체 표면적의 3% 이하로 하여야 한다.

$$Q = V \times a \times C + A \times b$$

(* V: 방호구역 체적[m³], a: 방호구역 체적당 소화약제량[kg/m³], C: 보정계수, A: 개구부면적[m²], b: 개구부 가산량)

확인 예제

방호구역 체적 300m³, 자동폐쇄장치를 설치하지 않은 개구부 면적은 6m², 설계농도 70%인 전역방출방식의 표면화재의 약제량을 구하시오.

해설
- $Q = V \times a \times C + A \times b$
- 방호구역 체적 150m³ 이상 1450m³ 미만에서의 방호구역 체적당 소화약제량(a)는 0.8kg
- 300m³ × 0.8kg × 2.4 + 6m² × 5kg = 606kg

정답 606kg

② 심부화재의 약제량
  ㉠ 심부화재란 목재 또는 섬유류와 같은 고체가연물에서 발생하는 화재형태로서, 가연물 내부 화재를 말한다.
  ㉡ 방호구역의 체적(불연재료나 내열성의 재료로 밀폐된 구조물이 있는 경우에는 그 체적을 감한 체적) 1m³에 대하여 다음 표에 따른 양 이상으로 하여야 한다.

방호대상물	방호구역의 체적 1m³에 대한 소화약제의 양	설계농도[%]
유압기기를 제외한 전기설비, 케이블실	1.3kg	50
체적 55m³ 미만의 전기설비	1.6kg	50
서고, 전자제품창고, 목재가공품창고, 박물관	2.0kg	65
고무류, 면화류창고, 모피창고, 석탄창고, 집진설비	2.7kg	75

ⓒ 방호구역의 개구부에 자동폐쇄장치를 설치하지 아니한 경우에는 ⓑ의 기준에 따라 산출한 양에 개구부 면적 1m²당 10kg을 가산하여야 한다. 이 경우 개구부의 면적은 방호구역 전체 표면적의 3% 이하로 하여야 한다.

$$Q = V \times a + A \times b$$

(* V: 방호구역 체적[m³], a: 방호구역 체적당 소화약제량[kg/m³], A: 개구부면적[m²], b: 개구부 가산량)

(2) 국소방출방식

"국소방출방식"이란 고정식 이산화탄소 공급장치에 배관 및 분사헤드를 설치하여 직접 화점에 이산화탄소를 방출하는 설비로 화재발생부분에만 집중적으로 소화약제를 방출하도록 설치하는 방식을 말한다.

국소방출방식은 다음의 기준에 따라 산출한 양에 고압식은 1.4, 저압식은 1.1을 각각 곱하여 얻은 양 이상으로 한다.

① 윗면이 개방된 용기에 저장하는 경우와 화재 시 연소면이 한정되고 가연물이 비산할 우려가 없는 경우에는 방호대상물의 표면적 1m²에 대하여 13kg을 곱한 양

$$Q = 13 \times A \times C$$

(* Q: 약제량[kg], A: 방호대상물의 표면적[m²], C: 1.1(저압식), 1.4(고압식))

② ① 이외의 경우에는 방호공간(방호대상물의 각 부분으로부터 0.6m의 거리에 따라 둘러싸인 공간을 말한다. 이하 같다)의 체적 1m³에 대하여 다음의 식에 따라 산출한 양

$$Q = 8 - 6\frac{a}{A}$$

* Q: 방호공간 1m³에 대한 이산화탄소 소화약제의 양[kg/m³]
  a: 방호대상물 주위에 설치된 벽 면적의 합계[m²]
  A: 방호공간의 벽면적(벽이 없는 경우에는 벽이 있는 것으로 가정한 당해 부분의 면적)의 합계[m²]

4. 호스릴방식

"호스릴방식"이란 분사헤드가 배관에 고정되어 있지 않고 소화약제 저장용기에 호스를 연결하여 사람이 직접 화점에 소화약제를 방출하는 이동식 소화설비를 말한다.

(1) 설치장소

① 지상 1층 및 피난층에 있는 부분으로서 지상에서 수동 또는 원격조작에 의하여 개방할 수 있는 개구부의 유효면적의 합계가 바닥면적의 15% 이상 되는 부분
② 전기설비가 설치되어 있는 부분 또는 다량의 화기를 사용하는 부분(해당 설비의 주위 5m 이내의 부분을 포함)의 바닥면적이 해당 설비가 설치되어 있는 방호구역 바닥면적의 5분의 1 미만이 되는 부분

(2) 약제량

호스릴이산화탄소소화설비는 하나의 노즐에 대하여 90kg 이상으로 한다.

(3) 설치기준

① 방호대상물로부터 수평거리가 15m 이하가 되어야 한다.
② 20℃에서 하나의 노즐마다 1분당 60kg 이상의 소화약제를 방출할 수 있는 것으로 하여야 한다.

5. 기동장치

기동장치에는 보호장치를 설치해야 하며, 보호장치를 개방하는 경우 기동장치에 설치된 부저 또는 벨 등에 의하여 경고음을 발해야 한다(신설).

(1) 수동식 기동장치

① 수동식 기동장치의 부근에는 소화약제의 방출을 지연시킬 수 있는 비상스위치(자동복귀형 스위치로서 수동식 기동장치의 타이머를 순간정지시키는 기능의 스위치를 말한다)를 설치하여야 한다.
② 전역방출방식은 방호구역마다, 국소방출방식은 방호대상물마다 설치한다.
③ 해당방호구역의 출입구부분 등 조작을 하는 자가 쉽게 피난할 수 있는 장소에 설치한다.
④ 기동장치의 조작부는 바닥으로부터 높이 0.8m 이상 1.5m 이하의 위치에 설치하고, 보호판 등에 따른 보호장치를 설치한다.
⑤ 기동장치에는 그 가까운 곳의 보기 쉬운 곳에 "이산화탄소소화설비 기동장치"라고 표시한 표지를 한다.
⑥ 전기를 사용하는 기동장치에는 전원표시등을 설치한다.
⑦ 기동장치의 방출용 스위치는 음향경보장치와 연동하여 조작될 수 있는 것으로 한다.

(2) 자동식 기동장치

① 자동식 기동장치에는 수동으로도 기동할 수 있는 구조로 한다.
② 전기식 기동장치로서 7병 이상의 저장용기를 동시에 개방하는 설비는 2병 이상의 저장용기에 전자 개방밸브를 부착한다.
③ 가스압력식 기동장치는 다음의 기준에 따른다.
　㉠ 기동용 가스용기 및 해당 용기에 사용하는 밸브는 25MPa 이상의 압력에 견딜 수 있는 것으로 한다.
　㉡ 기동용 가스용기에는 내압시험압력의 0.8배부터 내압시험압력 이하에서 작동하는 안전장치를 설치한다.
　㉢ 기동용 가스용기의 용적은 5L 이상으로 하고, 해당 용기에 저장하는 질소 등의 비활성기체는 6.0MPa 이상(21℃ 기준)의 압력으로 충전한다.
　㉣ 기동용 가스용기에는 충전여부를 확인할 수 있는 압력게이지를 설치한다.

6. 배관

(1) 배관은 전용으로 한다.

(2) 세부사항

재료	배관종류	저압식	고압식
강관	압력배관용 탄소강관 (KS D 3562)	스케줄 40 이상	스케줄 80 이상
아연도금 등으로 방식처리된 것을 사용할 것. 다만, 배관의 호칭구경이 20mm 이하인 경우에는 스케줄 40 이상인 것을 사용할 수 있다.			
동관	이음이 없는 동 및 동합금관(KS D 5301)	3.75MPa 이상	16.5MPa 이상
	개폐밸브 또는 선택밸브의 1차측 배관부속	4.5MPa 이상	9.5MPa 이상
	개폐밸브 또는 선택밸브의 2차측 배관부속	4.5MPa 이상	4.5MPa 이상

(3) 배관의 구경

다음의 시간 내에 방사되어야 한다.

전역방출방식		국소방출방식
표면화재	심부화재	
1분	7분(설계농도가 2분 이내에 30%에 도달하여야 한다)	30초

7. 분사헤드

(1) 방사된 소화약제가 방호구역의 전역에 균일하게 신속히 확산할 수 있도록 한다.

(2) 분사헤드의 방사압력이 2.1MPa(저압식은 1.05MPa) 이상의 것으로 한다.

구분	저압식	고압식
분사헤드의 방사압력	1.05MPa 이상	2.1MPa 이상

8. 자동폐쇄장치

전역방출방식의 이산화탄소소화설비를 설치한 특정소방대상물 또는 그 부분에 대하여는 다음의 기준에 따라 자동폐쇄장치를 설치하여야 한다.

(1) 환기장치를 설치한 것은 이산화탄소가 방사되기 전에 해당 환기장치가 정지할 수 있도록 한다.

(2) 개구부가 있거나, 천장으로부터 1m 이상 아래 부분 또는 바닥으로부터 해당 층 높이의 3분의 2 이내에 통기구가 설치되어 있어 이산화탄소가 유출되어 소화 효과가 감소할 우려가 있는 경우, 이산화탄소가 방사되기 전에 해당 개구부와 통기구를 반드시 폐쇄할 수 있도록 해야 한다.

(3) 자동폐쇄장치는 방호구역 또는 방호대상물이 있는 구획의 밖에서 복구할 수 있는 구조로 하고, 그 위치를 표시하는 표지를 한다.

9. 안전시설

(1) 소화약제를 방출할 때에는 방호구역 내부와 그 부근의 가스 방출로 영향을 받을 수 있는 장소에 시각경보장치를 설치하여 소화약제의 방출 사실을 알 수 있도록 한다.
(2) 방호구역의 출입구 부근 잘 보이는 장소에 약제방출에 따른 위험경고표지를 부착한다.

8 할론소화설비

할로겐족의 기체를 소화약제로 사용하며 연소의 연쇄반응을 차단하고 질식, 냉각작용에 의해 소화를 한다. 성능은 우수하나 오존파괴때문에 잘 사용하지는 않는다. 계통도와 작동흐름은 이산화탄소소화설비와 유사하다.

1. 저장용기의 설치장소 기준

(1) 방호구역 외의 장소에 설치할 것. 다만, 방호구역 내에 설치할 경우에는 피난 및 조작이 용이하도록 피난구 부근에 설치하여야 한다.
(2) 온도가 40℃ 이하이고, 온도변화가 적은 곳에 설치한다.
(3) 직사광선 및 빗물이 침투할 우려가 없는 곳에 설치한다.
(4) 방화문으로 구획된 실에 설치한다.
(5) 용기의 설치장소에는 해당 용기가 설치된 곳임을 표시하는 표지를 한다.
(6) 용기 간의 간격은 점검에 지장이 없도록 3cm 이상의 간격을 유지한다.
(7) 저장용기와 집합관을 연결하는 연결배관에는 체크밸브를 설치한다.

2. 저장용기의 설치기준

구분	축압식 저장용기 질소 압력	축압식 저장용기 충전비	가압식 저장용기 충전비
할론 1211	1.1MPa 또는 2.5MPa	0.7 ~ 1.4	0.7 ~ 1.4
할론 1301	2.5MPa 또는 4.2MPa	0.9 ~ 1.6	0.9 ~ 1.6
할론 2402	-	0.67 ~ 2.75	0.51 ~ 0.67

(1) 동일 집합관에 접속되는 용기의 소화약제 충전량은 동일 충전비의 것이어야 한다.
(2) 가압용 가스용기는 질소가스가 충전된 것으로 하고, 그 압력은 21℃에서 2.5MPa 또는 4.2MPa이 되도록 하여야 한다.
(3) 할론소화약제 저장용기의 개방밸브는 전기식·가스압력식 또는 기계식에 따라 자동으로 개방되고 수동으로도 개방되는 것으로서 안전장치가 부착된 것으로 하여야 한다.
(4) 가압식 저장용기에는 2.0MPa 이하의 압력으로 조정할 수 있는 압력조정장치를 설치하여야 한다.
(5) 하나의 구역을 담당하는 소화약제 저장용기의 소화약제량의 체적합계보다 그 소화약제 방출 시 방출경로가 되는 배관(집합관 포함)의 내용적이 1.5배 이상일 경우에는 해당 방호구역에 대한 설비는 별도 독립방식으로 하여야 한다.

3. 소화약제 저장량

(1) 전역방출방식

"전역방출방식"이란 고정식 할론 공급장치에 배관 및 분사헤드를 고정설치하여 밀폐 방호구역 내에 할론을 방출하는 설비를 말한다. 동일한 특정소방대상물 또는 그 부분에 2 이상의 방호구역 또는 방호대상물이 있는 경우에는 각 방호구역 또는 방호대상물에 대하여 다음 각 기준에 따라 산출한 저장량 중 최대의 것으로 할 수 있다.

① 방호구역의 체적(불연재료나 내열성의 재료로 밀폐된 구조물이 있는 경우에는 그 체적을 제외한다) $1m^3$에 대하여 다음 표에 따른 양

소방대상물 또는 그 부분		소화약제의 종별	방호구역의 체적 $1m^3$당 소화약제의 양
차고·주차장·전기실·통신기기실·전산실 기타 이와 유사한 전기설비가 설치되어 있는 부분		할론 1301	0.32kg 이상 0.64kg 이하
소방기본법 시행령 별표 2의 특수가연물을 저장·취급하는 소방대상물 또는 그 부분	가연성고체류·가연성액체류	할론 2402	0.40kg 이상 1.1kg 이하
		할론 1211	0.36kg 이상 0.71kg 이하
		할론 1301	0.32kg 이상 0.64kg 이하
	면화류·나무껍질 및 대팻밥·넝마 및 종이부스러기·사류·볏짚류·목재가공품 및 나무부스러기를 저장·취급하는 것	할론 1211	0.60kg 이상 0.71kg 이하
		할론 1301	0.52kg 이상 0.64kg 이하
	합성수지류를 저장·취급하는 것	할론 1211	0.36kg 이상 0.71kg 이하
		할론 1301	0.32kg 이상 0.64kg 이하

② 방호구역의 개구부에 자동폐쇄장치를 설치하지 아니한 경우에는 ①에 따라 산출한 양에 다음 표에 따라 산출한 양을 가산한 양

소방대상물 또는 그 부분		소화약제의 종별	가산량(개구부의 면적 $1m^2$당 소화약제의 양)
차고·주차장·전기실·통신기기실·전산실 기타 이와 유사한 전기설비가 설치되어 있는 부분		할론 1301	2.4kg
소방기본법 시행령 별표 2의 특수가연물을 저장·취급하는 소방대상물 또는 그 부분	가연성고체류·가연성액체류	할론 2402	3.0kg
		할론 1211	2.7kg
		할론 1301	2.4kg
	면화류·나무껍질 및 대팻밥·넝마 및 종이부스러기·사류·볏짚류·목재가공품 및 나무부스러기를 저장·취급하는 것	할론 1211	4.5kg
		할론 1301	3.9kg
	합성수지류를 저장·취급하는 것	할론 1211	2.7kg
		할론 1301	2.4kg

$$Q = V \times a + A \times b$$

(* Q: 약제량[kg], V: 방호구역 체적[m^3], a: 방호구역 체적당 소화약제량[kg/m^3], A: 개구부 면적[m^2], b: 개구부 가산량)

확인 예제

면화류 저장창고의 체적은 100m³이고, 전역방출방식의 할론소화설비를 설치하려고 한다. 할론 1211의 최소저장량은 얼마인지 구하시오. (단, 자동폐쇄장치를 설치하지 아니하며, 개구부의 면적은 5m²이다)

해설 $Q = V \times a + A \times b$

$100\text{m}^3 \times 0.6\text{kg} + 5\text{m}^2 \times 4.5\text{kg} = 82.5\text{kg}$

정답 82.5kg

(2) 국소방출방식

"국소방출방식"이란 고정식 할론 공급장치에 배관 및 분사헤드를 설치하여 직접 화점에 할론을 방출하는 설비로 화재발생부분에만 집중적으로 소화약제를 방출하도록 설치하는 방식을 말한다.

① 윗면이 개방된 용기에 저장하는 경우와 화재 시 연소면이 1면에 한정되고 가연물이 비산할 우려가 없는 경우에는 다음 표에 따른 양에 할론 2402 또는 할론 1211은 1.1을, 할론 1301은 1.25를 각각 곱하여 얻은 양 이상으로 한다.

소화약제의 종별	방호대상물의 표면적 1m²에 대한 소화약제의 양
할론 2402	8.8kg
할론 1211	7.6kg
할론 1301	6.8kg

$$Q = A \times X \times Y$$

* Q: 약제량[kg]
  A: 방호대상물 표면적[m²]
  X: 단위 방호대상물 표면적에 대한 소화약제량[kg/m²]
  Y: 1.1(할론 2402·1211), 1.25(할론 1301)

② ① 외의 경우에는 방호공간(방호대상물의 각 부분으로부터 0.6m의 거리에 따라 둘러싸인 공간을 말한다. 이하 같다)의 체적 1m³에 대하여 다음의 식에 따라 산출한 양으로 한다.

$$Q = X - Y\frac{a}{A}$$

* Q: 방호공간 1m²에 대한 할론소화약제의 양[kg/m²]
  a: 방호대상물의 주위에 설치된 벽면적의 합계[m²]
  A: 방호공간의 벽면적(벽이 없는 경우에는 벽이 있는 것으로 가정한 당해 부분의 면적)의 합계[m²]
  X 및 Y: 다음 표의 수치

소화약제의 수치	X의 수치	Y의 수치
할론 2402	5.2	3.9
할론 1211	4.4	3.3
할론 1301	4.0	3.0

③ 호스릴방식의 할론소화설비는 하나의 노즐에 대하여 다음 표에 따른 양 이상으로 한다.

소화약제의 종별	소화약제의 양
할론 2402 또는 할론 1211	50kg
할론 1301	45kg

4. 분사헤드

(1) 전역방출방식 할론소화설비의 분사헤드
① 방사된 소화약제가 방호구역의 전역에 균일하게 신속히 확산할 수 있도록 한다.
② 할론 2402를 방출하는 분사헤드는 해당 소화약제가 무상으로 분무되는 것으로 한다.
③ 분사헤드의 방사압력은 할론 2402를 방사하는 것은 0.1MPa 이상, 할론 1211을 방사하는 것은 0.2MPa 이상, 할론 1301을 방사하는 것은 0.9MPa 이상으로 한다.

구분	할론 2402	할론 1211	할론 1301
방사압력	0.1MPa	0.2MPa	0.9MPa

④ 기준저장량의 소화약제를 10초 이내에 방사할 수 있는 것으로 한다.

(2) 국소방출방식 할론소화설비의 분사헤드
① 소화약제의 방사에 따라 가연물이 비산하지 아니하는 장소에 설치한다.
② 할론 2402를 방사하는 분사헤드는 해당 소화약제가 무상으로 분무되는 것으로 한다.
③ 분사헤드의 방사압력은 할론 2402를 방사하는 것은 0.1MPa 이상, 할론 1211을 방사하는 것은 0.2MPa 이상, 할론 1301을 방사하는 것은 0.9MPa 이상으로 한다.

구분	할론 2402	할론 1211	할론 1301
방사압력	0.1MPa	0.2MPa	0.9MPa

5. 호스릴방식 할론소화설비

"호스릴방식"이란 분사헤드가 배관에 고정되어 있지 않고 소화약제 저장용기에 호스를 연결하여 사람이 직접 화점에 소화약제를 방출하는 이동식소화설비를 말한다.

(1) 방호대상물의 각 부분으로부터 하나의 호스접결구까지의 수평거리가 20m 이하가 되도록 한다.
(2) 소화약제의 저장용기의 개방밸브는 호스릴의 설치장소에서 수동으로 개폐할 수 있는 것으로 한다.
(3) 소화약제의 저장용기는 호스릴을 설치하는 장소마다 설치한다.

소화약제의 종별	1분당 방사하는 소화약제의 양
할론 2402	45kg
할론 1211	40kg
할론 1301	35kg

(4) 노즐은 20℃에서 하나의 노즐마다 1분당 다음 표에 따른 소화약제를 방사할 수 있는 것으로 한다.

(5) 소화약제 저장용기의 가까운 곳의 보기 쉬운 곳에 적색의 표시등을 설치하고, 호스릴방식의 할론소화설비가 있다는 뜻을 표시한 표지를 한다.

(6) 화재 시 현저하게 연기가 찰 우려가 없는 장소로서 다음의 어느 하나에 해당하는 장소에는 호스릴방식의 할론소화설비를 설치할 수 있다.

① 지상 1층 및 피난층에 있는 부분으로서 지상에서 수동 또는 원격조작에 따라 개방할 수 있는 개구부의 유효면적의 합계가 바닥면적의 15% 이상이 되는 부분

② 전기설비가 설치되어 있는 부분 또는 다량의 화기를 사용하는 부분(해당 설비의 주위 5m 이내의 부분을 포함한다)의 바닥면적이 해당 설비가 설치되어 있는 구획의 바닥면적의 5분의 1 미만이 되는 부분

9 할로겐화합물 및 불활성가스소화설비

할론소화제가 성능은 우수하나 오존층 파괴의 원인이므로 현재는 "할로겐화합물 및 불활성기체소화약제"로 대체하였다. "할로겐화합물 및 불활성기체소화약제"란 할로겐화합물(할론 1301, 할론 2402, 할론 1211 제외) 및 불활성기체로서 전기적으로 비전도성이며 휘발성이 있거나 증발 후 잔여물을 남기지 않는 소화약제를 말한다.

1. 소화약제의 저장량

(1) 할로겐화합물소화약제는 다음 공식에 따라 산출한 양 이상으로 한다.

$$W = \frac{V}{S} \times \frac{C}{100-C}$$

* W: 소화약제의 무게[kg]
  V: 방호구역의 체적[m³]
  S: 소화약제별 선형상수($K_1 + K_2 \times t$)[m³/kg]

소화약제	K_1	K_2
FC-3-1-10	0.094104	0.00034455
HCFC BLEND A	0.2413	0.00088
HCFC-124	0.1575	0.0006
HFC-125	0.1825	0.0007
HFC-227ea	0.1269	0.0005
HFC-23	0.3164	0.0012
HFC-236fa	0.1413	0.0006
FIC-1311	0.1138	0.0005
FK-5-1-12	0.0664	0.00024

* C: 체적에 따른 소화약제의 설계농도[%]
  t: 방호구역의 최소예상온도[℃]

(2) 불활성기체소화약제는 다음 공식에 따라 산출한 양 이상으로 한다.

$$X = 2.303 \frac{Vs}{S} \times \log\left(\frac{100}{100-C}\right)$$

* X: 공간체적당 더해진 소화약제의 부피[m³/m³]
  S: 소화약제별 선형상수($K_1 + K_2 \times t$)[m³/kg]

소화약제	K_1	K_2
IG-01	0.5685	0.00208
IG-100	0.7997	0.00293
IG-541	0.65799	0.00239
IG-55	0.6598	0.00242

C: 체적에 따른 소화약제의 설계농도[%]
Vs: 20℃에서 소화약제의 비체적[m³/kg]
t: 방호구역의 최소예상온도[℃]

소화약제	최대허용 설계농도[%]	소화약제	최대허용 설계농도[%]
FC-3-1-10	40	FIC-13I1	0.3
HCFC BLEND A	10	FK-5-1-12	10
HCFC-124	1.0	IG-01	43
HFC-125	11.5	IG-100	43
HFC-227ea	10.5	IG-541	43
HFC-23	30	IG-55	43
HFC-236fa	12.5		

(3) 체적에 따른 소화약제의 설계농도[%]는 상온에서 제조업체의 설계기준에서 정한 실험수치를 적용한다. 이 경우 설계농도는 소화농도[%]에 안전계수(A급 화재 1.2, B급 화재 1.3, C급 화재 1.35)를 곱한 값으로 한다.

2. 저장용기 설치장소 기준

(1) 방호구역 외의 장소에 설치한다(방호구역 내에 설치할 경우에는 피난 및 조작이 용이하도록 피난구 부근에 설치).
(2) 온도가 55℃ 이하이고 온도의 변화가 작은 곳에 설치한다.
(3) 직사광선 및 빗물이 침투할 우려가 없는 곳에 설치한다.
(4) 저장용기를 방호구역 외에 설치한 경우에는 방화문으로 구획된 실에 설치한다.
(5) 용기의 설치장소에는 해당 용기가 설치된 곳임을 표시하는 표지를 한다.
(6) 용기 간의 간격은 점검에 지장이 없도록 3cm 이상의 간격을 유지한다.
(7) 저장용기와 집합관을 연결하는 연결배관에는 체크밸브를 설치한다.

3. 저장용기 설치기준

(1) 저장용기의 충전밀도 및 충전압력은 표 2.3.2.1(1) 및 표 2.3.2.1(2)에 따른다(NFTC 107A).
(2) 저장용기는 약제명·저장용기의 자체중량과 총중량·충전일시·충전압력 및 약제의 체적을 표시한다.
(3) 집합관에 접속되는 저장용기는 동일한 내용적을 가진 것으로 충전량 및 충전압력이 같도록 한다.
(4) 저장용기에 충전량 및 충전압력을 확인할 수 있는 장치를 하는 경우에는 해당 소화약제에 적합한 구조로 한다.
(5) 저장용기의 약제량 손실이 5%를 초과하거나 압력손실이 10%를 초과할 경우에는 재충전하거나 저장용기를 교체한다. 불활성기체 소화약제 저장용기의 경우에는 압력손실이 5%를 초과할 경우 재충전하거나 저장용기를 교체하여야 한다.
(6) 하나의 방호구역을 담당하는 저장용기의 소화약제의 체적합계보다 소화약제의 방출시 방출경로가 되는 배관의 내용적 비율이 할로겐화합물 및 불활성기체소화약제 제조업체의 설계기준에서 정한 값 이상일 경우에는 해당 방호구역에 대한 설비는 별도 독립방식으로 하여야 한다.

4. 배관

(1) 배관은 전용으로 한다.
(2) 배관·배관부속 및 밸브류는 저장용기의 방출내압을 견딜 수 있어야 한다.
(3) 강관을 사용하는 경우의 배관은 압력배관용탄소강관(KS D 3562) 또는 이와 동등 이상의 강도를 가진 것으로서 아연도금 등에 따라 방식처리된 것을 사용한다.
(4) 동관을 사용하는 경우의 배관은 이음이 없는 동 및 동합금관(KS D 5301)의 것을 사용한다.
(5) 배관의 두께는 다음의 계산식에서 구한 값(t) 이상이어야 한다.

> 관의 두께$(t) = \dfrac{PD}{2SE} + A$
>
> * P: 최대허용압력[MPa]
> D: 배관의 바깥지름[mm]
> SE: 최대허용응력[kPa](배관재질 인장강도의 1/4값과 항복점의 2/3값 중 적은 값 × 배관이음효율 × 1.2)
> A: 나사이음, 홈이음 등의 허용값[mm](헤드설치부분은 제외한다)
>   - 나사이음: 나사의 높이
>   - 절단홈이음: 홈의 깊이
>   - 용접이음: 0
> ※ 배관이음효율
>   - 이음매 없는 배관: 1.0
>   - 전기저항 용접배관: 0.85
>   - 가열맞대기 용접배관: 0.60

(6) 배관부속 및 밸브류는 강관 또는 동관과 동등 이상의 강도 및 내식성이 있는 것으로 한다.
(7) 배관과 배관, 배관과 배관부속 및 밸브류의 접속은 나사접합, 용접접합, 압축접합 또는 플랜지접합 등의 방법을 사용하여야 한다.
(8) 배관의 구경은 해당 방호구역에 할로겐화합물소화약제는 10초 이내에, 불활성기체소화약제는 A·C급 화재 2분, B급 화재 1분 이내에 방호구역 각 부분에 최소설계농도의 95% 이상 해당하는 약제량이 방출되도록 하여야 한다.

5. 분사헤드

(1) 분사헤드의 설치높이는 방호구역의 바닥으로부터 최소 0.2m 이상 최대 3.7m 이하로 하여야 하며 천장높이가 3.7m를 초과할 경우에는 추가로 다른 열의 분사헤드를 설치한다.
(2) 분사헤드에는 부식방지조치를 하여야 하며 오리피스의 크기, 제조일자, 제조업체가 표시되도록 한다.
(3) 분사헤드의 방출율 및 방출압력은 제조업체에서 정한 값으로 한다.
(4) 분사헤드의 오리피스의 면적은 분사헤드가 연결되는 배관구경면적의 70%를 초과하여서는 아니 된다.

10 분말소화설비

물에 의한 소화가 어려울 때 고체분말을 이용하여 질식효과, 냉각효과를 일으켜 소화작용을 하며, 고체분말을 제거하기 위한 청소장치, 압력조정장치가 추가된다.

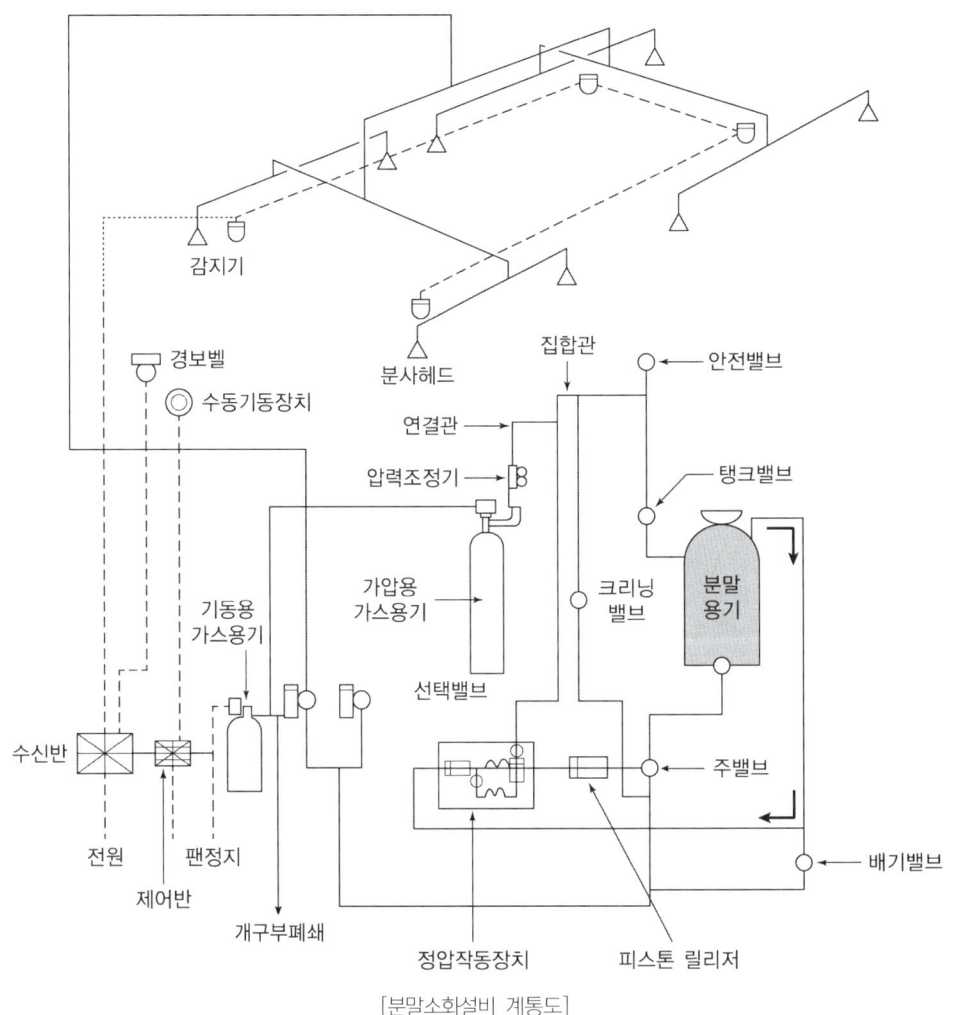

[분말소화설비 계통도]

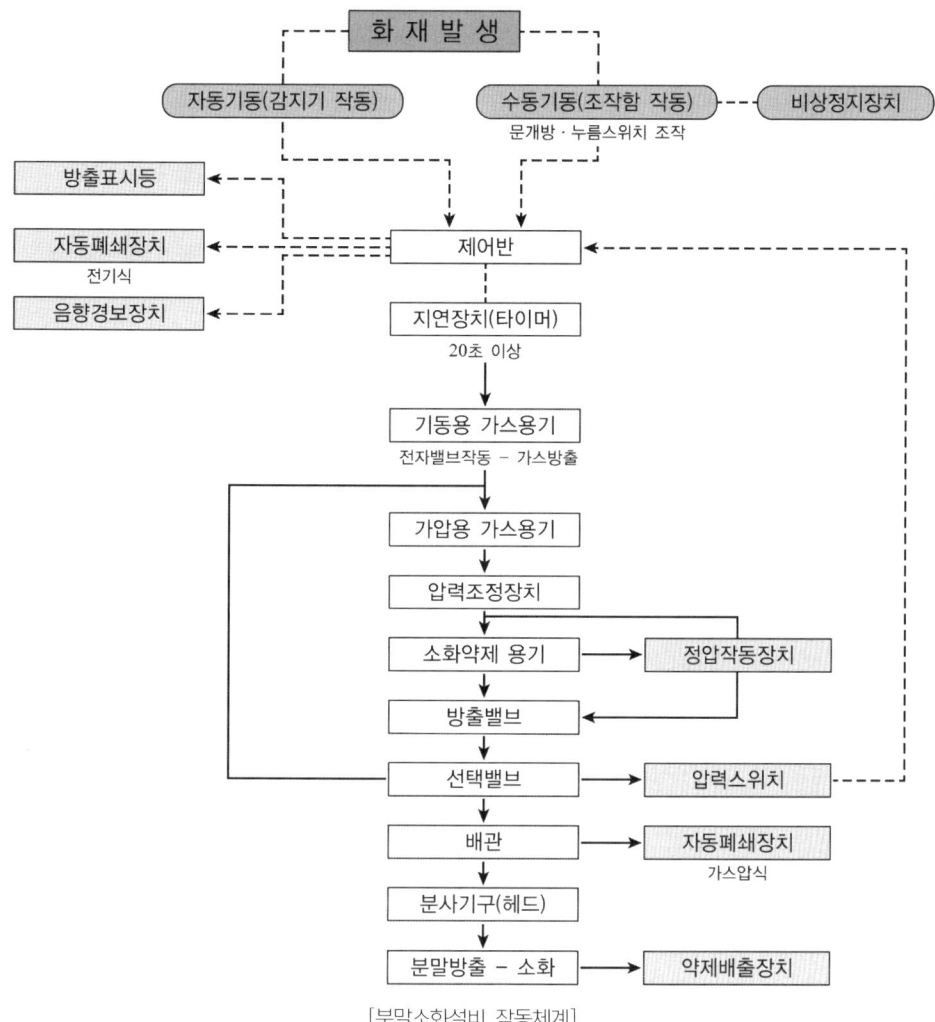

[분말소화설비 작동체계]

1. 저장용기 설치장소 기준

(1) 방호구역 외의 장소에 설치한다(방호구역 내에 설치할 경우에는 피난 및 조작이 용이하도록 피난구 부근에 설치).
(2) 온도가 40℃ 이하이고 온도의 변화가 작은 곳에 설치한다.
(3) 직사광선 및 빗물이 침투할 우려가 없는 곳에 설치한다.
(4) 방화문으로 구획된 실에 설치한다.
(5) 용기의 설치장소에는 해당 용기가 설치된 곳임을 표시하는 표지를 한다.
(6) 용기간의 간격은 점검에 지장이 없도록 3cm 이상의 간격을 유지한다.
(7) 저장용기와 집합관을 연결하는 연결배관에는 체크밸브를 설치한다.

2. 저장용기 설치기준

(1) 저장용기의 내용적

소화약제의 종별	소화약제 1kg당 저장용기의 내용적
제1종 분말(탄산수소나트륨을 주성분으로 한 분말)	0.8L
제2종 분말(탄산수소칼륨을 주성분으로 한 분말)	1L
제3종 분말(인산염을 주성분으로 한 분말)	1L
제4종 분말(탄산수소칼륨과 요소가 화합된 분말)	1.25L

(2) 저장용기에는 가압식은 최고사용압력의 1.8배 이하, 축압식은 용기의 내압시험압력의 0.8배 이하의 압력에서 작동하는 안전밸브를 설치한다.
(3) 저장용기에는 저장용기의 내부압력이 설정압력으로 되었을 때 주밸브를 개방하는 정압작동장치를 설치한다.
(4) 저장용기의 충전비는 0.8 이상으로 한다.
(5) 저장용기 및 배관에는 잔류 소화약제를 처리할 수 있는 청소장치를 설치한다.
(6) 축압식의 분말소화설비는 사용압력의 범위를 표시한 지시압력계를 설치한다.

3. 가압용 가스용기

(1) 분말소화약제의 가스용기는 분말소화약제의 저장용기에 접속하여 설치하여야 한다.
(2) 분말소화약제의 가압용 가스용기를 3병 이상 설치한 경우에는 2개 이상의 용기에 전자개방밸브를 부착하여야 한다.
(3) 분말소화약제의 가압용 가스용기에는 2.5MPa 이하의 압력에서 조정이 가능한 압력조정기를 설치하여야 한다.
(4) 가압용 가스 또는 축압용 가스는 질소가스 또는 이산화탄소로 한다.
(5) 가압용 가스에 질소가스를 사용하는 경우 질소가스는 소화약제 1kg마다 40L(35℃에서 1기압의 압력상태로 환산한 것) 이상, 이산화탄소를 사용하는 경우 이산화탄소는 소화약제 1kg에 대하여 20g에 배관의 청소에 필요한 양을 가산한 양 이상으로 한다.
(6) 축압용 가스에 질소가스를 사용하는 경우 질소가스는 소화약제 1kg에 대하여 10L(35℃에서 1기압의 압력상태로 환산한 것) 이상, 이산화탄소를 사용하는 경우 이산화탄소는 소화약제 1kg에 대하여 20g에 배관의 청소에 필요한 양을 가산한 양 이상으로 한다.

구분	가압용 가스	축압용 가스
질소가스 사용	소화약제 1kg마다 40L 이상	소화약제 1kg마다 10L 이상
이산화탄소 사용	소화약제 1kg마다 20g 이상 + 배관의 청소에 필요한 양	소화약제 1kg마다 20g 이상 + 배관의 청소에 필요한 양

4. 소화약제 저장량

(1) 전역방출방식

방호구역의 개구부에 자동폐쇄장치를 설치하지 아니한 경우에는 방호구역 체적에 의해 산출한 양에 아래 가산량 표에 따라 산출한 양을 가산한다.

$$Q = V \times a + A \times b$$

(* Q: 약제량[kg], V: 방호구역 체적[m³], a: 방호구역 체적당 소화약제량[kg/m³], A: 개구부 면적[m²], b: 개구부 가산량)

소화약제의 종별	방호구역의 체적 1m³에 대한 소화약제의 양
제1종 분말	0.60kg
제2종 분말 또는 제3종 분말	0.36kg
제4종 분말	0.24kg

(2) 국소방출방식

다음의 기준에 따라 산출한 양에 1.1을 곱하여 얻은 양 이상으로 한다.

$$Q = X - Y \frac{a}{A}$$

Q: 방호공간(방호대상물의 각 부분으로부터 0.6m의 거리에 따라 둘러싸인 공간을 말한다) 1m²에 대한 할론소화약제의 양[kg/m²]
a: 방호대상물의 주위에 설치된 벽면적의 합계[m²]
A: 방호공간의 벽면적(벽이 없는 경우에는 벽이 있는 것으로 가정한 당해 부분의 면적)의 합계[m²]
X 및 Y: 다음 표의 수치

소화약제의 수치	X의 수치	Y의 수치
할론 2402	5.2	3.9
할론 1211	4.4	3.3
할론 1301	4.0	3.0

(3) 호스틸분말소화설비

하나의 노즐에 대하여 다음 표에 따른 양 이상으로 한다.

소화약제의 종별	소화약제의 양	분당 방사량
제1종 분말	50kg	45kg/min
제2종 분말 또는 제3종 분말	30kg	27kg/min
제4종 분말	20kg	18kg/min

5. 배관

(1) 배관은 전용으로 한다.
(2) 강관을 사용하는 경우의 배관은 아연도금에 따른 배관용탄소강관(KS D 3507)이나 이와 동등 이상의 강도·내식성 및 내열성을 가진 것으로 한다.
(3) 동관을 사용하는 경우의 배관은 고정압력 또는 최고사용압력의 1.5배 이상의 압력에 견딜 수 있는 것을 사용한다.
(4) 밸브류는 개폐위치 또는 개폐방향을 표시한 것으로 한다.
(5) 배관의 관부속 및 밸브류는 배관과 동등 이상의 강도 및 내식성이 있는 것으로 한다.
(6) 분기배관을 사용할 경우에는 제품검사에 합격한 것으로 설치하여야 한다.

6. 분사헤드

(1) **전역방출방식**
   ① 방사된 소화약제가 방호구역의 전역에 균일하고 신속하게 확산할 수 있도록 한다.
   ② 소화약제 저장량을 30초 이내에 방사할 수 있는 것으로 한다.

(2) **국소방출방식**
   ① 소화약제의 방사에 따라 가연물이 비산하지 아니하는 장소에 설치한다.
   ② 소화약제를 30초 이내에 방사할 수 있는 것으로 한다.

(3) **호스릴분말소화설비 설치장소**
   ① 화재시 현저하게 연기가 찰 우려가 없는 장소
   ② 지상 1층 및 피난층에 있는 부분으로서 지상에서 수동 또는 원격조작에 따라 개방할 수 있는 개구부의 유효면적의 합계가 바닥면적의 15% 이상이 되는 부분
   ③ 전기설비가 설치되어 있거나 다량의 화기를 사용하는 부분(해당 설비 주위 5m 이내의 구역을 포함한다)으로서, 그 바닥면적이 해당 설비가 설치된 구획 전체 바닥면적의 5분의 1 미만인 부분

(4) **호스릴분말소화설비 설치기준**
   ① 방호대상물의 각 부분으로부터 하나의 호스접결구까지의 수평거리가 15m 이하가 되도록 한다.
   ② 소화약제의 저장용기의 개방밸브는 호스릴의 설치장소에서 수동으로 개폐할 수 있는 것으로 한다.
   ③ 소화약제의 저장용기는 호스릴을 설치하는 장소마다 설치한다.
   ④ 저장용기에는 그 가까운 곳의 보기 쉬운 곳에 적색의 표시등을 설치하고, 이동식 분말소화설비가 있다는 뜻을 표시한 표지를 한다.

Chapter 02 피난구조에 관한 설비

1 피난기구

화재가 발생하였을 때 안전한 대피를 위하여 건축물에 설치하며 건축물의 구조와 기능에 따라 여러 가지 형태의 피난기구를 설치할 수 있다. 11층 이상의 고층은 사용이 제외된다.

1. 피난기구의 종류

- 피난사다리
- 완강기
- 간이완강기
- 구조대
- 공기안전매트
- 다수인 피난장비
- 승강식 피난기
- 하향식 피난구용 내림식 사다리
- 미끄럼대
- 미끄럼봉
- 피난교
- 피난용트랩
- 피난용밧줄

2. 피난사다리

"피난사다리"란 화재 시 긴급대피를 위해 사용하는 사다리를 말하며, 고정식, 올림식, 내림식의 3가지 종류가 있다.

(1) 고정식 사다리

상시 사용가능한 사다리로서 수납식(수납가능구조), 접는식(접이식), 신축식(하부를 연장 가능)이 있다.

(2) 올림식 사다리

상부 지지점에 걸어 올려 사용하며 상부 지지점(끝으로부터 60cm 이내의 임의의 부분)이 미끄러지거나 넘어지지 않도록 안전장치를 설치하여야 하며, 하부 지지점에도 미끄러짐을 막는 장치를 설치하여야 한다. 신축하는 구조는 자동으로 작동하는 축제방지장치를, 접어지는 구조는 자동으로 작동하는 접힘방지장치를 설치하여야 한다.

(3) 내림식 사다리(하향식 피난구용 내림식 사다리)

사용 시 소방대상물로부터 10cm 이상의 돌자를 횡봉의 위치마나 설치한다. 다만, 사용 시 10cm 이상의 거리를 유지할 수 있으면 설치하지 않을 수 있다.

3. 완강기

"완강기"란 사용자의 몸무게에 따라 자동적으로 내려올 수 있는 기구 중 사용자가 교대하여 연속적으로 사용할 수 있는 것을 말한다. "간이완강기"란 사용자의 몸무게에 따라 자동적으로 내려올 수 있는 기구 중 사용자가 연속적으로 사용할 수 없는 것을 말한다.

(1) 완강기의 구조
① **속도조절기(조속기)**: 하강하는 완강기의 속도를 조절하는 장치
② **속도조절기의 연결부**: 지지대와 조속기를 연결하는 부위
③ **연결금속구**: 로프와 벨트의 연결부위에 사용하는 금속구 및 완강기 또는 간이완강기를 지지대에 연결할 때 사용하는 금속구
④ **로프**: 와이어로프를 사용하여야 하고 지름 3mm 이상, 안전계수 5 이상이어야 한다.
⑤ **벨트**: 벨트의 너비는 45mm 이상, 최소원주길이는 55~65cm, 최대원주길이는 160~180cm
⑥ **지지대**: 완강기와 간이완강기를 소방대상물에 고정설치하는 기구로서 연직방향으로 최대사용자수에 5,000N을 곱한 하중을 가해도 파괴, 균열 및 현저한 변형이 없어야 한다.

(2) 최대사용자수
최대사용하중을 1,500N으로 나누어서 얻은 값으로 한다.

4. 구조대

"구조대"란 포지 등을 사용하여 자루형태로 만든 것으로서 화재 시 사용자가 그 내부에 들어가서 내려옴으로써 대피할 수 있는 것을 말한다.

(1) 경사강하식 구조대
소방대상물에 비스듬하게 고정시키거나 설치하여 사용자가 미끄럼식으로 내려올 수 있는 구조대를 말한다.
① 입구틀 및 취부틀의 입구는 지름 60cm 이상의 구체가 통과할 수 있어야 한다.
② 구조대 본체의 활강부는 낙하방지를 위해 포를 이중구조로 하거나 망목의 변의 길이가 8cm 이하인 망을 설치한다.
③ 구조대 본체는 강하방향으로 봉합부가 설치되지 아니하여야 한다.
④ 본체의 포지는 하부 지지장치에 인장력이 균등하게 걸리도록 부착하여야 하며 하부 지지장치는 쉽게 조작할 수 있어야 한다.
⑤ 손잡이는 출구 부근에 좌우 각 3개 이상 균일한 간격으로 부착한다.
⑥ 구조대 본체 끝부분에는 길이 4m 이상, 지름 4mm 이상의 유도선을 부착하고, 유도선 끝에는 중량 3N(300g) 이상의 모래주머니를 설치한다.

(2) 수직강하식 구조대
소방대상물 또는 장비 등에 수직으로 설치하는 구조대를 말한다.
① 구조대는 안전하고 쉽게 사용할 수 있는 구조여야 한다.
② 구조대의 포지는 외부포지와 내부포지로 구성하되, 외부포지와 내부포지의 사이에 충분한 공기층을 두어야 한다. 다만, 건물 내부의 별실에 설치하는 것은 외부포지를 설치하지 않을 수 있다.

③ 입구틀 및 취부틀의 입구는 지름 60cm 이상의 구체가 통과할 수 있는 것이어야 한다.
④ 구조대는 연속하여 강하할 수 있는 구조이어야 한다.
⑤ 포지는 사용시 수직방향으로 현저하게 늘어나지 않아야 한다.
⑥ 포지, 지지틀, 취부틀, 그 밖의 부속장치 등은 견고하게 부착되어야 한다.

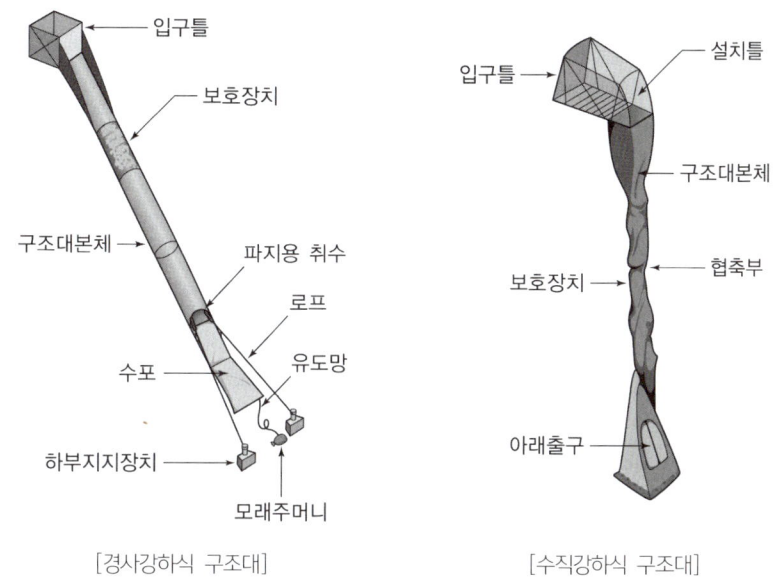

[경사강하식 구조대]   [수직강하식 구조대]

5. 피난기구 설치

(1) 피난기구 설치 개수

① 원칙적으로 층마다 설치하되, 특정소방대상물의 경우 다음 표에 따라 설치한다.

설치대상 특정소방대상물	설치개수
숙박시설, 노유자시설 및 의료시설	바닥면적 500m²마다 1개 이상
위락시설, 문화 및 집회시설, 운동시설, 판매시설, 복합용도의 층	바닥면적 800m²마다 1개 이상
그 밖의 용도의 층	바닥면적 1,000m²마다 1개 이상
계단실형 아파트	각 세대마다 1개 이상

② ①에 따라 설치한 피난기구 외에 숙박시설(휴양콘도미니엄을 제외한다)의 경우에는 추가로 객실마다 완강기 또는 둘 이상의 간이완강기를 설치한다.

(2) 피난기구 설치기준

① 피난기구는 계단·피난구 기타 피난시설로부터 적당한 거리에 있는 안전한 구조로 된 피난 또는 소화활동상 유효한 개구부(가로 0.5m 이상 세로 1m 이상인 것을 말한다. 이 경우 개구부 하단이 바닥에서 1.2m 이상이면 발판 등을 설치하여야 하고, 밀폐된 창문은 쉽게 파괴할 수 있는 파괴장치를 비치하여야 한다)에 고정하여 설치하거나 필요한 때에 신속하고 유효하게 설치할 수 있는 상태에 둔다.

② 피난기구를 설치하는 개구부는 서로 동일직선상이 아닌 위치에 있어야 한다(피난교, 피난용트랩, 간이완강기, 아파트에 설치되는 피난기구는 제외).

③ 피난기구는 소방대상물의 기둥·바닥·보 기타 구조상 견고한 부분에 볼트조임·매입·용접 기타의 방법으로 견고하게 부착한다.

④ 4층 이상의 층에 피난사다리(하향식 피난구용 내림식 사다리는 제외한다)를 설치하는 경우에는 금속성 고정사다리를 설치하고, 당해 고정사다리에는 쉽게 피난할 수 있는 구조의 노대를 설치한다.

⑤ 완강기는 강하시 로프가 소방대상물과 접촉하여 손상되지 아니하도록 한다.

⑥ 완강기로프의 길이는 부착위치에서 지면 기타 피난상 유효한 착지면까지의 길이로 한다.

⑦ 미끄럼대는 안전한 강하속도를 유지하도록 하고, 전락방지를 위한 안전조치를 한다.

⑧ 구조대의 길이는 피난상 지장이 없고 안정한 강하속도를 유지할 수 있는 길이로 한다.

⑨ 다수인 피난장비는 사용시에 보관실 외측 문이 먼저 열리고 탑승기가 외측으로 자동으로 전개되고, 문 개방시에는 당해 소방대상물에 설치된 경보설비와 연동하여 유효한 경보음을 발하도록 한다.

⑩ 승강식피난기 및 하향식 피난구용 내림식사다리는 다음에 적합하게 설치한다.
　㉠ 설치경로가 설치층에서 피난층까지 연계될 수 있는 구조로 설치할 것
　㉡ 대피실의 면적은 $2m^2$(2세대 이상일 경우에는 $3m^2$) 이상으로 하고, 하강구(개구부) 규격은 직경 60cm 이상일 것
　㉢ 하강구 내측에는 기구의 연결 금속구 등이 없어야 할 것
　㉣ 전개된 피난기구는 하강구 수평투영면적 공간 내의 범위를 침범하지 않는 구조이어야 할 것
　㉤ 대피실의 출입문은 갑종방화문으로 설치하고, 피난방향에서 식별할 수 있는 위치에 "대피실" 표지판을 부착할 것
　㉥ 착지점과 하강구는 상호 수평거리 15cm 이상의 간격을 둘 것
　㉦ 대피실 내에는 비상조명등을 설치할 것

⑪ 피난기구를 설치한 장소에는 가까운 곳의 보기 쉬운 곳에 피난기구의 위치를 표시하는 발광식 또는 축광식 표지와 그 사용방법을 표시한 표지를 부착한다.
　㉠ 축광유도표지 및 축광위치표지는 200lx 밝기의 광원으로 20분간 조사시킨 상태에서 다시 주위조도를 0lx로 하여 60분간 발광시킨 후, 직선거리 20m 떨어진 위치에서 유도표지 또는 위치표지가 있다는 것이 식별되어야 한다.
　㉡ 축광보조표지는 200lx 밝기의 광원으로 20분간 조사시킨 상태에서 다시 주위조도를 0lx로 하여 60분간 발광시킨 후, 직선거리 10m 떨어진 위치에서 축광보조표지가 인식되어야 한다.

ⓒ 축광표지의 표지면을 0lx 상태에서 1시간 이상 방치한 후 200lx 밝기의 광원으로 20분간 조사한 상태에서 다시 주위조도를 0lx로 하여 휘도시험을 하는 경우 다음 각 수치 이상이어야 한다.

시간	휘도
5분간 발광시킨 후	$110 mcd/m^2$
10분간 발광시킨 후	$50 mcd/m^2$
20분간 발광시킨 후	$24 mcd/m^2$
60분간 발광시킨 후	$7 mcd/m^2$

⑫ 소방대상물의 설치장소별 피난기구의 적응성

설치장소별 \ 층별	1층	2층	3층	4층 이상 10층 이하
노유자시설	미끄럼대 · 구조대 · 피난교 · 다수인 피난장비 · 승강식피난기	미끄럼대 · 구조대 · 피난교 · 다수인 피난장비 · 승강식피난기	미끄럼대 · 구조대 · 피난교 · 피난용트랩 · 다수인 피난장비 · 승강식피난기	구조대 · 피난교 · 다수인 피난장비 · 승강식피난기
의료시설, 근린생활시설 중 입원실이 있는 의원, 접골원, 조산원			미끄럼대 · 구조대 · 피난교 · 다수인 피난장비 · 승강식피난기	구조대 · 피난교 · 피난용트랩 · 다수인 피난장비 · 승강식피난기
「다중이용업소의 안전관리에 관한 특별법 시행령」 제2조에 따른 다중이용업소로서 영업장의 위치가 4층 이하인 다중이용업소		미끄럼대 · 피난사다리 · 구조대 · 완강기 · 다수인 피난장비 · 승강식피난기	미끄럼대 · 피난사다리 · 구조대 · 완강기 · 다수인 피난장비 · 승강식피난기	미끄럼대 · 피난사다리 · 구조대 · 완강기 · 다수인 피난장비 · 승강식피난기
그 밖의 것			미끄럼대 · 피난사다리 · 구조대 · 완강기 · 피난교 · 피난용트랩 · 간이완강기 · 공기안전매트 · 다수인 피난장비 · 승강식피난기	피난사다리 · 구조대 · 완강기 · 피난교 · 간이완강기 · 공기안전매트 · 다수인 피난장비 · 승강식피난기

6. 피난기구 설치제외

(1) 다음에 적합한 층
   ① 주요구조부가 내화구조로 되어 있어야 한다.
   ② 실내에 면하는 부분의 마감이 불연재료·준불연재료 또는 난연재료로 되어 있어야 한다.
   ③ 거실의 각 부분으로부터 직접 복도로 쉽게 통할 수 있어야 한다.
   ④ 복도에 2 이상의 특별피난계단 또는 피난계단이 설치되어 있어야 한다.
   ⑤ 복도의 어느 부분에서도 2 이상의 방향으로 각각 다른 계단에 도달할 수 있어야 한다.

(2) 다음 기준에 적합한 소방대상물 중 그 옥상의 직하층 또는 최상층
   ① 주요구조부가 내화구조로 되어 있어야 한다.
   ② 옥상의 면적이 1,500m^2 이상이어야 한다.
   ③ 옥상으로 쉽게 통할 수 있는 창 또는 출입구가 설치되어 있어야 한다.
   ④ 옥상이 소방사다리차가 쉽게 통행할 수 있는 도로(폭 6m 이상의 것을 말한다. 이하 같다) 또는 공지(공원 또는 광장 등을 말한다. 이하 같다)에 면하여 설치되어 있거나 옥상으로부터 피난층 또는 지상으로 통하는 2 이상의 피난계단 또는 특별피난계단이 설치되어 있어야 한다.

(3) 주요구조부가 내화구조이고 지하층을 제외한 층수가 4층 이하이며 소방사다리차가 쉽게 통행할 수 있는 도로 또는 공지에 면하는 부분에 개구부가 2 이상 설치되어 있는 층(문화집회 및 운동시설·판매시설 및 영업시설 또는 노유자시설의 용도로 사용되는 층으로서 그 층의 바닥면적이 1,000m^2 이상인 것을 제외한다)

(4) 편복도형 아파트 또는 발코니 등을 통하여 인접세대로 피난할 수 있는 구조로 되어 있는 계단실형 아파트

(5) 주요구조부가 내화구조로서 거실의 각 부분으로 직접 복도로 피난할 수 있는 학교(강의실 용도로 사용되는 층에 한한다)

(6) 무인공장 또는 자동창고로서 사람의 출입이 금지된 장소(관리를 위하여 일시적으로 출입하는 장소를 포함한다)

(7) 건축물의 옥상부분으로서 거실에 해당하지 아니하고 층수로 산정된 층으로 사람이 근무하거나 거주하지 아니하는 장소

7. 피난기구 설치의 감소

피난기구를 설치하여야 할 소방대상물중 다음의 기준에 적합한 층에는 피난기구의 2분의 1을 감소할 수 있다. 이 경우 설치하여야 할 피난기구의 수에 있어서 소수점 이하의 수는 1로 한다.

(1) 주요구조부가 내화구조로 되어 있어야 한다.
(2) 직통계단인 피난계단 또는 특별피난계단이 2 이상 설치되어 있어야 한다.

(3) 피난기구를 설치하여야 할 소방대상물 중 주요구조부가 내화구조이고 다음 각 기준에 적합한 건널복도가 설치되어 있는 층에는 설치해야 할 피난기구의 수에서 해당 건널복도의 수의 2배의 수를 뺀 수로 한다.
  ① 내화구조 또는 철골조로 되어 있을 것
  ② 건널 복도 양단의 출입구에 자동폐쇄장치를 한 갑종방화문(방화셔터를 제외한다)이 설치되어 있을 것
  ③ 피난·통행 또는 운반의 전용 용도일 것

(4) 피난기구를 설치하여야 할 소방대상물 중 다음 기준에 적합한 노대가 설치된 거실의 바닥면적은 피난기구의 설치 개수 산정을 위한 바닥면적에서 이를 제외한다.
  ① 노대를 포함한 소방대상물의 주요구조부가 내화구조일 것
  ② 노대가 거실의 외기에 면하는 부분에 피난상 유효하게 설치되어 있어야 할 것
  ③ 노대가 소방사다리차가 쉽게 통행할 수 있는 도로 또는 공지에 면하여 설치되어 있거나, 또는 거실부분과 방화구획되어 있거나 또는 노대에 지상으로 통하는 계단 그 밖의 피난기구가 설치되어 있어야 할 것

2 인명구조기구

1. 인명구조기구의 종류

구조기구 종류	설명
방열복	고온의 복사열에 가까이 접근하여 소방활동을 수행할 수 있는 내열피복
방화복	화재진압 등의 소방활동을 수행할 수 있는 피복
공기호흡기	소화활동시에 화재로 인하여 발생하는 각종 유독가스 중에서 일정시간 사용할 수 있도록 제조된 압축공기식 개인호흡장비(보조마스크를 포함한다)
인공소생기	호흡 부전 상태인 사람에게 인공호흡을 시켜 환자를 보호하거나 구급하는 기구

2. 인명구조기구 설치기준

특정소방대상물	인명구조기구의 종류	설치 수량
지하층을 포함하는 층수가 7층 이상인 관광호텔 및 5층 이상인 병원	① 방열복 또는 방화복(헬멧, 보호장갑 및 안전화를 포함한다) ② 공기호흡기 ③ 인공소생기	각 2개 이상 비치할 것. 다만, 병원의 경우에는 인공소생기를 설치하지 않을 수 있다.
• 문화 및 집회시설 중 수용인원 100명 이상의 영화상영관 • 판매시설 중 대규모 점포 • 운수시설 중 지하역사 • 지하가 중 지하상가	공기호흡기	층마다 2개 이상 비치할 것. 다만, 각 층마다 갖추어 두어야 할 공기호흡기 중 일부를 직원이 상주하는 인근 사무실에 갖추어 둘 수 있다.
물분무등소화설비 중 이산화탄소소화설비를 설치하여야 하는 특정소방대상물	공기호흡기	이산화탄소소화설비가 설치된 장소의 출입구 외부 인근에 1대 이상 비치한다.

Chapter 03 소화용수에 관한 설비

1 상수도 소화용수설비

1. 설치대상

연면적 5,000m² 이상인 것 또는 가스시설로서 지상에 노출된 탱크의 저장용량의 합계가 100톤 이상인 것에 설치하여야 한다.

2. 설치기준

(1) 호칭지름 75mm 이상의 수도배관에 호칭지름 100mm 이상의 소화전을 접속한다.
(2) 소방자동차 등의 진입이 쉬운 도로변 또는 공지에 설치한다.
(3) 특정소방대상물의 수평투영면의 각 부분으로부터 140m 이하가 되도록 설치한다.

2 소화수조 및 저수조

1. 설치대상

"소화수조 또는 저수조"란 수조를 설치하고 여기에 소화에 필요한 물을 항시 채워두는 것을 말한다. 건축물로부터 180m 이내에 75mm 이상의 상수도 수도관이 설치되지 않았을 때는 소화수조 또는 저수조를 설치하여야 하고 동시에 흡수관 투입구와 채수구(소방차의 소방호스와 접결되는 흡입구)를 설치하여야 한다.

2. 설치기준

(1) 소화수조, 저수조의 채수구 또는 흡수관투입구는 소방차가 2m 이내의 지점까지 접근할 수 있는 위치에 설치하여야 한다.

(2) 소화수조 또는 저수조의 저수량은 특정소방대상물의 연면적을 다음 표에 따른 기준면적으로 나누어 얻은 수(소수점 이하의 수는 1로 본다)에 20m³를 곱한 양 이상이 되도록 하여야 한다.

소방대상물의 구분	면적
1. 1층 및 2층의 바닥면적 합계가 15,000m² 이상인 소방대상물+창고시설	7,500m²
2. 1.에 해당되지 아니하는 그 밖의 소방대상물	12,500m²

확인 예제

연면적이 30,000m²인 3층 건축물에 필요한 소화수조 또는 저수조의 양을 구하시오.

해설 각 층의 바닥면적은 $\frac{30,000}{3} = 10,000\text{m}^2$

1층 바닥면적 + 2층 바닥면적 = 10,000 + 10,000 = 20,000m²

20,000m²는 15,000m²를 초과하므로 기준면적 7,500m²을 이용하여 연면적을 나누면 $\frac{30,000}{7,500} = 4$

∴ 저수량은 $4 \times 20 = 80\text{m}^3$

정답 80m³

(3) 지하에 설치하는 소화용수설비의 흡수관투입구는 그 한변이 0.6m 이상이거나 직경이 0.6m 이상인 것으로 하고, 소요수량이 80m³ 미만인 것은 1개 이상, 80m³ 이상인 것은 2개 이상을 설치하여야 하며, "흡수관투입구"라고 표시한 표지를 한다.

(4) 채수구는 다음 표에 따라 소방용호스 또는 소방용흡수관에 사용하는 구경 65mm 이상의 나사식 결합금속구를 설치한다.

소요수량	20m³ 이상 40m³ 미만	40m³ 이상 100m³ 미만	100m³ 이상
채수구의 수	1개	2개	3개

(5) 채수구는 지면으로부터의 높이가 0.5m 이상 1m 이하의 위치에 설치하고 "채수구"라고 표시한 표지를 한다.

(6) 소화용수설비를 설치하여야 할 특정소방대상물에 있어서 유수의 양이 0.8m³/min 이상인 유수를 사용할 수 있는 경우에는 소화수조를 설치하지 아니할 수 있다.

3. 가압송수장치

(1) 소화수조 또는 저수조가 지표면으로부터의 깊이가 4.5m 이상인 지하에 있는 경우, 다음 표에 따라 가압송수장치를 설치한다.

소요수량	20m³ 이상 40m³ 미만	40m³ 이상 100m³ 미만	100m³ 이상
가압송수장치의 1분당 양수량	1,100L 이상	2,200L 이상	3,300L 이상

(2) 저수량을 지표면으로부터 4.5m 이하인 지하에서 확보할 수 있는 경우, 소화수조 또는 저수조의 지표면으로부터의 깊이(수조 내부바닥까지의 길이를 말한다)에 관계없이 가압송수장치를 설치하지 아니할 수 있다.

(3) 소화수조가 옥상 또는 옥탑의 부분에 설치된 경우에는 지상에 설치된 채수구에서의 압력이 0.15MPa 이상이 되도록 하여야 한다.

Chapter 04 소화활동에 관한 설비

1 제연설비

1. 제연방식

화재 발생 시 발생하는 연기, 가스 등을 배출하는 설비이며, 다음의 5가지 방식이 있다.

(1) 자연 제연방식
자연적으로 창문 또는 배출구를 통해 제연하는 방식이다.

(2) 밀폐 제연방식
화재공간을 일시적으로 밀폐시켜 공기유입, 연기배출을 막는 방식이다.

(3) 스모크타워 제연방식
굴뚝 위로 상승한 연기를 루프모니터를 이용하여 제연하는 방식이다.

(4) 가압 제연방식
모터, 내연기관을 이용하여 급기, 가압하여 배연하는 방식이다.

(5) 기계 제연방식
제1종(기계급기, 기계배기), 제2종(기계급기, 자연배기), 제3종(자연급기, 기계배기)의 세 종류가 있다.

2. 제연설비의 설치장소

"제연구역"이란 제연경계(제연설비의 일부인 천장을 포함한다)에 의해 구획된 건물 내의 공간을 말하며, 다음 각 사항에 따른 제연구역으로 구획하여야 한다.
① 주하나의 제연구역의 면적은 1,000m^2 이내로 한다.
② 거실과 통로(복도 포함)는 상호 제연구획한다.
③ 통로상의 제연구역은 보행중심선의 길이가 60m를 초과하지 아니한다.
④ 하나의 제연구역은 직경 60m 원 내에 들어갈 수 있어야 한다.
⑤ 하나의 제연구역은 2개 이상 층에 미치지 아니하도록 한다.

3. 제연구역의 구획

보, 제연경계 벽 및 벽으로 하되, 다음의 기준에 적합하여야 한다.

① 재질은 내화재료, 불연재료 또는 제연경계벽으로 성능을 인정받은 것으로서 화재시 쉽게 변형·파괴되지 아니하고 연기가 누설되지 않는 기밀성 있는 재료로 한다.

② 제연경계는 제연경계의 폭이 0.6m 이상이고, 수직거리는 2m 이내이어야 한다. 다만, 구조상 불가피한 경우는 2m를 초과할 수 있다.

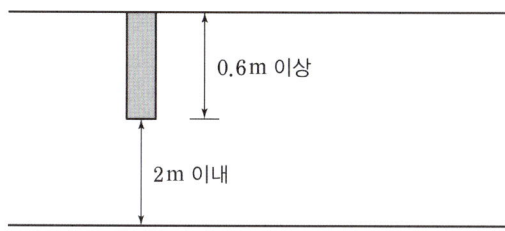

③ 제연경계 벽은 배연 시 기류에 따라 그 하단이 쉽게 흔들리지 아니하여야 하며, 또한 가동식의 경우에는 급속히 하강하여 인명에 위해를 주지 아니하는 구조이어야 한다.

4. 배출량 및 배출방식

(1) 거실의 바닥면적이 400m² 미만으로 구획된 예상제연구역에 대한 배출량

① 바닥면적 1m²당 1m³/min 이상으로 하되, 예상제연구역 전체에 대한 최저 배출량은 5,000m³/hr 이상으로 한다.

② 바닥면적이 50m² 미만인 예상제연구역을 통로배출방식으로 하는 경우에는 통로보행중심선의 길이 및 수직거리에 따라 다음 표에서 정하는 기준량 이상으로 한다.

통로길이	수직거리	배출량	비고
40m 이하	2m 이하	25,000m³/hr	벽으로 구획된 경우를 포함한다.
	2m 초과 2.5m 이하	30,000m³/hr	
	2.5m 초과 3m 이하	35,000m³/hr	
	3m 초과	45,000m³/hr	
40m 초과 60m 이하	2m 이하	30,000m³/hr	벽으로 구획된 경우를 포함한다.
	2m 초과 2.5m 이하	35,000m³/hr	
	2.5m 초과 3m 이하	40,000m³/hr	
	3m 초과	50,000m³/hr	

(2) 바닥면적 400m² 이상인 거실의 예상제연구역의 배출량

예상제연구역이 직경 40m인 원의 범위 안에 있을 경우에는 배출량이 40,000m³/hr 이상으로 한다. 다만, 예상제연구역이 제연경계로 구획된 경우에는 그 수직거리에 따라 배출량은 다음 표에 따른다.

수직거리	배출량
2m 이하	40,000m³/hr 이상
2m 초과 2.5m 이하	45,000m³/hr 이상
2.5m 초과 3m 이하	50,000m³/hr 이상
3m 초과	60,000m³/hr 이상

(3) 예상제연구역이 직경 40m인 원의 범위를 초과할 경우에는 배출량이 45,000m³/hr 이상으로 한다. 다만, 예상제연구역이 제연경계로 구획된 경우에는 그 수직거리에 따라 배출량은 다음 표에 따른다.

수직거리	배출량
2m 이하	45,000m³/hr 이상
2m 초과 2.5m 이하	50,000m³/hr 이상
2.5m 초과 3m 이하	55,000m³/hr 이상
3m 초과	65,000m³/hr 이상

(4) 예상제연구역이 통로인 경우의 배출량은 45,000m³/hr 이상으로 한다. 다만, 예상제연구역이 제연경계로 구획된 경우에는 그 수직거리에 따라 배출량은 위의 표에 따른다.

(5) 배출은 각 예상제연구역별로 (1)부터 (3)에 따른 배출량 이상을 배출하되, 2개 이상의 예상제연구역이 설치된 특정소방대상물에서 배출을 각 예상지역별로 구분하지 아니하고 공동예상제연구역을 동시에 배출하고자 할 때의 배출량은 다음에 따라야 한다.
  ① 공동예상제연구역 안에 설치된 예상제연구역이 각각 벽으로 구획된 경우(제연구역의 구획 중 출입구만을 제연경계로 구획한 경우를 포함한다)에는 각 예상제연구역의 배출량을 합한 것 이상으로 한다.
  ② 공동예상제연구역 안에 설치된 예상제연구역이 각각 제연경계로 구획된 경우에 배출량은 각 예상제연구역의 배출량 중 최대의 것으로 한다. 이 경우 공동예상제연구역이 거실일 때에는 그 바닥면적이 1,000m² 이하이며, 직경 40m 원 안에 들어가야 하고, 공동예상제연구역이 통로일 때에는 보행중심선의 길이를 40m 이하로 하여야 한다.
  ③ 수직거리가 구획부분에 따라 다른 경우는 수직거리가 긴 것을 기준으로 한다.

5. 배출구

"예상제연구역"이란 화재 발생 시 연기의 제어가 요구되는 제연구역을 말하며, 예상제연구역에 대한 배출구의 설치는 다음의 기준에 따라야 한다.

(1) 바닥면적이 400m² 미만인 예상제연구역(통로 예상제연구역을 제외)에 대한 배출구
  ① 예상제연구역이 벽으로 구획되어 있는 경우의 배출구는 천장 또는 반자와 바닥 사이의 중간 윗부분에 설치한다.
  ② 예상제연구역 중 어느 한 부분이 제연경계로 구획되어 있는 경우에는 천장·반자 또는 이에 가까운 벽의 부분에 설치한다.

(2) 통로인 예상제연구역과 바닥면적이 400m² 이상인 통로 외의 예상제연구역

① 예상제연구역이 벽으로 구획되어 있는 경우의 배출구는 천장·반자 또는 이에 가까운 벽의 부분에 설치한다. 다만, 배출구를 벽에 설치한 경우에는 배출구의 하단과 바닥 간의 최단거리가 2m 이상이어야 한다.
② 예상제연구역 중 어느 한부분이 제연경계로 구획되어 있을 경우에는 천장·반자 또는 이에 가까운 벽의 부분(제연경계를 포함한다)에 설치한다. 다만, 배출구를 벽 또는 제연경계에 설치하는 경우에는 배출구의 하단이 해당 예상제연구역에서 제연경계의 폭이 가장 짧은 제연경계의 하단보다 높게 설치하여야 한다.
③ 예상제연구역의 각 부분으로부터 하나의 배출구까지의 수평거리는 10m 이내가 되도록 하여야 한다.

6. 배출기

(1) 배출기의 배출능력은 위에서 정한 배출량 및 배출방식에서 정한 배출량 이상이 되도록 한다.
(2) 배출기와 배출풍도의 접속부분에 사용하는 캔버스는 내열성(석면재료는 제외한다)이 있는 것으로 한다.
(3) 배출기의 전동기 부분과 배풍기 부분은 분리하여 설치하여야 하며, 배풍기 부분은 유효한 내열처리를 한다.

7. 배출풍도

"배출풍도"란 예상 제연구역의 공기를 외부로 배출하도록 하는 풍도를 말한다.

(1) 배출풍도는 아연도금강판 또는 이와 동등 이상의 내식성·내열성이 있는 것으로 하며, 내열성(석면재료를 제외한다)의 단열재로 유효한 단열 처리를 하고, 강판의 두께는 배출풍도의 크기에 따라 다음 표에 따른 기준 이상으로 한다.

풍도단면의 긴변 또는 직경의 크기	450mm 이하	450mm 초과 750mm 이하	750mm 초과 1,500mm 이하	1,500mm 초과 2,250mm 이하	2,250mm 초과
강판두께	0.5mm	0.6mm	0.8mm	1.0mm	1.2mm

(2) 배출기의 흡입측 풍도 안의 풍속은 15m/s 이하로 하고 배출측 풍속은 20m/s 이하로 한다.

8. 공기유입구

(1) 바닥면적 400m² 미만의 거실인 예상제연구역

바닥 외의 장소에 설치하고 공기유입구와 배출구간의 직선거리는 5m 이상으로 한다.

(2) 바닥면적이 400m² 이상의 거실인 예상제연구역

바닥으로부터 1.5m 이하의 높이에 설치하고 그 주변 2m 이내에는 가연성 내용물이 없도록 한다.

(3) 예상제연구역에 공기가 유입되는 순간의 풍속은 5m/s 이하가 되도록 한다.

(4) 유입구의 구조는 유입공기를 하향 60° 이내로 분출할 수 있도록 하여야 한다.

(5) 예상제연구역에 대한 공기유입구의 크기는 해당 예상제연구역 배출량 1m³/min에 대하여 35cm² 이상으로 하여야 한다.

9. 유입풍도

"유입풍도"란 예상제연구역으로 공기를 유입하도록 하는 풍도를 말한다.

(1) 유입풍도 안의 풍속은 20m/s 이하로 한다.
(2) 옥외에 면하는 배출구 및 공기유입구는 비 또는 눈 등이 들어가지 아니하도록 하고, 배출된 연기가 공기유입구로 순환유입되지 아니하도록 하여야 한다.

10. 제연설비의 전원 및 기동

(1) 비상전원은 자가발전설비, 축전지설비 또는 전기저장장치(외부 전기에너지를 저장해 두었다가 필요한 때 전기를 공급하는 장치)로서 다음의 기준에 따라 설치해야 한다. 다만, 2 이상의 변전소(「전기사업법」 제67조 및 「전기설비기술기준」 제3조 제2호에 따른 변전소를 말한다)에서 전력을 동시에 공급받을 수 있거나 하나의 변전소로부터 전력의 공급이 중단되는 때에는 자동으로 다른 변전소로부터 전원을 공급받을 수 있도록 상용전원을 설치한 경우에는 그렇지 않다.
(2) 점검에 편리하고 화재 및 침수 등의 재해로 인한 피해를 받을 우려가 없는 곳에 설치해야 한다.
(3) 제연설비를 유효하게 20분 이상 작동할 수 있도록 해야 한다.
(4) 상용전원으로부터 전력의 공급이 중단된 때에는 자동으로 비상전원으로부터 전력을 공급받을 수 있도록 해야 한다.
(5) 비상전원의 설치장소는 다른 장소와 방화구획 할 것. 이 경우 그 장소에는 비상전원의 공급에 필요한 기구나 설비 외의 것(열병합발전설비에 필요한 기구나 설비는 제외한다)을 두어서는 아니 된다.
(6) 비상전원을 실내에 설치하는 때에는 그 실내에 비상조명등을 설치해야 한다.
(7) 가동식의 벽·제연경계벽·댐퍼 및 배출기의 작동은 화재감지기와 연동되어야 하며, 예상제연구역(또는 인접장소) 및 제어반에서 수동으로 기동이 가능하도록 해야 한다.

11. 설치제외

제연설비를 설치해야 할 특정소방대상물 중 화장실·목욕실·주차장·발코니를 설치한 숙박시설(가족호텔 및 휴양콘도미니엄에 한한다)의 객실과 사람이 상주하지 않는 기계실·전기실·공조실·50m² 미만의 창고 등으로 사용되는 부분에 대하여는 배출구·공기유입구의 설치 및 배출량 산정에서 이를 제외할 수 있다.

2 특별피난계단의 계단실 및 부속실 제연설비

특별피난계단의 계단실 및 부속실에 제연설비를 설치, 유지하여 화재 시 안전한 피난로를 확보하고 소방관의 소화, 구조 활동을 원활하게 하기 위한 설비이다.

1. 제연방식

(1) 제연구역에 옥외의 신선한 공기를 공급하여 제연구역의 기압을 제연구역 이외의 옥내(이하 "옥내"라 한다)보다 높게 하되 일정한 기압의 차이(차압)를 유지하게 함으로써 옥내로부터 제연구역 내로 연기가 침투하지 못하도록 한다.
(2) 피난을 위하여 제연구역의 출입문이 일시적으로 개방되는 경우 방연풍속을 유지하도록 옥외의 공기를 제연구역 내로 보충 공급하도록 한다.
(3) 출입문이 닫히는 경우 제연구역의 과압을 방지할 수 있는 유효한 조치를 하여 차압을 유지한다.

2. 제연구역의 선정

"제연구역"이란 제연하고자 하는 계단실, 부속실 또는 비상용승강기의 승강장을 말한다.

(1) 계단실 및 그 부속실
(2) 부속실 단독
(3) 계단실 단독

3. 차압

(1) 제연구역과 옥내와의 사이에 유지하여야 하는 최소차압은 40Pa(옥내에 스프링클러설비가 설치된 경우에는 12.5Pa) 이상으로 하여야 한다.
(2) 제연설비가 가동되었을 경우 출입문의 개방에 필요한 힘은 110N 이하로 하여야 한다.
(3) 출입문이 일시적으로 개방되는 경우 개방되지 아니하는 제연구역과 옥내와의 차압은 (1)의 기준에도 불구하고 (1)의 기준에 따른 차압의 70% 미만이 되어서는 아니 된다.
(4) 계단실과 부속실을 동시에 제연하는 경우 부속실의 기압은 계단실과 같게 하거나 계단실의 기압보다 낮게 할 경우에는 부속실과 계단실의 압력차이는 5Pa 이하가 되도록 하여야 한다.

4. 방연풍속

"방연풍속"이란 옥내로부터 제연구역 내로 연기의 유입을 유효하게 방지할 수 있는 풍속을 말하며, 다음의 기준에 따른다.

제연구역		방연풍속
계단실 및 그 부속실을 동시에 제연하는 것 또는 계단실만 단독으로 제연하는 것		0.5m/s 이상
부속실만 단독으로 제연하는 것	부속실 또는 승강장이 면하는 옥내가 거실인 경우	0.7m/s 이상
	부속실 또는 승강장이 면하는 옥내가 복도로서 그 구조가 방화구조(내화시간이 30분 이상인 구조를 포함한다)인 것	0.5m/s 이상

5. 급기량

(1) "급기량"이란 제연구역에 공급하여야 할 공기의 양이다.

(2) 제연구역에 설치된 출입문(창)의 누설량과 같아야 한다.

> 급기량 = 누설량 + 보충량

6. 누설량

"누설량"이란 틈새를 통하여 제연구역으로부터 흘러나가는 공기량이다. 누설량은 제연구역의 누설량을 합한 양으로 한다. 이 경우 출입문이 2개소 이상인 경우에는 각 출입문의 누설틈새면적을 합한 것으로 한다.

[출입문의 틈새면적]

$$A = \frac{L}{l} \times A_d$$

* A: 출입문의 틈새[m^2]
  L: 출입문 틈새의 길이[m]
  (다만, L의 수치가 l의 수치 이하인 경우에는 l의 수치로 할 것)
  l:

구분	l
외여닫이	5.6
쌍여닫이	9.2
승강기의 출입문	8.0

A_d:

구분		A_d
외여닫이	제연구역의 실내 쪽으로 열리는 경우	0.01
	제연구역의 실외 쪽으로 열리는 경우	0.02
쌍여닫이		0.03
승강기의 출입문		0.06

7. 보충량

"보충량"이란 방연풍속을 유지하기 위하여 제연구역에 보충하여야 할 공기량을 말한다. 부속실(또는 승강장)의 수가 20 이하는 1개층 이상, 20을 초과하는 경우에는 2개층 이상의 보충량으로 한다.

8. 유입공기의 배출

"유입공기"란 제연구역으로부터 옥내로 유입하는 공기로서 차압에 따라 누설하는 것과 출입문의 개방에 따라 유입하는 것을 말한다.

(1) 유입공기는 화재층의 제연구역과 면하는 옥내로부터 옥외로 배출되도록 하여야 한다.

(2) 수직풍도에 따른 배출

옥상으로 직통하는 전용의 배출용 수직풍도를 설치하여 배출하는 것을 말한다.
① **자연배출식**: 굴뚝효과에 따라 배출하는 것
② **기계배출식**: 수직풍도의 상부에 전용의 배출용 송풍기를 설치하여 강제로 배출하는 것
③ 배출댐퍼는 두께 1.5mm 이상의 강판 또는 이와 동등 이상의 성능이 있어야 하고 부식방지조치를 한다.
④ 평상시 닫힌 구조로 기밀상태를 유지한다.
⑤ 개폐여부를 해당 장치 및 제어반에서 확인할 수 있는 감지기능을 내장하고 있어야 한다.
⑥ 풍도의 내부마감상태에 대한 점검 및 댐퍼의 정비가 가능한 이·탈착구조로 해야 한다.
⑦ 화재층의 옥내에 설치된 화재감지기의 동작에 따라 해당층의 댐퍼가 개방돼야 한다.
⑧ 개방시의 실제 개구부의 크기는 수직풍도의 내부 단면적과 같도록 해야 한다.

(3) 배출구에 따른 배출

건물의 옥내와 면하는 외벽마다 옥외로 통하는 배출구를 설치하여 배출하는 것을 말한다.

(4) 제연설비에 따른 배출

거실제연설비가 설치되어 있고, 해당 옥내로부터 옥외로 배출하여야 하는 유입공기의 양을 거실제연설비의 배출량에 합하여 배출하는 경우 유입공기의 배출은 당해 거실제연설비에 따른 배출로 갈음할 수 있다.

9. 급기

(1) 부속실을 제연하는 경우 동일수직선상의 모든 부속실은 하나의 전용수직풍도를 통해 동시에 급기할 것. 다만, 동일수직선상에 2대 이상의 급기송풍기가 설치되는 경우에는 수직풍도를 분리하여 설치할 수 있다.

(2) 계단실 및 부속실을 동시에 제연하는 경우 계단실에 대하여는 그 부속실의 수직풍도를 통해 급기할 수 있다.

(3) 계단실만 제연하는 경우에는 전용수직풍도를 설치하거나 계단실에 급기풍도 또는 급기송풍기를 직접 연결하여 급기하는 방식으로 한다.

(4) 하나의 수직풍도마다 전용의 송풍기로 급기한다.

10. 급기구

(1) 급기용 수직풍도와 직접 면하는 벽체 또는 천장에 고정하되, 급기되는 기류 흐름이 출입문으로 인하여 차단되거나 방해받지 아니하도록 옥내와 면하는 출입문으로부터 가능한 먼 위치에 설치한다.

(2) 계단실과 그 부속실을 동시에 제연하거나 또는 계단실만을 제연하는 경우 급기구는 계단실 매 3개층 이하의 높이마다 설치한다(계단실의 높이가 31m 이하로서 계단실만을 제연하는 경우에는 하나의 계단실에 하나의 급기구만을 설치할 수 있다).

(3) 급기댐퍼는 두께 1.5mm 이상의 강판 또는 이와 동등 이상의 강도가 있는 것으로 설치하여야 하며, 비내식성 재료의 경우에는 부식방지조치를 한다.

(4) 자동차압, 과압조절형 댐퍼를 설치하는 경우 차압범위의 수동설정기능과 설정범위의 차압이 유지되도록 개구율을 자동 조절하는 기능이 있어야 한다.

(5) 자동차압, 과압조절형 댐퍼는 옥내와 면하는 개방된 출입문이 완전히 닫히기 전에 개구율을 자동감소시켜 과압을 방지하는 기능이 있어야 한다.

(6) 자동차압·과압조절형 댐퍼는 주위온도 및 습도의 변화에 의해 기능이 영향을 받지 아니하는 구조이어야 한다.

11. 급기송풍기

(1) 송풍기의 송풍능력은 송풍기가 담당하는 제연구역에 대한 급기량의 1.15배 이상으로 한다.

(2) 송풍기에는 풍량조절장치를 설치하여 풍량조절을 할 수 있도록 한다.

(3) 송풍기에는 풍량을 실측할 수 있는 유효한 조치를 한다.

(4) 송풍기는 인접장소의 화재로부터 영향을 받지 아니하고 접근 및 점검이 용이한 곳에 설치한다.

(5) 송풍기는 옥내 화재감지기의 동작에 따라 작동하도록 한다.

(6) 송풍기와 연결되는 캔버스는 내열성(석면재료 제외)이 있는 것으로 한다.

12. 비상전원

제연설비를 유효하게 20분 이상 작동할 수 있도록 한다(30층 이상 49층 이하는 40분, 50층 이상은 60분).

3 연결송수관설비

연결송수관설비는 초기소화활동이후 소방차로부터 송수관에 연결되어 소방관들이 방수할 수 있도록 하는 설비이다. 송수구, 배관, 방수구, 방수기구함, 가압송수장치로 구성되어 있다.

1. 송수구

"송수구"란 소화설비에 소화용수를 보급하기 위하여 건물 외벽 또는 구조물의 외벽에 설치하는 관을 말한다

(1) 소방차가 쉽게 접근할 수 있고 잘 보이는 장소에 설치한다.

(2) 지면으로부터 높이가 0.5m 이상 1m 이하의 위치에 설치한다.

(3) 송수구는 화재층으로부터 지면으로 떨어지는 유리창 등이 송수 및 그 밖의 소화작업에 지장을 주지 아니하는 장소에 설치한다.

(4) 송수구로부터 연결송수관설비의 주배관에 이르는 연결배관에 개폐밸브를 설치한 때에는 그 개폐상태를 쉽게 확인 및 조작할 수 있는 옥외 또는 기계실 등의 장소에 설치한다.

(5) 구경 65mm의 쌍구형으로 한다.

(6) 송수구에는 그 가까운 곳의 보기 쉬운 곳에 송수압력범위를 표시한 표지를 한다.

(7) 송수구는 연결송수관의 수직배관마다 1개 이상을 설치한다.

(8) 송수구의 부근에는 자동배수밸브 및 체크밸브를 다음의 기준에 따라 설치한다.

구분	정의	사용대상	설치순서
습식	항상 배관에 물이 차있다.	31m 이상, 11층 이상	송수구 → 자동배수밸브 → 체크밸브
건식	배관이 비어 있어, 화재 시 공급받는다.	31m 미만, 11층 미만	송수구 → 자동배수밸브 → 체크밸브 → 자동배수밸브

(9) 송수구에는 가까운 곳의 보기 쉬운 곳에 "연결송수관설비송수구"라고 표시한 표지를 설치한다.

(10) 송수구에는 이물질을 막기 위한 마개를 씌운다.

[쌍구형 송수구]

[단구형 송수구]

2. 방수구

"방수구"란 소화설비로부터 소화용수를 방수하기 위하여 건물 내벽 또는 구조물의 외벽에 설치하는 관을 말한다.

(1) 연결송수관설비의 방수구는 그 특정소방대상물의 층마다 설치한다. 다음의 경우는 제외가능하다.
   ① 아파트의 1층 및 2층
   ② 소방차의 접근이 가능하고 소방대원이 소방차로부터 각 부분에 쉽게 도달할 수 있는 피난층
   ③ 송수구가 부설된 옥내소화전을 설치한 특정소방대상물(집회장·관람장·백화점·도매시장·소매시장·판매시설·공장·창고시설 또는 지하가를 제외한다)로서 다음의 어느 하나에 해당하는 층
      ㉠ 지하층을 제외한 층수가 4층 이하이고 연면적이 6,000m^2 미만인 특정소방대상물의 지상층
      ㉡ 지하층의 층수가 2 이하인 특정소방대상물의 지하층

(2) 방수구는 아파트 또는 바닥면적이 1,000m^2 미만인 층에 있어서는 계단(계단의 부속실을 포함하며 계단이 2 이상 있는 경우에는 그 중 1개의 계단을 말한다)으로부터 5m 이내에, 바닥면적 1,000m^2 이상인 층(아파트를 제외한다)에 있어서는 각 계단(계단의 부속실을 포함하며 계단이 3 이상 있는 층의 경우에는 그 중 2개의 계단을 말한다)으로부터 5m 이내에 설치하되, 방수구로부터 그 층의 각 부분까지의 거리가 다음 기준을 초과하는 경우에는 그 기준 이하가 되도록 방수구를 추가하여 설치한다.
   ① 지하가(터널은 제외한다) 또는 지하층의 바닥면적의 합계가 3,000m^2 이상인 것은 수평거리 25m
   ② ① 이외에는 50m

(3) 11층 이상의 부분에 설치하는 방수구는 쌍구형으로 한다. 그러나 다음의 어느 하나에 해당하는 층에는 단구형으로 설치할 수 있다.
   ① 아파트의 용도로 사용되는 층
   ② 스프링클러설비가 유효하게 설치되어 있고 방수구가 2개소 이상 설치된 층

(4) 방수구의 호스접결구는 바닥으로부터 높이 0.5m 이상 1m 이하의 위치에 설치한다.

(5) 방수구는 연결송수관설비의 전용방수구 또는 옥내소화전방수구로서 구경 65mm의 것으로 설치한다.

3. 방수기구함

(1) 방수기구함은 피난층과 가장 가까운 층을 기준으로 3개층마다 설치하되, 그 층의 방수구마다 보행거리 5m 이내에 설치한다.

(2) 방수기구함에는 길이 15m의 호스와 방사형 관창을 다음의 기준에 따라 비치한다.
   ① 호스는 방수구에 연결하였을 때 그 방수구가 담당하는 구역의 각 부분에 유효하게 물을 뿌릴 수 있는 개수 이상을 비치한다. 이 경우 쌍구형 방수구는 단구형 방수구의 2배 이상의 개수를 설치하여야 한다.
   ② 방사형 관창은 단구형 방수구의 경우에는 1개, 쌍구형 방수구의 경우에는 2개 이상 비치한다.

(3) 방수기구함에는 "방수기구함"이라고 표시한 축광식 표지를 한다.

4. 가압송수장치

지표면에서 최상층 방수구의 높이가 70m 이상의 특정소방대상물에는 다음의 기준에 따라 연결송수관설비의 가압송수장치를 설치하여야 한다.

① 펌프의 토출량은 2,400L/min(계단식 아파트의 경우에는 1,200L/min) 이상이 되는 것으로 할 것. 다만, 해당 층에 설치된 방수구가 3개를 초과(방수구가 5개 이상인 경우에는 5개)하는 것에 있어서는 1개마다 800L/min(계단식 아파트의 경우에는 400L/min)를 가산한 양이 되는 것으로 한다.

구분	특정소방대상물	계단식 아파트
토출량	2,400L/min	1,200L/min
가산량[해당 층에 설치된 방수구가 3개를 초과하는 경우 (방수구가 5개 이상인 경우에는 5개)]	1개마다 800L/min	1개마다 400L/min

② 펌프의 양정은 최상층에 설치된 노즐선단의 압력이 0.35MPa 이상의 압력이 되도록 한다.

확인 예제

높이가 80m인 계단식 아파트의 최상층에 설치된 방수구가 6개일 때 펌프의 토출량을 구하시오.

[해설] $1200 + 5 \times 400 = 3200 \text{L/min}$

[정답] 3200L/min

4 연결살수설비

연결살수설비는 소방관의 직접 진입이 어려운 곳에 소방차로부터 직접 물을 공급받아 방사하도록 되어있는 설비이며, 송수구역마다 선택밸브가 설치되어 있다.

1. 건식 연결살수설비(개방형헤드)

건물외벽에 설치된 송수관으로 소방차에 연결되어 개방형헤드로 물을 방사한다. 이 때 평소에는 배관에 물이 없기 때문에 건식이라고 한다.

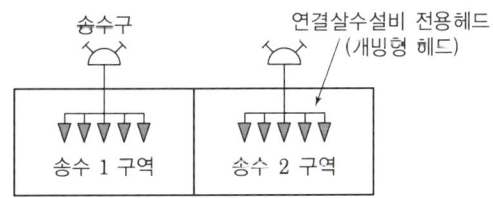

[건식의 연결살수설비]

2. 습식 연결살수설비(폐쇄형헤드)

옥내소화전 배전 또는 옥상수조, 상수도 배관등에 연결살수배관을 연결하여 사용한다. 연결부분에는 체크밸브를 설치하여야 한다. 항상 배관에 물이 가득 차 있어 습식이라고 한다.

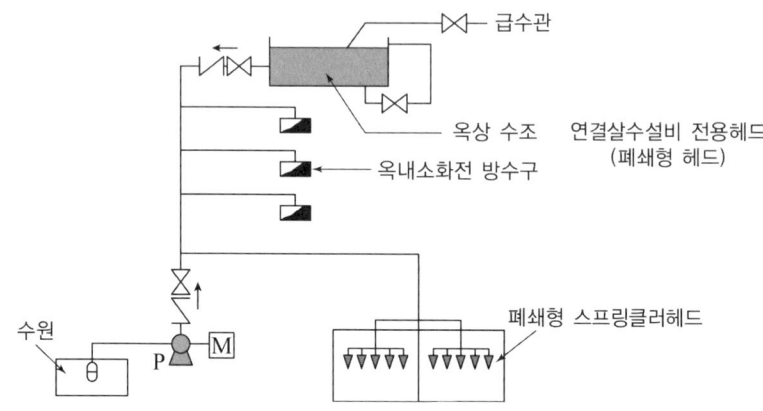

[옥내소화전 배관에 연결된 습식의 연결살수설비]

3. 송수구

(1) 소방차가 쉽게 접근할 수 있고 노출된 장소에 설치한다. 이 경우 가연성가스의 저장·취급시설에 설치하는 연결살수설비의 송수구는 그 방호대상물로부터 20m 이상의 거리를 두거나 방호대상물에 면하는 부분이 높이 1.5m 이상 폭 2.5m 이상의 철근콘크리트 벽으로 가려진 장소에 설치하여야 한다.

(2) 송수구는 구경 65mm의 쌍구형으로 설치한다(하나의 송수구역에 부착하는 살수헤드의 수가 10개 이하인 것은 단구형의 것으로 할 수 있다).

(3) 개방형 헤드를 사용하는 송수구의 호스접결구는 각 송수구역마다 설치한다(송수구역을 선택할 수 있는 선택밸브가 설치되어 있고 각 송수구역의 주요구조부가 내화구조로 되어 있는 경우에는 제외).

(4) 지면으로부터 높이가 0.5m 이상 1m 이하의 위치에 설치한다.

(5) 송수구로부터 주배관에 이르는 연결배관에는 개폐밸브를 설치하지 않는다(스프링클러설비·물분무소화설비·포소화설비 또는 연결송수관설비의 배관과 겸용하는 경우에는 제외).

(6) 송수구의 부근에는 "연결살수설비 송수구"라고 표시한 표지와 송수구역 일람표를 설치한다.

(7) 개방형헤드를 사용하는 연결살수설비에 있어서 하나의 송수구역에 설치하는 살수헤드의 수는 10개 이하가 되도록 하여야 한다.

4. 자동배수밸브와 체크밸브

연결살수설비에는 송수구의 가까운 부분에 자동배수밸브와 체크밸브를 다음의 기준에 따라 설치하여야 한다. "체크밸브"란 흐름이 한 방향으로만 흐르도록 되어 있는 밸브를 말한다.
① 폐쇄형헤드를 사용하는 설비의 경우에는 송수구, 자동배수밸브, 체크밸브의 순으로 설치한다.
② 개방형헤드를 사용하는 설비의 경우에는 송수구, 자동배수밸브의 순으로 설치한다.

5. 배관

(1) 연결살수설비 전용헤드를 사용하는 경우에는 다음 표에 따른 구경 이상으로 한다.

하나의 배관에 부착하는 살수헤드의 개수	1개	2개	3개	4개 또는 5개	6개 이상 10개 이하
배관의 구경[mm]	32 이상	40 이상	50 이상	65 이상	80 이상

(2) 폐쇄형헤드를 사용하는 연결살수설비의 주배관은 다음의 어느 하나에 해당하는 배관 또는 수조에 접속하여야 한다. 이 경우 접속부분에는 체크밸브를 설치한다.
  ① 옥내소화전설비의 주배관
  ② 수도배관(연결살수설비가 설치된 건축물 안에 설치된 수도배관 중 구경이 가장 큰 배관을 말한다)
  ③ 옥상에 설치된 수조

(3) 폐쇄형헤드를 사용하는 연결살수설비에는 다음의 기준에 따른 시험배관을 설치하여야 한다.
  ① 송수구에서 가장 먼 거리에 위치한 가지배관의 끝으로부터 연결하여 설치한다.
  ② 시험장치 배관의 구경은 25mm 이상으로 하고, 그 끝에는 물받이 통 및 배수관을 설치하여 시험 중 방사된 물이 바닥으로 흘러내리지 아니하도록 한다.

(4) 개방형헤드를 사용하는 연결살수설비의 수평주행배관은 헤드를 향하여 상향으로 100분의 1 이상의 기울기로 설치한다.

6. 연결살수설비의 헤드

연결살수설비의 헤드는 연결살수설비전용헤드 또는 스프링클러헤드로 설치하여야 한다.

(1) 건축물에 설치하는 연결살수설비의 헤드
  ① 천장 또는 반자의 실내에 면하는 부분에 설치해야 한다.
  ② 천장 또는 반자의 각 부분으로부터 하나의 살수헤드까지의 수평거리가 연결살수설비 전용헤드의 경우는 3.7m 이하, 스프링클러헤드의 경우는 2.3m 이하로 한다. 살수헤드의 부착면과 바닥과의 높이가 2.1m 이하인 부분은 살수헤드의 살수분포에 따른 거리로 할 수 있다.

(2) 가연성 가스의 저장·취급시설에 설치하는 연결살수설비의 헤드
  ① 연결살수설비 전용의 개방형헤드를 설치한다.
  ② 가스저장탱크·가스홀더 및 가스발생기의 주위에 설치하되, 헤드 상호 간의 거리는 3.7m 이하로 한다.
  ③ 헤드의 살수범위는 가스저장탱크·가스홀더 및 가스발생기의 몸체의 중간 윗부분의 모든 부분이 포함되도록 하여야 하고 살수된 물이 흘러내리면서 살수범위에 포함되지 아니한 부분에도 모두 적셔질 수 있도록 한다.

7. 헤드의 설치제외

(1) 상점(바닥면적이 150m² 이상인 지하층에 설치된 것 제외)으로서 주요구조부가 내화구조 또는 방화구조로 되어 있고 바닥면적이 500m² 미만으로 방화구획되어 있는 특정소방대상물 또는 그 부분
(2) 그 외에는 스프링클러설비의 헤드 설치제외와 동일하다.

5 지하구의 화재안전기준

전력·통신용의 전선이나 가스·냉난방용의 배관 또는 이와 비슷한 것을 집합수용하기 위하여 설치한 지하 인공구조물로서, 사람이 점검 또는 보수를 하기 위하여 출입이 가능한 것 중 다음의 어느 하나에 해당하는 것을 말한다.

(1) 전력 또는 통신사업용 지하 인공구조물로서 전력구(케이블 접속부가 없는 경우는 제외한다) 또는 통신구 방식으로 설치된 것
(2) (1) 외의 지하 인공구조물로서 폭이 1.8m 이상이고 높이가 2m 이상이며, 길이가 50m 이상인 것

1. 소화기구

소화기구는 다음의 기준에 따라 설치해야 한다.

(1) 소화기의 능력단위의 경우 A급 화재는 개당 3단위 이상, B급 화재는 개당 5단위 이상 및 C급 화재에 적응성이 있는 것으로 할 것
(2) 소화기 한대의 총중량은 사용 및 운반의 편리성을 고려하여 7kg 이하로 할 것
(3) 소화기는 사람이 출입할 수 있는 출입구(환기구, 작업구를 포함한다) 부근에 5개 이상 설치할 것
(4) 소화기는 바닥면으로부터 1.5m 이하의 높이에 설치할 것
(5) 소화기의 상부에 "소화기"라고 표시한 조명식 또는 반사식의 표지판을 부착하여 사용자가 쉽게 알 수 있도록 할 것
(6) 지하구 내 발전실·변전실·송전실·변압기실·배전반실·통신기기실·전산기기실·기타 이와 유사한 시설이 있는 장소 중 바닥면적이 300m² 미만인 곳에는 유효설치 방호체적 이내의 가스·분말·고체에어로졸·캐비닛형 자동소화장치를 설치해야 한다. 다만, 해당 장소에 물분무등소화설비를 설치한 경우에는 설치하지 않을 수 있다.
(7) 제어반 또는 분전반마다 가스·분말·고체에어로졸 자동소화장치 또는 유효설치 방호체적 이내의 소공간용 소화용구를 설치해야 한다.

2. 자동화재탐지설비

(1) 감지기는 다음의 기준에 따라 설치해야 한다.
① 먼지, 습기 등의 영향을 받지 않고 발화지점(1m 단위)과 온도를 확인할 수 있는 것으로 설치할 것
② 지하구 천장의 중심부에 설치하되 감지기와 천장 중심부 하단과의 수직거리는 30cm 이내로 할 것. 다만, 형식승인 내용에 설치방법이 규정되어 있거나, 중앙기술심의위원회의 심의를 거친 제조사 시방서에 따른 설치방법이 지하구 화재에 적합하다고 인정되는 경우에는 형식승인 내용 또는 심의결과에 의한 제조사 시방서에 따라 설치할 수 있다.

③ 발화지점이 지하구의 실제거리와 일치하도록 수신기 등에 표시할 것
④ 상수도용 또는 냉·난방용 설비만 존재하는 공동구 내부의 부분은 감지기를 설치하지 않을 수 있다.

(2) 유도등

사람이 출입할 수 있는 출입구(환기구, 작업구를 포함한다)에는 해당 지하구의 환경에 적합한 크기의 피난구 유도등을 설치해야 한다.

3. 연소방지설비

(1) 연소방지설비의 배관은 다음의 기준에 따라 설치해야 한다.
    ① 배관용 탄소강관(KS D 3507) 또는 압력배관용 탄소강관(KS D 3562)이나 이와 같은 수준 이상의 강도·내부식성 및 내열성을 가진 것으로 할 것
    ② 급수배관(송수구로부터 연소방지설비 헤드에 급수하는 배관을 말한다. 이하 같다)은 전용으로 할 것
    ③ 배관의 구경은 다음의 기준에 적합할 것

하나의 배관에 부착하는 연소방지설비 전용헤드의 개수	1개	2개	3개	4개 또는 5개	6개 이상
배관의 구경	32mm	40mm	50mm	65mm	80mm

    ④ 교차배관은 가지배관과 수평으로 설치하거나 또는 가지배관 밑에 설치하고, 최소구경이 40mm 이상이 되도록 할 것

(2) 연소방지설비의 헤드는 다음의 기준에 따라 설치해야 한다.
    ① 천장 또는 벽면에 설치할 것
    ② 헤드간의 수평거리는 연소방지설비 전용헤드의 경우 2m 이하, 개방형스프링클러헤드의 경우 1.5m 이하로 할 것
    ③ 소방대원의 출입이 가능한 환기구·작업구마다 지하구의 양쪽방향으로 살수헤드를 설정하되, 한쪽 방향의 살수구역의 길이는 3m 이상으로 할 것. 다만, 환기구 사이의 간격이 700m를 초과할 경우에는 700m 이내마다 살수구역을 설정하되, 지하구의 구조를 고려하여 방화벽을 설치한 경우에는 그렇지 않다.

4. 무선통신보조설비

무선통신옥외안테나는 방재실 인근과 공동구의 입구 및 연소방지설비의 송수구가 설치된 장소(지상)에 설치해야 한다.

5. 통합감시시설

(1) 지하구의 통제실 간 화재 등 소방활동과 관련된 정보를 소방관서와 상시 교환할 수 있는 정보통신망을 구축해야 한다.
(2) 정보통신망(무선통신망을 포함한다)은 광케이블 또는 이와 유사한 성능을 가진 선로여야 한다.
(3) 수신기는 지하구의 통제실에 설치하되 화재신호, 경보, 발화지점 등 수신기에 표시되는 정보가 119상황실이 있는 관할 소방관서의 정보통신장치에 표시되도록 해야 한다.

해커스자격증
pass.Hackers.com

해커스 소방설비기사 **필기 기계** 한권완성 이론+최신기출+핵심노트

최신기출

2025년 기출문제(CBT)	**2021년** 기출문제
2024년 기출문제(CBT)	**2020년** 기출문제
2023년 기출문제(CBT)	**2019년** 기출문제
2022년 기출문제(CBT)	**2018년** 기출문제

2025년 제3회(CBT)

※ CBT 문제는 수험생의 기억에 따라 복원된 것이며, 실제 기출문제와 동일하지 않을 수 있습니다.

소방유체역학

01. 단면적이 $0.05m^2$인 노즐에서 비중이 0.3인 기름이 방사된다. 이 노즐을 고정하는데 필요한 힘[N]은?(유속은 5m/s이다)

① 375 ② 380
③ 560 ④ 565

| 해설

$F = \rho Q v = \rho A v^2 = 0.3 \times 1000 kg/m^3 \times 0.05 m^2 \times (5m/s)^2$

정답 ①

02. 다음 중 열전도도[$W/m \cdot K$]가 가장 낮은 것은?

① 금 ② 은
③ 구리 ④ 강철

| 해설

금속 별 열전도도는 다음과 같다.
① 금: 297
② 은: 424
③ 구리: 393
④ 강철: 53.4

정답 ④

03. 관에서 흐르는 물의 속도가 12m/s, 압력이 98kPa이다. 전수두가 20m일 때 위치수두[m]는 얼마인가?

① 4.50 ② 4.71
③ 3.79 ④ 2.65

| 해설

- 속도수두 $H_v = \dfrac{v^2}{2g} = \dfrac{12^2}{2 \times 9.8} = 7.35m$
- 압력수두 $H_P = \dfrac{P}{\gamma} = \dfrac{98kPa}{9.8kN/m^3} = 10m$
- 위치수두 = 전수두 - 속도수두 - 압력수두 = 20 - 7.35 - 10 = 2.65m

정답 ④

04. 비행기가 움직일 때 공기의 압력과 높이를 알 수 있다. 이때 비행기의 속력을 구하기 위해 사용하는 공식은?

① 달시 바이스바하 공식
② 베르누이 공식
③ 하젠 윌리엄스공식
④ 나비에 스토크스 공식

| 해설

높이와 속력 그리고 압력간의 관계를 정의하는 공식은 베르누이 공식이다.

정답 ②

05. 지름이 10mm인 노즐에서 물이 방사되는 방사압(계기압력)이 392kPa인 경우 방수량은 약 몇 m³/min인가?

① 0.402
② 0.220
③ 0.132
④ 0.012

| 해설

- 수두환산 $H = \dfrac{P}{\gamma}$
- 유량 $Q = Av = A\sqrt{2gh}$
- ※ P: 압력(kPa), γ: 비중량(9.8kN/m³), A: 노즐단면적(m²), g: 중력가속도(9.8m/s²), H: 환산수두
- $H = \dfrac{P}{\gamma} = \dfrac{392\text{kPa}}{9.8\text{kN/m}^3} = 40.61\text{m}$
- $Q = A\sqrt{2gh}$
  $= \dfrac{\pi}{4} \times (0.01)^2 \times \sqrt{2 \times 9.8 \times 40.61}$
  $= 0.0022158\text{m}^3/\text{s} = 0.1329\text{m}^3/\text{min}$

정답 ③

07. 안지름 10cm의 관로에서 마찰손실수두가 속도수두와 같다면 그 관로의 길이는 약 몇 m인가? (단, 관마찰계수는 0.03이다)

① 1.58
② 2.54
③ 3.33
④ 4.52

| 해설

- 마찰손실수두(Darcy 공식)
  $H = f\dfrac{l}{d}\dfrac{v^2}{2g}$
- ※ f: 마찰계수, d: 직경[m], l: 배관길이[m], v: 유속[m/s], g: 중력가속도[m/s²]
- $f\dfrac{l}{d}\dfrac{v^2}{2g} = \dfrac{v^2}{2g}$
  $f\dfrac{l}{d} = 1$
  $\therefore l = \dfrac{d}{f} = \dfrac{0.1}{0.03} = 3.33\text{m}$

정답 ③

06. 원심식 송풍기에서 회전수를 변화시킬 때 동력변화를 구하는 식으로 옳은 것은? (단, 변화 전후의 회전수는 각각 N_1, N_2, 동력은 L_1, L_2이다)

① $L_2 = L_1 \times \left(\dfrac{N_1}{N_2}\right)^3$
② $L_2 = L_1 \times \left(\dfrac{N_1}{N_2}\right)^2$
③ $L_2 = L_1 \times \left(\dfrac{N_2}{N_1}\right)^3$
④ $L_2 = L_1 \times \left(\dfrac{N_2}{N_1}\right)^2$

| 해설

동력에서의 상사법칙
$\dfrac{L_2}{L_1} = \left(\dfrac{N_2}{N_1}\right)^3 \left(\dfrac{D_2}{D_1}\right)^5$
$L_2 = L_1 \times \left(\dfrac{N_2}{N_1}\right)^3 (1)^5 = L_1 \times \left(\dfrac{N_2}{N_1}\right)^3$

정답 ③

08. 물을 송출하는 펌프의 소요축동력이 70kW, 펌프의 효율이 78%, 전양정이 60m일 때, 펌프의 송출유량은 약 몇 m³/min인가?

① 5.57
② 2.57
③ 1.09
④ 0.093

| 해설

$P = \dfrac{\gamma Q H}{\eta}$

※ P: 펌프의 동력[kW], γ: 물의 비중량[kN/m³], H: 양정[m], η: 펌프의 효율

$Q = \dfrac{P \times \eta}{\gamma \times H}$
$= \dfrac{70 \times 0.78}{9.8 \times 60} = 0.09286\text{m}^3/\text{s} = 5.57\text{m}^3/\text{min}$

정답 ①

09. 정수력에 의해 수직평판의 힌지(hinge)점에 작용하는 단위폭당 모멘트를 바르게 표시한 것은? (단, ρ는 유체의 밀도, g는 중력가속도이다)

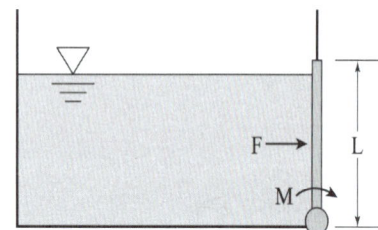

① $\dfrac{1}{6}\rho g L^3$ ② $\dfrac{1}{3}\rho g L^3$

③ $\dfrac{1}{2}\rho g L^3$ ④ $\dfrac{2}{3}\rho g L^3$

| 해설

- $F = \rho g \dfrac{L}{2} \times L \times 1$

- 작용점은 바닥에서부터 $\dfrac{L}{3}$ 이므로

  바닥을 기준으로 한 회전모멘트 $F = \rho g \dfrac{L^2}{2} \times \dfrac{L}{3} = \dfrac{\rho g L^3}{6}$

정답 ①

10. 질량이 5kg인 공기(이상기체)가 온도 333K로 일정하게 유지되면서 체적이 10배가 되었다. 이 계(system)가 한 일[kJ]은? (단, 공기의 기체상수는 287J/kg·K이다)

① 220   ② 478
③ 1100 ④ 4779

| 해설

- 등온팽창 시 계가 한 일

$$W = m\overline{R}T\ln\dfrac{V_2}{V_1}$$

※ m: 공기질량[kg], $\overline{R}$: 공기기체상수[J/kg·K],
  V_1: 처음부피[m³], V_2: 나중부피[m³]

- $W = 5 \times 287 \times 333 \times \ln\left(\dfrac{10V_1}{V_1}\right)$

  $= 1100301.8\text{W} \cong 1100\text{kW}$

정답 ③

11. 다음 그림에서 A, B점의 압력차[kPa]는? (단, A는 비중 1의 물, B는 비중 0.899의 벤젠이며, 관 속 수은의 비중은 13.6이다)

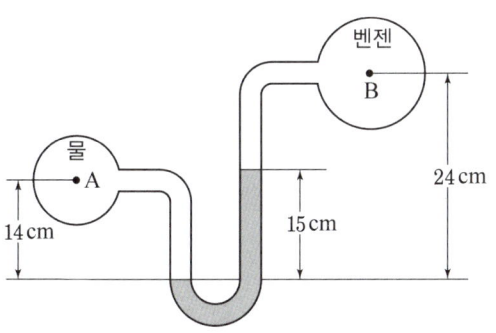

① 278.7
② 191.4
③ 23.07
④ 19.4

12. 다음 중 점성계수 μ의 차원은 어느 것인가? (단, M: 질량, L: 길이, T: 시간의 차원이다)

① $ML^{-1}T^{-1}$
② $ML^{-1}T^{-2}$
③ $ML^{-2}T^{-1}$
④ $M^{-1}L^{-1}T$

| 해설

- $Re = \dfrac{\rho VL}{\mu}$
- 점성계수 μ의 차원은 ρVL의 차원과 같다.
- $\rho = \dfrac{M}{L^3}, \quad V = \dfrac{L}{T}$

$\therefore \rho VL = \dfrac{M}{L^3} \times \dfrac{L}{T} \times L = \dfrac{M}{LT} = ML^{-1}T^{-1}$

정답 ①

| 해설

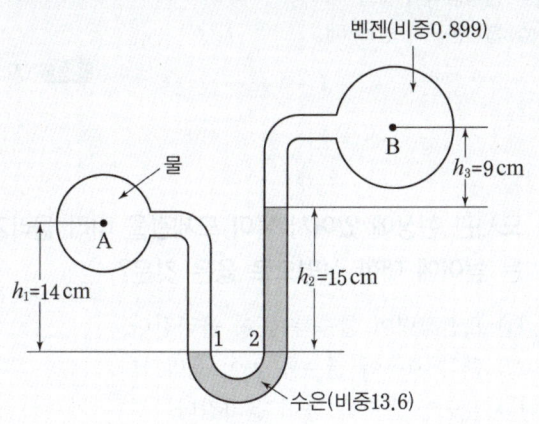

$P_1 = P_A + \gamma_W h_1 - \textcircled{\small ㉠}$
$P_1 = P_2 - \textcircled{\small ㉡}$
$P_2 = P_B + \gamma_{벤젠} h_3 + \gamma_{수은} h_2 - \textcircled{\small ㉢}$

㉡식에 ㉠식과 ㉢식을 대입하면
$P_A + \gamma_W h_1 = P_B + \gamma_{벤젠} h_3 + \gamma_{수은} h_2$
$\therefore P_A - P_B = -\gamma_W h_1 + \gamma_{벤젠} h_3 + \gamma_{수은} h_2$
$= -9.8 kN/m^3 \times 0.14m + 0.899 \times 9.8 \times 0.09$
$+ 13.6 \times 9.8 \times 0.14$
$= 19.4 kPa$
$\therefore 19.4 kPa$

정답 ④

13. 300K의 저온 열원을 가지고 카르노사이클로 작동하는 열기관의 효율이 70%가 되기 위해서 필요한 고온 열원의 온도[K]는?

① 800
② 900
③ 1000
④ 1100

| 해설

- 카르노기관의 열효율 $\eta = \dfrac{T_2 - T_1}{T_2} \times 100$

※ T_1: 저온부 온도[K], T_2: 고온부 온도[K]

- $\eta = \dfrac{T_2 - T_1}{T_2} \times 100$

$70 = \dfrac{T_2 - 300}{T_2} \times 100$

$\dfrac{70}{100} = \dfrac{T_2 - 300}{T_2}$

$0.7 = \dfrac{T_2 - 300}{T_2}$

$0.7 T_2 = T_2 - 300$
$0.3 T_2 = 300$
$\therefore T_2 = \dfrac{300}{0.3} = \dfrac{3000}{3} = 1000K$

정답 ③

14. 다음 중 열역학 제 1법칙에 관한 설명으로 옳은 것은?

① 열은 그 자신만으로 저온에서 고온으로 이동할 수 없다.
② 일은 열로 변환시킬 수 있고 열은 일로 변환시킬 수 있다.
③ 사이클 과정에서 열이 모두 일로 변화할 수 없다.
④ 열평형 상태에 있는 물체의 온도는 같다.

| 해설
- 열역학 제1법칙에 대한 설명으로 옳은 것은 ②의 내용이다.
- ①, ③은 열역학 제2법칙에 대한 설명이다.
- ④는 열역학 제0법칙에 대한 설명이다.

정답 ②

15. 대기의 압력이 106kPa이라면 게이지 압력이 1226kPa인 용기에서 절대압력[kPa]은?

① 1120　　② 1125
③ 1327　　④ 1332

| 해설
절대압력 = 대기압 + 게이지압력
　　　　= 106kPa + 1226kPa = 1332kPa

정답 ④

16. 안지름 40mm의 배관 속을 정상류의 물이 매분 150L로 흐를 때의 평균 유속[m/s]은?

① 0.99　　② 1.99
③ 2.45　　④ 3.01

| 해설
- $Q = Av$
- $v = \dfrac{Q}{A} = \dfrac{\frac{150}{1000}\,\text{m}^3}{\frac{\pi}{4} \times (0.04)^2 \times 60} = 1.99\,\text{m/s}$

정답 ②

17. 펌프의 캐비테이션을 방지하기 위한 방법으로 틀린 것은?

① 펌프의 설치 위치를 낮추어서 흡입 양정을 작게 한다.
② 흡입관을 크게 하거나 밸브, 플랜지 등을 조정하여 흡입손실수두를 줄인다.
③ 펌프의 회전속도를 높여 흡입속도를 크게 한다.
④ 2대 이상의 펌프를 사용한다.

| 해설
- ③의 경우 흡입속도를 작게 하여야 한다.
- 캐비테이션의 발생 원인은 다음과 같다.
  ㉠ 흡입측 유속이 빠를 때
  ㉡ 흡입측 마찰손실이 클 경우
  ㉢ 흡입관경이 작을 때
  ㉣ 흡입압력이 낮을 때
  ㉤ 흡입온도가 높을 때

정답 ③

18. 모세관 현상에 있어서 물이 모세관을 따라 올라가는 높이에 대한 설명으로 옳은 것은?

① 표면장력이 클수록 높이 올라간다.
② 관의 지름이 클수록 높이 올라간다.
③ 밀도가 클수록 높이 올라간다.
④ 중력의 크기와는 무관하다.

| 해설
모세관의 상승높이 $h = \dfrac{4\sigma\cos\theta}{\gamma d} = \dfrac{4\sigma\cos\theta}{\rho g d}$

※ σ: 표면장력[N/m], θ: 접촉각,
　γ: 비중량[N/m³], ρ: 밀도[kg/m³],
　g: 9.8m/s², d: 관의 직경[m]

② 관의 지름이 작을수록 높이 올라간다.
③ 밀도가 작을수록 높이 올라간다.
④ 중력의 크기와 관계있다.

정답 ①

19. 다음 중 열전달 매질 없이도 열이 전달되는 형태는?

① 전도　　② 자연대류
③ 복사　　④ 강제대류

| 해설
- 열전달 매질 없이도 열이 전달되는 형태는 복사이다. 복사는 전자기파 형태로 열전달이 되므로 별도 매개체가 필요하지 않다.
- 전도는 직접적인 접촉에 의한 열전달을 말한다.
- 대류는 유체의 순환에 의한 열전달을 말한다.

정답 ③

20. 표면온도가 200℃인 직경 10cm 금속공을 20℃ 공기 중에서 냉각시키고 있다. 열전달률이 50W일 때 대류열전달계수[W/m²·K]는?

① 8.84
② 10.67
③ 13.68
④ 20.91

| 해설
- 열전달률 $q = hA(T_2 - T_1)$
- 열전달계수 $h = \dfrac{q}{A(T_2 - T_1)}$

$$= \dfrac{50}{4\pi(0.1/2)^2 \times (473 - 293)}$$

$$= 8.84 \text{W/m}^2 \cdot \text{K}$$

정답 ①

소방 기계시설 및 구조

21. 화재안전기준에 따른 스프링클러 가지배관의 허용유속[m/s]은 얼마인가?

① 10　　② 6
③ 4　　④ 3

| 해설
수리계산으로 배관의 구경을 산정할 경우 가지배관의 유속은 6m/s, 그 밖의 배관의 유속은 10m/s를 초과할 수 없다.

정답 ②

22. 분말소화설비의 화재안전기준에 따라 분말소화약제의 가압용 가스용기에는 최대 몇 MPa 이하의 압력에서 조정이 가능한 압력조정기를 설치하여야 하는가?

① 1.5　　② 2.0
③ 2.5　　④ 3.0

| 해설
분말소화약제의 가압용 가스용기에는 2.5MPa 이하의 압력에서 조정이 가능한 압력조정기를 설치하여야 한다.

정답 ③

23. 포소화설비의 화재안전기준에 따라 포소화설비 송수구의 설치기준에 대한 설명으로 옳은 것은?

① 구경 65mm의 쌍구형으로 할 것
② 지면으로부터 높이가 0.5m 이상 1.5m 이하의 위치에 설치할 것
③ 하나의 층 바닥면적이 2,000m²를 넘을 때마다 1개 이상을 설치할 것
④ 송수구의 가까운 부분에 자동배수밸브(또는 직경 3mm의 배수공) 및 안전밸브를 설치할 것

| 해설
- 구경 65mm의 쌍구형으로 한다.
- 지면으로부터 높이가 0.5m 이상 1m 이하의 위치에 설치한다.
- 포소화설비의 송수구는 하나의 층의 바닥면적이 3,000m²를 넘을 때마다 1개 이상을 설치한다(5개를 넘을 경우에는 5개로 한다).
- 송수구의 가까운 부분에 자동배수밸브(또는 직경 5mm의 배수공) 및 체크밸브를 설치한다.

정답 ①

25. 제연설비의 화재안전기준상 유입풍도 및 배출풍도에 관한 설명으로 맞는 것은?

① 유입풍도 안의 풍속은 25m/s 이하로 한다.
② 배출풍도는 석면재료와 같은 내열성의 단열재로 유효한 단열 처리를 한다.
③ 배출풍도와 유입풍도의 아연도금강판 최소 두께는 0.45mm 이상으로 하여야 한다.
④ 배출기 흡입측 풍도 안의 풍속은 15m/s 이하로 하고 배출측 풍속은 20m/s 이하로 한다.

| 해설
- 배출기 흡입측 풍도 안의 풍속은 15m/s 이하로 하고 배출측 풍속은 20m/s 이하로 한다.
- 유입풍도 안의 풍속은 20m/s 이하로 한다.
- 배출풍도는 내열성(석면재료를 제외한다)의 단열재로 유효한 단열 처리를 한다.
- 배출풍도와 유입풍도의 아연도금강판 최소 두께는 0.5mm 이상이다.

정답 ④

24. 분말소화설비의 화재안전기준상 제1종 분말을 사용한 전역방출방식 분말소화설비에서 방호구역의 체적 1m³에 대한 소화약제의 양은 몇 kg인가?

① 0.24   ② 0.36
③ 0.60   ④ 0.72

| 해설
제1종 분말을 사용한 전역방출방식 분말소화설비에서 방호구역의 체적 1m³에 대한 소화약제의 양은 0.60kg이다.

설치장소의 최고 주위온도	표시온도
제1종 분말	0.60kg
제2종 분말 또는 제3종 분말	0.36kg
제4종 분말	0.24kg

정답 ③

26. 천장의 기울기가 10분의 1을 초과할 경우에 가지관의 최상부에 설치되는 톱날지붕의 스프링클러헤드는 천장의 최상부로부터의 수직거리가 몇 cm 이하가 되도록 설치하여야 하는가?

① 50   ② 70
③ 90   ④ 120

| 해설
천장의 최상부를 중심으로 가지관을 서로 마주보게 설치하는 경우에는 최상부의 가지관 상호 간의 거리가 가지관상의 스프링클러헤드 상호 간의 거리의 2분의 1 이하(최소 1m 이상이 되어야 한다)가 되게 스프링클러헤드를 설치하고, 가지관의 최상부에 설치하는 스프링클러헤드는 천장의 최상부로부터의 수직거리가 90cm 이하가 되도록 할 것. 톱날지붕, 둥근지붕 기타 이와 유사한 지붕의 경우에도 이에 준한다.

정답 ③

27. 소화기구 및 자동소화장치의 화재안전기준에 따른 수동으로 조작하는 대형소화기 B급의 능력단위 기준은?

① 10단위 이상 ② 15단위 이상
③ 20단위 이상 ④ 25단위 이상

| 해설
"대형소화기"란 화재 시 사람이 운반할 수 있도록 운반대와 바퀴가 설치되어 있고 능력단위가 A급 10단위 이상, B급 20단위 이상인 소화기를 말한다.

정답 ③

28. 포소화약제의 혼합장치에 대한 설명 중 옳은 것은?

① 라인 프로포셔너방식이란 펌프의 토출관과 흡입관 사이의 배관 도중에 설치한 흡입기에 펌프에서 토출된 물의 일부를 보내고, 농도조절밸브에서 조정된 포소화약제의 필요량을 포소화약제 탱크에서 펌프 흡입측으로 보내어 이를 혼합하는 방식을 말한다.
② 프레져사이드 프로포셔너방식이란 펌프의 토출관에 압입기를 설치하여 포소화약제 압입용 펌프로 포소화약제를 압입시켜 혼합하는 방식을 말한다.
③ 프레져 프로포셔너방식이란 펌프와 발포기 중간에 설치된 벤추리관의 벤추리작용에 따라 포소화약제를 흡입·혼합하는 방식을 말한다.
④ 펌프 프로포셔너방식이란 핌프와 발포기이 중간에 설치된 벤추리관의 벤추리작용과 펌프 가압수의 포소화약제 저장탱크에 대한 압력에 따라 포소화약제를 흡입·혼합하는 방식을 말한다.

| 해설
• 프레져사이드 프로포셔너방식이란 펌프의 토출관에 압입기를 설치하여 포소화약제 압입용 펌프로 포소화약제를 압입시켜 혼합하는 방식을 말한다.
• 라인 프로포셔너방식이란 펌프와 발포기의 중간에 설치된 벤추리관의 벤추리작용에 따라 포소화약제를 흡입·혼합하는 방식을 말한다.
• 프레져 프로포셔너방식이란 펌프와 발포기의 중간에 설치된 벤추리관의 벤추리작용과 펌프 가압수의 포소화약제 저장탱크에 대한 압력에 따라 포소화약제를 흡입·혼합하는 방식을 말한다.
• 펌프 프로포셔너방식이란 펌프의 토출관과 흡입관 사이의 배관 도중에 설치한 흡입기에 펌프에서 토출된 물의 일부를 보내고, 농도조절밸브에서 조정된 포소화약제의 필요량을 포소화약제 탱크에서 펌프 흡입측으로 보내어 이를 혼합하는 방식을 말한다.

정답 ②

29. 연소방지설비의 화재안전기준에 따라 연소방지설비의 살수구역은 환기구 등을 기준으로 지하구의 길이방향으로 최대 몇 m 이내마다 1개 이상의 방수헤드를 설치하여야 하는가?

① 150 ② 200
③ 350 ④ 400

| 해설
살수구역은 환기구 등을 기준으로 지하구의 길이방향으로 350m 이내마다 1개 이상 설치하되, 하나의 살수구역의 길이는 3m 이상으로 한다.

정답 ③

30. 피난기구의 화재안전기준에 따른 피난기구의 설치 및 유지에 관한 사항 중 틀린 것은?

① 피난기구를 설치하는 개구부는 서로 동일직선상의 위치에 있을 것
② 설치장소에는 피난기구의 위치를 표시하는 발광식 또는 축광식 표지와 그 사용방법을 표시한 표지를 부착할 것
③ 피난기구는 소방대상물의 기둥·바닥·보 기타 구조상 견고한 부분에 볼트조임·매입·용접 기타의 방법으로 견고하게 부착할 것
④ 피난기구는 계단·피난구 기타 피난시설로부터 적당한 거리에 있는 안전한 구조로 된 피난 또는 소화활동상 유효한 개구부에 고정하여 설치할 것

| 해설
피난기구를 설치하는 개구부는 서로 동일직선상이 아닌 위치에 있을 것. 다만, 피난교·피난용트랩·간이완강기·아파트에 설치되는 피난기구(다수인 피난장비는 제외한다) 기타 피난상 지장이 없는 것에 있어서는 그러하지 아니하다.

정답 ①

31. 스프링클러설비의 교차배관에서 분기되는 지점을 기점으로 한쪽 가지배관에 설치되는 헤드는 몇 개 이하로 설치하여야 하는가? (단, 수리학적 배관방식의 경우는 제외한다)

① 8   ② 10
③ 12 ④ 18

| 해설
교차배관에서 분기되는 지점을 기점으로 한쪽 가지배관에 설치되는 헤드의 개수(반자 아래와 반자 속의 헤드를 하나의 가지배관 상에 병설하는 경우에는 반자 아래에 설치하는 헤드의 개수)는 8개 이하로 한다.

정답 ①

32. 물분무소화설비의 가압송수장치로 압력수조의 필요압력을 산출할 때 필요한 것이 아닌 것은?

① 낙차의 환산수두압
② 물분무헤드의 설계압력
③ 배관의 마찰손실수두압
④ 소방용 호스의 마찰손실수두압

| 해설
소방용 호스의 마찰손실수두압은 물분무소화설비의 가압송수장치로 압력수조의 필요압력을 산출할 때 필요한 것에 해당하지 않는다.

$P = p_1 + p_2 + p_3$

※ P : 필요한 압력[MPa]
p_1 : 물분무헤드의 설계압력[MPa]
p_2 : 배관의 마찰손실수두압[MPa]
p_3 : 낙차의 환산수두압[MPa]

정답 ④

33. 인명구조기구의 종류가 아닌 것은?

① 방열복   ② 구조대
③ 공기호흡기 ④ 인공소생기

| 해설
구조대는 피난기구에 해당한다.

정답 ②

34. 옥외소화전설비의 화재안전기준에 따라 옥외소화전 배관은 특정소방대상물의 각 부분으로부터 하나의 호스접결구까지의 수평거리가 최대 몇 m 이하가 되도록 설치하여야 하는가?

① 25
② 35
③ 40
④ 50

| 해설

배관은 호스접결구는 지면으로부터 높이가 0.5m 이상 1m 이하의 위치에 설치하고 특정소방대상물의 각 부분으로부터 하나의 호스접결구까지의 수평거리가 40m 이하가 되도록 설치하여야 한다.

정답 ③

35. 주거용 주방자동소화장치의 설치기준으로 틀린 것은?

① 감지부는 형식승인 받은 유효한 높이 및 위치에 설치해야 한다.
② 소화약제 방출구는 환기구의 청소부분과 분리되어 있어야 한다.
③ 가스차단 장치는 상시 확인 및 점검이 가능하도록 설치해야 한다.
④ 탐지부는 수신부와 분리하여 설치하되, 공기보다 무거운 가스를 사용하는 장소에는 바닥면으로부터 0.2m 이하의 위치에 설치해야 한다.

| 해설

탐지부는 공기보다 무거운 가스를 사용하는 장소에는 바닥면으로부터 30cm 이하의 위치에 설치하여야 한다.

정답 ④

36. 제연설비에서 예상제연구역의 각 부분으로부터 하나의 배출구까지의 수평거리를 몇 m 이내가 되도록 하여야 하는가?

① 10m
② 12m
③ 15m
④ 20m

| 해설

예상제연구역의 각 부분으로부터 하나의 배출구까지의 수평거리는 10m 이내가 되도록 하여야 한다.

정답 ①

37. 청정소화약제 소화설비(할로겐화합물 및 불활성기체소화설비)를 설치할 수 없는 장소의 기준으로 옳은 것은? (단, 소화성능이 인정되는 위험물은 제외한다)

① 제1류 위험물 및 제2류 위험물 사용
② 제2류 위험물 및 제4류 위험물 사용
③ 제3류 위험물 및 제5류 위험물 사용
④ 제4류 위험물 및 제6류 위험물 사용

| 해설

할로겐화합물 및 불활성기체소화설비는 사람이 상주하는 곳으로써 최대허용설계농도를 초과하는 장소, 제3류 위험물 및 제5류 위험물을 사용하는 장소에서는 설치할 수 없다.

정답 ③

38. 연소방지설비의 배관의 설치기준 중 다음 (　) 안에 알맞은 것은?

> 연소방지설비에 있어서의 수평주행배관의 구경은 100mm 이상의 것으로 하되, 연소방지설비 전용헤드 및 스프링클러헤드를 향하여 상향으로 (　) 이상의 기울기로 설치하여야 한다.

① 2/100 　② 1/1,000
③ 1/100 　④ 1/500

| 해설
연소방지설비에 있어서의 수평주행배관의 구경은 100mm 이상의 것으로 하되, 연소방지설비 전용헤드 및 스프링클러헤드("방수헤드"라 한다. 이하 같다)를 향하여 상향으로 1,000분의 1 이상의 기울기로 설치하여야 한다.

정답 ②

39. 다음 중 노유자시설의 4층 이상 10층 이하에서 적응성이 있는 피난기구가 아닌 것은?

① 피난교 　② 다수인피난장비
③ 승강식피난기 　④ 미끄럼대

| 해설
- 피난기구의 화재안전기준상 노유자시설의 4층 이상 10층 이하에서 적응성이 있는 피난기구에는 피난교, 다수인피난장비, 승강식 피난기가 있으며, 미끄럼대는 포함되지 않는다.
- 미끄럼대는 노유자시설의 1층~3층에서 적응성이 있다.

정답 ④

40. 물분무소화설비의 화재안전기준상 배관의 설치기준으로 틀린 것은?

① 펌프 흡입측 배관은 공기고임이 생기지 않는 구조로 하고 여과장치를 설치한다.
② 펌프의 흡입측 배관은 수조가 펌프보다 낮게 설치된 경우에는 각 펌프(충압펌프를 포함한다)마다 수조로부터 별도로 설치한다.
③ 연결송수관설비의 배관과 겸용할 경우의 주배관은 구경 100mm 이상으로 한다.
④ 연결송수관설비의 배관과 겸용할 경우 방수구로 연결되는 배관의 구경은 65mm 이하로 한다.

| 해설
연결송수관설비의 배관과 겸용할 경우의 주배관은 구경 100mm 이상, 방수구로 연결되는 배관의 구경은 65mm 이상의 것으로 하여야 한다.

정답 ④

2025년 제2회(CBT)

※ CBT 문제는 수험생의 기억에 따라 복원된 것이며, 실제 기출문제와 동일하지 않을 수 있습니다.

소방유체역학

01. 온도 27℃의 이산화탄소 3kg이 체적 0.30m³의 용기에 가득 차 있을 때 용기 내의 압력(N/m²)은? (단, 일반기체상수는 8.314kJ/kmol·K이고, 이산화탄소의 분자량은 44이다)

① 566.86
② 243.12
③ 100.3
④ 270.9

| 해설

$PV = \dfrac{W}{M}RT$,

$P = \dfrac{WRT}{VM} = \dfrac{3 \times 8.314 \times (273+27)}{0.3 \times 44} = 566.86 N/m^2$

정답 ①

02. 그림과 같은 원형관에 유체가 흐르고 있다. 원형관 내의 유속 분포를 측정하여 실험식을 구하였더니 $V = V_{\max} \dfrac{r_o^2 - r^2}{r_o^2}$ 이었다. 관 속을 흐르는 유체의 평균속도는 얼마인가?

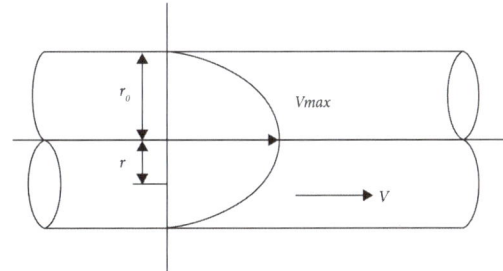

① $\dfrac{V_{\max}}{8}$
② $\dfrac{V_{\max}}{4}$
③ $\dfrac{V_{\max}}{2}$
④ $V_{\max}$

| 해설

$$V_{avg} = \dfrac{Q}{A} = \dfrac{\int_0^{r_0} 2\pi r dr \cdot V}{\pi r_0^2}$$

$$= \dfrac{\int_0^{r_0} 2\pi r dr \cdot V_{\max} \dfrac{(r_0^2 - r^2)}{r_0^2}}{\pi r_0^2}$$

$$= \dfrac{2\pi \dfrac{V_{\max}}{r_0^2} \int_0^{r_0} rdr \cdot (r_0^2 - r^2)}{\pi r_0^2}$$

$$= \dfrac{2\pi \dfrac{V_{\max}}{r_0^2} \int_0^{r_0} (rr_0^2 - r^3) dr}{\pi r_0^2}$$

$$= \dfrac{\dfrac{V_{\max}}{2} \pi r_0^2}{\pi r_0^2} = \dfrac{V_{\max}}{2}$$

정답 ③

03. 펌프의 출구측에 연결된 압력계가 500KPa을 가리켰다. 이 펌프의 배출 유량이 0.2m³/s가 되려면 펌프의 동력은 약 몇 kW가 되어야 하는가?

① 3.95
② 56.87
③ 39.5
④ 99.69

| 해설

- 펌프의 동력 $P[kW] = \dfrac{\gamma QH}{1000}$

  ※ γ: 물의 비중량[N/m³], Q: 유량[m³/s], H: 전양정[m]

  $P = 500KPa$

  $\therefore H = \dfrac{P}{\gamma} = \dfrac{500kPa}{9.8kN/m^3} = 50.86m$

- 펌프의 동력 $P[kW]$

  $= \dfrac{9800N/m^3 \times 0.2m^3/s \times 50.86m}{1000} = 99.69kW$

정답 ④

04. 유체의 점성에 대한 설명으로 옳지 않은 것은?

① 속도구배가 직선으로 표현되면 뉴턴유체이다.
② 액체의 점성은 온도가 증가하면 커진다.
③ 동점성의 단위는 stokes이다.
④ 스토머 점도계는 뉴튼의 점성법칙을 이용한다.

| 해설

온도가 증가하면 액체 사이의 응집력이 감소하여 점성이 작아진다.

정답 ②

05. 다음은 열전달을 막기 위한 방법들이다. 어떤 열전달방식을 막기 위한 방법인지 바르게 짝지어진 것은?

> ㉠ 맑은 날 밝은 색의 양산 사용
> ㉡ 양은냄비 손잡이로 고무나 플라스틱 사용

① ㉠: 복사, ㉡: 전도
② ㉠: 대류, ㉡: 전도
③ ㉠: 복사, ㉡: 대류
④ ㉠: 전도, ㉡: 복사

| 해설

㉠ 맑은 날 밝은 색의 양산 사용은 태양으로부터 복사되는 밝은 빛을 반사시켜 막기 위한 것이다.
㉡ 양은냄비 손잡이로 고무나 플라스틱을 사용하는 것은 직접적인 접촉에 의한 열전도를 막기 위한 것이다.

정답 ①

06. 안지름 10cm의 관로에서 마찰손실수두가 속도수두와 같다면 그 관로의 길이는 약 몇 m인가? (단, 관마찰계수는 0.03이다)

① 1.58
② 2.54
③ 3.33
④ 4.52

| 해설

마찰손실수두(Darcy 공식)

$H = f\dfrac{l}{d}\dfrac{v^2}{2g}$

※ f: 마찰계수, d: 직경[m], l: 배관길이[m], v: 유속[m/s], g: 중력가속도[m/s²]

$f\dfrac{l}{d}\dfrac{v^2}{2g} = \dfrac{v^2}{2g}$

$f\dfrac{l}{d} = 1$

$\therefore l = \dfrac{d}{f} = \dfrac{0.1}{0.03} = 3.33m$

정답 ③

07. 안지름 40mm의 배관 속을 정상류의 물이 매분 150L로 흐를 때의 평균 유속[m/s]은?

① 0.99 ② 1.99
③ 2.45 ④ 3.01

| 해설

$Q = Av$

$v = \dfrac{Q}{A} = \dfrac{\dfrac{150}{1000} \text{m}^3}{\dfrac{\pi}{4} \times (0.04)^2 \times 60} = 1.99 \text{m/s}$

정답 ②

08. 유속 6m/s로 정상류의 물이 화살표 방향으로 흐르는 배관에 압력계와 피토계가 설치되어있다. 이때 압력계의 계기압력이 300kPa이었다면 피토계의 계기압력은 약 몇 kPa인가?

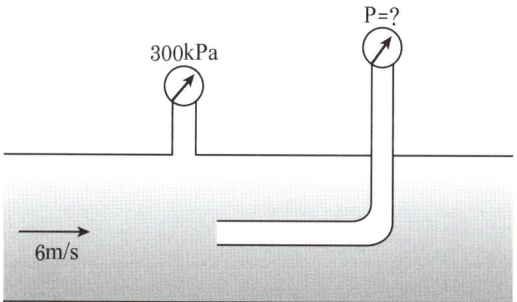

① 180 ② 280
③ 318 ④ 336

| 해설

- 속도수두 $\dfrac{v^2}{2g} = \dfrac{6^2}{2 \times 9.8} = 1.8367 \text{m} = H_{속도}$
- 동압 $P = \gamma H_{속도} = 9.8 \text{kN/m}^3 \times 1.8367 \text{m} \cong 18 \text{kPa}$
- 정압 = 300kPa
- ∴ 계기압 = 정압 + 동압 = 300kPa + 18kPa = 318kPa

정답 ③

09. 그림의 역U자관 마노미터에서 압력차($P_x - P_y$)는 약 몇 Pa인가?

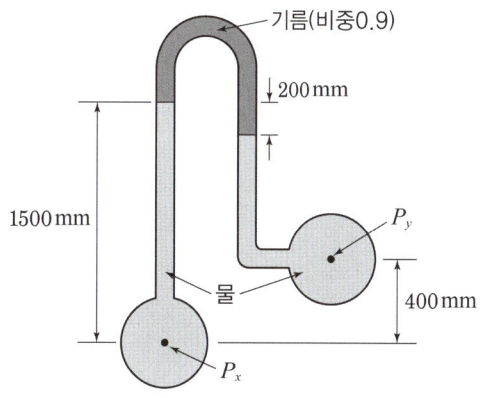

① 3215 ② 4116
③ 5045 ④ 6826

| 해설

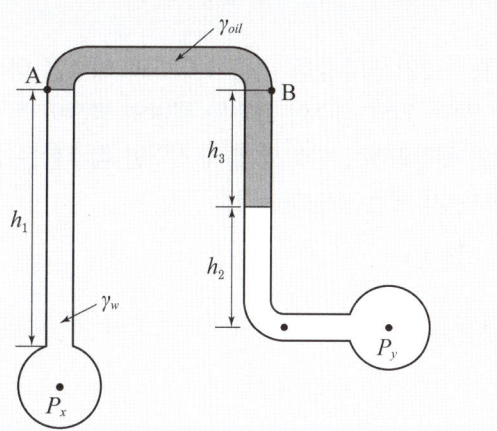

$P_x = P_A + \gamma_W h_1$ — ㉠
$P_A = P_B$ — ㉡
$P_y = P_B + \gamma_{oil} h_3 + \gamma_W h_2$ — ㉢
∴ $P_A = P_B = P_y - \gamma_{oil} h_3 - \gamma_W h_2$ — ㉣

㉣식을 ㉠식에 대입하면

$P_x = P_y + \gamma_W h_1 - \gamma_{oil} h_3 - \gamma_W h_2$
$P_x - P_y = \gamma_W (h_1 - h_2) - \gamma_{oil} h_3$
$\quad = 9800(1.5 - 0.9) - 0.9 \times 9800 \times 0.2$
$\quad = 4116 \text{Pa}$

∴ $P_x - P_y = 4116 \text{Pa}$

정답 ②

10. 동력(power)의 차원을 MLT(질량 M, 길이 L, 시간 T)계로 바르게 나타낸 것은?

① MLT^{-1}
② M^2LT^{-2}
③ ML^2T^{-3}
④ MLT^{-2}

| 해설

$$Power = \frac{일}{시간} = \frac{힘 \times 거리}{시간} = \frac{m \times a \times 거리}{시간}$$

$$= \frac{M \times \frac{L}{T^2} \times L}{T} = \frac{ML^2}{T^3}$$

$$= ML^2T^{-3}$$

정답 ③

11. 비중 1.2인 잠수함이 비중 1.025의 해수면 아래에 있다. 만약 잠수함 크기의 절반의 빙산이 잠수함의 윗갑판에 단단하게 붙어 있다면 잠수함은 상승하는가 또는 하강하는가?

① 하강한다.
② 상승한다.
③ 제자리에 있다.
④ 주어진 정보로는 알 수 없다.

| 해설

빙산의 비중은 0.92 정도로 해수보다 가볍다. 만약 잠수함의 위에 빙산이 붙는다면 부력을 발생시켜 잠수함은 상승하게 된다.

정답 ②

12. 다음과 같은 두 수문 A, B에 작용하는 수직 방향 분력의 크기의 비는? (두 수문의 지름과 폭은 1m이다)

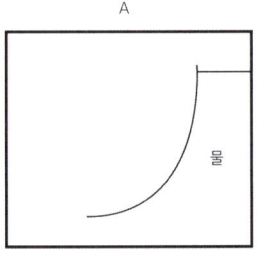
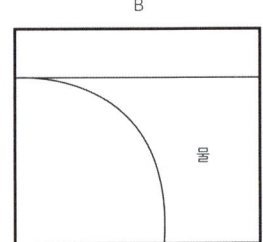

① $\pi : 1 - \pi$
② $1 : \pi - 4$
③ $\pi : 4 - \pi$
④ $1 : \pi - 1$

| 해설

수직방향의 분력 F_V는 수문 위의 물의 무게와 같다.

$F_{VA} = \gamma V_A (\gamma : 9.8 kN/m^3, V_A : 물의 부피)$
$\quad\quad = 9.8 \times S_A \times 1m = 9.8 S_A$

$F_{VB} = \gamma V_B (\gamma : 9.8 kN/m^3, V_B : 물의 부피)$
$\quad\quad = 9.8 \times S_B \times 1m = 9.8 S_B$

$F_{VA} : F_{VB} = S_A : S_B = \frac{1}{4} \times \frac{\pi}{4} 1^2 : \frac{1}{4} - \frac{1}{4} \times \frac{\pi}{4} 1^2$

$\quad\quad = \frac{\pi}{16} : \frac{1}{4} - \frac{\pi}{16} = \pi : 4 - \pi$

정답 ③

13. 압력계 A, B에서 읽히는 압력에 대한 올바른 표현은?

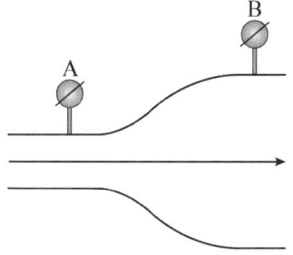

① $P_A > P_B$
② $P_A < P_B$
③ $P_A = P_B$
④ 위의 자료만으로 알 수 없다.

| 해설

베르누이 정리에 의해 A에서는 유속이 빠르고 압력이 낮으며, B에서는 유속이 느리고 압력이 커진다.

정답 ②

14. 배관 내에 유동하고 있는 물 속 어느 부분의 정압이 그 때의 물의 온도에 해당하는 증기압 이하가 되면 부분적으로 기포가 발생하는 현상을 무엇이라고 하는가?

① 수격현상
② 서징현상
③ 공동현상
④ 와류현상

| 해설

유동하는 부분의 정압이 물의 온도에 해당하는 포화증기압보다 낮아지면 기화가 되어 기포가 발생한다. 이를 공동현상이라 하고 펌프의 성능을 저하시킨다.

정답 ③

15. 안지름 25mm, 길이 10m의 수평 파이프를 통해 비중 0.8, 점성계수는 5×10^{-3}kg/m·s인 기름을 유량 0.2×10^{-3}m³/s로 수송하고자 할 때, 필요한 펌프의 최소 동력은 약 몇 W인가?

① 0.21
② 0.58
③ 0.77
④ 0.81

| 해설

- 펌프의 최소 동력 $= \gamma Q H$
- 배관마찰손실 $= f \dfrac{l}{d} \dfrac{v^2}{2g}$
- 레이놀즈수 $Re = \dfrac{\rho V D}{\mu} = \dfrac{VD}{\nu}$, $f = \dfrac{64}{Re}$

※ γ: 비중량[N/m³], Q: 유량[m³/s], H: 전양정[m], f: 마찰계수, l: 배관길이[m], d: 배관직경[m], v: 유속[m/s], g: 9.8m/s², ρ: 밀도[kg/m³], μ: 점성계수[kg/m·s], D: 관의 직경[m], ν: 동점성계수[m²/s]

- $Q = Av$

$$v = \dfrac{Q}{A} = \dfrac{0.2 \times 10^{-3}}{\dfrac{\pi}{4} \times (0.025)^2} = 0.4074 \text{m/s}$$

$$\rho = 0.8 \times 1000 \text{kg/m}^3 = 800 \text{kg/m}^3$$

$$Re = \dfrac{800 \times 0.4074 \times 0.025}{5 \times 10^{-3}} = 1629.6$$

$$f = \dfrac{64}{1629.6} = 0.04$$

- 마찰손실수두 $= 0.04 \times \dfrac{10}{0.025} \times \dfrac{0.4074^2}{2 \times 9.8} = 0.1355 \text{m}$

∴ 펌프의 최소 동력 $= 0.8 \times 9800 \times 0.2 \times 10^{-3} \times 0.1355 = 0.21 \text{W}$

정답 ①

16. 직경 18mm의 소방용 호스에 물이 방사될 때 방사속도(m/s)는? (단, 유량계수는 고려하지 않는다)

① 13.05
② 12.92
③ 14.08
④ 16.87

| 해설

- (유량계수가 고려될 때) $Q = 0.653 D^2 \sqrt{10P}$
- $Q = 0.6597 D^2 \sqrt{10P}$
  $Q = 0.6597 \times 18^2 \times \sqrt{10 \times 0.101325 MPa}$
  $= 215 L/min$

$v = \dfrac{Q}{A} = \dfrac{\dfrac{215 L/min}{1000 \times 60}}{\dfrac{\pi}{4}(0.018)^2} = 14.08 m/s$

정답 ③

17. 옥내소화전 설비에서 노즐구경이 같은 노즐에서 방수압력(계기압력)을 9배로 올리면 방수량은 몇 배로 되는가?

① $\sqrt{3}$
② 2
③ 3
④ 9

| 해설

$Q \propto \sqrt{P}$ 이므로 방수압력이 9배가 되면 방수량은 $\sqrt{9}$ 배 =3배가 된다.

정답 ③

18. 다음 설명 중 틀린 것은?

① 일반적인 베르누이 방정식은 마찰이 없는 비압축성 정상 유동에서 유선에 따라 성립한다.
② 베르누이 방정식은 질량보존의 법칙만으로 유도될 수 있다.
③ 에너지선은 수력기울기선보다 속도수두만큼 위에 있다.
④ 수력기울기선은 위치수두와 압력수두의 합을 나타낸다.

| 해설

베르누이 방정식은 에너지보존법칙에 의하여 유도되는 유체역학의 법칙이다.

정답 ②

19. 정사각형 덕트에서 가로는 반으로 줄이고 세로는 2배로 늘리면 수력직경은 몇 배가 되는가?

① 1.25
② 0.8
③ 2.5
④ 0.6

| 해설

$w = 2, l = 2$라고 가정하면

- 원래의 수력직경$(D_h) = 4\dfrac{A}{P} = 4\dfrac{wl}{2w+2l} = 4\dfrac{4}{8} = 2$
- 새로운 수력직경(D_h)

$= 4\dfrac{A}{P} = 4\dfrac{\dfrac{w}{2} \times 2l}{2 \times \dfrac{w}{2} + 2 \times 2l} = 4\dfrac{wl}{w+4l} = \dfrac{16}{10} = 1.6$

- 비율 $= \dfrac{1.6}{2} = 0.8$

정답 ②

20. 수평으로 놓인 관로에서, 입구의 관 지름이 65mm, 유속이 2.5m/s이며 출구의 관 지름이 40mm라고 한다. 입구에서의 압력이 350kPa이라면 출구에서의 압력은 약 몇 kPa인가? (단, 마찰손실은 무시하고 유체의 밀도는 1000kg/m³로 한다)

① 169
② 260
③ 340
④ 328

| 해설

- $Q = Av = \pi \dfrac{0.065^2}{4} \times 2.5 = 0.008823$
- $v = \dfrac{4Q}{\pi D^2} = \dfrac{4 \times 0.008823}{\pi \times 0.04^2} = 7.0258 m/s$
- $\dfrac{v_1^2}{2g} + \dfrac{P_1}{\gamma} + y_1 = \dfrac{v_2^2}{2g} + \dfrac{P_2}{\gamma} + y_2$, 높이는 동일하므로

  $\dfrac{v_1^2}{2g} + \dfrac{P_1}{\gamma} = \dfrac{v_2^2}{2g} + \dfrac{P_2}{\gamma}$

  $\dfrac{2.5^2}{2g} + \dfrac{350000}{9800} = \dfrac{7.0258^2}{2g} + \dfrac{P_2}{9800}$,

  $P_2 = 328444 Pa = 328 kPa$

정답 ④

소방기계시설의 구조 및 원리

21. 스프링클러설비의 화재안전기준상 고가수조를 이용한 가압송수장치의 설치기준 중 고가수조에 설치하지 않아도 되는 것은?

① 수위계
② 배수관
③ 압력계
④ 오버플로우관

| 해설

고가수조에는 수위계·배수관·급수관·오버플로우관 및 맨홀을 설치해야 한다.

정답 ③

22. 간이헤드를 설치하는 천장, 반자, 천장과 반자 사이, 덕트, 선반 등의 각 부분으로부터 간이헤드까지의 수평거리는 몇 미터 이하가 되어야 하는가?

① 2.3
② 2.8
③ 3
④ 3.3

| 해설

간이헤드를 설치하는 천장·반자·천장과 반자 사이·덕트·선반 등의 각 부분으로부터 간이헤드까지의 수평거리는 2.3m(「스프링클러헤드의 형식승인 및 제품검사의 기술기준」상 유효반경의 것으로 한다) 이하가 되도록 하여야 한다.

정답 ①

23. 미분무소화설비의 화재안전기준에 따른 용어의 정의 중 다음 ( ) 안에 알맞은 것은?

> "미분무"란 물만을 사용하여 소화하는 방식으로 최소설계압력에서 헤드로부터 방출되는 물입자 중 (㉠)%의 누적체적분포가 (㉡)μm 이하로 분무되고 A, B, C급 화재에 적응성을 갖는 것을 말한다.

① ㉠: 99, ㉡: 400
② ㉠: 99, ㉡: 300
③ ㉠: 90, ㉡: 400
④ ㉠: 90, ㉡: 300

| 해설

"미분무"란 물만을 사용하여 소화하는 방식으로 최소설계압력에서 헤드로부터 방출되는 물입자 중 99(㉠)%의 누적체적분포가 400(㉡)μm 이하로 분무되고 A, B, C급 화재에 적응성을 갖는 것을 말한다.

정답 ①

24. 습식스프링클러설비 또는 부압식 스프링클러설비 외의 설비에는 헤드를 향하여 상향으로 수평주행배관의 기울기를 얼마 이상으로 해야 하는가?

① 250분의 1
② 500분의 1
③ 250분의 2
④ 500분의 2

| 해설

습식스프링클러설비 또는 부압식 스프링클러설비 외의 설비에는 헤드를 향하여 상향으로 수평주행배관의 기울기를 500분의 1 이상, 가지배관의 기울기를 250분의 1 이상으로 해야 한다.

정답 ②

25. 포소화설비의 화재안전기준상 포소화설비의 자동식 기동장치에 폐쇄형 스프링클러헤드를 사용하는 경우에 대한 설치기준 중 다음 ( ) 안에 알맞은 것은? (단, 자동화재탐지설비의 수신기가 설치된 장소에 상시 사람이 근무하고 있고, 화재시 즉시 해당 조작부를 작동시킬 수 있는 경우는 제외한다)

> • 표시온도가 (㉠)℃ 미만인 것을 사용하고, 1개의 스프링클러헤드의 경계면적은 (㉡)m² 이하로 할 것
> • 부착면의 높이는 바닥으로부터 (㉢)m 이하로 하고, 화재를 유효하게 감지할 수 있도록 할 것

	㉠	㉡	㉢
①	79	10	7
②	60	10	5
③	60	20	7
④	79	20	5

| 해설

• 표시온도가 79(㉠)℃ 미만인 것을 사용하고, 1개의 스프링클러헤드의 경계면적은 20(㉡)m² 이하로 한다.
• 부착면의 높이는 바닥으로부터 5(㉢)m 이하로 하고, 화재를 유효하게 감지할 수 있도록 한다.

정답 ④

26. 이산화탄소소화약제 저압식 저장용기의 충전비로 옳은 것은?

① 0.9 이상 1.1 이하
② 1.1 이상 1.4 이하
③ 1.4 이상 1.7 이하
④ 1.5 이상 1.9 이하

| 해설

저장용기의 충전비는 고압식은 1.5 이상 1.9 이하, 저압식은 1.1 이상 1.4 이하로 한다.

정답 ②

27. 옥내소화전 호스릴설비 중 주배관의 직경은 얼마 이상인가?

① 20mm 이상
② 32mm 이상
③ 50mm 이상
④ 70mm 이상

| 해설

호스릴설비 중 주배관의 직경은 32mm 이상으로 한다.

정답 ②

28. 다음 물분무소화설비 배관 등 설치 기준 중 틀린 것은?

① 펌프 흡입측 배관은 공기고임이 생기지 않는 구조로 하고 여과장치를 설치한다.
② 동결방지조치를 하거나 동결의 우려가 없는 장소에 설치한다.
③ 연결송수관설비의 배관과 겸용할 경우의 주배관은 구경 100mm 이상으로 한다.
④ 연결송수관설비의 배관과 겸용할 경우 방수구로 연결되는 배관의 구경은 65mm 이하로 한다.

| 해설

연결송수관설비의 배관과 겸용할 경우의 주배관은 구경 100mm 이상, 방수구로 연결되는 배관의 구경은 65mm 이상의 것으로 해야 한다.

정답 ④

29. 방수압력(상수도직결형의 상수도압력)은 가장 먼 가지배관에서 2개의 간이헤드를 동시에 개방할 경우 각각의 간이헤드 선단 방수압력은 얼마 이상(MPa)인가?

① 0.1
② 0.2
③ 0.5
④ 1

| 해설

방수압력(상수도직결형의 상수도압력)은 가장 먼 가지배관에서 2개의 간이헤드를 동시에 개방할 경우 각각의 간이헤드 선단 방수압력은 0.1MPa 이상, 방수량은 50L/min 이상이어야 한다. 다만, 주차장에 표준반응형스프링클러헤드를 사용할 경우 헤드 1개의 방수량은 80L/min 이상이어야 한다.

정답 ①

30. 비상전원은 비상조명등을 몇 분 이상 유효하게 작동시킬 수 있는 용량으로 하는가?

① 5 ② 10
③ 20 ④ 60

| 해설

비상전원은 비상조명등을 20분 이상 유효하게 작동시킬 수 있는 용량으로 해야 한다. 다만, 다음의 특정소방대상물의 경우, 그 부분에서 피난층에 이르는 부분의 비상조명등을 60분 이상 유효하게 작동시킬 수 있는 용량으로 해야 한다.
- 지하층을 제외한 층수가 11층 이상의 층
- 지하층 또는 무창층으로서 용도가 도매시장·소매시장·여객자동차터미널·지하역사 또는 지하상가

정답 ③

31. 피난기구의 화재안전기준에 따라 숙박시설·노유자시설 및 의료시설로 사용되는 층에 있어서는 그 층의 바닥면적 몇 m²마다 피난기구를 1개 이상 설치해야 하는가?

① 300
② 500
③ 800
④ 1000

| 해설

피난기구를 층마다 설치하되,
- 숙박시설·노유자시설 및 의료시설로 사용되는 층에 있어서는 그 층의 바닥면적 500m²마다 설치한다.
- 위락시설·문화집회 및 운동시설·판매시설로 사용되는 층 또는 복합용도의 층에 있어서는 그 층의 바닥면적 800m²마다 설치한다.
- 계단 실형아파트에 있어서는 각 세대마다, 그 밖의 용도의 층에 있어서는 그 층의 바닥면적 1,000m²마다 1개 이상 설치한다.

정답 ②

32. 스프링클러설비의 화재안전기준에 따른 특정소방대상물의 방호구역 층마다 설치하는 폐쇄형 스프링클러설비 유수검지장치의 설치 높이 기준은?

① 바닥으로부터 0.8m 이상 1.2m 이하
② 바닥으로부터 0.8m 이상 1.5m 이하
③ 바닥으로부터 1.0m 이상 1.2m 이하
④ 바닥으로부터 1.0m 이상 1.5m 이하

| 해설

유수검지장치를 실내에 설치하거나 보호용 철망 등으로 구획하여 바닥으로부터 0.8m 이상 1.5m 이하의 위치에 설치하되, 그 실 등에는 개구부가 가로 0.5m 이상 세로 1m 이상의 출입문을 설치하고 그 출입문 상단에 "유수검지장치실"이라고 표시한 표지를 설치한다.

정답 ②

33. 컨베이어 벨트 등에 물분무소화설비를 설치하는 경우 저장하여야 할 수원의 최소 저수량은 몇 m³인가? (단, 컨베이어 벨트의 투영된 바닥면적은 70m²이다)

① 12.4
② 14
③ 16.8
④ 28

| 해설

컨베이어 벨트 등은 투영된 바닥면적 1m²에 대하여 10L/min로 20분간 방수할 수 있는 양 이상으로 한다.
∴ $10 \times 20 \times 70 = 14000L = 14m^3$

정답 ②

34. 수직강하식 구조대가 구조적으로 갖추어야 할 조건으로 옳지 않은 것은? (단, 건물 내부의 별실에 설치하는 경우는 제외한다)

① 구조대의 포지는 외부포지와 내부포지로 구성한다.
② 포지는 사용 시 충격을 흡수하도록 수직방향으로 현저하게 늘어나야 한다.
③ 구조대는 연속하여 강하할 수 있는 구조이어야 한다.
④ 입구틀 및 취부틀의 입구는 지름 50cm 이상의 구체가 통과할 수 있어야 한다.

| 해설
포지는 사용시 수직방향으로 현저하게 늘어나지 않아야 한다.

정답 ②

35. 다음은 상수도소화용수설비의 설치기준에 관한 설명이다. ( ) 안에 들어갈 내용으로 알맞은 것은?

> 호칭지름 75mm 이상의 수도배관에 호칭지름 ( )mm 이상의 소화전을 접속할 것

① 50
② 80
③ 100
④ 125

| 해설
호칭지름 75mm 이상의 수도배관에 호칭지름 100mm 이상의 소화전을 접속해야 한다.

정답 ③

36. 고정포방출구의 구분 중 다음에서 설명하는 것은?

> 고정지붕구조 또는 부상덮개부착고정지붕 구조의 탱크에 상부포주입법을 이용하는 것으로서 방출된 포가 탱크 옆판의 내면을 따라 흘러내려 가면서 액면 아래로 몰입되거나 액면을 뒤섞지 않고 액면상을 덮을 수 있는 반사판 및 탱크 내의 위험물증기가 외부로 역류되는 것을 저지할 수 있는 구조·기구를 갖는 포방출구

① I형
② II형
③ III형
④ 특형

| 해설
I형 방출구에 대한 설명이다.
I형 방출구는 고정지붕구조의 탱크에 상부포주입법(고정포방출구를 탱크 옆판의 상부에 설치하여 액표면상에 포를 방출하는 방법을 말한다. 이하 같다)을 이용하는 것으로서 방출된 포가 액면 아래로 몰입되거나 액면을 뒤섞지 않고 액면상을 덮을 수 있는 통계단 또는 미끄럼판 등의 설비 및 탱크 내의 위험물증기가 외부로 역류되는 것을 저지할 수 있는 구조·기구를 갖는 포방출구이다.
② II형 방출구는 탱크의 액면 위에서 방출된 포를 반사판(Deflector)에서 반사시켜 탱크 측판의 내면을 따라 흘러들어가 유면을 덮어 소화작용을 하도록 한 상부포주입법의 포방출구로서 고정지붕구조 또는 부상덮개부착 고정지붕구조탱크에 주로 사용한다.
③ III형 방출구는 고정지붕구조의 탱크에 저부포주입법(탱크의 액면하에 설치된 포방출구로부터 포를 탱크 내에 주입하는 방법을 말한다)을 이용하는 것으로서 송포관(발포기 또는 포발생기에 의하여 발생된 포를 보내는 배관을 말한다. 당해 배관으로 탱크 내의 위험물이 역류되는 것을 저지할수 있는 구조·기구를 갖는 것에 한한다. 이하 같다)으로부터 포를 방출하는 포방출구이다.
④ 특형 방출구는 부상지붕구조의 탱크에 상부포주입법을 이용하는 것으로서 부상지붕의 부상 부분 상에 높이 0.9m 이상의 금속제의 칸막이(방출된 포의 유출을 막을 수 있고 충분한 배수능력을 갖는 배수구를 설치한 것에 한한다)를 탱크 옆판의 내측으로부터 1.2m 이상 이격하여 설치하고 탱크 옆판과 칸막이에 의하여 형성된 환상 부분에 포를 주입하는 것이 가능한 구조의 반사판을 갖는 포방출구이다.

정답 ①

37. 스프링클러설비 본체 내의 유수현상을 자동적으로 감지하여 신호 또는 경보를 발하는 장치는?

① 수압개폐장치
② 물올림장치
③ 일제개방밸브장치
④ 유수검지장치

| 해설
유수검지장치란 습식유수검지장치(패들형을 포함한다), 건식유수검지장치, 준비작동식유수검지장치를 말하며 본체 내의 유수현상을 자동적으로 감지하여 신호 또는 경보를 발하는 장치이다.

정답 ④

38. 제연설비의 설치장소에 있어서 하나의 제연구역은 직경 몇 m 원내에 들어갈 수 있어야 하는가?

① 30
② 40
③ 50
④ 60

| 해설
하나의 제연구역은 직경 60m 원내에 들어갈 수 있어야 한다.

정답 ④

39. 다음 (   )안에 들어가는 기기로 옳은 것은?

- 분말소화약제의 가압용가스 용기를 3병 이상 설치한 경우에는 2개 이상의 용기에 (㉠)를 부착하여야 한다.
- 분말소화약제의 가압용가스 용기에는 2.5MPa 이하의 압력에서 조정이 가능한 (㉡)를 설치하여야 한다.

① ㉠: 전자개방밸브, ㉡: 압력조정기
② ㉠: 전자개방밸브, ㉡: 정압작동장치
③ ㉠: 압력조정기, ㉡: 압력조정기
④ ㉠: 압력조정기, ㉡: 정압작동장치

| 해설
㉠ 분말소화약제의 가압용가스 용기를 3병 이상 설치한 경우에는 2개 이상의 용기에 전자개방밸브를 부착하여야 한다.
㉡ 분말소화약제의 가압용가스 용기에는 2.5MPa 이하의 압력에서 조정이 가능한 압력조정기를 설치하여야 한다.

정답 ①

40. 다음 중 피난기구의 설치 감소 조건이 아닌 것은?

① 비상용엘리베이터에 의한 감소
② 층별구조에 의한 감소
③ 계단수에 의한 감소
④ 건널복도에 의한 감소

| 해설
② 주요구조부가 내화구조로 되어 있을 것
③ 직통계단인 피난계단 또는 특별피난계단이 2 이상 설치되어 있을 것
④ 피난기구를 설치하여야 할 소방대상물 중 주요구조부가 내화구조이고 건널 복도가 설치되어 있는 층

정답 ①

2025년 제1회(CBT)

※ CBT 문제는 수험생의 기억에 따라 복원된 것이며, 실제 기출문제와 동일하지 않을 수 있습니다.

소방유체역학

01. 다음 중 배관의 유량을 측정하는 계측장치가 아닌 것은?

① 로터미터(Rotameter)
② 유동노즐(Flow Nozzel)
③ 마노미터(Manometer)
④ 오리피스(Orifice)

| 해설
- 마노미터는 압력 차이를 측정한다.
- 벤츄리미터, 오리피스, 로터미터, 위어(개수로유량측정)는 유량측정장치이다.

정답 ③

02. 표면장력에 관련된 설명 중 옳은 것은?

① 표면장력의 차원은 힘/면적이다.
② 액체와 공기의 경계면에서 액체분자의 응집력보다 공기분자와 액체분자 사이의 부착력이 클 때 발생된다.
③ 대기 중의 물방울은 크기가 작을수록 내부압력이 크다.
④ 모세관현상에 의한 수면 상승 높이는 모세관의 직경에 비례한다.

| 해설
대기 중의 물방울은 크기가 작을수록 내부압력이 크다.
① 표면장력의 차원은 힘/길이이다.
② 액체끼리의 응집력보다 액체와 모세관의 부착력이 더 클 때 표면장력이 크다고 한다.
④ 모세관현상에 의한 수면 상승 높이는 모세관의 직경에 반비례한다.

정답 ③

03. 이상기체 1kg을 35℃로부터 65℃까지 정적과정에서 가열하는데 필요한 열량이 118kJ이라면 정압비열은 얼마인가? (분자량=4kg/kmol)

① $3.18 kJ/kg \cdot K$
② $4.59 kJ/kg \cdot K$
③ $5.63 kJ/kg \cdot K$
④ $6.01 kJ/kg \cdot K$

| 해설
$Q = U + W$ (Q: 받은 열량, U: 내부에너지, W: 외부로 한 일)
정적이므로 $W=0, U=mc_v \Delta T$

C_v (정적비열) $= \dfrac{U}{m \Delta T}$

$= \dfrac{118}{1 \times (65-35)} = 3.93 kJ/kg \cdot K$

특별기체상수 $R = \dfrac{일반기체상수}{분자량}$

$= \dfrac{8.314}{4} = 2.079 kJ/kmol \cdot K$

Cp (정압비열) $= C_v + R$
$3.93 + 2.079 = 6.01 kJ/kgJ \cdot K$

정답 ④

04. 수평 원형관에서 관경을 절반으로 줄이면 가해야 하는 모터의 동력은 몇 배가 되어야 하는가?

① 0.25배
② 1배
③ 4배
④ 16배

| 해설

만약 층류라고 가정한다면 층류유동압력
$(\triangle P) = \dfrac{128\mu LQ}{\pi D^4}$ 에서
관경 D가 1/2가 되면 층류유동압력($\triangle P$)은 16배로 커지므로 가해야 하는 동력도 16배가 되어야 한다.

정답 ④

05. 탱크 안 기체의 압력 측정을 위해, 물이 담긴 U자형 관의 한 쪽을 탱크 안에, 한 쪽을 대기상태에 있도록 연결하였다. 탱크 안 기체 압력이 1kPa 증가하였을 때 U자형 관의 물의 높이는 얼마나 변화하는가?

① 0.102m 하강
② 0.102m 상승
③ 1.02m 상승
④ 탱크 내 최초 압력에 따라 늘어날 수도 줄어들 수도 있음

| 해설

한쪽 U자관의 압력
$P = P_0$(대기압)$+\gamma h$ (물의 비중량, h: 물의 높이)
압력 증가 $1kPa = \gamma \triangle h$
$\triangle h = \dfrac{1kPa}{\gamma} = \dfrac{1}{9.8} = 0.102m$ 상승

정답 ②

06. 탱크 하부에서 0.5m³/s로 물이 흘러나오고 있고, 탱크 상부로 직경 100mm 관 5개를 통해 20m/s로 물을 주입하고 있다면, 탱크내부 물의 체적은 몇 m³/s 증가하는가?

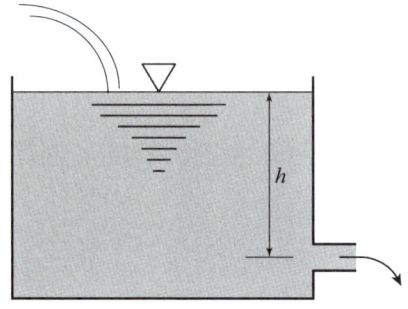

① 0.432m³/s
② 0.285m³/s
③ 0.217m³/s
④ 0.109m³/s

| 해설

$Q_{탱크} = Q_{흡입} - Q_{배출}$
$= Av - 0.5m^3/s = \dfrac{\pi}{4}(0.1)^2 \times 20m/s \times 5 - 0.5m^3/s$
$\approx 0.285m^3/s$

정답 ②

07. 출구단면적이 0.0004m²인 소방호스로부터 25m/s의 속도로 수평으로 분출되는 물제트가 수직으로 세워진 평판과 충돌한다. 평판을 고정시키기 위한 힘(F)는 몇[N]인가?

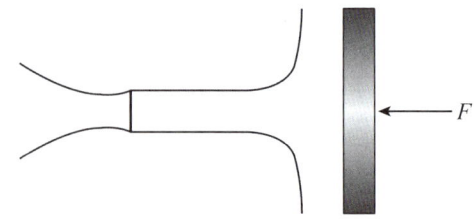

① 150
② 200
③ 250
④ 300

| 해설

$-F = \rho Q(v_o - v_i)$, $v_o = 0$

$F = \rho Q v_i = \rho A v_i^2$
$= 1000 kg/m^3 \times 0.0004 m^2 \times (25 m/s)^2$
$= 250 N$

정답 ③

08. 실린더 안의 이상기체 1kg이 절대온도 T에서 3T로 변하였을 때, 이상기체가 한 일의 양은?(기체상수는 R, 비열비n은 1.4라고 한다)

① RT
② 2RT
③ 3RT
④ 5RT

| 해설

절대일 W_{12}
$= \dfrac{mR}{n-1}(T_2 - T_1) = \dfrac{R}{1.4-1}(3T - T) = \dfrac{R}{0.4} \times 2T$
$= 5RT$ (m=1kg)

정답 ④

09. 어떤 물체가 공기 중에서 무게는 5kN이고, 물에 완전히 잠겼을 때 무게는 3kN이었다. 이 물체의 비중(S)은?

① 2.5
② 2
③ 2.3
④ 3

| 해설

부력 $= 5kN - 3kN = 2kN$

$\rho_물 g V = 2kN$, $\rho_{물체} g V = 5kN$

비중 $= \dfrac{\rho_{물체} g V}{\rho_물 g V} = \dfrac{5}{2} = 2.5$

정답 ①

10. 표면장력의 단위는?

① N
② N/m
③ $N \cdot m$
④ N/m^2

| 해설

$\sigma = \dfrac{\gamma D h}{4\cos\theta}$

※ σ: 표면장력[N/m], θ: 접촉각, D: 관 직경[m],
γ: 액체의 비중량[N/m^3], h: 액체의 상승높이[m]

정답 ②

11. 높이가 동일한 원형관에서 유속이 5m/s에서 10m/s가 되었다면 압력수두의 차 $P_1 - P_2$는 얼마인가?(물의 비중량 $\gamma = 9800 N/m^3$)

① 19.5kN
② 25.5kN
③ 37.5kN
④ 42.5kN

| 해설

$\dfrac{v_1^2}{2g} + \dfrac{P_1}{\gamma} + y_1 = \dfrac{v_2^2}{2g} + \dfrac{P_2}{\gamma} + y_2$, 높이는 동일하므로

$\dfrac{v_1^2}{2g} + \dfrac{P_1}{\gamma} = \dfrac{v_2^2}{2g} + \dfrac{P_2}{\gamma}$

$\dfrac{5^2}{2 \times 9.8} + \dfrac{P_1}{9800} = \dfrac{10^2}{2 \times 9.8} + \dfrac{P_2}{9800}$, $\dfrac{P_1}{9800} - \dfrac{P_2}{9800}$

$= \dfrac{10^2}{2 \times 9.8} - \dfrac{5^2}{2 \times 9.8}$

$P_1 - P_2 = 9800 \left(\dfrac{10^2}{2 \times 9.8} - \dfrac{5^2}{2 \times 9.8} \right) = 37500 N = 37.5 kN$

정답 ③

12. 그림과 같은 벤츄리미터(venturi-meter)에서 관 속에 흐르는 물의 유량[L/s]을 구하시오. (단, 수은의 비중은 13.6, 수은주의 높이 차이는 500mm, 중력가속도는 9.8m/s²이다)

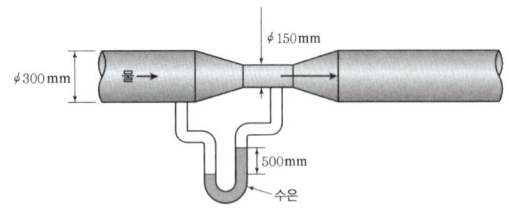

① 187.62L/s
② 202.81L/s
③ 264.19L/s
④ 267.83L/s

| 해설

$$Q = \frac{\pi D_B^2}{4\sqrt{[1-(\frac{D_B}{D_A})^4]}} \sqrt{2g\frac{(\gamma_1-\gamma_2)h}{\gamma_2}}$$

$$= \frac{\pi \times 0.15^2}{4\sqrt{[1-(\frac{0.15}{0.3})^4]}} \sqrt{2\times 9.8 \times \frac{(13.6\times 9.8 - 9.8)\times 0.5}{9.8}}$$

$$= 0.202807 m^3/s = 202.81 L/s$$

정답 ②

13. 온도 20℃의 반지름 100mm 공모양 흑체에서 방사되는 복사열량은 얼마인가? (슈테판볼츠만상수 $5.67\times 10^{-8} |W/m^2 \cdot K^4|$)

① 47.1W
② 46.9W
③ 50.1W
④ 52.5W

| 해설
$E = \epsilon \sigma A T_S^4 = 1 \times 5.67 \times 10^{-8} \times 4\pi \times 0.1^2 \times (273+20)^4$
$= 52.5 W$
※ E: 복사에너지[W], ϵ:방사율,
σ:슈테판볼츠만상수($5.67\times 10^{-8} |W/m^2 \cdot K^4|$),
A: 열전달면적, $'q$: 열전달률, T_S: 흑체온도

정답 ④

14. 가열 용기에 일산화탄소 5kg이 있다. 처음 온도 20℃에서 나중 온도 60℃까지 가열할 때 필요한 열량은? (일산화탄소의 비열은 0.25kcal/kg℃이다)

① 50kcal
② 55kcal
③ 60kcal
④ 70kcal

| 해설
$Q = cm\Delta T$ (c: 비열[$kcal/kg \cdot K$] m: 질량[kg], ΔT: 온도변화[K])
$Q = 0.25 \times 5 \times (60-20) = 50 kcal$

정답 ①

15. 다음 중 펌프의 직렬연결과 병렬연결에 대한 잘못된 설명은?

① 직렬연결은 높은 양정을 얻을 수 있다.
② 직렬연결은 높은 양정을 얻을 수 있는 대신 유량은 줄어든다.
③ 병렬연결은 많은 유량을 얻을 수 있다.
④ 병렬연결은 많은 유량을 얻을 수 있는 대신 양정은 일정하다.

| 해설
• 직렬연결은 높은 양정을 얻을 수 있는 대신 유량은 일정하다.
• 병렬연결은 많은 유량을 얻을 수 있는 대신 양정은 일정하다.

정답 ②

16. 안지름이 14mm인 노즐 선단에서의 방사속도가 10m/s 일 때 노즐 선단의 방사압력(kPa)은 얼마인가?

① 20
② 30
③ 40
④ 50

| 해설

$v(유속) = \sqrt{2gh}$

$h(노즐의 높이) = \dfrac{v^2}{2g} = \dfrac{10^2}{2 \times 9.8} = 5.1m$

$P(방사압) = \gamma h = 9800 N/m^3 \times 5.1m$
$= 49980 Pa \approx 50 kPa$

정답 ④

17. 폭이 4m이고 반경이 1m인 그림과 같은 1/4원형 모양으로 설치된 수문 AB가 있다. 이 수문이 받는 수평방향 분력 F_H의 크기[N]는?

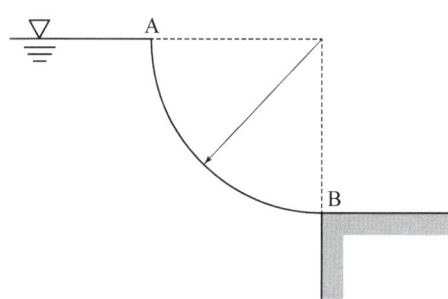

① 6,494
② 7,231
③ 16,637
④ 56,240

| 해설

• 수평분력 $F_H = \gamma y_G A$
• 수직분력 $F_V = \gamma V$
※ γ : 비중량[N/m³], y_G : 도심[m], A : 수평투영면적[m²], V : 수문 위의 부피[m³]

• $F_H = \gamma y_G A_H = \gamma \times \dfrac{4R}{3\pi} \times 1 \times w(폭)$

$= 9800 N/m^3 \times \left(\dfrac{4 \times 1}{3\pi}\right) \times 1 \times 4$

$= 16636.99 N \approx 16637 kN$

정답 ③

18. 점성계수 $0.2 N \cdot s/m^2$, 밀도 $800 kg/m^3$인 유체의 동점성계수는 몇 [m²/s]인가?

① 2.5×10^{-4}
② 2.5
③ 2.5×10^2
④ 2.5×10^4

| 해설

$\nu = \dfrac{\mu(점성계수)}{\rho(밀도)} = \dfrac{0.2 N \cdot s/m^2}{800 kg/m^3} = \dfrac{0.2 Ns \cdot /m^2}{800 N \cdot s^2/m^4}$

$= 2.5 \times 10^{-4} m^2/s$

$800 \dfrac{kg}{m^3} = \dfrac{N \cdot s^2/m}{m^3} = 800 N \cdot s^2/m^4$

$1 N = 1 kg \cdot m/s^2, \ kg = N \cdot s^2/m$

정답 ①

19. 어떤 기체를 20°C에서 등온 압축하여 절대압력이 0.2MPa에서 1MPa로 변할 때 체적은 초기 체적과 비교하여 어떻게 변화하는가?

① 5배로 증가한다.
② 10배로 증가한다.
③ 1/5로 감소한다.
④ 1/10로 감소한다.

| 해설
등온 압축이므로 보일의 법칙을 적용한다.

$$P_1 V_1 = P_2 V_2, \quad V_2 = \frac{P_1 V_1}{P_2} = \frac{0.2 MPa}{1 MPa} V_1 = \frac{1}{5} V_1$$

정답 ③

20. 관내의 흐름에서 부차적 손실에 해당하지 않는 것은?

① 곡선부에 의한 손실
② 직선 원관 내의 손실
③ 유동단면의 장애물에 의한 손실
④ 관 단면의 급격한 확대에 의한 손실

| 해설
- 주손실: 직선 원관 내의 손실
- 부차적 손실
  ㉠ 배관 단면의 급격한 변화
  ㉡ 장애물에 의한 손실
  ㉢ 부속품에 의한 손실
  ㉣ 곡선부에 의한 손실

정답 ②

소방기계시설의 구조 및 원리

21. 스프링클러헤드의 설치기준으로 옳은 것은?

① 살수가 방해되지 아니하도록 스프링클러헤드로부터 반경 30cm 이상의 공간을 보유할 것
② 스프링클러헤드와 그 부착면과의 거리는 60cm 이하로 할 것
③ 측벽형스프링클러헤드를 설치하는 경우 긴 변의 한쪽 벽에 일렬로 설치하고 3.2m 이내마다 설치할 것
④ 연소할 우려가 있는 개구부에는 그 상하좌우에 2.5m 간격으로 스프링클러헤드를 설치하되, 스프링클러헤드와 개구부의 내측면으로부터 직선거리는 15cm 이하가 되도록 할 것

| 해설
- 연소할 우려가 있는 개구부에는 그 상하좌우에 2.5m 간격으로 스프링클러헤드를 설치하되, 스프링클러헤드와 개구부의 내측면으로부터 직선거리는 15cm 이하가 되도록 한다.
- 살수가 방해되지 아니하도록 스프링클러헤드로부터 반경 60cm 이상의 공간을 보유하여야 한다.
- 스프링클러헤드와 그 부착면과의 거리는 30cm 이하로 한다.
- 측벽형스프링클러헤드를 설치하는 경우 긴 변의 한쪽 벽에 일렬로 설치하고 3.6m 이내마다 설치한다.

정답 ④

22. 주거용 주방자동소화장치의 설치기준으로 옳지 않은 것은?

① 감지부는 형식승인을 받은 유효한 높이 및 위치에 설치할 것
② 소화약제 방출구는 환기구의 청소부분과 분리되어 있어야 한다.
③ 차단장치(전기 또는 가스)는 상시 확인 및 점검이 가능하도록 설치할 것
④ 탐지부는 수신부와 분리하여 설치하되, 공기보다 무거운 가스를 사용하는 장소에는 바닥 면으로부터 0.2m 이하의 위치에 설치할 것

해설
가스용 주방자동소화장치를 사용하는 경우 탐지부는 수신부와 분리하여 설치하되, 공기보다 가벼운 가스를 사용하는 경우에는 천장 면으로 부터 30cm 이하의 위치에 설치하고, 공기보다 무거운 가스를 사용하는 장소에는 바닥 면으로부터 30cm 이하의 위치에 설치할 것

정답 ④

---

23. 소화기의 설치 기준으로 옳지 않은 것은?

① 특정소방대상물의 각 부분으로부터 1개의 소화기까지의 보행거리가 소형소화기의 경우에는 20m 이내, 대형소화기의 경우에는 30m 이내가 되도록 배치할 것
② 능력단위가 2단위 이상이 되도록 소화기를 설치해야 할 특정소방대상물 또는 그 부분에 있어서는 간이소화용구의 능력단위가 전체 능력단위의 2분의 1을 초과하지 않게 할 것
③ 특정소방대상물의 각 층마다 설치하되, 각층이 2 이상의 거실로 구획된 경우에는 각 층마다 설치하는 것 외에 바닥면적이 10m² 이상으로 구획된 각 거실에도 배치할 것
④ 가스용 주방자동소화장치를 사용하는 경우 탐지부는 수신부와 분리하여 설치하되, 공기보다 가벼운 가스를 사용하는 경우에는 천장 면으로부터 30cm 이하의 위치에 설치하고, 공기보다 무거운 가스를 사용하는 장소에는 바닥 면으로부터 30cm 이하의 위치에 설치할 것

해설
특정소방대상물의 각 층마다 설치하되, 각 층이 2 이상의 거실로 구획된 경우에는 각 층마다 설치하는 것 외에 바닥면적이 33m² 이상으로 구획된 각 거실에도 배치할 것

정답 ③

---

24. 공장에서 옥외소화전 15개를 배치하려고 할 때 옥외소화전함은 몇 개 이상 배치해야 하는가?

① 1
② 3
③ 5
④ 11

해설
- 옥외소화전이 10개 이하 설치된 때에는 옥외소화전마다 5m 이내의 장소에 1개 이상의 소화전함을 설치하여야 한다.
- 옥외소화전이 11개 이상 30개 이하 설치된 때에는 11개 이상의 소화전함을 각각 분산하여 설치하여야 한다.
- 옥외소화전이 31개 이상 설치된 때에는 옥외소화전 3개마다 1개 이상의 소화전함을 설치하여야 한다.

정답 ④

---

25. 이산화탄소소화설비의 화재안전기준상 배관의 설치기준 중 다음 ( ) 안에 알맞은 것은?

> 고압식의 1차측(개폐밸브 또는 선택밸브 이전) 배관부속의 최소사용설계압력은 (㉠)MPa로 하고, 고압식의 2차측과 저압식의 배관부속의 최소사용설계압력은 (㉡)MPa로 할 것

	㉠	㉡
①	9.5	4.5
②	9	4
③	4	2
④	4.5	3.5

해설
고압식의 1차측(개폐밸브 또는 선택밸브 이전) 배관부속의 최소사용설계압력은 9.5 MPa로 하고, 고압식의 2차측과 저압식의 배관부속의 최소사용설계압력은 4.5 MPa로 할 것

정답 ①

26. 상수도소화용수설비의 화재안전기준상 상수도소화용수설비 소화전의 설치기준 중 다음 ( ) 안에 알맞은 것은?

> 호칭지름 (㉠)mm 이상의 수도배관에 호칭지름 (㉡)mm 이상의 소화전을 접속할 것

	㉠	㉡
①	65	120
②	75	100
③	80	90
④	100	100

| 해설
호칭지름 75mm 이상의 수도배관에 호칭지름 100mm 이상의 소화전을 접속할 것

정답 ②

27. 소화용수설비 중 소화수조 및 저수조에 대한 설명으로 옳지 않은 것은?

① 소화수조, 저수조의 채수구 또는 흡수관투입구는 소방차가 2m 이내의 지점까지 접근할 수 있는 위치에 설치할 것
② 지하에 설치하는 소화용수설비의 흡수관투입구는 그 한 변이 0.6m 이상인 것으로 할 것
③ 채수구는 지면으로부터의 높이가 0.5m 이상 1m 이하의 위치에 설치하고 "채수구"라고 표시한 표시를 할 것
④ 소화수조가 옥상 또는 옥탑의 부분에 설치된 경우에는 지상에 설치된 채수구에서의 압력이 0.1MPa 이상이 되도록 할 것

| 해설
소화수조가 옥상 또는 옥탑의 부분에 설치된 경우에는 지상에 설치된 채수구에서의 압력이 0.15MPa 이상이 되도록 하여야 한다.

정답 ④

28. 지하구의 화재안전기준에 따라 연소방지설비헤드의 설치기준으로 옳은 것은?

① 헤드간의 수평거리는 연소방지설비 전용헤드의 경우 1.5m 이하로 할 것
② 헤드간의 수평거리는 스프링클러헤드의 경우 2m 이하로 할 것
③ 천장 또는 벽면에 설치할 것
④ 한쪽 방향의 살수구역의 길이는 2m 이상으로 할 것

| 해설
지하구의 화재안전기준에 따라 연소방지설비헤드의 설치기준은 다음과 같다.
㉠ 천장 또는 벽면에 설치할 것
㉡ 방수헤드간의 수평거리는 연소방지설비 전용헤드의 경우에는 2m 이하, 스프링클러헤드의 경우에는 1.5m 이하로 할 것
㉢ 살수구역은 환기구 등을 기준으로 지하구의 길이방향으로 350m 이내마다 1개 이상 설치하되, 하나의 살수구역의 길이는 3m 이상으로 할 것

정답 ③

29. 옥내소화전설비 배관과 배관이음쇠의 설치기준 중 배관 내 사용압력이 1.2MPa 미만일 경우에 사용하는 것으로 옳지 않은 것은?

① 배관용 탄소강관(KS D 3507)
② 배관용 스테인리스강관(KS D 3576)
③ 덕타일 주철관(KS D 4311)
④ 배관용 아크용접 탄소강강관(KS D 3583)

| 해설
- 배관 내 사용압력이 1.2MPa 미만일 경우에는 다음 각 목의 어느 하나에 해당하는 것을 사용한다.
  ㉠ 배관용 탄소강관(KS D 3507)
  ㉡ 이음매 없는 구리 및 구리합금관(KS D 5301). 다만, 습식의 배관에 한한다.
  ㉢ 배관용 스테인리스강관(KS D 3576) 또는 일반배관용 스테인리스강관(KS D 3595)
  ㉣ 덕타일 주철관(KS D 4311)
- 배관 내 사용압력이 1.2MPa 이상일 경우에는 다음 각 목의 어느 하나에 해당하는 것을 사용한다.
  ㉠ 압력배관용탄소강관(KS D 3562)
  ㉡ 배관용 아크용접 탄소강강관(KS D 3583)

정답 ④

31. 스프링클러설비의 화재안전기준에 따른 습식유수검지장치를 사용하는 스프링클러설비시험장치의 설치기준에 대한 설명으로 옳지 않은 것은?

① 유수검지장치에서 가장 가까운 가지배관의 끝으로부터 연결하여 설치해야 한다.
② 시험배관의 끝에는 물받이 통 및 배수관을 설치하여 시험 중 방사된 물이 바닥에 흘러내리지 않도록 해야 한다.
③ 화장실과 같은 배수처리가 쉬운 장소에 시험배관을 설치한 경우에는 물받이 통 및 배수관을 생략할 수 있다.
④ 시험장치 배관의 구경은 유수검지장치에서 가장 먼 가지배관의 구경과 동일한 구경으로 하고 그 끝에 개폐밸브 및 개방형헤드를 설치해야 한다.

| 해설
습식스프링클러설비 및 부압식스프링클러설비에 있어서는 유수검지장치 2차측 배관에 연결하여 설치하고 건식스프링클러설비인 경우 유수검지장치에서 가장 먼 거리에 위치한 가지배관의 끝으로부터 연결하여 설치하여야 한다.

정답 ①

30. 스프링클러설비의 누수로 인한 유수검지장치의 오작동을 방지하기 위한 목적으로 설치하는 것은?

① 솔레노이드밸브   ② 리타딩 챔버
③ 물올림장치   ④ 성능시험배관

| 해설
누수로 인한 유수검지장치의 오경보를 막기 위한 장치로 리타딩 챔버를 설치한다. 일시적인 클래퍼 개방에 대하여 리타딩 챔버가 압력스위치의 동작을 지연한다.

정답 ②

32. 다음 중 피난사다리 하부 지지점에 미끄럼 방지장치를 설치하여야 하는 것은?

① 내림식 사다리
② 올림식 사다리
③ 수납식 사다리
④ 신축식 사다리

| 해설
올림식 사다리는 상부 지지점에 걸어 올려 사용하며 상부 지지점(끝으로부터 60cm 이내의 임의의 부분)이 미끄러지거나 넘어지지 않도록 안전장치를 설치하여야 하며, 하부 지지점에도 미끄러짐을 막는 장치를 설치하여야 한다.

정답 ②

33. 다음 중 일반화재(A급 화재)에 적응성을 만족하지 못한 소화약제는?

① 팽창질석
② 강화액소화약제
③ 산알칼리소화약제
④ 이산화탄소소화약제

| 해설
이산화탄소소화약제는 일반적으로 B, C급 화재에 사용한다.

정답 ④

34. 포소화설비의 화재안전기준상 펌프와 발포기의 중간에 설치된 벤추리관의 벤추리작용에 따라 포소화약제를 흡입·혼합하는 방식은?

① 라인 프로포셔너방식
② 펌프 프로포셔너방식
③ 프레져 프로포셔너방식
④ 프레져사이드 프로포셔너방식

| 해설
펌프의 토출관에 압입기를 설치하여 포소화약제 압입용 펌프로 포소화약제를 압입시켜 혼합하는 방식은 '프레져사이드프로포셔너방식'이다.
① '라인 프로포셔너방식'이란 펌프와 발포기의 중간에 설치된 벤추리관의 벤추리작용에 따라 포소화약제를 흡입·혼합하는 방식을 말한다.
② '펌프 프로포셔너방식'이란 펌프의 토출관과 흡입관 사이의 배관 도중에 설치한 흡입기에 펌프에서 토출된 물의 일부를 보내고, 농도조정밸브에서 조정된 포소화약제의 필요량을 포소화약제 탱크에서 펌프 흡입측으로 보내어 이를 혼합하는 방식을 말한다.
③ '프레져 프로포셔너방식'이란 펌프와 발포기의 중간에 설치된 벤추리관의 벤추리작용과 펌프 가압수의 포소화약제 저장탱크에 대한 압력에 따라 포소화약제를 흡입·혼합하는 방식을 말한다.
④ '프레져사이드 프로포셔너방식'이란 펌프의 토출관에 압입기를 설치하여 포소화약제 압입용 펌프로 포소화약제를 압입시켜 혼합하는 방식을 말한다.

정답 ①

35. 물분무소화설비의 화재안전기준에 따라 물분무소화설비를 설치하는 차고 또는 주차장의 배수설비 설치기준으로 틀린 것은?

① 차량이 주차하는 바닥은 배수구를 향해 1/100 이상의 기울기를 유지할 것
② 배수구에서 새어나온 기름을 모아 소화할 수 있도록 길이 40m 이하마다 집수관·소화핏트 등 기름분리장치를 설치할 것
③ 차량이 주차하는 장소의 적당한 곳에 높이 10cm 이상의 경계턱으로 배수구를 설치할 것
④ 배수설비는 가압송수장치의 최대송수능력이 수량을 유효하게 배수할 수 있는 크기 및 기울기로 할 것

| 해설
차량이 주차하는 바닥은 배수구를 향하여 100분의 2 이상의 기울기를 유지할 것이 옳은 내용이다.

정답 ①

36. 이산화탄소소화약제 저압식 저장용기의 충전비로 옳은 것은?

① 0.9 이상 1.1 이하
② 1.1 이상 1.4 이하
③ 1.4 이상 1.7 이하
④ 1.5 이상 1.9 이하

| 해설
저장용기의 충전비는 고압식은 1.5 이상 1.9 이하, 저압식은 1.1 이상 1.4 이하로 한다.

정답 ②

37. 이산화탄소소화설비의 화재안전기준상 저압식 이산화탄소소화약제 저장용기에 설치하는 안전밸브의 작동압력은 내압시험압력의 몇 배에서 작동해야 하는가?

① 0.24 ~ 0.4
② 0.44 ~ 0.6
③ 0.64 ~ 0.8
④ 0.84 ~ 1

| 해설

저압식 저장용기에는 내압시험압력의 0.64배부터 0.8배의 압력에서 작동하는 안전밸브와 내압시험압력의 0.8배부터 내압시험압력에서 작동하는 봉판을 설치한다.

정답 ③

38. 피난기구를 설치하여야 할 소방대상물 중 피난기구의 2분의 1을 감소할 수 있는 조건이 아닌 것은?

① 주요구조부가 내화구조로 되어 있다.
② 특별피난계단이 2 이상 설치되어 있다.
③ 소방구조용(비상용) 엘리베이터가 설치되어 있다.
④ 직통계단인 피난계단이 2 이상 설치되어 있다.

| 해설

피난기구를 설치하여야 할 소방대상물 중 다음 기준에 적합한 층에는 피난기구의 2분의 1을 감소할 수 있다. 이 경우 설치하여야 할 피난기구의 수에 있어서 소수점 이하의 수는 1로 한다.
㉠ 주요구조부가 내화구조로 되어 있을 것
㉡ 직통계단인 피난계단 또는 특별피난계단이 2 이상 설치되어 있을 것

정답 ③

39. 분말소화설비의 화재안전기준상 분말소화약제의 가압용 가스 또는 축압용 가스의 설치기준으로 옳지 않은 것은?

① 가압용 가스에 질소가스를 사용하는 것의 질소가스는 소화약제 1kg마다 40L(35℃에서 1기압의 압력상태로 환산한 것) 이상으로 할 것
② 가압용 가스에 이산화탄소를 사용하는 것의 이산화탄소는 소화약제 1kg에 대하여 20g에 배관의 청소에 필요한 양을 가산한 양 이상으로 할 것
③ 축압용 가스에 질소가스를 사용하는 것의 질소가스는 소화약제 1kg에 대하여 40L(35℃에서 1기압의 압력상태로 환산한 것) 이상으로 할 것
④ 축압용 가스에 이산화탄소를 사용하는 것의 이산화탄소는 소화약제 1kg에 대하여 20g에 배관의 청소에 필요한 양을 가산한 양 이상으로 할 것

| 해설

축압용 가스에 질소가스를 사용하는 것의 질소가스는 소화약제 1kg에 대하여 10L(35℃에서 1기압의 압력상태로 환산한 것) 이상으로 할 것

정답 ③

40. 부속용도로 사용하는 발전실에 몇 m^2마다 수동식 소화기 1개를 추가로 배치하여야 하는가?

① $30m^2$
② $50m^2$
③ $100m^2$
④ $200m^2$

| 해설

발전실·변전실·송전실·변압기실·배전반실·통신기기실·전산기기실, 기타 이와 유사한 시설이 있는 장소는 해당 용도의 바닥면적 $50m^2$마다 적응성이 있는 소화기 1개 이상을 설치한다.

정답 ②

2024년 | 제3회(CBT)

※ CBT 문제는 수험생의 기억에 따라 복원된 것이며, 실제 기출문제와 동일하지 않을 수 있습니다.

소방유체역학

01. 안지름 40mm의 배관 속을 정상류의 물이 매분 150L로 흐를 때의 평균 유속[m/s]은?

① 0.99
② 1.99
③ 2.45
④ 3.01

| 해설

$Q = Av$

$v = \dfrac{Q}{A} = \dfrac{\dfrac{150}{1000}\,\text{m}^3}{\dfrac{\pi}{4} \times (0.04)^2} = 1.99\,\text{m/s}$

정답 ②

02. 원관에서 길이가 2배, 속도가 2배가 되면 손실수두는 원래의 몇 배가 되는가? (단, 두 경우 모두 완전발달 난류유동에 해당되며, 관 마찰계수는 일정하다)

① 동일하다.
② 2배
③ 4배
④ 8배

| 해설

- 배관의 마찰손실 $H_{LOSS} = f\dfrac{l}{d}\dfrac{v^2}{2g}$

  ※ f : 마찰계수, d : 관 직경[m], l : 배관길이[m], v : 유속[m/s], g : 중력가속도(9.8m/s²)

- $H_{LOSS} = f\dfrac{l}{d}\dfrac{v^2}{2g}$

  $H'_{LOSS} = f\dfrac{2l}{d}\dfrac{(2v)^2}{2g} = 8 \cdot f \cdot \dfrac{l}{d} \cdot \dfrac{v^2}{2g}$

  ∴ $H_{LOSS} = 8H'_{LOSS}$

정답 ④

03. 수은이 채워진 U자관에 수은보다 비중이 작은 어떤 액체를 넣었다. 액체기둥의 높이가 10cm, 수은과 액체의 자유 표면의 높이 차이가 6cm일 때 이 액체의 비중은? (단, 수은의 비중은 13.6이다)

① 5.44
② 8.16
③ 9.63
④ 10.88

| 해설

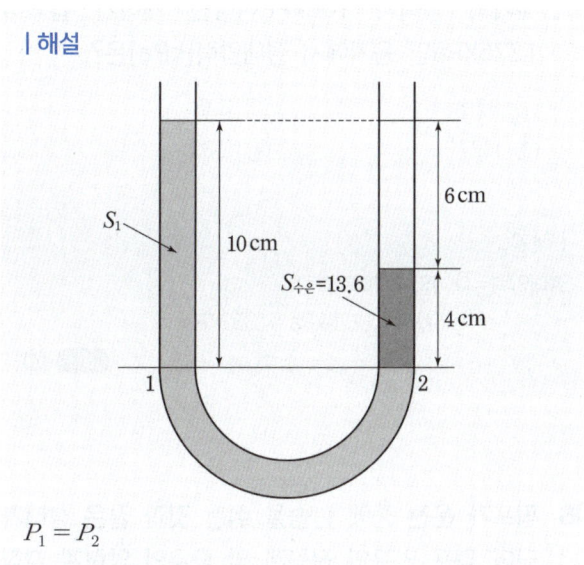

$P_1 = P_2$
$S_1 \times \gamma_W \times 10\text{cm} = 13.6 \times \gamma_W \times 4\text{cm}$
※ γ_W: 물의 비중량
$S_1 = \dfrac{13.6 \times 4}{10} = 5.44$

정답 ①

04. 그림과 같이 수은 마노미터를 이용하여 물의 유속을 측정하고자 한다. 마노미터에서 측정한 높이차 (h)가 30mm일 때 오리피스 전후의 압력(kPa) 차이는? (단, 수은의 비중은 13.6이다)

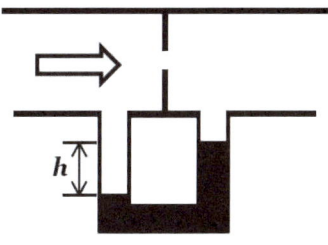

① 3.4
② 3.7
③ 3.9
④ 4.4

| 해설

- 오리피스 전후의 압력차
  $\triangle P[\text{kPa}] = (\gamma_2 - \gamma_1)h$
- $\triangle P = (13.6 \times 9.8\text{kN/m}^3 - 9.8\text{kN/m}^3) \times 0.03\text{m}$
  $= 3.7\text{kPa}$

정답 ②

05. 그림과 같이 폭이 넓은 두 평판 사이를 흐르는 유체의 속도 분포 $u(y)$가 다음과 같을 때, 평판 벽에 작용하는 전단응력[Pa]은? (단, u_m = 1m/s, h = 0.01m, 유체의 점성계수는 0.1N·s/m²이다)

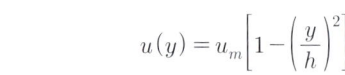

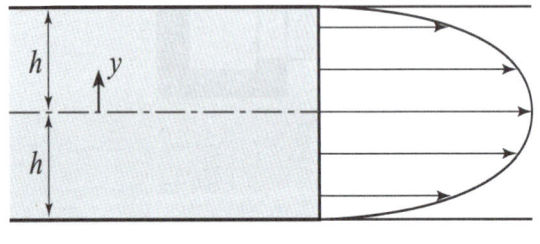

① 1 ② 2
③ 10 ④ 20

| 해설

$\tau = \mu \dfrac{du}{dy}$ 이므로

u의 식을 y에 대하여 미분한 다음 $y=h$를 대입하면

$\tau = \dfrac{2\mu u_m}{h} = \dfrac{2 \times 0.1 \times 1}{0.01} = 20 \text{Pa}$

※ τ: 전단응력, μ: 점성계수, u_m: 관 중앙에서의 유속, h: 반지름

정답 ④

06. −15°C의 얼음 10g을 100°C의 증기로 만드는데 필요한 열량은 약 몇 kJ인가? (단, 얼음의 융해열은 335kJ/kg, 물의 증발잠열은 2256kJ/kg, 얼음의 평균 비열은 2.1kJ/kg·K이고, 물의 평균 비열은 4.18kJ/kg·K이다)

① 7.85 ② 27.1
③ 30.4 ④ 35.2

| 해설

얼음이 0°C가 될 때까지 흡수한 열량 + 융해열
+ 물이 100°C가 될 때까지 흡수한 열량 + 증발열
= 0.01 × 2.1 × 15 + 0.01 × 335 + 0.01 × 4.18 × 100
+ 0.01 × 2256 = 30.4kJ

정답 ③

07. 대기의 압력이 106kPa이라면 게이지 압력이 1226kPa인 용기에서 절대압력[kPa]은?

① 1120 ② 1125
③ 1327 ④ 1332

| 해설

절대압력 = 대기압 + 게이지압력
= 106kPa + 1226kPa = 1332kPa

정답 ④

08. 펌프가 운전 중에 한숨을 쉬는 것과 같은 상태가 되어 펌프 입구의 진공계 및 출구의 압력계 지침이 흔들리고 송출유량도 주기적으로 변화하는 이상 현상을 무엇이라고 하는가?

① 공동현상(cavitation)
② 수격작용(water hammering)
③ 맥동현상(surging)
④ 언밸런스(unbalance)

| 해설

• 맥동현상(surging)에 대한 설명이다.
• 맥동(서징)현상이란 주기적으로 운동, 양정, 토출량이 변화하는 것을 말하며 계속되면 배관과 부속품에 손상을 줄 수 있다.

정답 ③

09. 비중이 0.85이고 동점성계수가 $3 \times 10^{-4} m^2/s$인 기름이 직경 10cm의 수평 원형관 내에 20L/s으로 흐른다. 이 원형 관의 100m 길이에서의 손실수두[m]은? (단, 정상 비압축성 유동이다)

① 6.6 ② 25.0
③ 49.8 ④ 82.2

| 해설

- 마찰손실수두(H_{LOSS})

  층류에서 $H_{LOSS} = f \frac{l}{d} \frac{v^2}{2g}$

  ※ f : 마찰계수, l : 관의 길이[m], d : 관의 직경[m], v : 유속[m/s], g : 중력가속도(9.8m/s^2)

- $v = \frac{Q}{A} = \frac{\frac{20}{1000} m^3/s}{\frac{\pi}{4} \times (0.1)^2} = 2.55 m/s$

- $Re = \frac{vD}{\nu} = \frac{2.55 \times 0.1}{3 \times 10^{-4}} = 850 < 2100$ 층류

  마찰계수 $f = \frac{64}{Re} = \frac{64}{850} = 0.0753$

  $\therefore H_{LOSS} = 0.0753 \times \frac{100}{0.1} \times \frac{(2.55)^2}{2 \times 9.8} = 25m$

  정답 ②

10. 다음 중 배관의 유량을 측정하는 계측장치가 아닌 것은?

① 루터미터(Rotameter)
② 유동노즐(Flow Nozzle)
③ 마노미터(Manometer)
④ 오리피스(Orifice)

| 해설

- 마노미터는 압력 차이를 측정한다.
- 벤츄리미터, 오리피스, 로터미터, 위어(개수로유량측정)는 유량측정장치이다.

  정답 ③

11. 용량 2000L의 탱크에 물을 가득 채운 소방차가 화재 현장에 출동하여 노즐압력 390kPa(계기압력), 노즐구경 2.5cm를 사용하여 방수한다면 소방차 내의 물이 전부 방수되는 데 걸리는 시간은?

① 약 2분 26초 ② 약 3분 35초
③ 약 4분 12초 ④ 약 5분 44초

| 해설

- 유량 $Q = Av$, v(노즐유속) $= \sqrt{2gh}$

  $h = \frac{P}{\gamma} = \frac{390kPa}{9.8kN/m^3} = 39.8m$

  $v = \sqrt{2 \times 9.8 \times 39.8} = 27.9 m/s$

- $Q(유량) = \frac{V[m^3]}{t[s]} = Av$

  $= \frac{\pi}{4} \times (0.025)^2 \times 27.9$

  $\therefore t = \frac{V}{\frac{\pi}{4} \times (0.025)^2 \times 27.9} = \frac{2m^3}{\frac{\pi}{4} \times (0.025)^6 \times 27.9}$

  $= 146.03s = 120s + 26.03s$
  $= 2분 26초$

  정답 ①

12. 관내의 흐름에서 부차적 손실에 해당하지 않는 것은?

① 곡선부에 의한 손실
② 직선 원관 내의 손실
③ 유동단면의 징애물에 의한 손실
④ 관 단면의 급격한 확대에 의한 손실

| 해설

- 주손실: 직선 원관 내의 손실
- 부차적 손실
  ㉠ 배관 단면의 급격한 변화
  ㉡ 장애물에 의한 손실
  ㉢ 부속품에 의한 손실
  ㉣ 곡선부에 의한 손실

  정답 ②

13. 원심식 송풍기에서 회전수를 변화시킬 때 동력변화를 구하는 식으로 옳은 것은? (단, 변화 전후의 회전수는 각각 N_1, N_2, 동력은 L_1, L_2이다)

① $L_2 = L_1 \times \left(\dfrac{N_1}{N_2}\right)^3$ ② $L_2 = L_1 \times \left(\dfrac{N_1}{N_2}\right)^2$

③ $L_2 = L_1 \times \left(\dfrac{N_2}{N_1}\right)^3$ ④ $L_2 = L_1 \times \left(\dfrac{N_2}{N_1}\right)^2$

| 해설

- 동력에서의 상사법칙

$$\dfrac{L_2}{L_1} = \left(\dfrac{N_2}{N_1}\right)^3 \left(\dfrac{D_2}{D_1}\right)^5$$

- $L_2 = L_1 \times \left(\dfrac{N_2}{N_1}\right)^3 (1)^5 = L_1 \times \left(\dfrac{N_2}{N_1}\right)^3$

정답 ③

14. 비열에 대한 다음 설명 중 틀린 것은?

① 정적비열은 체적이 일정하게 유지되는 동안 온도변화에 대한 내부에너지 변화율이다.
② 정압비열을 정적비열로 나눈 것이 비열비이다.
③ 정압비열은 압력이 일정하게 유지될 때 온도변화에 대한 엔탈피 변화율이다.
④ 비열비는 일반적으로 1보다 크나 1보다 작은 물질도 있다.

| 해설

$k = \dfrac{C_P(\text{정압비열})}{C_V(\text{정적비열})} > 1$

정답 ④

15. 옥내소화전 노즐의 방사압력을 2배로 하면 방수량은 몇 배가 되는가?

① 1.2배   ② 1.4배
③ 2.6배   ④ 3.2배

| 해설

방수량 $Q = K\sqrt{10P}$

※ Q: 방수량, K: 방출계수, P: 방사압

새로운 $Q_1 = K\sqrt{10 \times 2P} = \sqrt{2}\,Q = 1.4Q$

정답 ②

16. 밸브가 장치된 지름 10cm인 원관에 비중 0.8인 유체가 2m/s의 평균속도로 흐르고 있다. 밸브 전후의 압력 차이가 4kPa일 때, 이 밸브의 등가길이는 몇 m인가? (단, 관의 마찰계수는 0.02이다)

① 10.5   ② 12.5
③ 14.5   ④ 16.5

| 해설

$\dfrac{\Delta P}{\gamma} = H_L = F\dfrac{L_e}{D}\dfrac{v^2}{2g} = K\dfrac{v^2}{2g}$

$\therefore \dfrac{\Delta P}{\gamma} = K\dfrac{v^2}{2g}$

$K = \dfrac{2g\,\Delta P}{\gamma v^2} = \dfrac{2 \times 9.8 \times 4}{0.8 \times 9.8 \times 2^2} = 2.5$

$K = f\dfrac{L_e}{D}$ 이므로

$\therefore L_e = \dfrac{KD}{f} = \dfrac{2.5 \times 0.1}{0.02} = 12.5$

정답 ②

17. 2m 깊이로 물이 차있는 물탱크 바닥에 한 변이 20cm인 정사각형 모양의 관측창이 설치되어 있다. 관측창이 물로 인하여 받는 순 힘(net force)은 몇 N인가? (단, 관측창 밖의 압력은 대기압이다)

① 784　　　　② 392
③ 196　　　　④ 98

| 해설
바닥에 작용하는 힘 $F = \gamma h A$
※ γ: 비중량(9800N/m³), h: 높이[m], A: 단면적[m²]
$F = \gamma h A$
　$= 9,800\text{N/m}^3 \times 2\text{m} \times (0.2\text{m} \times 0.2\text{m})$
　$= 784\text{N}$

정답 ①

18. 그림에서 두 피스톤이 지름이 각각 30cm와 5cm 이다. 큰 피스톤이 1cm 아래로 움직이면 작은 피스톤은 위로 몇 cm 움직이는가?

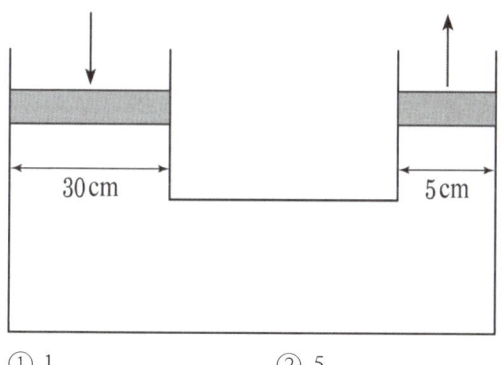

① 1　　　　② 5
③ 30　　　　④ 36

| 해설
같은 부피유량이 움직여야 한다.
$\frac{\pi}{4} \times 30^2 \times 1\text{cm} = \frac{\pi}{4} \times 5^2 \times h$
$\therefore h = \frac{900}{25} = 36\text{cm}$

정답 ④

19. 직경이 40mm인 비눗방울의 내부초과압력이 30N/m²일 때 비눗방울의 표면장력은 몇 N/m 인가?

① 0.075　　　② 0.15
③ 0.2　　　　④ 0.3

| 해설
압력의 차이 $(P_i - P_o) \times \pi r^2 = \sigma \times 2\pi \times r$
표면장력 $\sigma = \frac{(P_i - P_o)r}{2} = \frac{\Delta P D}{4}$
　　　　　$= \frac{30 \times 0.04}{4} = 0.3\text{N/m}$
(r: 버블의 반지름, D: 버블의 직경)
그러나 비누방울은 얇은 막 구조로 내부, 외부 2개의 표면장력이 있으므로
표면장력 $= \frac{0.3\text{N/m}}{2} = 0.15\text{N/m}$

정답 ②

20. 비중 0.6인 물체가 비중 0.8인 기름 위에 떠 있다. 이 물체가 기름 위에 노출되어 있는 부분은 전체 부피의 몇 %인가?

① 20　　　　② 25
③ 30　　　　④ 35

| 해설
중력 = 부력
중력: $\rho_{물체} V_{물체} g = 0.6 \rho_{물체} V_{물체} g$
부력: $\rho_{기름} V_{잠긴부분} g = 0.8 \rho_물 V_{잠긴부분} g$
$\frac{V_{잠긴부분}}{V_{물체}} = \frac{0.6}{0.8} = 0.75$
즉, 75%가 잠기고 25%가 뜬다.

정답 ②

소방기계시설의 구조 및 원리

21. 상수도소화용수설비의 소화전은 특정소방대상물의 수평투영면의 각 부분으로부터 몇 m 이하가 되도록 설치하여야 하는가?

① 200　　② 140
③ 100　　④ 70

| 해설
소화전은 특정소방대상물의 수평투영면의 각 부분으로부터 140m 이하가 되도록 설치한다.

정답 ②

22. 구조대의 형식승인 및 제품검사의 기술기준상 경사강하식 구조대의 구조 기준으로 옳지 않은 것은?

① 연속하여 활강할 수 있는 구조로 안전하고 쉽게 사용할 수 있어야 한다.
② 구조대 본체는 강하방향으로 봉합부가 설치되지 아니하여야 한다.
③ 입구틀 및 취부틀의 입구는 지름 40cm 이상의 구체가 통과할 수 있어야 한다.
④ 본체의 포지는 하부지지장치에 인장력이 균등하게 걸리도록 부착하여야 하며 하부지지장치는 쉽게 조작할 수 있어야 한다.

| 해설
입구틀 및 취부틀의 입구는 지름 60cm 이상의 구체가 통과할 수 있어야 한다.

정답 ③

23. 분말소화설비의 화재안전기준상 차고 또는 주차장에 설치하는 분말소화설비의 소화약제는?

① 제1종 분말　　② 제2종 분말
③ 제3종 분말　　④ 제4종 분말

| 해설
차고 또는 주차장에 설치하는 분말소화설비의 소화약제는 제3종 분말로 하여야 한다.

정답 ③

24. 소화기에 호스를 부착하지 아니할 수 있는 기준 중 틀린 것은?

① 소화약제의 중량이 2kg 이하인 분말소화기
② 소화약제의 중량이 3kg 이하인 이산화탄소소화기
③ 소화약제의 중량이 4kg 이하인 할로겐화합물소화기
④ 소화약제의 중량이 5kg 이하인 산알칼리소화기

| 해설
호스를 부착하지 않는 소화기의 종류는 다음과 같다.
㉠ 소화약제의 중량이 4kg 이하인 할로겐화합물소화기
㉡ 소화약제의 중량이 3kg 이하인 이산화탄소소화기
㉢ 소화약제의 중량이 2kg 이하의 분말소화기
㉣ 소화약제의 용량이 3L 이하의 액체계 소화약제 소화기

정답 ④

25. 피난기구의 화재안전기준에 따른 피난기구의 설치 및 유지에 관한 사항 중 틀린 것은?

① 피난기구를 설치하는 개구부는 서로 동일직선상의 위치에 있을 것
② 설치장소에는 피난기구의 위치를 표시하는 발광식 또는 축광식 표지와 그 사용방법을 표시한 표지를 부착할 것
③ 피난기구는 소방대상물의 기둥·바닥·보 기타 구조상 견고한 부분에 볼트조임·매입·용접 기타의 방법으로 견고하게 부착할 것
④ 피난기구는 계단·피난구 기타 피난시설로부터 적당한 거리에 있는 안전한 구조로 된 피난 또는 소화활동상 유효한 개구부에 고정하여 설치할 것

| 해설

피난기구를 설치하는 개구부는 서로 동일직선상이 아닌 위치에 있을 것. 다만, 피난교·피난용트랩·간이완강기·아파트에 설치되는 피난기구(다수인 피난장비는 제외한다) 기타 피난상 지장이 없는 것에 있어서는 그러하지 아니하다.

정답 ①

26. 화재안전기준상 물계통의 소화설비 중 펌프의 성능시험배관에 사용되는 유량측정장치는 펌프의 정격토출량의 몇 % 이상 측정할 수 있는 성능이 있어야 하는가?

① 65   ② 100
③ 120 ④ 175

| 해설

유량측정장치는 성능시험배관의 직관부에 설치하되, 펌프의 정격토출량의 175% 이상 측정할 수 있는 성능이 있어야 한다.

정답 ④

27. 분말소화설비의 화재안전기준상 자동화재탐지설비의 감지기의 작동과 연동하는 분말소화설비 자동식 기동장치의 설치기준 중 다음 (   ) 안에 알맞은 것은?

- 전기식 기동장치로서 (㉠)병 이상의 저장용기를 동시에 개방하는 설비는 2병 이상의 저장용기에 전자개방밸브를 부착 할 것
- 가스압력식 기동장치의 기동용 가스용기 및 해당 용기에 사용하는 밸브는 (㉡)MPa 이상의 압력에 견딜 수 있는 것으로 할 것

	㉠	㉡
①	3	2.5
②	7	2.5
③	3	25
④	7	25

| 해설

- 전기식 기동장치로서 7병 이상의 저장용기를 동시에 개방하는 설비는 2병 이상의 저장용기에 전자개방밸브를 부착할 것
- 가스압력식 기동장치의 기동용 가스용기 및 해당 용기에 사용하는 밸브는 25MPa 이상의 압력에 견딜 수 있는 것으로 할 것

정답 ④

28. 포소화설비에서 펌프의 토출관에 압입기를 설치하여 포소화약제 압입용 펌프로 포소화약제를 압입시켜 혼합하는 방식은?

① 라인 프로포셔너방식
② 펌프 프로포셔너방식
③ 프레져 프로포셔너방식
④ 프레져사이드 프로포셔너방식

| 해설

펌프의 토출관에 압입기를 설치하여 포소화약제 압입용 펌프로 포소화약제를 압입시켜 혼합하는 방식은 "프레져사이드 프로포셔너방식"이다.

정답 ④

29. 아래 평면도와 같이 반자가 있는 어느 실내에 전등이나 공조용 디퓨져 등의 시설물을 무시하고 수평거리를 2.1m로 하여 스프링클러헤드를 정방형으로 설치하고자 할 때 최소 몇 개의 헤드를 설치해야 하는가? (단, 반자 속에는 헤드를 설치하지 아니하는 것으로 본다)

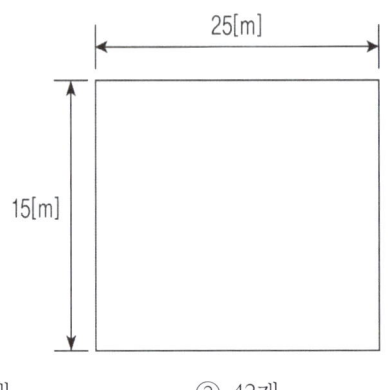

① 24개　　② 42개
③ 54개　　④ 72개

| 해설

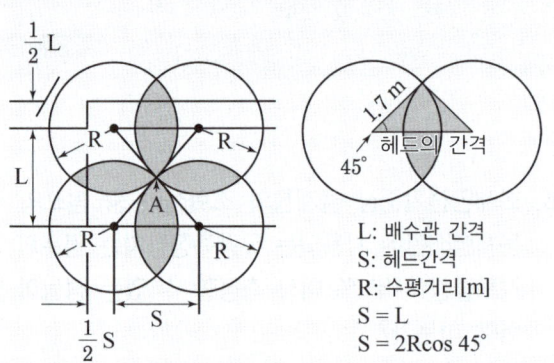

L: 배수관 간격
S: 헤드간격
R: 수평거리[m]
S = L
S = 2Rcos 45°

- $S = 2R\cos 45° = 2 \times 2.1 \times \dfrac{1}{\sqrt{2}} = 2.97$

- 가로방향 $\dfrac{25}{2.97} = 9$

  세로방향 $\dfrac{15}{2.97} = 5.1 \simeq 6$

∴ 9 × 6 = 54개

정답 ③

30. 소화용수설비 중 소화수조 및 저수조에 대한 설명으로 옳지 않은 것은?

① 소화수조, 저수조의 채수구 또는 흡수관투입구는 소방차가 2m 이내의 지점까지 접근할 수 있는 위치에 설치할 것
② 지하에 설치하는 소화용수설비의 흡수관투입구는 그 한 변이 0.6m 이상인 것으로 할 것
③ 채수구는 지면으로부터의 높이가 0.5m 이상 1m 이하의 위치에 설치하고 "채수구"라고 표시한 표시를 할 것
④ 소화수조가 옥상 또는 옥탑의 부분에 설치된 경우에는 지상에 설치된 채수구에서의 압력이 0.1MPa 이상이 되도록 할 것

| 해설
소화수조가 옥상 또는 옥탑의 부분에 설치된 경우에는 지상에 설치된 채수구에서의 압력이 0.15MPa 이상이 되도록 하여야 한다.

정답 ④

31. 상수도소화용수설비의 화재안전기준상 소화전은 특정소방대상물의 수평투영면의 각 부분으로부터 최대 몇 m 이하가 되도록 설치하여야 하는가?

① 100 ② 120
③ 140 ④ 150

| 해설
소화전은 특정소방대상물의 수평투영면의 각 부분으로부터 140m 이하가 되도록 설치할 것

정답 ③

32. 상수도소화용수설비의 화재안전기준상 상수도소화용수설비 소화전의 설치기준 중 다음 ( ) 안에 알맞은 것은?

> 호칭지름 (㉠)mm 이상의 수도배관에 호칭지름 (㉡)mm 이상의 소화전을 접속할 것

	㉠	㉡
①	65	120
②	75	100
③	80	90
④	100	100

| 해설
호칭지름 75mm 이상의 수도배관에 호칭지름 100mm 이상의 소화전을 접속할 것

정답 ②

33. 물분무소화설비의 화재안전기준상 차고 또는 주차장에 설치하는 물분무소화설비의 배수설비 기준으로 옳지 않은 것은?

① 차량이 주차하는 바닥은 배수구를 향하여 100분의 2 이상의 기울기를 유지할 것
② 차량이 주차하는 장소의 적당한 곳에 높이 5cm 이상의 경계턱으로 배수구를 설치할 것
③ 배수설비는 가압송수장치의 최대송수능력의 수량을 유효하게 배수할 수 있는 크기 및 기울기로 할 것
④ 배수구에는 새어나온 기름을 모아 소화할 수 있도록 길이 40cm 이하마다 집수관·소화핏트 등 기름분리장치를 설치할 것

| 해설
차량이 주차하는 장소의 적당한 곳에 높이 10cm 이상의 경계턱으로 배수구를 설치할 것

정답 ②

34. 스프링클러설비의 화재안전기준에 따른 습식유수검지장치를 사용하는 스프링클러설비시험장치의 설치기준에 대한 설명으로 틀린 것은?

① 유수검지장치에서 가장 가까운 가지배관의 끝으로부터 연결하여 설치해야 한다.
② 시험배관의 끝에는 물받이 통 및 배수관을 설치하여 시험 중 방사된 물이 바닥에 흘러내리지 않도록 해야 한다.
③ 화장실과 같은 배수처리가 쉬운 장소에 시험배관을 설치한 경우에는 물받이 통 및 배수관을 생략할 수 있다.
④ 시험장치 배관의 구경은 유수검지장치에서 가장 먼 가지배관의 구경과 동일한 구경으로 하고 그 끝에 개폐밸브 및 개방형헤드를 설치해야 한다.

| 해설

습식스프링클러설비 및 부압식스프링클러설비에 있어서는 유수검지장치 2차측 배관에 연결하여 설치하고 건식스프링클러설비인 경우 유수검지장치에서 가장 먼 거리에 위치한 가지배관의 끝으로부터 연결하여 설치하여야 한다.

정답 ①

35. 분말소화설비의 화재안전기준상 분말소화설비의 배관으로 동관을 사용하는 경우에는 최고사용압력의 최소 몇 배 이상의 압력에 견딜 수 있는 것을 사용하여야 하는가?

① 1 ② 1.5
③ 2 ④ 2.5

| 해설

동관을 사용하는 경우의 배관은 고정압력 또는 최고사용압력의 1.5배 이상의 압력에 견딜 수 있는 것을 사용한다.

정답 ②

36. 포소화설비의 화재안전기준상 포헤드의 설치기준 중 다음 ( ) 안에 알맞은 것은?

> 압축공기포소화설비의 분사헤드는 천장 또는 반자에 설치하되 방호대상물에 따라 측벽에 설치할 수 있으며 유류탱크 주위에는 바닥면적 (㉠)m^2마다 1개 이상, 특수가연물저장소에는 바닥면적 (㉡)m^2마다 1개 이상으로 당해 방호대상물의 화재를 유효하게 소화할 수 있도록 할 것

	㉠	㉡
①	8	9
②	9	8
③	9.3	13.9
④	13.9	9.3

| 해설

압축공기포소화설비의 분사헤드는 천장 또는 반자에 설치하되 방호대상물에 따라 측벽에 설치할 수 있으며 유류탱크 주위에는 바닥면적 13.9m^2마다 1개 이상, 특수가연물저장소에는 바닥면적 9.3m^2마다 1개 이상으로 당해 방호대상물의 화재를 유효하게 소화할 수 있도록 한다.

정답 ④

37. 완강기의 형식승인 및 제품검사의 기술기준상 완강기의 최대사용하중은 최소 몇 N 이상의 하중이어야 하는가?

① 800   ② 1,000
③ 1,200 ④ 1,500

| 해설

최대사용하중은 1500N 이상이어야 한다.

정답 ④

38. 스프링클러설비의 교차배관에서 분기되는 지점을 기점으로 한쪽 가지배관에 설치되는 헤드는 몇 개 이하로 설치하여야 하는가? (단, 수리학적 배관방식의 경우는 제외한다)

① 8
② 10
③ 12
④ 18

| 해설
교차배관에서 분기되는 지점을 기점으로 한쪽 가지배관에 설치되는 헤드의 개수(반자 아래와 반자 속의 헤드를 하나의 가지배관 상에 병설하는 경우에는 반자 아래에 설치하는 헤드의 개수)는 8개 이하로 한다.

정답 ①

39. 다음 중 일반화재(A급 화재)에 적응성을 만족하지 못한 소화약제는?

① 포소화약제
② 강화액소화약제
③ 할론소화약제
④ 이산화탄소소화약제

| 해설
이산화탄소소화약제는 A급 화재에 적응성이 없다.

정답 ④

40. 일정 이상의 층수를 가진 오피스텔에서는 모든 층에 주거용 주방자동소화장치를 설치해야 하는데, 몇 층 이상인 경우 이러한 조치를 취해야 하는가?

① 15층 이상
② 20층 이상
③ 25층 이상
④ 30층 이상

| 해설
주거용 주방자동소화장치의 설치대상은 아파트 또는 30층 이상 오피스텔의 모든 층이다.

정답 ④

2024년 제2회(CBT)

※ CBT 문제는 수험생의 기억에 따라 복원된 것이며, 실제 기출문제와 동일하지 않을 수 있습니다.

소방유체역학

01. 모세관 현상에 있어서 물이 모세관을 따라 올라가는 높이에 대한 설명으로 옳은 것은?

① 표면장력이 클수록 높이 올라간다.
② 관의 지름이 클수록 높이 올라간다.
③ 밀도가 클수록 높이 올라간다.
④ 중력의 크기와는 무관하다.

| 해설
- 모세관의 상승높이 $h = \dfrac{4\sigma\cos\theta}{\gamma d} = \dfrac{4\sigma\cos\theta}{\rho g d}$

  ※ σ: 표면장력[N/m], θ: 접촉각, γ: 비중량[N/m³],
  ρ: 밀도[kg/m³], g: 9.8m/s², d: 관의 직경[m]
- 관의 지름이 작을수록 높이 올라간다.
- 밀도가 작을수록 높이 올라간다.
- 중력의 크기와 관계가 있다.

정답 ①

02. 베르누이 방정식을 적용할 수 있는 기본 전제조건으로 옳은 것은?

① 비압축성 흐름, 점성 흐름, 정상 유동
② 압축성 흐름, 비점성 흐름, 정상 유동
③ 비압축성 흐름, 비점성 흐름, 비정상 유동
④ 비압축성 흐름, 비점성 흐름, 정상 유동

| 해설
베르누이 방정식은 비압축성 흐름, 비점성 흐름, 정상 유동이 기본 전제조건이다.

정답 ④

03. 관내의 흐름에서의 부차적 손실에 해당하지 않는 것은?

① 곡선부에 의한 손실
② 직선 원관 내의 손실
③ 유동단면의 장애물에 의한 손실
④ 관 단면의 급격한 확대에 의한 손실

| 해설
- 주손실: 직선 원관 내의 손실
- 부차적 손실
  ㉠ 배관 단면의 급격한 변화
  ㉡ 장애물에 의한 손실
  ㉢ 부속품에 의한 손실
  ㉣ 곡선부에 의한 손실

정답 ②

04. 안지름 4cm, 바깥지름 6cm, 길이가 100m인 동심이중관에서 물이 유속 3m/s로 흐를 때 손실수두는 약 몇 m인가? (단, 관마찰계수는 0.01이다)

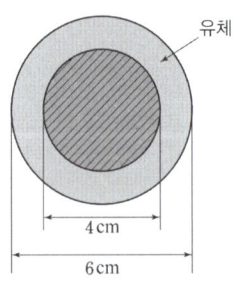

① 0.89
② 1.25
③ 1.78
④ 9.18

| 해설

$H_{LOSS} = f\dfrac{l}{d}\dfrac{v^2}{2g}$

※ f: 마찰계수, l: 배관길이[m], d: 배관직경[m], v: 유속[m/s], g: 중력가속도[9.8m/s²]

$H_{LOSS} = f\dfrac{l}{d}\dfrac{v^2}{2g} = 0.01 \times \dfrac{100}{0.05} \times \dfrac{3^2}{2 \times 9.8} = 9.18\text{m}$

정답 ④

05. 유체의 흐름에 있어서 유선에 대한 설명으로 옳은 것은?

① 유동단면의 중심을 연결한 선이다.
② 유체의 흐름에 있어서 위치벡터에 수직한 방향을 갖는 연속적인 선이다.
③ 모든 점에서 유체흐름의 속도벡터의 방향을 갖는 연속적인 선이다.
④ 정상류에서만 존재하고 난류에서는 존재하지 않는다.

| 해설
- 유선(streamline)은 모든 점에서 속도벡터의 접선을 구하여 연속적으로 연결한 선이다.
- 유적선(pathline)은 한 개의 유체입자를 따라가면서 그린 궤적이다.
- 유맥선(streakline)은 공간 내의 한 점을 지나는 모든 유체입자들의 순간적인 궤적을 나타낸다.

정답 ③

06. 정수력에 의해 수직평판의 힌지(hinge)점에 작용하는 단위폭당 모멘트를 바르게 표시한 것은? (단, ρ는 유체의 밀도, g는 중력가속도이다)

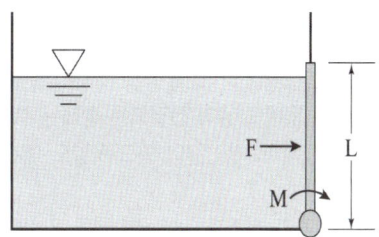

① $\dfrac{1}{6}\rho g L^3$ ② $\dfrac{1}{3}\rho g L^3$
③ $\dfrac{1}{2}\rho g L^3$ ④ $\dfrac{2}{3}\rho g L^3$

| 해설

$F = \rho g \dfrac{L}{2} \times L \times 1$

작용점은 바닥에서부터 $\dfrac{L}{3}$ 이므로

바닥을 기준으로 한 회전모멘트 $F = \rho g \dfrac{L^2}{2} \times \dfrac{L}{3} = \dfrac{\rho g L^3}{6}$

정답 ①

07. 비중량 및 비중에 대한 설명으로 옳은 것은?

① 비중량은 단위부피당 유체의 질량이다.
② 비중은 유체의 질량 대 표준상태 유체의 질량비이다.
③ 기체인 수소의 비중은 액체인 수은의 비중보다 크다.
④ 압력의 변화에 대한 액체의 비중량 변화는 기체의 비중량 변화보다 작다.

| 해설
① 비중량은 단위부피당 유체의 중량이다.
② 비중은 유체의 밀도 대 표준상태 유체의 밀도비이다.
③ 기체인 수소의 비중은 액체인 수은의 비중보다 작다.

정답 ④

08. 다음 중 열전달 매질 없이도 열이 전달되는 형태는?

① 전도　　② 자연대류
③ 복사　　④ 강제대류

| 해설

- 열전달 매질 없이도 열이 전달되는 형태는 복사이다. 복사는 전자기파 형태로 열전달이 되므로 별도 매개체가 필요하지 않다.
- 전도는 직접적인 접촉에 의한 열전달을 말한다.
- 대류는 유체의 순환에 의한 열전달을 말한다.

정답 ③

09. 반지름 R_0인 원형파이프에 유체가 층류로 흐를 때, 중심으로부터 거리 R에서의 유속 U와 최대속도 U_{max}의 비에 대한 분포식으로 옳은 것은?

① $\dfrac{U}{U_{max}} = \left(\dfrac{R}{R_0}\right)^2$

② $\dfrac{U}{U_{max}} = 2\left(\dfrac{R}{R_0}\right)^2$

③ $\dfrac{U}{U_{max}} = \left(\dfrac{R}{R_0}\right)^2 - 2$

④ $\dfrac{U}{U_{max}} = 1 - \left(\dfrac{R}{R_0}\right)^2$

| 해설

- 원형관에서의 유속의 분포(층류)

$$U = U_{max}\left[1 - \left(\dfrac{R}{R_0}\right)^2\right]$$

- 중심으로부터 거리 R에서의 유속 U와 최대속도 U_{max}의 비에 대한 분포식

$$\dfrac{U}{U_{max}} = 1 - \left(\dfrac{R}{R_o}\right)^2$$

정답 ④

10. 대기압에서 10℃의 물 10kg을 70℃까지 가열할 경우 엔트로피 증가량[kJ/K]은? (단, 물의 정압비열은 4.18kJ/kg·K이다)

① 0.43　　② 8.03
③ 81.3　　④ 2508.1

| 해설

엔트로피 변화량 $\triangle S = mC_P \ln \dfrac{T_2}{T_1}$

※ $\triangle S$: 엔트로피 변화량[kJ/K], m : 질량[kg],
　C_P : 정압비열[kJ/kg·K], T_1 : 초기온도[K], T_2 : 나중온도[K]

$\triangle S = 10 \times 4.18 \times \ln \dfrac{273 + 70}{273 + 10} = 8.03$

정답 ②

11. 지름 40cm인 소방용 배관에 물이 80kg/s로 흐르고 있다면 물의 유속[m/s]은?

① 6.4　　② 0.64
③ 12.7　　④ 1.27

| 해설

질량유량 $\overline{m} = \rho A v$

$v = \dfrac{\overline{m}}{\rho A} = \dfrac{80\text{kg/s}}{1000\text{kg/m}^3 \times \dfrac{\pi}{4} \times (0.4)^2} = 0.64\text{m/s}$

정답 ②

12. 원심펌프를 이용하여 0.2m³/s로 저수지의 물을 2m 위의 물탱크로 퍼 올리고자 한다. 펌프의 효율이 80%라고 하면 펌프에 공급해야 하는 동력 [kW]은?

① 1.96
② 3.14
③ 3.92
④ 4.90

| 해설

- 축동력 $P[\text{kW}] = \dfrac{\gamma QH}{1000\eta}$

  ※ γ: 비중량[N/m³], Q: 유량[m³/s], H: 전양정[m], η: 펌프효율

- $P[\text{kW}] = \dfrac{9800 \times 0.2 \times 2}{1000 \times 0.8} = 4.9 \text{kW}$

정답 ④

13. 다음 중 배관의 유량을 측정하는 계측장치가 아닌 것은?

① 로터미터(Rotameter)
② 유동노즐(Flow Nozzle)
③ 마노미터(Manometer)
④ 오리피스(Orifice)

| 해설

- 마노미터는 압력 차이를 측정한다.
- 벤츄리미터, 오리피스, 로터미터, 위어(개수로유량측정)는 유량측정장치이다.

정답 ③

14. 표준대기압 상태인 어떤 지방의 호수 밑 72.4m에 있던 공기의 기포가 수면으로 올라오면 기포의 부피는 최초 부피의 몇 배가 되는가? (단, 기포 내의 공기는 보일의 법칙을 따른다)

① 2
② 4
③ 7
④ 8

| 해설

- 보일의 법칙 $P_1 V_1 = P_2 V_2$

  ※ P: 압력[Pa], V: 부피[m³]

- $P_1 =$ 대기압 $+ \gamma H$
  $= 101325\text{Pa} + 9800\text{N/m}^3 \times 72.4\text{m}$
  $= 810845\text{Pa}$

- $P_2 =$ 대기압 $= 101325\text{Pa}$

∴ $V_2 = V_1 \times \dfrac{P_1}{P_2} = V_1 \times \dfrac{810845}{101325} = 8V_1$

정답 ④

15. 폭이 4m이고 반경이 1m인 그림과 같은 1/4 원형 모양으로 설치된 수문 AB가 있다. 이 수문이 받는 수직방향 분력 F_V의 크기[N]는?

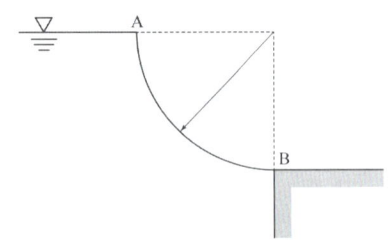

① 7,613　　② 9,801
③ 30,787　　④ 123,000

| 해설
- 수평분력 $F_H = \gamma y_G A$
  수직분력 $F_V = \gamma V$
  ※ γ: 비중량[N/m³], y_G: 도심[m], A: 수평투영면적[m²], V: 수문 위의 부피[m³]
- $F_V = 9800 \text{N/m}^3 \times \left(\dfrac{\pi}{4} \times 1^2 \times 4\right) = 30787 \text{N}$

정답 ③

16. 외부표면의 온도가 24℃, 내부표면의 온도가 24.5℃일 때, 높이 1.5m, 폭 1.5m, 두께 0.5cm 인 유리창을 통한 열전달률은 약 몇 W인가? (단, 유리창의 열전도계수는 0.8W/m·K이다)

① 180　　② 200
③ 1,800　　④ 2,000

| 해설
- 전도에 의한 열전달률
  $$q[W] = \dfrac{kA\Delta T}{t}$$
  ※ k: 열전도계수[W/m·K], A: 단면적[m²], t: 두께[m], ΔT: 온도차[K]
- $q = \dfrac{0.8[\text{W/m·K}] \times 1.5\text{m} \times 1.5\text{m} \times 0.5\text{K}}{0.005\text{m}} = 180\text{W}$

정답 ①

17. 스프링클러헤드의 방수압이 4배가 되면 방수량은 몇 배가 되는가?

① $\sqrt{2}$ 배　　② 2배
③ 4배　　④ 8배

| 해설
- 방수량 $Q = K\sqrt{10P}$
  ※ Q: 방수량[L/min], P: 방수압[MPa], K: 방출계수
- $Q_1 = K\sqrt{10P}$
  $Q_2 = K\sqrt{10 \times 4P_1} = 2K\sqrt{10P_1}$
- ∴ $Q_2 = 2Q_1$

정답 ②

18. 비압축성 유체를 설명한 것으로 가장 옳은 것은?

① 체적탄성계수가 0인 유체를 말한다.
② 관로 내에 흐르는 유체를 말한다.
③ 점성을 갖고 있는 유체를 말한다.
④ 난류 유동을 하는 유체를 말한다.

| 해설
비압축성 유체는 체적탄성이 없다. 체적이 일정하다.

정답 ①

19. 펌프의 캐비테이션을 방지하기 위한 방법으로 틀린 것은?

   ① 펌프의 설치 위치를 낮추어서 흡입 양정을 작게 한다.
   ② 흡입관을 크게 하거나 밸브, 플랜지 등을 조정하여 흡입손실수두를 줄인다.
   ③ 펌프의 회전속도를 높여 흡입속도를 크게 한다.
   ④ 2대 이상의 펌프를 사용한다.

| 해설

- ③의 경우 흡입속도를 작게 하여야 한다.
- 캐비테이션의 발생 원인은 다음과 같다.
  ㉠ 흡입측 유속이 빠를 때
  ㉡ 흡입측 마찰손실이 클 경우
  ㉢ 흡입관경이 작을 때
  ㉣ 흡입압력이 낮을 때
  ㉤ 흡입온도가 높을 때

정답 ③

20. 원형 단면을 가진 관내에 유체가 완전 발달된 비압축성 층류유동으로 흐를 때 전단응력은?

   ① 중심에서 0이고, 중심선으로부터 거리에 비례하여 변한다.
   ② 관벽에서 0이고, 중심선에서 최대이며 선형분포한다.
   ③ 중심에서 0이고, 중심선으로부터 거리의 제곱에 비례하여 변한다.
   ④ 전 단면에 걸쳐 일정하다.

| 해설

$\tau = \mu \dfrac{du}{dy}$

- $y=0$(중심)에서 전단응력은 0
- $y=r$(벽)에서 전단응력은 최대

정답 ①

소방기계시설의 구조 및 원리

21. 케이블트레이에 물분무소화설비를 설치하는 경우 저장하여야 할 수원의 최소 저수량은 몇 m^3인가? (단, 케이블트레이의 투영된 바닥면적은 $70m^2$이다)

   ① 12.4
   ② 14
   ③ 16.8
   ④ 28

| 해설

케이블트레이, 케이블덕트 등은 투영된 바닥면적 $1m^2$에 대하여 12L/min로 20분간 방수할 수 있는 양 이상으로 한다.

∴ $12 \times 20 \times 70 = 16800L = 16.8m^3$

정답 ③

22. 스프링클러헤드의 설치기준으로 옳은 것은?

① 살수가 방해되지 아니하도록 스프링클러헤드로부터 반경 30cm 이상의 공간을 보유할 것
② 스프링클러헤드와 그 부착면과의 거리는 60cm 이하로 할 것
③ 측벽형스프링클러헤드를 설치하는 경우 긴 변의 한쪽 벽에 일렬로 설치하고 3.2m 이내마다 설치할 것
④ 연소할 우려가 있는 개구부에는 그 상하좌우에 2.5m 간격으로 스프링클러헤드를 설치하되, 스프링클러헤드와 개구부의 내측면으로부터 직선거리는 15cm 이하가 되도록 할 것

| 해설
- 연소할 우려가 있는 개구부에는 그 상하좌우에 2.5m 간격으로 스프링클러헤드를 설치하되, 스프링클러헤드와 개구부의 내측면으로부터 직선거리는 15cm 이하가 되도록 한다.
- 살수가 방해되지 아니하도록 스프링클러헤드로부터 반경 60cm 이상의 공간을 보유하여야 한다.
- 스프링클러헤드와 그 부착면과의 거리는 30cm 이하로 한다.
- 측벽형스프링클러헤드를 설치하는 경우 긴 변의 한쪽 벽에 일렬로 설치하고 3.6m 이내마다 설치한다.

정답 ④

23. 화재예방, 소방시설 설치·유지 및 안전관리에 관한 법률상 자동소화장치를 모두 고른 것은?

┌─────────────────────────────┐
│ ㉠ 분말자동소화장치
│ ㉡ 액체자동소화장치
│ ㉢ 고체에어로졸자동소화장치
│ ㉣ 공업용 주방자동소화장치
│ ㉤ 캐비닛형 자동소화장치
└─────────────────────────────┘

① ㉠, ㉡
② ㉡, ㉢, ㉣
③ ㉠, ㉢, ㉤
④ ㉠, ㉡, ㉢, ㉣, ㉤

| 해설
자동소화장치에는 다음과 같은 장치가 있다.
- 가스자동소화장치
- 상업용 주방자동소화장치
- 주거용주방자동소화장치
- 분말자동소화장치
- 캐비닛형 자동소화장치
- 고체에어로졸자동소화장치

정답 ③

24. 제연설비의 설치장소에 따른 제연구역의 구획 기준으로 틀린 것은?

① 거실과 통로는 상호 제연구획할 것
② 하나의 제연구역의 면적은 600m² 이내로 할 것
③ 하나의 제연구역은 직경 60m 원 내에 들어갈 수 있을 것
④ 하나의 제연구역은 2개 이상 층에 미치지 아니하도록 할 것

| 해설
하나의 제연구역의 면적은 1,000m² 이내로 한다.

정답 ②

25. 폐쇄형 스프링클러헤드를 최고 주위온도 40℃인 장소(공장 및 창고 제외)에 설치할 경우 표시온도는 몇 ℃의 것을 설치하여야 하는가?

① 79℃ 미만
② 79℃ 이상 121℃ 미만
③ 121℃ 이상 162℃ 미만
④ 162℃ 이상

| 해설
79℃ 이상 121℃ 미만의 것을 설치하여야 한다.

정답 ②

26. 소화용수설비 중 소화수조 및 저수조에 대한 설명으로 옳지 않은 것은?

① 소화수조, 저수조의 채수구 또는 흡수관투입구는 소방차가 2m 이내의 지점까지 접근할 수 있는 위치에 설치할 것
② 지하에 설치하는 소화용수설비의 흡수관투입구는 그 한 변이 0.6m 이상인 것으로 할 것
③ 채수구는 지면으로부터의 높이가 0.5m 이상 1m 이하의 위치에 설치하고 "채수구"라고 표시한 표시를 할 것
④ 소화수조가 옥상 또는 옥탑의 부분에 설치된 경우에는 지상에 설치된 채수구에서의 압력이 0.1MPa 이상이 되도록 할 것

| 해설
소화수조가 옥상 또는 옥탑의 부분에 설치된 경우에는 지상에 설치된 채수구에서의 압력이 0.15MPa 이상이 되도록 하여야 한다.

정답 ④

27. 수직강하식 구조대가 구조적으로 갖추어야 할 조건으로 옳지 않은 것은? (단, 건물 내부의 별실에 설치하는 경우는 제외한다)

① 구조대의 포지는 외부포지와 내부포지로 구성한다.
② 포지는 사용시 충격을 흡수하도록 수직방향으로 현저하게 늘어나야 한다.
③ 구조대는 연속하여 강하할 수 있는 구조이어야 한다.
④ 입구틀 및 취부틀의 입구는 지름 60cm 이상의 구체가 통과할 수 있어야 한다.

| 해설
포지는 사용시 수직방향으로 현저하게 늘어나지 않아야 한다.

정답 ②

28. 인명구조기구의 종류가 아닌 것은?

① 방열복
② 구조대
③ 공기호흡기
④ 인공소생기

| 해설
구조대는 피난기구에 해당한다.

정답 ②

29. 인명구조기구의 화재안전기준에 따라 특정소방대상물의 용도 및 장소별로 설치해야 할 인명구조기구의 기준으로 틀린 것은?

① 지하가 중 지하상가는 인공소생기를 층마다 2개 이상 비치할 것
② 판매시설 중 대규모 점포는 공기호흡기를 층마다 2개 이상 비치할 것
③ 지하층을 포함하는 층수가 7층 이상인 관광호텔은 방열복(또는 방화복), 공기호흡기, 인공소생기를 각 2개 이상 비치할 것
④ 물분무등소화설비 중 이산화탄소소화설비를 설치해야 하는 특정소방대상물은 공기호흡기를 이산화탄소소화설비가 설치된 장소의 출입구 외부 인근에 1대 이상 비치할 것

| 해설
지하가 중 지하상가는 공기호흡기를 층마다 2개 이상 비치할 것. 다만, 각 층마다 갖추어 두어야 할 공기호흡기 중 일부를 직원이 상주하는 인근 사무실에 갖추어 둘 수 있다.

정답 ①

30. 할로겐화합물소화설비의 저장용기의 설치기준으로 옳지 않은 것은?

① 저장용기는 약제명·저장용기의 자체중량과 총중량·충전일시·충전압력 및 약제의 체적을 표시한다.
② 집합관에 접속되는 저장용기는 동일한 내용적을 가진 것으로 충전량 및 충전압력이 같도록 한다.
③ 저장용기에 충전량 및 충전압력을 확인할 수 있는 장치를 하는 경우에는 해당 소화약제에 적합한 구조로 한다.
④ 저장용기의 약제량 손실이 3%를 초과하거나 압력손실이 7%를 초과할 경우에는 재충전하거나 저장용기를 교체한다. 불활성기체소화약제 저장용기의 경우에는 압력손실이 3%를 초과할 경우 재충전하거나 저장용기를 교체하여야 한다.

| 해설
- 저장용기의 약제량 손실이 5%를 초과하거나 압력손실이 10%를 초과할 경우에는 재충전하거나 저장용기를 교체한다.
- 불활성기체소화약제 저장용기의 경우에는 압력손실이 5%를 초과할 경우 재충전하거나 저장용기를 교체하여야 한다.

정답 ④

31. 옥내소화전설비의 화재안전기준상 가압송수장치를 기동용수압개폐장치로 사용할 경우 압력챔버의 용적 기준은?

① 50L 이상   ② 100L 이상
③ 150L 이상   ④ 200L 이상

| 해설
기동용수압개폐장치(압력챔버)를 사용할 경우 그 용적은 100L 이상의 것으로 한다.

정답 ②

32. 다음 중 피난기구의 화재안전기준에 따라 피난기구를 설치하지 아니하여도 되는 소방대상물로 틀린 것은?

① 발코니 등을 통하여 인접세대로 피난할 수 있는 구조로 되어 있는 계단실형 아파트
② 주요구조부가 내화구조로서 거실의 각 부분으로 직접 복도로 피난할 수 있는 학교(강의실 용도로 사용되는 층에 한함)
③ 무인공장 또는 자동창고로서 사람의 출입이 금지된 장소
④ 문화집회 및 운동시설·판매시설 및 영업시설 또는 노유자시설의 용도로 사용되는 층으로서 그 층의 바닥면적이 1,000m² 이상인 것

| 해설
설치제외 소방대상물은 다음과 같다.
㉠ 주요구조부가 내화구조로 되어 있고 실내에 면하는 부분의 마감이 불연재료·준불연재료 또는 난연재료로 되어있을 것
㉡ 주요구조부가 내화구조로 되어 있고 옥상의 면적이 1,500m² 이상이며 옥상으로 쉽게 통할 수 있는 창 또는 출입구가 설치되어 있어야 할 것
㉢ 주요구조부가 내화구조이고 지하층을 제외한 층수가 4층 이하이며 소방사다리차가 쉽게 통행할 수 있는 도로 또는 공지에 면하는 부분에 개구부가 2 이상 설치되어 있는 층(문화집회 및 운동시설·판매시설 및 영업시설 또는 노유자시설의 용도로 사용되는 층으로서 그 층의 바닥면적이 1,000m² 이상인 것을 제외한다)
㉣ 편복도형 아파트 또는 발코니 등을 통하여 인접세대로 피난할 수 있는 구조로 되어 있는 계단실형 아파트
㉤ 주요구조부가 내화구조로서 거실의 각 부분으로 직접 복도로 피난할 수 있는 학교(강의실 용도로 사용되는 층에 한한다)
㉥ 무인공장 또는 자동창고로서 사람의 출입이 금지된 장소(관리를 위하여 일시적으로 출입하는 장소를 포함한다)
㉦ 건축물의 옥상부분으로서 거실에 해당하지 아니하고 사람이 근무하거나 거주하지 아니하는 장소

정답 ④

33. 화재조기진압용 스프링클러설비의 화재안전기준상 화재조기진압용 스프링클러설비 가지배관의 배열 기준 중 천장의 높이가 9.1m 이상 13.7m 이하인 경우 가지배관 사이의 거리 기준으로 옳은 것은?

① 2.4m 이상 3.1m 이하
② 2.4m 이상 3.7m 이하
③ 6.0m 이상 8.5m 이하
④ 6.0m 이상 9.3m 이하

| 해설
가지배관 사이의 거리는 2.4m 이상 3.7m 이하로 할 것. 다만, 천장의 높이가 9.1m 이상 13.7m 이하인 경우에는 2.4m 이상 3.1m 이하로 한다.

정답 ①

34. 소화기구 및 자동소화장치의 화재안전기준상 타고 나서 재가 남는 일반화재에 해당하는 일반 가연물은?

① 고무
② 타르
③ 솔벤트
④ 유성도료

| 해설
- "일반화재(A급 화재)"란 나무, 섬유, 종이, 고무, 플라스틱류와 같은 일반가연물이 타고 나서 재가 남는 화재를 말한다. 일반화재에 대한 소화기의 적응 화재별 표시는 'A'로 표시한다.
- "유류화재(B급 화재)"란 인화성 액체, 가연성액체, 석유 그리스, 타르, 오일, 유성도료, 솔벤트, 래커, 알코올 및 인화성 가스와 같은 유류가 타고 나서 재가 남지 않는 화재를 말한다. 유류화재에 대한 소화기의 적응 화재별 표시는 'B'로 표시한다.
- "전기화재(C급 화재)"란 전류가 흐르고 있는 전기기기, 배선과 관련된 화재를 말한다. 전기화재에 대한 소화기의 적응 화재별 표시는 'C'로 표시한다.
- "주방화재(K급 화재)"란 주방에서 동식물유를 취급하는 조리기구에서 일어나는 화재를 말한다. 주방화재에 대한 소화기의 적응 화재별 표시는 'K'로 표시한다.

정답 ①

35. 간이스프링클러설비의 화재안전기준상 간이스프링클러설비의 배관 및 밸브 등의 설치순서로 옳은 것은? (단, 수원이 펌프보다 낮은 경우이다)

① 상수도직결형은 수도용계량기, 급수차단장치, 개폐표시형밸브, 체크밸브, 압력계, 유수검지장치, 2개의 시험밸브 순으로 설치할 것
② 펌프 설치시에는 수원, 연성계 또는 진공계, 펌프또는 압력수조, 압력계, 체크밸브, 개폐표시형밸브, 유수검지장치, 2개의 시험밸브 순으로 설치할 것
③ 가압수조 이용시에는 수원, 가압수조, 압력계, 체크밸브, 개폐표시형밸브, 유수검지장치, 1개의 시험밸브 순으로 설치할 것
④ 캐비닛형인 경우 수원, 펌프 또는 압력수조, 압력계, 체크밸브, 연성계 또는 진공계, 개폐표시형밸브 순으로 설치할 것

| 해설
- 상수도직결형은 수도용계량기, 급수차단장치, 개폐표시형밸브, 체크밸브, 압력계, 유수검지장치, 2개의 시험밸브의 순으로 설치할 것
- 펌프설치 시에는 수원, 연성계 또는 진공계, 펌프 또는 압력수조, 압력계, 체크밸브, 성능시험배관, 개폐표시형밸브, 유수검지장치, 시험밸브의 순으로 설치할 것
- 가압수조 이용 시에는 수원, 가압수조, 압력계, 체크밸브, 성능시험배관, 개폐표시형밸브, 유수검지장치, 2개의 시험밸브의 순으로 설치할 것
- 캐비닛형의 경우 수원, 연성계 또는 진공계, 펌프 또는 압력수조, 압력계, 체크밸브, 개폐표시형밸브, 2개의 시험밸브의 순으로 설치할 것

정답 ①

36. 소화설비용 헤드의 성능인증 및 제품검사의 기술기준상 소화설비용 헤드의 분류 중 수류를 살수판에 충돌하여 미세한 물방울을 만드는 물분무헤드 형식은?

① 디프렉타형　② 충돌형
③ 슬리트형　　④ 분사형

| 해설
- 수류를 살수판에 충돌하여 미세한 물방울을 만드는 물분무헤드는 "디프렉타형"이다.
- "충돌형"이란 유수와 유수의 충돌에 의해 미세한 물방울을 만드는 물분무헤드를 말한다.
- "슬리트형"이란 수류를 슬리트에 의해 방출하여 수막상의분무를 만드는 물분무헤드를 말한다.
- "분사형"이란 소구경의 오리피스로부터 고압으로 분사하여 미세한 물방울을 만드는 물분무헤드를 말한다.

정답 ①

37. 소화기구 및 자동소화장치의 화재안전기준에 따른 수동으로 조작하는 대형소화기 B급의 능력단위 기준은?

① 10단위 이상　② 15단위 이상
③ 20단위 이상　④ 25단위 이상

| 해설
"대형소화기"란 화재 시 사람이 운반할 수 있도록 운반대와 바퀴가 설치되어 있고 능력단위가 A급 10단위 이상, B급 20단위 이상인 소화기를 말한다.

정답 ③

38. 이산화탄소소화설비의 화재안전기준상 저압식 이산화탄소소화약제 저장용기에 설치하는 안전밸브의 작동압력은 내압시험압력의 몇 배에서 작동해야 하는가?

① 0.24~0.4　② 0.44~0.6
③ 0.64~0.8　④ 0.84~1

| 해설
저압식 저장용기에는 내압시험압력의 0.64배부터 0.8배의 압력에서 작동하는 안전밸브와 내압시험압력의 0.8배부터 내압시험압력에서 작동하는 봉판을 설치한다.

정답 ③

39. 다음 중 노유자시설의 4층 이상 10층 이하에서 적응성이 있는 피난기구가 아닌 것은?

① 피난교　　　② 다수인피난장비
③ 승강식피난기　④ 미끄럼대

| 해설
- 피난기구의 화재안전기준상 노유자시설의 4층 이상 10층 이하에서 적응성이 있는 피난기구에는 피난교, 다수인피난장비, 승강식 피난기가 있으며, 미끄럼대는 포함되지 않는다.
- 미끄럼대는 노유자시설의 1층~3층에서 적응성이 있다.

정답 ④

40. 소화기구의 소화약제별 적응성 중 C급 화재에 적응성이 없는 소화약제는?

① 마른모래　　　　② 청정소화약제
③ 이산화탄소소화약제　④ 중탄산염류소화약제

| 해설
마른모래의 경우 A급, B급 화재에는 적응성이 있으나 C급 화재에는 적응성이 없다.

정답 ①

2024년 제1회(CBT)

※ CBT 문제는 수험생의 기억에 따라 복원된 것이며, 실제 기출문제와 동일하지 않을 수 있습니다.

소방유체역학

01. 무한한 두 평판 사이에 유체가 채워져 있고 한 평판은 정지해 있고 또 다른 평판은 일정한 속도로 움직이는 Couette 유동을 하고 있다. 유체 A만 채워져 있을 때 평판을 움직이기 위한 단위면적당 힘을 τ_1이라 하고, 같은 평판 사이에 점성이 다른 유체 B만 채워져 있을 때 필요한 힘을 τ_2라 하면, 유체 A와 B가 반반씩 위아래로 채워져 있을 때 평판을 같은 속도로 움직이기 위한 단위면적당 힘에 대한 표현으로 옳은 것은?

① $\dfrac{\tau_1 + \tau_2}{2}$ ② $\sqrt{\tau_1 \tau_2}$

③ $\dfrac{2\tau_1 \tau_2}{\tau_1 + \tau_2}$ ④ $\tau_1 + \tau_2$

해설

- Couette 유동

$$\tau \propto \mu \dfrac{du}{dy}$$

※ τ : 전단응력[Pa], μ : 점성계수[Pa·s], u : 수평방향유속[m/s], y : 수직방향[m]

- A유체: 점성계수 μ_1

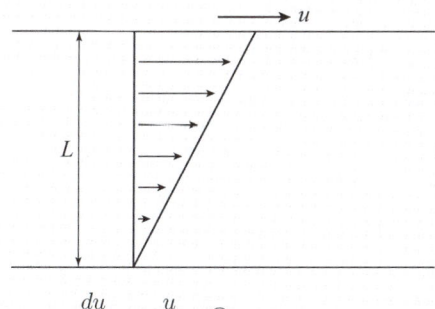

$\tau_1 = \mu_1 \dfrac{du}{dy} = \mu_1 \dfrac{u}{L}$ - ㉠

- B유체: 점성계수 μ_2

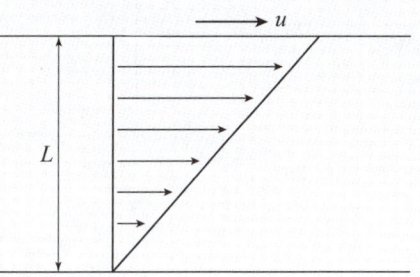

$\tau_2 = \mu_2 \dfrac{du}{dy} = \mu_2 \dfrac{u}{L}$ - ㉡

- A와 B유체

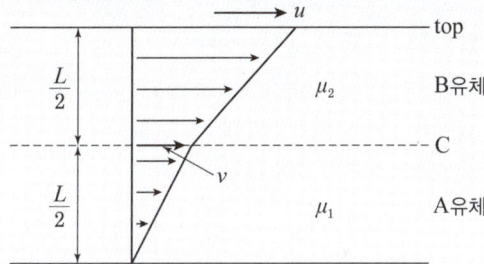

경계면에서의 전단응력 $\tau_C = \mu_1 \dfrac{v}{\frac{L}{2}} = \dfrac{2\mu_1 v}{L}$

윗면에서의 전단응력 $\tau_t = \mu_2 \dfrac{u-v}{\frac{L}{2}} = \dfrac{2\mu_2 (u-v)}{L}$

$\tau_C = \tau_t$

$\dfrac{2\mu_1 v}{L} = \dfrac{2\mu_2 (u-v)}{L}$

$\mu_1 v = \mu_2 u - \mu_2 v$

$(\mu_1 + \mu_2) v = \mu_2 u$

$v = \dfrac{\mu_2 u}{\mu_1 + \mu_2}$

$$\therefore \tau_C = \frac{2\mu_1}{L}\left(\frac{\mu_2 u}{\mu_1+\mu_2}\right) = \frac{2u}{L}\left(\frac{\mu_1\mu_2}{\mu_1+\mu_2}\right) - ㉢$$

㉠식에서 $\mu_1 = \dfrac{\tau_1 L}{u}$

㉡식에서 $\mu_2 = \dfrac{\tau_2 L}{u}$

㉢식에 대입하면 $\tau_C = \dfrac{2u}{L}\left(\dfrac{\frac{\tau_1 L}{u}\cdot\frac{\tau_2 L}{u}}{\frac{\tau_1 L}{u}+\frac{\tau_2 L}{u}}\right)$

$$= \frac{2u}{L}\left(\frac{\frac{\tau_1\tau_2 L}{u}}{\tau_1+\tau_2}\right) = \frac{2\tau_1\tau_2}{\tau_1+\tau_2}$$

정답 ③

02. 유체의 압축률에 관한 설명으로 올바른 것은?

① 압축률 = 밀도 × 체적탄성계수
② 압축률 = 1/체적탄성계수
③ 압축률 = 밀도/체적탄성계수
④ 압축률 = 체적탄성계수/밀도

| 해설

- 체적탄성계수 $K = -\dfrac{\Delta P}{\Delta V/V}$
- 압축률 $\beta = \dfrac{1}{K}$

정답 ②

03. 10kg의 수증기가 들어있는 체적 2m³의 단단한 용기를 냉각하여 온도를 200℃에서 150℃로 낮추었다. 나중 상태에서 액체상태의 물은 약 몇 kg인가? (단, 150℃에서 물의 포화액 및 포화증기의 비체적은 각각 0.0011m³/kg, 0.3925m³/kg이다)

① 0.508　　② 1.24
③ 4.92　　④ 7.86

| 해설

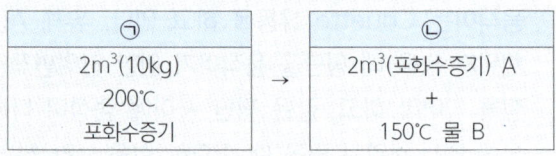

A + B = 10kg
㉡의 비체적
$0.0011 m^3/kg + 0.3925 m^3/kg = 0.3936 m^3/kg$
㉡의 수증기의 무게
$A = 2m^3 \times \dfrac{1}{0.3936} kg/m^3 = 5.081 kg$
$B = 10 - A = 10 - 5.081 = 4.919 kg \simeq 4.92 kg$

정답 ③

04. 유체에 관한 설명 중 옳은 것은?

① 실제유체는 유동할 때 마찰손실이 생기지 않는다.
② 이상유체는 높은 압력에서 밀도가 변화하는 유체이다.
③ 유체에 압력을 가하면 체적이 줄어드는 유체는 압축성 유체이다.
④ 압력을 가해도 밀도변화가 없으며 점성에 의한 마찰손실만 있는 유체가 이상유체이다.

| 해설

① 실제유체는 유동할 때 마찰손실이 생긴다.
② 이상유체는 높은 압력에서 밀도가 변화하지 않는 유체이다.
④ 압력을 가해도 밀도변화가 없으며 점성에 의한 마찰손실도 없는 유체가 이상유체이다.

정답 ③

05. 베르누이 방정식을 적용할 수 있는 기본 전제조건으로 옳은 것은?

① 비압축성 흐름, 점성 흐름, 정상 유동
② 압축성 흐름, 비점성 흐름, 정상 유동
③ 비압축성 흐름, 비점성 흐름, 비정상 유동
④ 비압축성 흐름, 비점성 흐름, 정상 유동

| 해설
베르누이 방정식은 비압축성 흐름, 비점성 흐름, 정상 유동이 기본 전제조건이다.

정답 ④

06. 다음 중 열전달 매질 없이도 열이 전달되는 형태는?

① 전도
② 자연대류
③ 복사
④ 강제대류

| 해설
- 열전달 매질 없이도 열이 전달되는 형태는 복사이다. 복사는 전자기파 형태로 열전달이 되므로 별도 매개체가 필요하지 않다.
- 전도는 직접적인 접촉에 의한 열전달을 말한다.
- 대류는 유체의 순환에 의한 열전달을 말한다.

정답 ③

07. 지름이 75mm인 관로 속에 평균 속도 4m/s로 흐르고 있을 때 유량[kg/s]은?

① 15.52
② 16.92
③ 17.67
④ 18.52

| 해설
- 질량유량 $\overline{m} = \rho A v$
  ※ ρ : 질량밀도[kg/m³], A : 단면적, v : 유속[m/s]
- $\overline{m} = 1000 \text{kg/m}^3 \times \dfrac{\pi}{4} \times (0.075)^2 \times 4\text{m/s}$
  $= 17.67 \text{kg/s}$

정답 ③

08. 검사체적(control volume)에 대한 운동량방정식(momentum equation)과 가장 관계가 깊은 법칙은?

① 열역학 제2법칙
② 질량보존의 법칙
③ 에너지보존의 법칙
④ 뉴턴(Newton)의 법칙

| 해설
- 검사체적(control volume)에 대한 운동량방정식(momentum equation)과 가장 관계가 깊은 법칙은 뉴턴(Newton)의 법칙(운동 2법칙)이다.
- 운동량 $\vec{P} = m\vec{V}$

운동량의 변화 $\dfrac{\Delta \vec{P}}{\Delta t} = \vec{F}$

$\dfrac{\Delta m \vec{V}}{\Delta t} = \dfrac{m \Delta \vec{V}}{\Delta t}$
$= m\vec{a}$

∴ $\vec{F} = m\vec{a}$ (뉴턴의 운동 2법칙)

정답 ④

09. 관내에 흐르는 유체의 흐름을 구분하는 데 사용되는 레이놀즈수의 물리적인 의미는?

① 관성력/중력　② 관성력/점성력
③ 관성력/탄성력　④ 관성력/압축력

| 해설
- 관내에 흐르는 유체의 흐름을 구분하는데 사용되는 레이놀즈수의 물리적인 의미는 '관성력/점성력'이다.
- ①은 프루드수, ③은 마하수, ④는 오일러수의 역수이다.

정답 ②

10. 유량이 2m³/min인 5단 펌프가 2000rpm에서 50m의 양정이 필요하다면 비속도[m³/min, rpm, m]는?

① 403　② 503
③ 425　④ 525

| 해설

$$N_S = N \times \frac{\sqrt{Q}}{(\frac{H}{n})^{0.75}} = 2000rpm \times \frac{\sqrt{2m^3/\min}}{(\frac{50m}{5})^{0.75}} = 503$$

정답 ②

11. 물이 파이프를 가득 채우면서 흐를 때 유속이 급격히 변하고 물의 유동에 큰 변화가 생기며 큰 소음이 발생하는 현상은?

① 서징　② 수격작용
③ 실속　④ 캐비테이션

| 해설
밸브나 노즐이 갑자기 개방 또는 폐쇄될 때 발생하는 급격한 압력의 변화를 말하며 호스나 배관에 손상을 가져올 수 있는 압력파를 발생시킨다.

정답 ②

12. 그림과 같이 반경 R = 2m, 폭이 3m(y 방면)인 곡면의 수문 AB가 받는 수평성분의 힘(x방향)은 몇 kN인가?

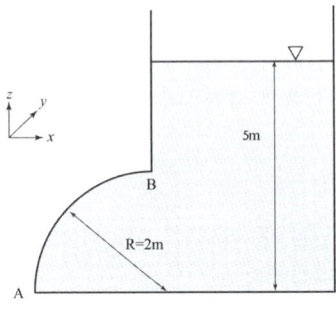

① 218.7　② 235.2
③ 248.1　④ 274.7

| 해설
수평분력 F_H = 비중량 × 압력중심위치 × 투영면적
$= \gamma h A$
$= 9.8 kN/m^3 \times (3+1)m \times (3 \times 2)m$
$= 235.2 kN$

정답 ②

13. 물이 흐르는 배관이 있다. A점은 압력 200kPa, 속도 2m/s이고, A점보다 2m 위에 있는 B점은 압력 100kPa이다. B에서의 유속은?

① 10.8　② 12.8
③ 14.8　④ 16.8

| 해설

$$\frac{P_A}{\gamma} + \frac{v_A^2}{2g} + y_A = \frac{P_B}{\gamma} + \frac{v_B^2}{2g} + y_B,$$

$$\frac{200kPa}{9.8} + \frac{2^2}{2 \times 9.8} = \frac{100kPa}{9.8} + \frac{v_B^2}{2 \times 9.8} + 2$$

$$v_B^2 = (\frac{200kPa}{9.8} + \frac{2^2}{2 \times 9.8} - \frac{100kPa}{9.8} - 2) \times 2 \times 9.8$$

$$v_B^2 = 164.8$$

$$v_B = 12.8 m/s$$

정답 ②

14. 비중이 10인 액체에 비중 5의 쇳덩이가 떠있다. 쇳덩이가 보이지 않을 때까지 물을 부었을 때 쇳덩이가 비중 10인 액체에 담겨있는 부피와 물에 잠겨있는 부피의 비는?

① 4:5　　② 3:4
③ 2:3　　④ 1:2

| 해설
중력 = 부력 $\gamma_{iron} V_{all} = \gamma_{액체} V_1 + \gamma_물 V_2$, $V_{all} = V_1 + V_2$
$5 V_{all} = 10 V_1 + V_2$
$5(V_1 + V_2) = 10 V_1 + V_2$
$4 V_2 = 5 V_1$, $\dfrac{V_2}{V_1} = \dfrac{5}{4}$ $V_1 : V_2 = 4 : 5$

정답 ①

15. 다음과 같은 그림에서 밀폐된 공기의 계기압력은 몇 Pa인가?

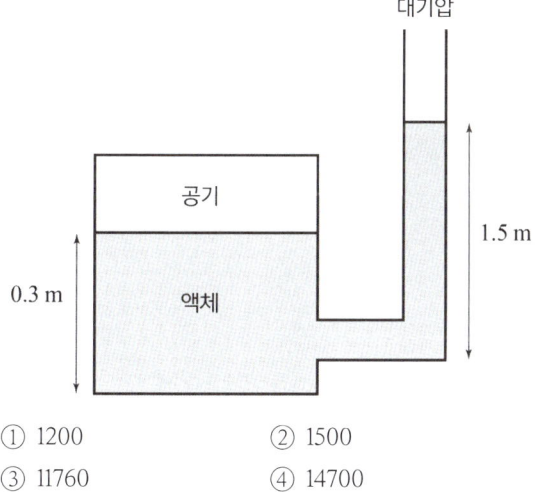

① 1200　　② 1500
③ 11760　　④ 14700

| 해설
- 물탱크 안의 공기액체 경계면과 오른쪽 관의 물기둥 끝부분과의 높이 차는 1.5−0.3 = 1.2m이다.
- $P = \gamma h = 9.8 \text{kN/m}^3 \times 1.2\text{m} = 11760 \text{N/m}^2 = 11760 \text{Pa}$

정답 ③

16. 그림과 같이 수조 측면에 구멍이 있다. 이 구멍을 통하여 흐르는 유속은 얼마인가?

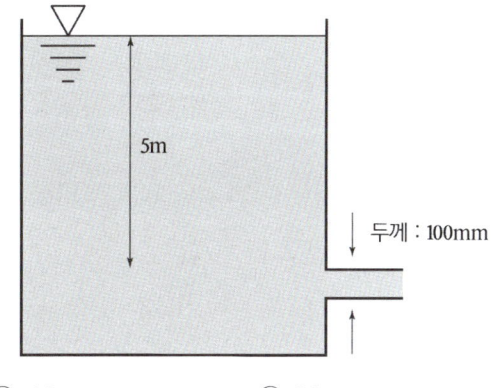

① 6.9　　② 7.9
③ 8.9　　④ 9.9

| 해설
$v = \sqrt{2gh} = \sqrt{2 \times 9.8 \text{m/s}^2 \times 1.5\text{m}} = 9.9 \text{m/s}$

정답 ④

17. 부차적손실계수 K = 6.0인 밸브를 관마찰계수 f = 0.025, 길이 100m인 배관으로 환산할 때 관의 직경은?

① 0.12　　② 0.22
③ 0.32　　④ 0.42

| 해설
$K\dfrac{v^2}{2g} = f\dfrac{L_e}{D}\dfrac{v^2}{2g}$, $K = f\dfrac{L_e}{D}$ 이므로
$D = \dfrac{fL_e}{K} = \dfrac{0.025 \times 100}{6} = 0.42 \text{m}$

정답 ④

18. 직경 5cm의 관에 5m/s의 물이 흐른다. 관 마찰계수가 0.025일 때, 관의 길이가 100m라면 관내의 압력강하는 몇 [kPa]인가?

① 62.5　　② 31.2
③ 312　　④ 625

| 해설

- $\dfrac{P}{\gamma} = f\dfrac{l}{d} \times \dfrac{v^2}{2g}$,

- $P = \gamma \times f\dfrac{l}{d} \times \dfrac{v^2}{2g}$

　　$= 9.8\text{kN/m}^3 \times 0.025 \times \dfrac{100}{0.05} \times \dfrac{5^2}{2 \times 9.8}$

　　$= 625\text{kN/m}^2[\text{kPa}]$

정답 ④

---

19. 안지름이 30cm이고 길이가 800m인 관로를 통하여 300L/s의 물을 높이 50m까지 양수하는데 필요한 펌프의 동력은 약 몇 [kW]인가? (단, 관 마찰계수는 0.03이고, 펌프의 효율은 85%이다)

① 173　　② 250
③ 308　　④ 427

| 해설

- $Q = Av$, $v = \dfrac{Q}{A} = \dfrac{\frac{300L/s}{1000}}{\frac{\pi}{4}0.3^2} = 4.24\text{m/s}$

- 손실수두 $H_L = f\dfrac{l}{d} \times \dfrac{v^2}{2g}$

　　$= 0.03 \times \dfrac{800}{0.3} \times \dfrac{4.24^2}{2 \times 9.8} = 73.38\text{m}$

- $P = \dfrac{\gamma Q H_T}{\eta}$

　　$= \dfrac{9.8 \times 0.3\text{m}^3/\text{s} \times (50\text{m} + 73.38\text{m})}{0.85} = 427\text{kW}$

정답 ④

---

20. 온도 150℃, 95kPa에서 $2kg/m^3$의 밀도를 갖는 기체의 분자량은? (단, 일반기체상수는 8314 $J/kmol \cdot K$이다)

① 26　　② 70
③ 74　　④ 90

| 해설

$PV = \dfrac{m}{M}RT$, $\dfrac{m}{V} = \dfrac{PM}{RT}$

$\rho = \dfrac{PM}{RT}$, $M = \dfrac{\rho RT}{P}$

※ M: 분자량, ρ: 밀도, R: 기체상수, T: 절대온도

$M = \dfrac{2\text{kg/m}^3 \times 8314\text{J/kmol} \cdot \text{K} \times (273+150)\text{K}}{95000\text{Pa}}$

　　$= 74 kg/kmol$

정답 ③

소방기계시설의 구조 및 원리

21. 인명구조기구의 종류가 아닌 것은?

① 방열복
② 구조대
③ 공기호흡기
④ 인공소생기

| 해설
구조대는 피난기구에 해당한다.

정답 ②

22. 스프링클러설비를 설치하여야 할 특정소방대상물에 있어서 스프링클러헤드를 설치하지 아니할 수 있는 기준 중 틀린 것은?

① 천장과 반자 양쪽이 불연재료로 되어 있고 천장과 반자 사이의 거리가 2.5m 미만인 부분
② 천장 및 반자가 불연재료 외의 것으로 되어 있고 천장과 반자 사이의 거리가 0.5m 미만인 부분
③ 천장·반자 중 한쪽이 불연재료로 되어 있고 천장과 반자 사이의 거리가 1m 미만인 부분
④ 현관 또는 로비 등으로서 바닥으로부터 높이가 20m 이상인 장소

| 해설
①의 경우 천장과 반자 양쪽이 불연재료로 되어 있는 경우로서 천장과 반자 사이의 거리가 2m 미만인 부분이 옳은 내용이다.

정답 ①

23. 포소화약제의 혼합장치에 대한 설명 중 옳은 것은?

① 라인 프로포셔너방식이란 펌프의 토출관과 흡입관 사이의 배관 도중에 설치한 흡입기에 펌프에서 토출된 물의 일부를 보내고, 농도조절밸브에서 조정된 포소화약제의 필요량을 포소화약제 탱크에서 펌프 흡입측으로 보내어 이를 혼합하는 방식을 말한다.
② 프레져사이드 프로포셔너방식이란 펌프의 토출관에 압입기를 설치하여 포소화약제 압입용 펌프로 포소화약제를 압입시켜 혼합하는 방식을 말한다.
③ 프레져 프로포셔너방식이란 펌프와 발포기 중간에 설치된 벤추리관의 벤추리작용에 따라 포소화약제를 흡입·혼합하는 방식을 말한다.
④ 펌프 프로포셔너방식이란 펌프와 발포기의 중간에 설치된 벤추리관의 벤추리작용과 펌프 가압수의 포소화약제 저장탱크에 대한 압력에 따라 포소화약제를 흡입·혼합하는 방식을 말한다.

| 해설
- 프레져사이드 프로포셔너방식이란 펌프의 토출관에 압입기를 설치하여 포소화약제 압입용 펌프로 포소화약제를 압입시켜 혼합하는 방식을 말한다.
- 라인 프로포셔너방식이란 펌프와 발포기의 중간에 설치된 벤추리관의 벤추리작용에 따라 포소화약제를 흡입·혼합하는 방식을 말한다.
- 프레져 프로포셔너방식이란 펌프와 발포기의 중간에 설치된 벤추리관의 벤추리작용과 펌프 가압수의 포소화약제 저장탱크에 대한 압력에 따라 포소화약제를 흡입·혼합하는 방식을 말한다.
- 펌프 프로포셔너방식이란 펌프의 토출관과 흡입관 사이의 배관 도중에 설치한 흡입기에 펌프에서 토출된 물의 일부를 보내고, 농도조절밸브에서 조정된 포소화약제의 필요량을 포소화약제 탱크에서 펌프 흡입측으로 보내어 이를 혼합하는 방식을 말한다.

정답 ②

24. 이산화탄소소화약제의 저장용기 설치기준 중 옳은 것은?

① 저장용기의 충전비는 고압식은 1.9 이상 2.3 이하, 저압식은 1.5 이상 1.9 이하로 할 것
② 저압식 저장용기에는 액면계 및 압력계와 1.7MPa 이상 2.1MPa 이하의 압력에서 작동하는 압력경보장치를 설치할 것
③ 저장용기는 고압식은 25MPa 이상, 저압식은 3.5MPa 이상의 내압시험압력에 합격한 것으로 할 것
④ 저압식 저장용기에는 내압시험압력의 1.8배의 압력에서 작동하는 안전밸브와 내압시험압력의 0.8배부터 내압시험압력까지의 범위에서 작동하는 봉판을 설치할 것

| 해설

- 저장용기는 고압식은 25MPa 이상, 저압식은 3.5MPa 이상의 내압시험압력에 합격한 것으로 한다.
- 저장용기의 충전비는 고압식은 1.5 이상 1.9 이하, 저압식은 1.1 이상 1.4 이하로 한다.
- 저압식 저장용기에는 액면계 및 압력계와 1.9MPa 이상 2.3MPa 이하의 압력에서 작동하는 압력경보장치를 설치한다.
- 저압식 저장용기에는 내압시험압력의 0.64배부터 0.8배의 압력에서 작동하는 안전밸브와 내압시험압력의 0.8배부터 내압시험압력에서 작동하는 봉판을 설치한다.

정답 ③

25. 특별피난계단의 계단실 및 부속실 제연설비의 차압 등에 관한 기준 중 옳은 것은?

① 제연설비가 가동되었을 경우 출입문의 개방에 필요한 힘은 130N 이하로 하여야 한다.
② 제연구역과 옥내와의 사이에 유지하여야 하는 최소차압은 40Pa(옥내에 스프링클러설비가 설치된 경우에는 12.5Pa) 이상으로 하여야 한다.
③ 피난을 위하여 제연구역의 출입문이 일시적으로 개방되는 경우 개방되지 아니하는 제연구역과 옥내와의 차압은 기준 차압의 60% 미만이 되어서는 아니 된다.
④ 계단실과 부속실을 동시에 제연하는 경우 부속실의 기압은 계단실과 같게 하거나 계단실의 기압보다 낮게 할 경우에는 부속실과 계단실의 압력 차이는 10Pa 이하가 되도록 하여야 한다.

| 해설

- 제연구역과 옥내와의 사이에 유지하여야 하는 최소차압은 40Pa(옥내에 스프링클러설비가 설치된 경우에는 12.5Pa) 이상으로 하여야 한다.
- 제연설비가 가동되었을 경우 출입문의 개방에 필요한 힘은 110N 이하로 하여야 한다.
- 출입문이 일시적으로 개방되는 경우 개방되지 아니하는 제연구역과 옥내와의 차압은 기준에 따른 차압의 70% 미만이 되어서는 아니 된다.
- 계단실과 부속실을 동시에 제연하는 경우 부속실의 기압은 계단실과 같게 하거나 계단실의 기압보다 낮게 할 경우에는 부속실과 계단실의 압력 차이는 5Pa 이하가 되도록 하여야 한다.

정답 ②

26. 물분무소화설비를 설치하는 차고의 배수설비 설치 기준으로 옳지 않은 것은?

① 차량이 주차하는 장소의 적당한 곳에 높이 10cm 이상의 경계턱으로 배수구를 설치할 것
② 길이 40m 이하마다 집수관, 소화핏트 등 기름분리장치를 설치할 것
③ 차량이 주차하는 바닥은 배수구를 향하여 100분의 1 이상의 기울기를 유지할 것
④ 배수설비는 가압송수장치의 최대 송수능력의 수량을 유효하게 배수할 수 있는 크기 및 기울기로 할 것

| 해설

차량이 주차하는 바닥은 배수구를 향하여 100분의 2 이상의 기울기를 유지한다.

정답 ③

27. 다음 중 옥내소화전의 배관 등에 대한 설치방법으로 옳지 않은 것은?

① 펌프의 토출측 주배관의 구경은 평균 유속을 5m/s가 되도록 설치하였다.
② 배관 내 사용압력이 1.1MPa인 곳에 배관용탄소강관을 사용하였다.
③ 옥내소화전 송수구를 단구형으로 설치하였다.
④ 송수구로부터 주배관에 이르는 연결배관에는 개폐밸브를 설치하지 않았다.

| 해설

- 펌프의 토출측 주배관의 구경은 유속이 4m/s 이하가 될 수 있는 크기 이상으로 하여야 하고, 배관 내 사용압력이 1.2MPa 미만일 경우는 배관용탄소강관, 이음매 없는 구리 및 구리합금관, 배관용 스테인레스강관을 사용한다.
- 송수구는 구경 65mm의 쌍구형 또는 단구형으로 한다.
- 송수구로부터 주배관에 이르는 연결배관에는 개폐밸브를 설치하지 않는다.

정답 ①

28. 대형 이산화탄소소화기의 소화약제 충전량으로 옳은 것은?

① 20kg 이상
② 30kg 이상
③ 50kg 이상
④ 70kg 이상

| 해설

대형소화기의 소화약제 충전량은 다음과 같다.
㉠ 물소화기: 80L 이상
㉡ 강화액소화기: 60L 이상
㉢ 할로겐화합물소화기: 30kg 이상
㉣ 이산화탄소소화기: 50kg 이상
㉤ 분말소화기: 20kg 이상
㉥ 포소화기: 20L 이상

정답 ③

29. 폐쇄형 스프링클러헤드를 최고 주위온도 40℃인 장소(공장 및 창고 제외)에 설치할 경우 표시온도는 몇 ℃의 것을 설치하여야 하는가?

① 79℃ 미만
② 79℃ 이상 121℃ 미만
③ 121℃ 이상 162℃ 미만
④ 162℃ 이상

| 해설

79℃ 이상 121℃ 미만의 것을 설치하여야 한다.

설치장소의 최고 주위온도	표시온도
39℃ 미만	79℃ 미만
39℃ 이상 64℃ 미만	79℃ 이상 121℃ 미만
64℃ 이상 106℃ 미만	121℃ 이상 162℃ 미만
106℃ 이상	162℃ 이상

정답 ②

30. 다음은 상수도소화용수설비의 설치기준에 관한 설명이다. ( ) 안에 들어갈 내용으로 알맞은 것은?

> 호칭지름 75mm 이상의 수도배관에 호칭지름 ( )mm 이상의 소화전을 접속할 것

① 50　　② 80
③ 100　　④ 125

| 해설
호칭지름 75mm 이상의 수도배관에 호칭지름 100mm 이상의 소화전을 접속할 것

31. 분말소화설비의 화재안전기준에 따라 분말소화약제의 가압용 가스용기에는 최대 몇 MPa 이하의 압력에서 조정이 가능한 압력조정기를 설치하여야 하는가?

① 1.5　　② 2.0
③ 2.5　　④ 3.0

| 해설
분말소화약제의 가압용 가스용기에는 2.5MPa 이하의 압력에서 조정이 가능한 압력조정기를 설치하여야 한다.

32. 피난기구를 설치하여야 할 소방대상물 중 피난기구의 2분의 1을 감소할 수 있는 조건이 아닌 것은?

① 주요구조부가 내화구조로 되어 있다.
② 특별피난계단이 2 이상 설치되어 있다.
③ 소방구조용(비상용) 엘리베이터가 설치되어 있다.
④ 직통계단인 피난계단이 2 이상 설치되어 있다.

| 해설
피난기구를 설치하여야 할 소방대상물 중 다음 기준에 적합한 층에는 피난기구의 2분의 1을 감소할 수 있다. 이 경우 설치하여야 할 피난기구의 수에 있어서 소수점 이하의 수는 1로 한다.
㉠ 주요구조부가 내화구조로 되어 있을 것
㉡ 직통계단인 피난계단 또는 특별피난계단이 2 이상 설치되어 있을 것

정답 ③

33. 다음 중 스프링클러설비에서 자동경보밸브에 리타딩 챔버(retarding chamber)를 설치하는 목적으로 가장 적절한 것은?

① 자동으로 배수하기 위하여
② 압력수의 압력을 조절하기 위하여
③ 자동경보밸브의 오보를 방지하기 위하여
④ 경보를 발하기까지 시간을 단축하기 위하여

| 해설
리타딩 챔버는 누수로 인한 유수검지장치의 오작동을 막기 위한 일종의 안전장치이며, 자동경보밸브의 오보를 방지한다.

정답 ③

34. 제연설비의 화재안전기준상 제연설비의 설치장소 기준 중 하나의 제연구역의 면적은 최대 몇 m² 이내로 하여야 하는가?

① 700 ② 1,000
③ 1,300 ④ 1,500

| 해설
하나의 제연구역의 면적은 1,000m² 이내로 한다.

정답 ②

35. 할론소화설비의 화재안전기준에 따른 할론 1301 소화약제의 저장용기에 대한 설명으로 틀린 것은?

① 저장용기의 충전비는 0.9 이상 1.6 이하로 할 것
② 동일 집합관에 접속되는 용기의 충전비는 같도록 할 것
③ 저장용기의 개방밸브는 안전장치가 부착된 것으로 하며 수동으로 개방되지 않도록 할 것
④ 축압식 용기의 경우에는 20℃에서 2.5MPa 또는 4.2MPa의 압력이 되도록 질소가스로 축압할 것

| 해설
할론소화약제 저장용기의 개방밸브는 전기식·가스압력식 또는 기계식에 따라 자동으로 개방되고 수동으로도 개방되는 것으로서 안전장치가 부착된 것으로 하여야 한다.

정답 ③

36. 피난기구의 화재안전기준에 따라 숙박시설·노유자시설 및 의료시설로 사용되는 층에 있어서는 그 층의 바닥면적 몇 m² 마다 피난기구를 1개 이상 설치해야 하는가?

① 300 ② 500
③ 800 ④ 1000

| 해설
피난기구를 층마다 설치하되,
- 숙박시설·노유자시설 및 의료시설로 사용되는 층에 있어서는 그 층의 바닥면적 500m²마다 설치한다.
- 위락시설·문화집회 및 운동시설·판매시설로 사용되는 층 또는 복합용도의 층에 있어서는 그 층의 바닥면적 800m²마다 설치한다.
- 계단 실형아파트에 있어서는 각 세대마다, 그 밖의 용도의 층에 있어서는 그 층의 바닥면적 1,000m²마다 1개 이상 설치한다.

정답 ②

37. 상수도소화용수설비의 화재안전기준상 소화전은 특정소방대상물의 수평투영면의 각 부분으로부터 몇 m 이하가 되도록 설치하여야 하는가?

① 70 ② 100
③ 140 ④ 200

| 해설
소화전은 특정소방대상물의 수평투영면의 각 부분으로부터 140m 이하가 되도록 설치한다.

정답 ③

38. 포소화설비의 화재안전기준상 포소화설비의 배관 등의 설치기준으로 옳은 것은?

① 포워터스프링클러설비 또는 포헤드설비의 가지배관의 배열은 토너먼트방식으로 한다.
② 송액관은 겸용으로 하여야 한다. 다만, 포소화전의 기동장치의 조작과 동시에 다른 설비의 용도에 사용하는 배관의 송수를 차단할 수 있거나, 포소화설비의 성능에 지장이 없는 경우에는 전용으로 할 수 있다.
③ 송액관은 포의 방출 종료 후 배관 안의 액을 배출하기 위하여 적당한 기울기를 유지하도록 하고 그 낮은 부분에 배액밸브를 설치하여야 한다.
④ 연결송수관설비의 배관과 겸용할 경우의 주배관은 구경 65mm 이상, 방수구로 연결되는 배관의 구경은 100mm 이상의 것으로 하여야 한다.

| 해설

- 송액관은 포의 방출 종료 후 배관 안의 액을 배출하기 위하여 적당한 기울기를 유지하도록 하고 그 낮은 부분에 배액밸브를 설치하여야 한다.
- 포워터스프링클러설비 또는 포헤드설비의 가지배관의 배열은 토너먼트방식이 아니어야 하며, 교차배관에서 분기하는 지점을 기점으로 한쪽 가지배관에 설치하는 헤드의 수는 8개 이하로 한다.
- 송액관은 전용으로 하여야 한다. 다만, 포소화전의 기동장치의 조작과 동시에 다른 설비의 용도에 사용하는 배관의 송수를 차단할 수 있거나, 포소화설비의 성능에 지장이 없는 경우에는 다른 설비와 겸용할 수 있다.
- 연결송수관설비의 배관과 겸용할 경우의 주배관은 구경 100mm 이상, 방수구로 연결되는 배관의 구경은 65mm 이상의 것으로 하여야 한다.

정답 ③

39. 지하구의 화재안전기준에 따라 연소방지설비헤드의 설치기준으로 옳은 것은?

① 헤드간의 수평거리는 연소방지설비 전용헤드의 경우에는 1.5m 이하로 할 것
② 헤드간의 수평거리는 스프링클러헤드의 경우에는 2m 이하로 할 것
③ 천장 또는 벽면에 설치할 것
④ 한쪽 방향의 살수구역의 길이는 2m 이상으로 할 것

| 해설

지하구의 화재안전기준에 따라 연소방지설비헤드의 설치기준은 다음과 같다.
㉠ 천장 또는 벽면에 설치할 것
㉡ 방수헤드간의 수평거리는 연소방지설비 전용헤드의 경우에는 2m 이하, 스프링클러헤드의 경우에는 1.5m 이하로 할 것
㉢ 살수구역은 환기구 등을 기준으로 지하구의 길이방향으로 350m 이내마다 1개 이상 설치하되, 하나의 살수구역의 길이는 3m 이상으로 할 것

정답 ③

40. 주거용 주방자동소화장치의 설치기준으로 틀린 것은?

① 감지부는 형식승인 받은 유효한 높이 및 위치에 설치할 것
② 소화약제 방출구는 환기구의 청소부분과 분리되어 있어야 한다.
③ 차단장치(전기 또는 가스)는 상시 확인 및 점검이 가능하도록 설치할 것
④ 탐지부는 수신부와 분리하여 설치하되, 공기보다 무거운 가스를 사용하는 장소에는 바닥 면으로부터 0.2m 이하의 위치에 설치할 것

| 해설

가스용 주방자동소화장치를 사용하는 경우 탐지부는 수신부와 분리하여 설치하되, 공기보다 가벼운 가스를 사용하는 경우에는 천장 면으로부터 30cm 이하의 위치에 설치하고, 공기보다 무거운 가스를 사용하는 장소에는 바닥 면으로부터 30cm 이하의 위치에 설치할 것

정답 ④

2023년 제4회(CBT)

※ CBT 문제는 수험생의 기억에 따라 복원된 것이며, 실제 기출문제와 동일하지 않을 수 있습니다.

소방유체역학

01. 레이놀즈 수가 1500인 관유동에서 관마찰계수 f는?

① 0.0254　　② 0.00128
③ 0.0059　　④ 0.043

| 해설

층류($Re < 2100$), 관마찰계수 $f = \dfrac{64}{Re}$

$f = \dfrac{64}{1500} = 0.043$

> 정답 ④

02. 물방울(20℃)의 내부압력이 외부압력보다 1kPa 만큼 더 큰 압력을 유지하도록 하려면 물방울의 지름은 약 몇 mm로 해야 하는가? (단, 20℃에서 물의 표면장력은 0.0727N/m이다)

① 0.15　　② 0.3
③ 0.6　　④ 0.9

| 해설

- 표면장력 $\sigma = \dfrac{\Delta P \times D}{4} = \dfrac{1000\text{Pa} \times D}{4} = 0.0727$

- $\Delta P \pi r^2 = \sigma 2\pi r$

$\sigma = \dfrac{\Delta Pr}{2} = \dfrac{\Delta PD}{4}$

$\therefore D = \dfrac{4\sigma}{\Delta P}$

$\therefore D = \dfrac{4 \times 0.0727}{1000} = 0.0002908\text{m}$

$= 0.29\text{mm} \approx 0.3\text{mm}$

> 정답 ②

03. 단열된 노즐에서 유체가 5m/s의 속도로 들어와 vm/s의 속도로 출구로 나간다. 펌프 입구 엔탈피는 223J/kg, 출구 엔탈피는 203J/kg일 때 출구 속도 v를 구하면?

① 9.30m/s
② 15.4m/s
③ 18.3m/s
④ 20.7m/s

| 해설

열역학 제1법칙에 의해

$Q = W + \dfrac{1}{2}\dot{m}(v_2^2 - v_1^2) + \dot{m}(h_2 - h_1) + \dot{m}g(y_2 - y_1)$

※ Q: 출입열량, W: 일의 양, $\dot{m}$: 질량유량, v: 유체유속, h: 엔탈피, y: 높이

단열이고 팽창, 압축이 없으므로 $Q = W = 0$

높이는 같으므로 $y_2 - y_1 = 0$

$\dfrac{1}{2}(v_2^2 - v_1^2) = (h_1 - h_2)$

여기서는 엔탈피의 변화는 오직 운동에너지의 변화와 같다.

$v_2^2 = 2(h_1 - h_2) + v_1^2$
$= 2(2231 - 2030) + 5^2 = 427$

$v_2 = 20.7\text{m/s}$

> 정답 ④

04. 어떤 기체를 20℃에서 등온압축하여 절대압력이 0.2MPa에서 1MPa으로 변할 때 체적은 초기 체적과 비교하여 어떻게 변화하는가?

① 5배로 증가한다.
② 10배로 증가한다.
③ 1/5로 감소한다.
④ 1/10로 감소한다.

| 해설

보일의 법칙 $P_1 V_1 = P_2 V_2$

$$\frac{V_2}{V_1} = \frac{P_1}{P_2} = \frac{0.2\text{MPa}}{1\text{MPa}} = 0.2$$

$$\therefore V_2 = 0.2 V_1 = \frac{1}{5} V_1$$

정답 ③

05. 지름이 100mm 원관 속을 비중이 0.55인 기름이 흐르고 있다. 동점성계수가 $4 \times 10^{-3} \text{m}^2/\text{s}$, $0.01\text{m}^3/\text{s}$의 유량으로 흐르고 있다. 이때 관 마찰계수가 0.04일 때 원관의 길이는? (단, 임계 레이놀즈수는 2100이다)

① 5m ② 6m
③ 7m ④ 8m

| 해설

- 유량 $Q = Av$
- 유속 $v = \dfrac{Q}{A} = \dfrac{0.01}{\dfrac{\pi}{4}0.1^2} = 1.27\text{m/s}$
- 마찰계수 $f = \dfrac{64}{Re}$, 레이놀즈수 $Re = \dfrac{64}{f}$

$$Re = \frac{vL}{\nu} = \frac{1.27 \times L}{4 \times 10^{-3}} = \frac{64}{f} = \frac{64}{0.04} = 1600$$

※ v = 유속, L: 원관의 길이, ν: 동점성계수

$$L = \frac{1600 \times 4 \times 10^{-3}}{1.27} = 5.04\text{m} \approx 5\text{m}$$

정답 ①

06. 체적이 0.0001m^3인 용기에 미지의 이상기체를 절대압력 198kPa까지 채운 후 질량을 측정해보니 0.0023kg, 온도는 3000K였다. 이 기체의 기체상수[J/kg·K]는?

① 1.58
② 2.87
③ 3.94
④ 5.21

| 해설

$PV = W\overline{R}T$

※ P: 기체의 압력, V: 기체의 부피, $\overline{R}$: 특별기체상수, T: 기체의 온도

$$\overline{R} = \frac{PV}{WT} = \frac{198000 \times 0.0001}{0.0023\text{kg} \times 3000} = 2.87\text{J/kg}\cdot\text{K}$$

정답 ②

07. 펌프 중심으로부터 2m 아래에 있는 물을 펌프 중심으로부터 15m 위에 있는 송출수면으로 양수하려 한다. 관로의 전 손실수두가 6m이고, 송출수량이 $1\text{m}^3/\text{min}$라면 필요한 펌프의 동력은 약 몇 W인가?

① 2777
② 3103
③ 3430
④ 3757

| 해설

펌프의 동력 $P[W] = \gamma Q H$

※ γ: 비중량[N/m^3], Q: 유량[m^3/s], H: 전양정[m]

$$P = 9800\text{N}/\text{m}^3 \times \frac{1}{60}\text{m}^3/\text{s} \times (2+15+6)\text{m} \simeq 3757\text{W}$$

정답 ④

08. 그림과 같이 바닥 단면적이 1m²인 탱크에 1m 수두에서 노즐로 방출되는 유량이 Q일 때 이 유량을 두 배로 하기 위하여 수면 위에 약 몇 kg짜리 피스톤을 올려야 하는가?

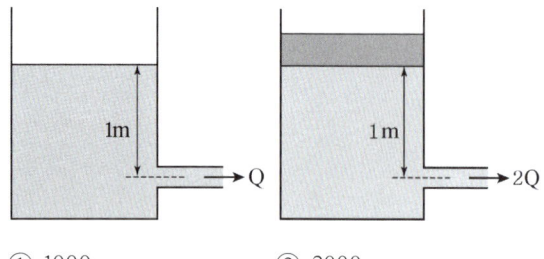

① 1000　　② 2000
③ 3000　　④ 4000

| 해설

- 처음에 피스톤을 올리기 전에 베르누이 방정식에 의해

$$\frac{v_1^2}{2g}+\frac{p_1}{\gamma}+y_1=\frac{v_2^2}{2g}+\frac{p_2}{\gamma}+y_2$$

$v_1=0$, p_1, p_2는 대기압이므로 0이라 하면

$$y_1=\frac{v_2^2}{2g}+y_2$$

$$(y_1-y_2)=\frac{v_2^2}{2g}$$

$$1=\frac{v_2^2}{2g}$$

$$\therefore \frac{v_2^2}{2g}=1$$

- 다음에 피스톤을 올린 후의 베르누이 방정식은

$$\frac{\Delta p}{\gamma}+y_1=\frac{(2v_2)^2}{2g}+y_2$$

$$\Delta p=\gamma(y_2-y_1)+\gamma\frac{(2v_2)^2}{2g}=-\gamma+4\gamma\frac{v_2^2}{2g}$$

$$=-\gamma+4\gamma=3\gamma$$

$3\gamma=3\times 9.8\text{kN/m}^3=29.4\text{kPa}$

힘 $=p\times A$
$\quad=29.4\text{kPa}\times 1\text{m}^2=29.4\text{kN}=29400\text{N}$

$$\therefore \frac{29400\text{N}}{9.8}=3000\text{kg}$$

정답 ③

09. 배관 내 유체의 흐름속도가 급격히 변화될 때 속도에너지가 압력에너지로 변화되면서 배관 및 관 부속물을 심한 압력파로 때리는 현상을 무엇이라고 하는가?

① 수격현상
② 서징현상
③ 공동현상
④ 무구속현상

| 해설

유체의 급격한 운동 변화가 압력의 급변화 현상을 일으키는 것을 수격현상(Water Hammering)이라 한다.

정답 ①

10. 표면온도가 200°C인 직경 10cm 금속공을 20°C 공기 중에서 냉각시키고 있다. 열전달률이 50W일 때 대류열전달계수[W/m²·K]는?

① 8.84
② 10.67
③ 13.68
④ 20.91

| 해설

- 열전달률 $q=hA(T_2-T_1)$
- 열전달계수 $h=\dfrac{q}{A(T_2-T_1)}$

$$=\frac{50}{4\pi(0.1/2)^2\times(473-293)}$$

$$=8.84\text{W/m}^2\cdot\text{K}$$

정답 ①

11. 다음 그림과 같을 때 A에서의 계기압력은 몇 kPa인가? (h_1 = 10cm, h_2 = 20cm, S_1(비중) = 2, S_2 = 4)

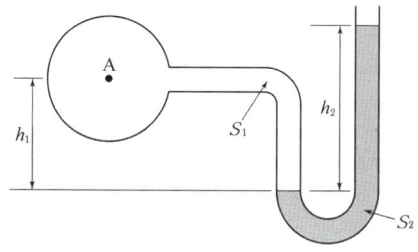

① 8.35
② 0.67
③ 3.68
④ 5.89

| 해설

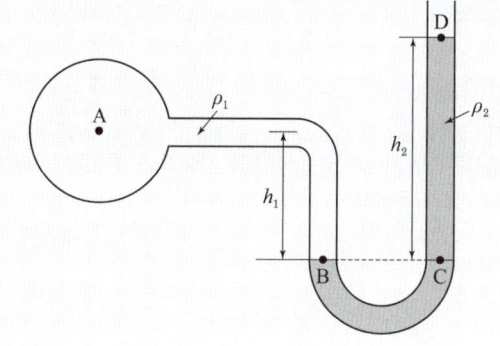

$P_A = P_B - S_1 \gamma h_1$
$P_B = P_C$
$P_C = P_D + S_2 \gamma h_2$
$P_A - P_D = S_2 \gamma h_2 - S_1 \gamma h_1$
$\quad = 4 \times 9.81 \text{kN/m}^3 \times 0.2 - 2 \times 9.81 \text{kN/m}^3 \times 0.1$
$\quad = 5.89 \text{kPa}$

정답 ④

12. 그림과 같이 가로 3m, 높이 4m의 사각형 수문이 수두 1m인 A 지점에 힌지되어 있다. 수압에 의해 문이 열리지 않도록 하기 위해 B지점에 수직으로 가해야 하는 힘의 최소는?

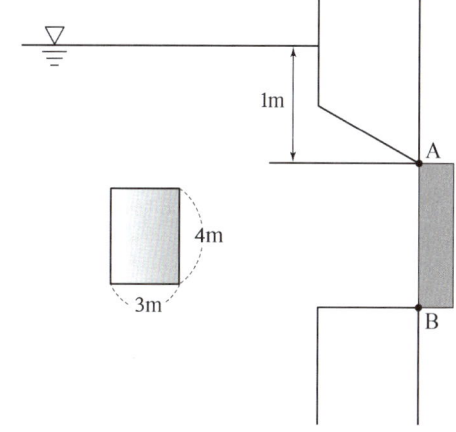

① 159kN   ② 210kN
③ 215kN   ④ 370kN

| 해설

• 문에 작용하는 압력
$F(\text{전압력}) = \rho g y_c A$
※ ρ: 밀도, g: 9.8m/s², y_c: 도심의 깊이, A: 판의 단면적
$F = \gamma y_c A$ ※ γ: 유체의 비중량
$\quad = 9.81 \text{kN/m}^3 \times (1+2) \times 3 \times 4 = 353.16 \text{kN}$

• 작용점의 위치
$y_F = y_c + \dfrac{\dfrac{bh^3}{12}}{A y_c}$

※ y_c: 도심의 위치, b: 판의 너비, h: 판의 길이, A: 판의 단면적

$y_F = 3 + \dfrac{\dfrac{3 \times 4^3}{12}}{12 \times 3} = 3.44 \text{m}$

A점에 관한 힘의 모멘트 합은 0이 되어야 한다.
B에 작용하는 힘을 F_B, 수압에 의한 힘을 F라고 하면
$F_B \times 4 = F \times 2.44$
∴ $F_B = 215.4 \text{kN}$

정답 ③

13. 물제트가 질량 10kg인 사각막대의 중심에 수직으로 부딪히고 있다. 속도 V_j를 서서히 올려 2m/s일 때 사각막대의 오른쪽 아래 모서리를 중심으로 회전하며 막대가 쓰러졌다. 물제트의 단면적은? (단, 물의 밀도는 997kg/m³이다)

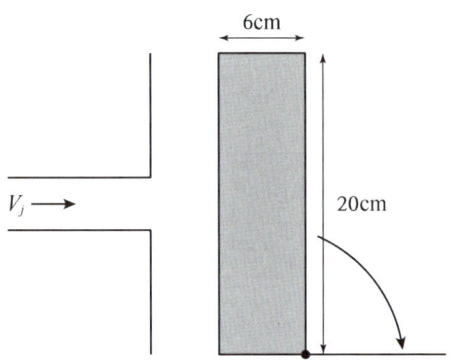

① 73.8cm^2
② 81.5cm^2
③ 98.2cm^2
④ 101.7cm^2

| 해설

$F = \rho Q(v_2 - v_1)$
$-F = \rho Q(0 - v)$
$F = \rho Q v = \rho A v v = \rho A v^2$
$\quad\quad = 997 \times A \times 2^2 = (3988 \times A)\text{N}$

나무 오른쪽 아래 구석에 관한 모멘트 $= 3988 \times A \times 0.1 \text{m}$
※ F: 평판에 가하는 힘, ρ: 유체의 밀도, Q: 유량, A: 노즐의 단면적, v: 유체의 속도

나무를 넘어뜨리기 위한 모멘트 $=$ 나무의 무게 × 나무의 폭/2

$\quad\quad = 10\text{kg} \times 9.81 \times \dfrac{0.06}{2}$
$\quad\quad = 2.943 \text{N} \cdot \text{m}$

$3988 \times A \times 0.1 \text{m} = 2.943$

$\therefore A = \dfrac{2.943}{3988 \times 0.1} = 0.0073796 \text{m}^2 = 73.8 \text{cm}^2$

정답 ①

14. 가로 5m, 세로 4m인 직사각형 덕트의 수력직경은?

① 2.89
② 3.32
③ 4.44
④ 5.57

| 해설

• 수력반경 $R_h = \dfrac{\text{접수면적}}{\text{접수길이}}$

$= \dfrac{A}{P} = \dfrac{bh}{2(b+h)} = \dfrac{5 \times 4}{2(5+4)} = \dfrac{20}{18}$

• 수력직경 $D_h = 4R_h = 4 \times \dfrac{20}{18} = 4.44$

정답 ③

15. 절대단위계의 기본차원이 아닌 것은?

① M
② L
③ T
④ F

| 해설

절대단위계의 기본차원은 MLT를 사용하고, 중력단위계에서는 FLT를 사용한다.

정답 ④

16. 다음 중 비압축성 유동으로 보기 힘든 것은?

① 물의 흐름
② 기름의 흐름
③ 공기의 흐름
④ 꿀의 흐름

| 해설

공기는 압축성 유체이다.

정답 ③

17. H의 간격을 가진 평행한 평판 사이에 점성계수가 0.3N·s/m² 인 액체가 가득 차 있다. 만약 2H의 간격을 만들고 아래쪽 판을 고정하고 윗판을 동일한 속도로 움직일 때 발생하는 윗판에서의 전단응력은 간격이 H일 때의 몇 배인가?

① 1
② 2
③ 4
④ 0.5

| 해설

점성계수 $\mu = \tau \dfrac{dy}{du}$

※ τ: 전단응력[N/m²], u: 유속[m/s], y: 높이[m]

$\tau = \mu \dfrac{du}{dy} = \mu \dfrac{u}{H}$ 에서 $\mu \dfrac{u}{2H}$ 로 변하므로 발생하는 전단응력은 $\dfrac{\tau}{2}$ 가 된다.

정답 ④

18. 직경 30cm인 수평원형관에 0.4m³/sec의 유량이 흐르고 있다. 수온이 20℃, 동점성계수 0.0005m²/s 라면 이 관을 통한 유체의 흐름은 층류인가 또는 난류인가?

① 층류
② 난류
③ 천이상태
④ 알 수 없다.

| 해설

• $Q = Av$

$v = \dfrac{Q}{A} = \dfrac{0.4}{\dfrac{\pi}{4}(0.3)^2} = 5.66 \text{m/s}$

• $Re = \dfrac{vD}{\nu} = \dfrac{5.66 \times 0.3}{0.0005} = 3396 > 2100$

※ Q: 유량, A: 관단면적, D: 관경, v: 유속, ν: 동점성계수

∴ Re가 2100 이상이므로 천이상태이다.

정답 ③

19. 아래 그림과 같은 삼각형 평판이 놓여 있을 때의 수압에 의한 힘의 작용점은 물의 표면으로부터 얼마나 떨어져 있는가? (삼각형 도심에서의 단면 2차 모멘트는 $\dfrac{bh^3}{36}$)

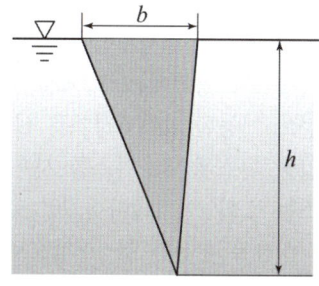

① h/3
② h/2
③ 2h/3
④ h/4

| 해설

작용점의 위치

$y_F = y_c + \dfrac{I_c}{Ay_c} = \dfrac{h}{3} + \dfrac{\dfrac{b \times h^3}{36}}{\dfrac{bh}{2} \times \dfrac{h}{3}} = \dfrac{h}{3} + \dfrac{h}{6} = \dfrac{h}{2}$

※ y_c: 도심의 위치, b: 판의 너비, h: 판의 길이, A: 판의 넓이, I_c: 단면 2차 모멘트

정답 ②

20. 공동현상에 대한 설명으로 틀린 것은?

① 소음과 진동 발생
② 양정의 증가
③ 효율곡선의 저하
④ 임펠러의 침식

| 해설

공동현상(캐비테이션)으로 인해 펌프의 양정은 감소하게 된다.

정답 ②

소방기계시설의 구조 및 원리

21. 분말소화설비의 화재안전기준상 분말소화약제의 가압용 가스용기에 대한 설명으로 틀린 것은?

① 가압용 가스용기를 3병 이상 설치한 경우에는 2개 이상의 용기에 전자개방밸브를 부착할 것
② 가압용 가스용기에는 2.5MPa 이하의 압력에서 조정이 가능한 압력조정기를 설치할 것
③ 가압용 가스에 질소가스를 사용하는 경우 질소가스는 소화약제 1kg마다 20L(35℃에서 1기압의 압력상태로 환산한 것) 이상으로 할 것
④ 축압용 가스에 질소가스를 사용하는 경우 질소가스는 소화약제 1kg에 대하여 10L(35℃에서 1기압의 압력상태로 환산한 것) 이상으로 할 것

| 해설
가압용 가스에 질소가스를 사용하는 경우 질소가스는 소화약제 1kg마다 40L(35℃에서 1기압의 압력상태로 환산한 것) 이상, 이산화탄소를 사용하는 것의 이산화탄소는 소화약제 1kg에 대하여 20g에 배관의 청소에 필요한 양을 가산한 양 이상으로 할 것

정답 ③

22. 스프링클러설비의 교차배관에서 분기되는 지점을 기점으로 한쪽 가지배관에 설치되는 헤드는 몇 개 이하로 설치하여야 하는가? (단, 수리학적 배관방식의 경우는 제외한다)

① 8 ② 10
③ 12 ④ 18

| 해설
교차배관에서 분기되는 지점을 기점으로 한쪽 가지배관에 설치되는 헤드의 개수(반자 아래와 반자 속의 헤드를 하나의 가지배관 상에 병설하는 경우에는 반자 아래에 설치하는 헤드의 개수)는 8개 이하로 한다.

정답 ①

23. 간이스프링클러설비 중 폐쇄형 간이스프링클러헤드를 사용하여 상수도소화용수설비를 직접 연결할 경우 배관 및 밸브 등의 올바른 설치방법은?

① 수도용계량기 - 급수차단장치 - 개폐표시형밸브 - 체크밸브 - 압력계 - 유수검지장치 - 시험밸브 순으로 설치
② 수도용계량기 - 개폐표시형밸브 - 압력계 - 체크밸브 - 유수검지장치 - 시험밸브 순으로 설치
③ 수도용계량기 - 개폐표시형밸브 - 압력계 - 체크밸브 - 압력계 - 개폐표시형밸브 - 일제개방형밸브 순으로 설치
④ 수도용계량기 - 개폐표시형밸브 - 압력계 - 체크밸브 - 압력계 - 개폐표시형밸브 순으로 설치

| 해설
• 간이스프링클러설비의 배관 및 밸브 등의 순서는 헤드에 유효한 급수가 가능하도록 각 방식에 따라 적합하게 설치해야 한다.
• 상수도소화용수설비를 직접 연결하는 경우는 '상수도 직결형'으로, 다음의 기준에 따라 설치해야 한다.
 - 수도용계량기, 급수차단장치, 개폐표시형밸브, 체크밸브, 압력계, 유수검지장치(압력스위치 등 유수검지장치와 동등 이상의 기능과 성능이 있는 것을 포함한다. 이하 같다), 2개의 시험밸브의 순서로 설치할 것

정답 ①

24. 스프링클러설비의 누수로 인한 유수검지장치의 오작동을 방지하기 위한 목적으로 설치하는 것은?

① 솔레노이드밸브
② 리타딩 챔버
③ 물올림장치
④ 성능시험배관

| 해설
누수로 인한 유수검지장치의 오경보를 막기 위한 장치로 리타딩 챔버를 설치한다. 일시적인 클래퍼 개방에 대하여 리타딩 챔버가 압력스위치의 동작을 지연한다.

정답 ②

25. 스프링클러설비 헤드의 설치기준 중 다음 (   ) 안에 알맞은 것은?

> 살수가 방해되지 아니하도록 스프링클러헤드부터 반경 (㉠)cm 이상의 공간을 보유할 것. 다만, 벽과 스프링클러헤드 간의 공간은 (㉡)cm 이상으로 한다.

	㉠	㉡		㉠	㉡
①	10	60	②	30	10
③	60	10	④	90	60

| 해설

살수가 방해되지 아니하도록 스프링클러헤드로부터 반경 60(㉠)cm 이상의 공간을 보유할 것. 다만, 벽과 스프링클러헤드 간의 공간은 10(㉡)cm 이상으로 한다.

정답 ③

26. 소화기구 및 자동소화장치의 화재안전기준상 대형소화기의 정의 중 다음 (   ) 안에 알맞은 것은?

> 대형소화기란 화재 시 사람이 운반할 수 있도록 운반대와 바퀴가 설치되어 있고, 능력단위가 A급 (㉠)단위 이상, B급 (㉡)단위 이상인 소화기를 말한다.

	㉠	㉡		㉠	㉡
①	20	10	②	10	20
③	10	5	④	5	10

| 해설

대형소화기란 화재 시 사람이 운반할 수 있도록 운반대와 바퀴가 설치되어 있고, 능력단위가 A급 10(㉠)단위 이상, B급 20(㉡)단위 이상인 소화기를 말한다.

정답 ②

27. 스프링클러설비의 화재안전기준에 따른 습식유수검지장치를 사용하는 스프링클러설비 시험장치의 설치기준에 대한 설명으로 틀린 것은?

① 유수검지장치에서 가장 가까운 가지배관의 끝으로부터 연결하여 설치해야 한다.
② 시험배관의 끝에는 물받이 통 및 배수관을 설치하여 시험 중 방사된 물이 바닥에 흘러내리지 않도록 해야 한다.
③ 화장실과 같은 배수처리가 쉬운 장소에 시험배관을 설치한 경우에는 물받이 통 및 배수관을 생략할 수 있다.
④ 시험장치 배관의 구경은 유수검지장치에서 가장 먼 가지배관의 구경과 동일한 구경으로 하고 그 끝에 개폐밸브 및 개방형헤드를 설치해야 한다.

| 해설

습식스프링클러설비 및 부압식스프링클러설비에 있어서는 유수검지장치 2차측 배관에 연결하여 설치하고, 건식스프링클러설비인 경우 유수검지장치에서 가장 먼 거리에 위치한 가지 배관의 끝으로부터 연결하여 설치하여야 한다.

정답 ①

28. 스프링클러설비 가압송수장치의 설치기준 중 고가수조를 이용한 가압송수장치에 설치하지 않아도 되는 것은?

① 수위계   ② 배수관
③ 오버플로우관   ④ 압력계

| 해설

고가수조에는 수위계·배수관·급수관·오버플로우관 및 맨홀을 설치하며, 압력계는 설치하지 않아도 된다.

정답 ④

29. 연결송수관설비 방수구의 설치기준에 대한 내용이다. 다음 ( ) 안에 들어갈 내용으로 알맞은 것은? (단, 집회장·관람장·백화점·도매시장·소매시장·판매시설·공장·창고시설 또는 지하가를 제외한다)

> 송수구가 부설된 옥내소화전을 설치한 특정소방대상물로서 지하층을 제외한 층수가 (㉠)층 이하이고 연면적이 (㉡)m² 미만인 특정소방대상물의 지상층에는 방수구를 설치하지 아니할 수 있다.

	㉠	㉡
①	4	6,000
②	5	6,000
③	4	3,000
④	5	3,000

| 해설

- 송수구가 부설된 옥내소화전을 설치한 특정소방대상물로서 지하층을 제외한 층수가 4층 이하이고 연면적이 6,000m² 미만인 특정소방대상물의 지상층에는 방수구를 설치하지 아니할 수 있다.
- 지하층의 층수가 2 이하인 특정소방대상물의 지하층에는 방수구를 설치하지 아니할 수 있다.

정답 ①

30. 할론소화설비의 화재안전기준상 차고나 주차장에 할론 1301 소화약제로 전역방출방식의 소화설비를 설치한 경우 방호구역의 체적 1m³당 얼마의 소화약제가 필요한가?

① 0.32kg 이상 0.64kg 이하
② 0.36kg 이상 0.71kg 이하
③ 0.40kg 이상 1.10kg 이하
④ 0.60kg 이상 0.71kg 이하

| 해설

전역방출방식의 할론 1301 소화약제 저장량

소방대상물 또는 그 부분		방호구역의 체적 1m³에 대한 소화약제의 양
차고·주차장·전기실·통신기기실·전산실, 기타 이와 유사한 전기설비가 설치되어 있는 부분		0.32kg 이상 0.64kg 이하
소방기본법 시행령 별표2의 특수가연물을 저장·취급하는 소방대상물 또는 그 부분	가연성고체류·가연성액체류	0.32kg 이상 0.64kg 이하
	면화류·나무껍질 및 대팻밥·넝마 및 종이부스러기·사류·볏짚류·목재가공품 및 나무부스러기를 저장·취급하는 것	0.52kg 이상 0.64kg 이하
	합성수지류를 저장·취급하는 것	0.32kg 이상 0.64kg 이하

정답 ①

31. 포소화설비의 화재안전기준에 따라 바닥면적이 180m²인 건축물 내부에 호스릴방식의 포소화설비를 설치할 경우 가능한 포소화약제의 최소 필요량은 몇 L인가? (단, 호스접결구는 2개, 약제농도는 3%이다)

① 180 ② 270
③ 650 ④ 720

| 해설

옥내포소화전방식 또는 호스릴방식에 있어서는 다음의 식에 따라 산출한 양 이상으로 할 것. 다만, 바닥면적이 200m² 미만인 건축물에 있어서는 그 75%로 할 수 있다.

$$Q = N \times S \times 6{,}000L$$

Q: 포소화약제의 양[L]
N: 호스접결구 수(5개 이상인 경우는 5)
S: 포소화약제의 사용농도[%]

∴ $Q = 2 \times 0.03 \times 6000 \times 0.75 = 270L$

정답 ②

32. 이산화탄소소화약제의 저장용기에 관한 일반적인 설명으로 옳지 않은 것은?

① 방호구역 내의 장소에 설치하되 피난구 부근을 피하여 설치할 것
② 온도가 40℃ 이하이고, 온도변화가 적은 곳에 설치할 것
③ 직사광선 및 빗물이 침투할 우려가 없는 곳에 설치할 것
④ 용기간의 간격은 점검에 지장이 없도록 3cm 이상의 간격을 유지할 것

| 해설

방호구역 외의 장소에 설치할 것. 다만, 방호구역 내에 설치할 경우에는 피난 및 조작이 용이하도록 피난구 부근에 설치하여야 한다.

정답 ①

33. 포헤드를 정방형으로 설치 시 헤드와 벽과의 최대 이격거리는 약 몇 m인가?

① 1.48 ② 1.62
③ 1.76 ④ 1.91

| 해설

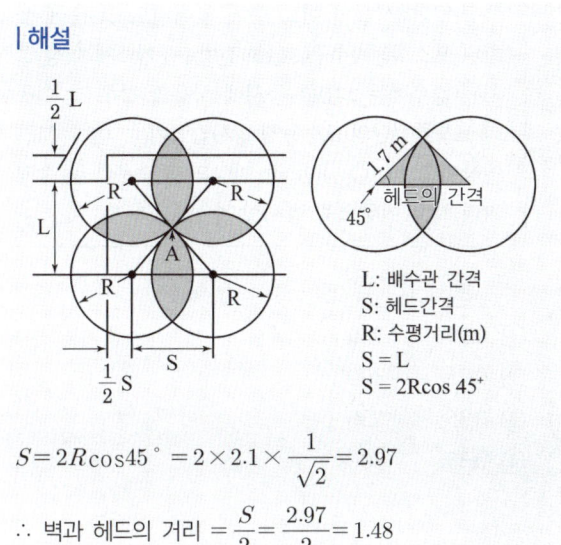

L: 배수관 간격
S: 헤드간격
R: 수평거리(m)
S = L
S = 2Rcos 45°

$S = 2R\cos 45° = 2 \times 2.1 \times \dfrac{1}{\sqrt{2}} = 2.97$

∴ 벽과 헤드의 거리 = $\dfrac{S}{2} = \dfrac{2.97}{2} = 1.48$

정답 ①

34. 소화수조의 소요수량이 20m³ 이상 40m³ 미만인 경우 설치하여야 하는 채수구의 개수로 옳은 것은?

① 1개 ② 2개
③ 3개 ④ 4개

| 해설

소요수량이 20m³ 이상 40m³ 미만인 경우 1개를 설치해야 한다.

소요수량	채수구의 수
20m³ 이상 40m³ 미만	1개
40m³ 이상 100m³ 미만	2개
100m³ 이상	3개

정답 ①

35. 포소화설비의 화재안전기준상 차고·주차장에 설치하는 포소화전설비의 설치기준 중 다음 ( ) 안에 알맞은 것은? (단, 1개층의 바닥면적이 $200m^2$ 이하인 경우는 제외한다)

> 특정소방대상물의 어느 층에 있어서도 그 층에 설치된 포소화전방수구(포소화전방수구가 5개 이상 설치된 경우에는 5개)를 동시에 사용할 경우 각 이동식 포노즐선단의 포수용액 방사압력이 (㉠)MPa 이상이고 (㉡)L/min 이상의 포수용액을 수평거리 15m 이상으로 방사할 수 있도록 할 것

	㉠	㉡
①	0.25	230
②	0.25	300
③	0.35	230
④	0.35	300

| 해설

특정소방대상물의 어느 층에 있어서도 그 층에 설치된 호스릴포방수구 또는 포소화전방수구(호스릴포방수구 또는 포소화전방수구가 5개 이상 설치된 경우에는 5개)를 동시에 사용할 경우 각 이동식 포노즐선단의 포수용액 방사압력이 0.35MPa 이상이고 300L/min 이상(1개층의 바닥면적이 $200m^2$ 이하인 경우에는 230L/min 이상)의 포수용액을 수평거리 15m 이상으로 방사할 수 있도록 한다.

정답 ④

36. 특별피난계단의 계단실 및 부속실 제연설비의 차압 등에 관한 기준 중 옳은 것은?

① 제연설비가 가동되었을 경우 출입문의 개방에 필요한 힘은 130N 이하로 하여야 한다.
② 제연구역과 옥내와의 사이에 유지하여야 하는 최소차압은 40Pa(옥내에 스프링클러설비가 설치된 경우에는 12.5Pa) 이상으로 하여야 한다.
③ 피난을 위하여 제연구역의 출입문이 일시적으로 개방되는 경우 개방되지 아니하는 제연구역과 옥내와의 차압은 기준 차압의 60% 미만이 되어서는 아니 된다.
④ 계단실과 부속실을 동시에 제연하는 경우 부속실의 기압은 계단실과 같게 하거나 계단실의 기압보다 낮게 할 경우에는 부속실과 계단실의 압력차이는 10Pa 이하가 되도록 하여야 한다.

| 해설

- 제연구역과 옥내와의 사이에 유지하여야 하는 최소차압은 40Pa(옥내에 스프링클러설비가 설치된 경우에는 12.5Pa) 이상으로 하여야 한다.
- 제연설비가 가동되었을 경우 출입문의 개방에 필요한 힘은 110N 이하로 하여야 한다.
- 출입문이 일시적으로 개방되는 경우 개방되지 아니하는 제연구역과 옥내와의 차압은 기준에 따른 차압의 70% 미만이 되어서는 아니 된다.
- 계단실과 부속실을 동시에 제연하는 경우 부속실의 기압은 계단실과 같게 하거나 계단실의 기압보다 낮게 할 경우에는 부속실과 계단실의 압력차이는 5Pa 이하가 되도록 하여야 한다.

정답 ②

37. 인명구조기구의 화재안전기준에 따라 특정소방대상물의 용도 및 장소별로 설치해야 할 인명구조기구의 기준으로 틀린 것은?

① 지하가 중 지하상가는 인공소생기를 층마다 2개 이상 비치할 것
② 판매시설 중 대규모 점포는 공기호흡기를 층마다 2개 이상 비치할 것
③ 지하층을 포함하는 층수가 7층 이상인 관광호텔은 방열복(또는 방화복), 공기호흡기, 인공소생기를 각 2개 이상 비치할 것
④ 물분무등소화설비 중 이산화탄소소화설비를 설치해야 하는 특정소방대상물은 공기호흡기를 이산화탄소소화설비가 설치된 장소의 출입구 외부 인근에 1대 이상 비치할 것

| 해설
지하가 중 지하상가는 공기호흡기를 층마다 2개 이상 비치할 것. 다만, 각 층마다 갖추어 두어야 할 공기호흡기 중 일부를 직원이 상주하는 인근 사무실에 갖추어 둘 수 있다.

정답 ①

38. 스프링클러헤드 중에서 특수반응형의 RTI 값으로 옳은 것은?

① 50 이하
② 51 초과 70 이하
③ 51 초과 80 이하
④ 80 초과 350 이하

| 해설
RTI에 따른 분류

헤드 종류	RTI
조기반응형(Quick response)	50 이하
특수반응형(Special response)	51 초과 80 이하
표준반응형(Standard response)	80 초과 350 이하

정답 ③

39. 다음 중 상수도소화용수설비에 대한 잘못된 설명은?

① 연면적 5,000m² 이상인 것 또는 가스시설로서 지상에 노출된 탱크의 저장용량의 합계가 200톤 이상인 것에 설치한다.
② 호칭지름 75mm 이상의 수도배관에 호칭지름 100mm 이상의 소화전을 접속한다.
③ 소방자동차 등의 진입이 쉬운 도로변 또는 공지에 설치한다.
④ 특정소방대상물의 수평투영면의 각 부분으로부터 140m 이하가 되도록 설치한다.

| 해설
연면적 5,000m² 이상인 것 또는 가스시설로서 지상에 노출된 탱크의 저장용량의 합계가 100톤 이상인 것에 설치한다.

정답 ①

40. 다음 중 옥내소화전 방수구를 설치하여야 하는 곳은?

① 수족관
② 수영장의 관람석
③ 식물원
④ 냉장창고의 영하인 냉장실

| 해설
옥내소화전 방수구의 설치제외는 다음과 같다.
• 냉장창고의 영하인 냉장실 또는 냉동창고의 냉동실
• 발전소·변전소 등으로서 전기시설이 설치된 장소
• 식물원, 수족관·목욕실·수영장(관람석 부분 제외) 또는 그 밖의 이외 비슷한 장소
• 야외음악당·야외극장 또는 그 밖의 이와 비슷한 장소

정답 ②

2023년 | 제2회(CBT)

※ CBT 문제는 수험생의 기억에 따라 복원된 것이며, 실제 기출문제와 동일하지 않을 수 있습니다.

소방유체역학

01. 지름 10cm의 호스에 출구 지름이 3cm인 노즐이 부착되어 있고, 1,500L/min의 물이 대기 중으로 뿜어져 나온다. 이때 4개의 플랜지 볼트를 사용하여 노즐을 호스에 부착하고 있다면 볼트 1개에 작용되는 힘의 크기[N]는? (단, 유동에서 마찰이 존재하지 않는다고 가정한다)

① 58.3
② 899.4
③ 1,018.4
④ 4,098.2

| 해설

- 플랜지 볼트에 작용하는 힘 $F_B[\text{N}] = \dfrac{\gamma A_1 Q^2}{2g}\left(\dfrac{A_1 - A_2}{A_1 A_2}\right)^2$

  ※ Q: 유량[m³/s], A_1: 입구측 배관 단면적[m²], A_2: 출구측 배관 단면적[m²], γ: 비중량[N/m³]

- $Q = 1500\text{L/min} = \dfrac{1500}{1000} \times \dfrac{1}{60}\text{m}^3/\text{s} = 0.025\text{m}^3/\text{s}$

  $A_1 = \dfrac{\pi}{4} \times (0.1)^2 = 0.00785\text{m}^2 \simeq 0.0079\text{m}^2$

  $A_2 = \dfrac{\pi}{4} \times (0.03)^2 = 0.0007\text{m}^2$

- $F_B[\text{N}]$
  $= \dfrac{9800 \times 0.0079 \times (0.025)^2}{2 \times 9.8}\left(\dfrac{0.0079 - 0.0007}{0.0079 \times 0.0007}\right)^2$
  $= 4185\text{N}$

∴ 따라서 1개의 볼트에 작용하는 힘은 $\dfrac{4185}{4} = 1046\text{N}$이며, 가장 유사한 답은 ③이다.

정답 ③

02. 온도가 20℃이고, 압력이 100kPa인 공기를 가역 단열과정으로 압축하여 체적을 30%로 줄였을 때의 압력[kPa]은? (단, 공기의 비열비는 1.4이다)

① 263.9
② 324.5
③ 403.5
④ 539.5

| 해설

- 폴리트로픽 과정 중의 가역단열과정

  $\dfrac{P_2}{P_1} = \left(\dfrac{V_1}{V_2}\right)^K$ ※ $K = 1.4$

- $\dfrac{P_2}{100} = \left(\dfrac{V_1}{0.3 V_1}\right)^{1.4} = \left(\dfrac{1}{0.3}\right)^{1.4}$

∴ $P_2 = 100\left(\dfrac{10}{3}\right)^{1.4} = 539.5\text{kPa}$

정답 ④

03. 동력(power)의 차원을 MLT(질량 M, 길이 L, 시간 T)계로 바르게 나타낸 것은?

① MLT^{-1}
② M^2LT^{-2}
③ ML^2T^{-3}
④ MLT^{-2}

| 해설

Power $= \dfrac{\text{일}}{\text{시간}} = \dfrac{\text{힘} \times \text{거리}}{\text{시간}}$

$= \dfrac{m \times a \times \text{거리}}{\text{시간}}$

$= \dfrac{M \times \dfrac{L}{T^2} \times L}{T} = \dfrac{ML^2}{T^3} = ML^2T^{-3}$

정답 ③

04. 안지름 25mm, 길이 10m의 수평 파이프를 통해 비중 0.8, 점성계수는 5×10^{-3}kg/m·s인 기름을 유량 0.2×10^{-3}m³/s로 수송하고자 할 때, 필요한 펌프의 최소 동력은 약 몇 W인가?

① 0.21
② 0.58
③ 0.77
④ 0.81

| 해설

- 펌프의 최소 동력 = γQH

  배관마찰손실 = $f \dfrac{l}{d} \dfrac{v^2}{2g}$

  레이놀즈수 $Re = \dfrac{\rho VD}{\mu} = \dfrac{VD}{\nu}$, $f = \dfrac{64}{Re}$

  ※ γ: 비중량[N/m³], Q: 유량[m³/s], H: 전양정[m],
  f: 마찰계수, l: 배관길이[m], d: 배관직경[m],
  v: 유속[m/s], g: 9.8m/s², ρ: 밀도[kg/m³],
  μ: 점성계수[kg/m·s], D: 관의 직경[m],
  ν: 동점성계수[m²/s]

- $Q = Av$

  $v = \dfrac{Q}{A} = \dfrac{0.2 \times 10^{-3}}{\dfrac{\pi}{4} \times (0.025)^2} = 0.4074$m/s

  $\rho = 0.8 \times 1000$kg/m³ $= 800$kg/m³

  $Re = \dfrac{800 \times 0.4074 \times 0.025}{5 \times 10^{-3}} = 1629.6$

  $f = \dfrac{64}{1629.6} = 0.04$

- 마찰손실수두 = $0.04 \times \dfrac{10}{0.025} \times \dfrac{0.4074^2}{2 \times 9.8} = 0.1355$m

∴ 펌프의 최소 동력 = $0.8 \times 9800 \times 0.2 \times 10^{-3} \times 0.1355$
$= 0.21$W

정답 ①

05. 모세관 현상에 있어서 물이 모세관을 따라 올라가는 높이에 대한 설명으로 옳은 것은?

① 표면장력이 클수록 높이 올라간다.
② 관의 지름이 클수록 높이 올라간다.
③ 밀도가 클수록 높이 올라간다.
④ 중력의 크기와는 무관하다.

| 해설

모세관의 상승높이 $h = \dfrac{4\sigma \cos\theta}{\gamma d} = \dfrac{4\sigma \cos\theta}{\rho g d}$

※ σ: 표면장력[N/m], θ: 접촉각, γ: 비중량[N/m³],
ρ: 밀도[kg/m³], g: 9.8m/s², d: 관의 직경[m]

② 관의 지름이 작을수록 높이 올라간다.
③ 밀도가 작을수록 높이 올라간다.
④ 중력의 크기와 관계있다.

정답 ①

06. 질량 m[kg]의 어떤 기체로 구성된 밀폐계가 Q[kJ]의 열을 받아 일을 하고, 이 기체의 온도가 △T[℃] 상승하였다면 이 계가 외부에 한 일 W[kJ]을 구하는 계산식으로 옳은 것은? (단, 이 기체의 정적비열은 C_V[kJ/kg·K], 정압비열은 C_P[kJ/kg·K]이다)

① $W = Q - mC_V \triangle T$
② $W = Q + mC_V \triangle T$
③ $W = Q - mC_P \triangle T$
④ $W = Q + mC_P \triangle T$

| 해설

- 열역학 1법칙 $Q = U + W$
  ※ Q: 열량[kJ], U: 내부에너지[kJ], W: 일[kJ]
- $U = mC_V \triangle T$ (* C_V: 정적비열)

∴ $W = Q - mC_V \triangle T$

정답 ①

07. 그림과 같은 1/4원형의 수문(水門) AB가 받는 수평성분 힘(F_H)과 수직성분 힘(F_V)은 각각 약 몇 kN인가? (단, 수문의 반지름은 2m, 폭은 3m이다)

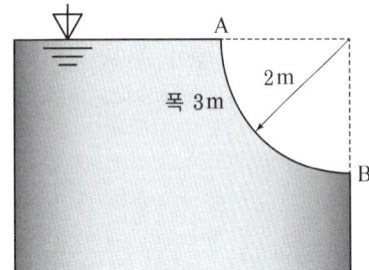

① $F_H = 24.4, F_V = 46.2$
② $F_H = 24.4, F_V = 92.4$
③ $F_H = 58.8, F_V = 46.2$
④ $F_H = 58.8, F_V = 92.4$

| 해설

- 수평분력 $F_H = \gamma y_G A$

  ※ γ: 비중량, y_G: 도심, A: 수평투영면적

  수직분력 $F_V = \gamma V = \gamma \dfrac{\pi}{4} R^2 \cdot b$

  ※ γ: 비중량, V: 곡면 위의 부피, R: 수문반지름, b: 폭

- $F_H = 9.8 \text{kN/m}^3 \times 1\text{m} \times 2\text{m} \times 3\text{m} = 58.8 \text{kN}$

  $F_V = 9.8 \text{kN/m}^3 \times \dfrac{\pi}{4} \times 2 \times 3 = 92.4 \text{kN}$

정답 ④

08. 다음 중 용적형 펌프가 아닌 것은?

① 터빈펌프   ② 기어펌프
③ 피스톤펌프   ④ 베인펌프

| 해설

용적형 펌프는 기어펌프, 나사펌프, 베인펌프, 피스톤 펌프이고, 비용적형 펌프에는 원심식이나 축류형의 터보펌프가 있다

정답 ①

09. 비중이 0.95인 액체가 흐르는 곳에 다음 그림과 같이 피토 튜브를 직각으로 설치하였을 때 h가 150mm, H가 30mm로 나타났다면 점 1위치에서의 유속[m/s]은?

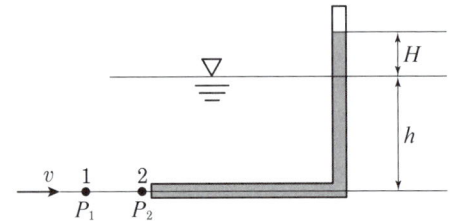

① 0.8
② 1.6
③ 3.2
④ 4.2

| 해설

1점에서의 속도수두 $\dfrac{v_1^2}{2g}$ 는 물기둥의 위치수두 H로 바뀐다.

$\dfrac{v_1^2}{2g} = H$

∴ $v_1 = \sqrt{2gH} = \sqrt{2 \times 9.8 \times 0.03} \simeq 0.8 \text{m/s}$

정답 ①

10. 유체의 점성에 대한 옳지 못한 설명은?

① 속도구배가 직선으로 표현되면 뉴턴유체이다.
② 액체의 점성은 온도가 증가하면 커진다.
③ 동점성의 단위는 stokes이다.
④ 스토머 점도계는 뉴튼의 점성법칙을 이용한다.

| 해설

온도가 증가하면 액체 사이의 응집력이 감소하여 점성이 작아진다.

정답 ②

11. 그림의 역U자관 마노미터에서 압력차($P_X - P_Y$)는 약 몇 Pa인가?

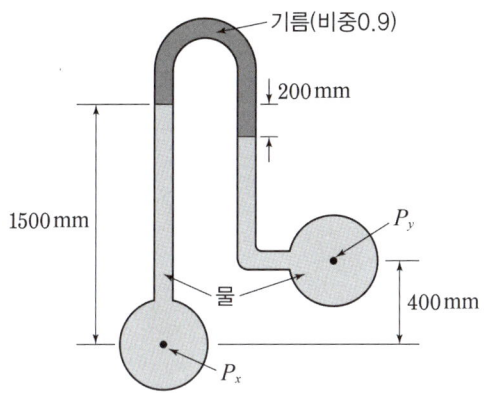

① 3215
② 4116
③ 5045
④ 6826

12. 안지름 10cm의 관로에서 마찰손실수두가 속도수두와 같다면 그 관로의 길이는 약 몇 m인가? (단, 관마찰계수는 0.03이다)

① 1.58
② 2.54
③ 3.33
④ 4.52

| 해설

- 마찰손실수두(Darcy 공식)

$$H = f \frac{l}{d} \frac{v^2}{2g}$$

※ f: 마찰계수, d: 직경[m], l: 배관길이[m], v: 유속[m/s], g: 중력가속도[m/s^2]

- $f \dfrac{l}{d} \dfrac{v^2}{2g} = \dfrac{v^2}{2g}$

$f \dfrac{l}{d} = 1$

∴ $l = \dfrac{d}{f} = \dfrac{0.1}{0.03} = 3.33$ m

정답 ③

| 해설

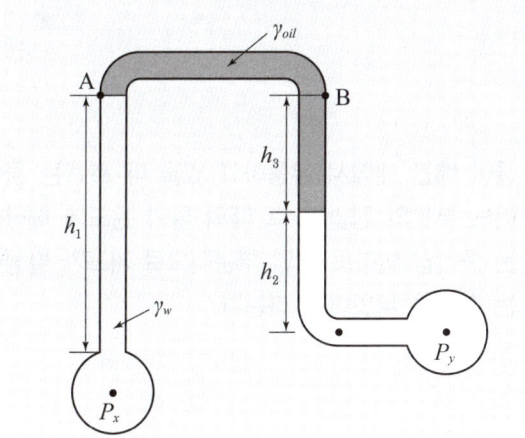

$P_X = P_A + \gamma h_1 - \text{㉠}$

$P_A = P_B - \text{㉡}$

$P_Y = P_B + \gamma_{oil} h_3 - \gamma h_2 - \text{㉢}$

∴ $P_A = P_B = P_Y - \gamma_{oil} h_3 + \gamma h_2 - \text{㉣}$

㉣식을 ㉠식에 대입하면

$P_X = P_Y + \gamma h_1 - \gamma_{oil} h_3 - \gamma h_2$

$P_X - P_Y = \gamma(h_1 - h_2) - \gamma_{oil} h_3$
$= 9800(1.5 - 0.9) - 0.9 \times 9800 \times 0.2$
$= 4116 \text{Pa}$

∴ $P_X - P_Y = 4116 \text{Pa}$

정답 ②

13. 베르누이 방정식을 적용할 수 있는 기본 전제조건으로 옳은 것은?

① 비압축성 흐름, 점성 흐름, 정상 유동
② 압축성 흐름, 비점성 흐름, 정상 유동
③ 비압축성 흐름, 비점성 흐름, 비정상 유동
④ 비압축성 흐름, 비점성 흐름, 정상 유동

| 해설

베르누이 방정식은 비압축성 흐름, 비점성 흐름, 정상 유동이 기본 전제조건이다.

정답 ④

14. 이상적인 카르노사이클의 과정인 단열압축과 등온압축의 엔트로피 변화에 관한 설명으로 옳은 것은?

① 등온압축의 경우 엔트로피 변화는 없고, 단열압축의 경우 엔트로피 변화는 감소한다.
② 등온압축의 경우 엔트로피 변화는 없고, 단열압축의 경우 엔트로피 변화는 증가한다.
③ 단열압축의 경우 엔트로피 변화는 없고, 등온압축의 경우 엔트로피 변화는 감소한다.
④ 단열압축의 경우 엔트로피 변화는 없고, 등온압축의 경우 엔트로피 변화는 증가한다.

| 해설

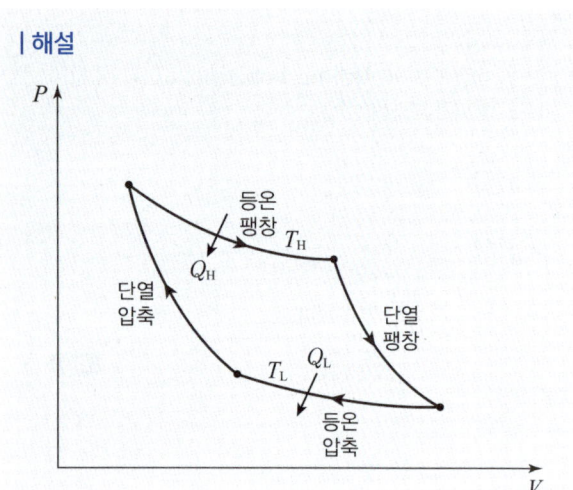

단열압축의 경우 엔트로피 변화는 없고, 등온압축의 경우 엔트로피 변화는 감소한다. 따라서 ③이 옳은 내용이다.

① 엔트로피 변화는 $\frac{\triangle Q}{T}$이다. 등온압축은 엔트로피 변화가 있고 단열과정은 $\triangle Q = 0$이므로 엔트로피 변화는 0이다.
② 등온압축은 엔트로피 변화가 0이 아니다. 단열과정은 엔트로피 변화가 0이다.
④ 등온압축의 경우 $\triangle Q$가 음수이므로 엔트로피는 감소한다.

정답 ③

15. 압력계 A, B에서 읽히는 압력에 대한 올바른 표현은?

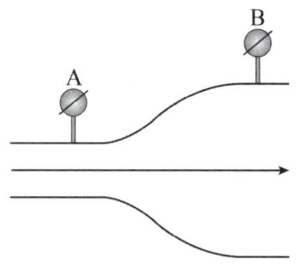

① $P_A > P_B$
② $P_A < P_B$
③ $P_A = P_B$
④ 위의 자료만으로 알 수 없다.

| 해설

베르누이 정리에 의해 A에서는 유속이 빠르고 압력이 낮으며, B에서는 유속이 느리고 압력이 커진다.

정답 ②

16. 물이 배관 내에서 유동하고 있을 때 흐르는 물속 어느 부분의 정압이 그 때의 물의 온도에 해당하는 증기압 이하로 되면 부분적으로 기포가 발생하는 현상을 무엇이라 하는가?

① 수격현상　② 캐비테이션
③ 서징　　　④ 피드백

| 해설
- 공동현상(Cavitation)에 대한 설명이다.
- 공동현상은 흡입쪽 액체의 압력이 정상적인 포화증기압보다 낮아져 기화되어 기포가 되는 현상이다.

정답 ②

17. 다음은 열전달을 막기 위한 방법들이다. 어떤 열전달 방식을 막기 위한 방법인지 바르게 짝지어진 것은?

> ㉠ 맑은 날 밝은 색의 양산 사용
> ㉡ 양은냄비 손잡이 고무나 플라스틱 사용

① ㉠ 복사 - ㉡ 전도
② ㉠ 대류 - ㉡ 전도
③ ㉠ 복사 - ㉡ 대류
④ ㉠ 전도 - ㉡ 복사

| 해설
㉠ 맑은 날 밝은 색의 양산 사용은 태양으로부터 복사되는 밝은 빛을 반사시키는 것이다.
㉡ 양은냄비 손잡이 고무나 플라스틱을 사용하는 것은 직접적인 접촉에 의한 열전도를 막기 위한 것이다.

정답 ①

18. 수평 원형관에서 관경을 절반으로 줄이면 가해야 하는 모터의 동력은 몇 배가 되어야 하는가?

① 0.25배
② 1배
③ 4배
④ 16배

| 해설
층류유동압력(ΔP) = $\dfrac{128\mu LQ}{\pi D^4}$ 이므로 D가 $0.5D$가 되면 ΔP는 16배가 된다.
∴ 그러므로 펌프의 동력은 16배가 되어야 한다.

정답 ④

19. 수도꼭지에서 나오는 물은 아래로 내려옴에 따라 물줄기가 가늘어진다. 이에 대한 설명으로 옳은 것은?

① 표면장력에 의해 나오는 물이 줄어든다.
② 중력에 의해 내려옴에 따라 흐르는 물의 총량은 감소한다.
③ 수소결합에 의해 물은 서로를 잡아당겨 유량이 줄어든다.
④ 물의 유량은 동일하며 연속방정식에 의해 유속이 빨라질수록 흐름의 단면적은 줄어든다.

| 해설
$A_1 V_1 = A_2 V_2$
※ A_1: 윗부분 단면적, V_1: 윗부분 유속, A_2: 아랫부분 단면적, V_2: 아랫부분 유속
∴ $A_1 > A_2$, $V_1 < V_2$

정답 ④

20. 수평 원형관을 통해 10m³/s의 물이 흘러나가는데 관의 시작부분 압력이 200kPa, 노즐부분의 압력이 1MPa일 때 얼마의 동력이 필요한가?

① 6000kW
② 7000kW
③ 8000kW
④ 9000kW

| 해설
- 압력손실 $\Delta P = 1000\text{kPa} - 200\text{kPa} = 800\text{kPa}$
- 동력 = $\Delta P \times Q = 800 \times 10 = 8000\text{kW}$

정답 ③

소방기계시설의 구조 및 원리

21. 습식 스프링클러설비의 구성요소가 아닌 것은?

① 수원   ② 가압송수장치
③ 유수검지장치   ④ 자동폐쇄장치

| 해설

자동폐쇄장치는 가스계 소화설비의 구성요소이다.

정답 ④

22. 특정소방대상물에 따라 적응하는 포소화설비기준 중 특수가연물을 저장·취급하는 공장 또는 창고에 적응하는 포소화설비의 종류가 아닌 것은?

① 포워터스프링클러설비
② 고정포방출설비
③ 호스릴포소화설비
④ 압축공기포소화설비

| 해설

호스릴포소화설비는 특수가연물을 저장·취급하는 공장 또는 창고에 적응하는 포소화설비의 종류에 해당하지 않는다.

정답 ③

23. 포소화설비의 화재안전기준에 따라 차고 또는 주차장에 설치하는 포소화설비의 수동식 기동장치는 방사구역마다 최소한 몇 개 이상을 설치해야 하는가?

① 1   ② 2
③ 3   ④ 4

| 해설

차고 또는 주차장에 설치하는 포소화설비의 수동식 기동장치는 방사구역마다 1개 이상 설치한다.

정답 ①

24. 이산화탄소소화설비의 화재안전기준에 따른 이산화탄소소화설비의 수동식 기동장치 설치기준으로 옳지 않은 것은?

① 기동장치의 조작부는 보호판 등에 따른 보호장치를 설치하여야 한다.
② 기동장치의 조작부는 바닥으로부터 0.8m 이상 1.5m 이하의 위치에 설치한다.
③ 전역방출방식은 방호구역마다, 국소방출방식은 방호대상물마다 설치한다.
④ 기동장치의 복구스위치는 음향경보장치와 연동하여 조작될 수 있는 것이어야 한다.

| 해설

기동장치의 방출용 스위치는 음향경보장치와 연동하여 조작될 수 있는 것으로 한다.

정답 ④

25. 포소화설비에서 고발포용 포원액은 팽창비가 (ㄱ) 이상 (ㄴ) 미만의 것을 사용한다. 빈칸에 알맞은 숫자는?

	(ㄱ)	(ㄴ)
①	50	700
②	60	800
③	70	900
④	80	1000

| 해설

고발포용은 팽창비가 80(ㄱ) 이상 1000(ㄴ) 미만이다.

팽창비율에 따른 포의 종류	포방출구의 종류
팽창비가 20 이하인 것(저발포)	포헤드, 압축공기포헤드
팽창비가 80 이상 1,000 미만인 것(고발포)	고발포용 고정포방출구

정답 ④

26. 할로겐화합물소화설비의 저장용기의 설치기준으로 옳지 않은 것은?

① 저장용기는 약제명·저장용기의 자체중량과 총 중량·충전일시·충전압력 및 약제의 체적을 표시한다.
② 집합관에 접속되는 저장용기는 동일한 내용적을 가진 것으로 충전량 및 충전압력이 같도록 한다.
③ 저장용기에 충전량 및 충전압력을 확인할 수 있는 장치를 하는 경우에는 해당 소화약제에 적합한 구조로 한다.
④ 저장용기의 약제량 손실이 3%를 초과하거나 압력손실이 7%를 초과할 경우에는 재충전하거나 저장용기를 교체한다. 불활성기체소화약제 저장용기의 경우에는 압력손실이 3%를 초과할 경우 재충전하거나 저장용기를 교체하여야 한다.

| 해설
저장용기의 약제량 손실이 5%를 초과하거나 압력손실이 10%를 초과할 경우에는 재충전하거나 저장용기를 교체한다. 불활성기체소화약제 저장용기의 경우에는 압력손실이 5%를 초과할 경우 재충전하거나 저장용기를 교체하여야 한다.

정답 ④

27. 화재조기진압용 스프링클러설비의 화재안전기준상 화재조기진압용 스프링클러설비 가지배관의 배열기준 중 천장의 높이가 9.1m 이상 13.7m 이하인 경우 가지배관 사이의 거리 기준으로 옳은 것은?

① 2.4m 이상 3.1m 이하
② 2.4m 이상 3.7m 이하
③ 6.0m 이상 8.5m 이하
④ 6.0m 이상 9.3m 이하

| 해설
가지배관 사이의 거리는 2.4m 이상 3.7m 이하로 할 것. 다만, 천장의 높이가 9.1m 이상 13.7m 이하인 경우에는 2.4m 이상 3.1m 이하로 한다.

정답 ①

28. 제연설비의 설치장소에 따른 제연구역의 구획 기준으로 틀린 것은?

① 거실과 통로는 상호 제연구획할 것
② 하나의 제연구역의 면적은 600m² 이내로 할 것
③ 하나의 제연구역은 직경 60m 원 내에 들어갈 수 있을 것
④ 하나의 제연구역은 2개 이상 층에 미치지 아니하도록 할 것

| 해설
하나의 제연구역의 면적은 1,000m² 이내로 한다.

정답 ②

29. 연결살수설비의 화재안전기준에 따른 건축물에 설치하는 연결살수설비의 헤드에 대한 기준 중 다음 ( ) 안에 알맞은 것은?

> 천장 또는 반자의 각 부분으로부터 하나의 살수헤드까지의 수평거리는 연결살수설비 전용헤드의 경우 (㉠)m 이하, 스프링클러헤드의 경우 (㉡)m 이하로 할 것. 다만, 살수헤드의 부착면과 바닥과의 높이가 (㉢)m 이하인 부분은 살수헤드의 살수분포에 따른 거리로 할 수 있다.

	㉠	㉡	㉢
①	3.7	2.3	2.1
②	3.7	2.3	2.3
③	2.3	3.7	2.3
④	2.3	3.7	2.1

| 해설

천장 또는 반자의 각 부분으로부터 하나의 살수헤드까지의 수평거리가 연결살수설비 전용헤드의 경우는 3.7(㉠)m 이하, 스프링클러헤드의 경우는 2.3(㉡)m 이하로 할 것. 다만, 살수헤드의 부착면과 바닥과의 높이가 2.1(㉢)m 이하인 부분은 살수헤드의 살수분포에 따른 거리로 할 수 있다.

정답 ①

30. 스프링클러설비 중 살수헤드가 개방형인 것은?

① 일제살수식   ② 습식
③ 건식   ④ 부압식

| 해설

스프링클러설비 중 일제살수식은 화재 시 바로 살수가 되어야 하므로 개방형 헤드를 가진다. 그러나 다른 설비들은 모두 폐쇄형 헤드이다.

정답 ①

31. 분말소화설비의 화재안전기준상 차고 또는 주차장에 설치하는 분말소화설비의 소화약제로 옳은 것은?

① 인산염을 주성분으로 한 분말
② 탄산수소칼륨을 주성분으로 한 분말
③ 탄산수소칼륨과 요소가 화합된 분말
④ 탄산수소나트륨을 주성분으로 한 분말

| 해설

차고·주차장에는 제3종 분말을 사용한다.

소화약제의 종별	소화약제 1kg당 저장용기의 내용적
제1종 분말 (탄산수소나트륨을 주성분으로 한 분말)	0.8L
제2종 분말 (탄산수소칼륨을 주성분으로 한 분말)	1L
제3종 분말 (인산염을 주성분으로 한 분말)	1L
제4종 분말 (탄산수소칼륨과 요소가 화합된 분말)	1.25L

정답 ①

32. 폐쇄형 스프링클러헤드를 최고 주위온도 40℃인 장소(공장 및 창고 제외)에 설치할 경우 표시온도는 몇 ℃의 것을 설치하여야 하는가?

① 79℃ 미만
② 79℃ 이상 121℃ 미만
③ 121℃ 이상 162℃ 미만
④ 162℃ 이상

| 해설

79℃ 이상 121℃ 미만의 것을 설치하여야 한다.

설치장소의 최고 주위온도	표시온도
39℃ 미만	79℃ 미만
39℃ 이상 64℃ 미만	79℃ 이상 121℃ 미만
64℃ 이상 106℃ 미만	121℃ 이상 162℃ 미만
106℃ 이상	162℃ 이상

정답 ②

33. 대형 이산화탄소소화기의 소화약제 충전량으로 옳은 것은?

① 20kg 이상
② 30kg 이상
③ 50kg 이상
④ 70kg 이상

| 해설

대형소화기의 소화약제 충전량은 다음과 같다.
㉠ 물소화기: 80L 이상
㉡ 강화액소화기: 60L 이상
㉢ 할로겐화합물소화기: 30kg 이상
㉣ 이산화탄소소화기: 50kg 이상
㉤ 분말소화기: 20kg 이상
㉥ 포소화기: 20L 이상

정답 ③

34. 소화용수설비 중 소화수조 및 저수조에 대한 설명으로 옳지 않은 것은?

① 소화수조, 저수조의 채수구 또는 흡수관투입구는 소방차가 2m 이내의 지점까지 접근할 수 있는 위치에 설치할 것
② 지하에 설치하는 소화용수설비의 흡수관투입구는 그 한 변이 0.6m 이상인 것으로 할 것
③ 채수구는 지면으로부터의 높이가 0.5m 이상 1m 이하의 위치에 설치하고 "채수구"라고 표시한 표시를 할 것
④ 소화수조가 옥상 또는 옥탑의 부분에 설치된 경우에는 지상에 설치된 채수구에서의 압력이 0.1MPa 이상이 되도록 할 것

| 해설

소화수조가 옥상 또는 옥탑의 부분에 설치된 경우에는 지상에 설치된 채수구에서의 압력이 0.15MPa 이상이 되도록 하여야 한다.

정답 ④

35. 물분무소화설비를 설치하는 차고의 배수설비 설치기준으로 옳지 않은 것은?

① 차량이 주차하는 장소의 적당한 곳에 높이 10cm 이상의 경계턱으로 배수구를 설치할 것
② 길이 40m 이하마다 집수관, 소화핏트 등 기름분리장치를 설치할 것
③ 차량이 주차하는 바닥은 배수구를 향하여 100분의 1 이상의 기울기를 유지할 것
④ 배수설비는 가압송수장치의 최대 송수능력의 수량을 유효하게 배수할 수 있는 크기 및 기울기로 할 것

| 해설

차량이 주차하는 바닥은 배수구를 향하여 100분의 2 이상의 기울기를 유지한다.

정답 ③

36. 옥내소화전의 배관 등에 대한 설치방법으로 옳지 않은 것은?

① 펌프의 토출측 주배관의 구경은 평균유속을 5m/s가 되도록 설치하였다.
② 배관 내 사용압력이 1.1MPa인 곳에 배관용탄소강관을 사용하였다.
③ 옥내소화전 송수구를 단구형으로 설치하였다.
④ 송수구로부터 주배관에 이르는 연결배관에는 개폐밸브를 설치하지 않았다.

| 해설

- 펌프의 토출측 주배관의 구경은 유속이 4m/s 이하가 될 수 있는 크기 이상으로 하여야 하고, 배관 내 사용압력이 1.2MPa 미만일 경우는 배관용탄소강관, 이음매 없는 구리 및 구리합금관, 배관용 스테인레스강관을 사용한다.
- 송수구는 구경 65mm의 쌍구형 또는 단구형으로 한다.
- 송수구로부터 주배관에 이르는 연결배관에는 개폐밸브를 설치하지 않는다.

정답 ①

37. 특정소방대상물의 용도 및 장소별로 설치하여야 할 인명구조기구 종류의 기준 중 ( ) 안에 들어갈 내용으로 옳은 것은?

특정소방대상물	인명구조기구의 종류
물분무등소화설비 중 ( )를 설치하여야 하는 특정소방대상물	공기호흡기

① 이산화탄소소화설비
② 분말소화설비
③ 할로겐화합물소화설비(할론소화설비)
④ 청정소화약제소화설비(할로겐화합물 및 불활성기체소화설비)

| 해설
물분무등소화설비 중 이산화탄소소화설비를 설치하여야 하는 특정소방대상물의 인명구조기구는 공기호흡기이다.

정답 ①

38. 스프링클러설비 가압송수장치의 설치기준 중 고가수조를 이용한 가압송수장치에 설치하지 않아도 되는 것은?

① 수위계
② 배수관
③ 오버플로우관
④ 압력계

| 해설
고가수조에는 수위계·배수관·급수관·오버플로우관 및 맨홀을 설치하며, 압력계는 설치하지 않아도 된다.

정답 ④

39. 옥내소화전 호스릴설비 중 주배관의 직경은 얼마 이상인가?

① 20mm 이상
② 32mm 이상
③ 50mm 이상
④ 70mm 이상

| 해설
호스릴설비 중 주배관의 직경은 32mm 이상으로 한다.
[배관의 직경]

분류	주배관 (유속 4m/s 이하)	가지배관
호스릴설비	32mm 이상	25mm 이상
일반설비	50mm 이상	40mm 이상
연결송수관설비의 배관과 겸용	100mm 이상	65mm 이상

정답 ②

40. 옥내소화전 방수구의 설치제외 장소가 아닌 것은?

① 온도가 영하인 냉장실, 냉동실
② 공연장, 집회장, 관람장, 문화재, 장례식장 및 의료시설
③ 고온의 노가 설치된 장소
④ 식물원, 수족관, 목욕실, 수영장(관람석 제외), 야외음악당, 야외극장

| 해설
공연장, 집회장, 관람장, 문화재, 장례식장 및 의료시설이 아니라 발전소, 변전소 등의 전기시설이 설치제외 장소이다.

정답 ②

2023년 제1회(CBT)

※ CBT 문제는 수험생의 기억에 따라 복원된 것이며, 실제 기출문제와 동일하지 않을 수 있습니다.

소방유체역학

01. 관 A에는 비중 $S_1 = 1.5$인 유체가 있으며, 마노미터 유체는 비중 $S_2 = 13.6$인 수은이고, 마노미터에서의 수은의 높이차 h_2는 20cm이다. 이후 관 A의 압력이 종전보다 40kPa 증가했을 때, 마노미터에서 수은의 새로운 높이차(h_2')는 약 몇 cm 인가?

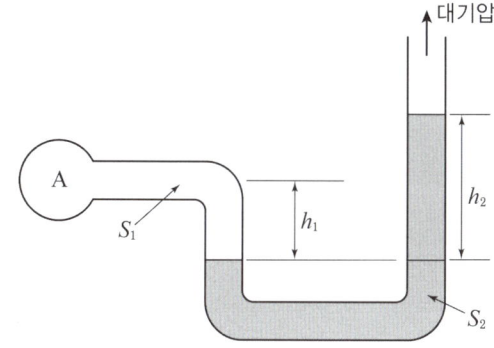

① 28.4
② 35.9
③ 46.2
④ 50.0

| 해설

$P_A = S_2 \gamma h_2 = 13.6 \times 9.8 \text{kN/m}^3 \times 0.2$
$\quad\quad = 26.656 \text{kPa}$

P_A를 40kPa 증가시켰으므로

$P_A + 40 = S_2 \gamma h_2'$

$\therefore h_2' = \dfrac{P_A + 40}{S_2 \gamma} = \dfrac{26.656 + 40}{13.6 \times 9.8} = 0.5\text{m} = 50.0\text{cm}$

정답 ④

02. 송풍기의 전압이 1.47kPa, 풍량이 20m³/min, 전압효율이 0.6일 때 축동력[W]은?

① 463.2
② 816.4
③ 1110.3
④ 1264.4

| 해설

- 송풍기의 축동력 $P[\text{kW}] = \dfrac{Q \times P_T}{102 \times 60 \times \eta}$

  ※ Q: 풍량[m³/min], P_T: 전압[mmAq], η: 효율

- $P_T = 1.47\text{kPa} \times \dfrac{10332\text{mmAq}}{101.325\text{kPa}} = 149.89\text{mmAq}$

- $P[\text{kW}] = \dfrac{20 \times 149.89}{102 \times 60 \times 0.6} = 0.8164\text{kW} = 816.4\text{W}$

정답 ②

03. 펌프의 캐비테이션을 방지하기 위한 방법으로 틀린 것은?

① 펌프의 설치 위치를 낮추어서 흡입양정을 작게 한다.
② 흡입관을 크게 하거나 밸브, 플랜지 등을 조정하여 흡입손실수두를 줄인다.
③ 펌프의 회전속도를 높여 흡입속도를 크게 한다.
④ 2대 이상의 펌프를 사용한다.

| 해설

- ③의 경우 흡입속도를 작게 하여야 한다.
- 캐비테이션의 발생원인은 다음과 같다.
  ㉠ 흡입측 유속이 빠를 때
  ㉡ 흡입측 마찰손실이 클 경우
  ㉢ 흡입관경이 작을 때
  ㉣ 흡입압력이 낮을 때
  ㉤ 흡입온도가 높을 때

정답 ③

04. 비열에 대한 다음 설명 중 틀린 것은?

① 정적비열은 체적이 일정하게 유지되는 동안 온도변화에 대한 내부에너지 변화율이다.
② 정압비열을 정적비열로 나눈 것이 비열비이다.
③ 정압비열은 압력이 일정하게 유지될 때 온도변화에 대한 엔탈피 변화율이다.
④ 비열비는 일반적으로 1보다 크나 1보다 작은 물질도 있다.

| 해설

$$k = \frac{C_P(정압비열)}{C_V(정적비열)} > 1$$

정답 ④

05. 지름 2cm의 금속 공은 선풍기를 켠 상태에서 냉각하고, 지름 4cm의 금속 공은 선풍기를 끄고 냉각할 때 동일 시간당 발생하는 대류열전달량의 비 (2cm 공 : 4cm 공)는? (단, 두 경우 온도차는 같고, 선풍기를 켜면 대류열전달계수가 10배가 된다고 가정한다)

① 1 : 0.3375
② 1 : 0.4
③ 1 : 5
④ 1 : 10

| 해설

- 대류에 의한 열전달량 $q[W] = hA\Delta T$
  ※ h: 대류열전달계수[W/m²·K], A: 단면적[m²], ΔT: 온도변화[K]
- $q_1 = h_1 A_1 \Delta T$, $q_2 = h_2 A_2 \Delta T$, $h_1 = 10h_2$
  $A_1 = 4\pi \cdot 1^2 = 4\pi$
  $A_2 = 4\pi \cdot 2^2 = 4 \cdot 4\pi$
  $q_1 : q_2 = 10h_2 \cdot 4\pi \Delta T : h_2 \cdot 4 \cdot 4\pi \Delta T$
  $= 40 : 16 = 10 : 4 = 1 : 0.4$

정답 ②

06. 안지름 4cm, 바깥지름 6cm, 길이가 100m인 동심이중관에서 물이 유속 3m/s로 흐를 때 손실수두는 약 몇 m인가? (단, 관마찰계수는 0.01이다)

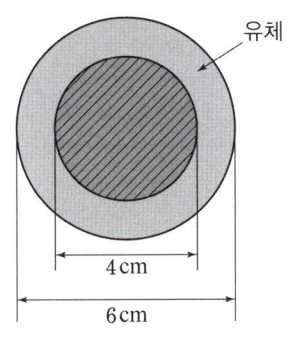

① 0.89
② 1.25
③ 1.78
④ 9.18

| 해설

$$H_{LOSS} = f\frac{l}{d}\frac{v^2}{2g}$$

※ f: 마찰계수, l: 배관길이[m], d: 배관직경[m], v: 유속[m/s], g: 중력가속도[9.8m/s²]

$$H_{LOSS} = f\frac{l}{d}\frac{v^2}{2g} = 0.01 \times \frac{100}{0.05} \times \frac{3^2}{2 \times 9.8} = 9.18\text{m}$$

정답 ④

07. 이상기체를 정압상태에서 10℃에서 152℃로 가열시킬 때 최종 부피는 몇 배 증가하는가?

① 1
② 1.5
③ 2
④ 2.5

| 해설

$$\frac{V_1}{T_1} = \frac{V_2}{T_2}$$

$$V_2 = \frac{V_1}{T_1} \times T_2 = \frac{V_1}{10+273} \times (152+273) = 1.5 V_1$$

정답 ②

08. 그림과 같이 수조의 하단에 25mm의 원형 구멍이 뚫려있을 때 구멍을 단면적이 같은 정사각형 모양으로 바꾸었을 때 유량의 변화는?

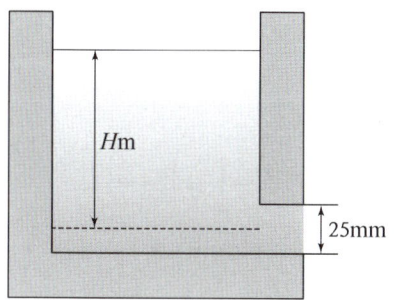

① 알 수 없다.
② 증가한다.
③ 변화없다.
④ 감소한다.

| 해설

- 수력반경(Rh) = $\dfrac{A(유동단면적)}{l(접수길이)}$

  수력직경(Dh) = 4Rh

- 원형구멍의 면적 = $\dfrac{\pi}{4} \cdot 25^2 = 490.87 \text{mm}^2$

  같은 단면적의 정사각형 길이를 x라 하면

  $x^2 = 490.87$ ∴ $x = 22.16$mm

- 수력반경 = $\dfrac{490.87}{4 \times 22.16} = 5.54$mm

  수력직경 = $4 \times 5.54 = 22.16$mm

  25mm > 22.16mm

※ 원형단면적의 수력직경이 정사각형 단면의 수력직경보다 크므로 단면이 정사각형으로 바뀌면 유량은 감소한다.

정답 ④

09. 지름 0.4m인 관에 물이 0.5m³/s로 흐를 때 길이 300m에 대한 동력손실은 60kW이었다. 이때 관 마찰계수(f)는 얼마인가?

① 0.0151
② 0.0202
③ 0.0256
④ 0.0301

| 해설

- 펌프수동력 $P[\text{kW}] = \gamma Q H$

  ※ γ: 비중량[kN/m³], Q: 유량[m³/s],
    H: 전양정[m] 또는 손실수두

- $P = \gamma Q H$

  $H(손실수두) = \dfrac{P}{\gamma Q}$

  $= \dfrac{60\text{kW}}{9.8\text{kN/m}^3 \times 0.5\text{m}^3/\text{s}} = 12.25\text{m}$

  $v = \dfrac{Q}{A}$

  $= \dfrac{0.5}{\dfrac{\pi}{4} \times (0.4)^2} = 3.98\text{m/s}$

  $H_{LOSS} = f \dfrac{l}{d} \dfrac{v^2}{2g}$

  ∴ $f = \dfrac{H_{LOSS} \times 2g \times d}{l \times v^2}$

  $= \dfrac{12.25 \times 2 \times 9.8 \times 0.4}{300 \times (3.98)^2} = 0.0202$

정답 ②

10. 피토 – 정압관으로 측정 가능한 것이 아닌 것은?

① 유속계
② 유량계
③ 풍량계
④ 온도계

| 해설

- 피토 – 정압관은 정체점압력(전압)과 정압을 이용하여 동압, 유속을 구하는 장치이다.
- 동압 = 전압 – 정압

정답 ④

11. 유체의 운동량 방정식 중 아래의 방정식이 적용 가능한 경우는?

$$F = \frac{d}{dt}(mv)$$

① $F = \rho Q v = \rho A v^2$
② $\dot{m} = \rho_1 A_1 V_1 = \rho_2 A_2 V_2$
③ $\frac{\partial u}{\partial x} + \frac{\partial v}{\partial y} + \frac{\partial x}{\partial z} = 0$
④ $\frac{\partial \rho}{\partial t} + \frac{\partial}{\partial x}(\rho u) + \frac{\partial}{\partial y}(\rho v) + \frac{\partial}{\partial z}(\rho w) = 0$

| 해설

- 유체의 질량 $m = \rho AL$이므로
  ※ ρ: 밀도, A: 관의 단면적, L: 관의 길이

  $mv = \rho ALv$의 미분은

  $\frac{d}{dt}(\rho ALv) = \rho Av \frac{d}{dt}(L) = \rho Av^2 = \rho Qv$가 된다.

- ②는 질량유량 방정식, ③은 연속방정식, ④는 라그랑주 방정식이므로 운동량방정식과 관계가 없다.

정답 ①

12. 소화전 펌프 회전수를 20% 늘릴 때 유량은 몇 배 변화하는가?

① 10%   ② 20%
③ 30%   ④ 40%

| 해설

펌프상사의 법칙 $\frac{Q_2}{Q_1} = \left(\frac{N_2}{N_1}\right) \times \left(\frac{D_2}{D_1}\right)^3$

$N_2 = 1.2N_1$, $D_1 = D_2$이므로

$Q_2 = \left(\frac{N_2}{N_1}\right) \times \left(\frac{D_2}{D_1}\right)^3 \times Q_1 = 1.2 \times Q_1$

∴ 유량은 20% 증가한다.

정답 ②

13. 용량 3000L의 탱크에 물을 가득 채운 소방차가 화재 현장에 출동하여 노즐압력 390kPa(계기압력), 노즐구경 2.5cm를 사용하여 방수한다면 소방차 내의 물이 전부 방수되는 데 걸리는 시간은?

① 2.46분
② 3.69분
③ 4.48분
④ 5.70분

| 해설

유량 $Q[\text{L/min}] = 2.086 D^2 \sqrt{P}$

※ D: 관경[mm], P: 압력[MPa]

$Q = 2.086 \times 25^2 \times \sqrt{0.39} = 814\text{L/min}$

∴ $t = \frac{3000\text{L}}{814\text{L/min}} = 3.69\text{min}$

정답 ②

14. 압력관, 비중이 0.9인 기름이 압력관에 공기와 함께 차 있다. 압력관 측면에 한 변의 길이가 0.5m인 정사각형 판이 있을 때 이 판이 받는 합력의 크기는?

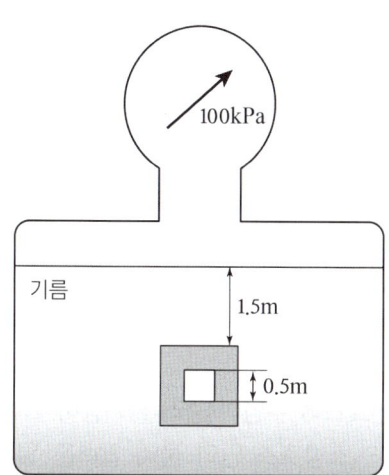

① 28.25kN
② 29.95kN
③ 35.79kN
④ 41.80kN

| 해설
- $p = p_0 + \gamma_{oil} h$
  $= 100\text{kPa} + 9.81 \times 0.9 \text{kN/m}^3 \times (1.5 + 0.5 + 0.25)$
  $= 119.8\text{kPa}$
- 정사각형 판에 작용하는 힘
  $F = pA = 119.8\,\text{kPa} \times 0.5^2 = 29.95\,\text{kN}$

정답 ②

15. 물리량을 M, L, T의 기본차원으로 나타낸 것으로 옳지 않은 것은?

① 운동량: $ML^{-1}T^{-1}$
② 응력: $ML^{-1}T^{-2}$
③ 에너지: ML^2T^{-2}
④ 밀도: ML^{-3}

| 해설
운동량은 질량 × 속도이므로
$$\therefore \text{kg} \times \frac{\text{m}}{\text{s}} = M \times \frac{L}{T} = MLT^{-1}$$

정답 ①

16. 다음 중 상태함수로만 구성된 것은?

① 온도, 부피, 일
② 압력, 내부에너지, 엔트로피
③ 엔탈피, 일, 열
④ 열, 온도, 부피, 압력

| 해설
- 경로함수는 경로에 따라 달라지는 물리량으로 열과 일이 이에 해당한다.
- 상태함수는 경로에 무관하고 처음과 나중의 상태에만 의존한다. 내부에너지, 엔탈피, 엔트로피, 압력, 부피, 온도가 이에 해당한다.

정답 ②

17. 어떤 물체가 물 위에 떠 있을 때는 절반(H/2)이 물에 잠겼다. 만약 비중이 0.8인 기름에 물체가 잠기면 물체의 잠긴 깊이는 얼마인가?

① 0.25H ② 0.5H
③ 0.6H   ④ 0.625H

| 해설

- 중력 = 부력
- 물에 잠겼을 때

$$\rho_{body} V_{body} g = \rho_{body} A_{body} H g \text{(중력)}$$
$$= \rho_w A_{body} \frac{H}{2} g \text{(부력)}$$

- 기름에 잠겼을 때 $\rho_o A_{body} h g = 0.8 \rho_w A_{body} h g$ (부력)

$$\rho_w A_{body} \frac{H}{2} g \text{(중력)} = 0.8 \rho_w A_{body} h g \text{(부력)}$$

$$\therefore h = \frac{H}{2} \div 0.8 = 0.625 H$$

정답 ④

18. 수평으로 설치된 길이 L, 직경 D의 송수관의 직경을 0.5D로 변화시키면 압력손실은 몇 배가 되는가?

① 0.25배 ② 1배
③ 4배   ④ 16배

| 해설

층류유동압력손실 $(\Delta P) = \dfrac{128 \mu L Q}{\pi D^4}$ 이므로

∴ D가 $0.5D$가 되면 ΔP는 16배가 된다.

정답 ④

19. 옥내소화전 노즐의 방사압력을 2배로 하면 방수량은 몇 배가 되는가?

① 1.2배 ② 1.4배
③ 2.6배 ④ 3.2배

| 해설

- 방수량 $Q = K\sqrt{10P}$

  ※ Q: 방수량, K: 방출계수, P: 방사압

- 새로운 $Q_1 = K\sqrt{10 \times 2P} = \sqrt{2}\, Q = 1.4 Q$

정답 ②

20. 소방호스에 구멍이 뚫려 물기둥이 2m까지 솟아올랐다. 소방호스 안의 물의 압력은 얼마인가? (단, 물은 흐르지 않고 정지해 있다)(표준대기압)

① 89.12kPa   ② 98.13kPa
③ 120.9kPa   ④ 145.78kPa

| 해설

- 베르누이 방정식에 의해

$$\frac{v_1^2}{2g} + \frac{p_1}{\gamma} + y_1 = \frac{v_2^2}{2g} + \frac{p_2}{\gamma} + y_2$$

$$v_1 = v_2 = 0$$

- $\dfrac{p_1}{\gamma} + y_1 = \dfrac{p_2}{\gamma} + y_2$

  ※ p_2: 표준대기압

∴ $p_1 = p_2 + \gamma(y_2 - y_1)$
$= 101.325 \text{kPa} + 9.8 \text{kN/m}^3 \times (2-0)$
$= 120.9 \text{kPa}$

정답 ③

소방기계시설의 구조 및 원리

21. 물분무소화설비를 설치하는 차고의 배수설비 설치 기준으로 옳지 않은 것은?

① 차량이 주차하는 장소의 적당한 곳에 높이 10cm 이상의 경계턱으로 배수구를 설치할 것
② 길이 40m 이하마다 집수관·소화핏트 등 기름분리장치를 설치할 것
③ 차량이 주차하는 바닥은 배수구를 향하여 100분의 1 이상의 기울기를 유지할 것
④ 배수설비는 가압송수장치의 최대 송수능력의 수량을 유효하게 배수할 수 있는 크기 및 기울기로 할 것

| 해설
차량이 주차하는 바닥은 배수구를 향하여 100분의 2 이상의 기울기를 유지한다.

정답 ③

22. 화재조기진압용 스프링클러설비 가지배관의 배열 기준 중 천장의 높이가 9.1m 이상 13.7m 이하인 경우 가지배관 사이의 거리 기준으로 옳은 것은?

① 2.4m 이상 3.1m 이하
② 2.4m 이상 3.7m 이하
③ 6.0m 이상 8.5m 이하
④ 6.0m 이상 9.3m 이하

| 해설
가지배관 사이의 거리는 2.4m 이상 3.7m 이하로 할 것. 다만, 천장의 높이가 9.1m 이상 13.7m 이하인 경우에는 2.4m 이상 3.1m 이하로 한다.

정답 ①

23. 인명구조기구의 종류가 아닌 것은?

① 방열복
② 구조대
③ 공기호흡기
④ 인공소생기

| 해설
구조대는 피난기구에 해당한다.

정답 ②

24. 옥외소화전설비의 화재안전기준상 옥외소화전설비의 배관 등에 관한 기준 중 호스의 구경은 몇 mm로 하여야 하는가?

① 35
② 45
③ 55
④ 65

| 해설
- 호스접결구는 지면으로부터 높이가 0.5m 이상 1m 이하의 위치에 설치하고 특정소방대상물의 각 부분으로부터 하나의 호스접결구까지의 수평거리가 40m 이하가 되도록 설치하여야 한다.
- 호스는 구경 65mm의 것으로 하여야 한다.

정답 ④

25. 옥내소화설비의 화재안전기준상 가압송수장치를 기동용수압개폐장치로 사용할 경우 압력챔버의 용적 기준은?

① 50L 이상
② 100L 이상
③ 150L 이상
④ 200L 이상

| 해설
기동용수압개폐장치(압력챔버)를 사용할 경우 그 용적은 100L 이상의 것으로 한다.

정답 ②

26. 제연설비 설치장소의 제연구역 구획기준으로 옳지 않은 것은?

① 하나의 제연구역의 면적은 1,000m² 이내로 할 것
② 거실과 통로는 상호 제연구획할 것
③ 통로상의 제연구역은 보행중심선의 길이가 60m를 초과하지 아니할 것
④ 하나의 제연구역은 지름 40m 원 내에 들어갈 수 있을 것

| 해설
하나의 제연구역은 직경 60m 원 내에 들어갈 수 있어야 한다.

정답 ④

27. 특별피난계단의 계단실 및 부속실의 제연설비 중 급기송풍기에 대한 옳은 설명은?

① 송풍기의 송풍능력은 송풍기가 담당하는 제연구역에 대한 급기량의 1.25배 이상으로 한다.
② 송풍기에는 풍속조절장치를 설치하여 풍속조절을 할 수 있도록 한다.
③ 송풍기는 옥외의 화재감지기의 동작에 따라 작동하도록 한다.
④ 송풍기는 인접장소의 화재로부터 영향을 받지 아니하고 접근 및 점검이 용이한 곳에 설치한다.

| 해설
① 송풍기의 송풍능력은 송풍기가 담당하는 제연구역에 대한 급기량의 1.15배 이상으로 한다.
② 송풍기에는 풍량조절장치를 설치하여 풍속조절을 할 수 있도록 한다.
③ 송풍기는 옥내의 화재감지기의 동작에 따라 작동하도록 한다.

정답 ④

28. 분말소화설비의 화재안전기준상 분말소화약제의 가압용 가스 또는 축압용 가스의 설치기준으로 옳지 않은 것은?

① 가압용 가스에 질소가스를 사용하는 것의 질소가스는 소화약제 1kg마다 40L(35℃에서 1기압의 압력상태로 환산한 것) 이상으로 할 것
② 가압용 가스에 이산화탄소를 사용하는 것의 이산화탄소는 소화약제 1kg에 대하여 20g에 배관의 청소에 필요한 양을 가산한 양 이상으로 할 것
③ 축압용 가스에 질소가스를 사용하는 것의 질소가스는 소화약제 1kg에 대하여 40L(35℃에서 1기압의 압력상태로 환산한 것) 이상으로 할 것
④ 축압용 가스에 이산화탄소를 사용하는 것의 이산화탄소는 소화약제 1kg에 대하여 20g에 배관의 청소에 필요한 양을 가산한 양 이상으로 할 것

| 해설
축압용 가스에 질소가스를 사용하는 것의 질소가스는 소화약제 1kg에 대하여 10L(35℃에서 1기압의 압력상태로 환산한 것) 이상으로 할 것

정답 ③

29. 스프링클러설비 본체 내의 유수현상을 자동적으로 검지하여 신호 또는 경보를 발하는 장치는?

① 수압개폐장치
② 물올림장치
③ 일제개방밸브장치
④ 유수검지장치

| 해설
유수검지장치란 습식유수검지장치(패들형을 포함한다), 건식유수검지장치, 준비작동식유수검지장치를 말하며 본체 내의 유수현상을 자동적으로 검지하여 신호 또는 경보를 발하는 장치이다.

정답 ④

30. 포소화설비에서 펌프의 토출관에 압입기를 설치하여 포소화약제 압입용 펌프로 포소화약제를 압입시켜 혼합하는 방식은?

① 라인 프로포셔너방식
② 펌프 프로포셔너방식
③ 프레져 프로포셔너방식
④ 프레져사이드 프로포셔너방식

| 해설
펌프의 토출관에 압입기를 설치하여 포소화약제 압입용 펌프로 포소화약제를 압입시켜 혼합하는 방식은 "프레져사이드 프로포셔너방식"이다.

정답 ④

31. 분말소화설비의 화재안전기준상 다음 (   ) 안에 들어갈 내용으로 옳은 것은?

> 분말소화약제의 가압용 가스용기에는 (   )의 압력에서 조정이 가능한 압력조정기를 설치하여야 한다.

① 2.5MPa 이하
② 2.5MPa 이상
③ 25MPa 이하
④ 25MPa 이상

| 해설
분말소화약제의 가압용 가스용기에는 2.5MPa 이하의 압력에서 조정이 가능한 압력조정기를 설치하여야 한다.

정답 ①

32. 스프링클러설비의 화재안전기준에 따라 스프링클러헤드를 설치하지 않을 수 있는 장소로만 나열된 것은?

① 계단실, 병실, 목욕실, 냉동창고의 냉동실, 아파트(대피공간 제외)
② 발전실, 병원의 수술실·응급처치실, 통신기기실, 관람석이 없는 실내 테니스장(실내 바닥·벽 등이 불연재료)
③ 냉동창고의 냉동실, 변전실, 병실, 목욕실, 수영장 관람석
④ 병원의 수술실, 관람석이 없는 실내 테니스장(실내 바닥·벽 등이 불연재료), 변전실, 발전실, 아파트(대피공간 제외)

| 해설
- 스프링클러설비의 화재안전기준에 따라 스프링클러헤드를 설치하지 않을 수 있는 장소는 다음과 같다.
  ㉠ 계단실, 경사로, 승강기의 승강로
  ㉡ 통신기기실, 전자기기실
  ㉢ 발전실, 변전실
  ㉣ 병원의 수술실, 응급처치실
  ㉤ 펌프실·물탱크실, 엘리베이터 권상기실
  ㉥ 현관 또는 로비 등으로서 바닥으로부터 높이가 20m 이상인 장소
  ㉦ 영하의 냉장창고의 냉장실 또는 냉동창고의 냉동실
  ㉧ 고온의 노가 설치된 장소 또는 물과 격렬하게 반응하는 물품의 저장 또는 취급 장소
  ㉨ 실내에 설치된 테니스장·게이트볼장·정구장
- 따라서 발전실, 병원의 수술실·응급처치실, 통신기기실, 관람석이 없는 실내 테니스장(실내 바닥·벽 등이 불연재료)가 옳은 내용이다.

정답 ②

33. 스프링클러헤드에서 이융성금속으로 융착되거나 이융성 물질에 의하여 조립된 것은?

① 프레임(Frame)
② 디플렉터(Deflector)
③ 유리벌브(Glass Bulb)
④ 퓨지블링크(Fusible Link)

| 해설

- 퓨지블링크(Fusible Link): 이융성금속이 Lever Type으로 조립되어 있다.
- 프레임(Frame): 나사부와 디플렉터를 연결하는 부위이다.
- 디플렉터(Deflector): 방사되는 물이 부딪혀서 골고루 퍼지도록 한다.
- 유리벌브(Glass Bulb): 유리로 되어있는 감열체가 화재시 파괴되면서 헤드가 개방된다.

정답 ④

34. 소화기구 및 자동소화장치의 화재안전기준에 따라 다음과 같이 간이소화용구를 비치하였을 경우 능력단위의 합으로 옳은 것은?

- 삽을 상비한 마른모래 50L포 2개
- 삽을 상비한 팽창질석 80L포 1개

① 1단위
② 1.5단위
③ 2.5단위
④ 3단위

| 해설

간이소화용구		능력단위
마른모래	삽을 상비한 50L 이상의 것 1포	0.5단위
팽창질석 또는 팽창진주암	삽을 상비한 80L 이상의 것 1포	

- 50L 2개이므로 0.5 × 2 = 1단위
- 80L 1개이므로 0.5단위
- ∴ 1단위 + 0.5단위 = 1.5단위

정답 ②

35. 할로겐화합물 및 불활성기체소화설비의 화재안전기준상 저장용기 설치기준으로 틀린 것은?

① 온도가 40℃ 이하이고 온도의 변화가 작은 곳에 설치할 것
② 용기간의 간격은 점검에 지장이 없도록 3cm 이상의 간격을 유지할 것
③ 직사광선 및 빗물이 침투할 우려가 없는 곳에 설치할 것
④ 저장용기를 방호구역 외에 설치한 경우에는 방화문으로 구획된 실에 설치할 것

| 해설

온도가 55℃ 이하이고 온도의 변화가 작은 곳에 설치한다.

정답 ①

36. "미분무"란 물만을 사용하여 소화하는 방식으로 최소설계압력에서 헤드로부터 방출되는 물입자 중 99%의 누적체적분포가 (㉠)μm 이하로 분무되고 (㉡)급 화재에 적응성을 갖는 것을 말한다. 여기서 ㉠과 ㉡에 들어갈 내용으로 옳은 것은?

① ㉠ 400, ㉡ A, B, C
② ㉠ 400, ㉡ B, C
③ ㉠ 200, ㉡ A, B, C
④ ㉠ 200, ㉡ B, C

| 해설

"미분무"란 물만을 사용하여 소화하는 방식으로 최소설계압력에서 헤드로부터 방출되는 물입자 중 99%의 누적체적분포가 400μm 이하로 분무되고 A, B, C급 화재에 적응성을 갖는 것을 말한다.

정답 ①

37. 소화수조 및 저수조의 화재안전기준에 따라 소화용수설비에 설치하는 채수구의 수는 소요수량이 20m³ 이상 40m³ 미만인 경우 몇 개를 설치해야 하는가?

① 1 ② 2
③ 3 ④ 4

| 해설

소요수량	채수구의 수
20m³ 이상 40m³ 미만	1개
40m³ 이상 100m³ 미만	2개
100m³ 이상	3개

소요수량이 20m³ 이상 40m³ 미만인 경우 1개를 설치하여야 한다.

정답 ①

38. 포소화설비의 화재안전기준에 따라 바닥면적이 200m²인 건축물 내부에 호스릴방식의 포소화설비를 설치할 경우 가능한 포소화약제의 최소 필요량은 몇 L인가? (단, 호스접결구는 6개, 약제농도는 2%이다)

① 180 ② 270
③ 600 ④ 720

| 해설

옥내포소화전방식 또는 호스릴방식에 있어서는 다음의 식에 따라 산출한 양 이상으로 할 것. 다만, 바닥면적이 200m² 미만인 건축물에 있어서는 그 75%로 할 수 있다.

$$Q = N \times S \times 6,000L$$

Q: 포소화약제의 양[L]
N: 호스접결구 수(5개 이상인 경우는 5)
S: 포소화약제의 사용농도[%]

∴ $Q = 5 \times 0.02 \times 6000 = 600L$

정답 ③

39. 옥내소화전설비의 비상전원의 설치대상 중 지하층은 바닥면적의 합계가 얼마 이상이어야 하는가?

① 1000m²
② 2000m²
③ 3000m²
④ 4000m²

| 해설

비상전원의 설치대상
㉠ 층수가 7층 이상으로서 연면적이 2,000m² 이상인 곳
㉡ 지하층의 바닥면적의 합계가 3,000m² 이상인 곳

정답 ③

40. 다음 중 이산화탄소소화설비 수동식 기동장치에 대한 잘못된 설명은?

① 수동식 기동장치의 부근에는 소화약제의 방출을 지연시킬 수 있는 비상스위치(자동복귀형 스위치로서 수동식 기동장치의 타이머를 순간정지시키는 기능의 스위치를 말한다)를 설치하여야 한다.
② 전역방출방식은 방호구역마다, 국소방출방식은 방호대상물마다 설치한다.
③ 해당방호구역의 출입구부분 등 조작을 하는 자가 쉽게 피난할 수 있는 장소에 설치한다.
④ 기동장치의 조작부는 바닥으로부터 높이 0.5m 이상 1.5m 이하의 위치에 설치하고, 보호판 등에 따른 보호장치를 설치한다.

| 해설

기동장치의 조작부는 바닥으로부터 높이 0.8m 이상 1.5m 이하의 위치에 설치하고, 보호판 등에 따른 보호장치를 설치한다.

정답 ④

2022년 제4회(CBT)

※ CBT 문제는 수험생의 기억에 따라 복원된 것이며, 실제 기출문제와 동일하지 않을 수 있습니다.

소방유체역학

01. 에너지선에 대한 설명으로 옳지 않은 것은?

① 에너지선은 속도수두, 압력수두, 위치수두선의 합이다.
② 에너지선은 항상 속도수두만큼 수력구배선 아래에 놓여있다.
③ 에너지선은 총수두값에 대한 그래프이다.
④ 수력구배선은 압력수두와 위치수두를 합한 값이다.

| 해설

에너지선은 항상 속도수두만큼 수력구배선 위에 놓여있다.

정답 ②

02. 30°C에서 부피가 10L인 이상기체를 일정한 압력으로 0°C로 냉각시키면 부피는 약 몇 L로 변하는가?

① 3　　② 9
③ 12　　④ 18

| 해설

샤를의 법칙

$$\frac{V_1}{T_1} = \frac{V_2}{T_2}$$

※ V_1: 처음부피, V_2: 나중부피, T_1: 처음온도, T_2: 나중온도

$$\frac{10}{273+30} = \frac{V_2}{273}$$

∴ $V_2 = 9L$

정답 ②

03. 관내의 흐름에서의 부차적 손실에 해당하지 않는 것은?

① 곡선부에 의한 손실
② 직선 원관 내의 손실
③ 유동단면의 장애물에 의한 손실
④ 관 단면의 급격한 확대에 의한 손실

| 해설

- 주손실: 직선 원관 내의 손실
- 부차적 손실
  ㉠ 배관 단면의 급격한 변화
  ㉡ 장애물에 의한 손실
  ㉢ 부속품에 의한 손실
  ㉣ 곡선부에 의한 손실

정답 ②

04. 압력 3MPa인 수증기 건도가 0.1일 때 엔탈피는 몇 kJ/kg인가? (단, 포화증기엔탈피는 2500kJ/kg, 포화액엔탈피는 900kJ/kg이다)

① 1750　　② 1060
③ 1937　　④ 2578

| 해설

습증기의 엔탈피 $H = x \cdot h_v + (1-x)h_l$

※ x: 습증기 건도, h_v: 포화증기엔탈피[kJ/kg], h_l: 포화액엔탈피[kJ/kg]

∴ $H = 0.1 \times 2500 + (1-0.1) \times 900$
　　$= 1060 kJ/kg$

정답 ②

05. 유체의 흐름에 있어서 유선에 대한 설명으로 옳은 것은?

① 유동단면의 중심을 연결한 선이다.
② 유체의 흐름에 있어서 위치벡터에 수직한 방향을 갖는 연속적인 선이다.
③ 모든 점에서 유체흐름의 속도벡터의 방향을 갖는 연속적인 선이다.
④ 정상류에서만 존재하고 난류에서는 존재하지 않는다.

| 해설
- 유선(Streamline)은 모든 점에서 속도벡터의 접선을 구하여 연속적으로 연결한 선이다.
- 유적선(Pathline)은 한 개의 유체입자를 따라가면서 그린 궤적이다.
- 유맥선(Streakline)은 공간 내의 한 점을 지나는 모든 유체입자들의 순간적인 궤적을 나타낸다.

정답 ③

06. 배관 내에서 물의 수격작용(water hammer)을 방지하는 대책으로 잘못된 것은?

① 조압 수조(surge tank)를 관로에 설치한다.
② 밸브를 펌프 송출구에서 멀게 설치한다.
③ 밸브를 서서히 조작한다.
④ 관경을 크게 하고 유속을 작게 한다.

| 해설
수격작용
㉠ 유체의 급격한 운동변화가 압력의 급변화를 일으키는 현상이다.
㉡ 방지대책
- 배관의 유속을 낮춘다.
- 배관의 관경을 키운다.
- 에어챔버나 수격방지기를 설치한다.
- 밸브를 펌프 송출구 가까이 설치한다.

정답 ②

07. 질량이 5kg인 공기(이상기체)가 온도 333K로 일정하게 유지되면서 체적이 10배가 되었다. 이 계(system)가 한 일[kJ]은? (단, 공기의 기체상수는 287J/kg·K이다)

① 220 ② 478
③ 1100 ④ 4779

| 해설
- 등온팽창 시 계가 한 일

$$W = m\overline{R}T\ln\frac{V_2}{V_1}$$

※ m: 공기질량[kg], $\overline{R}$: 공기기체상수[J/kg·K], V_1: 처음부피[m³], V_2: 나중부피[m³]

- $W = 5 \times 287 \times 333 \times \ln\left(\dfrac{10V_1}{V_1}\right)$
  $= 1100301.8\text{W} \cong 1100\text{kW}$

정답 ③

08. 염도에 의하여 밀도가 깊이에 따라 증가하는 강이 있다. 표면에서의 밀도는 1000kg/m³이고, 선형적으로 증가하여 20m 바닥에서의 밀도는 1020kg/m³가 될 때 바닥에서의 계기압력[kPa]은 얼마인가?

① 20.4 ② 34.2
③ 49.3 ④ 56.1

| 해설
$$\frac{dP}{dH} = \rho g$$

$dP = \rho g dH$

$\rho = \dfrac{1020-1000}{20}H + 1000 = H + 1000$

$\int_0^P dP = \int_0^{20} \rho g dH = \int_0^{20}(H+1000)g dH$

$\therefore P = [H^2 + 1000H]_0^{20}$
$= 400 + 20000 = 20400\text{Pa} = 20.4\text{kPa}$

정답 ①

09. 물 분류가 고정평판을 60°의 각도로 충돌할 때 유량이 500L/min, 유속이 15m/s이면 분류가 평판에 수직방향으로 미치는 힘은 약 몇 N인가? (단, 중력은 무시한다)

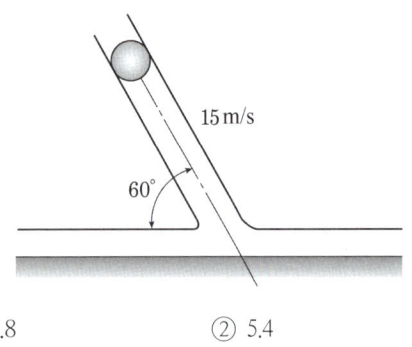

① 10.8　　② 5.4
③ 108　　④ 54

| 해설
- 기울어진 평판에 작용하는 힘
  F_H(수평방향) $= \rho Q v (\cos\theta - 1) = \rho A v^2 (\cos\theta - 1)$
  F_V(수직방향) $= \rho Q v \sin\theta = \rho A v^2 \sin\theta$
- $F_V = \rho Q v \sin\theta$
  $= 1000 \text{kg/m}^3 \times \dfrac{500}{1000 \times 60} \text{m}^3/\text{s} \times 15 \times \sin 60°$
  $\cong 108\text{N}$

정답 ③

10. 토출량이 2.5m³/min인 펌프를 사용하는 경우 펌프의 소요축동력[kW]은? (단, 전양정은 50m이고, 펌프의 효율은 65%이다)

① 19.7　　② 25.8
③ 31.4　　④ 50.2

| 해설
$P = \dfrac{\gamma Q H}{\eta} = \dfrac{9.8 \times \dfrac{2.5}{60} \times 50}{0.65} = 31.4\text{kW}$

※ P: 펌프의 동력[kW], γ: 물의 비중량[kN/m³], H: 양정[m], η: 펌프의 효율[%]

정답 ③

11. 펌프의 입구에서 진공계의 계기압력은 −160mmHg, 출구에서 압력계의 계기압력은 300kPa, 송출유량은 10m³/min일 때 펌프의 수동력[kW]은? (단, 진공계와 압력계 사이의 수직거리는 2m이고, 흡입관과 송출관의 직경은 같으며, 손실은 무시한다)

① 5.7　　② 56.8
③ 557　　④ 3,400

| 해설
- 펌프의 수동력
  $P[\text{kW}] = \dfrac{\gamma[\text{N/m}^3] \times Q[\text{m}^3/\text{s}] \times H[\text{m}]}{1000}$
- 전양정
  H = 흡입양정 + 토출양정 + 진공계와 압력계 사이의 수직거리
  $= 160\text{mmHg} + 300\text{kPa} + 2\text{m}$
  $= 160\text{mmHg} \times \dfrac{10.332\text{mAq}}{760\text{mmHg}}$
  $+ 300\text{kPa} \times \dfrac{10.332\text{mAq}}{101.325\text{kPa}} + 2\text{m} = 34.77\text{m}$

$\therefore P[\text{kW}] = \dfrac{9800 \times \dfrac{10}{60} \times 34.77}{1000} \cong 56.8\text{kW}$

진공계의 (−)압력은 펌프가 담당하여야 할 양정이므로 (+)로 바꾸어서 더해야 한다.

정답 ②

12. 베르누이 방정식을 적용할 수 있는 기본 전제조건으로 옳은 것은?

① 비압축성 흐름, 점성 흐름, 정상 유동
② 압축성 흐름, 비점성 흐름, 정상 유동
③ 비압축성 흐름, 비점성 흐름, 비정상 유동
④ 비압축성 흐름, 비점성 흐름, 정상 유동

| 해설
베르누이 방정식은 비압축성 흐름, 비점성 흐름, 정상 유동이 기본 전제조건이다.

정답 ④

13. 단면적이 A와 $2A$인 U자형 관에 밀도가 d인 기름이 담겨 있다. 단면적이 $2A$인 관에 관벽과는 마찰이 없는 물체를 놓았더니 그림과 같이 평형을 이루었다. 이때 이 물체의 질량은?

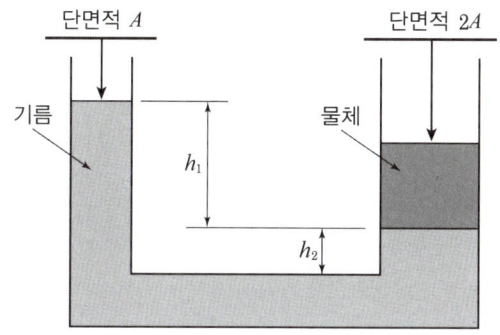

① $2Ah_1d$ ② Ah_1d
③ $A(h_1+h_2)d$ ④ $A(h_1-h_2)d$

| 해설

- 파스칼의 원리 $\dfrac{F_1}{A_1}=\dfrac{F_2}{A_2}$

  ※ F: 힘[N], A: 단면적[m²]

- $F_1 = dVg = dAh_1g$

  ※ d: 밀도, V: h_1 부분 유체부피, g: 9.8m/s², A: 단면적

  $F_2 = mg$

  ※ m: 물체의 질량, g: 9.8m/s²

  $\dfrac{F_1}{A_1}=\dfrac{F_2}{A_2}$

  $\dfrac{dAh_1g}{A}=\dfrac{mg}{2A}$

  $\therefore m = 2Ah_1d$

정답 ①

14. 그림과 같이 중앙부분에 구멍이 뚫린 원판에 지름 D의 원형 물제트가 대기압 상태에서 v의 속도로 충돌하여 원판 뒤로 지름 D/2의 원형 물제트가 v의 속도로 흘러나가고 있을 때, 이 원판이 받는 힘을 구하는 계산식으로 옳은 것은? (단, ρ는 물의 밀도이다)

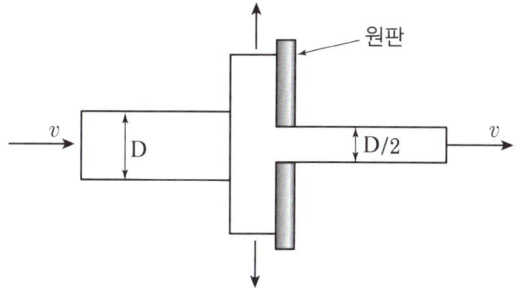

① $\dfrac{3}{16}\rho\pi v^2 D^2$ ② $\dfrac{3}{8}\rho\pi v^2 D^2$
③ $\dfrac{3}{4}\rho\pi v^2 D^2$ ④ $3\rho\pi v^2 D^2$

| 해설

- 운동량 방정식

  $\Sigma F = \Delta m_0 v_0 - \Delta m_i v_i$

  $\Sigma F = \rho A_0 v_0^2 - \rho A_i v_i^2$

  ※ A_0: 출구 단면적[m²], A_i: 입구 단면적[m²]
  v_0: 출구 유속[m/s], v_i: 입구 유속[m/s]

- $-F = \rho A_0 v_0^2 - \rho A_i v_i^2$

  $F = \rho A_i v_i^2 - \rho A_0 v_0^2$

  $= \rho\dfrac{\pi}{4}D^2v^2 - \rho\dfrac{\pi}{4}\left(\dfrac{D}{2}\right)^2 v^2$

  $= \dfrac{1}{4}\rho\pi D^2 v^2 - \dfrac{1}{16}\rho\pi D^2 v^2$

  $= \dfrac{3}{16}\rho\pi D^2 v^2$

정답 ①

15. 밑면은 한 변의 길이가 2m인 정사각형이고 높이가 4m인 직육면체 탱크에 비중이 0.8인 유체를 가득 채웠다. 유체에 의해 탱크의 한쪽 측면에 작용하는 힘[kN]은?

① 125.4 ② 169.2
③ 178.4 ④ 186.2

| 해설

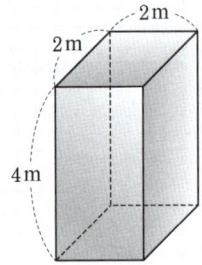 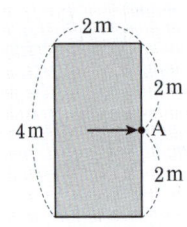

- A지점에 작용하는 압력은 $P_A = \gamma h = 0.8 \times \gamma_W \times 2\text{m}$
- $F = P_A \times A = 0.8 \times \gamma_W \times 2 \times 2 \times 4$
  $= 0.8 \times 16 \times \gamma_W$
  $= 0.8 \times 16 \times 9.8 \text{kN/m}^3$
  $= 125.4 \text{kN}$

정답 ①

16. 물의 체적탄성계수가 2.5GPa일 때 물의 체적을 1% 감소시키기 위해서 얼마의 압력[MPa]을 가하여야 하는가?

① 20 ② 25 ③ 30 ④ 35

| 해설

체적탄성계수 $K[\text{Pa}] = \dfrac{\Delta P}{\Delta V/V}$

$K = \dfrac{\Delta P}{-\dfrac{\Delta V}{V}}$

$\therefore \Delta P = -K\dfrac{\Delta V}{V}$

$= 2.5 \times 10^3 \text{MPa} \times (-\dfrac{1}{100}) = 25\text{MPa}$

정답 ②

17. 안지름 10cm인 수평 원관에 층류유동으로 4km 떨어진 곳에 원유(점성계수 0.02N·s/m², 비중 0.86)를 0.10m³/min의 유량으로 수송하려 할 때 펌프에 필요한 동력[W]은? (단, 펌프의 효율은 100%로 가정한다)

① 76 ② 91
③ 10900 ④ 9100

| 해설

- 하겐포아젤 손실

$H_{\text{LOSS}} = \dfrac{128\mu l Q}{\gamma \pi d^4}$

※ μ: 점성계수[N·s/m²], l: 관 길이[m], Q: 유량[m³/s], γ: 비중량[N/m³], d: 관 직경[m]

- $H_{\text{LOSS}} = \dfrac{128 \times 0.02 \times 4000 \times \dfrac{0.1}{60}}{0.86 \times 9800 \times \pi \times (0.1)^4} = 6.45\text{m}$

$\dfrac{\Delta P}{\gamma} = H$

$\Delta P = \gamma H = 0.86 \times 9800 \times 6.45$

$\therefore \text{Power} = \Delta P \cdot Q$
$= 0.86 \times 9800 \times 6.45 \times \dfrac{0.1}{60} = 91\text{W}$

정답 ②

18. 다음 중 배관의 유량을 측정하는 계측장치가 아닌 것은?

① 로터미터(Rotameter)
② 유동노즐(Flow Nozzle)
③ 마노미터(Manometer)
④ 오리피스(Orifice)

| 해설

- 마노미터는 압력 차이를 측정한다.
- 벤츄리미터, 오리피스, 로터미터, 위어(개수로유량측정)는 유량측정장치이다.

정답 ③

19. 토출량이 1800L/min, 회전차의 회전수가 1000rpm인 소화펌프의 회전수를 1400rpm으로 증가시키면 토출량은 처음보다 얼마나 더 증가되는가?

① 10% ② 20%
③ 30% ④ 40%

| 해설

펌프상사의 법칙 $\dfrac{Q_2}{Q_1} = \left(\dfrac{N_2}{N_1}\right) \times \left(\dfrac{D_2}{D_1}\right)^3$

※ $Q_1 = 1800\text{L/min}$, $N_1 = 1000\text{rpm}$, $N_2 = 1400\text{rpm}$

$Q_2 = \left(\dfrac{N_2}{N_1}\right) \times \left(\dfrac{D_2}{D_1}\right)^3 = 1800 \times \dfrac{1400}{1000} = 2520\text{L/min}$

∴ $\dfrac{2520 - 1800}{1800} \times 100 = 40\%$

정답 ④

20. 열전달 면적이 A이고, 온도 차이가 10℃, 벽의 열전도율이 10W/(m·K), 두께 25cm인 벽을 통한 열류량은 100W이다. 동일한 열전달 면적에서 온도 차이가 2배, 벽의 열전도율이 4배가 되고 벽의 두께가 2배가 되는 경우 열류량[W]은 얼마인가?

① 50 ② 200
③ 400 ④ 800

| 해설

열전도법칙

$q[\text{W}] = \dfrac{KA\Delta T}{t}$

※ q: 열전도율[W], K: 열전도도[W/m·K], A: 열전달면적[m²], t: 두께[m], ΔT: 온도차[K]

$q = \dfrac{10 \times A \times 10}{0.25} = 100\text{W}$

$q' = \dfrac{4 \times 10 \times A \times 10 \times 2}{0.25 \times 2} = \dfrac{10 \times A \times 10}{0.25} \times \dfrac{8}{2}$

$= 100 \times 4 = 400\text{W}$

정답 ③

소방기계시설의 구조 및 원리

21. 미분무소화설비의 화재안전기준에 따른 용어의 정리 중 다음 ( ) 안에 알맞은 것은?

> 미분무란 물만을 사용하여 소화하는 방식으로 최소설계압력에서 헤드로부터 방출되는 물입자 중 (㉠)%의 누적체적분포가 (㉡)μm 이하로 분무되고 A, B, C급 화재에 적응성을 갖는 것을 말한다.

	㉠	㉡
①	30	200
②	50	200
③	60	400
④	99	400

| 해설

미분무란 물만을 사용하여 소화하는 방식으로 최소설계압력에서 헤드로부터 방출되는 물입자 중 99(㉠)%의 누적체적분포가 400(㉡)μm 이하로 분무되고 A, B, C급 화재에 적응성을 갖는 것을 말한다.

정답 ④

22. 부속용도로 사용하는 통신기기실에 몇 m²마다 수동식 소화기 1개를 추가로 배치하여야 하는가?

① 30m² ② 50m²
③ 100m² ④ 200m²

| 해설

발전실·변전실·송전실·변압기실·배전반실·통신기기실·전산기기실, 기타 이와 유사한 시설이 있는 장소는 해당 용도의 바닥면적 50m²마다 적응성이 있는 소화기 1개 이상을 설치한다.

정답 ②

23. 소화약제 외의 것을 이용한 간이소화용구의 능력단위 기준 중 다음 ( ) 안에 알맞은 것은?

간이소화용구		능력단위
마른모래	삽을 상비한 50L 이상의 것 1포	( )단위

① 0.5
② 1
③ 3
④ 5

| 해설

간이소화용구		능력단위
1. 마른모래	삽을 상비한 50L 이상의 것 1포	0.5단위
2. 팽창질석 또는 팽창진주암	삽을 상비한 80L 이상의 것 1포	

정답 ①

24. 포헤드의 설치기준 중 다음 ( ) 안에 알맞은 것은?

> 압축공기포소화설비의 분사헤드는 천장 또는 반자에 설치하되 방호대상물에 따라 측벽에 설치할 수 있으며 유류탱크 주위에는 바닥면적 (㉠)m² 마다 1개 이상, 특수가연물저장소에는 바닥면적 (㉡)m²마다 1개 이상으로 당해 방호대상물의 화재를 유효하게 소화할 수 있도록 할 것

	㉠	㉡
①	8	9
②	9	8
③	9.3	13.9
④	13.9	9.3

| 해설

압축공기포소화설비의 분사헤드는 천장 또는 반자에 설치하되 방호대상물에 따라 측벽에 설치할 수 있으며 유류탱크 주위에는 바닥면적 13.9(㉠)m²마다 1개 이상, 특수가연물저장소에는 바닥면적 9.3(㉡)m²마다 1개 이상으로 당해 방호대상물의 화재를 유효하게 소화할 수 있도록 할 것

정답 ④

25. 예상제연구역 바닥면적 400m² 미만 거실의 공기유입구와 배출구간의 직선거리 기준으로 옳은 것은? (단, 제연경계에 의한 구획을 제외한다)

① 2m 이상 확보되어야 한다.
② 3m 이상 확보되어야 한다.
③ 5m 이상 확보되어야 한다.
④ 10m 이상 확보되어야 한다.

| 해설

바닥면적 400m² 미만의 거실인 예상제연구역에 대하여서는 바닥 외의 장소에 설치하고 공기유입구와 배출구간의 직선거리는 5m 이상으로 한다.

정답 ③

26. 특별피난계단의 계단실 및 부속실 제연설비의 수직풍도에 따른 배출기준 중 각층의 옥내와 면하는 수직풍도의 관통부에 설치하여야 하는 배출댐퍼 설치기준으로 틀린 것은?

① 화재층의 옥내에 설치된 화재감지기의 동작에 따라 해당층의 댐퍼가 개방될 것
② 풍도의 배출댐퍼는 이·탈착구조가 되지 않도록 설치할 것
③ 개폐여부를 당해 장치 및 제어반에서 확인할 수 있는 감지기능을 내장하고 있을 것
④ 배출댐퍼는 두께 1.5mm 이상의 강판 또는 이와 동등 이상의 성능이 있는 것으로 설치하여야 하며 비내식성 재료의 경우에는 부식방지조치를 할 것

| 해설

풍도의 내부마감상태에 대한 점검 및 댐퍼의 정비가 가능한 이·탈착구조로 하여야 한다.

정답 ②

27. 펌프 관련 기준으로 옳지 않은 것은?

① "충압펌프"란 배관 내 압력손실에 따른 주펌프의 빈번한 기동을 방지하기 위하여 충압역할을 하는 펌프를 말한다.
② "체절운전"이란 펌프의 성능시험을 목적으로 펌프 토출측의 개폐밸브를 닫은 상태에서 펌프를 운전하는 것을 말한다.
③ "정격토출량"이란 정격토출압력에서의 펌프의 토출량을 말한다.
④ "진공계"란 대기압 이상의 압력과 대기압 이하의 압력을 측정할 수 있는 계측기를 말한다.

| 해설
"연성계"란 대기압 이상의 압력과 대기압 이하의 압력을 측정할 수 있는 계측기를 말한다.

정답 ④

28. 완강기의 형식승인 및 제품검사의 기술기준상 완강기의 최대사용하중은 최소 몇 N 이상의 하중이어야 하는가?

① 800
② 1,000
③ 1,200
④ 1,500

| 해설
최대사용하중은 1,500N 이상이어야 한다.

정답 ④

29. 할론 1301 소화약제 단위체적당 최소약제량이 가장 많은 대상물은?

① 차고, 주차장
② 가연성고체류
③ 면화류, 나무껍질
④ 합성수지류

| 해설
전역방출방식의 할론 1301 소화약제 저장량

소방대상물 또는 그 부분	방호구역의 체적 1m³에 대한 소화약제의 양
차고·주차장·전기실·통신기기실·전산실, 기타 이와 유사한 전기설비가 설치되어 있는 부분	0.32kg 이상 0.64kg 이하
소방기본법 시행령 별표2의 특수가연물을 저장·취급하는 소방대상물 또는 그 부분 — 가연성고체류·가연성액체류	0.32kg 이상 0.64kg 이하
소방기본법 시행령 별표2의 특수가연물을 저장·취급하는 소방대상물 또는 그 부분 — 면화류·나무껍질 및 대팻밥·넝마 및 종이부스러기·사류·볏짚류·목재가공품 및 나무부스러기를 저장·취급하는 것	0.52kg 이상 0.64kg 이하
합성수지류를 저장·취급하는 것	0.32kg 이상 0.64kg 이하

정답 ③

30. 공장에서 옥외소화전 15개를 배치하려고 할 때 옥외소화전함은 몇 개 이상 배치해야 하는가?

① 1　　　　② 3
③ 5　　　　④ 11

| 해설
㉠ 옥외소화전이 10개 이하 설치된 때에는 옥외소화전마다 5m 이내의 장소에 1개 이상의 소화전함을 설치하여야 한다.
㉡ 옥외소화전이 11개 이상 30개 이하 설치된 때에는 11개 이상의 소화전함을 각각 분산하여 설치하여야 한다.
㉢ 옥외소화전이 31개 이상 설치된 때에는 옥외소화전 3개마다 1개 이상의 소화전함을 설치하여야 한다.

정답 ④

31. 특정소방대상물에 따라 적응하는 포소화설비기준 중 특수가연물을 저장·취급하는 공장 또는 창고에 적응하는 포소화설비의 종류가 아닌 것은?

① 포워터스프링클러설비
② 고정포방출설비
③ 호스릴포소화설비
④ 압축공기포소화설비

| 해설
- 호스릴포소화설비는 특수가연물을 저장·취급하는 공장 또는 창고에 적응하는 포소화설비의 종류에 해당하지 않는다.
- 특정소방대상물에 따라 적응하는 포소화설비의 기준
  ㉠ 특수가연물을 저장·취급하는 공장 또는 창고: 포워터스프링클러설비, 포헤드설비 또는 고정포방출설비, 압축공기포소화설비
  ㉡ 차고 또는 주차장: 포워터스프링클러설비, 포헤드설비 또는 고정포방출설비, 압축공기포소화설비
  ㉢ 항공기격납고: 포워터스프링클러설비, 포헤드설비 또는 고정포방출설비, 압축공기포소화설비
  ㉣ 발전기실, 엔진펌프실, 변압기, 전기케이블실, 유압설비: 바닥면적의 합계가 300m² 미만의 장소에는 고정식 압축공기포소화설비를 설치할 수 있다.

정답 ③

32. 제연설비 설치장소의 제연구역 구획기준으로 옳지 않은 것은?

① 하나의 제연구역의 면적은 1,000m² 이내로 할 것
② 거실과 통로는 상호 제연구획할 것
③ 통로상의 제연구역은 보행중심선의 길이가 60m를 초과하지 아니할 것
④ 하나의 제연구역은 지름 40m 원 내에 들어갈 수 있을 것

| 해설
하나의 제연구역은 직경 60m 원 내에 들어갈 수 있어야 한다.

정답 ④

33. 스프링클러설비 본체 내의 유수현상을 자동적으로 검지하여 신호 또는 경보를 발하는 장치는?

① 수압개폐장치
② 물올림장치
③ 일제개방밸브장치
④ 유수검지장치

| 해설
"유수검지장치"란 습식유수검지장치(패들형을 포함한다), 건식유수검지장치, 준비작동식유수검지장치를 말하며 본체 내의 유수현상을 자동적으로 검지하여 신호 또는 경보를 발하는 장치를 말한다.

정답 ④

34. 스프링클러설비 헤드의 설치기준 중 다음 ( ) 안에 알맞은 것은?

> 살수가 방해되지 아니하도록 스프링클러헤드부터 반경 (㉠)cm 이상의 공간을 보유할 것. 다만, 벽과 스프링클러헤드간의 공간은 (㉡)cm 이상으로 한다.

	㉠	㉡
①	10	60
②	30	10
③	60	10
④	90	60

| 해설
살수가 방해되지 아니하도록 스프링클러헤드로부터 반경 60(㉠)cm 이상의 공간을 보유할 것. 다만, 벽과 스프링클러헤드간의 공간은 10(㉡)cm 이상으로 한다.

정답 ③

35. 할론소화설비의 화재안전기준상 할론 1211을 국소방출방식으로 방사할 때 분사헤드의 방사압력 기준은 몇 MPa 이상인가?

① 0.1 ② 0.2
③ 0.9 ④ 1.05

| 해설
분사헤드의 방사압력은 할론 2402를 방사하는 것은 0.1MPa 이상, 할론 1211을 방사하는 것은 0.2MPa 이상, 할론 1301을 방사하는 것은 0.9MPa 이상으로 한다.

정답 ②

36. 포소화설비에서 펌프의 토출관에 압입기를 설치하여 포소화약제 압입용 펌프로 포소화약제를 압입시켜 혼합하는 방식은?

① 라인 프로포셔너방식
② 펌프 프로포셔너방식
③ 프레져 프로포셔너방식
④ 프레져사이드 프로포셔너방식

| 해설
펌프의 토출관에 압입기를 설치하여 포소화약제 압입용 펌프로 포소화약제를 압입시켜 혼합하는 방식은 "프레져사이드 프로포셔너방식"이다.

정답 ④

37. 소화설비용 헤드의 성능인증 및 제품검사의 기술기준상 소화설비용 헤드의 분류 중 수류를 살수판에 충돌하여 미세한 물방울을 만드는 물분무헤드 형식은?

① 디프렉타형 ② 충돌형
③ 슬리트형   ④ 분사형

| 해설
- 수류를 살수판에 충돌하여 미세한 물방울을 만드는 물분무헤드는 "디프렉타형"이다.
- "충돌형"이란 유수와 유수의 충돌에 의해 미세한 물방울을 만드는 물분무헤드를 말한다.
- "슬리트형"이란 수류를 슬리트에 의해 방출하여 수막상의 분무를 만드는 물분무헤드를 말한다.
- "분사형"이란 소구경의 오리피스로부터 고압으로 분사하여 미세한 물방울을 만드는 물분무헤드를 말한다.

정답 ①

38. 다음 중 피난기구의 화재안전기준에 따라 피난기구를 설치하지 아니하여도 되는 소방대상물로 틀린 것은?

① 발코니 등을 통하여 인접세대로 피난할 수 있는 구조로 되어 있는 계단실형 아파트
② 주요구조부가 내화구조로서 거실의 각 부분으로 직접 복도로 피난할 수 있는 학교(강의실 용도로 사용되는 층에 한함)
③ 무인공장 또는 자동창고로서 사람의 출입이 금지된 장소
④ 문화집회 및 운동시설·판매시설 및 영업시설 또는 노유자시설의 용도로 사용되는 층으로서 그 층의 바닥면적이 1,000㎡ 이상인 것

| 해설

설치제외 소방대상물은 다음과 같다.
㉠ 주요구조부가 내화구조로 되어 있고 실내에 면하는 부분의 마감이 불연재료·준불연재료 또는 난연재료로 되어 있을 것
㉡ 주요구조부가 내화구조로 되어 있고 옥상의 면적이 1,500㎡ 이상이며 옥상으로 쉽게 통할 수 있는 창 또는 출입구가 설치되어 있어야 할 것
㉢ 주요구조부가 내화구조이고 지하층을 제외한 층수가 4층 이하이며 소방사다리차가 쉽게 통행할 수 있는 도로 또는 공지에 면하는 부분에 개구부가 2 이상 설치되어 있는 층(문화집회 및 운동시설·판매시설 및 영업시설 또는 노유자시설의 용도로 사용되는 층으로서 그 층의 바닥면적이 1,000㎡ 이상인 것을 제외한다)
㉣ 편복도형 아파트 또는 발코니 등을 통하여 인접세대로 피난할 수 있는 구조로 되어 있는 계단실형 아파트
㉤ 주요구조부가 내화구조로서 거실의 각 부분으로 직접 복도로 피난할 수 있는 학교(강의실 용도로 사용되는 층에 한한다)
㉥ 무인공장 또는 자동창고로서 사람의 출입이 금지된 장소(관리를 위하여 일시적으로 출입하는 장소를 포함한다)
㉦ 건축물의 옥상부분으로서 거실에 해당하지 아니하고 사람이 근무하거나 거주하지 아니하는 장소

정답 ④

39. 옥내소화설비의 화재안전기준상 가압송수장치를 기동용수압개폐장치로 사용할 경우 압력챔버의 용적 기준은?

① 50L 이상 ② 100L 이상
③ 150L 이상 ④ 200L 이상

| 해설

기동용수압개폐장치(압력챔버)를 사용할 경우 그 용적은 100L 이상의 것으로 한다.

정답 ②

40. 할론소화설비의 화재안전기준에 따른 할론소화약제의 저장용기 설치장소에 대한 설명으로 틀린 것은?

① 가능한 한 방호구역 외의 장소에 설치해야 한다.
② 온도가 40℃ 이하이고, 온도변화가 적은 곳에 설치해야 한다.
③ 용기간에 이물질이 들어가지 않도록 용기간의 간격을 1cm 이하로 유지해야 한다.
④ 저장용기가 여러 개의 방호구역을 담당하는 경우 저장용기와 집합관을 연결하는 연결배관에는 체크밸브를 설치해야 한다.

| 해설

용기간의 간격은 점검에 지장이 없도록 3cm 이상의 간격을 유지한다.

정답 ③

2022년 제2회

소방유체역학

01. 2MPa, 400℃의 과열 증기를 단면확대노즐을 통하여 20kPa로 분출시킬 경우 최대속도는 약 몇 m/s인가? (단, 노즐입구에서 엔탈피는 3243.3kJ/kg이고, 출구에서 엔탈피는 2345.8kJ/kg이며, 입구속도는 무시한다)

① 1340　　② 1349
③ 1402　　④ 1412

| 해설

처음 단위질량에너지의 총합 = 나중 단위질량에너지의 총합

$$H_1 + \frac{1}{2}v_1^2 = H_2 + \frac{1}{2}v_2^2$$

이때 $v_1 = 0$이므로

$$\therefore v_2 = \sqrt{2(H_1 - H_2)}$$
$$= \sqrt{2(3243300 - 2345800)}$$
$$= 1339.8 \approx 1340 \text{m/s}$$

정답 ①

02. 펌프의 공동현상(cavitation)을 방지하기 위한 방법이 아닌 것은?

① 펌프의 설치 위치를 되도록 낮게 하여 흡입양정을 짧게 한다.
② 펌프의 회전수를 크게 한다.
③ 펌프의 흡입관경을 크게 한다.
④ 단흡입펌프보다는 양흡입펌프를 사용한다.

| 해설

펌프의 회전수를 작게 한다.

정답 ②

03. 원형 물탱크의 안지름이 1m이고, 아래쪽 옆면에 안지름 100mm 송출관을 통해 물을 수송할 때의 순간유속이 3m/s이었다. 이때 탱크 내 수면이 내려오는 속도는 몇 m/s인가?

① 0.015　　② 0.02
③ 0.025　　④ 0.03

| 해설

$Q_1 = Q_2$, $A_1 v_1 = A_2 v_2$

$$\frac{\pi d_1^2}{4} v_1 = \frac{\pi d_2^2}{4} v_2$$

$$\therefore v_1 = \frac{d_2^2}{d_1^2} v_2 = \frac{0.1^2}{1^2} \times 3 = 0.03 \text{m/s}$$

정답 ④

04. 지름 5cm인 구가 대류에 의해 열을 외부공기로 방출한다. 이 구는 50W의 전기히터에 의해 내부에서 가열되고 있고, 구 표면과 공기 사이의 온도차가 30℃라면 공기와 구 사이의 대류열전달계수는 약 몇 W/(m²·℃)인가?

① 111　　② 212
③ 313　　④ 414

| 해설

$q = hA(T_1 - T_2)$

※ q: 열전달량, h: 대류열전달계수, T_1: 구의 온도, T_2: 주위의 온도

$$\therefore h = \frac{q}{A(T_1 - T_2)}$$
$$= \frac{50}{4\pi(0.05/2)^2 \times 30} = 212 \text{W/m}^2 \cdot \text{℃}$$

정답 ②

05. 소화펌프의 회전수가 1450rpm일 때 양정이 25m, 유량이 5m³/min이었다. 펌프의 회전수를 1740rpm으로 높일 경우 양정[m]과 유량[m³/min]은? (단, 완전상사가 유지되고, 회전차의 지름은 일정하다)

	양정	유량
①	17	4.2
②	21	5
③	30.2	5.2
④	36	6

| 해설

- 양정 $H_2 = H_1 (\frac{N_2}{N_1})^2 (\frac{D_2}{D_1})^2 = 25 \times (\frac{1740}{1450})^2 = 36$
- 유량 $Q_2 = Q_1 (\frac{N_2}{N_1}) (\frac{D_2}{D_1})^3 = 5 \times \frac{1740}{1450} = 6$

정답 ④

06. 다음 중 이상기체에서 폴리트로픽지수(n)가 1인 과정은?

① 단열과정 ② 정압과정
③ 등온과정 ④ 정적과정

| 해설

지수 n	상태변화
0	등압변화
1	등온변화
k	단열변화
∞	등적변화

정답 ③

07. 정수력에 의해 수직평판의 힌지(hinge)점에 작용하는 단위폭당 모멘트를 바르게 표시한 것은? (단, ρ는 유체의 밀도, g는 중력가속도이다)

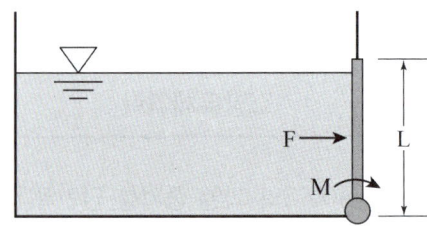

① $\frac{1}{6}\rho g L^3$ ② $\frac{1}{3}\rho g L^3$
③ $\frac{1}{2}\rho g L^3$ ④ $\frac{2}{3}\rho g L^3$

| 해설

$F = \rho g \frac{L}{2} \times L \times 1$

작용점은 바닥에서부터 $\frac{L}{3}$이므로

바닥을 기준으로 한 회전모멘트 $F = \rho g \frac{L^2}{2} \times \frac{L}{3} = \frac{\rho g L^3}{6}$

정답 ①

08. 다음 중 점성계수 μ의 차원은 어느 것인가? (단, M: 질량, L: 길이, T: 시간의 차원이다)

① $ML^{-1}T^{-1}$ ② $ML^{-1}T^{-2}$
③ $ML^{-2}T^{-1}$ ④ $M^{-1}L^{-1}T$

| 해설

$Re = \frac{\rho V L}{\mu}$

점성계수 μ의 차원은 $\rho V L$의 차원과 같다.

$\rho = \frac{M}{L^3}, \quad V = \frac{L}{T}$

$\therefore \rho V L = \frac{M}{L^3} \times \frac{L}{T} \times L = \frac{M}{LT} = ML^{-1}T^{-1}$

정답 ①

09. 그림과 같은 중앙부분에 구멍이 뚫린 원판에 지름 20cm의 원형 물제트가 대기압 상태에서 5m/s의 속도로 충돌하여, 원판 뒤로 지름 10cm의 원형 물제트가 5m/s의 속도로 흘러나가고 있을 때, 원판을 고정하기 위한 힘은 약 몇 N인가?

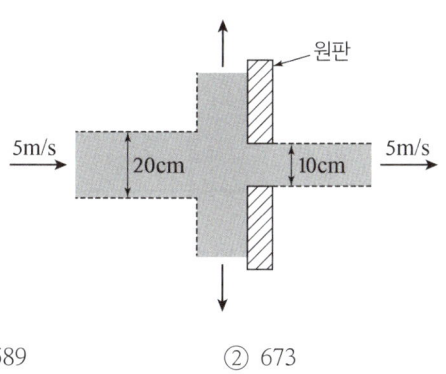

① 589
② 673
③ 770
④ 893

| 해설
운동량의 차이가 가해져야 할 힘이다.
$$F = \rho A_1 v_1^2 - \rho A_2 v_2^2$$
$$= 1000 \times \frac{\pi}{4}(0.2)^2 \times 5^2 - 1000 \times \frac{\pi}{4}(0.1)^2 \times 5^2$$
$$= 589N$$

정답 ①

10. 20°C의 이산화탄소소화약제가 체적 4m³의 용기 속에 들어있다. 용기 내 압력이 1MPa일 때 이산화탄소소화약제의 질량은 약 몇 kg인가? (단, 이산화탄소의 기체상수는 189J/(kg·K)이다)

① 0.069
② 0.072
③ 68.9
④ 72.2

| 해설
$$PV = mRT$$
$$m = \frac{PV}{RT} = \frac{1000000 \times 4}{189 \times (273+20)} = 72.2kg$$

정답 ④

11. 물을 송출하는 펌프의 소요축동력이 70kW, 펌프의 효율이 78%, 전양정이 60m일 때, 펌프의 송출유량은 약 몇 m³/min인가?

① 5.57
② 2.57
③ 1.09
④ 0.093

| 해설
$$P = \frac{\gamma Q H}{\eta}$$
※ P: 펌프의 동력[kW], γ: 물의 비중량[kN/m³], H: 양정[m], η: 펌프의 효율
$$Q = \frac{P \times \eta}{\gamma \times H}$$
$$= \frac{70 \times 0.78}{9.8 \times 60} = 0.09286 m^3/s = 5.57 m^3/min$$

정답 ①

12. 밸브가 장치된 지름 10cm인 원관에 비중 0.8인 유체가 2m/s의 평균속도로 흐르고 있다. 밸브 전후의 압력 차이가 4kPa일 때, 이 밸브의 등가길이는 몇 m인가? (단, 관의 마찰계수는 0.02이다)

① 10.5
② 12.5
③ 14.5
④ 16.5

| 해설
$$\frac{\Delta P}{\gamma} = H_L = F\frac{L_e}{D}\frac{v^2}{2g} = K\frac{v^2}{2g}$$
$$\therefore \frac{\Delta P}{\gamma} = K\frac{v^2}{2g}$$
$$K = \frac{2g\Delta P}{\gamma v^2} = \frac{2 \times 9.8 \times 4}{0.8 \times 9.8 \times 2^2} = 2.5$$
$K = f\frac{L_e}{D}$ 이므로
$$\therefore L_e = \frac{KD}{f} = \frac{2.5 \times 0.1}{0.02} = 12.5$$

정답 ②

13. 그림에 표시된 원형 관로로 비중이 0.8, 점성계수가 0.4Pa·s인 기름이 층류로 흐른다. ㉠ 지점의 압력이 111.8kPa이고, ㉡ 지점의 압력이 206.9kPa일 때 유체의 유량은 약 몇 L/s인가?

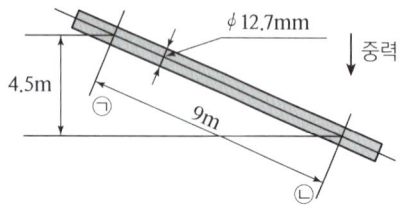

① 0.0149
② 0.0138
③ 0.0121
④ 0.0106

| 해설

- 4.5m 하강으로 인한 압력손실
  $= 0.8\gamma H = 0.8 \times 9.8 \times 4.5 = 35.28$ kPa

- 압력손실 $\Delta P = \dfrac{128\mu l Q}{\pi D^4}$

$$Q = \dfrac{\pi D^4 \Delta P}{128\mu l}$$

$$= \dfrac{\pi (0.0127)^4 \times (206.9 - 111.8 - 35.28) \times 1000}{128 \times 0.4 \times 9}$$

$$= 1.06 \times 10^{-5} \text{m}^3/\text{s}$$

$$= 1.06 \times 10^{-2} \text{L/s} = 0.0106 \text{L/s}$$

※ μ: 점성계수, l: 배관길이, Q: 유량,
  D: 배관직경, γ: 비중량

정답 ④

14. 그림에서 물과 기름의 표면은 대기에 개방되어있고, 물과 기름 표면의 높이가 같을 때 h는 약 몇 m인가? (단, 기름의 비중은 0.8, 액체 A의 비중은 1.6이다)

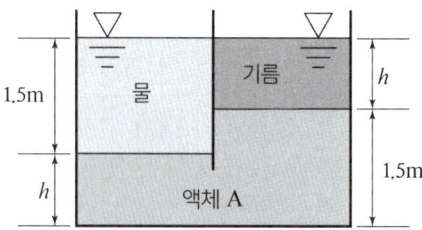

① 1
② 1.1
③ 1.125
④ 1.25

| 해설

- A에서의 압력은 같다. ※ P_0: 대기압

  왼쪽의 압력 $= P_0 + \gamma_\text{물} \times 1.5$

  오른쪽의 압력 $= P_0 + \gamma_\text{기름} \times h$
  $+ \gamma_{\text{액체}A} \times (1.5 - h)$

- $P_0 + \gamma_\text{물} \times 1.5 = P_0 + \gamma_\text{기름} \times h + \gamma_{\text{액체}A} \times (1.5-h)$

  $\gamma_\text{물} \times 1.5 = \gamma_\text{기름} \times h + \gamma_{\text{액체}A} \times (1.5-h)$

  $9.8 \times 1.5 = 0.8 \times 9.8 \times h + 1.6 \times 9.8 \times (1.5-h)$

  $14.7 = 7.84h + 23.52 - 15.68h$

  $7.84h = 8.82$

∴ $h = 1.125$m

정답 ③

15. 압축률에 대한 설명으로 틀린 것은?

① 압축률은 체적탄성계수의 역수이다.
② 압축률의 단위는 압력의 단위인 Pa이다.
③ 밀도와 압축률의 곱은 압력에 대한 밀도의 변화율과 같다.
④ 압축률이 크다는 것은 같은 압력변화를 가할 때 압축하기 쉽다는 것을 의미한다.

| 해설

압축률의 단위는 Pa의 역수이다.

압축률 $\beta = \dfrac{1}{K} = -\dfrac{\dfrac{\Delta V}{V}}{\Delta P}[\text{m}^2/\text{N}]$

정답 ②

16. 그림과 같이 물이 수조에 연결된 원형 파이프를 통해 분출하고 있다. 수면과 파이프의 출구 사이에 총 손실수두가 200mm라고 할 때 파이프에서의 방출유량은 약 몇 m³/s인가? (단, 수면 높이의 변화 속도는 무시한다)

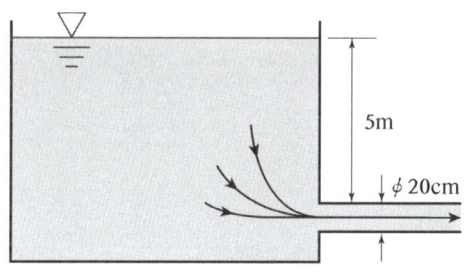

① 0.285　　② 0.295
③ 0.305　　④ 0.315

| 해설

토리첼리 정리에 의하여
파이프 출구에서의 $v = \sqrt{2gH}$
$= \sqrt{2 \times 9.8 \times (5-0.2)} = 9.699\text{m/s}$

∴ $Q = Av$
$= \dfrac{\pi}{4} 0.2^2 \times 9.699 = 0.305\text{m}^3/\text{s}$

정답 ③

17. 유체의 흐름에 적용되는 다음과 같은 베르누이 방정식에 관한 설명으로 옳은 것은?

$$\dfrac{P}{\gamma} + \dfrac{V^2}{2g} + Z = C\,(\text{일정})$$

① 비정상상태의 흐름에 대해 적용된다.
② 동일한 유선상이 아니더라도 흐름 유체의 임의 점에 대해 항상 적용된다.
③ 흐름 유체의 마찰효과가 충분히 고려된다.
④ 압력수두, 속도수두, 위치수두의 합이 일정함을 표시한다.

| 해설

① 정상상태의 흐름에 대해 적용된다.
② 동일한 유선상의 점에 적용된다.
③ 흐름 유체의 마찰은 무시한다.

정답 ④

18. 유체의 흐름 중 난류 흐름에 대한 설명으로 옳지 않은 것은?

① 원관 내부 유동에서는 레이놀즈수가 약 4000 이상인 경우에 해당한다.
② 유체의 각 입자가 불규칙한 경로를 따라 움직인다.
③ 유체의 입자가 갖는 관성력이 입자에 작용하는 점성력에 비하여 매우 크다.
④ 원관 내 완전발달 유동에서는 평균속도가 최대 속도의 $\dfrac{1}{2}$이다.

| 해설

원관 내 완전발달 유동에서는 평균속도가 최대속도의 0.8이다.

정답 ④

19. 어떤 물체가 공기 중에서 무게는 588N이고, 수중에서 무게는 98N이었다. 이 물체의 체적(V)과 비중(S)으로 옳은 것은?

① $V = 0.05m^3$, $S = 1.2$
② $V = 0.05m^3$, $S = 1.5$
③ $V = 0.5m^3$, $S = 1.2$
④ $V = 0.5m^3$, $S = 1.5$

| 해설

- 부력 $= 588 - 98 = 490N$
- $\rho_{물}gV = 490$, $\rho_{물체}gV = 588$

$$\frac{\rho_{물체}gV}{\rho_{물}gV} = \frac{\rho_{물체}}{\rho_{물}} = \frac{588}{490} = 1.2 = 비중\ S$$

- $\rho_{물체}gV = 588$이므로

$$V = \frac{588}{\rho_{물체}g} = \frac{588}{1.2 \times 1000 \times 9.8} = 0.05m^3$$

정답 ①

20. 유체에 관한 설명 중 옳은 것은?

① 실제유체는 유동할 때 마찰손실이 생기지 않는다.
② 이상유체는 높은 압력에서 밀도가 변화하는 유체이다.
③ 유체에 압력을 가하면 체적이 줄어드는 유체는 압축성 유체이다.
④ 압력을 가해도 밀도변화가 없으며 점성에 의한 마찰손실만 있는 유체가 이상유체이다.

| 해설

① 실제유체는 유동할 때 마찰손실이 생긴다.
② 이상유체는 높은 압력에서 밀도가 변화하지 않는 유체이다.
④ 압력을 가해도 밀도변화가 없으며 점성에 의한 마찰손실도 없는 유체가 이상유체이다.

정답 ③

소방기계시설의 구조 및 원리

21. 할론소화설비의 화재안전기준에 따른 할론소화설비의 수동식 기동장치의 설치기준으로 틀린 것은?

① 국소방출방식은 방호대상물마다 설치할 것
② 기동장치의 방출용 스위치는 음향경보장치와 개별적으로 조작될 수 있는 것으로 할 것
③ 전기를 사용하는 기동장치에는 전원표시등을 설치할 것
④ 조작부는 바닥으로부터 높이 0.8m 이상 1.5m 이하의 위치에 설치할 것

| 해설

기동장치의 방출용 스위치는 음향경보장치와 연동하여 조작될 수 있는 것으로 할 것

정답 ②

22. 미분무소화설비의 화재안전기준에 따라 최저사용압력이 몇 MPa를 초과할 때 고압 미분무소화설비로 분류하는가?

① 1.2 ② 2.5
③ 3.5 ④ 4.2

| 해설

구분	최고사용압력
저압 미분무소화설비	1.2MPa 이하
중압 미분무소화설비	1.2MPa 초과 3.5MPa 이하
고압 미분무소화설비	3.5MPa 초과

정답 ③

23. 피난기구의 화재안전기준에 따른 피난기구의 설치 및 유지에 관한 사항 중 틀린 것은?

① 피난기구를 설치하는 개구부는 서로 동일직선상의 위치에 있을 것
② 설치장소에는 피난기구의 위치를 표시하는 발광식 또는 축광식 표지와 그 사용방법을 표시한 표지를 부착할 것
③ 피난기구는 소방대상물의 기둥·바닥·보 기타 구조상 견고한 부분에 볼트조임·매입·용접 기타의 방법으로 견고하게 부착할 것
④ 피난기구는 계단·피난구 기타 피난시설로부터 적당한 거리에 있는 안전한 구조로 된 피난 또는 소화활동상 유효한 개구부에 고정하여 설치할 것

| 해설

피난기구를 설치하는 개구부는 서로 동일직선상이 아닌 위치에 있을 것. 다만, 피난교·피난용트랩·간이완강기·아파트에 설치되는 피난기구(다수인 피난장비는 제외한다) 기타 피난상 지장이 없는 것에 있어서는 그러하지 아니하다.

정답 ①

24. 스프링클러설비의 화재안전기준상 스프링클러설비의 배관 내 사용압력이 몇 MPa 이상일 때 압력배관용탄소강관을 사용해야 하는가?

① 0.1   ② 0.5
③ 0.8   ④ 1.2

| 해설

배관 내 사용압력이 1.2MPa 이상일 경우에는 압력배관용탄소강관, 배관용 아크용접 탄소강강관(KS D 3583)을 사용한다.

정답 ④

25. 이산화탄소소화설비의 화재안전기준에 따라 케이블실에 전역방출방식으로 이산화탄소소화설비를 설치하고자 한다. 방호구역 체적은 750m³, 개구부의 면적은 3m²이고, 개구부에는 자동폐쇄장치가 설치되어 있지 않다. 이때 필요한 소화약제의 양은 최소 몇 kg 이상인가?

① 930   ② 1005
③ 1230   ④ 1530

| 해설

Q = V × a + A × b

※ V: 방호구역체적[m³], a: 방호구역 체적당 소화약제량[kg/m³],
A: 개구부면적[m²], b: 개구부 가산량

방호대상물	방호구역의 체적 1m³에 대한 소화약제의 양	설계농도 (%)
유압기기를 제외한 전기설비, 케이블실	1.3kg	50
체적 55m³ 미만의 전기설비	1.6kg	50
서고, 전자제품창고, 목재가공품창고, 박물관	2.0kg	65
고무류·면화류창고, 모피창고, 석탄창고, 집진설비	2.7kg	75

방호구역의 개구부에 자동폐쇄장치를 설치하지 아니한 경우에는 개구부면적 1m²당 10kg을 가산하여야 한다.

∴ Q = V × a + A × b = 750 × 1.3 + 3 × 10 = 1005kg

정답 ②

26. 다음 중 피난기구의 화재안전기준에 따라 의료시설에 구조대를 설치하여야 할 층은?

① 지상 2층 ② 지하 1층
③ 지상 1층 ④ 지상 3층

| 해설

소방대상물의 설치장소별 피난기구의 적응성(제4조 제1항 관련)

설치장소별 구분 / 층별	노유자시설	의료시설, 근린생활시설 중 입원실이 있는 의원, 접골원, 조산원
1층	미끄럼대·구조대·피난교·다수인 피난장비·승강식피난기	
2층	미끄럼대·구조대·피난교·다수인 피난장비·승강식피난기	
3층	미끄럼대·구조대·피난교·다수인 피난장비·승강식피난기	미끄럼대·구조대·피난교·다수인 피난장비·승강식피난기
4층 이상 10층 이하	구조대·피난교·다수인 피난장비·승강식피난기	구조대·피난교·피난용트랩·다수인 피난장비·승강식피난기

정답 ④

27. 화재안전기준상 물계통의 소화설비 중 펌프의 성능시험배관에 사용되는 유량측정장치는 펌프의 정격토출량의 몇 % 이상 측정할 수 있는 성능이 있어야 하는가?

① 65 ② 100
③ 120 ④ 175

| 해설

유량측정장치는 성능시험배관의 직관부에 설치하되, 펌프의 정격토출량의 175% 이상 측정할 수 있는 성능이 있을 것

정답 ④

28. 피난기구의 화재안전기준상 근린생활시설 4층 이상 10층 이하에 적응성이 있는 피난기구가 아닌 것은? (단, 근린생활시설 중 입원실이 있는 의원·접골원·조산원에 한한다)

① 피난용트랩 ② 미끄럼대
③ 구조대 ④ 피난교

| 해설

의료시설, 근린생활시설 중 입원실이 있는 의원, 접골원, 조산원의 4층 이상 10층 이하에 적응성이 있는 피난기구는 구조대·피난교·피난용트랩·다수인 피난장비·승강식피난기가 있다.

정답 ②

29. 제연설비의 화재안전기준에 따른 배출풍도의 설치기준 중 다음 (   ) 안에 알맞은 것은?

> 배출기의 흡입측 풍도 안의 풍속은 (㉠)m/s 이하로 하고 배출측 풍속은 (㉡)m/s 이하로 할 것

① ㉠: 15, ㉡: 10
② ㉠: 10, ㉡: 15
③ ㉠: 20, ㉡: 15
④ ㉠: 15, ㉡: 20

| 해설

배출기의 흡입측 풍도 안의 풍속은 15(㉠)m/s 이하로 하고 배출측 풍속은 20(㉡)m/s 이하로 할 것

정답 ④

30. 스프링클러헤드에서 이융성금속으로 융착되거나 이융성 물질에 의하여 조립된 것은?

① 프레임(Frame)
② 디플렉터(Deflector)
③ 유리벌브(Glass Bulb)
④ 퓨지블링크(Fusible Link)

| 해설
① 프레임(Frame): 나사부와 디플렉터를 연결하는 부위이다.
② 디플렉터(Deflector): 방사되는 물이 부딪혀서 골고루 퍼지도록 한다.
③ 유리벌브(Glass Bulb): 유리로 되어있는 감열체가 화재 시 파괴되면서 헤드가 개방된다.
④ 퓨지블링크(Fusible Link): 이융성금속이 Lever Type으로 조립되어 있다.

정답 ④

31. 포소화설비의 화재안전기준상 특수가연물을 저장·취급하는 공장 또는 창고에 적응성이 없는 포소화설비는?

① 고정포방출설비
② 포소화전설비
③ 압축공기포소화설비
④ 포워터스프링클러설비

| 해설
특수가연물을 저장·취급하는 공장 또는 창고: 포워터스프링클러설비·포헤드설비 또는 고정포방출설비, 압축공기포소화설비에 적응성이 있다.

정답 ②

32. 분말소화설비의 화재안전기준상 자동화재탐지설비의 감지기의 작동과 연동하는 분말소화설비 자동식 기동장치의 설치기준 중 다음 (   ) 안에 알맞은 것은?

- 전기식 기동장치로서 (㉠)병 이상의 저장용기를 동시에 개방하는 설비는 2병 이상의 저장용기에 전자개방밸브를 부착할 것
- 가스압력식 기동장치의 기동용 가스용기 및 해당 용기에 사용하는 밸브는 (㉡)MPa 이상의 압력에 견딜 수 있는 것으로 할 것

	㉠	㉡
①	3	2.5
②	7	2.5
③	3	25
④	7	25

| 해설
- 전기식 기동장치로서 7(㉠)병 이상의 저장용기를 동시에 개방하는 설비는 2병 이상의 저장용기에 전자개방밸브를 부착할 것
- 가스압력식 기동장치의 기동용 가스용기 및 해당 용기에 사용하는 밸브는 25(㉡)MPa 이상의 압력에 견딜 수 있는 것으로 할 것

정답 ④

33. 분말소화설비의 화재안전기준상 분말소화약제의 가압용 가스용기에 대한 설명으로 틀린 것은?

① 가압용 가스용기를 3병 이상 설치한 경우에는 2개 이상의 용기에 전자개방밸브를 부착할 것
② 가압용 가스용기에는 2.5MPa 이하의 압력에서 조정이 가능한 압력조정기를 설치할 것
③ 가압용 가스에 질소가스를 사용하는 것의 질소가스는 소화약제 1kg마다 20L(35℃에서 1기압의 압력상태로 환산한 것) 이상으로 할 것
④ 축압용 가스에 질소가스를 사용하는 것의 질소가스는 소화약제 1kg에 대하여 10L(35℃에서 1기압의 압력상태로 환산한 것) 이상으로 할 것

| 해설
가압용 가스에 질소가스를 사용하는 것의 질소가스는 소화약제 1kg마다 40L(35℃에서 1기압의 압력상태로 환산한 것) 이상, 이산화탄소를 사용하는 것의 이산화탄소는 소화약제 1kg에 대하여 20g에 배관의 청소에 필요한 양을 가산한 양 이상으로 할 것

정답 ③

34. 화재조기진압용 스프링클러설비의 화재안전기준상 화재조기진압용 스프링클러설비 가지배관의 배열기준 중 천장의 높이가 9.1m 이상 13.7m 이하인 경우 가지배관 사이의 거리 기준으로 옳은 것은?

① 2.4m 이상 3.1m 이하
② 2.4m 이상 3.7m 이하
③ 6.0m 이상 8.5m 이하
④ 6.0m 이상 9.3m 이하

| 해설
가지배관 사이의 거리는 2.4m 이상 3.7m 이하로 할 것. 다만, 천장의 높이가 9.1m 이상 13.7m 이하인 경우에는 2.4m 이상 3.1m 이하로 한다.

정답 ①

35. 포소화설비에서 펌프의 토출관에 압입기를 설치하여 포소화약제 압입용 펌프로 포소화약제를 압입시켜 혼합하는 방식은?

① 라인 프로포셔너
② 펌프 프로포셔너
③ 프레져 프로포셔너
④ 프레져사이드 프로포셔너

| 해설
"프레져사이드 프로포셔너방식"이란 펌프의 토출관에 압입기를 설치하여 포소화약제 압입용 펌프로 포소화약제를 압입시켜 혼합하는 방식을 말한다.

정답 ④

36. 지하구의 화재안전기준에 따라 연소방지설비 전용 헤드를 사용할 때 배관의 구경이 65mm인 경우 하나의 배관에 부착하는 살수헤드의 최대 개수로 옳은 것은?

① 2
② 3
③ 5
④ 6

| 해설
연소방지설비 전용헤드를 사용하는 경우에는 다음 표에 따른 구경 이상으로 할 것

하나의 배관에 부착하는 살수헤드의 개수	배관의 구경[mm]
1개	32
2개	40
3개	50
4개 또는 5개	65
6개 이상	80

정답 ③

37. 지하구의 화재안전기준에 따른 지하구의 통합감시시설 설치기준으로 틀린 것은?

① 소방관서와 지하구의 통제실간에 화재 등 소방활동과 관련된 정보를 상시 교환할 수 있는 정보통신망을 구축할 것
② 수신기는 방재실과 공동구의 입구 및 연소방지설비 송수구가 설치된 장소(지상)에 설치할 것
③ 정보통신망(무선통신망 포함)은 광케이블 또는 이와 유사한 성능을 가진 선로일 것
④ 수신기는 화재신호, 경보, 발화지점 등 수신기에 표시되는 정보가 기준에 적합한 방식으로 119 상황실이 있는 관할 소방관서의 정보통신장치에 표시되도록 할 것

| 해설
수신기는 지하구의 통제실에 설치하되 화재신호, 경보, 발화지점 등 수신기에 표시되는 정보가 119 상황실이 있는 관할 소방관서의 정보통신장치에 표시되도록 할 것

정답 ②

38. 소화수조 및 저수조의 화재안전기준에 따라 소화용수설비에 설치하는 채수구의 지면으로부터 설치높이 기준은?

① 0.3m 이상 1m 이하
② 0.3m 이상 1.5m 이하
③ 0.5m 이상 1m 이하
④ 0.5m 이상 1.5m 이하

| 해설
채수구는 지면으로부터의 높이가 0.5m 이상 1m 이하의 위치에 설치하고 "채수구"라고 표시한 표지를 할 것

정답 ③

39. 다음은 물분무소화설비의 화재안전기준에 따른 수원의 저수량 기준이다. ( ) 안에 들어갈 내용으로 옳은 것은?

> 특수가연물을 저장 또는 취급하는 특정소방대상물 또는 그 부분에 있어서 수원의 저수량은 그 바닥면적 1m²에 대하여 ( )L/min로 20분간 방수할 수 있는 양 이상으로 할 것

① 10   ② 12
③ 15   ④ 20

| 해설
특수가연물을 저장 또는 취급하는 특정소방대상물 또는 그 부분에 있어서 수원의 저수량은 그 바닥면적(최대 방수구역의 바닥면적을 기준으로 하며, 50m² 이하인 경우에는 50m²) 1m²에 대하여 10L/min로 20분간 방수할 수 있는 양 이상으로 할 것

정답 ①

40. 제연설비의 화재안전기준상 제연설비 설치장소의 제연구역 구획기준으로 틀린 것은?

① 하나의 제연구역의 면적은 1000m² 이내로 할 것
② 하나의 제연구역은 직경 60m 원 내에 들어갈 수 있을 것
③ 하나의 제연구역은 3개 이상 층에 미치지 아니하도록 할 것
④ 통로상의 제연구역은 보행중심선의 길이가 60m를 초과하지 아니할 것

| 해설
하나의 제연구역은 2개 이상 층에 미치지 아니하도록 할 것

정답 ③

2022년 제1회

소방유체역학

01. 30°C에서 부피가 10L인 이상기체를 일정한 압력으로 0°C로 냉각시키면 부피는 약 몇 L로 변하는가?

① 3 ② 9
③ 12 ④ 18

| 해설

$$\frac{V_1}{T_1} = \frac{V_2}{T_2}$$

$$V_2 = T_2 \times \frac{V_1}{T_1} = 273 \times \frac{10}{(273+30)} = 9.1$$

∴ $V_2 \approx 9L$

정답 ②

02. 비중이 0.6이고 길이 20m, 폭 10m, 높이 3m인 직육면체 모양의 소방정 위에 비중이 0.9인 포소화약제 5톤을 실었다. 바닷물의 비중이 1.03일 때 바닷물 속에 잠긴 소방정의 깊이는 몇 m인가?

① 3.54 ② 2.5
③ 1.77 ④ 0.6

| 해설

중력 = 부력
$0.6\rho_w g \times (20 \times 10 \times 3) + 0.9 \times 5000 \times 9.8$
$= 1.03\rho_w g \times (20 \times 10 \times h)$
$0.6 \times 1000 \times 9.8 \times (20 \times 10 \times 3) + 0.9 \times 5000 \times 9.8$
$= 1.03 \times 1000 \times 9.8 \times (20 \times 10 \times h)$
$3572100 = 2018800h$
∴ $h = 1.77m$

정답 ③

03. 그림과 같이 대기압 상태에서 V의 균일한 속도로 분출된 직경 D의 원형 물제트가 원판에 충돌할 때 원판이 U의 속도로 오른쪽으로 계속 동일한 속도로 이동하려면 외부에서 원판에 가해야 하는 힘 F는? (단, ρ는 물의 밀도, g는 중력가속도이다)

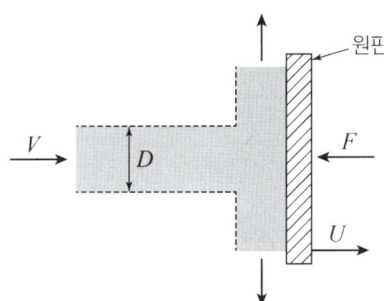

① $\dfrac{\rho \pi D^2}{4}(V-U)^2$

② $\dfrac{\rho \pi D^2}{4}(V+U)^2$

③ $\rho \pi D^2 (V-U)(V+U)$

④ $\dfrac{\rho \pi D^2 (V-U)(V+U)}{4}$

| 해설

• $F = \rho Q(v_2 - v_1)$
• $-F = \rho Q(U-V)$
  $= \rho A(V-U)(U-V) = -\rho A(V-U)^2$

∴ $F = \rho A(V-U)^2 = \rho \dfrac{\pi D^2}{4}(V-U)^2$

※ F: 평판에 가하는 힘, ρ: 유체의 밀도, Q: 유량,
  A: 노즐의 단면적, V: 유체의 속도, U: 원판의 속도

정답 ①

04. 그림과 같이 폭이 넓은 두 평판 사이를 흐르는 유체의 속도 분포 $u(y)$가 다음과 같을 때, 평판 벽에 작용하는 전단응력[Pa]은? (단, $u_m = 1$m/s, $h = 0.01$m, 유체의 점성계수는 0.1N·s/m²이다)

$$u(y) = u_m\left[1 - \left(\frac{y}{h}\right)^2\right]$$

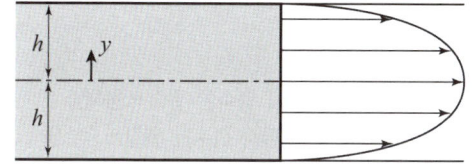

① 1 ② 2
③ 10 ④ 20

| 해설

$\tau = \mu \dfrac{du}{dy}$ 이므로

u의 식을 y에 대하여 미분한 다음 $y = h$를 대입하면

$\tau = \dfrac{2\mu u_m}{h} = \dfrac{2 \times 0.1 \times 1}{0.01} = 20$Pa

※ τ: 전단응력, μ: 점성계수, u_m: 관 중앙에서의 유속, h: 반지름

정답 ④

05. 부차적 손실계수 K가 2인 관 부속품에서의 손실수두가 2m이라면 이때의 유속은 약 몇 m/s인가?

① 4.43 ② 3.14
③ 2.21 ④ 2.00

| 해설

부차적 손실계수 $H = K\dfrac{v^2}{2g}$

$v = \sqrt{\dfrac{2gH}{K}} = \sqrt{\dfrac{2 \times 9.8 \times 2}{2}} = 4.43$m/s

정답 ①

06. 포화액 – 증기 혼합물 300g이 100kPa의 일정한 압력에서 기화가 일어나서 건도가 10%에서 30%로 높아진다면 혼합물의 체적증가량은 약 몇 m³인가? (단, 100kPa에서 포화액과 포화증기의 비체적은 각각 0.00104m³/kg과 1.694m³/kg이다)

① 3.386 ② 1.693
③ 0.508 ④ 0.102

| 해설

- 건도 10%에서의
  ㉠ 포화액의 질량 = 0.9×0.3kg = 0.27kg
  ㉡ 증기의 질량 = 0.1×0.3kg = 0.03kg
  ㉢ 포화액의 체적 = 0.27kg×0.00104m³/kg
      = 0.0002808m³
  ㉣ 증기의 체적 = 0.03kg×1.694m³/kg = 0.05082m³
- 건도 30%에서의
  ㉠ 포화액의 질량 = 0.7×0.3kg = 0.21kg
  ㉡ 증기의 질량 = 0.3×0.3kg = 0.09kg
  ㉢ 포화액의 체적 = 0.21kg×0.00104m³/kg
      = 0.0002184m³
  ㉣ 증기의 체적 = 0.09kg×1.694m³/kg = 0.015246m³
∴ 체적 증가량 = 0.15246m³ - 0.05082m³
       = 0.10164m³ ≈ 0.102m³

정답 ④

07. 베르누이의 정리($\dfrac{P}{\rho} + \dfrac{V^2}{2} + gZ = \text{constant}$)가 적용되는 조건이 아닌 것은?

① 압축성의 흐름이다.
② 정상상태의 흐름이다.
③ 마찰이 없는 흐름이다.
④ 베르누이 정리가 적용되는 임의의 두 점은 같은 유선상에 있다.

| 해설

베르누이의 정리는 비압축성 유동에 대한 식이다.

정답 ①

08. 물분무소화설비의 가압송수장치로 전동기 구동형 펌프를 사용하였다. 펌프의 토출량 800L/min, 전양정 50m, 효율 0.65, 전달계수 1.1인 경우 적당한 전동기 용량은 몇 kW인가?

① 4.2 ② 4.7
③ 10.0 ④ 11.1

| 해설

$$P = \frac{\gamma QH}{\eta} \times K$$

$$= \frac{9.8 \times \frac{800}{1000 \times 60} \times 50}{0.65} \times 1.1 = 11.1 \text{kW}$$

※ P: 전동기용량[kW], γ: 물의 비중량[kN/m³],
Q: 유량[m³/s], H: 전양정[m], K: 전달계수

정답 ④

---

10. −15℃의 얼음 10g을 100℃의 증기로 만드는데 필요한 열량은 약 몇 kJ인가? (단, 얼음의 융해열은 335kJ/kg, 물의 증발잠열은 2256kJ/kg, 얼음의 평균 비열은 2.1kJ/kg·K이고, 물의 평균 비열은 4.18kJ/kg·K이다)

① 7.85 ② 27.1
③ 30.4 ④ 35.2

| 해설

얼음이 0℃가 될 때까지 흡수한 열량 + 융해열
+ 물이 100℃가 될 때까지 흡수한 열량 + 증발열
= 0.01×2.1×15 + 0.01×335
　+ 0.01×4.18×100 + 0.01×2256
= 30.4kJ

정답 ③

---

09. 수평원관 속을 층류상태로 흐르는 경우 유량에 대한 설명으로 옳지 않은 것은?

① 점성계수에 반비례한다.
② 관의 길이에 반비례한다.
③ 관 지름의 4제곱에 비례한다.
④ 압력강하량에 반비례한다.

| 해설

• 압력강하와 유량은 비례한다.
• 하겐포아젤(층류)식

손실수두 $H_L = \dfrac{128\mu QL}{\gamma \pi D^4}$

압력강하 $\Delta P = \dfrac{128\mu QL}{\pi D^4}$

※ μ: 점성계수, Q: 유량, L: 관길이,
γ: 물 비중량, D: 관경

정답 ④

---

11. 비중량 및 비중에 대한 설명으로 옳은 것은?

① 비중량은 단위부피당 유체의 질량이다.
② 비중은 유체의 질량 대 표준상태 유체의 질량비이다.
③ 기체인 수소의 비중은 액체인 수은의 비중보다 크다.
④ 압력의 변화에 대한 액체의 비중량 변화는 기체의 비중량 변화보다 작다.

| 해설
① 비중량은 단위부피당 유체의 중량이다.
② 비중은 유체의 밀도 대 표준상태 유체의 밀도비이다.
③ 기체인 수소의 비중은 액체인 수은의 비중보다 작다.

정답 ④

12. 그림과 같은 U자관 차압액주계에서 $\gamma_1 = 9.8\text{kN/m}^3$, $\gamma_2 = 133\text{kN/m}^3$, $\gamma_3 = 9.0\text{kN/m}^3$, $h_1 = 0.2\text{m}$, $h_3 = 0.1\text{m}$이고 압력차 $P_A - P_B = 30\text{kPa}$이다. h_2는 몇 m인가?

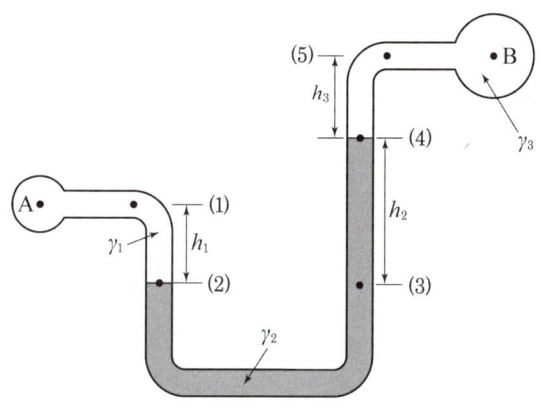

① 0.218
② 0.226
③ 0.234
④ 0.247

| 해설
(2)와 (3)에서의 압력은 같다.
$P_A + \gamma_1 h_1 = P_B + \gamma_3 h_3 + \gamma_2 h_2$
$P_A - P_B = \gamma_3 h_3 + \gamma_2 h_2 - \gamma_1 h_1$
$\qquad = 9.0 \times 0.1 + 133 \times h_2 - 9.8 \times 0.2$
$30\text{kPa} = 0.9 + 133 h_2 - 1.96$
$133 h_2 = 31.06$
$\therefore h_2 = 0.234\text{m}$

정답 ③

13. 펌프와 관련된 용어의 설명으로 옳은 것은?

① 캐비테이션: 송출압력과 송출유량이 주기적으로 변하는 현상
② 서징: 액체가 포화증기압 이하에서 비등하여 기포가 발생하는 현상
③ 수격작용: 관을 흐르던 물이 갑자기 정지할 때 압력파에 의해 이상음(異常音)이 발생하는 현상
④ NPSH: 펌프에서 상사법칙을 나타내기 위한 비속도

| 해설
① 송출압력과 송출유량이 주기적으로 변하는 현상은 서징이다.
② 액체가 포화증기압 이하에서 비등하여 기포가 발생하는 현상은 캐비테이션이다.
④ NPSH는 유효흡입양정을 의미한다.

정답 ③

14. 원관 속을 층류상태로 흐르는 유체의 속도분포가 다음과 같을 때 관벽에서 30mm 떨어진 곳에서 유체의 속도기울기(속도구배)는 약 몇 s^{-1}인가?

$$u = 3y^{\frac{1}{2}}$$
* u: 유속[m/s], y: 관벽으로부터의 거리[m]

① 0.87
② 2.74
③ 8.66
④ 27.4

| 해설
속도구배 $= \dfrac{du}{dy}$
$\qquad = \dfrac{1}{2} \times 3 \times y^{\frac{1}{2}-1} = \dfrac{3}{2} y^{-\frac{1}{2}} = \dfrac{3}{2\sqrt{y}}$

이때 $y = 0.03\text{m}$이므로
$\therefore \dfrac{du}{dy} = \dfrac{3}{2\sqrt{0.03}} = 8.66$

정답 ③

15. 그림과 같이 30° 경사진 0.5m × 3m 크기의 수문 AB가 A점에서 힌지(hinge)로 되어 있다. 이 문을 열기 위한 최소한의 힘 F(수문에 직각방향)는 약 몇 kN인가? (단, 힌지 A에서의 마찰은 무시한다)

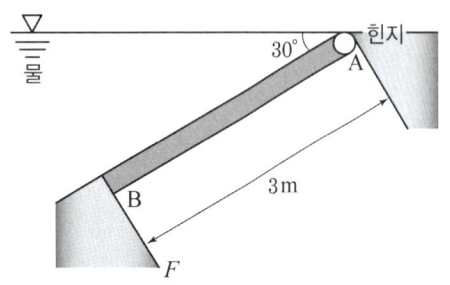

① 11.5
② 7.35
③ 5.51
④ 2.71

| 해설

- 경사면에 작용하는 힘 $F = \gamma y_G \sin\theta A$

  작용점의 위치 $y_P = \dfrac{I_G}{y_G A} + y_G$

  ※ γ: 비중량[N/m³], y_G: 도심[m],
  I_G: 도심에 관한 2차모멘트[m⁴], A: 단면적[m²]

  2차 모멘트 $I_G = \dfrac{bh^3}{12}$ ※ b: 폭, h: 높이

- $F = 9800 \times 1.5 \times \sin 30° \times 0.5 \times 3 = 11025\text{N}$

  $y_P = \dfrac{\frac{0.5 \times 3^2}{12}}{1.5 \times 0.5 \times 3} + 1.5 = 2\text{m}$

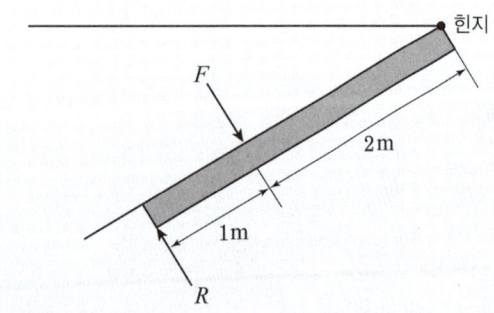

$F \times 2 = R \times 3$

∴ $R = \dfrac{2}{3} F = \dfrac{2}{3} \times 11025 = 7350\text{N} = 7.35\text{kN}$

정답 ②

16. 성능이 같은 3대의 펌프를 병렬로 연결하였을 경우 양정과 유량은 얼마인가? (단, 펌프 1대의 유량은 Q, 양정은 H이다)

	유량	양정
①	3Q	H
②	3Q	3H
③	9Q	H
④	9Q	3H

| 해설

- 펌프병렬연결: 유량 n배
- 펌프직렬연결: 양정 n배

∴ 3대의 펌프가 병렬이므로 유량 3배, 양정은 그대로이다.

정답 ①

17. 수평배관설비에서 상류지점인 A지점의 배관을 조사해보니 지름 100mm, 압력 0.45MPa, 평균유속 1m/s이었다. 또, 하류의 B지점을 조사해보니 지름 50mm, 압력 0.4MPa이었다면 두 지점 사이의 손실수두는 약 몇 m인가? (단, 배관 내 유체의 비중은 1이다)

① 4.34
② 4.95
③ 5.87
④ 8.67

| 해설

$Q_A = Q_B$, $A_A v_A = A_B v_B$

$\dfrac{\pi D_A^2}{4} v_A = \dfrac{\pi D_B^2}{4} v_B$

$v_B = v_A \dfrac{D_A^2}{D_B^2} = 1 \times \dfrac{0.1^2}{0.05^2} = 4\text{m/s}$

$\dfrac{v_A^2}{2g} + \dfrac{P_A}{\gamma} + y_A = \dfrac{v_B^2}{2g} + \dfrac{P_B}{\gamma} + y_B + H(\text{손실수두})$

이때 $y_A = y_B$이므로

$\dfrac{1^2}{2 \times 9.8} + \dfrac{450}{9.8} = \dfrac{4^2}{2 \times 9.8} + \dfrac{400}{9.8} + H$

∴ $H = 4.34\text{m}$

정답 ①

18. 관내에 흐르는 유체의 흐름을 구분하는 데 사용되는 레이놀즈수의 물리적인 의미는?

① 관성력/중력   ② 관성력/점성력
③ 관성력/탄성력 ④ 관성력/압축력

| 해설

$$Re = \frac{\rho VD}{\mu} = \frac{관성력}{점성력}$$

정답 ②

19. 대기의 압력이 106kPa이라면 게이지 압력이 1226kPa인 용기에서 절대압력[kPa]은?

① 1120   ② 1125
③ 1327   ④ 1332

| 해설

절대압력 = 대기압 + 게이지압력
       = 106kPa + 1226kPa = 1332kPa

정답 ④

20. 표면온도 15℃, 방사율 0.85인 40cm × 50cm 직사각형 나무판의 한쪽면으로부터 방사되는 복사열은 약 몇 W인가? (단, 스테판-볼츠만 상수는 $5.67 \times 10^{-8} W/m^2 \cdot K^4$이다)

① 12   ② 66
③ 78   ④ 521

| 해설

$E = \epsilon \sigma A T_s^4$
$= 0.85 \times 5.67 \times 10^{-8} \times (0.4 \times 0.5) \times (273+15)^4$
$= 66.3W$

정답 ②

소방기계시설의 구조 및 원리

21. 할론소화설비의 화재안전기준상 차고나 주차장에 할론 1301 소화약제로 전역방출방식의 소화설비를 설치한 경우 방호구역의 체적 1m³당 얼마의 소화약제가 필요한가?

① 0.32kg 이상 0.64kg 이하
② 0.36kg 이상 0.71kg 이하
③ 0.40kg 이상 1.10kg 이하
④ 0.60kg 이상 0.71kg 이하

| 해설
전역방출방식의 할론 1301 소화약제 저장량

소방대상물 또는 그 부분	방호구역의 체적 1m³에 대한 소화약제의 양
차고·주차장·전기실·통신기기실·전산실, 기타 이와 유사한 전기설비가 설치되어 있는 부분	0.32kg 이상 0.64kg 이하
소방기본법 시행령 별표2의 특수가연물을 저장·취급하는 소방대상물 또는 그 부분 — 가연성고체류·가연성액체류	0.32kg 이상 0.64kg 이하
소방기본법 시행령 별표2의 특수가연물을 저장·취급하는 소방대상물 또는 그 부분 — 면화류·나무껍질 및 대팻밥·넝마 및 종이부스러기·사류·볏짚류·목재가공품 및 나무부스러기를 저장·취급하는 것	0.52kg 이상 0.64kg 이하
합성수지류를 저장·취급하는 것	0.32kg 이상 0.64kg 이하

정답 ①

22. 소화기구 및 자동소화장치의 화재안전기준상 대형소화기의 정의 중 다음 (   ) 안에 알맞은 것은?

> 대형소화기란 화재시 사람이 운반할 수 있도록 운반대와 바퀴가 설치되어 있고, 능력단위가 A급 (㉠   )단위 이상, B급 (㉡   )단위 이상인 소화기를 말한다.

	㉠	㉡
①	20	10
②	10	20
③	10	5
④	5	10

| 해설

대형소화기란 화재 시 사람이 운반할 수 있도록 운반대와 바퀴가 설치되어 있고, 능력단위가 A급 10(㉠)단위 이상, B급 20(㉡)단위 이상인 소화기를 말한다.

정답 ②

23. 특별피난계단의 계단실 및 부속실 제연설비의 화재안전기준상 급기풍도 단면의 긴 변 길이가 1300mm인 경우, 강판의 두께는 최소 몇 mm 이상이어야 하는가?

① 0.6 ② 0.8
③ 1.0 ④ 1.2

| 해설

배출풍도의 크기에 따른 강판두께

풍도단면의 긴 변 또는 직경의 크기	강판두께
450mm 이하	0.5mm
450mm 초과 750mm 이하	0.6mm
750mm 초과 1,500mm 이하	0.8mm
1,500mm 초과 2,250mm 이하	1.0mm
2,250mm 초과	1.2mm

정답 ②

24. 분말소화설비의 화재안전기준상 분말소화약제의 가압용 가스 또는 축압용 가스의 설치기준으로 옳지 않은 것은?

① 가압용 가스에 질소가스를 사용하는 것의 질소가스는 소화약제 1kg마다 40L(35℃에서 1기압의 압력상태로 환산한 것) 이상으로 할 것
② 가압용 가스에 이산화탄소를 사용하는 것의 이산화탄소는 소화약제 1kg에 대하여 20g에 배관의 청소에 필요한 양을 가산한 양 이상으로 할 것
③ 축압용 가스에 질소가스를 사용하는 것의 질소가스는 소화약제 1kg에 대하여 40L(35℃에서 1기압의 압력상태로 환산한 것) 이상으로 할 것
④ 축압용 가스에 이산화탄소를 사용하는 것의 이산화탄소는 소화약제 1kg에 대하여 20g에 배관의 청소에 필요한 양을 가산한 양 이상으로 할 것

| 해설

축압용 가스에 질소가스를 사용하는 것의 질소가스는 소화약제 1kg에 대하여 10L(35℃에서 1기압의 압력상태로 환산한 것) 이상으로 할 것

정답 ③

25. 스프링클러설비의 화재안전기준상 스프링클러헤드 설치시 살수가 방해되지 아니하도록 벽과 스프링클러헤드 간의 공간은 최소 몇 cm 이상으로 하여야 하는가?

① 60 ② 30
③ 20 ④ 10

| 해설

살수가 방해되지 아니하도록 스프링클러헤드로부터 반경 60cm 이상의 공간을 보유할 것. 다만, 벽과 스프링클러헤드 간의 공간은 10cm 이상으로 한다.

정답 ④

26. 포소화설비의 화재안전기준상 포소화설비의 자동식 기동장치에 화재감지기를 사용하는 경우, 화재감지기 회로의 발신기 설치기준 중 ( ) 안에 알맞은 것은? (단, 자동화재탐지설비의 수신기가 설치된 장소에 상시 사람이 근무하고 있고, 화재시 즉시 해당 조작부를 작동시킬 수 있는 경우는 제외한다)

> 특정소방대상물의 층마다 설치하되, 해당 특정소방대상물의 각 부분으로부터 수평거리가 (㉠)m 이하가 되도록 할 것. 다만, 복도 또는 별도로 구획된 실로서 보행거리가 (㉡)m 이상일 경우에는 추가로 설치하여야 한다.

	㉠	㉡		㉠	㉡
①	25	30	②	25	40
③	15	30	④	15	40

| 해설
특정소방대상물의 층마다 설치하되, 해당 특정소방대상물의 각 부분으로부터 수평거리가 25(㉠)m 이하가 되도록 할 것. 다만, 복도 또는 별도로 구획된 실로서 보행거리가 40(㉡)m 이상일 경우에는 추가로 설치하여야 한다.

정답 ②

27. 옥외소화전설비의 화재안전기준상 옥외소화전설비에서 성능시험배관의 직관부에 설치된 유량측정장치는 펌프의 정격토출량의 최소 몇 % 이상 측정할 수 있는 성능이 있어야 하는가?

① 175
② 150
③ 75
④ 50

| 해설
유량측정장치는 성능시험배관의 직관부에 설치하되, 펌프의 정격토출량의 175% 이상 측정할 수 있는 성능이 있을 것

정답 ①

28. 소화기구 및 자동소화장치의 화재안전기준상 타고 나서 재가 남는 일반화재에 해당하는 일반 가연물은?

① 고무
② 타르
③ 솔벤트
④ 유성도료

| 해설
- "일반화재(A급 화재)"란 나무, 섬유, 종이, 고무, 플라스틱류와 같은 일반가연물이 타고 나서 재가 남는 화재를 말한다. 일반화재에 대한 소화기의 적응 화재별 표시는 'A'로 표시한다.
- "유류화재(B급 화재)"란 인화성 액체, 가연성액체, 석유 그리스, 타르, 오일, 유성도료, 솔벤트, 래커, 알코올 및 인화성 가스와 같은 유류가 타고 나서 재가 남지 않는 화재를 말한다. 유류화재에 대한 소화기의 적응 화재별 표시는 'B'로 표시한다.
- "전기화재(C급 화재)"란 전류가 흐르고 있는 전기기기, 배선과 관련된 화재를 말한다. 전기화재에 대한 소화기의 적응 화재별 표시는 'C'로 표시한다.
- "주방화재(K급 화재)"란 주방에서 동식물유를 취급하는 조리기구에서 일어나는 화재를 말한다. 주방화재에 대한 소화기의 적응 화재별 표시는 'K'로 표시한다.

정답 ①

29. 스프링클러설비의 화재안전기준상 고가수조를 이용한 가압송수장치의 설치기준 중 고가수조에 설치하지 않아도 되는 것은?

① 수위계
② 배수관
③ 압력계
④ 오버플로우관

| 해설
고가수조에는 수위계·배수관·급수관·오버플로우관 및 맨홀을 설치할 것

정답 ③

30. 특별피난계단의 계단실 및 부속실 제연설비의 화재안전기준상 차압 등에 관한 기준으로 옳은 것은?

① 제연설비가 가동되었을 경우 출입문의 개방에 필요한 힘은 150N 이하로 하여야 한다.
② 제연구역과 옥내와의 사이에 유지하여야 하는 최소차압은 옥내에 스프링클러설비가 설치된 경우에는 40Pa 이상으로 하여야 한다.
③ 계단실과 부속실을 동시에 제연하는 경우 부속실의 기압은 계단실과 같게 하거나 계단실의 기압보다 낮게 할 경우에는 부속실과 계단실의 압력차는 3Pa 이하가 되도록 하여야 한다.
④ 피난을 위하여 제연구역의 출입문이 일시적으로 개방되는 경우 개방되지 아니하는 제연구역과 옥내와의 차압은 기준에 따른 차압은 기준에 따른 차압의 70% 미만이 되어서는 아니 된다.

|해설
① 제연설비가 가동되었을 경우 출입문의 개방에 필요한 힘은 110N 이하로 하여야 한다.
② 제연구역과 옥내와의 사이에 유지하여야 하는 최소차압은 40Pa(옥내에 스프링클러설비가 설치된 경우에는 12.5Pa) 이상으로 하여야 한다.
③ 계단실과 부속실을 동시에 제연하는 경우 부속실의 기압은 계단실과 같게 하거나 계단실의 기압보다 낮게 할 경우에는 부속실과 계단실의 압력차이는 5Pa 이하가 되도록 하여야 한다.

정답 ④

31. 할론소화설비의 화재안전기준상 할론소화약제 저장용기의 설치기준 중 다음 ( ) 안에 알맞은 것은?

> 축압식 저장용기의 압력은 온도 20℃에서 할론 1301을 저장하는 것은 (㉠)MPa 또는 (㉡) MPa이 되도록 질소가스로 축압할 것

	㉠	㉡
①	2.5	4.2
②	2.0	3.5
③	1.5	3.0
④	1.1	2.5

|해설
축압식 저장용기의 압력은 온도 20℃에서 할론 1211을 저장하는 것은 1.1MPa 또는 2.5MPa, 할론 1301을 저장하는 것은 2.5(㉠)MPa 또는 4.2(㉡)MPa이 되도록 질소가스로 축압할 것

정답 ①

32. 상수도소화용수설비의 화재안전기준상 소화전은 특정소방대상물의 수평투영면의 각 부분으로부터 최대 몇 m 이하가 되도록 설치하여야 하는가?

① 100 　　② 120
③ 140 　　④ 150

|해설
소화전은 특정소방대상물의 수평투영면의 각 부분으로부터 140m 이하가 되도록 설치할 것

정답 ③

33. 상수도소화용수설비의 화재안전기준상 상수도소화용수설비 소화전의 설치기준 중 다음 ( ) 안에 알맞은 것은?

> 호칭지름 (㉠)mm 이상의 수도배관에 호칭지름 (㉡)mm 이상의 소화전을 접속할 것

	㉠	㉡
①	65	120
②	75	100
③	80	90
④	100	100

| 해설
호칭지름 75(㉠)mm 이상의 수도배관에 호칭지름 100(㉡)mm 이상의 소화전을 접속할 것

정답 ②

34. 구조대의 형식승인 및 제품검사의 기술기준상 경사강하식 구조대의 구조 기준으로 옳지 않은 것은?

① 연속하여 활강할 수 있는 구조로 안전하고 쉽게 사용할 수 있어야 한다.
② 구조대 본체는 강하방향으로 봉합부가 설치되지 아니하여야 한다.
③ 입구틀 및 취부틀의 입구는 지름 40cm 이상의 구체가 통과할 수 있어야 한다.
④ 본체의 포지는 하부지지장치에 인장력이 균등하게 걸리도록 부착하여야 하며 하부지지장치는 쉽게 조작할 수 있어야 한다.

| 해설
입구틀 및 취부틀의 입구는 지름 60cm 이상의 구체가 통과할 수 있어야 한다.

정답 ③

35. 분말소화설비의 화재안전기준상 차고 또는 주차장에 설치하는 분말소화설비의 소화약제는?

① 제1종 분말
② 제2종 분말
③ 제3종 분말
④ 제4종 분말

| 해설
차고 또는 주차장에 설치하는 분말소화설비의 소화약제는 제3종 분말로 하여야 한다.

정답 ③

36. 피난사다리의 형식승인 및 제품검사의 기술기준상 피난사다리의 일반구조 기준으로 옳은 것은?

① 피난사다리는 2개 이상의 횡봉으로 구성되어야 한다. 다만, 고정식사다리인 경우에는 횡봉의 수를 1개로 할 수 있다.
② 피난사다리(종봉이 1개인 고정식사다리는 제외)의 종봉의 간격은 최외각 종봉 사이의 안치수가 15cm 이상이어야 한다.
③ 피난사다리의 횡봉은 지름 15mm 이상 25mm 이하의 원형인 단면이거나 또는 이와 비슷한 손으로 잡을 수 있는 형태의 단면이 있는 것이어야 한다.
④ 피난사다리의 횡봉은 종봉에 동일한 간격으로 부착한 것이어야 하며, 그 간격은 25cm 이상 35cm 이하이어야 한다.

| 해설
① 피난사다리는 2개 이상의 종봉 및 횡봉으로 구성되어야 한다. 다만, 고정식사다리인 경우에는 종봉의 수를 1개로 할 수 있다.
② 피난사다리(종봉이 1개인 고정식사다리는 제외)의 종봉의 간격은 최외각 종봉 사이의 안치수가 30cm 이상이어야 한다.
③ 피난사다리의 횡봉은 지름 14mm 이상 35mm 이하의 원형인 단면이거나 또는 이와 비슷한 손으로 잡을 수 있는 형태의 단면이 있는 것이어야 한다.

정답 ④

37. 간이스프링클러설비의 화재안전기준상 간이스프링클러설비의 배관 및 밸브 등의 설치순서로 옳은 것은? (단, 수원이 펌프보다 낮은 경우이다)

① 상수도직결형은 수도용계량기, 급수차단장치, 개폐표시형밸브, 체크밸브, 압력계, 유수검지장치, 2개의 시험밸브 순으로 설치할 것
② 펌프 설치시에는 수원, 연성계 또는 진공계, 펌프 또는 압력수조, 압력계, 체크밸브, 개폐표시형밸브, 유수검지장치, 2개의 시험밸브 순으로 설치할 것
③ 가압수조 이용시에는 수원, 가압수조, 압력계, 체크밸브, 개폐표시형밸브, 유수검지장치, 1개의 시험밸브 순으로 설치할 것
④ 캐비닛형인 경우 수원, 펌프 또는 압력수조, 압력계, 체크밸브, 연성계 또는 진공계, 개폐표시형밸브 순으로 설치할 것

| 해설
- 상수도직결형은 수도용계량기, 급수차단장치, 개폐표시형밸브, 체크밸브, 압력계, 유수검지장치, 2개의 시험밸브의 순으로 설치할 것
- 펌프설치 시에는 수원, 연성계 또는 진공계, 펌프 또는 압력수조, 압력계, 체크밸브, 성능시험배관, 개폐표시형밸브, 유수검지장치, 시험밸브의 순으로 설치할 것
- 가압수조 이용시에는 수원, 가압수조, 압력계, 체크밸브, 성능시험배관, 개폐표시형밸브, 유수검지장치, 2개의 시험밸브의 순으로 설치할 것
- 캐비닛형의 경우 수원, 연성계 또는 진공계, 펌프 또는 압력수조, 압력계, 체크밸브, 개폐표시형밸브, 2개의 시험밸브의 순으로 설치할 것

정답 ①

38. 포소화설비의 화재안전기준상 포소화설비의 자동식 기동장치에 폐쇄형 스프링클러헤드를 사용하는 경우에 대한 설치기준 중 다음 ( ) 안에 알맞은 것은? (단, 자동화재탐지설비의 수신기가 설치된 장소에 상시 사람이 근무하고 있고, 화재시 즉시 해당 조작부를 작동시킬 수 있는 경우는 제외한다)

- 표시온도가 (㉠)℃ 미만인 것을 사용하고, 1개의 스프링클러헤드의 경계면적은 (㉡)m² 이하로 할 것
- 부착면의 높이는 바닥으로부터 (㉢)m 이하로 하고, 화재를 유효하게 감지할 수 있도록 할 것

	㉠	㉡	㉢
①	60	10	7
②	60	20	7
③	79	10	5
④	79	20	5

| 해설
- 표시온도가 79(㉠)℃ 미만인 것을 사용하고, 1개의 스프링클러헤드의 경계면적은 20(㉡)m² 이하로 할 것
- 부착면의 높이는 바닥으로부터 5(㉢)m 이하로 하고, 화재를 유효하게 감지할 수 있도록 할 것

정답 ④

39. 물분무소화설비의 화재안전기준상 차고 또는 주차장에 설치하는 물분무소화설비의 배수설비 기준으로 옳지 않은 것은?

① 차량이 주차하는 바닥은 배수구를 향하여 100분의 2 이상의 기울기를 유지할 것
② 차량이 주차하는 장소의 적당한 곳에 높이 5cm 이상의 경계턱으로 배수구를 설치할 것
③ 배수설비는 가압송수장치의 최대송수능력의 수량을 유효하게 배수할 수 있는 크기 및 기울기로 할 것
④ 배수구에는 새어나온 기름을 모아 소화할 수 있도록 길이 40m 이하마다 집수관·소화핏트 등 기름분리장치를 설치할 것

| 해설
차량이 주차하는 장소의 적당한 곳에 높이 10cm 이상의 경계턱으로 배수구를 설치할 것

정답 ②

40. 미분무소화설비의 화재안전기준상 용어의 정의 중 다음 ( ) 안에 알맞은 것은?

"미분무"란 물만을 사용하여 소화하는 방식으로 최소설계압력에서 헤드로부터 방출되는 물입자 중 99%의 누적체적분포가 (㉠)μm 이하로 분무되고 (㉡)급 화재에 적응성을 갖는 것을 말한다.

	㉠	㉡
①	400	A, B, C
②	400	B, C
③	200	A, B, C
④	200	B, C

| 해설
"미분무"란 물만을 사용하여 소화하는 방식으로 최소설계압력에서 헤드로부터 방출되는 물입자 중 99%의 누적체적분포가 400(㉠)μm 이하로 분무되고 A, B, C(㉡)급 화재에 적응성을 갖는 것을 말한다.

정답 ①

2021년 제4회

소방유체역학

01. 지름이 5cm인 원형 관내에 이상기체가 층류로 흐른다. 다음 중 이 기체의 속도가 될 수 있는 것을 모두 고르면? (단, 이 기체의 절대압력은 200kPa, 온도는 27℃, 기체상수는 2080J/kg·K, 점성계수는 2×10^{-5}N·s/m², 하임계 레이놀즈수는 2200으로 한다)

| ㄱ. 0.3m/s | ㄴ. 1.5m/s |
| ㄷ. 8.3m/s | ㄹ. 15.5m/s |

① ㄱ
② ㄱ, ㄴ
③ ㄱ, ㄴ, ㄷ
④ ㄱ, ㄴ, ㄷ, ㄹ

| 해설

$Re = \dfrac{\rho v D}{\mu}$, $\rho = \dfrac{P}{RT}$

※ Re: 레이놀즈수, ρ: 밀도[kg/m³], P: 압력[Pa], R: 기체상수[J/kg·K] T: 절대온도[K]

$\rho(밀도) = \dfrac{P}{RT} = \dfrac{200000\text{Pa}}{2080 \times (273+27)} = 0.3205\text{kg/m}^3$

$Re = \dfrac{\rho v D}{\mu} = \dfrac{0.3205 \times v \times 0.05}{2 \times 10^{-5}}$

층류기준 $Re = 2200$이므로 그때의 v를 구하면

$v = \dfrac{2200 \times 2 \times 10^{-5}}{0.3025 \times 0.05} = 2.75\text{m/s}$

따라서 유속은 2.75m/s 이하가 되어야 층류가 된다.

정답 ②

02. 표면장력에 관련된 설명 중 옳은 것은?

① 표면장력의 차원은 힘/면적이다.
② 액체와 공기의 경계면에서 액체분자의 응집력보다 공기분자와 액체분자 사이의 부착력이 클 때 발생한다.
③ 대기 중의 물방울은 크기가 작을수록 내부압력이 크다.
④ 모세관현상에 의한 수면 상승 높이는 모세관의 직경에 비례한다.

| 해설

대기 중의 물방울은 크기가 작을수록 내부압력이 크다.
① 표면장력의 차원은 힘/길이이다.
② 액체끼리의 응집력보다 액체와 모세관의 부착력이 더 클 때 표면장력이 크다고 한다.
④ 모세관현상에 의한 수면 상승 높이는 모세관의 직경에 반비례한다.

정답 ③

03. 유체의 점성에 대한 설명으로 틀린 것은?

① 질소 기체의 동점성계수는 온도 증가에 따라 감소한다.
② 물(액체)의 점성계수는 온도 증가에 따라 감소한다.
③ 점성은 유동에 대한 유체의 저항을 나타낸다.
④ 뉴턴유체에 작용하는 전단응력은 속도기울기에 비례한다.

| 해설

기체는 온도가 증가하면 입자의 운동에너지가 증가하여 충돌이 많아지므로 점성이 증가하고 동점성계수도 증가한다.

정답 ①

04. 회전속도 1000rpm일 때 송출량 $Q\,\text{m}^3/\text{min}$, 전양정 $H\,\text{m}$인 원심펌프가 상사한 조건에서 송출량이 $1.1Q\,\text{m}^3/\text{min}$가 되도록 회전속도를 증가시킬 때, 전양정은 어떻게 되는가?

① $0.91H$ ② H
③ $1.1H$ ④ $1.21H$

| 해설

- 펌프상사의 법칙

$$\frac{Q_2}{Q_1} = \left(\frac{N_2}{N_1}\right)\left(\frac{D_2}{D_1}\right)^3, \quad \frac{H_2}{H_1} = \left(\frac{N_2}{N_1}\right)^2\left(\frac{D_2}{D_1}\right)^2$$

※ Q: 유량[m^3/min], N: 회전수[rpm], H: 전양정[m], D: 임펠러직경[m]

- $\dfrac{1.1Q}{Q} = \dfrac{N_2}{1000\text{rpm}}$

∴ $N_2 = 1.1 \times 1000\text{rpm} = 1100\text{rpm}$

- $\dfrac{H_2}{H} = \left(\dfrac{1100}{1000}\right)^2 = 1.21$

∴ $H_2 = 1.21H$

정답 ④

| 해설

- 수정 베르누이 방정식

$$\frac{v_1^2}{2g} + \frac{P_1}{\gamma} + y_1 = \frac{v_2^2}{2g} + \frac{P_2}{\gamma} + y_2 + H_{\text{LOSS}}$$

※ v_1, v_2: 유속[m/s], g: 중력가속도[9.8m/s^2], y_1, y_2: 높이, γ: 비중량(9800N/m^3), H_{LOSS}: 손실수두, P_1, P_2: 압력[kPa]

- 압력계에서의 위치를 1, 노즐의 위치를 2라 하면

$Q_1 = Q_2$, $A_1v_1 = A_2v_2$

$\dfrac{\pi}{4}d_1^2 v_1 = \dfrac{\pi}{4}d_2^2 v_2$

∴ $v_2 = \left(\dfrac{d_1}{d_2}\right)^2 v_1 = \left(\dfrac{6}{2}\right)^2 v_1 = 9v_1$

- $\dfrac{v_1^2}{2g} + \dfrac{P_1}{\gamma} + y_1 = \dfrac{v_2^2}{2g} + \dfrac{P_2}{\gamma} + y_2 + H_{\text{LOSS}}$

※ $P_2 = 0$(대기압), $P_1 = 0.49\text{MPa} = 490\text{kPa}$, $y_1 = y_2$

∴ $H_{\text{LOSS}} = \dfrac{v_1^2}{2g} - \dfrac{v_2^2}{2g} + \dfrac{P_1}{\gamma}$

$= \dfrac{1}{2g}(v_1^2 - 81v_1^2) + \dfrac{490\text{kPa}}{9.8\text{kN/m}^3}$

$= \dfrac{-80v_1^2}{2g} + 50$

- $H_{\text{LOSS}} = f\dfrac{l}{d} \cdot \dfrac{v_1^2}{2g} = \dfrac{-80v_1^2}{2g} + 50$

$\left(f\dfrac{l}{d} \cdot \dfrac{1}{2g} + \dfrac{80}{2g}\right)v^2 = 50$

∴ $v_1 = \sqrt{\dfrac{50}{f\dfrac{l}{d} \cdot \dfrac{1}{2g} + \dfrac{80}{2g}}}$

$= \sqrt{\dfrac{50}{0.025 \times \dfrac{100}{0.06} \cdot \dfrac{1}{2 \times 9.8} + \dfrac{80}{2 \times 9.8}}}$

$\cong 2.838\text{m/s}$

∴ $v_2 = 9v_1 = 9 \times 2.838 = 25.5\text{m/s}$

정답 ③

05. 그림과 같이 노즐이 달린 수평관에서 계기압력이 0.49MPa이었다. 이 관의 안지름이 6cm이고 관의 끝에 달린 노즐의 지름이 2cm라면 노즐의 분출속도는 몇 m/s인가? (단, 노즐에서의 손실은 무시하고, 관마찰계수는 0.025이다)

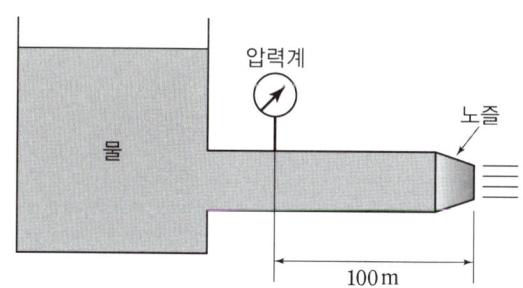

① 16.8   ② 20.4
③ 25.5   ④ 28.4

06. 원심펌프가 전양정 120m에 대해 6m³/s의 물을 공급할 때 필요한 축동력이 9530kW이었다. 이때 펌프의 체적효율과 기계효율이 각각 88%, 89%라고 하면, 이 펌프의 수력효율은 약 몇 %인가?

① 74.1　　② 84.2
③ 88.5　　④ 94.5

| 해설

- 펌프의 축동력 $P[\text{kW}] = \dfrac{\gamma QH}{\eta}$

  전효율(η) = 기계효율(η_m) × 수력효율(η_H) × 체적효율(η_V)

  ※ γ: 비중량(9.8kN/m³), Q: 유량[m³/s], H: 전양정[m]

- $P = \dfrac{\gamma QH}{\eta}$

  η(전효율) $= \dfrac{\gamma QH}{P} = \dfrac{9.8 \times 6 \times 120}{9530} = 0.7404$

  $\eta = \eta_m \times \eta_H \times \eta_V$

  $\eta_H = \dfrac{\eta}{\eta_m \times \eta_V} = \dfrac{0.7404}{0.88 \times 0.89} = 0.9454 = 94.5\%$

∴ 펌프의 수력효율은 약 94.5%이다.

정답 ④

---

07. 열역학 관련 설명 중 틀린 것은?

① 삼중점에서는 물체의 고상, 액상, 기상이 공존한다.
② 압력이 증가하면 물의 끓는점도 높아진다.
③ 열을 완전히 일로 변환할 수 있는 효율이 100%인 열기관은 만들 수 없다.
④ 기체의 정적비열은 정압비열보다 크다.

| 해설

- 기체의 정압비열이 정적비열보다 크다.
- C_p(정압비열) $- C_v$(정적비열) $= R$(기체상수)

  비열비(K) $= \dfrac{C_p}{C_v} > 1$

정답 ④

---

08. 안지름 4cm, 바깥지름 6cm인 동심 이중관의 수력직경(hydraulic diameter)은 몇 cm인가?

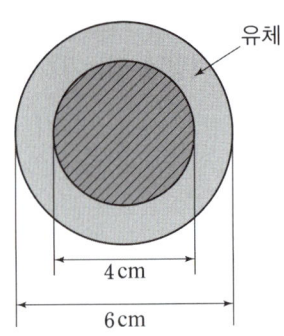

① 2　　② 3
③ 4　　④ 5

| 해설

- 수력반경(Rh) $= \dfrac{A(\text{유동단면적})}{l(\text{접수길이})}$

  수력직경(Dh) $= 4Rh$

- 유동단면적(A) $= \dfrac{\pi}{4} \times 6^2 - \dfrac{\pi}{4} \times 4^2$

  $= \dfrac{\pi}{4}(36 - 16) = \dfrac{\pi}{4} \times 20 = 5\pi$

- 접수길이(l) $= 6\pi + 4\pi = 10\pi$

- 수력반경(Rh) $= \dfrac{A}{l} = \dfrac{5\pi}{10\pi} = \dfrac{1}{2}$

∴ 수력직경(Dh) $= 4 \times Rh = 4 \times \dfrac{1}{2} = 2$

정답 ①

09. 다음 중 차원이 서로 같은 것을 모두 고르면?
(단, P: 압력, ρ: 밀도, V: 속도, h: 높이, F: 힘, m: 질량, g: 중력가속도)

ㄱ. ρV^2	ㄴ. $\rho g h$
ㄷ. P	ㄹ. $\dfrac{F}{m}$

① ㄱ, ㄴ
② ㄱ, ㄷ
③ ㄱ, ㄴ, ㄷ
④ ㄱ, ㄴ, ㄷ, ㄹ

| 해설

ㄱ. ρV^2: $\dfrac{kg}{m^3} \cdot \left(\dfrac{m}{s}\right)^2 = \dfrac{kg \cdot m^2}{m^3 \cdot s^2}$
$= \dfrac{kg}{m \cdot s^2} = \dfrac{M}{L \cdot T^2}$

ㄴ. $\rho g h$: $\dfrac{kg}{m^3} \cdot \dfrac{m}{s^2} \cdot m = \dfrac{kg}{m \cdot s^2} = \dfrac{M}{L \cdot T^2}$

ㄷ. P: $\dfrac{N}{m^2} = \dfrac{kg \cdot m/s^2}{m^2} = \dfrac{kg \cdot m}{m^2 \cdot s^2}$
$= \dfrac{kg}{m \cdot s^2} = \dfrac{M}{L \cdot T^2}$

ㄹ. $\dfrac{F}{m}$: $\dfrac{N}{m} = \dfrac{kg \cdot m/s^2}{m} = \dfrac{kg \cdot m}{m \cdot s^2} = \dfrac{kg}{s^2} = \dfrac{M}{T^2}$

∴ ㄱ, ㄴ, ㄷ은 차원이 같다.

정답 ③

10. 밀도가 10kg/m³인 유체가 지름 30cm인 관내를 1m³/s로 흐른다. 이때의 평균유속은 몇 m/s인가?

① 4.25
② 14.1
③ 15.7
④ 84.9

| 해설

$Q = Av$, $v = \dfrac{Q}{A} = \dfrac{1 m^3/s}{\dfrac{\pi}{4} \times (0.3)^2 m^2} = 14.14 m/s$

∴ $v \simeq 14.1 m/s$

정답 ②

11. 초기 상태에서 압력 100kPa, 온도 15℃인 공기가 있다. 공기의 부피가 초기 부피의 1/20이 될 때까지 가역단열 압축할 때 압축 후의 온도는 약 몇 ℃인가? (단, 공기의 비열비는 1.4이다)

① 54
② 348
③ 682
④ 912

| 해설

• 폴리트로픽과정 $\dfrac{T_2}{T_1} = \left(\dfrac{V_1}{V_2}\right)^{k-1}$

• $T_2 = T_1 \left(\dfrac{V_1}{V_2}\right)^{k-1} = (273+15) \left(\dfrac{V_1}{\dfrac{1}{20} V_1}\right)^{1.4-1}$
$= 288 \times 20^{0.4} = 954.6 K$

∴ 섭씨온도는 $954.6 - 273 = 681.6 \simeq 682℃$

정답 ③

12. 부피가 240m³인 방 안에 들어 있는 공기의 질량은 약 몇 kg인가? (단, 압력은 100kPa, 온도는 300K이며, 공기의 기체상수는 0.287kJ/kg·K이다)

① 0.279
② 2.79
③ 27.9
④ 279

| 해설

• 이상기체상태방정식
$PV = W\overline{R}T$
  ※ P: 압력[kPa], V: 부피[m³], W: 공기의 질량, $\overline{R}$: 공기기체상수[kJ/kg·K], T: 절대온도[K]

• $W = \dfrac{PV}{RT} = \dfrac{100 \times 240}{0.287 \times 300} = 278.75 \simeq 279 kg$

정답 ④

13. 아래 그림의 액주계에서 밀도 $\rho_1 = 1000 kg/m^3$, $\rho_2 = 13600 kg/m^3$이고, 높이 $h_1 = 500mm$, $h_2 = 800mm$일 때 중심 A의 계기압력은 몇 kPa인가?

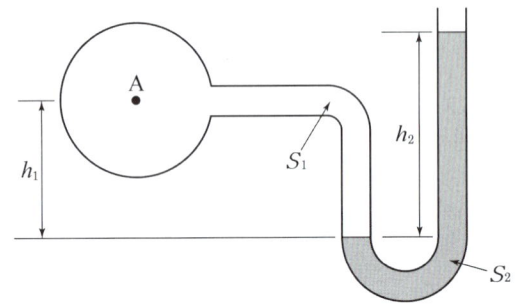

① 101.7 ② 109.6
③ 126.4 ④ 131.7

14. 그림과 같이 수조의 두 노즐에서 물이 분출하여 한 점(A)에서 만나려고 하면 어떤 관계가 성립되어야 하는가? (단, 공기저항과 노즐의 손실은 무시한다)

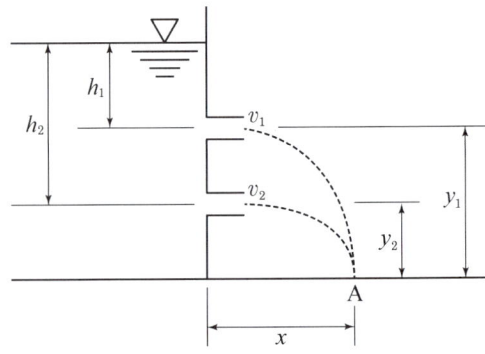

① $h_1 y_1 = h_2 y_2$
② $h_1 y_2 = h_2 y_1$
③ $h_1 h_2 = y_1 y_2$
④ $h_1 y_1 = 2 h_2 y_2$

| 해설

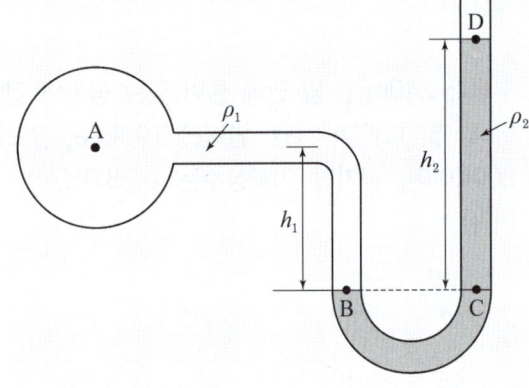

- $P_A = P_B - \rho_1 g h_1$ - ㉠
  $P_B = P_C$ - ㉡
  $P_C = P_D + \rho_2 g h_2$ - ㉢   * P_D = 대기압 0으로 가정
  ∴ $P_B = \rho_2 g h_2$ - ㉣
- ㉣식을 ㉠식에 대입하면
  $P_A = \rho_2 g h_2 - \rho_1 g h_1$
  $= 13600 \times 9.8 \times 0.8 - 1000 \times 9.8 \times 0.5$
  $= 101724 Pa = 101.7 kPa$

정답 ①

| 해설

- 노즐에서 수평방향 유속 $v = \sqrt{2gh}$
  낙하시간 $t = \sqrt{\dfrac{2h}{g}}$, 수평이동거리 $= vt$
- 1위치 $v_1 = \sqrt{2gh_1}$, 낙하시간 $t_1 = \sqrt{\dfrac{2y_1}{g}}$
  수평이동거리 $= v_1 t_1 = \sqrt{2gh_1 \times \dfrac{2y_1}{g}} = \sqrt{4h_1 y_1}$ - ㉠
- 2위치 $v_2 = \sqrt{2gh_2}$, 낙하시간 $t_2 = \sqrt{\dfrac{2y_2}{g}}$
  수평이동거리 $= v_2 t_2 = \sqrt{4h_2 y_2}$ - ㉡
- ㉠($\sqrt{4h_1 y_1}$) = ㉡($\sqrt{4h_2 y_2}$)
  양변을 제곱하면 $4h_1 y_1 = 4h_2 y_2$
  ∴ $h_1 y_1 = h_2 y_2$

정답 ①

15. 길이 100m, 직경 50mm, 상대조도 0.01인 원형 수도관 내에 물이 흐르고 있다. 관내 평균유속이 3m/s에서 6m/s로 증가하면 압력손실은 몇 배가 되겠는가? (단, 유동은 마찰계수가 일정한 완전난류로 가정한다)

① 1.41배　　② 2배
③ 4배　　　 ④ 8배

| 해설

- 배관의 마찰손실 $H_{LOSS} = f\dfrac{l}{d}\dfrac{v^2}{2g}$

- $f\dfrac{l}{d}\dfrac{v^2}{2g}$에서 v가 2배가 되면 $f\dfrac{l}{d}\dfrac{(2v)^2}{2g} = 4f\dfrac{l}{d}\dfrac{v^2}{2g}$

∴ 압력손실은 4배가 된다.

정답 ③

16. 한 변이 8cm인 정육면체를 비중이 1.26인 글리세린에 담그니 절반의 부피가 잠겼다. 이때 정육면체를 수직방향으로 눌러 완전히 잠기게 하는데 필요한 힘은 약 몇 N인가?

① 2.56　　② 3.16
③ 6.53　　④ 12.5

| 해설

- 글리세린 위로 나와 있는 부분을 밀어넣으면 그 부분의 부력이 추가된다. 이 추가된 부력만큼만 아래로 힘을 가하면 된다.
- 추가되는 부력 = $\gamma_{글리세린} \cdot V_2$

  V_2 = 정육면체의 윗부분 부피

  $= 0.08 \times 0.08 \times 0.04$

  $= 256 \times 10^{-6} \text{m}^3$

  $\gamma_{글리세린} \cdot V_2 = 1.26 \times 9.8 \text{kN/m}^3 \times 256 \times 10^{-6} \text{m}^3$

  $= 3161 \times 10^{-6} \text{kN}$

  $= 3161 \times 10^{-3} \text{N}$

  $= 3.16 \text{N}$

정답 ②

17. 그림과 같이 반지름 0.8m이고 폭이 2m인 곡면 AB가 수문으로 이용된다. 물에 의한 힘의 수평성분의 크기는 약 몇 kN인가? (단, 수문의 폭은 2m 이다)

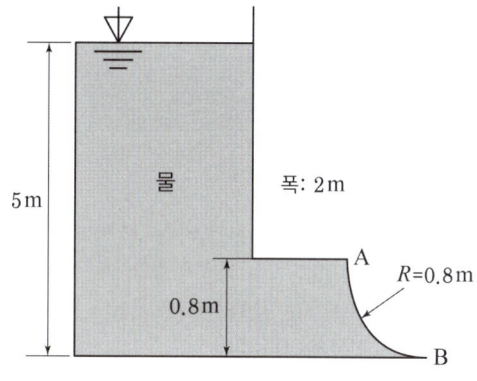

① 72.1　　② 84.7
③ 90.2　　④ 95.4

| 해설

- 수문에 작용하는 수평분력 $F_H = \gamma_W h_P A_H$

  ※ γ_W: 물의 비중량(9.8kN/m³), h_P: 수면에서부터 수압 중심까지의 높이[m], A_H: 수평방향 투영면적[m²]

- $\gamma_W = 9.8 \text{kN/m}^3$

  $h_P = 5 - 0.8 + 0.4 = 4.6 \text{m}$

  $A_H = 2 \times 0.8 = 1.6 \text{m}^2$

  ∴ $F_H = 9.8 \times 4.6 \times 1.6 = 72.1 \text{kN}$

정답 ①

18. 펌프 운전 시 발생하는 캐비테이션의 발생을 예방하는 방법이 아닌 것은?

① 펌프의 회전수를 높여 흡입 비속도를 높게 한다.
② 펌프의 설치높이를 될 수 있는 대로 낮춘다.
③ 입형펌프를 사용하고, 회전차를 수중에 완전히 잠기게 한다.
④ 양흡입 펌프를 사용한다.

| 해설

- 펌프의 회전수를 낮추어 흡입 비속도를 낮게 한다.
- 캐비테이션의 예방방법은 다음과 같다.
  ㉠ 단흡입펌프보다는 양흡입펌프를 사용
  ㉡ 임펠러 회전속도를 작게
  ㉢ 흡입관 직경을 크게
  ㉣ 펌프의 설치위치를 수원보다 낮게
  ㉤ 흡입측 손실을 작게

정답 ①

19. 실내의 난방용 방열기(물 – 공기 열교환기)에는 대부분 방열 핀(fin)이 달려 있다. 그 주된 이유는?

① 열전달면적 증가
② 열전달계수 증가
③ 방사율 증가
④ 열저항 증가

| 해설

표면적을 증가시켜 대류에 의한 열전달량을 늘리기 위함이다.

정답 ①

20. 그림에서 물 탱크차가 받는 추력은 약 몇 N인가? (단, 노즐의 단면적은 0.03m²이며, 탱크 내의 계기압력은 40kPa이다. 또한 노즐에서 마찰손실은 무시한다)

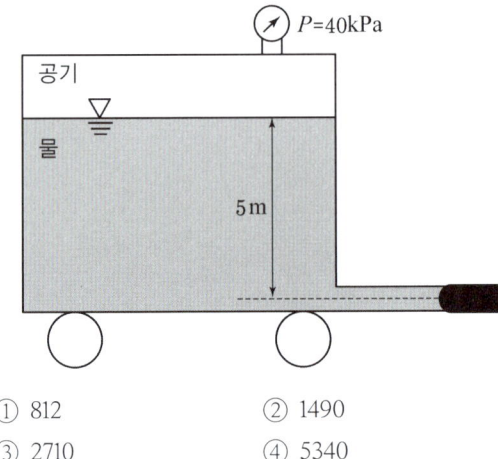

① 812
② 1490
③ 2710
④ 5340

| 해설

- 수차가 받는 힘 $F = \rho Q v = \rho A v^2$
- 수차의 윗부분을 1, 노즐을 2라고 하면 다음의 베르누이방정식을 적용할 수 있다.

$$\frac{v_1^2}{2g} + \frac{P_1}{\gamma} + y_1 = \frac{v_2^2}{2g} + \frac{P_2}{\gamma} + y_2$$

※ P_2는 대기압, 0으로 가정, $P_1 = 40\text{kPa}$, $v_1 \simeq 0$

$$\frac{P_1}{\gamma} + y_1 = \frac{v_2^2}{2g} + y_2$$

$$\frac{40}{9.8} + 5 = \frac{v_2^2}{2 \times 9.8} + 0$$

$$v_2^2 = 2 \times 9.8 \times \left(\frac{40}{9.8} + 5\right)$$

$$\therefore v_2 = 13.34 \text{m/s}$$

$$\therefore F = \rho A v_2^2$$
$$= 1000 \text{kg/m}^3 \times 0.03 \text{m}^2 \times (13.34)^2 \simeq 5340 \text{N}$$

정답 ④

소방기계시설의 구조 및 원리

21. 특별피난계단의 계단실 및 부속실 제연설비의 화재안전기준상 수직풍도에 따른 배출기준 중 각층의 옥내와 면하는 수직풍도의 관통부에 설치하여야 하는 배출댐퍼 설치기준으로 틀린 것은?

① 화재층의 옥내에 설치된 화재감지기의 동작에 따라 당해층의 댐퍼가 개방될 것
② 풍도의 배출댐퍼는 이·탈착구조가 되지 않도록 설치할 것
③ 개폐여부를 당해 장치 및 제어반에서 확인할 수 있는 감지기능을 내장하고 있을 것
④ 배출댐퍼는 두께 1.5mm 이상의 강판 또는 이와 동등 이상의 성능이 있는 것으로 설치하여야 하며 비내식성 재료의 경우에는 부식방지조치를 할 것

| 해설
풍도의 내부마감상태에 대한 점검 및 댐퍼의 정비가 가능한 이·탈착구조로 한다.

정답 ②

22. 포소화설비의 화재안전기준에 따라 포소화설비 송수구의 설치기준에 대한 설명으로 옳은 것은?

① 구경 65mm의 쌍구형으로 할 것
② 지면으로부터 높이가 0.5m 이상 1.5m 이하의 위치에 설치할 것
③ 하나의 층 바닥면적이 2,000m²를 넘을 때마다 1개 이상을 설치할 것
④ 송수구의 가까운 부분에 자동배수밸브(또는 직경 3mm의 배수공) 및 안전밸브를 설치할 것

| 해설
- 구경 65mm의 쌍구형으로 한다.
- 지면으로부터 높이가 0.5m 이상 1m 이하의 위치에 설치한다.
- 포소화설비의 송수구는 하나의 층의 바닥면적이 3,000m²를 넘을 때마다 1개 이상을 설치한다(5개를 넘을 경우에는 5개로 한다).
- 송수구의 가까운 부분에 자동배수밸브(또는 직경 5mm의 배수공) 및 체크밸브를 설치한다.

정답 ①

23. 스프링클러설비 본체 내의 유수현상을 자동적으로 검지하여 신호 또는 경보를 발하는 장치는?

① 수압개폐장치
② 물올림장치
③ 일제개방밸브장치
④ 유수검지장치

| 해설
"유수검지장치"란 습식유수검지장치(패들형을 포함한다), 건식유수검지장치, 준비작동식유수검지장치를 말하며 본체 내의 유수현상을 자동적으로 검지하여 신호 또는 경보를 발하는 장치를 말한다.

정답 ④

24. 옥내소화전설비 화재안전기준에 따라 옥내소화전설비의 표시등 설치기준으로 옳은 것은?

① 가압송수장치의 기동을 표시하는 표시등은 옥내소화전함의 상부 또는 그 직근에 설치한다.
② 가압송수장치의 기동을 표시하는 표시등은 녹색등으로 한다.
③ 자체소방대를 구성하여 운영하는 경우 가압송수장치의 기동표시등을 반드시 설치해야 한다.
④ 옥내소화전설비의 위치를 표시하는 표시등은 함의 하부에 설치하되, 「표시등의 성능인증 및 제품검사의 기술기준」에 적합한 것으로 한다.

| 해설

가압송수장치의 기동을 표시하는 표시등은 옥내소화전함의 상부 또는 그 직근에 설치한다.
② 가압송수장치의 기동을 표시하는 표시등은 옥내소화전함의 상부 또는 그 직근에 설치하되 적색등으로 한다.
③ 자체소방대를 구성하여 운영하는 경우 가압송수장치의 기동표시등을 설치하지 않을 수 있다.
④ 옥내소화전설비의 위치를 표시하는 표시등은 함의 상부에 설치하되, 소방청장이 고시하는 「표시등의 성능인증 및 제품검사의 기술기준」에 적합한 것으로 한다.

정답 ①

25. 소화기구 및 자동소화장치의 화재안전기준상 건축물의 주요구조부가 내화구조이고, 벽 및 반자의 실내에 면하는 부분이 불연재료로 된 바닥면적이 600m²인 노유자시설에 필요한 소화기구의 능력단위는 최소 얼마 이상으로 하여야 하는가?

① 2단위
② 3단위
③ 4단위
④ 6단위

| 해설

- 소화기구의 능력단위를 산출함에 있어서 건축물의 주요구조부가 내화구조이고, 벽 및 반자의 실내에 면하는 부분이 불연재료·준불연재료 또는 난연재료로 된 특정소방대상물에 있어서는 아래 표의 기준면적의 2배를 해당 특정소방대상물의 기준면적으로 한다.

$$\therefore \frac{600\mathrm{m}^2}{2 \times 100\mathrm{m}^2} = 3단위$$

- 특정소방대상물에 따른 소화기구의 능력단위

특정소방대상물	소화기구의 능력단위
1. 위락시설	해당 용도의 바닥면적 30m²마다 능력단위 1단위 이상
2. 공연장·집회장·관람장·문화재·장례식장 및 의료시설	해당 용도의 바닥면적 50m²마다 능력단위 1단위 이상
3. 근린생활시설·판매시설·운수시설·숙박시설·노유자시설·전시장·공동주택·업무시설·방송통신시설·공장·창고시설·항공기 및 자동차 관련 시설 및 관광휴게시설	해당 용도의 바닥면적 100m²마다 능력단위 1단위 이상
4. 그 밖의 것	해당 용도의 바닥면적 200m²마다 능력단위 1단위 이상

정답 ②

26. 분말소화설비의 화재안전기준에 따라 분말소화설비의 자동식 기동장치의 설치기준으로 틀린 것은? (단, 자동식 기동장치는 자동화재탐지설비의 감지기의 작동과 연동하는 것이다)

① 기동용 가스용기의 충전비는 1.5 이상으로 할 것
② 자동식 기동장치에는 수동으로도 기동할 수 있는 구조로 할 것
③ 전기식 기동장치로서 3병 이상의 저장용기를 동시에 개방하는 설비는 2병 이상의 저장용기에 전자개방밸브를 부착할 것
④ 기동용 가스용기에는 내압시험압력의 0.8배 내지 내압시험압력 이하에서 작동하는 안전장치를 설치할 것

| 해설

전기식 기동장치로서 7병 이상의 저장용기를 동시에 개방하는 설비는 2병 이상의 저장용기에 전자개방밸브를 부착한다.

정답 ③

27. 상수도소화용수설비의 화재안전기준에 따른 설치기준 중 다음 ( ) 안에 알맞은 것은?

> 호칭지름 (㉠)mm 이상의 수도배관에 호칭지름 (㉡)mm 이상의 소화전을 접속하여야 하며, 소화전은 특정소방대상물의 수평투영면의 각 부분으로부터 (㉢)m 이하가 되도록 설치할 것

	㉠	㉡	㉢
①	65	80	120
②	65	100	140
③	75	80	120
④	75	100	140

| 해설

호칭지름 75(㉠)mm 이상의 수도배관에 호칭지름 100(㉡)mm 이상의 소화전을 접속하여야 하며, 소화전은 특정소방대상물의 수평투영면의 각 부분으로부터 140(㉢)m 이하가 되도록 설치할 것

정답 ④

28. 스프링클러설비의 화재안전기준에 따라 스프링클러헤드를 설치하지 않을 수 있는 장소로만 나열된 것은?

① 계단실, 병실, 목욕실, 냉동창고의 냉동실, 아파트(대피공간 제외)
② 발전실, 병원의 수술실·응급처치실, 통신기기실, 관람석이 없는 실내 테니스장(실내 바닥·벽 등이 불연재료)
③ 냉동창고의 냉동실, 변전실, 병실, 목욕실, 수영장 관람석
④ 병원의 수술실, 관람석이 없는 실내 테니스장(실내 바닥·벽 등이 불연재료), 변전실, 발전실, 아파트(대피공간 제외)

| 해설

스프링클러설비의 화재안전기준에 따라 스프링클러헤드를 설치하지 않을 수 있는 장소는 다음과 같다.
㉠ 계단실, 경사로, 승강기의 승강로
㉡ 통신기기실, 전자기기실
㉢ 발전실, 변전실
㉣ 병원의 수술실, 응급처치실
㉤ 펌프실·물탱크실, 엘리베이터 권상기실
㉥ 현관 또는 로비 등으로서 바닥으로부터 높이가 20m 이상인 장소
㉦ 영하의 냉장창고의 냉장실 또는 냉동창고의 냉동실
㉧ 고온의 노가 설치된 장소 또는 물과 격렬하게 반응하는 물품의 저장 또는 취급장소
㉨ 실내에 설치된 테니스장·게이트볼장·정구장
따라서 발전실, 병원의 수술실·응급처치실, 통신기기실, 관람석이 없는 실내 테니스장(실내 바닥·벽 등이 불연재료)가 옳은 내용이다.

정답 ②

29. 포소화설비의 화재안전기준에 따라 포소화설비에 소방용 합성수지배관을 설치할 수 있는 경우로 틀린 것은?

① 배관을 지하에 매설하는 경우
② 다른 부분과 내화구조로 구획된 덕트 또는 피트의 내부에 설치하는 경우
③ 동결방지조치로 하거나 동결의 우려가 없는 경우
④ 천장과 반자를 불연재료 또는 준불연재료로 설치하고 그 내부에 습식으로 배관을 설치하는 경우

| 해설

다음의 경우는 소방용 합성수지배관을 설치할 수 있다.
㉠ 배관을 지하에 매설하는 경우
㉡ 다른 부분과 내화구조로 구획된 덕트 또는 피트의 내부에 설치하는 경우
㉢ 천장(상층이 있는 경우에는 상층바닥의 하단을 포함)과 반자를 불연재료 또는 준불연재료로 설치하고 그 내부에 습식으로 배관을 설치하는 경우

정답 ③

30. 다음 중 피난기구의 화재안전기준에 따라 피난기구를 설치하지 아니하여도 되는 소방대상물로 틀린 것은?

① 발코니 등을 통하여 인접세대로 피난할 수 있는 구조로 되어 있는 계단실형 아파트
② 주요구조부가 내화구조로서 거실의 각 부분으로 직접 복도로 피난할 수 있는 학교(강의실 용도로 사용되는 층에 한함)
③ 무인공장 또는 자동창고로서 사람의 출입이 금지된 장소
④ 문화집회 및 운동시설·판매시설 및 영업시설 또는 노유자시설의 용도로 사용되는 층으로서 그 층의 바닥면적이 1,000m² 이상인 것

| 해설
설치제외 소방대상물은 다음과 같다.
㉠ 주요구조부가 내화구조로 되어 있고 실내에 면하는 부분의 마감이 불연재료·준불연재료 또는 난연재료로 되어 있을 것
㉡ 주요구조부가 내화구조로 되어 있고 옥상의 면적이 1,500m² 이상이며 옥상으로 쉽게 통할 수 있는 창 또는 출입구가 설치되어 있어야 할 것
㉢ 주요구조부가 내화구조이고 지하층을 제외한 층수가 4층 이하이며 소방사다리차가 쉽게 통행할 수 있는 도로 또는 공지에 면하는 부분에 개구부가 2 이상 설치되어 있는 층(문화집회 및 운동시설·판매시설 및 영업시설 또는 노유자시설의 용도로 사용되는 층으로서 그 층의 바닥면적이 1,000m² 이상인 것을 제외한다)
㉣ 편복도형 아파트 또는 발코니 등을 통하여 인접세대로 피난할 수 있는 구조로 되어 있는 계단실형 아파트
㉤ 주요구조부가 내화구조로서 거실의 각 부분으로 직접 복도로 피난할 수 있는 학교(강의실 용도로 사용되는 층에 한한다)
㉥ 무인공장 또는 자동창고로서 사람의 출입이 금지된 장소(관리를 위하여 일시적으로 출입하는 장소를 포함한다)
㉦ 건축물의 옥상부분으로서 거실에 해당하지 아니하고 사람이 근무하거나 거주하지 아니하는 장소

정답 ④

31. 지하구의 화재안전기준에 따라 연소방지설비헤드의 설치기준으로 옳은 것은?

① 헤드간의 수평거리는 연소방지설비 전용헤드의 경우에는 1.5m 이하로 할 것
② 헤드간의 수평거리는 스프링클러헤드의 경우에는 2m 이하로 할 것
③ 천장 또는 벽면에 설치할 것
④ 한쪽 방향의 살수구역의 길이는 2m 이상으로 할 것

| 해설
지하구의 화재안전기준에 따라 연소방지설비헤드의 설치기준은 다음과 같다.
㉠ 천장 또는 벽면에 설치할 것
㉡ 방수헤드간의 수평거리는 연소방지설비 전용헤드의 경우에는 2m 이하, 스프링클러헤드의 경우에는 1.5m 이하로 할 것
㉢ 살수구역은 환기구 등을 기준으로 지하구의 길이방향으로 350m 이내마다 1개 이상 설치하되, 하나의 살수구역의 길이는 3m 이상으로 할 것

정답 ③

32. 소화기구 및 자동소화장치의 화재안전기준상 소화기구의 소화약제별 적응성 중 C급 화재에 적응성이 없는 소화약제는?

① 마른모래
② 할로겐화합물 및 불활성기체소화약제
③ 이산화탄소소화약제
④ 중탄산염류소화약제

| 해설
마른모래의 경우 A급, B급 화재에는 적응성이 있으나 C급 화재에는 적응성이 없다.

정답 ①

33. 이산화탄소소화설비 및 할론소화설비의 국소방출 방식에 대한 설명으로 옳은 것은?

① 고정식 소화약제 공급장치에 배관 및 분사헤드를 설치하여 직접 화점에 소화약제를 방출하는 방식이다.
② 고정된 분사헤드에서 밀폐 방호구역 공간 전체로 소화약제를 방출하는 방식이다.
③ 호스 선단에 부착된 노즐을 이동하여 방호대상물에 직접 소화약제를 방출하는 방식이다.
④ 소화약제 용기 노즐 등을 운반기구에 적재하고 방호대상물에 직접 소화약제를 방출하는 방식이다.

| 해설
- "국소방출방식"이란 고정식 이산화탄소 공급장치에 배관 및 분사헤드를 설치하여 직접 화점에 이산화탄소를 방출하는 설비로 화재발생부분에만 집중적으로 소화약제를 방출하도록 설치하는 방식을 말한다.
- "전역방출방식"이란 고정식 이산화탄소 공급장치에 배관 및 분사헤드를 고정 설치하여 밀폐 방호구역 내에 이산화탄소를 방출하는 설비를 말한다.
- "호스릴방식"이란 분사헤드가 배관에 고정되어 있지 않고 소화약제 저장용기에 호스를 연결하여 사람이 직접 화점에 소화약제를 방출하는 이동식 소화설비를 말한다.

정답 ①

34. 특고압의 전기시설을 보호하기 위한 소화설비로 물분무소화설비를 사용한다. 그 주된 이유로 옳은 것은?

① 물분무설비는 다른 물 소화설비에 비해서 신속한 소화를 보여주기 때문이다.
② 물분무설비는 다른 물 소화설비에 비해서 물의 소모량이 적기 때문이다.
③ 분무상태의 물은 전기적으로 비전도성이기 때문이다.
④ 물분무입자 역시 물이므로 전기전도성이 있으나 전기 시설물을 젖게 하지 않기 때문이다.

| 해설
물분무는 미세물입자 상태가 되어 전기전도성이 없다.

정답 ③

35. 물분무소화설비의 화재안전기준에 따라 물분무소화설비를 설치하는 차고 또는 주차장의 배수설비 설치기준으로 틀린 것은?

① 차량이 주차하는 바닥은 배수구를 향해 1/100 이상의 기울기를 유지할 것
② 배수구에서 새어나온 기름을 모아 소화할 수 있도록 길이 40m 이하마다 집수관·소화핏트 등 기름분리장치를 설치할 것
③ 차량이 주차하는 장소의 적당한 곳에 높이 10cm 이상의 경계턱으로 배수구를 설치할 것
④ 배수설비는 가압송수장치의 최대송수능력이 수량을 유효하게 배수할 수 있는 크기 및 기울기로 할 것

| 해설
차량이 주차하는 바닥은 배수구를 향하여 100분의 2 이상의 기울기를 유지할 것이 옳은 내용이다.

정답 ①

36. 연결송수관설비의 화재안전기준에 따라 송수구가 부설된 옥내소화전을 설치한 특정소방대상물로서 연결송수관설비의 방수구를 설치하지 아니할 수 있는 층의 기준 중 다음 ( ) 안에 알맞은 것은? (단, 집회장·관람장·백화점·도매시장·소매시장·판매시설·공장·창고시설 또는 지하가를 제외한다)

- 지하층을 제외한 층수가 (㉠)층 이하이고 연면적이 (㉡)m² 미만인 특정소방대상물의 지상층
- 지하층의 층수가 (㉢) 이하인 특정소방대상물의 지하층

	㉠	㉡	㉢
①	3	5000	3
②	4	6000	2
③	5	3000	3
④	6	4000	2

| 해설
- 지하층을 제외한 층수가 4(㉠)층 이하이고 연면적이 6000(㉡)m² 미만인 특정소방대상물의 지상층
- 지하층의 층수가 2(㉢) 이하인 특정소방대상물의 지하층

정답 ②

37. 스프링클러설비의 화재안전기준에 따라 폐쇄형스프링클러헤드를 최고 주위온도 40℃인 장소(공장 및 창고 제외)에 설치할 경우 표시온도는 몇 ℃의 것을 설치하여야 하는가?

① 79℃ 미만
② 79℃ 이상 121℃ 미만
③ 121℃ 이상 162℃ 미만
④ 162℃ 이상

| 해설
- 79℃ 이상 121℃ 미만의 것을 설치하여야 한다.
- 설치장소의 최고 주위온도에 따른 표시온도

설치장소의 최고 주위온도	표시온도
39℃ 미만	79℃ 미만
39℃ 이상 64℃ 미만	79℃ 이상 121℃ 미만
64℃ 이상 106℃ 미만	121℃ 이상 162℃ 미만
106℃ 이상	162℃ 이상

정답 ②

38. 할론소화설비의 화재안전기준상 할론 1211을 국소방출방식으로 방사할 때 분사헤드의 방사압력 기준은 몇 MPa 이상인가?

① 0.1   ② 0.2
③ 0.9   ④ 1.05

| 해설
분사헤드의 방사압력은 할론 2402를 방사하는 것은 0.1MPa 이상, 할론 1211을 방사하는 것은 0.2MPa 이상, 할론 1301을 방사하는 것은 0.9MPa 이상으로 한다.

정답 ②

39. 물분무소화설비의 화재안전기준상 물분무헤드를 설치하지 아니할 수 있는 장소의 기준 중 다음 ( ) 안에 알맞은 것은?

> 운전시에 표면의 온도가 ( )℃ 이상으로 되는 등 직접 분무를 하는 경우 그 부분에 손상을 입힐 우려가 있는 기계장치 등이 있는 장소

① 160　　② 200
③ 260　　④ 300

| 해설

물분무헤드 설치 제외장소는 다음과 같다.
㉠ 물에 심하게 반응하는 물질 또는 물과 반응하여 위험한 물질을 생성하는 물질을 저장 또는 취급하는 장소
㉡ 고온의 물질 및 증류범위가 넓어 끓어 넘치는 위험이 있는 물질을 저장 또는 취급하는 장소
㉢ 운전 시에 표면의 온도가 260℃ 이상으로 되는 등 직접 분무를 하는 경우 그 부분에 손상을 입힐 우려가 있는 기계장치 등이 있는 장소

정답 ③

40. 인명구조기구의 화재안전기준에 따라 특정소방대상물의 용도 및 장소별로 설치해야 할 인명구조기구의 기준으로 틀린 것은?

① 지하가 중 지하상가는 인공소생기를 층마다 2개 이상 비치할 것
② 판매시설 중 대규모 점포는 공기호흡기를 층마다 2개 이상 비치할 것
③ 지하층을 포함하는 층수가 7층 이상인 관광호텔은 방열복(또는 방화복), 공기호흡기, 인공소생기를 각 2개 이상 비치할 것
④ 물분무등소화설비 중 이산화탄소소화설비를 설치해야 하는 특정소방대상물은 공기호흡기를 이산화탄소소화설비가 설치된 장소의 출입구 외부 인근에 1대 이상 비치할 것

| 해설

지하가 중 지하상가는 공기호흡기를 층마다 2개 이상 비치할 것. 다만, 각 층마다 갖추어 두어야 할 공기호흡기 중 일부를 직원이 상주하는 인근 사무실에 갖추어 둘 수 있다.

정답 ①

2021년 | 제2회

소방유체역학

01. 직경 20cm의 소화용 호스에 물이 392N/s로 흐른다. 이 때의 평균유속[m/s]은?

① 2.96
② 4.34
③ 3.68
④ 1.27

| 해설

- 중량유량 $\overline{G} = \gamma A v$
  ※ γ: 비중량[N/m³], A: 단면적[m²], v: 유속[m/s]
- $\overline{G} = \gamma A v$

$$v = \frac{\overline{G}}{\gamma A} = \frac{392\text{N/s}}{9800 \times \frac{\pi}{4} \times (0.2)^2} = 1.27\text{m/s}$$

정답 ④

02. 수은이 채워진 U자관에 수은보다 비중이 작은 어떤 액체를 넣었다. 액체기둥의 높이가 10cm, 수은과 액체의 자유 표면의 높이 차이가 6cm일 때 이 액체의 비중은? (단, 수은의 비중은 13.6이다)

① 5.44
② 8.16
③ 9.63
④ 10.88

| 해설

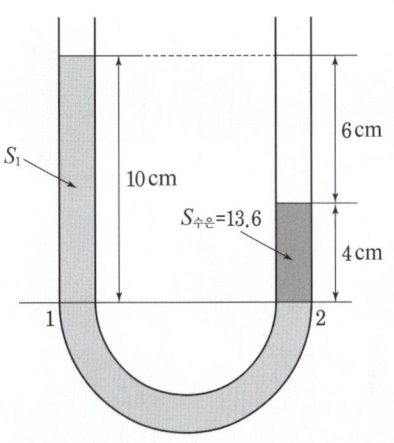

- $P_1 = P_2$
- $S_1 \times \gamma_W \times 10\text{cm} = 13.6 \times \gamma_W \times 4\text{cm}$
  ※ γ_W: 물의 비중량

$$S_1 = \frac{13.6 \times 4}{10} = 5.44$$

정답 ①

03. 수압기에서 피스톤의 반지름이 각각 20cm와 10cm이다. 작은 피스톤에 19.6N의 힘을 가하는 경우 평형을 이루기 위해 큰 피스톤에는 몇 N의 하중을 가하여야 하는가?

① 4.9 ② 9.8 ③ 68.4 ④ 78.4

| 해설

- 파스칼의 원리

$$\frac{F_1}{A_1} = \frac{F_2}{A_2} \quad \text{※ } F_1, F_2: \text{힘[N]}, A_1, A_2: \text{단면적[m²]}$$

- $F_1 = F_2 \times \frac{A_1}{A_2} = 19.6 \times \dfrac{\frac{\pi}{4} \times 20^2}{\frac{\pi}{4} \times 10^2} = 78.4\text{N}$

정답 ④

04. 그림과 같이 중앙부분에 구멍이 뚫린 원판에 지름 D의 원형 물제트가 대기압 상태에서 v의 속도로 충돌하여 원판 뒤로 지름 D/2의 원형 물제트가 v의 속도로 흘러나가고 있을 때, 이 원판이 받는 힘을 구하는 계산식으로 옳은 것은? (단, ρ는 물의 밀도이다)

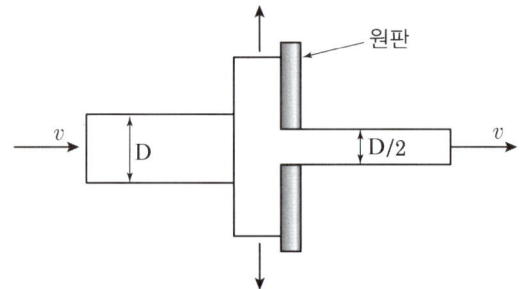

① $\frac{3}{16}\rho\pi v^2 D^2$ ② $\frac{3}{8}\rho\pi v^2 D^2$

③ $\frac{3}{4}\rho\pi v^2 D^2$ ④ $3\rho\pi v^2 D^2$

| 해설

- 운동량 방정식
$\Sigma F = \Delta m_0 v_0 - \Delta m_i v_i$
$\Sigma F = \rho A_0 v_0^2 - \rho A_i v_i^2$
※ A_0: 출구 단면적[m²], A_i: 입구 단면적[m²]
v_0: 출구 유속[m/s], v_i: 입구 유속[m/s]

- $-F = \rho A_0 v_0^2 - \rho A_i v_i^2$
$F = \rho A_i v_i^2 - \rho A_0 v_0^2$
$= \rho \frac{\pi}{4} D^2 v^2 - \rho \frac{\pi}{4}\left(\frac{D}{2}\right)^2 v^2$
$= \frac{1}{4}\rho\pi D^2 v^2 - \frac{1}{16}\rho\pi D^2 v^2$
$= \frac{3}{16}\rho\pi D^2 v^2$

정답 ①

05. 압력 0.1MPa, 온도 250℃ 상태인 물의 엔탈피가 2974.33kJ/kg이고 비체적은 2.40604m³/kg이다. 이 상태에서 물의 내부에너지[kJ/kg]는 얼마인가?

① 2733.7 ② 2974.1
③ 3214.9 ④ 3582.7

| 해설

- 엔탈피 $H = U + PV$
※ U: 내부에너지, P: 압력, V: 부피

- $H = U + PV$
$= 2974.33\text{kJ/kg} - 100\text{kPa} \times 2.40604\text{m}^3/\text{kg}$
$= 2733.73\text{kJ/kg}$

정답 ①

06. 300K의 저온 열원을 가지고 카르노사이클로 작동하는 열기관의 효율이 70%가 되기 위해서 필요한 고온 열원의 온도[K]는?

① 800 ② 900
③ 1000 ④ 1100

| 해설

- 카르노기관의 열효율 $\eta = \frac{T_2 - T_1}{T_2} \times 100$
※ T_1: 저온부 온도[K], T_2: 고온부 온도[K]

- $\eta = \frac{T_2 - T_1}{T_2} \times 100$
$70 = \frac{T_2 - 300}{T_2} \times 100$
$\frac{70}{100} = \frac{T_2 - 300}{T_2}$
$0.7 = \frac{T_2 - 300}{T_2}$
$0.7 T_2 = T_2 - 300$
$0.3 T_2 = 300$
∴ $T_2 = \frac{300}{0.3} = \frac{3000}{3} = 1000\text{K}$

정답 ③

07. 물이 들어 있는 탱크에 수면으로부터 20m 깊이에 지름 50mm의 오리피스가 있다. 이 오리피스에서 흘러나오는 유량[m³/min]은? (단, 탱크의 수면 높이는 일정하고 모든 손실은 무시한다)

① 1.3　　② 2.3
③ 3.3　　④ 4.3

| 해설

- 노즐의 유량
$Q = Av = A\sqrt{2gh}$
- $Q[\text{m}^3/\text{s}] = \dfrac{\pi}{4} \times (0.05)^2 \times \sqrt{2 \times 9.8 \times 20}$
$= 0.0389 \text{m}^3/\text{s}$
- $\therefore Q[\text{m}^3/\text{min}] = 0.0389 \times 60 = 2.33 \text{m}^3/\text{min}$

정답 ②

08. 다음 중 열전달 매질 없이도 열이 전달되는 형태는?

① 전도　　② 자연대류
③ 복사　　④ 강제대류

| 해설

- 열전달 매질 없이도 열이 전달되는 형태는 복사이다. 복사는 전자기파 형태로 열전달이 되므로 별도 매개체가 필요하지 않다.
- 전도는 직접적인 접촉에 의한 열전달을 말한다.
- 대류는 유체의 순환에 의한 열전달을 말한다.

정답 ③

09. 양정 220m, 유량 0.025m³/s, 회전수 2900rpm인 4단 원심 펌프의 비교회전도(비속도, m³/min·m·rpm)는 얼마인가?

① 176　　② 167
③ 45　　④ 23

| 해설

- 비교회전도(비속도) $N_s = \dfrac{N\sqrt{Q}}{\left(\dfrac{H}{n}\right)^{\frac{3}{4}}}$

  ※ N: 회전수[rpm], Q: 토출량[m³/min], H: 전양정[m], n: 단수

- $N_s = \dfrac{2900\sqrt{0.025 \times 60}}{\left(\dfrac{220}{4}\right)^{\frac{3}{4}}} \cong 176$

정답 ①

10. 동력(power)의 차원을 MLT(질량 M, 길이 L, 시간 T)계로 바르게 나타낸 것은?

① MLT^{-1}　　② M^2LT^{-2}
③ ML^2T^{-3}　　④ MLT^{-2}

| 해설

Power $= \dfrac{\text{일}}{\text{시간}} = \dfrac{\text{힘} \times \text{거리}}{\text{시간}}$

$= \dfrac{m \times a \times \text{거리}}{\text{시간}}$

$= \dfrac{M \times \dfrac{L}{T^2} \times L}{T} = \dfrac{ML^2}{T^3}$

$= ML^2T^{-3}$

정답 ③

11. 직사각형 단면의 덕트에서 가로와 세로가 각각 a 및 1.5a이고, 길이가 L이며, 이 안에서 공기가 V의 평균속도로 흐르고 있다. 이 때 손실수두를 구하는 식으로 옳은 것은? (단, f는 이 수력지름에 기초한 마찰계수이고, g는 중력가속도를 의미한다)

① $f \dfrac{L}{a} \dfrac{V^2}{2.4g}$ ② $f \dfrac{L}{a} \dfrac{V^2}{2g}$

③ $f \dfrac{L}{a} \dfrac{V^2}{1.4g}$ ④ $f \dfrac{L}{a} \dfrac{V^2}{g}$

| 해설

- 비원형 단면 → 원형 단면으로 환산한다.
- 수력반경$(Rh) = \dfrac{접수면적(A)}{접수길이(P)}$

$$= \dfrac{a \times 1.5a}{(a+1.5a) \times 2} = 0.3a$$

- $H_{LOSS} = f \dfrac{L}{4R_h} \dfrac{v^2}{2g}$

$$= f \dfrac{L}{4 \times 0.3a} \dfrac{v^2}{2g}$$

$$= f \dfrac{L}{a} \dfrac{v^2}{2.4g}$$

정답 ①

12. 무차원수 중 레이놀즈수(Reynolds number)의 물리적인 의미는?

① $\dfrac{관성력}{중력}$ ② $\dfrac{관성력}{탄성력}$

③ $\dfrac{관성력}{점성력}$ ④ $\dfrac{관성력}{음속}$

| 해설

$Re = \dfrac{\rho v D}{\mu} = \dfrac{vD}{\nu} = \dfrac{관성력}{점성력}$

정답 ③

13. 동일한 노즐구경을 갖는 소방차에서 방수압력이 1.5배가 되면 방수량은 몇 배로 되는가?

① 1.22배 ② 1.41배
③ 1.52배 ④ 2.25배

| 해설

- 방수량

$Q = K\sqrt{10P}$

※ Q: 방수량, K: 방출계수, P: 압력

- $Q = K\sqrt{10P}$

$Q' = K\sqrt{10 \times 1.5P}$

$= \sqrt{1.5} K\sqrt{10P}$

$= \sqrt{1.5} Q = 1.22Q$

정답 ①

14. 전양정 80m, 토출량 500L/min인 물을 사용하는 소화펌프가 있다. 펌프효율 65%, 전달계수(K) 1.1인 경우 필요한 전동기의 최소동력[kW]은?

① 9 ② 11
③ 13 ④ 15

| 해설

- 모터동력

$P[kW] = \dfrac{\gamma QH}{\eta} \times K$

※ γ: 비중량[kN/m³], Q: 유량[m³/s], H: 전양정[m], η: 효율, K: 전달계수

- $P = \dfrac{9.8 \times \dfrac{0.5}{60} \times 80}{0.65} \times 1.1 = 11kW$

정답 ②

15. 안지름 10cm인 수평 원관의 층류유동으로 4km 떨어진 곳에 원유(점성계수 0.02N·s/m², 비중 0.86)를 0.10m³/min의 유량으로 수송하려 할 때 펌프에 필요한 동력[W]은? (단, 펌프의 효율은 100%로 가정한다)

① 76 ② 91
③ 10900 ④ 9100

| 해설

• 하겐포아젤 손실

$$H_{LOSS} = \frac{128\mu l Q}{\gamma \pi d^4}$$

※ μ: 점성계수[N·s/m²], l: 관 길이[m], Q: 유량[m³/s], γ: 비중량[N/m³], d: 관 직경[m]

• $H_{LOSS} = \dfrac{128 \times 0.02 \times 4000 \times \frac{0.1}{60}}{0.86 \times 9800 \times \pi \times (0.1)^4} = 6.45\text{m}$

$\dfrac{\Delta P}{\gamma} = H$

$\Delta P = \gamma H = 0.86 \times 9800 \times 6.45$

∴ Power = $\Delta P \cdot Q$

$= 0.86 \times 9800 \times 6.45 \times \dfrac{0.1}{60} = 91\text{W}$

정답 ②

16. 유속 6m/s로 정상류의 물이 화살표 방향으로 흐르는 배관에 압력계와 피토계가 설치되어있다. 이때 압력계의 계기압력이 300kPa이었다면 피토계의 계기압력은 약 몇 kPa인가?

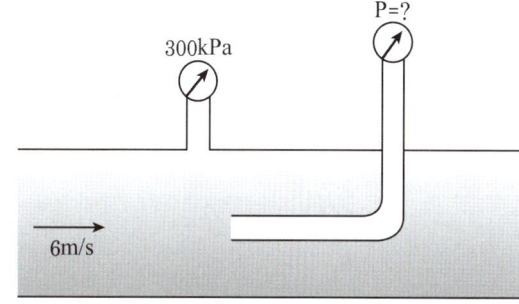

① 180 ② 280
③ 318 ④ 336

| 해설

• 속도수두 $\dfrac{v^2}{2g} = \dfrac{6^2}{2 \times 9.8} = 1.8367\text{m} = H_{속도}$

• 동압 $P = \gamma H_{속도} = 9.8\text{kN/m}^3 \times 1.8367\text{m} \cong 18\text{kPa}$

• 정압 = 300kPa

∴ 계기압 = 정압 + 동압 = 300kPa + 18kPa = 318kPa

정답 ③

17. 유체의 압축률에 관한 설명으로 올바른 것은?

① 압축률 = 밀도 × 체적탄성계수
② 압축률 = 1 / 체적탄성계수
③ 압축률 = 밀도 / 체적탄성계수
④ 압축률 = 체적탄성계수 / 밀도

| 해설

• 체적탄성계수 $K = -\dfrac{\Delta P}{\Delta V/V}$

• 압축률 $\beta = \dfrac{1}{K}$

정답 ②

18. 질량이 5kg인 공기(이상기체)가 온도 333K로 일정하게 유지되면서 체적이 10배가 되었다. 이 계(system)가 한 일[kJ]은? (단, 공기의 기체상수는 287J/kg·K이다)

① 220 ② 478
③ 1100 ④ 4779

| 해설
- 등온팽창 시 계가 한 일

$$W = m\bar{R}T \ln \frac{V_2}{V_1}$$

※ m: 공기질량[kg], $\bar{R}$: 공기기체상수[J/kg·K],
V_1: 처음부피[m³], V_2: 나중부피[m³]

- $W = 5 \times 287 \times 333 \times \ln\left(\dfrac{10V_1}{V_1}\right)$
  $= 1100301.8W \simeq 1100kW$

정답 ③

19. 무한한 두 평판 사이에 유체가 채워져 있고 한 평판은 정지해 있고 또 다른 평판은 일정한 속도로 움직이는 Couette 유동을 하고 있다. 유체 A만 채워져 있을 때 평판을 움직이기 위한 단위면적당 힘을 τ_1이라 하고, 같은 평판 사이에 점성이 다른 유체 B만 채워져 있을 때 필요한 힘을 τ_2라 하면, 유체 A와 B가 반반씩 위아래로 채워져 있을 때 평판을 같은 속도로 움직이기 위한 단위면적당 힘에 대한 표현으로 옳은 것은?

① $\dfrac{\tau_1 + \tau_2}{2}$ ② $\sqrt{\tau_1 \tau_2}$
③ $\dfrac{2\tau_1 \tau_2}{\tau_1 + \tau_2}$ ④ $\tau_1 + \tau_2$

| 해설
- Couette 유동

$$\tau \alpha \mu \frac{du}{dy}$$

※ τ: 전단응력[Pa], μ: 점성계수[Pa·s],
u: 수평방향유속[m/s], y: 수직방향[m]

- A유체: 점성계수 μ_1

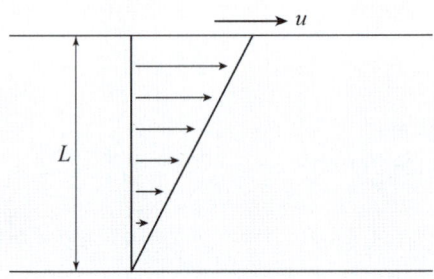

$\tau_1 = \mu_1 \dfrac{du}{dy} = \mu_1 \dfrac{u}{L}$ — ㉠

- B유체: 점성계수 μ_2

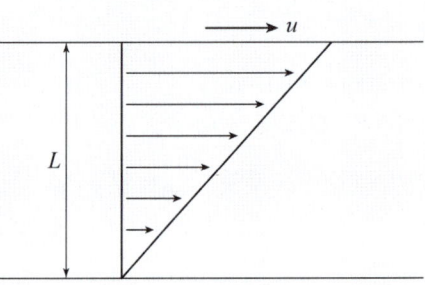

$\tau_2 = \mu_2 \dfrac{du}{dy} = \mu_2 \dfrac{u}{L}$ — ㉡

- A와 B유체

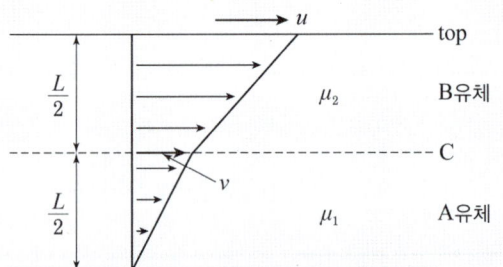

경계면에서의 전단응력 $\tau_C = \mu_1 \dfrac{v}{\dfrac{L}{2}} = \dfrac{2\mu_1 v}{L}$

윗면에서의 전단응력 $\tau_t = \mu_2 \dfrac{u-v}{\dfrac{L}{2}} = \dfrac{2\mu_2(u-v)}{L}$

$\tau_C = \tau_t$

$\dfrac{2\mu_1 v}{L} = \dfrac{2\mu_2(u-v)}{L}$

$\mu_1 v = \mu_2 u - \mu_2 v$

$(\mu_1 + \mu_2)v = \mu_2 u$

$v = \dfrac{\mu_2 u}{\mu_1 + \mu_2}$

$\therefore \tau_C = \dfrac{2\mu_1}{L}\left(\dfrac{\mu_2 u}{\mu_1 + \mu_2}\right) = \dfrac{2u}{L}\left(\dfrac{\mu_1 \mu_2}{\mu_1 + \mu_2}\right)$ - ㉢

㉠식에서 $\mu_1 = \dfrac{\tau_1 L}{u}$

㉡식에서 $\mu_2 = \dfrac{\tau_2 L}{u}$

㉢식에 대입하면 $\tau_C = \dfrac{2u}{L}\left(\dfrac{\dfrac{\tau_1 L}{u} \cdot \dfrac{\tau_2 L}{u}}{\dfrac{\tau_1 L}{u} + \dfrac{\tau_2 L}{u}}\right)$

$= \dfrac{2u}{L}\left(\dfrac{\dfrac{\tau_1 \tau_2 L}{u}}{\tau_1 + \tau_2}\right) = \dfrac{2\tau_1 \tau_2}{\tau_1 + \tau_2}$

정답 ③

20. 2m 깊이로 물이 차있는 물탱크 바닥에 한 변이 20cm인 정사각형 모양의 관측창이 설치되어 있다. 관측창이 물로 인하여 받는 순 힘(net force)은 몇 N인가? (단, 관측창 밖의 압력은 대기압이다)

① 784
② 392
③ 196
④ 98

| 해설

바닥에 작용하는 힘 $F = \gamma h A$

※ γ: 비중량(9800N/m³), h: 높이[m], A: 단면적[m²]

$F = \gamma h A$
$= 9,800\text{N/m}^3 \times 2\text{m} \times (0.2\text{m} \times 0.2\text{m})$
$= 784\text{N}$

정답 ①

소방기계시설의 구조 및 원리

21. 화재조기진압용 스프링클러설비의 화재안전기준상 헤드의 설치기준 중 ( ) 안에 알맞은 것은?

> 헤드 하나의 방호면적은 (㉠)m² 이상 (㉡)m² 이하로 할 것

	㉠	㉡
①	2.4	3.7
②	3.7	9.1
③	6.0	9.3
④	9.1	13.7

| 해설

헤드 하나의 방호면적은 6.0(㉠)m² 이상 9.3(㉡)m² 이하로 할 것

정답 ③

22. 분말소화설비의 화재안전기준상 수동식 기동장치의 부근에 설치하는 비상스위치에 대한 설명으로 옳은 것은?

① 자동복귀형 스위치로서 수동식 기동장치의 타이머를 순간정지시키는 기능의 스위치를 말한다.
② 자동복귀형 스위치로서 수동식 기동장치가 수신기를 순간정지시키는 기능의 스위치를 말한다.
③ 수동복귀형 스위치로서 수동식 기동장치의 타이머를 순간정지시키는 기능의 스위치를 말한다.
④ 수동복귀형 스위치로서 수동식 기동장치가 수신기를 순간정지시키는 기능의 스위치를 말한다.

| 해설

수동식 기동장치의 부근에는 소화약제의 방출을 지연시킬 수 있는 비상스위치(자동복귀형 스위치로서 수동식 기동장치의 타이머를 순간정지시키는 기능의 스위치를 말한다)를 설치하여야 한다.

정답 ①

23. 할론소화설비의 화재안전기준상 화재표시반의 설치기준이 아닌 것은?

① 소화약제 방출지연 비상스위치를 설치할 것
② 소화약제의 방출을 명시하는 표시등을 설치할 것
③ 수동식 기동장치는 그 방출용 스위치의 작동을 명시하는 표시등을 설치할 것
④ 자동식 기동장치는 자동·수동의 절환을 명시하는 표시등을 설치할 것

| 해설

화재표시반의 설치기준은 다음과 같다.
㉠ 각 방호구역마다 음향경보장치의 조작 및 감지기의 작동을 명시하는 표시등과 이와 연동하여 작동하는 벨·부저 등의 경보기를 설치할 것. 이 경우 음향경보장치의 조작 및 감지기의 작동을 명시하는 표시등을 겸용할 수 있다.
㉡ 수동식 기동장치는 그 방출용 스위치의 작동을 명시하는 표시등을 설치할 것
㉢ 소화약제의 방출을 명시하는 표시등을 설치할 것
㉣ 자동식 기동장치는 자동·수동의 절환을 명시하는 표시등을 설치할 것

정답 ①

24. 피난기구의 화재안전기준상 노유자시설의 4층 이상 10층 이하에서 적응성이 있는 피난기구가 아닌 것은?

① 피난교
② 다수인피난장비
③ 승강식 피난기
④ 미끄럼대

| 해설

- 피난기구의 화재안전기준상 노유자시설의 4층 이상 10층 이하에서 적응성이 있는 피난기구에는 피난교, 다수인피난장비, 승강식 피난기가 있으며, 미끄럼대는 포함되지 않는다.
- 미끄럼대의 경우 노유자시설 1층 ~ 3층에서 적응성이 있다.

정답 ④

25. 분말소화설비의 화재안전기준상 다음 ( ) 안에 알맞은 것은?

> 분말소화약제의 가압용 가스용기에는 ( )의 압력에서 조정이 가능한 압력조정기를 설치하여야 한다.

① 2.5MPa 이하
② 2.5MPa 이상
③ 25MPa 이하
④ 25MPa 이상

| 해설
분말소화약제의 가압용 가스용기에는 2.5MPa 이하의 압력에서 조정이 가능한 압력조정기를 설치하여야 한다.

정답 ①

26. 스프링클러설비의 화재안전기준상 개방형스프링클러설비에서 하나의 방수구역을 담당하는 헤드의 개수는 최대 몇 개 이하로 해야 하는가? (단, 방수구역은 나누어져 있지 않고 하나의 구역으로 되어 있다)

① 50
② 40
③ 30
④ 20

| 해설
개방형스프링클러설비의 방수구역 및 일제개방밸브는 다음의 기준에 적합하여야 한다.
㉠ 하나의 방수구역은 2개층에 미치지 아니 할 것
㉡ 방수구역마다 일제개방밸브를 설치할 것
㉢ 하나의 방수구역을 담당하는 헤드의 개수는 50개 이하로 할 것. 다만, 2개 이상의 방수구역으로 나눌 경우에는 하나의 방수구역을 담당하는 헤드의 개수는 25개 이상으로 할 것

정답 ①

27. 연결살수설비의 화재안전기준상 배관의 설치기준 중 하나의 배관에 부착하는 살수헤드의 개수가 3개인 경우 배관의 구경은 최소 몇 mm 이상으로 설치해야 하는가? (단, 연결살수설비 전용헤드를 사용하는 경우이다)

① 40
② 50
③ 65
④ 80

| 해설
- 하나의 배관에 부착하는 살수헤드의 개수가 3개인 경우 배관의 구경은 최소 50mm 이상으로 설치해야 한다.
- 하나의 배관에 부착하는 살수헤드 개수에 따른 배관의 구경

하나의 배관에 부착하는 살수헤드의 개수	배관의 구경(mm)
1개	32
2개	40
3개	50
4개 또는 5개	65
6개 이상 10개 이하	80

정답 ②

28. 이산화탄소소화설비의 화재안전기준상 수동식 기동장치의 설치기준에 적합하지 않은 것은?

① 전역방출방식에 있어서는 방호대상물마다 설치할 것
② 전기를 사용하는 기동장치에는 전원표시등을 설치할 것
③ 기동장치의 조작부는 바닥으로부터 높이 0.8m 이상 1.5m 이하의 위치에 설치하고, 보호판 등에 따른 보호장치를 설치할 것
④ 기동장치의 방출용 스위치는 음향경보장치와 연동하여 조작될 수 있는 것으로 할 것

| 해설
전역방출방식은 방호구역마다, 국소방출방식은 방호대상물마다 설치한다.

정답 ①

29. 옥내소화전설비의 화재안전기준상 옥내소화전펌프의 후드밸브를 소방용 설비 외의 다른 설비의 후드밸브보다 낮은 위치에 설치한 경우의 유효수량으로 옳은 것은? (단, 옥내소화전설비와 다른 설비 수원을 저수조로 겸용하여 사용한 경우이다)

① 저수조의 바닥면과 상단 사이의 전체 수량
② 옥내소화전설비 후드밸브와 소방용 설비 외의 다른 설비의 후드밸브 사이의 수량
③ 옥내소화전설비의 후드밸브와 저수조 상단 사이의 수량
④ 저수조의 바닥면과 소방용 설비 외의 다른 설비의 후드밸브 사이의 수량

| 해설

다음의 경우에는 저수량을 산정함에 있어서 다른 설비와 겸용하여 옥내소화전설비용 수조를 설치하는 경우에는 옥내소화전설비의 후드밸브·흡수구 또는 수직배관의 급수구와 다른 설비의 후드밸브·흡수구 또는 수직배관의 급수구와의 사이의 수량을 그 유효수량으로 한다.
㉠ 옥내소화전펌프의 후드밸브 또는 흡수배관의 흡수구를 다른 설비의 후드밸브 또는 흡수구보다 낮은 위치에 설치한 때
㉡ 고가수조로부터 옥내소화전설비의 수직배관에 물을 공급하는 급수구를 다른 설비의 급수구보다 낮은 위치에 설치한 때

정답 ②

30. 포소화설비의 화재안전기준상 포소화설비의 배관 등의 설치기준으로 옳은 것은?

① 포워터스프링클러설비 또는 포헤드설비의 가지배관의 배열은 토너먼트방식으로 한다.
② 송액관은 겸용으로 하여야 한다. 다만, 포소화전의 기동장치의 조작과 동시에 다른 설비의 용도에 사용하는 배관의 송수를 차단할 수 있거나, 포소화설비의 성능에 지장이 없는 경우에는 전용으로 할 수 있다.
③ 송액관은 포의 방출 종료 후 배관 안의 액을 배출하기 위하여 적당한 기울기를 유지하도록 하고 그 낮은 부분에 배액밸브를 설치하여야 한다.
④ 연결송수관설비의 배관과 겸용할 경우의 주배관은 구경 65mm 이상, 방수구로 연결되는 배관의 구경은 100mm 이상의 것으로 하여야 한다.

| 해설

송액관은 포의 방출 종료 후 배관 안의 액을 배출하기 위하여 적당한 기울기를 유지하도록 하고 그 낮은 부분에 배액밸브를 설치하여야 한다.
① 포워터스프링클러설비 또는 포헤드설비의 가지배관의 배열은 토너먼트방식이 아니어야 하며, 교차배관에서 분기하는 지점을 기점으로 한쪽 가지배관에 설치하는 헤드의 수는 8개 이하로 한다.
② 송액관은 전용으로 하여야 한다. 다만, 포소화전의 기동장치의 조작과 동시에 다른 설비의 용도에 사용하는 배관의 송수를 차단할 수 있거나, 포소화설비의 성능에 지장이 없는 경우에는 다른 설비와 겸용할 수 있다.
④ 연결송수관설비의 배관과 겸용할 경우의 주배관은 구경 100mm 이상, 방수구로 연결되는 배관의 구경은 65mm 이상의 것으로 하여야 한다.

정답 ③

31. 물분무소화설비의 화재안전기준상 송수구의 설치기준으로 틀린 것은?

① 구경 65mm의 쌍구형으로 할 것
② 지면으로부터 높이가 0.5m 이상 1m 이하의 위치에 설치할 것
③ 송수구는 하나의 층의 바닥면적이 1500m²를 넘을 때마다 1개(5개를 넘을 경우에는 5개로 한다) 이상을 설치할 것
④ 가연성 가스의 저장·취급시설에 설치하는 송수구는 그 방호대상물로부터 20m 이상의 거리를 두거나 방호대상물에 면하는 부분이 높이 1.5m 이상, 폭 2.5m 이상의 철근콘크리트 벽으로 가려진 장소에 설치할 것

| 해설

송수구는 하나의 층의 바닥면적이 3,000m²를 넘을 때마다 1개(5개를 넘을 경우에는 5개로 한다) 이상을 설치한다.

정답 ③

32. 미분무소화설비의 화재안전기준상 미분무소화설비의 성능을 확인하기 위하여 하나의 발화원을 가정한 설계도서 작성 시 고려하여야 할 인자를 모두 고른 것은?

㉠ 화재 위치
㉡ 점화원의 형태
㉢ 시공 유형과 내장재 유형
㉣ 초기 점화되는 연료 유형
㉤ 공기조화설비, 자연형(문, 창문) 및 기계형 여부
㉥ 문과 창문의 초기상태(열림, 닫힘) 및 시간에 따른 변화상태

① ㉠, ㉢, ㉥
② ㉠, ㉡, ㉢, ㉤
③ ㉠, ㉡, ㉣, ㉤, ㉥
④ ㉠, ㉡, ㉢, ㉣, ㉤, ㉥

| 해설

㉠ ~ ㉥ 모두를 고려하여야 한다.

정답 ④

33. 특별피난계단의 계단실 및 부속실 제연설비의 화재안전기준상 차압 등에 관한 기준 중 다음 ( ) 안에 알맞은 것은?

제연설비가 가동되었을 경우 출입문의 개방에 필요한 힘은 ( )N 이하로 하여야 한다.

① 12.5 ② 40
③ 70   ④ 110

| 해설

제연설비가 가동되었을 경우 출입문의 개방에 필요한 힘은 110N 이하로 하여야 한다.

정답 ④

34. 포소화설비의 화재안전기준상 펌프의 토출관에 압입기를 설치하여 포소화약제 압입용 펌프로 포소화약제를 압입시켜 혼합하는 방식은?

① 라인 프로포셔너방식
② 펌프 프로포셔너방식
③ 프레져 프로포셔너방식
④ 프레져사이드 프로포셔너방식

| 해설

펌프의 토출관에 압입기를 설치하여 포소화약제 압입용 펌프로 포소화약제를 압입시켜 혼합하는 방식은 "프레져사이드 프로포셔너방식"이다.
① "라인 프로포셔너방식"이란 펌프와 발포기의 중간에 설치된 벤추리관의 벤추리작용에 따라 포소화약제를 흡입·혼합하는 방식을 말한다.
② "펌프 프로포셔너방식"이란 펌프의 토출관과 흡입관 사이의 배관 도중에 설치한 흡입기에 펌프에서 토출된 물의 일부를 보내고, 농도조정밸브에서 조정된 포소화약제의 필요량을 포소화약제 탱크에서 펌프 흡입측으로 보내어 이를 혼합하는 방식을 말한다.
③ "프레져 프로포셔너방식"이란 펌프와 발포기의 중간에 설치된 벤추리관의 벤추리작용과 펌프 가압수의 포소화약제 저장탱크에 대한 압력에 따라 포소화약제를 흡입·혼합하는 방식을 말한다.

정답 ④

35. 소화기구 및 자동소화장치의 화재안전기준에 따라 다음과 같이 간이소화용구를 비치하였을 경우 능력단위의 합은?

- 삽을 상비한 마른모래 50L포 2개
- 삽을 상비한 팽창질석 80L포 1개

① 1단위
② 1.5단위
③ 2.5단위
④ 3단위

| 해설

간이소화용구		능력단위
마른모래	삽을 상비한 50L 이상의 것 1포	0.5단위
팽창질석 또는 팽창진주암	삽을 상비한 80L 이상의 것 1포	

- 50L 2개이므로 0.5 × 2 = 1단위
- 80L 1개이므로 0.5단위
  ∴ 1단위 + 0.5단위 = 1.5단위

정답 ②

36. 소화수조 및 저수조의 화재안전기준상 연면적이 40,000m²인 특정소방대상물에 소화용수설비를 설치하는 경우 소화수조의 최소 저수량은 몇 m³인가? (단, 지상 1층 및 2층의 바닥면적 합계가 15,000m² 이상인 경우이다)

① 53.3
② 60
③ 106.7
④ 120

| 해설

소화수조 또는 저수조의 저수량은 특정소방대상물의 연면적을 다음 표에 따른 기준면적으로 나누어 얻은 수(소수점 이하의 수는 1로 본다)에 20m³를 곱한 양 이상이 되도록 하여야 한다.

소방대상물의 구분	면적
1. 1층 및 2층의 바닥면적 합계가 15,000m² 이상인 소방대상물	7,500m²
2. 제1호에 해당되지 아니하는 그 밖의 소방대상물	12,500m²

$$\frac{40000\text{m}^2}{7500\text{m}^2} = 5.33 \fallingdotseq 6$$

∴ $6 \times 20\text{m}^3 = 120\text{m}^3$

 ④

37. 소화기구 및 자동소화장치의 화재안전기준에 따른 용어에 대한 정의로 틀린 것은?

① "소화약제"란 소화기구 및 자동소화장치에 사용되는 소화성능이 있는 고체·액체 및 기체의 물질을 말한다.
② "대형소화기"란 화재시 사람이 운반할 수 있도록 운반대와 바퀴가 설치되어 있고 능력 단위가 A급 20단위 이상, B급 10단위 이상인 소화기를 말한다.
③ "전기화재(C급 화재)"란 전류가 흐르고 있는 전기기기, 배선과 관련된 화재를 말한다.
④ "능력단위"란 소화기 및 소화약제에 따른 간이소화용구에 있어서는 소방시설법에 따라 형식승인 된 수치를 말한다.

| 해설

"대형소화기"란 화재시 사람이 운반할 수 있도록 운반대와 바퀴가 설치되어 있고 능력단위가 A급 10단위 이상, B급 20단위 이상인 소화기를 말한다.

 ②

38. 옥내소화전설비의 화재안전기준상 배관 등에 관한 설명으로 옳은 것은?

① 펌프의 토출측 주배관의 구경은 유속이 5m/s 이하가 될 수 있는 크기 이상으로 하여야 한다.
② 연결송수관설비의 배관과 겸용할 경우의 주배관은 구경 80mm 이상, 방수구로 연결되는 배관의 구경은 65mm 이상의 것으로 하여야 한다.
③ 성능시험배관은 펌프의 토출측에 설치된 개폐밸브 이전에서 분기하여 설치하고, 유량측정장치를 기준으로 전단 직관부에 개폐밸브를 후단 직관부에는 유량조절밸브를 설치하여야 한다.
④ 가압송수장치의 체절운전시 수온의 상승을 방지하기 위하여 체크밸브와 펌프 사이에서 분기한 구경 20mm 이상의 배관에 체절압력 이상에서 개방되는 릴리프밸브를 설치하여야 한다.

| 해설

성능시험배관은 펌프의 토출측에 설치된 개폐밸브 이전에서 분기하여 설치하고, 유량측정장치를 기준으로 전단 직관부에 개폐밸브를 후단 직관부에는 유량조절밸브를 설치하여야 한다.
① 펌프의 토출측 주배관의 구경은 유속이 4m/s 이하가 될 수 있는 크기 이상으로 하여야 한다.
② 연결송수관설비의 배관과 겸용할 경우의 주배관은 구경 100mm 이상, 방수구로 연결되는 배관의 구경은 65mm 이상의 것으로 하여야 한다.
④ 가압송수장치의 체절운전 시 수온의 상승을 방지하기 위하여 체크밸브와 펌프 사이에서 분기한 구경 20mm 이상의 배관에 체절압력 미만에서 개방되는 릴리프밸브를 설치하여야 한다.

정답 ③

39. 소화전함의 성능인증 및 제품검사의 기술기준상 옥내소화전함의 재질을 합성수지 재료로 할 경우 두께는 최소 몇 mm 이상이어야 하는가?

① 1.5   ② 2.0
③ 3.0   ④ 4.0

| 해설

소화전함의 재료로 합성수지를 사용하는 것은 두께 4.0mm 이상의 내열성 및 난연성이 있는 것으로서 시험은 가로 200mm, 세로 200mm의 시험편으로 한다.

정답 ④

40. 소화설비용 헤드의 성능인증 및 제품검사의 기술기준상 소화설비용 헤드의 분류 중 수류를 살수판에 충돌하여 미세한 물방울을 만드는 물분무헤드 형식은?

① 디프렉타형
② 충돌형
③ 슬리트형
④ 분사형

| 해설

수류를 살수판에 충돌하여 미세한 물방울을 만드는 물분무헤드는 "디프렉타형"이다.
② "충돌형"이란 유수와 유수의 충돌에 의해 미세한 물방울을 만드는 물분무헤드를 말한다.
③ "슬리트형"이란 수류를 슬리트에 의해 방출하여 수막상의 분무를 만드는 물분무헤드를 말한다.
④ "분사형"이란 소구경의 오리피스로부터 고압으로 분사하여 미세한 물방울을 만드는 물분무헤드를 말한다.

정답 ①

2021년 제1회

소방유체역학

01. 대기압이 90kPa인 곳에서 진공 76mmHg는 절대압력[kPa]으로 약 얼마인가?

① 10.1
② 79.9
③ 99.9
④ 101.1

| 해설

- 절대압 = 계기압 + 대기압
- 계기압 $= -76\text{mmHg}$

  $= -76 \times \dfrac{101.325\text{kPa}}{760\text{mmHg}}$

  $= -10.1325\text{kPa}$
- 대기압 $= 90\text{kPa}$

∴ 절대압 $= -10.1325 + 90 = 79.9\text{kPa}$

정답 ②

02. 지름 0.4m인 관에 물이 0.5m³/s로 흐를 때 길이 300m에 대한 동력손실은 60kW이었다. 이때 관 마찰계수(f)는 얼마인가?

① 0.0151
② 0.0202
③ 0.0256
④ 0.0301

| 해설

- 펌프수동력 $P[\text{kW}] = \gamma QH$

  ※ γ: 비중량[kN/m³], Q: 유량[m³/s], H: 전양정[m] 또는 손실수두

- $P = \gamma QH$

  $H(\text{손실수두}) = \dfrac{P}{\gamma Q}$

  $= \dfrac{60\text{kW}}{9.8\text{kN/m}^3 \times 0.5\text{m}^3/\text{s}} = 12.25\text{m}$

  $v = \dfrac{Q}{A}$

  $= \dfrac{0.5}{\dfrac{\pi}{4} \times (0.4)^2} = 3.98\text{m/s}$

  $H_{\text{LOSS}} = f\dfrac{l}{d}\dfrac{v^2}{2g}$

∴ $f = \dfrac{H_{\text{LOSS}} \times 2g \times d}{l \times v^2}$

$= \dfrac{12.25 \times 2 \times 9.8 \times 0.4}{300 \times (3.98)^2} = 0.0202$

정답 ②

03. 액체 분자들 사이의 응집력과 고체면에 대한 부착력의 차이에 의하여 관내 액체표면과 자유표면 사이에 높이 차이가 나타나는 것과 가장 관계가 깊은 것은?

① 관성력
② 점성
③ 뉴턴의 마찰법칙
④ 모세관현상

| 해설

- 모세관 상승높이 $h = \dfrac{4\sigma\cos\theta}{\gamma d}$

    ※ σ: 표면장력[N/m], θ: 접촉각, γ: 비중량[N/m³], d: 관 직경[m]

- 액체 분자들 사이의 응집력보다 고체면과의 부착력이 클 때 모세관 상승높이 h는 크게 나타난다.

정답 ④

05. 호주에서 무게가 20N인 어떤 물체를 한국에서 재어보니 19.8N이었다면 한국에서의 중력가속도[m/s²]는 얼마인가? (단, 호주에서의 중력가속도는 9.82m/s²이다)

① 9.46   ② 9.61
③ 9.72   ④ 9.82

| 해설

- 무게 = 질량 × 중력가속도
- 호주에서 20N = 질량 × 9.82m/s²

  ∴ 질량 = $\dfrac{20}{9.82}$ kg

- 한국에서 19.8N = $\dfrac{20}{9.82}$ × 중력가속도

  ∴ 중력가속도 = $19.8 \times \dfrac{9.82}{20} = 9.72\text{m/s}^2$

정답 ③

04. 피스톤이 설치된 용기 속에서 1kg의 공기가 일정 온도 50℃에서 처음 체적의 5배로 팽창되었다면 이 때 전달된 열량[kJ]은 얼마인가? (단, 공기의 기체상수는 0.287kJ/kg·K이다)

① 149.2   ② 170.6
③ 215.8   ④ 240.3

| 해설

- 등온팽창의 열량 $Q[\text{kJ}] = m\overline{R}T\ln\dfrac{V_2}{V_1}$

  ※ m: 질량[kg], $\overline{R}$: 특별기체상수[kJ/kg·K], T: 온도[K], V_1: 처음부피[m³], V_2: 나중부피[m³]

- $Q = 1 \times 0.287 \times (273+50) \times \ln\dfrac{5}{1} = 149.2\text{kJ}$

정답 ①

06. 두께 20cm이고 열전도율 4W/(m·K)인 벽의 내부 표면온도는 20℃이고, 외부 벽은 −10℃인 공기에 노출되어 있어 대류열전달이 일어난다. 외부의 대류열전달계수가 20W/m²·K일 때, 정상상태에서 벽의 외부 표면온도[℃]는 얼마인가? (단, 복사열전달은 무시한다)

① 5   ② 10
③ 15   ④ 20

| 해설

• 벽의 열유속공식 $q = \dfrac{1}{\dfrac{1}{h}+\dfrac{x}{k}}(T_1 - T_2)$

  ※ q: 열유속[W/m²], h: 대류열전달계수[W/m²·K], x: 벽의 두께[m], k: 열전도율[W/m·K], T_1: 내부의 온도[K], T_2: 외부의 온도[K]

  대류열유속 공식 $q = h \triangle T$

• 벽의 열유속 $q = \dfrac{1}{\dfrac{1}{20}+\dfrac{0.2}{4}} \times (293-263) = 300\,\text{W/m}^2$

  대류열유속 $q = h \triangle T = 20 \times (T-263)$
  $300 = 20 \times (T-263)$
  $\therefore T = 278\,\text{K}$

∴ 278 - 273 = 5℃

정답 ①

07. 질량 m[kg]의 어떤 기체로 구성된 밀폐계가 Q[kJ]의 열을 받아 일을 하고, 이 기체의 온도가 △T[℃] 상승하였다면 이 계가 외부에 한 일 W[kJ]을 구하는 계산식으로 옳은 것은? (단, 이 기체의 정적비열은 C_v[kJ/kg·K], 정압비열은 C_p[kJ/kg·K]이다)

① W = Q − $mC_v \triangle T$
② W = Q + $mC_v \triangle T$
③ W = Q − $mC_p \triangle T$
④ W = Q + $mC_p \triangle T$

| 해설

• 열역학 1법칙 $Q = U + W$
  ※ Q: 열량[kJ], U: 내부에너지[kJ], W: 일[kJ]
• $U = mC_V \triangle T$ (* C_V: 정적비열)
∴ $W = Q - U = Q - mC_V \triangle T$

정답 ①

08. 정육면체 형태의 그릇에 물을 가득 채울 때, 그릇 밑면이 받는 압력에 의한 수직방향 평균 힘의 크기를 P라고 하면, 한 측면이 받는 압력에 의한 수평방향 평균 힘의 크기는 얼마인가?

① $0.5P$
② P
③ $2P$
④ $4P$

| 해설

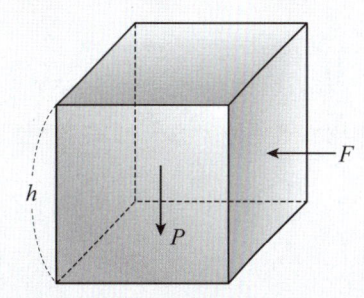

• $P = \gamma h A$
  ※ γ: 비중량, h: 높이, A: h^2
• $F = \gamma \dfrac{h}{2} A = \dfrac{1}{2}\gamma h A = \dfrac{1}{2}P = 0.5P$

정답 ①

09. 베르누이 방정식을 적용할 수 있는 기본 전제조건으로 옳은 것은?

① 비압축성 흐름, 점성 흐름, 정상 유동
② 압축성 흐름, 비점성 흐름, 정상 유동
③ 비압축성 흐름, 비점성 흐름, 비정상 유동
④ 비압축성 흐름, 비점성 흐름, 정상 유동

| 해설

베르누이 방정식은 비압축성 흐름, 비점성 흐름, 정상 유동이 기본 전제조건이다.

정답 ④

10. 뉴턴의 점성법칙에 대한 옳은 설명으로 모두 짝지은 것은?

> ㉠ 전단응력은 점성계수와 속도기울기의 곱이다.
> ㉡ 전단응력은 점성계수와 비례한다.
> ㉢ 전단응력은 속도기울기에 반비례한다.

① ㉠, ㉡ ② ㉡, ㉢
③ ㉠, ㉢ ④ ㉠, ㉡, ㉢

| 해설

뉴턴 유체에서는 전단응력 $\tau = \mu \dfrac{du}{dy}$ 으로 표현된다.

※ μ: 점성계수, $\dfrac{du}{dy}$: 속도구배(속도기울기)

정답 ①

11. 배관 내에 유동하고 있는 물 속 어느 부분의 정압이 그 때의 물의 온도에 해당하는 증기압 이하가 되면 부분적으로 기포가 발생하는 현상을 무엇이라고 하는가?

① 수격현상 ② 서징현상
③ 공동현상 ④ 와류현상

| 해설

유동하는 부분의 정압이 물의 온도에 해당하는 포화증기압보다 낮아지면 기화가 되어 기포가 발생한다. 이를 공동현상이라 하고 펌프의 성능을 저하시킨다.

정답 ③

12. 다음 그림과 같이 사이펀에 의해 용기 속의 물이 4.8m³/min로 방출된다면 전체 손실수두[m]는 얼마인가? (단, 관 내 마찰은 무시한다)

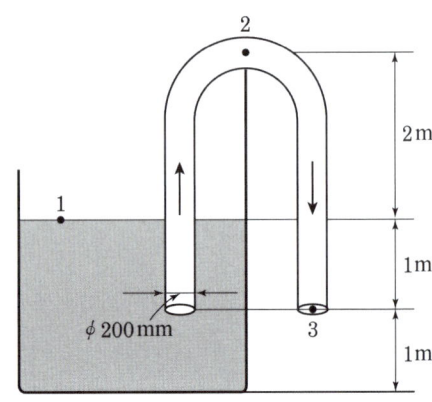

① 0.669 ② 0.330
③ 1.043 ④ 1.826

| 해설

1과 3에서 베르누이 방정식을 적용하면

$$\dfrac{V_1^2}{2g} + \dfrac{P_1}{\gamma} + Z_1 = \dfrac{V_3^2}{2g} + \dfrac{P_3}{\gamma} + Z_3 + H_{LOSS}$$

※ $V_1 = 0$, $P_1 = P_3 =$ 대기압

$$\dfrac{V_3^2}{2g} = Z_1 - Z_3 - H_{LOSS} = 1 - H_{LOSS}$$

$$V_3 = \sqrt{2g(1 - H_{LOSS})}$$

$$V_3 = \dfrac{Q}{A_2} = \dfrac{\dfrac{4.8\,\text{m}^3}{60\,\text{s}}}{\dfrac{\pi}{4} \times (0.2)^2} = 2.546\,\text{m/s}$$

$$1 - H_{LOSS} = \dfrac{(2.546)^2}{2 \times 9.8} = 0.3307$$

$$\therefore H_{LOSS} = 1 - 0.3307 = 0.669\,\text{m}$$

정답 ①

13. 반지름 R_0인 원형파이프에 유체가 층류로 흐를 때, 중심으로부터 거리 R에서의 유속 U와 최대속도 U_{max}의 비에 대한 분포식으로 옳은 것은?

① $\dfrac{U}{U_{max}} = (\dfrac{R}{R_0})^2$

② $\dfrac{U}{U_{max}} = 2(\dfrac{R}{R_0})^2$

③ $\dfrac{U}{U_{max}} = (\dfrac{R}{R_0})^2 - 2$

④ $\dfrac{U}{U_{max}} = 1 - (\dfrac{R}{R_0})^2$

| 해설

• 원형관에서의 유속의 분포(층류)

$U = U_{max}[1 - (\dfrac{R}{R_0})^2]$

• 중심으로부터 거리 R에서의 유속 U와 최대속도 U_{max}의 비에 대한 분포식

$\dfrac{U}{U_{max}} = 1 - (\dfrac{R}{R_o})^2$

정답 ④

14. 이상기체의 기체상수에 대해 옳은 설명으로 모두 짝지어진 것은?

> ㉠ 기체상수의 단위는 비열의 단위와 차원이 같다.
> ㉡ 기체상수는 온도가 높을수록 커진다.
> ㉢ 분자량이 큰 기체의 기체상수가 분자량이 작은 기체의 기체상수보다 크다.
> ㉣ 기체상수의 값은 기체의 종류에 관계없이 일정하다.

① ㉠
② ㉠, ㉢
③ ㉡, ㉢
④ ㉠, ㉡, ㉣

| 해설

• 이상기체상수 $R = \dfrac{PV}{nT} = \dfrac{PVM}{WT}$

• 공기(특별)기체상수 $\overline{R} = \dfrac{R}{M}$ [※ M: 공기의 분자량(29)]

• R : 8.314kJ/kmol·K, $\overline{R}$: 0.287kJ/kg·K

㉠ 비열의 단위는 kJ/kg·K로 기체상수의 단위와 차원이 같다.
㉡ 기체상수는 온도가 높을수록 작아진다.
㉢ M이 클수록 특별기체상수는 작아진다.
㉣ 특별기체상수는 기체의 종류에 따라 다르다.

정답 ①

15. 그림에서 두 피스톤이 지름이 각각 30cm와 5cm이다. 큰 피스톤이 1cm 아래로 움직이면 작은 피스톤은 위로 몇 cm 움직이는가?

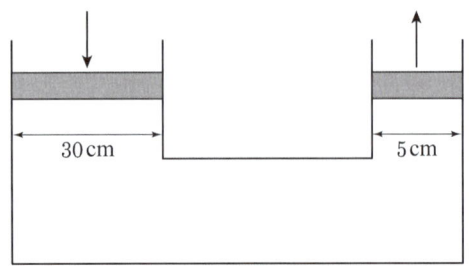

① 1
② 5
③ 30
④ 36

| 해설
같은 부피유량이 움직여야 한다.
$\frac{\pi}{4} \times 30^2 \times 1\text{cm} = \frac{\pi}{4} \times 5^2 \times h$
$\therefore h = \frac{900}{25} = 36\text{cm}$

정답 ④

16. 흐르는 유체에서 정상류의 의미로 옳은 것은?

① 흐름의 임의의 점에서 흐름특성이 시간에 따라 일정하게 변하는 흐름
② 흐름의 임의의 점에서 흐름특성이 시간에 관계없이 항상 일정한 상태에 있는 흐름
③ 임의의 시각에 유로 내 모든 점의 속도벡터가 일정한 흐름
④ 임의의 시각에 유로 내 각 점의 속도벡터가 다른 흐름

| 해설
정상류란 유동의 특성(유속, 유량, 압력, 밀도)이 시간에 따라 변하지 않는 유동이다.

정답 ②

17. 용량 1,000L의 탱크차가 만수 상태로 화재현장에 출동하여 노즐압력 294.2kPa, 노즐구경 21mm를 사용하여 방수한다면 탱크차 내의 물을 전부 방수하는데 몇 분 소요되는가? (단, 모든 손실은 무시한다)

① 1.7분
② 2분
③ 2.3분
④ 2.7분

| 해설
- $h = \frac{P}{\gamma} = \frac{294.2\text{kPa}}{9.8\text{kN/m}^3} = 30.02\text{m}$
- $v(\text{노즐유속}) = \sqrt{2gh}$
  $= \sqrt{2 \times 9.8 \times 30.02} = 24.26\text{m/s}$
- $\frac{V[\text{m}^3]}{t[\text{s}]} = Q[\text{m}^3/\text{s}] = Av$

$t = \frac{V}{Av} = \frac{\frac{1000}{1000}\text{m}^3}{\frac{\pi}{4} \times (0.021)^2 \times 24.26\text{m/s}} = 119\text{s}$

$\therefore \frac{119}{60} = 1.98\text{min} \simeq 2\text{min}$

정답 ②

18. 그림과 같이 60°로 기울어진 고정된 평판에 직경 50mm의 물 분류가 속도(v) 20m/s로 충돌하고 있다. 분류가 충돌할 때 판에 수직으로 작용하는 충격력 R[N]은?

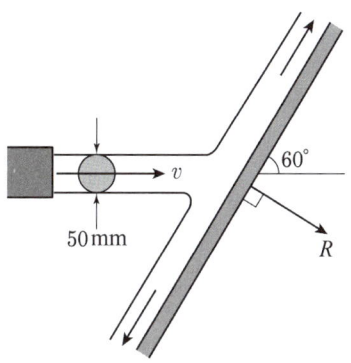

① 296
② 393
③ 680
④ 785

| 해설

- 평판에 작용하는 힘 $F = \rho Q v = \rho A v^2$
- 기울어지지 않았을 때 평판에 작용하는 힘

$F = \rho A v^2 = 1000 \times \dfrac{\pi}{4} \times 0.05^2 \times 20^2$

- 기울어질 때에는 sin60°를 곱한다.

$F' = \rho A v^2 \sin 60°$

$= 1000 \times \dfrac{\pi}{4} \times 0.05^2 \times 20^2 \times \sin 60°$

$\cong 680\text{N}$

정답 ③

19. 외부지름이 30cm이고 내부지름이 20cm인 길이 10m의 환형(annular)관에 물이 2m/s의 평균속도로 흐르고 있다. 이 때 손실수두가 1m일 때, 수력직경에 기초한 마찰계수는 얼마인가?

① 0.049
② 0.054
③ 0.065
④ 0.078

| 해설

- 중공관의 수력 반경 $R_h = \dfrac{1}{4}(d_1 - d_2)$

※ d_1: 바깥지름, d_2: 안지름

비원형관의 손실수두 $H_{LOSS} = f \dfrac{l}{4R_h} \times \dfrac{v^2}{2g}$

- $R_h = \dfrac{1}{4}(0.3 - 0.2) = 0.025\text{m}$

$f = \dfrac{H_{LOSS} \times 4R_h \times 2g}{l \times v^2}$

$= \dfrac{1 \times 4 \times 0.025 \times 2 \times 9.8}{10 \times 2^2} = 0.049$

정답 ①

20. 토출량이 0.65m³/min인 펌프를 사용하는 경우 펌프의 소요 축동력[kW]은? (단, 전양정은 40m이고, 펌프의 효율은 50%이다)

① 4.2
② 8.5
③ 17.2
④ 50.9

| 해설

- 펌프의 축동력 $P[\text{kW}] = \dfrac{\gamma Q H}{\eta}$

※ γ: 비중량(9.8kN/m³), Q: 유량[m³/s], H: 전양정[m], η: 효율

- $P[\text{kW}] = \dfrac{9.8 \times \dfrac{0.65}{60} \times 40}{0.5} = 8.5\text{kW}$

정답 ②

소방기계시설의 구조 및 원리

21. 스프링클러설비의 화재안전기준상 폐쇄형 스프링클러헤드의 방호구역·유수검지장치에 대한 기준으로 틀린 것은?

① 하나의 방호구역에는 1개 이상의 유수검지장치를 설치하되, 화재발생시 접근이 쉽고 점검하기 편리한 장소에 설치할 것
② 하나의 방호구역에는 2개층에 미치지 아니하도록 할 것. 다만, 1개층에 설치되는 스프링클러헤드의 수가 10개 이하인 경우와 복층형구조의 공동주택에는 3개층 이내로 할 수 있다.
③ 송수구를 통하여 스프링클러헤드에 공급되는 물은 유수검지장치 등을 지나도록 할 것
④ 조기반응형 스프링클러헤드를 설치하는 경우에는 습식유수검지장치 또는 부압식스프링클러설비를 설치할 것

| 해설
스프링클러헤드에 공급되는 물은 유수검지장치를 지나도록 할 것. 다만, 송수구를 통하여 공급되는 물은 그러하지 아니하다.

정답 ③

22. 스프링클러설비의 화재안전기준상 조기반응형 스프링클러헤드를 설치해야 하는 장소가 아닌 것은?

① 수련시설의 침실
② 공동주택의 거실
③ 오피스텔의 침실
④ 병원의 입원실

| 해설
공동주택·노유자시설의 거실, 오피스텔·숙박시설의 침실, 병원의 입원실에 설치한다.

정답 ①

23. 스프링클러설비의 화재안전기준상 스프링클러설비를 설치하여야 할 특정소방대상물에 있어서 스프링클러헤드를 설치하지 아니할 수 있는 장소 기준으로 틀린 것은?

① 천장과 반자 양쪽이 불연재료로 되어 있고 천장과 반자 사이의 거리가 2.5m 미만인 부분
② 천장 및 반자가 불연재료 외의 것으로 되어 있고 천장과 반자 사이의 거리가 0.5m 미만인 부분
③ 천장·반자 중 한쪽이 불연재료로 되어 있고 천장과 반자 사이의 거리가 1m 미만인 부분
④ 현관 또는 로비 등으로서 바닥으로부터 높이가 20m 이상인 장소

| 해설
천장과 반자 양쪽이 불연재료로 되어 있는 경우로서 천장과 반자 사이의 거리가 2m 미만인 부분이다.

정답 ①

24. 물분무소화설비의 화재안전기준상 배관의 설치기준으로 틀린 것은?

① 펌프 흡입측 배관은 공기고임이 생기지 않는 구조로 하고 여과장치를 설치한다.
② 펌프의 흡입측 배관은 수조가 펌프보다 낮게 설치된 경우에는 각 펌프(충압펌프를 포함한다)마다 수조로부터 별도로 설치한다.
③ 연결송수관설비의 배관과 겸용할 경우의 주배관은 구경 100mm 이상으로 한다.
④ 연결송수관설비의 배관과 겸용할 경우 방수구로 연결되는 배관의 구경은 65mm 이하로 한다.

| 해설
연결송수관설비의 배관과 겸용할 경우의 주배관은 구경 100mm 이상, 방수구로 연결되는 배관의 구경은 65mm 이상의 것으로 하여야 한다.

정답 ④

25. 분말소화설비의 화재안전기준상 배관에 관한 기준으로 틀린 것은?

① 배관은 전용으로 할 것
② 배관은 모두 스케줄 40 이상으로 할 것
③ 동관을 사용하는 경우의 배관은 고정압력 또는 최고사용압력의 1.5배 이상의 압력에 견딜 수 있는 것을 사용할 것
④ 밸브류는 개폐위치 또는 개폐방향을 표시한 것으로 할 것

| 해설
강관을 사용하는 경우의 배관은 아연도금에 따른 배관용탄소강관(KS D 3507)이나 이와 동등 이상의 강도·내식성 및 내열성을 가진 것으로 할 것. 다만, 축압식분말소화설비에 사용하는 것 중 20℃에서 압력이 2.5MPa 이상 4.2MPa 이하인 것은 압력배관용탄소강관(KS D 3562) 중 이음이 없는 스케줄 40 이상의 것 또는 이와 동등 이상의 강도를 가진 것으로서 아연도금으로 방식처리된 것을 사용하여야 한다.

정답 ②

26. 물분무소화설비의 화재안전기준상 수원의 저수량 설치기준으로 틀린 것은?

① 특수가연물을 저장 또는 취급하는 특정소방대상물 또는 그 부분에 있어서 그 바닥면적(최대 방수구역의 바닥면적을 기준으로 하며, 50m² 이하인 경우에는 50m²) 1m²에 대하여 10L/min로 20분간 방수할 수 있는 양 이상으로 할 것
② 차고 또는 주차장은 그 바닥면적(최대방수구역의 바닥면적을 기준으로 하며, 50m² 이하인 경우에는 50m²) 1m²에 대하여 20L/min로 20분간 방수할 수 있는 양 이상으로 할 것
③ 케이블트레이, 케이블덕트 등은 투영된 바닥면적 1m²에 대하여 12L/min로 20분간 방수할 수 있는 양 이상으로 할 것
④ 컨베이어벨트 등은 벨트 부분의 바닥면적 1m²에 대하여 20L/min로 20분간 방수할 수 있는 양 이상으로 할 것

| 해설
컨베이어벨트 등은 벨트 부분의 바닥면적 1m²에 대하여 10L/min로 20분간 방수할 수 있는 양 이상으로 한다.

정답 ④

27. 분말소화설비의 화재안전기준상 제1종 분말을 사용한 전역방출방식 분말소화설비에서 방호구역의 체적 1m³에 대한 소화약제의 양은 몇 kg인가?

① 0.24
② 0.36
③ 0.60
④ 0.72

| 해설

제1종 분말을 사용한 전역방출방식 분말소화설비에서 방호구역의 체적 1m³에 대한 소화약제의 양은 0.60kg이다.

소화약제의 종별	방호구역의 체적 1m³에 대한 소화약제의 양
제1종 분말	0.60kg
제2종 분말 또는 제3종 분말	0.36kg
제4종 분말	0.24kg

정답 ③

28. 옥내소화설비의 화재안전기준상 가압송수장치를 기동용수압개폐장치로 사용할 경우 압력챔버의 용적 기준은?

① 50L 이상
② 100L 이상
③ 150L 이상
④ 200L 이상

| 해설

기동용수압개폐장치(압력챔버)를 사용할 경우 그 용적은 100L 이상의 것으로 한다.

정답 ②

29. 포소화설비의 화재안전기준상 포헤드를 소방대상물의 천장 또는 반자에 설치하여야 할 경우 헤드 1개가 방호해야 할 바닥면적은 최대 몇 m²인가?

① 3
② 5
③ 7
④ 9

| 해설

포헤드는 특정소방대상물의 천장 또는 반자에 설치하되, 바닥면적 9m²마다 1개 이상으로 하여 해당 방호대상물의 화재를 유효하게 소화할 수 있도록 한다.

정답 ④

30. 소화기구 및 자동소화장치의 화재안전기준상 규정하는 화재의 종류가 아닌 것은?

① A급 화재
② B급 화재
③ G급 화재
④ K급 화재

| 해설

G급 화재는 화재안전기준상 규정하는 화재의 종류에 포함되지 않는다.

A급 화재	일반화재
B급 화재	유류화재
C급 화재	전기화재
K급 화재	주방화재

정답 ③

31. 상수도소화용수설비의 화재안전기준상 소화전은 구경(호칭지름)이 최소 얼마 이상의 수도배관에 접속하여야 하는가?

① 50mm 이상의 수도배관
② 75mm 이상의 수도배관
③ 85mm 이상의 수도배관
④ 100mm 이상의 수도배관

| 해설

호칭지름 75mm 이상의 수도배관에 호칭지름 100mm 이상의 소화전을 접속한다.

정답 ②

32. 할로겐화합물 및 불활성기체소화설비의 화재안전기준상 저장용기 설치기준으로 틀린 것은?

① 온도가 40℃ 이하이고 온도의 변화가 작은 곳에 설치할 것
② 용기 간의 간격은 점검에 지장이 없도록 3cm 이상의 간격을 유지할 것
③ 직사광선 및 빗물이 침투할 우려가 없는 곳에 설치할 것
④ 저장용기를 방호구역 외에 설치한 경우에는 방화문으로 구획된 실에 설치할 것

| 해설

온도가 55℃ 이하이고 온도의 변화가 작은 곳에 설치한다.

정답 ①

33. 제연설비의 화재안전기준상 제연풍도의 설치기준으로 틀린 것은?

① 배출기의 전동기 부분과 배풍기 부분은 분리하여 설치할 것
② 배출기와 배출풍도의 접속 부분에 사용하는 캔버스는 내열성이 있는 것으로 할 것
③ 배출기의 흡입측 풍도 안의 풍속은 20m/s 이하로 할 것
④ 유입풍도 안의 풍속은 20m/s 이하로 할 것

| 해설

배출기의 흡입측 풍도 안의 풍속은 15m/s 이하로 하고, 배출측 풍속은 20m/s 이하로 한다.

정답 ③

34. 포소화설비의 화재안전기준상 압축공기포소화설비의 분사헤드를 유류탱크 주위에 설치하는 경우 바닥면적 몇 m²마다 1개 이상 설치하여야 하는가?

① 9.3 ② 10.8
③ 12.3 ④ 13.9

| 해설

압축공기포소화설비의 분사헤드는 천장 또는 반자에 설치하되 방호대상물에 따라 측벽에 설치할 수 있으며 유류탱크 주위에는 바닥면적 13.9m²마다 1개 이상, 특수가연물저장소에는 바닥면적 9.3m²마다 1개 이상으로 당해 방호대상물의 화재를 유효하게 소화할 수 있도록 한다.

정답 ④

35. 소화기구 및 자동소화장치의 화재안전기준상 일반화재, 유류화재, 전기화재 모두에 적응성이 있는 소화약제는?

① 마른모래
② 인산염류소화약제
③ 중탄산염류소화약제
④ 팽창질석·팽창진주암

| 해설

일반화재, 유류화재, 전기화재 모두에 적응성이 있는 소화약제는 인산염류소화약제이다.

정답 ②

36. 소화기구 및 자동소화장치의 화재안전기준상 바닥면적이 280m²인 발전실에 부속용도별로 추가하여야 할 적응성이 있는 소화기의 최소 수량은 몇 개인가?

① 2   ② 4
③ 6   ④ 12

| 해설

발전실의 경우 해당 용도의 바닥면적 50m²마다 적응성이 있는 소화기 1개 이상 또는 유효설치방호체적 이내의 가스·분말·고체에어로졸 자동소화장치, 캐비닛형자동소화장치(다만, 통신기기실·전자기기실을 제외한 장소에 있어서는 교류 600V 또는 직류 750V 이상의 것에 한한다)를 추가하여야 한다.

$$\therefore \frac{280m^2}{50m^2} = 5.6 ≒ 6개$$

정답 ③

37. 상수도소화용수설비의 화재안전기준상 소화전은 소방대상물의 수평투영면의 각 부분으로부터 최대 몇 m 이하가 되도록 설치하는가?

① 75   ② 100
③ 125   ④ 140

| 해설

소화전은 특정소방대상물의 수평투영면의 각 부분으로부터 140m 이하가 되도록 설치한다.

정답 ④

38. 이산화탄소소화설비의 화재안전기준상 배관의 설치기준 중 다음 (   ) 안에 알맞은 것은?

고압식의 경우 개폐밸브 또는 선택밸브의 2차측 배관부속은 호칭압력 2.0MPa 이상의 것을 사용하여야 하며, 1차측 배관부속은 호칭압력 (㉠)MPa 이상의 것을 사용하여야 하고, 저압식의 경우에는 (㉡)MPa의 압력에 견딜 수 있는 배관부속을 사용할 것

	㉠	㉡
①	3.0	2.0
②	4.0	2.0
③	3.0	2.5
④	4.0	2.5

| 해설

고압식의 경우 개폐밸브 또는 선택밸브의 2차측 배관부속은 호칭압력 2.0MPa 이상의 것을 사용하여야 하며, 1차측 배관부속은 호칭압력 4.0(㉠)MPa 이상의 것을 사용하여야 하고, 저압식의 경우에는 2.0(㉡)MPa의 압력에 견딜 수 있는 배관부속을 사용할 것

정답 ②

39. 피난기구의 화재안전기준상 의료시설에 구조대를 설치해야 할 층이 아닌 것은?

① 2
② 3
③ 4
④ 5

| 해설

- 의료시설의 경우 3층 및 4층 이상 10층 이하의 층에 구조대를 설치한다.
- 의료시설의 층별 피난기구

1층	2층	3층	4층
-	-	미끄럼대, 구조대, 피난교, 피난용 트랩, 다수인 피난장비, 승강식 피난기	구조대, 피난교, 피난용 트랩, 다수인 피난장비, 승강식 피난기

정답 ①

40. 인명구조기구의 화재안전기준상 특정소방대상물의 용도 및 장소별로 설치하여야 할 인명구조기구 종류의 기준 중 다음 ( ) 안에 알맞은 것은?

특정소방대상물	인명구조기구의 종류
물분무등소화설비 중 ( )를 설치하여야 하는 특정소방대상물	공기호흡기

① 분말소화설비
② 할론소화설비
③ 이산화탄소소화설비
④ 할로겐화합물 및 불활성기체소화설비

| 해설

물분무등소화설비 중 이산화탄소소화설비를 설치하여야 하는 특정소방대상물에는 공기호흡기를 설치한다.

특정소방대상물	인명구조기구의 종류	설치 수량
지하층을 포함하는 층수가 7층 이상인 관광호텔 및 5층 이상인 병원	• 방열복 또는 방화복(헬멧, 보호장갑 및 안전화 포함) • 공기호흡기 • 인공소생기	각 2개 이상 비치할 것. 다만, 병원의 경우에는 인공소생기를 설치하지 않을 수 있다.
• 문화 및 집회시설 중 수용인원 100명 이상의 영화상영관 • 판매시설 중 대규모 점포 • 운수시설 중 지하역사 • 지하가 중 지하상가	공기호흡기	층마다 2개 이상 비치할 것. 다만, 각 층마다 갖추어 두어야 할 공기호흡기 중 일부를 직원이 상주하는 인근 사무실에 갖추어 둘 수 있다.
물분무등소화설비 중 이산화탄소소화설비를 설치하여야 하는 특정소방대상물	공기호흡기	이산화탄소소화설비가 설치된 장소의 출입구 외부 인근에 1대 이상 비치할 것

정답 ③

2020년 제4회

소방유체역학

01. 그림과 같이 수조의 밑부분에 구멍을 뚫고 물을 유량 Q로 방출시키고 있다. 손실을 무시할 때 수위가 처음 높이의 1/2로 되었을 경우 방출되는 유량은 어떻게 되는가?

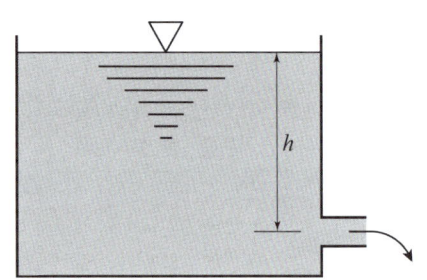

① $\dfrac{1}{\sqrt{2}}Q$ ② $\dfrac{1}{2}Q$

③ $\dfrac{1}{\sqrt{3}}Q$ ④ $\dfrac{1}{3}Q$

| 해설

- 수조 및 노즐의 유량과 유속
  $v = \sqrt{2gh}$, $Q = Av = A\sqrt{2gh}$
  ※ v: 노즐의 유속[m/s], A: 노즐 단면적[m²], h: 수면에서 노즐까지 높이[m], g: 중력가속도(9.8m/s²)
- $Q = A\sqrt{2gh} = \sqrt{2}A\sqrt{gh}$
  $Q' = A\sqrt{2g\dfrac{h}{2}} = A\sqrt{gh}$
  $\therefore Q' = \dfrac{1}{\sqrt{2}}Q$

정답 ①

02. 다음 중 등엔트로피과정은 어느 과정인가?

① 가역 단열과정
② 가역 등온과정
③ 비가역 단열과정
④ 비가역 등온과정

| 해설

가역 단열과정은 엔트로피 $\dfrac{\triangle Q}{T}$의 합이 0이므로 등엔트로피 과정이다.

정답 ①

03. 비중이 0.95인 액체가 흐르는 곳에 다음 그림과 같이 피토 튜브를 직각으로 설치하였을 때 h가 150mm, H가 30mm로 나타났다면 점 1위치에서의 유속[m/s]은?

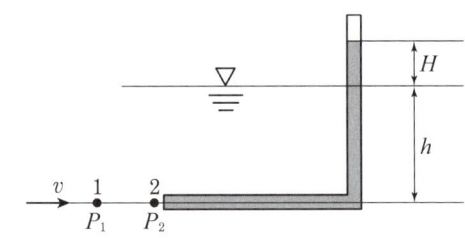

① 0.8 ② 1.6
③ 3.2 ④ 4.2

| 해설

1점에서의 속도수두 $\dfrac{v_1^2}{2g}$는 물기둥의 위치수두 H로 바뀐다.

$\dfrac{v_1^2}{2g} = H$

$\therefore v_1 = \sqrt{2gH} = \sqrt{2 \times 9.8 \times 0.03} \simeq 0.8\text{m/s}$

정답 ①

04. 어떤 밀폐계가 압력 200kPa, 체적 0.1m³인 상태에서 100kPa, 0.3m³인 상태까지 가역적으로 팽창하였다. 이 과정이 P-V 선도에서 직선으로 표시된다면 이 과정 동안에 계가 한 일[kJ]은?

① 20　　　② 30
③ 45　　　④ 60

| 해설

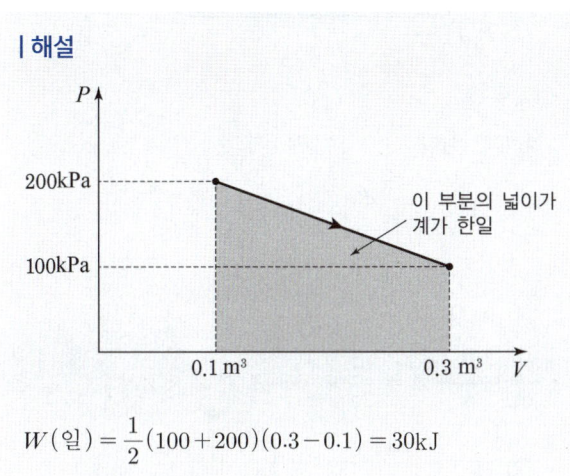

$W(일) = \frac{1}{2}(100+200)(0.3-0.1) = 30 kJ$

정답 ②

05. 유체에 관한 설명으로 틀린 것은?

① 실제유체는 유동할 때 마찰로 인한 손실이 생긴다.
② 이상유체는 높은 압력에서 밀도가 변화하는 유체이다.
③ 유체에 압력을 가하면 체적이 줄어드는 유체는 압축성 유체이다.
④ 전단력을 받았을 때 저항하지 못하고 연속적으로 변형하는 물·기름 유체라 한다.

| 해설
이상기체는 온도변화에 상관없이 밀도가 일정하다(비압축성이며 점성이 없다).

정답 ②

06. 대기압에서 10℃의 물 10kg을 70℃까지 가열할 경우 엔트로피 증가량[kJ/K]은? (단, 물의 정압비열은 4.18kJ/kg·K이다)

① 0.43　　　② 8.03
③ 81.3　　　④ 2508.1

| 해설

엔트로피 변화량 $\triangle S = mC_p \ln \frac{T_2}{T_1}$

※ $\triangle S$: 엔트로피 변화량[kJ/K], m: 질량[kg], C_p: 정압비열[kJ/kg·K], T_1: 초기온도[K], T_2: 나중온도[K]

$\triangle S = 10 \times 4.18 \times \ln \frac{273+70}{273+10} = 8.03$

정답 ②

07. 물속에 수직으로 완전히 잠긴 원판의 도심과 압력중심 사이의 최대 거리는 얼마인가? (단, 원판의 반지름은 R이며, 이 원판의 면적관성모멘트는 $I_{XC} = \frac{\pi R^2}{4}$ 이다)

① $\frac{R}{8}$　　② $\frac{R}{4}$　　③ $\frac{R}{2}$　　④ $\frac{2R}{3}$

| 해설

- 힘의 작용점 $y_F = y_G + \frac{I_G}{y_G \cdot A}$

※ y_G: 도심까지의 거리[m], A: 원판의 면적[m²], I_G: 2차 단면모멘트, R: 원판의 반지름[m]

$I_G = \frac{\pi}{4}R^4$

- $y_G = R$

$y_F = R + \frac{\frac{\pi}{4}R^4}{R \cdot \pi R^2} = R + \frac{R}{4} = \frac{5}{4}R$

∴ $y_F - y_G = \frac{5}{4}R - R = \frac{R}{4}$

정답 ②

08. 점성계수가 0.101N·s/m², 비중이 0.85인 기름이 내경 300mm, 길이 3km의 주철관 내부를 0.0444m³/s의 유량으로 흐를 때 손실수두[m]는?

① 7.1　　② 7.7
③ 8.1　　④ 8.9

| 해설

- 배관의 마찰손실수두

$$H_{LOSS} = f\frac{l}{d}\frac{v^2}{2g}$$

마찰계수 $f = \dfrac{64}{Re}$, $Re = \dfrac{\rho v D}{\mu}$

※ μ: 점성계수[kg/m·s], v: 유속[m/s], D: 관 직경[m]

- $v = \dfrac{Q}{A} = \dfrac{0.0444}{\dfrac{\pi}{4}\times(0.3)^2} = 0.63\text{m/s}$

  $Re = \dfrac{\rho v D}{\mu} = \dfrac{0.85\times1000\text{kg/m}^3\times0.63\times0.3}{0.101}$
  $= 1590.59$

  $f = \dfrac{64}{1590.59} = 0.04$

  ∴ $H_{LOSS} = 0.04\times\dfrac{3000}{0.3}\times\dfrac{0.63^2}{2\times9.8} = 8.1\text{m}$

정답 ③

09. 그림과 같은 곡관에 물이 흐르고 있을 때 계기압력으로 P₁이 98kPa이고, P₂가 29.42kPa이면 이 곡관을 고정시키는 데 필요한 힘[N]은? (단, 높이차 및 모든 손실은 무시한다)

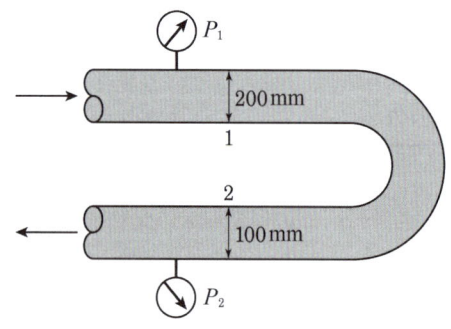

① 4141　　② 4314
③ 4565　　④ 4744

| 해설

- 운동량 방정식 $\Sigma F = \Delta m v_{out} - \Delta m v_{in}$

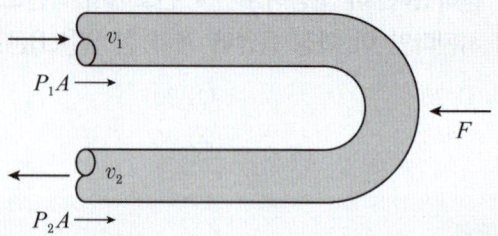

- $Q_1 = Q_2$

  $A_1 v_1 = A_2 v_2$

  $v_2 = \dfrac{A_1}{A_2}v_1 = \dfrac{\dfrac{\pi}{4}d_1^2}{\dfrac{\pi}{4}d_2^2}v_1 = \dfrac{(0.2)^2}{(0.1)^2}v_1 = 4v_1$

  ∴ $v_2 = 4v_1$

- $\dfrac{v_1^2}{2g} + \dfrac{P_1}{\gamma} + Z_1 = \dfrac{v_2^2}{2g} + \dfrac{P_2}{\gamma} + Z_2$ (* $Z_1 = Z_2$)

  $\dfrac{v_1^2}{2\times9.8} + \dfrac{98\text{kPa}}{9.8\text{kN/m}^3} = \dfrac{16v_1^2}{2\times9.8} + \dfrac{29.42}{9.8}$

  ∴ $v_1 = 3.02\text{m/s}$

  $v_2 = 4v_1 = 12.08\text{m/s}$

- $-F + P_1 A_1 + P_2 A_2 = \Delta m(-v_2 - v_1)$

  $-F + P_1 A_1 + P_2 A_2 = -\rho Q(v_1 + v_2)$

  $Q = A_1 v_1 = \dfrac{\pi}{4}\times(0.2)^2\times3.02 = 0.095\text{m}^3/\text{s}$

  ∴ $F = P_1 A_1 + P_2 A_2 + \rho Q(v_1 + v_2)$

  $= 98\times\dfrac{\pi}{4}\times(0.2)^2 + 29.42\times\dfrac{\pi}{4}\times(0.1)^2$
  $+ 1\times0.095(3.02 + 12.08)$

  $= 4.7444\text{kN} = 4744.4\text{N}$

정답 ④

10. 물의 체적을 5% 감소시키려면 얼마의 압력[kPa]을 가하여야 하는가? (단, 물의 압축률은 5 × 10⁻¹⁰m²/N이다)

① 1   ② 10^2
③ 10^4 ④ 10^5

| 해설

- 체적탄성계수 $K = -\dfrac{\Delta P}{\Delta V/V}$
- 압축률 $\beta = \dfrac{1}{K}$
- $\Delta P = -K\dfrac{\Delta V}{V} = -\dfrac{1}{\beta}\dfrac{\Delta V}{V}$, $\dfrac{\Delta V}{V} = -\dfrac{5}{100}$

$\Delta P = -\dfrac{1}{5 \times 10^{-10}} \times \left(-\dfrac{5}{100}\right) = 10^8 \text{Pa} = 10^5 \text{kPa}$

정답 ④

11. 옥내소화전에서 노즐의 직경이 2cm이고, 방수량이 0.5m³/min이라면 방수압(계기압력, kPa)은?

① 35.18   ② 351.8
③ 566.4   ④ 56.64

| 해설

- 방수압 계산
$Q = Av$, $v = \sqrt{2gh}$, 방수압 $P = \gamma h$
- $v = \dfrac{Q}{A} = \sqrt{2gh}$

$2gh = \left(\dfrac{Q}{A}\right)^2$

$h = \dfrac{1}{2g}\left(\dfrac{Q}{A}\right)^2$

$\therefore P = \gamma h = \gamma \dfrac{1}{2g}\left(\dfrac{Q}{A}\right)^2$

$= 9.8 \text{kN/m}^3 \times \dfrac{1}{2 \times 9.8}\left(\dfrac{\frac{0.5}{60}}{\frac{\pi}{4} \times (0.02)^2}\right)^2$

$= 351.8 \text{kPa}$

정답 ②

12. 공기 중에서 무게가 941N인 돌이 물속에서 500N이라면 이 돌의 체적[m³]은? (단, 공기의 부력은 무시한다)

① 0.012   ② 0.028
③ 0.034   ④ 0.045

| 해설

- 돌이 물속에 잠기면 부력만큼 가벼워진다.
941N − 500N = 441N이 부력이다.
- 부력 $= \gamma_W V_돌 = 9800 \text{N/m}^3 \times V_돌$
$441 = 9800 \times V_돌$
$\therefore V_돌 = \dfrac{441}{9800} = 0.045 \text{m}^3$

정답 ④

13. 그림과 같이 비중이 0.8인 기름이 흐르고 있는 관에 U자관이 설치되어 있다. A점에서의 계기압력이 200kPa일 때 높이 h[m]는 얼마인가? (단, U자관 내의 유체의 비중은 13.6이다)

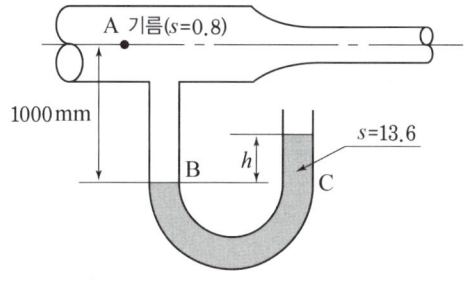

① 1.42   ② 1.56
③ 2.43   ④ 3.20

| 해설

- $P_B = P_A + \gamma_{기름} \times 1\text{m}$
$P_C = \gamma_{수은} h$
- $P_B = P_C$
$P_A + \gamma_{기름} \times 1 = \gamma_{수은} \times h$

$\therefore h = \dfrac{P_A + \gamma_{기름}}{\gamma_{수은}} = \dfrac{200\text{kPa} + 0.8 \times 9.8 \text{kN/m}^3}{13.6 \times 9.8 \text{kN/m}^3}$

$= 1.56\text{m}$

정답 ②

14. 열전달 면적이 A이고, 온도 차이가 10℃, 벽의 열전도율이 10W/(m·K), 두께 25cm인 벽을 통한 열류량은 100W이다. 동일한 열전달 면적에서 온도 차이가 2배, 벽의 열전도율이 4배가 되고 벽의 두께가 2배가 되는 경우 열류량[W]은 얼마인가?

① 50　　② 200
③ 400　　④ 800

| 해설
- 열전도법칙

$$q(W) = \frac{KA\Delta T}{t}$$

※ q: 열전도율[W], K: 열전도도[W/m·K], A: 열전달면적[m²], t: 두께[m], ΔT: 온도차[K]

- $q = \dfrac{10 \times A \times 10}{0.25} = 100W$

$q' = \dfrac{4 \times 10 \times A \times 10 \times 2}{0.25 \times 2} = \dfrac{10 \times A \times 10}{0.25} \times \dfrac{8}{2}$
　　$= 100 \times 4 = 400W$

정답 ③

---

15. 지름 40cm인 소방용 배관에 물이 80kg/s로 흐르고 있다면 물의 유속[m/s]은?

① 6.4　　② 0.64
③ 12.7　　④ 1.27

| 해설
질량유량 $\overline{m} = \rho A v$

$v = \dfrac{\overline{m}}{\rho A} = \dfrac{80 \text{kg/s}}{1000 \text{kg/m}^3 \times \dfrac{\pi}{4} \times (0.4)^2} = 0.64 \text{m/s}$

정답 ②

---

16. 지름이 400mm인 베어링이 400rpm으로 회전하고 있을 때 마찰에 의한 손실동력[kW]은? (단, 베어링과 축 사이에는 점성계수가 0.049N·s/m²인 기름이 차 있다)

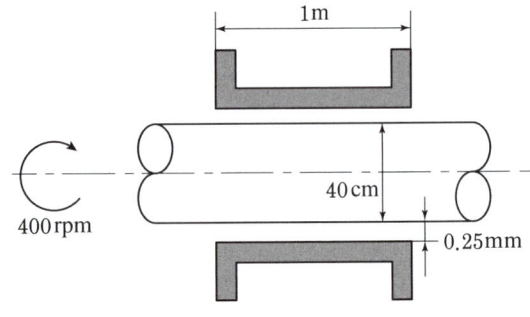

① 15.1　　② 15.6
③ 16.3　　④ 17.3

| 해설
- 직선속도 $v = \dfrac{\pi D N}{60}$

마찰력 $F = \mu \dfrac{v}{C} A$

손실동력 $P[W] = F \cdot v$

※ D: 회전축 직경[m], N: 회전수[rpm], μ: 점성계수[N·s/m²], C: 틈새길이[m]

- $v = \dfrac{\pi \times 0.4 \times 400}{60} = 8.38 \text{m/s}$

$F = \mu \dfrac{v}{C} A = \mu \dfrac{v}{C} \pi D L$
　$= 0.049 \times \dfrac{8.38}{0.00025} \times \pi \times 0.4 \times 1$
　$= 2064 N$

- $P = F \cdot v$
　$= 2064 \times 8.38 = 17296W = 17.3 kW$

정답 ④

17. 12층 건물의 지하 1층에 제연설비용 배연기를 설치하였다. 이 배연기의 풍량은 500m³/min이고, 풍압이 290Pa일 때 배연기의 동력[kW]은? (단, 배연기의 효율은 60%이다)

① 3.55   ② 4.03
③ 5.55   ④ 6.11

| 해설

- 송풍기의 용량

$$P(\text{kW}) = \frac{Q \cdot P_T \cdot K}{102\eta}$$

※ Q: 풍량[m³/s], P_T: 전압[mmAq], K: 여유율, η: 효율

- $P = \dfrac{\dfrac{500}{60} \times 290 \times \dfrac{10332\text{mmAq}}{101325\text{Pa}}}{102 \times 0.6} = 4.03\text{kW}$

정답 ②

18. 다음 중 배관의 출구측 형상에 따라 손실계수가 가장 큰 것은?

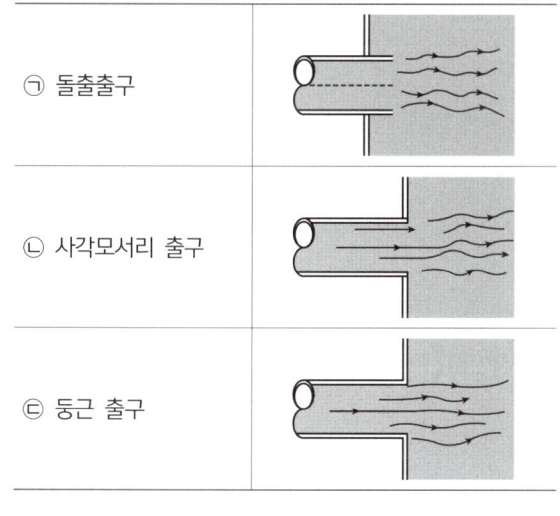

ⓐ 돌출출구
ⓑ 사각모서리 출구
ⓒ 둥근 출구

① ㉠   ② ㉡
③ ㉢   ④ 모두 같다.

| 해설

- 손실계수는 입구측 형상에 의존하며, 출구측 형상과는 관계가 없다.
- 입구측 형상의 경우 돌출입구 > 날카로운 모서리 > 둥근 모서리 > 잘 다듬어진 모서리의 순서로 손실계수가 작아진다.

정답 ④

19. 원관 내에 유체가 흐를 때 유동의 특성을 결정하는 가장 중요한 요소는?

① 관성력과 점성력   ② 압력과 관성력
③ 중력과 압력   ④ 압력과 점성력

| 해설

레이놀즈수는 $\dfrac{\rho v D}{\mu} = \dfrac{vD}{\nu}$ 로 표현되고, μ는 점성계수, ν는 동점성계수이며 점성의 정도를 나타내고, $\rho v D$, vD는 유동속도와 관련된다. 이들의 비가 유동의 특성을 결정한다.

정답 ①

20. 토출량이 1800L/min, 회전차의 회전수가 1000rpm인 소화펌프의 회전수를 1400rpm으로 증가시키면 토출량은 처음보다 얼마나 더 증가되는가?

① 10%   ② 20%
③ 30%   ④ 40%

| 해설

- 펌프상사의 법칙 $\dfrac{Q_2}{Q_1} = \left(\dfrac{N_2}{N_1}\right) \times \left(\dfrac{D_2}{D_1}\right)^3$

- $Q_1 = 1800\text{L/min}$, $N_1 = 1000\text{rpm}$, $N_2 = 1400\text{rpm}$

$Q_2 = \left(\dfrac{N_2}{N_1}\right) \times \left(\dfrac{D_2}{D_1}\right)^3 = 1800 \times \dfrac{1400}{1000} = 2520\text{L/min}$

∴ $\dfrac{2520 - 1800}{1800} \times 100 = 40\%$

정답 ④

소방기계시설의 구조 및 원리

21. 상수도소화용수설비의 화재안전기준에 따라 호칭지름 75mm 이상의 수도배관에 호칭지름 100mm 이상의 소화전을 접속한 경우 상수도소화용수설비 소화전의 설치기준으로 맞는 것은?

① 특정소화대상물의 수평투영면의 각 부분으로부터 80m 이하가 되도록 설치할 것
② 특정소화대상물의 수평투영면의 각 부분으로부터 100m 이하가 되도록 설치할 것
③ 특정소화대상물의 수평투영면의 각 부분으로부터 120m 이하가 되도록 설치할 것
④ 특정소화대상물의 수평투영면의 각 부분으로부터 140m 이하가 되도록 설치할 것

| 해설
소화전은 특정소방대상물의 수평투영면의 각 부분으로부터 140m 이하가 되도록 설치한다.

정답 ④

22. 분말소화설비의 화재안전기준에 따른 분말소화설비의 배관과 선택밸브의 설치기준에 대한 내용으로 틀린 것은?

① 배관은 겸용으로 설치할 것
② 선택밸브는 방호구역 또는 방호대상물마다 설치할 것
③ 동관은 고정압력 또는 최고사용압력의 1.5배 이상의 압력에 견딜 수 있는 것을 사용할 것
④ 강관은 아연도금에 따른 배관용탄소강관이나 이와 동등 이상의 강도·내식성 및 내열성을 가진 것을 사용할 것

| 해설
배관은 전용으로 설치한다.

정답 ①

23. 피난기구의 화재안전기준에 따라 숙박시설·노유자시설 및 의료시설로 사용되는 층에 있어서는 그 층의 바닥면적 몇 m²마다 피난기구를 1개 이상 설치해야 하는가?

① 300 ② 500
③ 800 ④ 1000

| 해설
피난기구를 층마다 설치하되,
• 숙박시설·노유자시설 및 의료시설로 사용되는 층에 있어서는 그 층의 바닥면적 500m²마다 설치한다.
• 위락시설·문화집회 및 운동시설·판매시설로 사용되는 층 또한 복합용도의 층에 있어서는 그 층의 바닥면적 800m²마다 설치한다.
• 계단실형 아파트에 있어서는 각 세대마다, 그 밖의 용도의 층에 있어서는 그 층의 바닥면적 1,000m²마다 1개 이상 설치한다.

정답 ②

24. 다음 설명은 미분무소화설비의 화재안전기준에 따른 미분무소화설비 기동장치의 화재감지기 회로에서 발신기 설치기준이다. (   ) 안에 알맞은 내용은? (단, 자동화재탐지설비의 발신기가 설치된 경우는 제외한다)

- 조작이 쉬운 장소에 설치하고, 스위치는 바닥으로부터 0.8m 이상 (㉠)m 이하의 높이에 설치할 것
- 소방대상물의 층마다 설치하되, 당해 소방대상물의 각 부분으로부터 하나의 발신기까지의 수평거리가 (㉡)m 이하가 되도록 할 것
- 발신기의 위치를 표시하는 표시등은 함의 상부에 설치하되, 그 불빛은 부착면으로부터 15° 이상의 범위 안에서 부착지점으로부터 (㉢)m 이내의 어느 곳에서도 쉽게 식별할 수 있는 적색등으로 할 것

	㉠	㉡	㉢
①	1.5	20	10
②	1.5	25	10
③	2.0	20	15
④	2.0	25	15

| 해설
- 조작이 쉬운 장소에 설치하고, 스위치는 바닥으로부터 0.8m 이상 1.5(㉠)m 이하의 높이에 설치할 것
- 소방대상물의 층마다 설치하되, 당해 소방대상물의 각 부분으로부터 하나의 발신기까지의 수평거리가 25(㉡)m 이하가 되도록 할 것
- 발신기의 위치를 표시하는 표시등은 함의 상부에 설치하되, 그 불빛은 부착면으로부터 15° 이상의 범위 안에서 부착지점으로부터 10(㉢)m 이내의 어느 곳에서도 쉽게 식별할 수 있는 적색등으로 할 것

정답 ②

25. 소화기구 및 자동소화장치의 화재안전기준에 따른 캐비닛형자동소화장치 분사헤드의 설치 높이 기준은 방호구역의 바닥으로부터 얼마이어야 하는가?

① 최소 0.1m 이상 최대 2.7m 이하
② 최소 0.1m 이상 최대 3.7m 이하
③ 최소 0.2m 이상 최대 2.7m 이하
④ 최소 0.2m 이상 최대 3.7m 이하

| 해설
분사헤드의 설치 높이는 방호구역의 바닥으로부터 최소 0.2m 이상 최대 3.7m 이하로 하여야 한다.

정답 ④

26. 할로겐화합물 및 불활성기체소화설비의 화재안전기준에 따른 할로겐화합물 및 불활성기체소화설비의 수동식 기동장치의 설치기준에 대한 설명으로 틀린 것은?

① 5kg 이상의 힘을 가하여 기동할 수 있는 구조로 할 것
② 전기를 사용하는 기동장치에는 전원표시등을 설치할 것
③ 기동장치의 방출용 스위치는 음향경보장치와 연동하여 조작될 수 있는 것으로 할 것
④ 해당 방호구역의 출입구부근 등 조작을 하는 자가 쉽게 피난할 수 있는 장소에 설치할 것

| 해설
5kg 이하의 힘을 가하여 기동할 수 있는 구조로 설치한다.

정답 ①

27. 연소방지설비의 화재안전기준에 따라 연소방지설비의 살수구역은 환기구 등을 기준으로 지하구의 길이방향으로 최대 몇 m 이내마다 1개 이상의 방수헤드를 설치하여야 하는가?

① 150 ② 200
③ 350 ④ 400

| 해설
살수구역은 환기구 등을 기준으로 지하구의 길이방향으로 350m 이내마다 1개 이상 설치하되, 하나의 살수구역의 길이는 3m 이상으로 한다.

정답 ③

28. 구조대의 형식승인 및 제품검사의 기술기준에 따른 경사강하식 구조대의 구조에 대한 설명으로 틀린 것은?

① 구조대 본체는 강하방향으로 봉합부가 설치되어야 한다.
② 연속하여 활강할 수 있는 구조로 안전하고 쉽게 사용할 수 있어야 한다.
③ 땅에 닿을 때 충격을 받는 부분에는 완충장치로서 받침포 등을 부착하여야 한다.
④ 입구틀 및 취부틀의 입구는 지름 50cm 이상의 구체가 통과할 수 있어야 한다.

| 해설
구조대 본체는 강하방향으로 봉합부가 설치되어서는 안 된다.
※ 관련 법령 등 개정으로 ④도 틀린 내용이 되었다.

정답 ①, ④

29. 스프링클러설비의 화재안전기준에 따른 습식유수검지장치를 사용하는 스프링클러설비시험장치의 설치기준에 대한 설명으로 틀린 것은?

① 유수검지장치에서 가장 가까운 가지배관의 끝으로부터 연결하여 설치해야 한다.
② 시험배관의 끝에는 물받이 통 및 배수관을 설치하여 시험 중 방사된 물이 바닥에 흘러내리지 않도록 해야 한다.
③ 화장실과 같은 배수처리가 쉬운 장소에 시험배관을 설치한 경우에는 물받이 통 및 배수관을 생략할 수 있다.
④ 시험장치 배관의 구경은 유수검지장치에서 가장 먼 가지배관의 구경과 동일한 구경으로 하고 그 끝에 개폐밸브 및 개방형헤드를 설치해야 한다.

| 해설
습식스프링클러설비 및 부압식스프링클러설비에 있어서는 유수검지장치 2차측 배관에 연결하여 설치하고 건식스프링클러설비인 경우 유수검지장치에서 가장 먼 거리에 위치한 가지배관의 끝으로부터 연결하여 설치하여야 한다.

정답 ①

30. 화재조기진압용 스프링클러설비의 화재안전기준에 따라 가지배관을 배열할 때 천장의 높이가 9.1m 이상 13.7m 이하인 경우 가지배관 사이의 거리 기준으로 맞는 것은?

① 2.4m 이상 3.1m 이하
② 2.4m 이상 3.7m 이하
③ 6.0m 이상 8.5m 이하
④ 6.0m 이상 9.3m 이하

| 해설
가지배관 사이의 거리는 2.4m 이상 3.7m 이하로 할 것. 다만, 천장의 높이가 9.1m 이상 13.7m 이하인 경우에는 2.4m 이상 3.1m 이하로 한다.

정답 ①

31. 옥내소화전설비의 화재안전기준에 따라 옥내소화전 방수구를 반드시 설치하여야 하는 곳은?

① 식물원
② 수족관
③ 수영장의 관람석
④ 냉장창고 중 온도가 영하인 냉장실

| 해설
불연재료로 된 특정소방대상물 또는 그 부분으로서 다음 각 호의 어느 하나에 해당하는 곳에는 옥내소화전 방수구를 설치하지 아니할 수 있다.
㉠ 냉장창고 중 온도가 영하인 냉장실 또는 냉동창고의 냉동실
㉡ 고온의 노가 설치된 장소 또는 물과 격렬하게 반응하는 물품의 저장 또는 취급 장소
㉢ 발전소, 변전소 등으로서 전기시설이 설치된 장소
㉣ 식물원, 수족관, 목욕실, 수영장(관람석 부분 제외) 또는 그 밖의 이와 비슷한 장소
㉤ 야외음악당·야외극장 또는 그 밖의 이와 비슷한 장소

정답 ③

32. 스프링클러설비의 화재안전기준에 따른 특정소방대상물의 방호구역 층마다 설치하는 폐쇄형 스프링클러설비 유수검지장치의 설치 높이 기준은?

① 바닥으로부터 0.8m 이상 1.2m 이하
② 바닥으로부터 0.8m 이상 1.5m 이하
③ 바닥으로부터 1.0m 이상 1.2m 이하
④ 바닥으로부터 1.0m 이상 1.5m 이하

| 해설
유수검지장치를 실내에 설치하거나 보호용 철망 등으로 구획하여 바닥으로부터 0.8m 이상 1.5m 이하의 위치에 설치하되, 그 실 등에는 개구부가 가로 0.5m 이상 세로 1m 이상의 출입문을 설치하고 그 출입문 상단에 "유수검지장치실"이라고 표시한 표지를 설치한다.

정답 ②

33. 포소화설비의 화재안전기준에 따른 용어 정의 중 다음 ( ) 안에 알맞은 내용은?

> ( ) 프로포셔너방식이란 펌프와 발포기의 중간에 설치된 벤추리관의 벤추리작용과 펌프 가압수의 포소화약제 저장탱크에 대한 압력에 따라 포소화약제를 흡입·혼합하는 방식을 말한다.

① 라인   ② 펌프
③ 프레져   ④ 프레져사이드

| 해설
"프레져 프로포셔너방식"이란 펌프와 발포기의 중간에 설치된 벤추리관의 벤추리작용과 펌프 가압수의 포소화약제 저장탱크에 대한 압력에 따라 포소화약제를 흡입·혼합하는 방식을 말한다.

정답 ③

34. 소화기구 및 자동소화장치의 화재안전기준에 따른 수동으로 조작하는 대형소화기 B급의 능력단위 기준은?

① 10단위 이상
② 15단위 이상
③ 20단위 이상
④ 25단위 이상

| 해설
"대형소화기"란 화재 시 사람이 운반할 수 있도록 운반대와 바퀴가 실시되어 있고 능력단위가 A급 10단위 이상, B급 20단위 이상인 소화기를 말한다.

정답 ③

35. 포소화설비의 화재안전기준에 따른 포소화설비의 포헤드 설치기준에 대한 설명으로 틀린 것은?

① 항공기격납고에 단백포소화약제가 사용되는 경우 1분당 방사량은 바닥면적 1m²당 6.5L 이상 방사되도록 할 것
② 특수가연물을 저장·취급하는 소방대상물에 단백포소화약제가 사용되는 경우 1분당 방사량은 바닥면적 1m²당 6.5L 이상 방사되도록 할 것
③ 특수가연물을 저장·취급하는 소방대상물에 합성계면활성제포소화약제가 사용되는 경우 1분당 방사량은 바닥면적 1m²당 8.0L 이상 방사되도록 할 것
④ 포헤드는 특정소방대상물의 천장 또는 반자에 설치하되, 바닥면적 9m²마다 1개 이상으로 하여 해당 방호대상물의 화재를 유효하게 소화할 수 있도록 할 것

| 해설
③의 경우 1분당 방사량은 1m²당 6.5L 이상이다.

소방대상물	포소화약제의 종류	바닥면적 1m²당 방사량
차고·주차장 및 항공기격납고	단백포	6.5L 이상
	합성계면활성제포	8.0L 이상
	수성막포	3.7L 이상
소방기본법시행령 별표 2의 특수가연물을 저장·취급하는 소방대상물	단백포	6.5L 이상
	합성계면활성제포	6.5L 이상
	수성막포	6.5L 이상

정답 ③

36. 소화기구 및 자동소화장치의 화재안전기준에 따라 대형소화기를 설치할 때 특정소방대상물의 각 부분으로부터 1개의 소화기까지의 보행거리가 최대 몇 m 이내가 되도록 배치하여야 하는가?

① 20 ② 25
③ 30 ④ 40

| 해설
각 층마다 설치하되, 특정소방대상물의 각 부분으로부터 1개의 소화기까지의 보행거리가 소형소화기의 경우에는 20m 이내, 대형소화기의 경우에는 30m 이내가 되도록 배치한다.

정답 ③

37. 소화수조 및 저수조와 화재안전기준에 따라 소화수조의 채수구는 소방차가 최대 몇 m 이내의 지점까지 접근할 수 있도록 설치하여야 하는가?

① 1 ② 2
③ 4 ④ 5

| 해설
소화수조, 저수조의 채수구 또는 흡수관투입구는 소방차가 2m 이내의 지점까지 접근할 수 있는 위치에 설치하여야 한다.

정답 ②

38. 미분무소화설비의 화재안전기준에 따른 용어 정의 중 다음 ( ) 안에 알맞은 것은?

> "미분무"란 물만을 사용하여 소화하는 방식으로 최소설계압력에서 헤드로부터 방출되는 물입자 중 99%의 누적체적분포가 (㉠)μm 이하로 분무되고 (㉡)급 화재에 적응성을 갖는 것을 말한다.

	㉠	㉡
①	400	A, B, C
②	400	B, C
③	200	A, B, C
④	200	B, C

| 해설
"미분무"란 물만을 사용하여 소화하는 방식으로 최소설계압력에서 헤드로부터 방출되는 물입자 중 99%의 누적체적분포가 400(㉠)μm 이하로 분무되고 A, B, C(㉡)급 화재에 적응성을 갖는 것을 말한다.

정답 ①

39. 분말소화설비의 화재안전기준에 따라 분말소화약제 저장용기의 설치기준으로 맞는 것은?

① 저장용기의 충전비는 0.5 이상으로 할 것
② 제1종 분말(탄산수소나트륨을 주성분으로 한 분말)의 경우 소화약제 1kg당 저장용기의 내용적은 1.25L일 것
③ 저장용기에는 저장용기의 내부압력이 설정압력으로 되었을 때 주밸브를 개방하는 정압작동장치를 설치할 것
④ 저장용기에는 가압식은 최고사용압력 2배 이하, 축압식은 용기의 내압시험압력의 1배 이하의 압력에서 작동하는 안전밸브를 설치할 것

| 해설
저장용기에는 저장용기의 내부압력이 설정압력으로 되었을 때 주밸브를 개방하는 정압작동장치를 설치한다.
① 저장용기의 충전비는 0.8 이상으로 한다.
② 제1종 분말의 소화약제 1kg당 저장용기의 내용적은 0.8L이다.

소화약제의 종별	소화약제 1kg당 저장용기의 내용적
제1종 분말 (탄산수소나트륨을 주성분으로 한 분말)	0.8L
제2종 분말 (탄산수소칼륨을 주성분으로 한 분말)	1L
제3종 분말 (인산염을 주성분으로 한 분말)	1L
제4종 분말 (탄산수소칼륨과 요소가 화합된 분말)	1.25L

④ 저장용기에는 가압식은 최고사용압력의 1.8배 이하, 축압식은 용기의 내압시험압력의 0.8배 이하의 압력에서 작동하는 안전밸브를 설치한다.

정답 ③

40. 할론소화설비의 화재안전기준에 따른 할론 1301 소화약제의 저장용기에 대한 설명으로 틀린 것은?

① 저장용기의 충전비는 0.9 이상 1.6 이하로 할 것
② 동일 집합관에 접속되는 용기의 충전비는 같도록 할 것
③ 저장용기의 개방밸브는 안전장치가 부착된 것으로 하며 수동으로 개방되지 않도록 할 것
④ 축압식 용기의 경우에는 20℃에서 2.5MPa 또는 4.2MPa의 압력이 되도록 질소가스로 축압할 것

| 해설
할론소화약제 저장용기의 개방밸브는 전기식·가스압력식 또는 기계식에 따라 자동으로 개방되고 수동으로도 개방되는 것으로서 안전장치가 부착된 것으로 하여야 한다.

정답 ③

2020년 제3회

소방유체역학

01. 체적 0.1m³의 밀폐용기 안에 기체상수가 0.4615kJ/kg·K인 기체 1kg이 압력 2MPa, 온도 250℃ 상태로 들어있다. 이때 이 기체의 압축계수(또는 압축성인자)는?

① 0.578　　② 0.828
③ 1.21　　　④ 1.73

| 해설

- 압축계수 $(Z) = \dfrac{P}{\rho \overline{R} T} = \dfrac{Pv}{\overline{R} T}$

  ※ P: 압력[kPa], ρ: 밀도[kg/m³], v: 비체적[m³/kg], $\overline{R}$: 특별기체상수[kJ/kg·K]

- $Z = \dfrac{2000 \times 0.1}{0.4615 \times (273 + 250)} = 0.828$

정답 ②

02. 물의 체적탄성계수가 2.5GPa일 때 물의 체적을 1% 감소시키기 위해서 얼마의 압력[MPa]을 가하여야 하는가?

① 20　　② 25
③ 30　　④ 35

| 해설

- 체적탄성계수 $K[\text{Pa}] = \dfrac{\Delta P}{\Delta V/V}$

- $K = \dfrac{\Delta P}{-\dfrac{\Delta V}{V}}$

  $\Delta P = -K \dfrac{\Delta V}{V}$

  $\therefore \Delta P = -K \dfrac{\Delta V}{V} = -2.5 \times 10^3 \text{MPa} \times \left(-\dfrac{1}{100}\right)$
  $= 25\text{MPa}$

정답 ②

03. 안지름 40mm의 배관 속을 정상류의 물이 매분 150L로 흐를 때의 평균 유속[m/s]은?

① 0.99　　② 1.99
③ 2.45　　④ 3.01

| 해설

$Q = Av$

$v = \dfrac{Q}{A} = \dfrac{\dfrac{150}{1000}\text{m}^3}{\dfrac{\pi}{4} \times (0.04)^2 \times 60} = 1.99\text{m/s}$

정답 ②

04. 원심펌프를 이용하여 0.2m³/s로 저수지의 물을 2m 위의 물탱크로 퍼 올리고자 한다. 펌프의 효율이 80%라고 하면 펌프에 공급해야 하는 동력 [kW]은?

① 1.96　　② 3.14
③ 3.92　　④ 4.90

| 해설

- 축동력 $P[kW] = \dfrac{\gamma QH}{1000\eta}$

  ※ γ: 비중량[N/m³], Q: 유량[m³/s], H: 전양정[m], η: 펌프효율

- $P[kW] = \dfrac{9800 \times 0.2 \times 2}{1000 \times 0.8} = 4.9 kW$

정답 ④

05. 원관에서 길이가 2배, 속도가 2배가 되면 손실수두는 원래의 몇 배가 되는가? (단, 두 경우 모두 완전발달 난류유동에 해당되며, 관 마찰계수는 일정하다)

① 동일하다.　　② 2배
③ 4배　　　　　④ 8배

| 해설

- 배관의 마찰손실 $H_{LOSS} = f\dfrac{l}{d}\dfrac{v^2}{2g}$

  ※ f: 마찰계수, d: 관 직경[m], l: 배관길이[m], v: 유속[m/s], g: 중력가속도(9.8m/s²)

- $H_{LOSS} = f\dfrac{l}{d}\dfrac{v^2}{2g}$

  $H'_{LOSS} = f\dfrac{2l}{d}\dfrac{(2v)^2}{2g} = 8 \cdot f \cdot \dfrac{l}{d} \cdot \dfrac{v^2}{2g}$

  $\therefore H'_{LOSS} = 8H'_{LOSS}$

정답 ④

06. 펌프가 운전 중에 한숨을 쉬는 것과 같은 상태가 되어 펌프 입구의 진공계 및 출구의 압력계 지침이 흔들리고 송출유량도 주기적으로 변화하는 이상 현상을 무엇이라고 하는가?

① 공동현상(cavitation)
② 수격작용(water hammering)
③ 맥동현상(surging)
④ 언밸런스(unbalance)

| 해설

맥동현상(surging)에 대한 설명이다. 맥동(서징)현상이란 주기적으로 운동, 양정, 토출량이 변화하는 것을 말하며 계속되면 배관과 부속품에 손상을 줄 수 있다.

정답 ③

07. 터보팬을 6000rpm으로 회전시킬 경우, 풍량은 0.5m³/min, 축동력은 0.049kW이었다. 만약 터보팬의 회전수를 8000rpm으로 바꾸어 회전시킬 경우 축동력[kW]은?

① 0.0207　② 0.207　③ 0.116　④ 1.161

| 해설

- 상사의 법칙

  $\dfrac{Q_2}{Q_1} = \left(\dfrac{N_2}{N_1}\right)\left(\dfrac{D_2}{D_1}\right)^3$

  $\dfrac{H_2}{H_1} = \left(\dfrac{N_2}{N_1}\right)^2\left(\dfrac{D_2}{D_1}\right)^2$

  $\dfrac{P_2}{P_1} = \left(\dfrac{N_2}{N_1}\right)^3\left(\dfrac{D_2}{D_1}\right)^5$

  ※ Q: 유량, H: 전양정, D: 임펠러 직경, N: 임펠러 회전수

- $\dfrac{P_2}{P_1} = \left(\dfrac{N_2}{N_1}\right)^3\left(\dfrac{D_2}{D_1}\right)^5$

  $\dfrac{P_2}{0.049} = \left(\dfrac{8000}{6000}\right)^3$

  $\therefore P_2 = 0.049 \times \left(\dfrac{8000}{6000}\right)^3 = 0.116 kW$

정답 ③

08. 어떤 기체를 20°C에서 등온압축하여 절대압력이 0.2MPa에서 1MPa으로 변할 때 체적은 초기 체적과 비교하여 어떻게 변화하는가?

① 5배로 증가한다.
② 10배로 증가한다.
③ 1/5로 감소한다.
④ 1/10로 감소한다.

| 해설

보일의 법칙 $P_1V_1 = P_2V_2$

$$\frac{V_2}{V_1} = \frac{P_1}{P_2} = \frac{0.2\text{MPa}}{1\text{MPa}} = 0.2$$

$$\therefore V_2 = 0.2\,V_1 = \frac{1}{5}V_1$$

정답 ③

09. 원관 속의 흐름에서 관의 직경, 유체의 속도, 유체의 밀도, 유체의 점성계수가 각각 D, V, ρ, μ로 표시될 때 층류 흐름의 마찰계수(f)는 어떻게 표현될 수 있는가?

① $f = \dfrac{64\mu}{DV\rho}$

② $f = \dfrac{64\rho}{DV\mu}$

③ $f = \dfrac{64D}{V\rho\mu}$

④ $f = \dfrac{64}{DV\rho\mu}$

| 해설

- 층류에서의 마찰계수 $f = \dfrac{64}{Re}$

$Re = \dfrac{VD}{\nu} = \dfrac{\rho VD}{\nu}$

- $f = \dfrac{64}{Re} = \dfrac{64}{\frac{\rho VD}{\mu}} = \dfrac{64\mu}{\rho VD}$

정답 ①

10. 그림과 같이 매우 큰 탱크에 연결된 길이 100m, 안지름 20cm인 원관에 부차적 손실계수가 5인 밸브 A가 부착되어 있다. 관 입구에서의 부차적 손실계수가 0.5, 관마찰계수는 0.02이고, 평균속도가 2m/s일 때 물의 높이 H[m]는?

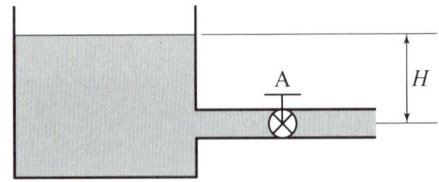

① 1.48
② 2.14
③ 2.81
④ 3.36

| 해설

- 수정 베르누이 방정식

$$\frac{v_1^2}{2g} + \frac{P_1}{\gamma} + y_1 = \frac{v_2^2}{2g} + \frac{P_2}{\gamma} + y_2 + H_{\text{LOSS}}$$

※ v_1, v_2: 유속[m/s], g: 중력가속도(9.8m/s²), y_1, y_2: 높이, γ: 비중량(9800N/m³), H_{LOSS}: 손실수두, P_1, P_2: 압력[kPa]

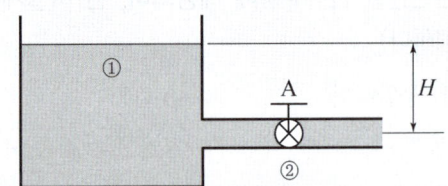

※ $v_1 \simeq 0$, $P_1 = P_2 \simeq 0$(대기압 0으로 가정)

- $\dfrac{v_1^2}{2g} + \dfrac{P_1}{\gamma} + y_1 = \dfrac{v_2^2}{2g} + \dfrac{P_2}{\gamma} + y_2 + H_{\text{LOSS}}$

$y_1 - y_2 = \dfrac{v_2^2}{2g} + H_{\text{LOSS}}$, $H = \dfrac{v_2^2}{2g} + H_{\text{LOSS}}$ - ㉠

- H_{LOSS} = 직관손실 + 관입구 마찰손실 + 밸브에서 손실

$$= f\frac{l}{d}\frac{v_2^2}{2g} + 0.5\frac{v_2^2}{2g} + 5\frac{v_2^2}{2g}$$

$$= 0.02 \times \frac{100}{0.2} \times \frac{2^2}{2 \times 9.8} + 0.5 \times \frac{2^2}{2 \times 9.8}$$

$$+ 5 \times \frac{2^2}{2 \times 9.8} = 3.16\text{m}$$

$\therefore$ ㉠식에서 $H = \dfrac{2^2}{2 \times 9.8} + 3.16 = 3.36\text{m}$

정답 ④

11. 마그네슘은 절대온도 293K에서 열전도도가 156W/m·K, 밀도는 1740kg/m³이고, 비열이 1017J/kg·K일 때 열확산계수[m²/s]는?

① 8.96×10^{-2}
② 1.53×10^{-1}
③ 8.81×10^{-4}
④ 8.81×10^{-5}

| 해설

열확산계수 $\alpha [\text{m}^2/\text{s}] = \dfrac{k}{\rho C_P}$

※ k: 열전도율[W/m·K], ρ: 밀도[kg/m³], C_P: 정압비열[J/kg·K]

$\alpha = \dfrac{156}{1740 \times 1017} = 8.81 \times 10^{-5}$

정답 ④

13. 대기압하에서 10℃의 물 2kg이 전부 증발하여 100℃의 수증기가 되는 동안 흡수되는 열량[kJ]은 얼마인가? (단, 물의 비열은 4.2kJ/kg·K, 기화열은 2250kJ/kg이다)

① 756
② 2638
③ 5256
④ 5360

| 해설

• 흡수되는 열량 = 현열 + 잠열 = $mc\Delta T + \gamma m$

※ m: 질량[kg], c: 비열[kJ/kg·K], ΔT: 온도차[K], γ: 잠열[kJ/kg]

• $Q = 2 \times 4.2 \times (100 - 10) + 2250 \times 2 = 5256 \text{kJ}$

정답 ③

12. 그림과 같이 반지름이 1m, 폭(y방향) 2m인 곡면 AB에 작용하는 물에 의한 힘의 수직성분(z방향) F_Z와 수평성분(x방향) F_X와의 비(F_Z / F_X)는?

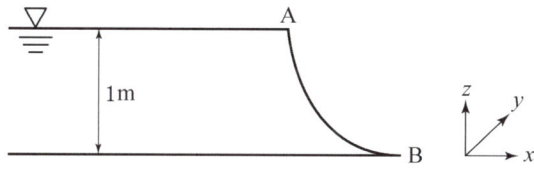

① $\dfrac{\pi}{2}$
② $\dfrac{2}{\pi}$
③ 2π
④ $\dfrac{1}{2\pi}$

| 해설

• 수평분력 $F_H = \gamma h_G A$, 수직분력 $F_V = \gamma V$

※ γ: 비중량[kN/m³], h_G: 도심의 높이[m], A: 수평투영면적[m²], V: 곡면 위의 부피[m³]

• $F_H = 9.8 \text{kN/m}^3 \times 0.5\text{m} \times 2\text{m}^2 = 9.8 \text{kN}$

$F_V = 9.8 \times \dfrac{1}{4} \times \pi \times 1^2 \times 2 = \dfrac{9.8\pi}{2} \text{kN}$

∴ $\dfrac{F_V}{F_H} = \dfrac{\frac{9.8\pi}{2} \text{kN}}{9.8 \text{kN}} = \dfrac{\pi}{2}$

정답 ①

14. 경사진 관로의 유체흐름에서 수력기울기선의 위치로 옳은 것은?

① 언제나 에너지선보다 위에 있다.
② 에너지선보다 속도수두만큼 아래에 있다.
③ 항상 수평이 된다.
④ 개수로의 수면보다 속도수두만큼 위에 있다.

| 해설

• 수력구배선(수력기울기선)은 $\dfrac{P}{\gamma} + Z$를 연결한 선이며, 에너지선은 $\dfrac{v^2}{2g} + \dfrac{P}{\gamma} + Z$를 연결한 선이다.

• 수력구배선과 에너지선은 속도수두 $\dfrac{v^2}{2g}$만큼 차이가 난다.

정답 ②

15. 그림과 같이 폭(b)이 1m이고 깊이(h_0) 1m로 물이 들어있는 수조가 트럭 위에 실려 있다. 이 트럭이 7m/s² 의 가속도로 달릴 때 물의 최대 높이(h_2)와 최소 높이(h_1)는 각각 몇 m인가?

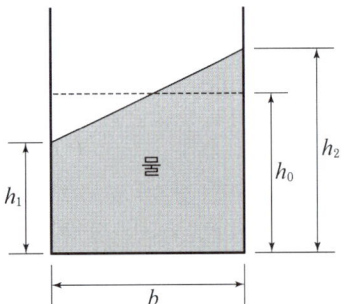

① $h_1 = 0.643\text{m}$, $h_2 = 1.413\text{m}$
② $h_1 = 0.643\text{m}$, $h_2 = 1.357\text{m}$
③ $h_1 = 0.676\text{m}$, $h_2 = 1.413\text{m}$
④ $h_1 = 0.676\text{m}$, $h_2 = 1.357\text{m}$

| 해설

가속도와 수면의 높이 $\alpha = \dfrac{(h_2 - h_0)}{\dfrac{b}{2}} g$

※ α: 수평가속도[m/s²], h_2: 물의 최대높이[m], h_0: 물의 최소높이[m], b: 수조의 폭[m], g: 중력가속도(9.8m/s²)

$7 = \dfrac{h_2 - 1}{\dfrac{1}{2}} \times 9.8$

$h_2 = 1.357\text{m}$

∴ $h_1 = h_0 - 0.357 = 1 - 0.357 = 0.643\text{m}$

정답 ②

16. 유체의 거동을 해석하는 데 있어서 비점성 유체에 대한 설명으로 옳은 것은?

① 실제 유체를 말한다.
② 전단응력이 존재하는 유체를 말한다.
③ 유체 유동 시 마찰저항이 속도 기울기에 비례하는 유체이다.
④ 유체 유동 시 마찰저항을 무시한 유체를 말한다.

| 해설

비점성유체는 점성을 무시한 유체이고, 마찰저항이 없다.

정답 ④

17. 출구단면적이 0.0004m² 인 소방호스로부터 25m/s의 속도로 수평으로 분출되는 물제트가 수직으로 세워진 평판과 충돌한다. 평판을 고정시키기 위한 힘(F)은 몇 N인가?

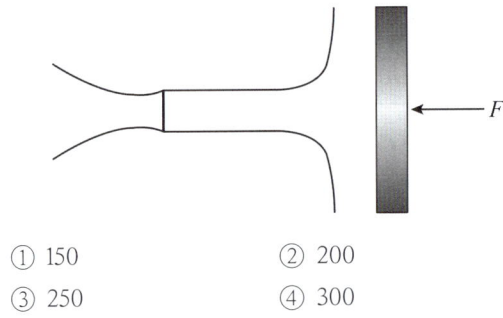

① 150   ② 200
③ 250   ④ 300

| 해설

• 평판에 작용하는 힘
$F = \rho Q v = \rho A v^2$

• $F = \rho A v^2 = 1000\text{kg/m}^3 \times 0.0004 \times 25^2 = 250\text{N}$

정답 ③

18. 두 개의 가벼운 공을 그림과 같이 실로 매달아 놓았다. 두 개의 공 사이로 공기를 불어 넣으면 공은 어떻게 되겠는가?

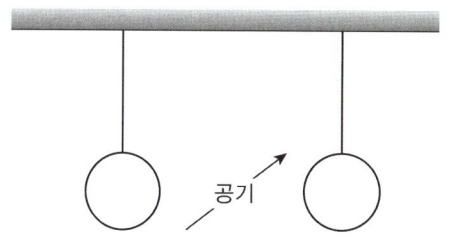

① 파스칼의 법칙에 따라 벌어진다.
② 파스칼의 법칙에 따라 가까워진다.
③ 베르누이의 법칙에 따라 벌어진다.
④ 베르누이의 법칙에 따라 가까워진다.

| 해설
- 베르누이 방정식
  $\dfrac{v^2}{2g}+\dfrac{P}{\gamma}+Z=$ 일정
  ※ $\dfrac{v^2}{2g}$: 속도수두, $\dfrac{P}{\gamma}$: 압력수두, Z: 위치수두
- 속도수두가 증가하면 압력수두가 감소하여 압력이 낮아지므로 두 공은 서로 가까워진다.

정답 ④

19. 다음 중 뉴튼(Newton)의 점성법칙을 이용하여 만든 회전 원통식 점도계는?

① 세이볼트(Saybolt) 점도계
② 오스왈드(Ostwald) 점도계
③ 레드우드(Redwood) 점도계
④ 맥미셸(MacMichael) 점도계

| 해설

점도계의 종류	근거법칙
낙구식 점도계	스토크스 법칙
오스왈드 점도계 세이볼트 점도계	하겐-포아젤 법칙
스토머 점도계 맥마이첼(맥미셸) 점도계	뉴튼의 점성법칙

정답 ④

20. 그림과 같이 수은 마노미터를 이용하여 물의 유속을 측정하고자 한다. 마노미터에서 측정한 높이차 (h)가 30mm일 때 오리피스 전후의 압력[kPa] 차이는? (단, 수은의 비중은 13.6이다)

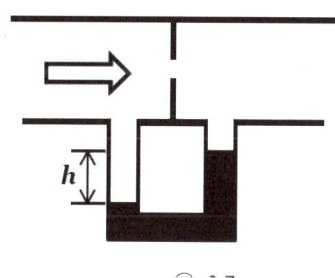

① 3.4　　② 3.7
③ 3.9　　④ 4.4

| 해설
- 오리피스 전후의 압력차
  $\triangle P[\text{kPa}] = (\gamma_2 - \gamma_1)h$
- $\triangle P = (13.6 \times 9.8\text{kN/m}^3 - 9.8\text{kN/m}^3) \times 0.03\text{m}$
  $= 3.7\text{kPa}$

정답 ②

소방기계시설의 구조 및 원리

21. 다음 중 스프링클러설비에서 자동경보밸브에 리타딩 챔버(retarding chamber)를 설치하는 목적으로 가장 적절한 것은?

① 자동으로 배수하기 위하여
② 압력수의 압력을 조절하기 위하여
③ 자동경보밸브의 오보를 방지하기 위하여
④ 경보를 발하기까지 시간을 단축하기 위하여

| 해설
리타딩 챔버는 누수로 인한 유수검지장치의 오작동을 막기 위한 일종의 안전장치이며, 자동경보밸브의 오보를 방지한다.

정답 ③

22. 구조대의 형식승인 및 제품검사의 기술기준상 수직강하식 구조대의 구조 기준 중 틀린 것은?

① 구조대는 연속하여 강하할 수 있는 구조이어야 한다.
② 구조대는 안전하고 쉽게 사용할 수 있는 구조이어야 한다.
③ 입구틀 및 취부틀의 입구는 지름 40cm 이하의 구체가 통과할 수 있는 것이어야 한다.
④ 구조대의 포지는 외부포지와 내부포지로 구성하되, 외부포지와 내부포지의 사이에 충분한 공기층을 두어야 한다.

| 해설
입구틀 및 취부틀의 입구는 지름 60cm 이상의 구체가 통과할 수 있어야 한다.

정답 ③

23. 분말소화설비의 화재안전기준상 분말소화설비의 가압용 가스로 질소가스를 사용하는 경우 질소가스는 소화약제 1kg마다 최소 몇 L 이상이어야 하는가? (단, 질소가스의 양은 35℃에서 1기압의 압력상태로 환산한 것이다)

① 10
② 20
③ 30
④ 40

| 해설
가압용 가스에 질소가스를 사용하는 것의 질소가스는 소화약제 1kg마다 40L(35℃에서 1기압의 압력상태로 환산한 것) 이상, 이산화탄소를 사용하는 것의 이산화탄소는 소화약제 1kg에 대하여 20g에 배관의 청소에 필요한 양을 가산한 양 이상으로 한다.

정답 ④

24. 도로터널의 화재안전기준상 옥내소화전설비 설치기준 중 ( ) 안에 알맞은 것은?

가압송수장치는 옥내소화전 2개(4차로 이상의 터널인 경우 3개)를 동시에 사용할 경우 각 옥내소화전의 노즐선단에서의 방수압력은 (㉠)MPa 이상이고 방수량은 (㉡)L/min 이상이 되는 성능의 것으로 할 것

	㉠	㉡		㉠	㉡
①	0.1	130	②	0.17	130
③	0.25	350	④	0.35	190

| 해설
가압송수장치는 옥내소화전 2개(4차로 이상의 터널인 경우 3개)를 동시에 사용할 경우 각 옥내소화전의 노즐선단에서의 방수압력은 0.35(㉠)MPa 이상이고 방수량은 190(㉡)L/min 이상이 되는 성능의 것으로 한다.

정답 ④

25. 물분무소화설비의 화재안전기준상 110kV 초과 154kV 이하의 고압 전기기기와 물분무헤드 사이의 이격거리는 최소 몇 cm 이상이어야 하는가?

① 110 ② 150
③ 180 ④ 210

| 해설
150cm 이상이어야 한다.

전압[kV]	거리[cm]
66 이하	70 이상
66 초과 77 이하	80 이상
77 초과 110 이하	110 이상
110 초과 154 이하	150 이상
154 초과 181 이하	180 이상
181 초과 220 이하	210 이상
220 초과 276 이하	260 이상

정답 ②

26. 분말소화설비의 화재안전기준상 분말소화설비의 배관으로 동관을 사용하는 경우에는 최고사용압력의 최소 몇 배 이상의 압력에 견딜 수 있는 것을 사용하여야 하는가?

① 1 ② 1.5
③ 2 ④ 2.5

| 해설
동관을 사용하는 경우이 배관은 고정압력 또는 최고사용압력의 1.5배 이상의 압력에 견딜 수 있는 것을 사용한다.

정답 ②

27. 소화기의 형식승인 및 제품검사의 기술기준상 A급 화재용 소화기의 능력단위 산정을 위한 소화능력시험의 내용으로 틀린 것은?

① 모형 배열 시 모형 간의 간격은 3m 이상으로 한다.
② 소화는 최초의 모형에 불을 붙인 다음 1분 후에 시작한다.
③ 소화는 무풍상태(풍속 0.5m/s 이하)와 사용상태에서 실시한다.
④ 소화약제의 방사가 완료된 때 잔염이 없어야 하며, 방사완료 후 2분 이내에 다시 불타지 아니한 경우 그 모형은 완전히 소화된 것으로 본다.

| 해설
소화는 최초의 모형에 불을 붙인 다음 3분 후에 시작하되, 불을 붙인 순으로 한다.

정답 ②

28. 상수도소화용수설비의 화재안전기준상 소화전은 특정소방대상물의 수평투영면의 각 부분으로부터 몇 m 이하가 되도록 설치하여야 하는가?

① 70 ② 100
③ 140 ④ 200

| 해설
소화전은 특정소방대상물의 수평투영면의 각 부분으로부터 140m 이하가 되도록 설치한다.

정답 ③

29. 연소방지설비의 화재안전기준상 배관의 설치기준 중 다음 ( ) 안에 알맞은 것은?

> 연소방지설비에 있어서의 수평주행배관의 구경은 100mm 이상의 것으로 하되, 연소방지설비 전용헤드 및 스프링클러헤드를 향하여 상향으로 ( ) 이상의 기울기로 설치하여야 한다.

① 1/1,000 ② 2/100
③ 1/100   ④ 1/500

| 해설
연소방지설비에 있어서의 수평주행배관의 구경은 100mm 이상의 것으로 하되, 연소방지설비 전용헤드 및 스프링클러헤드(방수헤드)를 향하여 상향으로 1,000분의 1 이상의 기울기로 설치하여야 한다.

정답 ①

30. 포소화설비의 화재안전기준상 포헤드의 설치기준 중 다음 ( ) 안에 알맞은 것은?

> 압축공기포소화설비의 분사헤드는 천장 또는 반자에 설치하되 방호대상물에 따라 측벽에 설치할 수 있으며 유류탱크 주위에는 바닥면적 (㉠)m²마다 1개 이상, 특수가연물저장소에는 바닥면적 (㉡)m²마다 1개 이상으로 당해 방호대상물의 화재를 유효하게 소화할 수 있도록 할 것

	㉠	㉡		㉠	㉡
①	8	9	②	9	8
③	9.3	13.9	④	13.9	9.3

| 해설
압축공기포소화설비의 분사헤드는 천장 또는 반자에 설치하되 방호대상물에 따라 측벽에 설치할 수 있으며 유류탱크 주위에는 바닥면적 13.9(㉠)m²마다 1개 이상, 특수가연물저장소에는 바닥면적 9.3(㉡)m²마다 1개 이상으로 해당 방호대상물의 화재를 유효하게 소화할 수 있도록 한다.

정답 ④

31. 제연설비의 화재안전기준상 배출구 설치 시 예상제연구역의 각 부분으로부터 하나의 배출구까지의 수평거리는 최대 몇 m 이내가 되어야 하는가?

① 5   ② 10
③ 15   ④ 20

| 해설
예상제연구역의 각 부분으로부터 하나의 배출구까지의 수평거리는 10m 이내가 되도록 하여야 한다.

정답 ②

32. 스프링클러설비의 화재안전기준상 스프링클러헤드를 설치하는 천장·반자, 천장과 반자 사이, 덕트·선반 등의 각 부분으로부터 하나의 스프링클러헤드까지의 수평거리 기준으로 틀린 것은? (단, 성능이 별도로 인정된 스프링클러헤드를 수리계산에 따라 설치하는 경우는 제외한다)

① 무대부에 있어서는 1.7m 이하
② 공동주택(아파트) 세대 내의 거실에 있어서는 3.2m 이하
③ 특수가연물을 저장 또는 취급하는 장소에 있어서는 2.1m 이하
④ 특수가연물을 저장 또는 취급하는 랙크식 창고의 경우에는 1.7m 이하

| 해설
특수가연물을 저장 또는 취급하는 장소에 있어서는 1.7m 이하이어야 한다.

33. 이산화탄소소화설비의 화재안전기준상 전역방출방식의 이산화탄소소화설비의 분사헤드 방사압력은 저압식인 경우 최소 몇 MPa 이상이어야 하는가?

① 0.5
② 1.05
③ 1.4
④ 2.0

| 해설
분사헤드의 방사압력이 2.1MPa(저압식은 1.05MPa) 이상의 것으로 한다.

정답 ②

34. 완강기의 형식승인 및 제품검사의 기술기준상 완강기 및 간이완강기의 구성으로 적합한 것은?

① 속도조절기, 속도조절기의 연결부, 하부지지장치, 연결금속구, 벨트
② 속도조절기, 속도조절기의 연결부, 로우프, 연결금속구, 벨트
③ 속도조절기, 가로봉 및 세로봉, 로우프, 연결금속구, 벨트
④ 속도조절기, 가로봉 및 세로봉, 로우프, 하부지지장치, 벨트

| 해설
속도조절기, 속도조절기의 연결부, 로우프, 연결금속구 및 벨트로 구성되어야 한다.

정답 ②

35. 스프링클러설비의 화재안전기준상 스프링클러설비의 교차배관에서 분기되는 지점을 기점으로 한쪽 가지배관에 설치되는 헤드의 개수는 최대 몇 개 이하인가? (단, 방호구역 안에서 칸막이 등으로 구획하여 헤드를 증설하는 경우와 격자형 배관방식을 채택하는 경우는 제외한다)

① 8
② 10
③ 12
④ 15

| 해설
교차배관에서 분기되는 지점을 기점으로 한쪽 가지배관에 설치되는 헤드의 개수(반자 아래와 반자속의 헤드를 하나의 가지배관 상에 병설하는 경우에는 반자 아래에 설치하는 헤드의 개수)는 8개 이하로 한다.

정답 ①

36. 제연설비의 화재안전기준상 제연설비의 설치장소 기준 중 하나의 제연구역의 면적은 최대 몇 m² 이내로 하여야 하는가?

① 700
② 1,000
③ 1,300
④ 1,500

| 해설
하나의 제연구역의 면적은 1,000m² 이내로 한다.

정답 ②

37. 옥내소화전설비의 화재안전기준상 배관의 설치기준 중 다음 ( ) 안에 알맞은 것은?

> 연결송수관설비의 배관과 겸용할 경우의 주배관은 구경 (㉠)mm 이상, 방수구로 연결되는 배관의 구경은 (㉡)mm 이상의 것으로 하여야 한다.

	㉠	㉡
①	80	65
②	80	50
③	100	65
④	125	80

| 해설

연결송수관설비의 배관과 겸용할 경우의 주배관은 구경 100(㉠)mm 이상, 방수구로 연결되는 배관의 구경은 65(㉡)mm 이상의 것으로 하여야 한다.

정답 ③

38. 이산화탄소소화설비의 화재안전기준상 저압식 이산화탄소소화약제 저장용기에 설치하는 안전밸브의 작동압력은 내압시험압력의 몇 배에서 작동해야 하는가?

① 0.24 ~ 0.4
② 0.44 ~ 0.6
③ 0.64 ~ 0.8
④ 0.84 ~ 1

| 해설

저압식 저장용기에는 내압시험압력의 0.64배부터 0.8배의 압력에서 작동하는 안전밸브와 내압시험압력의 0.8배부터 내압시험압력에서 작동하는 봉판을 설치한다.

정답 ③

39. 소화기구 및 자동소화장치의 화재안전기준상 노유자시설은 해당 용도의 바닥면적 얼마마다 능력단위 1단위 이상의 소화기구를 비치해야 하는가?

① 바닥면적 30m²마다
② 바닥면적 50m²마다
③ 바닥면적 100m²마다
④ 바닥면적 200m²마다

| 해설

해당 용도의 바닥면적 100m²마다 능력단위 1단위 이상의 소화기구를 비치해야 한다.

특정소방대상물	소화기구의 능력단위
1. 위락시설	해당 용도의 바닥면적 30m²마다 능력단위 1단위 이상
2. 공연장·집회장·관람장·문화재·장례식장 및 의료시설	해당 용도의 바닥면적 50m²마다 능력단위 1단위 이상
3. 근린생활시설·판매시설·운수시설·숙박시설·노유자시설·전시장·공동주택·업무시설·방송통신시설·공장·창고시설·항공기 및 자동차 관련 시설 및 관광휴게시설	해당 용도의 바닥면적 100m²마다 능력단위 1단위 이상
4. 그 밖의 것	해당 용도의 바닥면적 200m²마다 능력단위 1단위 이상

정답 ③

40. 포소화설비의 화재안전기준상 전역방출방식 고발포용고정포방출구의 설치기준으로 옳은 것은? (단, 해당 방호구역에서 외부로 새는 양 이상의 포수용액을 유효하게 추가하여 방출하는 설비가 있는 경우는 제외한다)

① 개구부에 자동폐쇄장치를 설치할 것
② 바닥면적 600m²마다 1개 이상으로 할 것
③ 방호대상물의 최고부분보다 낮은 위치에 설치할 것
④ 특정소방대상물 및 포의 팽창비에 따른 종별에 관계없이 해당 방호구역의 관포체적 1m³에 대한 1분당 포수용액 방출량은 1L 이상으로 할 것

| 해설

- 개구부에 자동폐쇄장치를 설치한다.
- 고정포방출구는 바닥면적 500m²마다 1개 이상으로 하여 방호대상물의 화재를 유효하게 소화할 수 있도록 한다.
- 고정포방출구는 방호대상물의 최고부분보다 높은 위치에 설치한다.
- 포수용액 방출량은 다음 표에 따라 방출량을 정한다.

소방대상물	포의 팽창비	1m³에 대한 분당 포수용액 방출량
항공기격납고	80 이상 250 미만	2.00L
	250 이상 500 미만	0.50L
	500 이상 1,000 미만	0.29L
차고 또는 주차장	80 이상 250 미만	1.11L
	250 이상 500 미만	0.28L
	500 이상 1,000 미만	0.16L
특수가연물을 저장 또는 취급하는 소방대상물	80 이상 250 미만	1.25L
	250 이상 500 미만	0.31L
	500 이상 1,000 미만	0.18L

정답 ①

2020년 | 제1, 2회

소방유체역학

01. 비중이 0.8인 액체가 한 변이 10cm인 정육면체 모양 그릇의 반을 채울 때 액체의 질량[kg]은?

① 0.4　　　　② 0.8
③ 400　　　　④ 800

| 해설

- 액체의 부피
  $V = 0.1\text{m} \times 0.1\text{m} \times 0.05\text{m} = 0.0005\text{m}^3$
- 비중 $0.8 = \dfrac{\text{액체의 밀도}}{\rho_W(1000\text{kg/m}^3)} = 1000\text{kg/m}^3$
  ⇒ 액체의 밀도 $= 0.8 \times 1000 = 800\text{kg/m}^3$
  ∴ 액체의 질량 = 밀도 × 부피 = $800 \times 0.0005 = 0.4\text{kg}$

　　　　　　　　　　　　　　　　정답 ①

02. 펌프의 입구에서 진공계의 계기압력은 −160mmHg, 출구에서 압력계의 계기압력은 300kPa, 송출유량은 10m³/min일 때 펌프의 수동력[kW]은? (단, 진공계와 압력계 사이의 수직거리는 2m이고, 흡입관과 송출관의 직경은 같으며, 손실은 무시한다)

① 5.7　　　　② 56.8
③ 557　　　　④ 3,400

| 해설

- 펌프의 수동력
  $P[\text{kW}] = \dfrac{\gamma[\text{N/m}^3] \times Q[\text{m}^3/\text{s}] \times H[\text{m}]}{1000}$

- 전양정
  H = 흡입양정 + 토출양정 + 진공계와 압력계 사이의 수직거리
  $= 160\text{mmHg} + 300\text{kPa} + 2\text{m}$
  $= 160\text{mmHg} \times \dfrac{10.332\text{mAq}}{760\text{mmHg}}$
  $\quad + 300\text{kPa} \times \dfrac{10.332\text{mAq}}{101.325\text{kPa}} + 2\text{m}$
  $= 34.77\text{m}$

∴ $P[\text{kW}] = \dfrac{9800 \times \dfrac{10}{60} \times 34.77}{1000} \cong 56.8\text{kW}$

　　　　　　　　　　　　　　　　정답 ②

03. 다음 ㉠, ㉡에 알맞은 것은?

> 파이프 속을 유체가 흐를 때 파이프 끝의 밸브를 갑자기 닫으면 유체의 (㉠)에너지가 압력으로 변환되면서 밸브 직전에서 높은 압력이 발생하고 상류로 압축파가 전달되는 (㉡) 현상이 발생한다.

	㉠	㉡		㉠	㉡
①	운동	서징	②	운동	수격작용
③	위치	서징	④	위치	수격작용

| 해설

- 파이프 속을 유체가 흐를 때 파이프 끝의 밸브를 갑자기 닫으면 유체의 운동에너지가 압력으로 변환되면서 밸브 직전에서 높은 압력이 발생하고 상류로 압축파가 전달되는 수격작용 현상이 발생한다.
- 유체가 운동을 급격히 변화시키면 압력의 급변화가 생겨 압력파가 전달되는 현상을 수격작용이라 하고, 배관에 손상을 줄 수 있다.

　　　　　　　　　　　　　　　　정답 ②

04. 과열증기에 대한 설명으로 틀린 것은?

① 과열증기의 압력은 해당온도에서의 포화압력보다 높다.
② 과열증기의 온도는 해당압력에서의 포화온도보다 높다.
③ 과열증기의 비체적은 해당온도에서의 포화증기의 비체적보다 크다.
④ 과열증기의 엔탈피는 해당압력에서의 포화증기의 엔탈피보다 크다.

| 해설

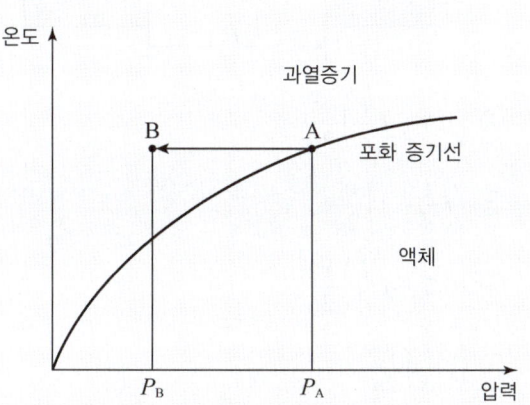

A 포화증기에서 B 과열증기가 되면 $P_B < P_A$
→ 과열증기의 압력(P_B)은 해당온도에서의 포화압력(P_A)보다 낮다.

정답 ①

05. 비중이 0.85이고 동점성계수가 $3 \times 10^{-4} m^2/s$인 기름이 직경 10cm의 수평 원형관 내에 20L/s으로 흐른다. 이 원형관의 100m 길이에서의 손실수두[m]은? (단, 정상 비압축성 유동이다)

① 16.6   ② 25.0
③ 49.8   ④ 82.2

| 해설

• 마찰손실수두(H_{LOSS})

층류에서 $H_{LOSS} = f \dfrac{l}{d} \dfrac{v^2}{2g}$

※ f: 마찰계수, l: 관의 길이[m], d: 관의 직경[m],
 v: 유속[m/s], g: 중력가속도(9.8m/s²)

• $v = \dfrac{Q}{A} = \dfrac{\frac{20}{1000} m^3/s}{\frac{\pi}{4} \times (0.1)^2} = 2.55 m/s$

$Re = \dfrac{vD}{\nu} = \dfrac{2.55 \times 0.1}{3 \times 10^{-4}} = 850 < 2100$ 층류

마찰계수 $f = \dfrac{64}{Re} = \dfrac{64}{850} = 0.0753$

∴ $H_{LOSS} = 0.0753 \times \dfrac{100}{0.1} \times \dfrac{(2.55)^2}{2 \times 9.8} = 25m$

정답 ②

06. 그림과 같이 수족관에 직경 3m의 투시경이 설치되어있다. 이 투시경에 작용하는 힘[kN]은?

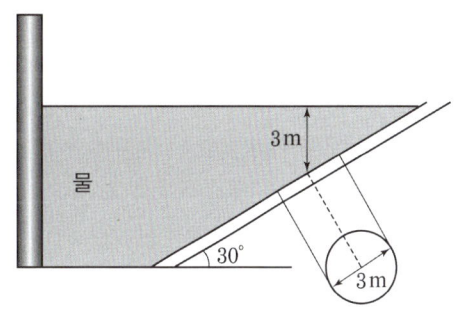

① 207.8   ② 123.9
③ 87.1   ④ 52.4

| 해설

경사면에 작용하는 힘
$F = \gamma h_G A = \gamma y_G \sin\theta A$

※ γ: 비중량, h_G: 도심의 높이, y_G: 도심의 위치,
 θ: 기울어진 각, A: 단면적

∴ $F = \gamma h_G A = 9.8 kN/m^3 \times 3 \times \dfrac{\pi}{4} \times 3^2 = 207.8 kN$

정답 ①

07. 점성에 관한 설명으로 틀린 것은?

① 액체의 점성은 분자 간 결합력에 관계된다.
② 기체의 점성은 분자 간 운동량 교환에 관계된다.
③ 온도가 증가하면 기체의 점성은 감소된다.
④ 온도가 증가하면 액체의 점성은 감소된다.

해설
- 기체의 온도 증가는 기체입자의 운동에너지 증가를 가져오고, 운동에너지 증가는 많은 수의 충돌을 가져오므로 기체의 점성을 증가시킨다.
- 액체의 온도 증가는 층 사이의 거리를 넓혀주므로 점성이 감소한다.

정답 ③

08. 240mmHg의 절대압력은 계기압력으로 약 몇 kPa인가? (단, 대기압은 760mmHg이고, 수은의 비중은 13.6이다)

① −32.0　　② 32.0
③ −69.3　　④ 69.3

해설
- 절대압 = 대기압 + 계기압
- 계기압 = 절대압 − 대기압
  $$= 240\text{mmHg} - 760\text{mmHg}$$
  $$= -520\text{mmHg} \times \frac{101.325\text{kPa}}{760\text{mmHg}}$$
  $$= -69.3\text{kPa}$$

정답 ③

09. 관의 길이가 l이고, 지름이 d, 관마찰계수가 f일 때, 총 손실수두 H[m]를 식으로 바르게 나타낸 것은? (단, 입구 손실계수가 0.5, 출구 손실계수가 1.0, 속도수두는 $v^2/2g$이다)

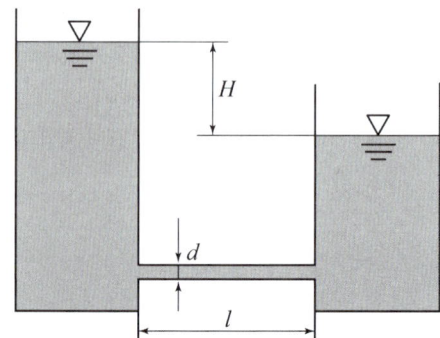

① $\left(1.5 + f\dfrac{l}{d}\right)\dfrac{v^2}{2g}$

② $\left(f\dfrac{l}{d} + 1\right)\dfrac{v^2}{2g}$

③ $\left(0.5 + f\dfrac{l}{d}\right)\dfrac{v^2}{2g}$

④ $\left(f\dfrac{l}{d}\right)\dfrac{v^2}{2g}$

해설
- 배관의 마찰손실수두 $H_{LOSS} = f\dfrac{l}{d}\dfrac{v^2}{2g}$

- 확대관, 수축관의 부차적 손실 $H_{LOSS} = K\dfrac{v^2}{2g}$

∴ 총손실수두 $= K_{입구}\dfrac{v^2}{2g} + f\dfrac{l}{d}\dfrac{v^2}{2g} + K_{출구}\dfrac{v^2}{2g}$

$= (K_{입구} + f\dfrac{l}{d} + K_{출구})\dfrac{v^2}{2g}$

$= (1.5 + f\dfrac{l}{d})\dfrac{v^2}{2g}$

정답 ①

10. 회전속도 N[rpm]일 때 송출량 Q[m³/min], 전양정 H[m]인 원심펌프를 상사한 조건에서 회전속도를 1.4N[rpm]으로 바꾸어 작동할 때 (ㄱ) 유량과 (ㄴ) 전양정은?

	(ㄱ)	(ㄴ)
①	1.4Q	1.4H
②	1.4Q	1.96H
③	1.96Q	1.4H
④	1.96Q	1.96H

| 해설

• 상사의 법칙

$$\frac{Q_2}{Q_1}=\left(\frac{N_2}{N_1}\right)\left(\frac{D_2}{D_1}\right)^3$$

$$\frac{H_2}{H_1}=\left(\frac{N_2}{N_1}\right)^2\left(\frac{D_2}{D_1}\right)^2$$

$$\frac{P_2}{P_1}=\left(\frac{N_2}{N_1}\right)^3\left(\frac{D_2}{D_1}\right)^5$$

※ Q: 유량[m³/min], N: 회전수[rpm[, D: 직경[m]

• $\dfrac{Q_2}{Q_1}=\dfrac{N_2}{N_1}$

$\dfrac{Q'}{Q}=\dfrac{1.4N}{N}$

∴ $Q'=1.4Q$

• $\dfrac{H_2}{H_1}=\left(\dfrac{N_2}{N_1}\right)^2$

$\dfrac{H'}{H}=\left(\dfrac{1.4N}{N}\right)^2=1.96$

∴ $H'=1.96H$

정답 ②

11. 그림과 같이 길이 5m, 입구직경(D_1) 30cm, 출구직경(D_2) 16cm인 직관을 수평면과 30° 기울어지게 설치하였다. 입구에서 0.3m³/s로 유입되어 출구에서 대기중으로 분출된다면 입구에서의 압력[kPa]은? (단, 대기는 표준대기압 상태이고 마찰손실은 없다)

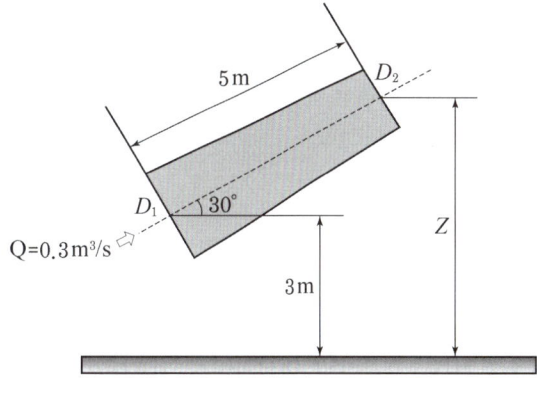

① 24.5   ② 102
③ 127   ④ 228

| 해설

• 베르누이 방정식

$$\frac{v_1^2}{2g}+\frac{P_1}{\gamma}+y_1=\frac{v_2^2}{2g}+\frac{P_2}{\gamma}+y_2$$

※ v: 유속[m/s], P: 압력[kPa], γ: 비중량(9800N/m³), g: 중력가속도(9.8m/s²), y: 높이[m]

• $v_1=\dfrac{Q}{A_1}=\dfrac{0.3}{\dfrac{\pi}{4}\times(0.3)^2}=4.24\text{m/s}$

• $v_2=\dfrac{Q}{A_2}=\dfrac{0.3}{\dfrac{\pi}{4}\times(0.16)^2}=14.92\text{m/s}$

• $y_1=3\text{m}$

$y_2=3+5\sin30°=3+2.5=5.5\text{m}$

• $\dfrac{(4.24)^2}{2\times9.8}+\dfrac{P_1}{9.8}+3=\dfrac{(14.92)^2}{2\times9.8}+\dfrac{101.325\text{kPa}}{9.8}+5.5$

※ P_2는 대기압

∴ $P_1=228\text{kPa}$

정답 ④

12. 다음 중 배관의 유량을 측정하는 계측장치가 아닌 것은?

① 로터미터(Rotameter)
② 유동노즐(Flow Nozzel)
③ 마노미터(Manometer)
④ 오리피스(Orifice)

| 해설

- 마노미터는 압력 차이를 측정한다.
- 벤츄리미터, 오리피스, 로터미터, 위어(개수로유량측정)는 유량측정장치이다.

정답 ③

13. −10℃, 6기압의 이산화탄소 10kg이 분사노즐에서 1기압까지 가역단열팽창하였다면 팽창 후의 온도는 몇 ℃가 되겠는가? (단, 이산화탄소의 비열비는 1.289이다)

① −85
② −97
③ −105
④ −115

| 해설

- 가역단열과정 $\dfrac{T_2}{T_1} = \left(\dfrac{P_2}{P_1}\right)^{\frac{K-1}{K}}$

  ※ T_1: 처음온도[K], T_2: 나중온도[K], P_1: 처음압력[atm], P_2: 나중압력[atm]

- $T_2 = T_1 \left(\dfrac{P_2}{P_1}\right)^{\frac{K-1}{K}} = (273-10)\left(\dfrac{1}{6}\right)^{\frac{1.289-1}{1.289}} = 176K$

  섭씨온도로 바꾸면

  ∴ $176 - 273 = -97℃$

정답 ②

14. 지름 10cm의 호스에 출구 지름이 3cm인 노즐이 부착되어 있고, 1,500L/min의 물이 대기 중으로 뿜어져 나온다. 이때 4개의 플랜지 볼트를 사용하여 노즐을 호스에 부착하고 있다면 볼트 1개에 작용되는 힘의 크기[N]는? (단, 유동에서 마찰이 존재하지 않는다고 가정한다)

① 58.3
② 899.4
③ 1,018.4
④ 4,098.2

| 해설

- 플랜지 볼트에 작용하는 힘

$$F_B[N] = \dfrac{\gamma A_1 Q^2}{2g}\left(\dfrac{A_1 - A_2}{A_1 A_2}\right)^2$$

※ Q: 유량[m³/s], A_1: 입구측 배관 단면적[m²], A_2: 출구측 배관 단면적[m²], γ: 비중량[N/m³]

- $Q = 1500L/min = \dfrac{1500}{1000} \times \dfrac{1}{60} m^3/s = 0.025 m^3/s$

  $A_1 = \dfrac{\pi}{4} \times (0.1)^2 = 0.00785 m^2 \simeq 0.0079 m^2$

  $A_2 = \dfrac{\pi}{4} \times (0.03)^2 = 0.0007 m^2$

- $F_B = \dfrac{9800 \times 0.0079 \times (0.025)^2}{2 \times 9.8}\left(\dfrac{0.0079 - 0.0007}{0.0079 \times 0.0007}\right)^2$

  $= 4185N$

∴ 따라서 1개의 볼트에 작용하는 힘은 $\dfrac{4185}{4} = 1046N$이며, 가장 유사한 답은 ③이다.

정답 ③

15. 다음 그림에서 A, B점의 압력차[kPa]는? (단, A는 비중 1의 물, B는 비중 0.899의 벤젠이며, 수은의 비중은 13.6이다)

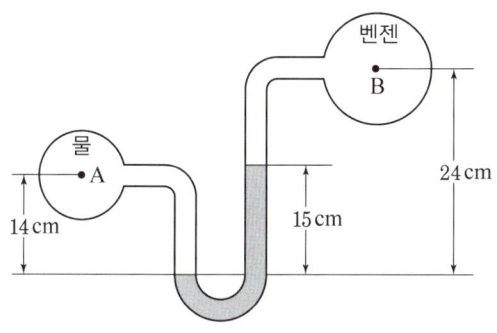

① 278.7 ② 191.4
③ 23.07 ④ 19.4

| 해설

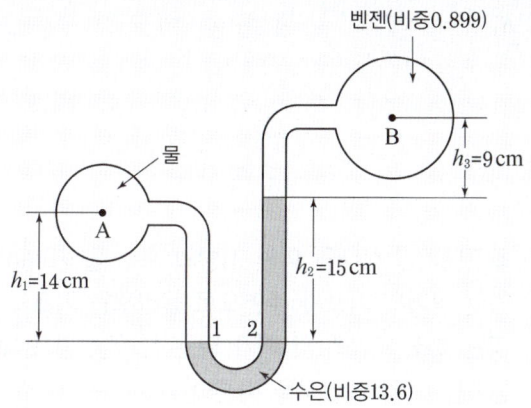

$P_1 = P_A + \gamma_W h_1$ - ㉠
$P_1 = P_2$ - ㉡
$P_2 = P_B + \gamma_{벤젠} h_3 + \gamma_{수은} h_2$ - ㉢
㉡식에 ㉠식과 ㉢식을 대입하면
$P_A + \gamma_W h_1 = P_B + \gamma_{벤젠} h_3 + \gamma_{수은} h_2$
∴ $P_A - P_B = -\gamma_W h_1 + \gamma_{벤젠} h_3 + \gamma_{수은} h_2$
$= -9.8 kN/m^3 \times 0.14m + 0.899 \times 9.8 \times 0.09$
$+ 13.6 \times 9.8 \times 0.14$
$= 19.4 kPa$

∴ 19.4kPa

정답 ④

16. 펌프의 일과 손실을 고려할 때 베르누이 수정 방정식을 바르게 나타낸 것은? (단, H_P와 H_L은 펌프의 수두와 손실수두를 나타내며, 하첨자 1, 2는 각각 펌프의 전후 위치를 나타낸다)

① $\dfrac{v_1^2}{2g} + \dfrac{P_1}{\gamma} + Z_1 = \dfrac{v_2^2}{2g} + \dfrac{P_2}{\gamma} + H_L$

② $\dfrac{v_1^2}{2g} + \dfrac{P_1}{\gamma} + Z_1 + H_P = \dfrac{v_2^2}{2g} + \dfrac{P_2}{\gamma} + H_L$

③ $\dfrac{v_1^2}{2g} + \dfrac{P_1}{\gamma} + H_P = \dfrac{v_2^2}{2g} + \dfrac{P_2}{\gamma} + Z_2 + H_L$

④ $\dfrac{v_1^2}{2g} + \dfrac{P_1}{\gamma} + Z_1 + H_P = \dfrac{v_2^2}{2g} + \dfrac{P_2}{\gamma} + Z_2 + H_L$

| 해설

수정 베르누이 방정식

$\dfrac{v_1^2}{2g} + \dfrac{P_1}{\gamma} + Z_1 + H_P = \dfrac{v_2^2}{2g} + \dfrac{P_2}{\gamma} + Z_2 + H_L$

※ $\dfrac{v^2}{2g}$: 속도수두, $\dfrac{P}{\gamma}$: 압력수두, Z: 위치수두, H_P: 펌프수두, H_L: 손실수두

정답 ④

17. 그림과 같이 단면 A에서 정압이 500kPa이고 10m/s로 난류의 물이 흐르고 있을 때 단면 B에서의 유속[m/s]은?

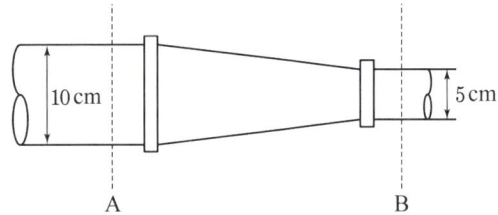

① 20　　　　　② 40
③ 60　　　　　④ 80

| 해설
유량은 동일하다.
$A_A v_A = A_B v_B$

$v_B = \dfrac{A_A}{A_B} v_A = \dfrac{\frac{\pi}{4} \times (0.1)^2}{\frac{\pi}{4} \times (0.05)^2} \times 10 = 40 \text{m/s}$

정답 ②

18. 압력이 100kPa이고 온도가 20℃인 이산화탄소를 완전기체라고 가정할 때 밀도[kg/m³]는? (단, 이산화탄소의 기체상수는 188.95J/kg·K이다)

① 1.1　　　　　② 1.8
③ 2.56　　　　　④ 3.8

| 해설
- 이상기체상태 방정식 $PV = W\overline{R}T$
  ※ P: 압력[Pa], V: 부피[m³], W: 기체의 질량[kg], T: 온도[K], $\overline{R}$: 특별기체상수[J/kg·K]
- 기체의 밀도 $\rho = \dfrac{W}{V}$ 이므로, $W = \rho V$
  $PV = W\overline{R}T = \rho V \overline{R}T$
  $\therefore \rho = \dfrac{P}{\overline{R}T} = \dfrac{100 \times 1000}{188.95 \times 293} = 1.8 \text{kg/m}^3$

정답 ②

19. 온도차이가 △T, 열전도율이 K_1, 두께 x인 벽을 통한 열유속(Heat Flux)과 온도차이가 $2\triangle T$, 열전도율이 K_2, 두께 $0.5x$인 벽을 통한 열유속이 서로 같다면 두 재질의 열전도율비 k_1/k_2의 값은?

① 1　　　　　② 2
③ 4　　　　　④ 8

| 해설
- 열전도 법칙 $q = \dfrac{KA\triangle T}{x}$
  ※ q: 열전도율[W], K: 열전도율[W/m·K], x: 두께[m], $\triangle T$: 온도차[K]
- 열유속(heat flux) $= \dfrac{K\triangle T}{x}$

$\dfrac{K_1 \triangle T_1}{x_1} = \dfrac{K_2 \triangle T_2}{x_2}$

$\dfrac{K_1}{K_2} = \dfrac{x_1}{x_2} \dfrac{\triangle T_2}{\triangle T_1} = \dfrac{x}{0.5x} \dfrac{2\triangle T}{\triangle T} = 4$

정답 ③

20. 표준대기압 상태인 어떤 지방의 호수 밑 72.4m에 있던 공기의 기포가 수면으로 올라오면 기포의 부피는 최초 부피의 몇 배가 되는가? (단, 기포 내의 공기는 보일의 법칙을 따른다)

① 2　　　　　② 4
③ 7　　　　　④ 8

| 해설
- 보일의 법칙 $P_1 V_1 = P_2 V_2$
  ※ P: 압력[Pa], V: 부피[m³]
- $P_1 = $ 대기압 $+ \gamma H$
  $= 101325 \text{Pa} + 9800 \text{N/m}^3 \times 72.4 \text{m}$
  $= 810845 \text{Pa}$
- $P_2 = $ 대기압 $= 101325 \text{Pa}$

$\therefore V_2 = V_1 \times \dfrac{P_1}{P_2} = V_1 \times \dfrac{810845}{101325} = 8 V_1$

정답 ④

소방기계시설의 구조 및 원리

21. 분말소화설비의 화재안전기준상 차고 또는 주차장에 설치하는 분말소화설비의 소화약제는?

① 인산염을 주성분으로 한 분말
② 탄산수소칼륨을 주성분으로 한 분말
③ 탄산수소칼륨과 요소가 화합된 분말
④ 탄산수소나트륨을 주성분으로 한 분말

| 해설
차고·주차장에는 제3종 분말을 사용한다.

소화약제의 종별	소화약제 1kg당 저장용기의 내용적
제1종 분말 (탄산수소나트륨을 주성분으로 한 분말)	0.8L
제2종 분말 (탄산수소칼륨을 주성분으로 한 분말)	1L
제3종 분말 (인산염을 주성분으로 한 분말)	1L
제4종 분말 (탄산수소칼륨과 요소가 화합된 분말)	1.25L

정답 ①

22. 할론소화설비의 화재안전기준상 축압식 할론소화약제 저장용기에 사용되는 축압용 가스로서 적합한 것은?

① 질소   ② 산소
③ 이산화탄소   ④ 불활성가스

| 해설
축압식 할론소화약제 저장용기에 사용되는 축압용 가스는 질소이다.

정답 ①

23. 물분무소화설비의 화재안전기준에 따른 물분무소화설비의 설치장소별 $1m^2$당 수원의 최소 저수량으로 맞는 것은?

① 차고: 30L/min × 20분 × 바닥면적
② 케이블트레이: 12L/min × 20분 × 투영된 바닥면적
③ 컨베이어 벨트: 37L/min × 20분 × 벨트부분의 바닥면적
④ 특수가연물을 취급하는 특정소방대상물: 20L/min × 20분 × 바닥면적

| 해설
케이블트레이는 바닥면적 $1m^2$에 대하여 12L/min로 20분간 방수할 수 있는 양 이상으로 한다.
① 차고 또는 주차장은 그 바닥면적(최대 방수구역의 바닥면적을 기준으로 하며, $50m^2$ 이하인 경우에는 $50m^2$) $1m^2$에 대하여 20L/min로 20분간 방수할 수 있는 양 이상으로 한다.
② 컨베이어 벨트 등은 벨트부분의 바닥면적 $1m^2$에 대하여 10L/min로 20분간 방수할 수 있는 양 이상으로 한다.
③ 특수가연물을 저장 또는 취급하는 특정소방대상물 또는 그 부분에 있어서 그 바닥면적(최대 방수구역의 바닥면적을 기준으로 하며, $50m^2$ 이하인 경우에는 $50m^2$) $1m^2$에 대하여 10L/min로 20분간 방수할 수 있는 양 이상으로 한다.

정답 ②

24. 화재예방, 소방시설 설치·유지 및 안전관리에 관한 법률상 자동소화장치를 모두 고른 것은?

> ㉠ 분말자동소화장치
> ㉡ 액체자동소화장치
> ㉢ 고체에어로졸자동소화장치
> ㉣ 공업용 주방자동소화장치
> ㉤ 캐비닛형 자동소화장치

① ㉠, ㉡
② ㉡, ㉢, ㉣
③ ㉠, ㉢, ㉤
④ ㉠, ㉡, ㉢, ㉣, ㉤

| 해설

자동소화장치에는 다음과 같은 장치가 있다.
- 가스자동소화장치
- 상업용 주방자동소화장치
- 주거용주방자동소화장치
- 분말자동소화장치
- 캐비닛형 자동소화장치
- 고체에어로졸자동소화장치

정답 ③

25. 피난기구를 설치하여야 할 소방대상물 중 피난기구의 2분의 1을 감소할 수 있는 조건이 아닌 것은?

① 주요구조부가 내화구조로 되어 있다.
② 특별피난계단이 2 이상 설치되어 있다.
③ 소방구조용(비상용) 엘리베이터가 설치되어 있다.
④ 직통계단인 피난계단이 2 이상 설치되어 있다.

| 해설

피난기구를 설치하여야 할 소방대상물 중 다음 기준에 적합한 층에는 피난기구의 2분의 1을 감소할 수 있다. 이 경우 설치하여야 할 피난기구의 수에 있어서 소수점 이하의 수는 1로 한다.
㉠ 주요구조부가 내화구조로 되어 있을 것
㉡ 직통계단인 피난계단 또는 특별피난계단이 2 이상 설치되어 있을 것

정답 ③

26. 소화수조 및 저수조의 화재안전기준에 따라 소화용수설비에 설치하는 채수구의 수는 소요수량이 40m³ 이상 100m³ 미만인 경우 몇 개를 설치해야 하는가?

① 1
② 2
③ 3
④ 4

| 해설

소요수량이 40m³ 이상 100m³ 미만인 경우 2개를 설치해야 한다.

소요수량	채수구의 수
20m³ 이상 40m³ 미만	1개
40m³ 이상 100m³ 미만	2개
100m³ 이상	3개

정답 ②

27. 포소화설비의 화재안전기준에 따라 바닥면적이 180m²인 건축물 내부에 호스릴방식의 포소화설비를 설치할 경우 가능한 포소화약제의 최소 필요량은 몇 L인가? (단, 호스접결구는 2개, 약제 농도는 3%이다)

① 180
② 270
③ 650
④ 720

| 해설

옥내포소화전방식 또는 호스릴방식에 있어서는 다음의 식에 따라 산출한 양 이상으로 할 것. 다만, 바닥면적이 200m² 미만인 건축물에 있어서는 그 75%로 할 수 있다.

$$Q = N \times S \times 6{,}000L$$

Q: 포소화약제의 양[L]
N: 호스접결구 수(5개 이상인 경우는 5)
S: 포소화약제의 사용농도[%]

$\therefore Q = 2 \times 0.03 \times 6000 \times 0.75 = 270L$

정답 ②

28. 소화수조 및 저수조의 화재안전기준에 따라 소화용수설비를 설치하여야 할 특정소방대상물에 있어서 유수의 양이 최소 몇 m³/min 이상인 유수를 사용할 수 있는 경우에 소화수조를 설치하지 아니할 수 있는가?

① 0.8
② 1
③ 1.5
④ 2

| 해설
소화용수설비를 설치하여야 할 특정소방대상물에 있어서 유수의 양이 0.8m³/min 이상인 유수를 사용할 수 있는 경우에는 소화수조를 설치하지 아니할 수 있다.

29. 스프링클러설비의 화재안전기준에 따라 개방형스프링클러설비에서 하나의 방수구역을 담당하는 헤드 개수는 최대 몇 개 이하로 설치하여야 하는가?

① 30
② 40
③ 50
④ 60

| 해설
하나의 방수구역을 담당하는 헤드의 개수는 50개 이하로 한다.

30. 완강기의 형식승인 및 제품검사의 기술기준상 완강기의 최대사용하중은 최소 몇 N 이상의 하중이어야 하는가?

① 800
② 1,000
③ 1,200
④ 1,500

| 해설
최대사용하중은 1500N 이상이어야 한다.

31. 옥외소화전설비의 화재안전기준에 따라 옥외소화전 배관은 특정소방대상물의 각 부분으로부터 하나의 호스접결구까지의 수평거리가 최대 몇 m 이하가 되도록 설치하여야 하는가?

① 25
② 35
③ 40
④ 50

| 해설
배관은 호스접결구는 지면으로부터 높이가 0.5m 이상 1m 이하의 위치에 설치하고 특정소방대상물의 각 부분으로부터 하나의 호스접결구까지의 수평거리가 40m 이하가 되도록 설치하여야 한다.

32. 난방설비가 없는 교육장소에 비치하는 소화기로 가장 적합한 것은? (단, 교육장소의 겨울 최저온도는 -15℃이다)

① 화학포소화기 ② 기계포소화기
③ 산알칼리 소화기 ④ ABC 분말소화기

| 해설
분말소화기나 강화액소화기를 사용한다.
㉠ 강화액소화기: -20℃ 이상 40℃ 이하
㉡ 분말소화기: -20℃ 이상 40℃ 이하
㉢ 그 밖의 소화기: 0℃ 이상 40℃ 이하

정답 ④

33. 스프링클러설비의 화재안전기준에 따라 연소할 우려가 있는 개구부에 드렌처설비를 설치한 경우 해당 개구부에 한하여 스프링클러헤드를 설치하지 아니할 수 있다. 관련 기준으로 틀린 것은?

① 드렌처헤드는 개구부 위 측에 2.5m 이내마다 1개를 설치할 것
② 제어밸브는 특정소방대상물 층마다 바닥면으로부터 0.5m 이상 1.5m 이하의 위치에 설치할 것
③ 드렌처헤드가 가장 많이 설치된 제어밸브에 설치된 드렌처헤드를 동시에 사용하는 경우에 각 헤드 선단의 방수압력은 0.1MPa 이상이 되도록 할 것
④ 드렌처헤드가 가장 많이 설치된 제어밸브에 설치된 드렌처헤드를 동시에 사용하는 경우에 각 헤드 선단의 방수량은 80L/min 이상이 되도록 할 것

| 해설
제어밸브(일제개방밸브·개폐표시형밸브 및 수동조작부를 합한 것)는 특정소방대상물 층마다 바닥면으로부터 0.8m 이상 1.5m 이하의 위치에 설치한다.

정답 ②

34. 연결살수설비의 화재안전기준에 따른 건축물에 설치하는 연결살수설비의 헤드에 대한 기준 중 다음 ( ) 안에 알맞은 것은?

> 천장 또는 반자의 각 부분으로부터 하나의 살수헤드까지의 수평거리가 연결살수설비 전용헤드의 경우는 (㉠)m 이하, 스프링클러헤드의 경우는 (㉡)m 이하로 할 것. 다만, 살수헤드의 부착면과 바닥과의 높이가 (㉢)m 이하인 부분은 살수헤드의 살수분포에 따른 거리로 할 수 있다.

	㉠	㉡	㉢
①	3.7	2.3	2.1
②	3.7	2.3	2.3
③	2.3	3.7	2.3
④	2.3	3.7	2.1

| 해설
천장 또는 반자의 각 부분으로부터 하나의 살수헤드까지의 수평거리가 연결살수설비 전용헤드의 경우은 3.7(㉠)m 이하, 스프링클러헤드의 경우는 2.3(㉡)m 이하로 할 것. 다만, 살수헤드의 부착면과 바닥과의 높이가 2.1(㉢)m 이하인 부분은 살수헤드의 살수분포에 따른 거리로 할 수 있다.

정답 ①

35. 분말소화설비의 화재안전기준에 따라 분말소화약제의 가압용 가스용기에는 최대 몇 MPa 이하의 압력에서 조정이 가능한 압력조정기를 설치하여야 하는가?

① 1.5 ② 2.0
③ 2.5 ④ 3.0

| 해설
분말소화약제의 가압용 가스용기에는 2.5MPa 이하의 압력에서 조정이 가능한 압력조정기를 설치하여야 한다.

정답 ③

36. 포소화설비의 화재안전기준상 차고·주차장에 설치하는 포소화전설비의 설치기준 중 다음 (   ) 안에 알맞은 것은? (단, 1개층의 바닥면적이 200m² 이하인 경우는 제외한다)

> 특정소방대상물의 어느 층에 있어서도 그 층에 설치된 포소화전방수구(포소화전방수구가 5개 이상 설치된 경우에는 5개)를 동시에 사용할 경우 각 이동식 포노즐선단의 포수용액 방사압력이 (㉠)MPa 이상이고 (㉡)L/min 이상의 포수용액을 수평거리 15m 이상으로 방사할 수 있도록 할 것

	㉠	㉡
①	0.25	230
②	0.25	300
③	0.35	230
④	0.35	300

| 해설
특정소방대상물의 어느 층에 있어서도 그 층에 설치된 호스릴포방수구 또는 포소화전방수구(호스릴포방수구 또는 포소화전방수구가 5개 이상 설치된 경우에는 5개)를 동시에 사용할 경우 각 이동식 포노즐선단의 포수용액 방사압력이 0.35(㉠)MPa 이상이고 300(㉡)L/min 이상(1개층의 바닥면적이 200m² 이하인 경우에는 230L/min 이상)의 포수용액을 수평거리 15m 이상으로 방사할 수 있도록 한다.

정답 ④

37. 이산화탄소소화설비의 화재안전기준에 따른 이산화탄소소화설비 기동장치의 설치기준으로 맞는 것은?

① 가스압력식 기동장치 기동용 가스용기의 용적은 3L 이상으로 한다.
② 수동식 기동장치는 전역방출방식에 있어서 방호대상물마다 설치한다.
③ 수동식 기동장치의 부근에는 소화약제의 방출을 지연시킬 수 있는 비상스위치를 설치해야 한다.
④ 전기식 기동장치로서 5병의 저장용기를 동시에 개방하는 설비는 2병 이상의 저장용기에 전자개방밸브를 부착해야 한다.

| 해설
수동식 기동장치의 부근에는 소화약제의 방출을 지연시킬 수 있는 비상스위치를 설치해야 한다.
① 기동용 가스용기의 용적은 5L 이상으로 하고, 해당 용기에 저장하는 질소 등의 비활성기체는 6.0MPa 이상(21℃ 기준)의 압력으로 충전한다.
② 전역방출방식은 방호구역마다, 국소방출방식은 방호대상물마다 설치한다.
④ 전기식 기동장치로서 7병 이상의 저장용기를 동시에 개방하는 설비는 2병 이상의 저장용기에 전자 개방밸브를 부착한다.

정답 ③

38. 물분무소화설비의 화재안전기준에 따른 물분무소화설비의 저수량에 대한 기준 중 다음 ( ) 안의 내용으로 맞는 것은?

> 절연유 봉입 변압기는 바닥부분을 제외한 표면적을 합한 면적 $1m^2$에 대하여 ( )L/min로 20분간 방수할 수 있는 양 이상으로 할 것

① 4　　② 8
③ 10　　④ 12

| 해설
절연유 봉입 변압기는 바닥부분을 제외한 표면적을 합한 면적 $1m^2$에 대하여 10L/min로 20분간 방수할 수 있는 양 이상으로 한다.

정답 ③

39. 화재조기진압용 스프링클러설비의 화재안전기준상 화재조기진압용 스프링클러설비 설치장소의 구조 기준으로 틀린 것은?

① 창고 내의 선반의 형태는 하부로 물이 침투되는 구조로 할 것
② 천장의 기울기가 1,000분의 168을 초과하지 않아야 하고, 이를 초과하는 경우에는 반자를 지면과 수평으로 설치할 것
③ 천장은 평평하여야 하며 철재나 목재트러스 구조인 경우, 철재나 목재의 돌출부분이 102mm를 초과하지 아니할 것
④ 해당 층의 높이가 10m 이하일 것. 다만, 3층 이상일 경우에는 해당 층의 바닥을 내화구조로 하고 다른 부분과 방화구획할 것

| 해설
해당층의 높이가 13.7m 이하일 것. 다만, 2층 이상일 경우에는 해당층의 바닥을 내화구조로 하고 다른 부분과 방화구획한다.

정답 ④

40. 제연설비의 화재안전기준상 유입풍도 및 배출풍도에 관한 설명으로 맞는 것은?

① 유입풍도 안의 풍속은 25m/s 이하로 한다.
② 배출풍도는 석면재료와 같은 내열성의 단열재로 유효한 단열 처리를 한다.
③ 배출풍도와 유입풍도의 아연도금강판 최소 두께는 0.45mm 이상으로 하여야 한다.
④ 배출기 흡입측 풍도 안의 풍속은 15m/s 이하로 하고 배출측 풍속은 20m/s 이하로 한다.

| 해설
- 배출기 흡입측 풍도 안의 풍속은 15m/s 이하로 하고 배출측 풍속은 20m/s 이하로 한다.
- 유입풍도 안의 풍속은 20m/s 이하로 한다.
- 배출풍도는 내열성(석면재료를 제외한다)의 단열재로 유효한 단열 처리를 한다.
- 배출풍도와 유입풍도의 아연도금강판 최소 두께는 0.5mm 이상이다.

풍도단면의 긴변 또는 직경의 크기	강판두께
450mm 이하	0.5mm
450mm 초과 750mm 이하	0.6mm
750mm 초과 1,500mm 이하	0.8mm
1,500mm 초과 2,250mm 이하	1.0mm
2,250mm 초과	1.2mm

정답 ④

2019년 제4회

소방유체역학

01. 아래 그림과 같이 두 개의 가벼운 공 사이로 빠른 기류를 불어 넣으면 두 개의 공은 어떻게 되겠는가?

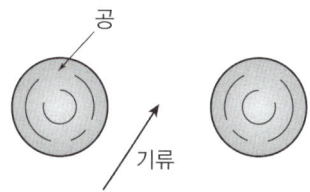

① 뉴턴의 법칙에 따라 벌어진다.
② 뉴턴의 법칙에 따라 가까워진다.
③ 베르누이의 법칙에 따라 벌어진다.
④ 베르누이의 법칙에 따라 가까워진다.

| 해설
- 베르누이 방정식
$$\frac{v^2}{2g} + \frac{P}{\gamma} + y = \text{const}$$
※ v : 유속[m/s], g : 중력가속도(9.8m/s²), y : 높이[m],
  γ : 비중량[N/m³], P : 압력[Pa]
- 기류는 공 사이에서 빨라진다. 높이는 일정하고 v가 커지므로 P는 작아져야 한다. 압력이 작아지므로 공들은 서로 가까워진다.

정답 ④

02. 다음 유체 기계들의 압력 상승이 일반적으로 큰 것부터 순서대로 바르게 나열한 것은?

① 압축기(compressor) > 블로어(blower) > 팬(fan)
② 블로어(blower) > 압축기(compressor) > 팬(fan)
③ 팬(fan) > 블로어(blower) > 압축기(compressor)
④ 팬(fan) > 압축기(compressor) > 블로어(blower)

| 해설
유체 기계들의 압력 상승이 일반적으로 큰 것부터 나열하면 다음과 같다.
압축기(compressor) > 블로어(blower) > 팬(fan)

정답 ①

03. 표면적이 같은 두 물체가 있다. 이때 표면온도가 2000K인 물체가 내는 복사에너지는 표면온도가 1000K인 물체가 내는 복사에너지의 몇 배인가?

① 4
② 8
③ 16
④ 32

| 해설
- 스테판-볼쯔만 법칙
$$P[\text{watt}] = \sigma A T^4$$
※ σ : 스테판 볼쯔만 상수(5.67 × 10⁻⁸[W/m²·K⁴]),
  A : 표면적[m²], T : 절대온도[K]
- 표면온도 2000K $P_2 = \sigma A T_2^4$
  표면온도 1000K $P_1 = \sigma A T_1^4$
$$\frac{P_2}{P_1} = \frac{\sigma A T_2^4}{\sigma A T_1^4} = \left(\frac{T_2}{T_1}\right)^4 = 2^4 = 16\text{배}$$

정답 ③

04. 이상기체의 폴리트로픽 변화 'PV^n = 일정'에서 $n = 1$인 경우 어느 변화에 속하는가? (단, P는 압력, V는 부피, n은 폴리트로픽 지수를 나타낸다)

① 단열변화　　② 등온변화
③ 정적변화　　④ 정압변화

| 해설

폴리트로픽 변화 $PV^n = C$
- $n = 0$ → 등압과정
- $n = 1$ → 등온과정
- $n = k$ → 단열과정
- $n = \infty$ → 등적과정

정답 ②

05. 지름이 75mm인 관로 속에 평균 속도 4m/s로 흐르고 있을 때 유량[kg/s]은?

① 15.52　　② 16.92
③ 17.67　　④ 18.52

| 해설

- 질량유량 $\overline{m} = \rho A v$
  - ※ ρ: 질량밀도[kg/m³], A: 단면적, v: 유속[m/s]
- $\overline{m} = 1000 \text{kg/m}^3 \times \dfrac{\pi}{4} \times (0.075)^2 \times 4\text{m/s}$
  $= 17.67 \text{kg/s}$

정답 ③

06. 초기에 비어 있는 체적이 0.1m³인 견고한 용기 안에 공기(이상기체)를 서서히 주입한다. 공기 1kg을 넣었을 때 용기 안의 온도가 300K가 되었다면 이 때 용기 안의 압력[kPa]은? (단, 공기의 기체상수는 0.287kJ/kg·K이다)

① 287　　② 300
③ 448　　④ 861

| 해설

- 이상기체상태 방정식 $PV = W\overline{R}T$
  - ※ P: 압력[kPa], V: 부피[m³], W: 기체의 질량[kg], T: 온도[K], $\overline{R}$: 특별기체상수(0.287J/kg·K)
- $P = \dfrac{W\overline{R}T}{V} = \dfrac{1 \times 0.287 \times 300}{0.1} = 861 \text{kPa}$

정답 ④

07. 다음 중 Stokes의 법칙과 관계되는 점도계는?

① Ostwald 점도계
② 낙구식 점도계
③ Saybolt 점도계
④ 회전식 점도계

| 해설

점도계의 종류	근거법칙
낙구식 점도계	스토크스 법칙
오스왈드 점도계 세이볼트 점도계	하겐-포아젤 법칙
스토머 점도계 맥마이첼(맥미셀) 점도계	뉴튼의 점성법칙

정답 ②

08. 피토관으로 파이프 중심선에서 흐르는 물의 유속을 측정할 때 피토관의 액주높이가 5.2m, 정압튜브의 액주높이가 4.2m를 나타낸다면 유속[m/s]은? (단, 속도계수(C_v)는 0.97이다)

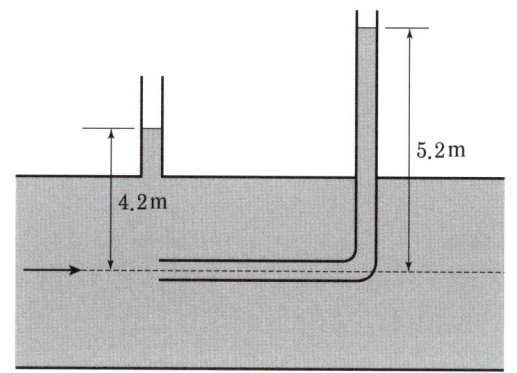

① 4.3 ② 3.5
③ 2.8 ④ 1.9

| 해설

- 피토관의 유속 $v = C_v\sqrt{2gh}$

  ※ C_v: 속도계수, g: 중력가속도, h: 속도수두

- 전압 5.2m = 정압수두 + 속도수두(동압)

  5.2m = 4.2 + 동압

  ∴ 동압 = 1m

∴ 유속 $v = C_v\sqrt{2gh} = 0.97 \times \sqrt{2 \times 9.8 \times 1} = 4.3\,\text{m/s}$

정답 ①

09. 그림의 역U자관 마노미터에서 압력차($P_x - P_y$)는 약 몇 Pa인가?

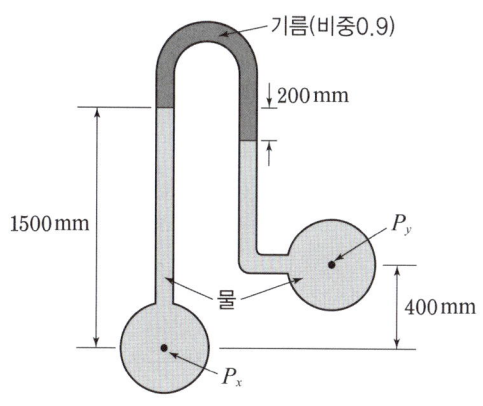

① 3215 ② 4116
③ 5045 ④ 6826

| 해설

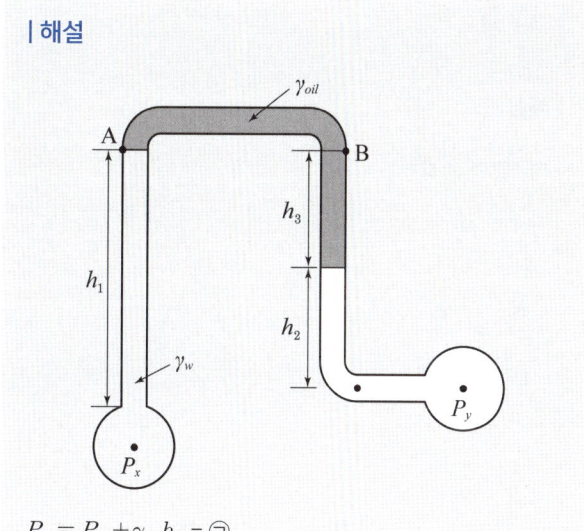

$P_x = P_A + \gamma_W h_1$ - ㉠

$P_A = P_B$ - ㉡

$P_y = P_B + \gamma_{oil}h_3 + \gamma_W h_2$ - ㉢

∴ $P_A = P_B = P_y - \gamma_{oil}h_3 - \gamma_W h_2$ - ㉣

㉣식을 ㉠식에 대입하면

$P_x = P_y + \gamma_W h_1 - \gamma_{oil}h_3 - \gamma_W h_2$

$P_x - P_y = \gamma_W(h_1 - h_2) - \gamma_{oil}h_3$

$= 9800(1.5 - 0.9) - 0.9 \times 9800 \times 0.2$

$= 4116\,\text{Pa}$

∴ $P_x - P_y = 4116\,\text{Pa}$

정답 ②

10. 지름이 다른 두 개의 피스톤이 그림과 같이 연결되어 있다. "1"부분의 피스톤의 지름이 "2"부분의 2배일 때, 각 피스톤에 작용하는 힘 F_1과 F_2의 크기의 관계는?

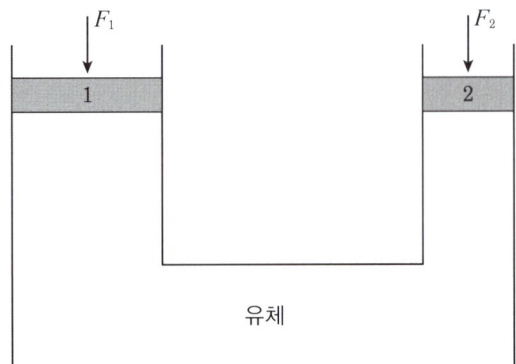

① $F_1 = F_2$ ② $F_1 = 2F_2$
③ $F_1 = 4F_2$ ④ $4F_1 = F_2$

| 해설

- 파스칼의 법칙 $\dfrac{F_1}{A_1} = \dfrac{F_2}{A_2}$

- $\dfrac{F_1}{A_1} = \dfrac{F_2}{A_2}$

  $\dfrac{F_1}{\frac{\pi}{4}d_1^2} = \dfrac{F_2}{\frac{\pi}{4}d_2^2}$

  $\therefore d_1 = 2d_2$

  $\dfrac{F_1}{4d_2^2} = \dfrac{F_2}{d_2^2}$

  $\therefore F_1 = 4F_2$

정답 ③

11. 용량 2000L의 탱크에 물을 가득 채운 소방차가 화재 현장에 출동하여 노즐압력 390kPa(계기압력), 노즐구경 2.5cm를 사용하여 방수한다면 소방차 내의 물이 전부 방수되는 데 걸리는 시간은?

① 약 2분 26초
② 약 3분 35초
③ 약 4분 12초
④ 약 5분 44초

| 해설

- 유량 $Q = Av$

  $v(노즐유속) = \sqrt{2gh}$

  $h = \dfrac{P}{\gamma} = \dfrac{390\text{kPa}}{9.8\text{kN/m}^3} = 39.8\text{m}$

  $v = \sqrt{2 \times 9.8 \times 39.8} = 27.9\text{m/s}$

- $Q(유량) = \dfrac{V[\text{m}^3]}{t[\text{s}]} = Av$

  $= \dfrac{\pi}{4} \times (0.025)^2 \times 27.9$

  $\therefore t = \dfrac{V}{\frac{\pi}{4} \times (0.025)^2 \times 27.9}$

  $= \dfrac{2\text{m}^3}{\frac{\pi}{4} \times (0.025)^6 \times 27.9}$

  $= 146.03\text{s} = 120s + 26.03s$

  $= 2분\ 26초$

정답 ①

12. 거리가 1000m 되는 곳에 안지름 20cm의 관을 통하여 물을 수평으로 수송하려 한다. 한 시간에 800m³를 보내기 위해 필요한 압력[kPa]는? (단, 관의 마찰계수는 0.03이다)

① 1,370　　② 2,010
③ 3,750　　④ 4,580

| 해설
마찰손실(Drach-Weisbach 공식)

$$H_{LOSS} = f \frac{l}{d} \frac{v^2}{2g}$$

※ f: 관마찰계수, l: 배관길이[m], d: 배관직경[m], v: 유속[m/s]

$$v = \frac{Q}{A} = \frac{\frac{800\text{m}^3}{3600\text{s}}}{\frac{\pi}{4} \times (0.2)^2} = 7.07\text{m/s}$$

$$H_{LOSS} = 0.03 \times \frac{1000}{0.2} \times \frac{(7.07)^2}{2 \times 9.8} = 382.54\text{m}$$

$$\Delta P = \gamma \cdot H_{LOSS} = 9.8\text{kN/m}^3 \times 382.54\text{m} = 3750\text{kPa}$$

정답 ③

---

13. 글로브 밸브에 의한 손실을 지름이 10cm이고 관마찰계수가 0.025인 관의 길이로 환산하면 상당길이가 40m가 된다. 이 밸브의 부차적 손실계수는?

① 0.25　　② 1
③ 2.5　　　④ 10

| 해설
• 상당길이(등가길이) $Le = \frac{K \cdot d}{f}$

※ K: 손실계수, d: 관 직경[m], f: 마찰계수

• 상당길이는 관부속품을 동일구경, 동일유량에 대하여 같은 크기의 마찰손실을 가지는 직관의 길이로 환산한 값이다.

$$Le = \frac{K \cdot d}{f}$$

$$K = \frac{Le \times f}{d} = \frac{40 \times 0.025}{0.1} = 10$$

정답 ④

---

14. 체적탄성계수가 2×10^9Pa인 물의 체적을 3% 감소시키려면 몇 MPa의 압력을 가하여야 하는가?

① 25　　② 30
③ 45　　④ 60

| 해설
• 체적탄성계수 $K = \frac{\Delta P}{-\Delta V/V}$

※ ΔP: 압력변화[Pa], ΔV: 부피변화[m³], V: 처음부피[m³]

• $K = \frac{\Delta P}{-\Delta V/V}$

$$\Delta P = -K \frac{\Delta V}{V}$$

$$= -2 \times 10^9 \times \left(-\frac{3}{100}\right)$$

$$= 60 \times 10^6 \text{Pa} = 60\text{MPa}$$

정답 ④

---

15. 물질의 열역학적 변화에 대한 설명으로 틀린 것은?

① 마찰은 비가역성의 원인이 될 수 있다.
② 열역학 제1법칙은 에너지 보존에 대한 것이다.
③ 이상기체는 이상기체 상태방정식을 만족한다.
④ 가역단열과정은 엔트로피가 증가하는 과정이다.

| 해설
가역단열과정은 등엔트로피 과정이다. 즉, 엔트로피 변화는 0이다.

정답 ④

16. 폭이 4m이고 반경이 1m인 그림과 같은 1/4원형 모양으로 설치된 수문 AB가 있다. 이 수문이 받는 수직방향 분력 F_V의 크기[N]는?

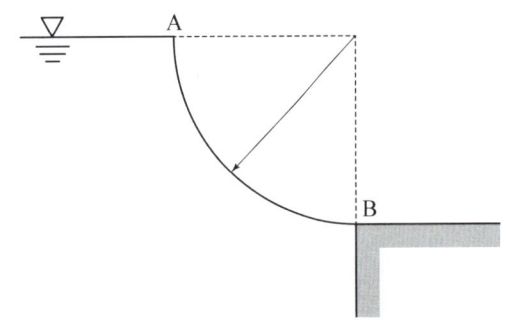

① 7,613 ② 9,801
③ 30,787 ④ 123,000

| 해설

- 수평분력 $F_H = \gamma y_G A$
  수직분력 $F_V = \gamma V$
  ※ γ: 비중량[N/m³], y_G: 도심[m], A: 수평투영면적[m²], V: 수문 위의 부피[m³]
- $F_V = 9800 \text{N/m}^3 \times \left(\dfrac{\pi}{4} \times 1^2 \times 4\right) = 30787 \text{N}$

정답 ③

17. 다음 단위 중 3가지는 동일한 단위이고 나머지 하나는 다른 단위이다. 이 중 동일한 단위가 아닌 것은?

① J ② N · s
③ Pa · m³ ④ kg · m²/s²

| 해설

① J는 일의 단위이다.
② N · s → F · t
  ⇒ 충격량의 단위이다.
③ Pa · m³ → Pa · m² · m
  ⇒ Pa는 압력의 단위, m²는 넓이이므로 Pa · m²는 힘의 단위, Pa · m² · m는 힘 × 거리이므로 일의 단위이다.
④ kg · m²/s² → kg · m · m · /s² = kg · m/s² · m
  ⇒ kg은 질량, m/s²은 가속도이므로 kg · m/s²은 ma = F, 'F · 거리 = 일'이 된다.

정답 ②

18. 전양정이 60m, 유량이 6m³/min, 효율이 60%인 펌프를 작동시키는 데 필요한 동력[kW]는?

① 44 ② 60
③ 98 ④ 117

| 해설

축동력 $P[\text{kW}] = \dfrac{\gamma QH}{1000\eta}$

※ γ: 비중량(9800N/m³), Q: 유량[m³/s], H: 전양정[m], η: 펌프효율

$P = \dfrac{9800 \times \dfrac{6\text{m}^3}{60\text{s}} \times 60\text{m}}{1000 \times 0.6} = 98\text{kW}$

정답 ③

19. 지름이 150mm인 원관에 비중이 0.85, 동점성계수가 $1.33 \times 10^{-4} m^2/s$인 기름이 $0.01 m^3/s$의 유량으로 흐르고 있다. 이때 관 마찰계수는? (단, 임계 레이놀즈수는 2100이다)

① 0.10
② 0.14
③ 0.18
④ 0.22

| 해설

- 관마찰계수 $Re < 2100$, $f = \dfrac{64}{Re}$
- $v = \dfrac{Q}{A} = \dfrac{0.01}{\dfrac{\pi}{4} \times (0.15)^2} = 0.5659 \, m/s$

$Re = \dfrac{vD}{\nu}$

$= \dfrac{0.5659 \times 0.15}{1.33 \times 10^{-4}} = 638.233 < 2100$

$\therefore f = \dfrac{64}{638.233} = 0.10$

정답 ①

20. 검사체적(control volume)에 대한 운동량방정식(momentum equation)과 가장 관계가 깊은 법칙은?

① 열역학 제2법칙
② 질량보존의 법칙
③ 에너지보존의 법칙
④ 뉴턴(Newton)의 법칙

| 해설

- 검사체적(control volume)에 대한 운동량방정식(momentum equation)과 가장 관계가 깊은 법칙은 뉴턴(Newton)의 법칙(운동 2법칙)이다.
- 운동량 $\vec{P} = m\vec{V}$

운동량의 변화 $\dfrac{\Delta \vec{P}}{\Delta t} = \vec{F}$

$\dfrac{\Delta m \vec{V}}{\Delta t} = \dfrac{m \Delta \vec{V}}{\Delta t}$

$= m\vec{a}$

$\therefore \vec{F} = m\vec{a}$ (뉴턴의 운동 2법칙)

정답 ④

소방기계시설의 구조 및 원리

21. 이산화탄소소화설비의 기동장치에 대한 기준으로 틀린 것은?

① 자동식 기동장치에는 수동으로도 기동할 수 있는 구조이어야 한다.
② 가스압력식 기동장치에서 기동용 가스용기 및 해당용기에 사용하는 밸브는 20MPa 이상의 압력에 견딜 수 있어야 한다.
③ 수동식 기동장치의 조작부는 바닥으로부터 높이 0.8m 이상 1.5m 이하의 위치에 설치한다.
④ 전기식 기동장치로서 7병 이상의 저장용기를 동시에 개방하는 설비는 2병 이상의 저장용기에 전자개방밸브를 부착해야 한다.

| 해설

기동용 가스용기 및 해당 용기에 사용하는 밸브는 25MPa 이상의 압력에 견딜 수 있는 것으로 한다.

정답 ②

22. 천장의 기울기가 10분의 1을 초과할 경우에 가지관의 최상부에 설치되는 톱날지붕의 스프링클러헤드는 천장의 최상부로부터의 수직거리가 몇 cm 이하가 되도록 설치하여야 하는가?

① 50
② 70
③ 90
④ 120

| 해설

천장의 최상부를 중심으로 가지관을 서로 마주보게 설치하는 경우에는 최상부의 가지관 상호 간의 거리가 가지관상의 스프링클러헤드 상호 간의 거리의 2분의 1 이하(최소 1m 이상이 되어야 한다)가 되게 스프링클러헤드를 설치하고, 가지관의 최상부에 설치하는 스프링클러헤드는 천장의 최상부로부터의 수직거리가 90cm 이하가 되도록 할 것. 톱날지붕, 둥근지붕 기타 이와 유사한 지붕의 경우에도 이에 준한다.

정답 ③

23. 주요구조부가 내화구조이고 건널 복도가 설치된 층의 피난기구 수의 설치 감소 방법으로 적합한 것은?

① 피난기구를 설치하지 아니할 수 있다.
② 피난기구의 수에서 1/2을 감소한 수로 한다.
③ 원래의 수에서 건널 복도 수를 더한 수로 한다.
④ 피난기구의 수에서 해당 건널 복도의 수의 2배의 수를 뺀 수로 한다.

| 해설
피난기구를 설치하여야 할 소방대상물 중 주요구조부가 내화구조이고 건널 복도가 설치되어 있는 층에는 피난기구의 수에서 해당 건널 복도의 수의 2배의 수를 뺀 수로 한다.

정답 ④

24. 제연설비의 설치장소에 따른 제연구역의 구획 기준으로 틀린 것은?

① 거실과 통로는 상호 제연구획할 것
② 하나의 제연구역의 면적은 600m² 이내로 할 것
③ 하나의 제연구역은 직경 60m 원 내에 들어갈 수 있을 것
④ 하나의 제연구역은 2개 이상 층에 미치지 아니하도록 할 것

| 해설
하나의 제연구역의 면적은 1,000m² 이내로 한다.

정답 ②

25. 물분무소화설비의 가압송수장치로 압력수조의 필요압력을 산출할 때 필요한 것이 아닌 것은?

① 낙차의 환산수두압
② 물분무헤드의 설계압력
③ 배관의 마찰손실수두압
④ 소방용 호스의 마찰손실수두압

| 해설
소방용 호스의 마찰손실수두압은 물분무소화설비의 가압송수장치로 압력수조의 필요압력을 산출할 때 필요한 것에 해당하지 않는다.

$$P = p_1 + p_2 + p_3$$

※ P : 필요한 압력[MPa]
p_1 : 물분무헤드의 설계압력[MPa]
p_2 : 배관의 마찰손실수두압[MPa]
p_3 : 낙차의 환산수두압[MPa]

정답 ④

26. 주거용 주방자동소화장치의 설치기준으로 틀린 것은?

① 감지부는 형식승인 받은 유효한 높이 및 위치에 설치해야 한다.
② 소화약제 방출구는 환기구의 청소부분과 분리되어 있어야 한다.
③ 가스차단 장치는 상시 확인 및 점검이 가능하도록 설치해야 한다.
④ 탐지부는 수신부와 분리하여 설치하되, 공기보다 무거운 가스를 사용하는 장소에는 바닥면으로부터 0.2m 이하의 위치에 설치해야 한다.

| 해설
탐지부는 공기보다 무거운 가스를 사용하는 장소에는 바닥면으로부터 30cm 이하의 위치에 설치하여야 한다.

정답 ④

27. 물분무소화설비의 소화작용이 아닌 것은?

① 부촉매작용
② 냉각작용
③ 질식작용
④ 희석작용

| 해설
부촉매작용(억제작용)은 할론소화약제, 할로겐화합물소화약제, 분말소화약제에 해당한다.

정답 ①

28. 소화용수설비에서 소화수조의 소요수량이 20m³ 이상 40m³ 미만인 경우에 설치하여야 하는 채수구의 개수는?

① 1개   ② 2개
③ 3개   ④ 4개

| 해설
소화용수설비에서 소화수조의 소요수량이 20m³ 이상 40m³ 미만인 경우에 설치하여야 하는 채수구의 개수는 1개이다.

소요수량	채수구의 수
20m³ 이상 40m³ 미만	1개
40m³ 이상 100m³ 미만	2개
100m³ 이상	3개

정답 ①

29. 분말소화설비의 분말소화약제 1kg당 저장용기의 내용적 기준으로 틀린 것은?

① 제1종 분말: 0.8L
② 제2종 분말: 1.0L
③ 제3종 분말: 1.0L
④ 제4종 분말: 1.8L

| 해설
제4종 분말의 내용적 기준은 1.25L이다.

소화약제의 종별	소화약제 1kg당 저장용기의 내용적
제1종 분말 (탄산수소나트륨을 주성분으로 한 분말)	0.8L
제2종 분말 (탄산수소칼륨을 주성분으로 한 분말)	1L
제3종 분말 (인산염을 주성분으로 한 분말)	1L
제4종 분말 (탄산수소칼륨과 요소가 화합된 분말)	1.25L

정답 ④

30. 다음은 상수도소화용수설비의 설치기준에 관한 설명이다. ( ) 안에 들어갈 내용으로 알맞은 것은?

> 호칭지름 75mm 이상의 수도배관에 호칭지름 ( )mm 이상의 소화전을 접속할 것

① 50   ② 80
③ 100   ④ 125

| 해설
호칭지름 75mm 이상의 수도배관에 호칭지름 100mm 이상의 소화전을 접속할 것

정답 ③

31. 특별피난계단의 계단실 및 부속실 제연설비의 안전기준에 대한 내용으로 틀린 것은?

① 제연구역과 옥내와의 사이에 유지하여야 하는 최소 차압은 40Pa 이상으로 하여야 한다.
② 제연설비가 가동되었을 경우 출입문의 개방에 필요한 힘은 110N 이상으로 하여야 한다.
③ 계단실과 부속실을 동시에 제연하는 경우 부속실의 기압은 계단실과 같게 하거나 부속실과 계단실의 압력차이가 5Pa 이하가 되도록 하여야 한다.
④ 계단실 및 그 부속실을 동시에 제연하거나 또는 계단실만 단독으로 제연할 때 방연풍속은 0.5m/s 이상이어야 한다.

| 해설
제연설비가 가동되었을 경우 출입문의 개방에 필요한 힘은 110N 이하로 하여야 한다.

정답 ②

32. 스프링클러설비의 가압송수장치의 정격토출압력은 하나의 헤드선단에 얼마의 방수압력이 될 수 있는 크기이어야 하는가?

① 0.01MPa 이상 0.05MPa 이하
② 0.1MPa 이상 1.2MPa 이하
③ 1.5MPa 이상 2.0MPa 이하
④ 2.5MPa 이상 3.3MPa 이하

| 해설
가압송수장치의 정격토출압력은 하나의 헤드선단에 0.1MPa 이상 1.2MPa 이하의 방수압력이 될 수 있게 하는 크기일 것

정답 ②

33. 스프링클러설비의 교차배관에서 분기되는 지점을 기점으로 한쪽 가지배관에 설치되는 헤드는 몇 개 이하로 설치하여야 하는가? (단, 수리학적 배관방식의 경우는 제외한다)

① 8   ② 10
③ 12   ④ 18

| 해설
교차배관에서 분기되는 지점을 기점으로 한쪽 가지배관에 설치되는 헤드의 개수(반자 아래와 반자 속의 헤드를 하나의 가지배관 상에 병설하는 경우에는 반자 아래에 설치하는 헤드의 개수)는 8개 이하로 한다.

정답 ①

34. 지상으로부터 높이 30m가 되는 창문에서 구조대용 유도 로프의 모래주머니를 자연낙하시킨 경우 지상에 도달할 때까지 걸리는 시간(초)은?

① 2.5   ② 5
③ 7.5   ④ 10

| 해설
자유낙하시간 $t = \sqrt{\dfrac{2h}{g}} = \sqrt{\dfrac{2 \times 30}{9.8}} \simeq 2.5\text{s}$

정답 ①

35. 포소화설비의 자동식 기동장치에서 폐쇄형스프링클러헤드를 사용하는 경우의 설치기준에 대한 설명이다. ㉠ ~ ㉢의 내용으로 옳은 것은?

- 표시온도가 (㉠)℃ 미만인 것을 사용하고, 1개의 스프링클러헤드의 경계면적은 (㉡)m² 이하로 할 것
- 부착면의 높이는 바닥으로부터 (㉢)m 이하로 하고, 화재를 유효하게 감지할 수 있도록 할 것

	㉠	㉡	㉢
①	68	20	5
②	68	30	7
③	79	20	5
④	79	30	7

| 해설

- 표시온도가 79(㉠)℃ 미만인 것을 사용하고, 1개의 스프링클러헤드의 경계면적은 20(㉡)m² 이하로 할 것
- 부착면의 높이는 바닥으로부터 5(㉢)m 이하로 하고, 화재를 유효하게 감지할 수 있도록 할 것

정답 ③

36. 다음은 포소화설비에서 배관 등 설치기준에 관한 내용이다. ( ) 안에 들어갈 내용으로 옳은 것은?

- 연결송수관설비의 배관과 겸용할 경우의 주배관은 구경 100mm 이상, 방수구로 연결되는 배관의 구경은 (㉠)mm 이상의 것으로 하여야 한다.
- 펌프의 성능은 체절운전 시 정격토출압력의 (㉡)%를 초과하지 아니하고, 정격토출량의 150%로 운전시 정격토출압력의 (㉢)% 이상이 되어야 한다.

	㉠	㉡	㉢
①	40	120	65
②	40	120	75
③	65	140	65
④	65	140	75

| 해설

- 연결송수관설비의 배관과 겸용할 경우의 주배관은 구경 100mm 이상, 방수구로 연결되는 배관의 구경은 65(㉠)mm 이상의 것으로 하여야 한다.
- 펌프의 성능은 체절운전 시 정격토출압력의 140(㉡)%를 초과하지 아니하고, 정격토출량의 150%로 운전 시 정격토출압력의 65(㉢)% 이상이 되어야 한다.

정답 ③

37. 옥내소화전이 하나의 층에는 6개, 또 다른 층에는 3개, 나머지 모든 층에는 4개씩 설치되어 있다. 수원의 최소 수량[m³] 기준은?

① 5.2 ② 7.8
③ 13   ④ 15.6

| 해설
옥내소화전설비의 수원은 그 저수량이 옥내소화전의 설치개수가 가장 많은 층의 설치개수(2개 이상 설치된 경우에는 2개)에 2.6m³(호스릴옥내소화전설비를 포함한다)를 곱한 양 이상이 되도록 하여야 한다.

∴ $2 \times 2.6 = 5.2 m^3$

정답 ①

38. 스프링클러설비의 누수로 인한 유수검지장치의 오작동을 방지하기 위한 목적으로 설치하는 것은?

① 솔레노이드밸브   ② 리타딩 챔버
③ 물올림 장치   ④ 성능시험배관

| 해설
누수로 인한 유수검지장치의 오경보를 막기위한 장치로 리타딩 챔버를 설치한다. 일시적인 클래퍼 개방에 대하여 리타딩 챔버가 압력스위치의 동작을 지연한다.

정답 ②

39. 전역방출방식 분말소화설비에서 방호구역의 개구부에 자동폐쇄장치를 설치하지 아니한 경우, 개구부의 면적 1m²에 대한 분말소화약제의 가산량으로 잘못 연결된 것은?

① 제1종 분말 - 4.5kg
② 제2종 분말 - 2.7kg
③ 제3종 분말 - 2.5kg
④ 제4종 분말 - 1.8kg

| 해설
제3종 분말의 가산량은 2.7kg이다.

소화약제의 종별	가산량 (개구부의 면적 1m²에 대한 소화약제의 양)
제1종 분말	4.5kg
제2종 분말 또는 제3종 분말	2.7kg
제4종 분말	1.8kg

정답 ③

40. 체적 100m³의 면화류 창고에 전역방출방식의 이산화탄소소화설비를 설치하는 경우에 소화약제는 몇 kg 이상 저장하여야 하는가? (단, 방호구역의 개구부에 자동폐쇄장치가 부착되어 있다)

① 12   ② 27
③ 120 ④ 270

| 해설

방호대상물	방호구역의 체적 1m³에 대한 소화약제의 양	설계농도 [%]
유압기기를 제외한 전기설비, 케이블실	1.3kg	50
체적 55m³ 미만의 전기설비	1.6kg	50
서고, 전자제품창고, 목재가공품창고, 박물관	2.0kg	65
고무류·면화류창고, 모피창고, 석탄창고, 집진설비	2.7kg	75

방호구역의 개구부에 자동폐쇄장치를 설치하지 아니한 경우에는 개구부 면적 1m²당 10kg을 가산하여야 하지만 여기서는 자동폐쇄장치가 부착되어 있다.

∴ $100 \times 2.7 = 270 kg$

정답 ④

2019년 | 제2회

소방유체역학

01. 그림에서 물에 의하여 점 B에서 힌지된 사분원 모양의 수문이 평형을 유지하기 위하여 수면에서 수문을 잡아 당겨야 하는 힘 T는 약 몇 kN인가? (단, 수문의 폭 1m, 반지름($r=\overline{OB}$)은 2m, 4분원의 중심은 O점에서 왼쪽으로 $\dfrac{4r}{3\pi}$인 곳에 있다)

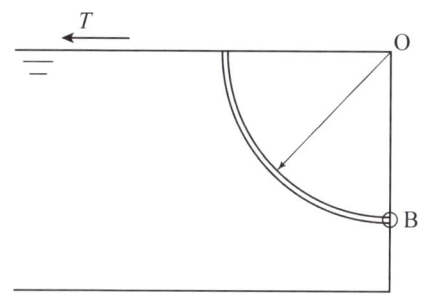

① 1.96 ② 9.8
③ 19.6 ④ 29.4

해설

- 수문을 잡아당기는 힘 $T[\text{kN}] = \dfrac{1}{2}\gamma R^2$

  ※ γ: 비중량[kN/m³], R: 수문 반지름[m]

- 물이 수문 옆으로 작용하는 힘 $F_H = \gamma y_G A$

  $F_H = \gamma \dfrac{R}{2}(R \times 1) = \dfrac{1}{2}\gamma R^2$

- 물이 수문 아래로 작용하는 힘 $F_V = \gamma V$

  $F_V = \gamma \dfrac{\pi R^2}{4} \times 1 = \dfrac{1}{4}\gamma \pi R^2$

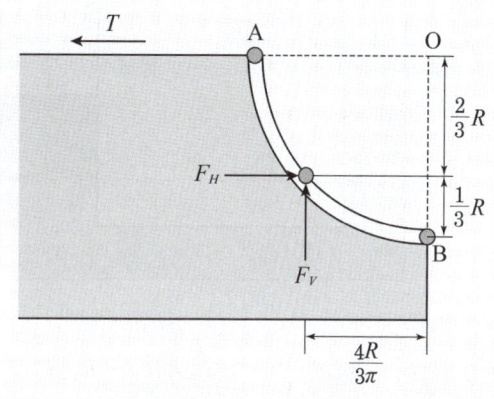

$\Sigma M_B = T \cdot R - F_H \dfrac{1}{3}R - F_V \dfrac{4R}{3\pi} = 0$

$T = \dfrac{1}{3}F_H + \dfrac{4}{3\pi}F_V$

$T = \dfrac{1}{3} \cdot \dfrac{1}{2} \cdot \gamma R^2 + \dfrac{4}{3\pi} \cdot \dfrac{1}{4}\gamma \pi R^2$

$T = \dfrac{1}{6}\gamma R^2 + \dfrac{1}{3}\gamma R^2 = \dfrac{1}{2}\gamma R^2$

$= \dfrac{1}{2} \times 9.8\text{kN/m}^3 \times 2^2 = 19.6\text{kN}$

정답 ③

02. 물의 온도에 상응하는 증기압보다 낮은 부분이 발생하면 물은 증발되고 물 속에 있던 공기와 물이 분리되어 기포가 발생하는 펌프의 현상은?

① 피드백(Feed Back)
② 서징현상(Surging)
③ 공동현상(Cavitation)
④ 수격작용(Water Hammering)

해설

- 공동현상(Cavitation)에 대한 설명이다.
- 공동현상은 흡입쪽 액체의 압력이 정상적인 포화증기압보다 낮아져 기화되어 기포가 되는 현상이다.

정답 ③

03. 단면적이 A와 $2A$인 U자형 관에 밀도가 d인 기름이 담겨져 있다. 단면적이 $2A$인 관에 관벽과는 마찰이 없는 물체를 놓았더니 그림과 같이 평형을 이루었다. 이 때 이 물체의 질량은?

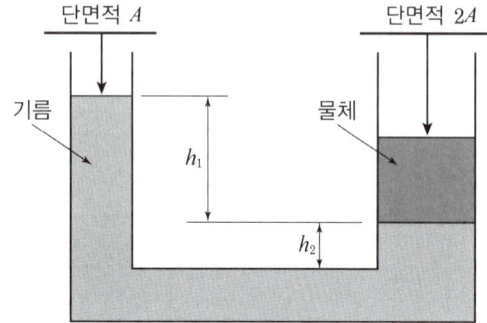

① $2Ah_1d$ ② Ah_1d
③ $A(h_1+h_2)d$ ④ $A(h_1-h_2)d$

| 해설

- 파스칼의 원리 $\dfrac{F_1}{A_1}=\dfrac{F_2}{A_2}$

  ※ F: 힘[N], A: 단면적[m²]

- $F_1 = dVg = dAh_1g$

  ※ d: 밀도, V: h_1 부분 유체부피, g: 9.8m/s², A: 단면적

  $F_2 = mg$

  ※ m: 물체의 질량, g: 9.8m/s²

  $\dfrac{F_1}{A_1}=\dfrac{F_2}{A_2}$

  $\dfrac{dAh_1g}{A}=\dfrac{mg}{2A}$

  ∴ $m = 2Ah_1d$

정답 ①

04. 그림과 같이 물이 들어있는 아주 큰 탱크에 사이펀이 장치되어 있다. 출구에서의 속도 V와 관의 상부 중심 A지점에서의 게이지 압력 P_A를 구하는 식은? (단. g는 중력가속도, ρ는 물의 밀도이며, 관의 직경은 일정하고 모든 손실은 무시한다)

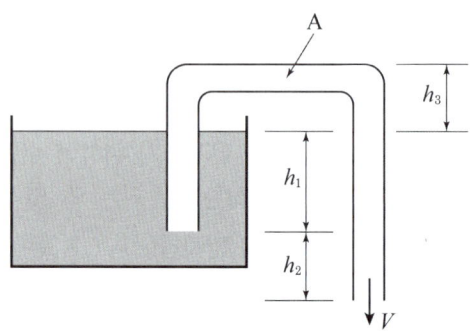

① $V=\sqrt{2g(h_1+h_2)}$
   $P_A=-\rho g h_3$
② $V=\sqrt{2g(h_1+h_2)}$
   $P_A=-\rho g(h_1+h_2+h_3)$
③ $V=\sqrt{2gh_2}$
   $P_A=-\rho g(h_1+h_2+h_3)$
④ $V=\sqrt{2g(h_1+h_2)}$
   $P_A=\rho g(h_1+h_2-h_3)$

| 해설

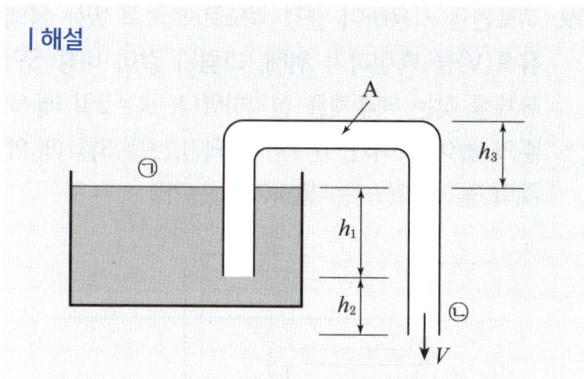

㉠과 ㉡에서 베르누이 방정식을 적용하면

$\dfrac{v_1^2}{2g} + \dfrac{P_1}{\gamma} + y_1 = \dfrac{v_2^2}{2g} + \dfrac{P_2}{\gamma} + y_2$

※ $P_1 = P_2 =$ 대기압 / $v_1 = 0$으로 가정

$2g(y_1 - y_2) = v_2^2$

$v_2 = \sqrt{2g(h_1 + h_2)}$

∴ $V = \sqrt{2g(h_1 + h_2)}$

A점은 ㉡ 점보다 $h_1 + h_2 + h_3$ 만큼 위로 올라가 있으므로
계기압 $P_A = -\gamma(h_1 + h_2 + h_3) = -\rho g(h_1 + h_2 + h_3)$

정답 ②

05. 0.02m³의 체적을 가지는 액체가 강체의 실린더 속에서 730kPa의 압력을 받고 있다. 압력이 1,030kPa로 증가되었을 때 액체의 체적이 0.019m³으로 축소되었다. 이때 이 액체의 체적탄성계수는 약 몇 kPa인가?

① 3,000 ② 4,000
③ 5,000 ④ 6,000

| 해설

체적탄성계수 $K = -\dfrac{\Delta P}{\Delta V/V}$

$K = -\dfrac{1030 - 730}{\dfrac{0.019 - 0.02}{0.02}} = 6000\text{kPa}$

정답 ④

06. 비중병의 무게가 비었을 때는 2N이고, 액체로 충만되어 있을 때는 8N이다. 액체의 체적이 0.5L이면 이 액체의 비중량은 약 몇 N/m³인가?

① 11,000 ② 11,500
③ 12,000 ④ 12,500

| 해설

• 비중량(γ) = $\dfrac{W(\text{무게, N})}{V(\text{부피, }m^3)}$

• 액체의 무게: $8N - 2N = 6N$

액체의 부피: $0.5L = 0.0005m^3$

∴ 비중량 = $\dfrac{6}{0.0005} = 12000\text{N/m}^3$

정답 ③

07. 10kg의 수증기가 들어있는 체적 2m³의 단단한 용기를 냉각하여 온도를 200℃에서 150℃로 낮추었다. 나중 상태에서 액체상태의 물은 약 몇 kg인가? (단, 150℃에서 물의 포화액 및 포화증기의 비체적은 각각 0.0011m³/kg, 0.3925m³/kg이다)

① 0.508 ② 1.24
③ 4.92   ④ 7.86

| 해설

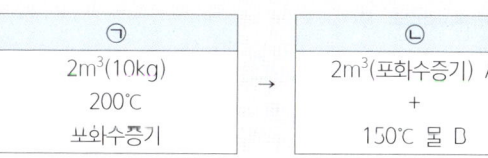

A + B = 10kg

㉡의 비체적
$0.0011\text{m}^3/\text{kg} + 0.3925\text{m}^3/\text{kg} = 0.3936\text{m}^3/\text{kg}$

㉡의 수증기의 무게

$A = 2\text{m}^3 \times \dfrac{1}{0.3936}\text{kg/m}^3 = 5.081\text{kg}$

$B = 10 - A = 10 - 5.081 = 4.919\text{kg} \simeq 4.92\text{kg}$

정답 ③

08. 펌프의 입구 및 출구측에 연결된 진공계와 압력계가 각각 25mmHg와 260kPa을 가리켰다. 이 펌프의 배출 유량이 0.15m³/s가 되려면 펌프의 동력은 약 몇 kW가 되어야 하는가? (단, 펌프의 입구와 출구의 높이차는 없고, 입구측 안지름은 20cm, 출구측 안지름은 15cm이다)

① 3.95 ② 4.32
③ 39.5 ④ 43.2

| 해설

- 펌프의 동력 $P[kW] = \dfrac{\gamma QH}{1000}$

  ※ γ: 물의 비중량[N/m³], Q: 유량[m³/s], H: 전양정[m]

- 수정 베르누이 방정식

$$\underbrace{\dfrac{v_1^2}{2g} + \dfrac{P_1}{\gamma} + y_1}_{(입구)} = \underbrace{\dfrac{v_2^2}{2g} + \dfrac{P_2}{\gamma} + y_2}_{(출구)} + H_{LOSS}$$

- $V_1 = \dfrac{Q}{A_1} = \dfrac{0.15}{\dfrac{\pi}{4} \times (0.2)^2} = 4.77\text{m/s}$

- $V_2 = \dfrac{Q}{A_2} = \dfrac{0.15}{\dfrac{\pi}{4} \times (0.15)^2} = 8.49\text{m/s}$

- $P_1 = -25\text{mmHg} \times \dfrac{101.325\text{kPa}}{760\text{mmHg}} = -3.33\text{kPa}$

- $P_2 = 260\text{kPa}$

$\dfrac{P_1}{\gamma} + \dfrac{V_1^2}{2g} + y_1 = \dfrac{P_2}{\gamma} + \dfrac{V_2^2}{2g} + y_2 + H_{LOSS}$

$y_1 = y_2$이므로

$\dfrac{-3.33\text{kPa}}{9.8\text{kN/m}^3} + \dfrac{(4.77)^2}{2 \times 9.8} = \dfrac{260}{9.8} + \dfrac{(8.49)^2}{2 \times 9.8} + H_{LOSS}$

∴ $H_{LOSS} = 29.39\text{m}$

- 펌프의 동력

$P[kW] = \dfrac{9800\text{N/m}^3 \times 0.15\text{m}^3/\text{s} \times 29.39\text{m}}{1000}$

$= 43.2\text{kW}$

정답 ④

09. 피토관을 사용하여 일정 속도로 흐르고 있는 물의 유속(V)을 측정하기 위해, 그림과 같이 비중 S인 유체를 갖는 액주계를 설치하였다. $S = 2$일 때 액주의 높이 차이가 $H = h$가 되면, $S = 3$일 때 액주의 높이 차(H)는 얼마가 되는가?

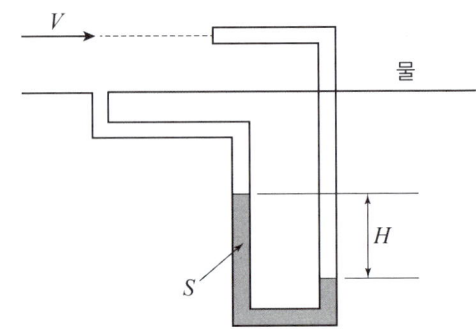

① $\dfrac{h}{9}$ ② $\dfrac{h}{\sqrt{3}}$
③ $\dfrac{h}{3}$ h/3 ④ $\dfrac{h}{2}$

| 해설

- 피토관의 유속 V

$V = \sqrt{2gH\left(\dfrac{S_2 - S_1}{S_1}\right)}$

  ※ g: 중력가속도, S_1: 배관 내 액체의 비중,
  S_2: 액주계 액체의 비중, H: 액주계 높이차

- $S_2 = 2$일 때 $S_1 = 1$, $S_2 = 2$, $H = h$

$V_1 = \sqrt{2gh\dfrac{(2-1)}{1}} = \sqrt{2gh}$

- $S_2 = 3$일 때 $S_1 = 1$, $S_2 = 3$, $H = ?$

$V_2 = \sqrt{2gH\dfrac{(3-1)}{1}} = \sqrt{4gH}$

- $V_1 = V_2$이므로 $\sqrt{2gh} = \sqrt{4gH}$

$2gh = 4gH$

∴ $H = \dfrac{h}{2}$

정답 ④

10. 관내의 흐름에서 부차적 손실에 해당하지 않는 것은?

① 곡선부에 의한 손실
② 직선 원관 내의 손실
③ 유동단면의 장애물에 의한 손실
④ 관 단면의 급격한 확대에 의한 손실

| 해설

- 주손실: 직선 원관 내의 손실
- 부차적 손실
  ㉠ 배관 단면의 급격한 변화
  ㉡ 장애물에 의한 손실
  ㉢ 부속품에 의한 손실
  ㉣ 곡선부에 의한 손실

정답 ②

11. 압력 2MPa인 수증기 건도가 0.2일 때 엔탈피는 몇 kJ/kg인가? (단, 포화증기 엔탈피는 2,780.5kJ/kg 이고, 포화액의 엔탈피는 910kJ/kg이다)

① 1,284
② 1,466
③ 1,845
④ 2,406

| 해설

- 수증기의 엔탈피 계산 $H = x \cdot h_v + (1-x)h_l$
  ※ x: 수증기의 건도, h_v: 포화증기 엔탈피[kJ/kg],
  h_l: 포화액 엔탈피[kJ/kg]
- $H = 0.2 \times 2780.5 + (1-0.2) \times 910 = 1284 \text{kJ/kg}$

정답 ①

12. 출구 단면적이 0.02m²인 수평 노즐을 통하여 물이 수평 방향으로 8m/s의 속도로 노즐 출구에 놓여있는 수직 평판에 분사될 때 평판에 작용하는 힘은 약 몇 N인가?

① 800
② 1,280
③ 2,560
④ 12,544

| 해설

- 평판에 작용하는 힘 $F = \rho QV = \rho AV^2$
- $F = \rho AV^2$
  $= 1000 \text{kg/m}^3 \times 0.02 \text{m}^2 \times 8^2 \text{m/s}$
  $= 1280 \text{N}$

정답 ②

13. 안지름이 25mm인 노즐 선단에서의 방수 압력은 계기 압력으로 5.8×10^5Pa이다. 이 때 방수량은 약 몇 m³/s인가?

① 0.017
② 0.17
③ 0.034
④ 0.34

| 해설

- 방수량 $Q = AV$, $V = \sqrt{2gh}$, $Q = A\sqrt{2gh}$
  ※ Q: 유량[m³/s], A: 단면적[m²], V: 유속[m/s],
  h: 노즐의 높이[m], g: 9.8m/s²
- $A = \dfrac{\pi d^2}{4} = \dfrac{\pi}{4} \times 0.025^2 = 0.00049 \text{m}^2$

  $h = \dfrac{P}{\gamma} = \dfrac{5.8 \times 10^5 [\text{N/m}^2]}{9800 [\text{N/m}^3]} = 59.18 \text{m}$

  $Q = A\sqrt{2gh}$
  $= 0.00049 \times \sqrt{2 \times 9.8 \times 59.18} \simeq 0.017 \text{m}^3/\text{s}$

정답 ①

14. 수평관의 길이가 100m이고, 안지름이 100mm인 소화설비 배관 내를 평균유속 2m/s로 물이 흐를 때 마찰손실수두는 약 몇 m인가? (단, 관의 마찰계수는 0.05이다)

① 9.2 ② 10.2
③ 11.2 ④ 12.2

| 해설

- 마찰손실수두(Darcy-Weisbach 공식)

$$H_{LOSS} = f \frac{l}{d} \frac{v^2}{2g}$$

※ f: 마찰계수, l: 배관길이[m], v: 유속[m/s], d: 배관직경[m], g: 9.8m/s²

- $H_{LOSS} = 0.05 \times \frac{100}{0.1} \times \frac{2^2}{2 \times 9.8} = 10.2\text{m}$

정답 ②

15. 수평 원관 내 완전발달 유동에서 유동을 일으키는 힘(㉠)과 방해하는 힘(㉡)은 각각 무엇인가?

	㉠	㉡
①	압력차에 의한 힘	점성력
②	중력	점성력
③	중력	압력차에 의한 힘
④	압력차에 의한 힘	중력

| 해설

유동을 일으키는 근본적인 힘은 압력차에 의한 힘이고, 점성에 의해 마찰손실을 준다.

정답 ①

16. 외부표면의 온도가 24℃, 내부표면의 온도가 24.5℃일 때, 높이 1.5m, 폭 1.5m, 두께 0.5cm인 유리창을 통한 열전달률은 약 몇 W인가? (단, 유리창의 열전도계수는 0.8W/m·K이다)

① 180 ② 200
③ 1,800 ④ 2,000

| 해설

- 전도에 의한 열전달률

$$q[W] = \frac{kA\Delta T}{t}$$

※ k: 열전도계수[W/m·K], A: 단면적[m²], t: 두께[m], ΔT: 온도차[K]

- $q = \dfrac{0.8[\text{W/m·K}] \times 1.5\text{m} \times 1.5\text{m} \times 0.5\text{K}}{0.005\text{m}}$
  = 180W

정답 ①

17. 어떤 용기 내의 이산화탄소(45kg)가 방호공간에 가스 상태로 방출되고 있다. 방출 온도가 압력이 15℃, 101kPa일 때 방출가스의 체적은 약 몇 m³인가? (단, 일반 기체상수는 8,314J/kmol·K이다)

① 2.2 ② 12.2
③ 20.2 ④ 24.3

| 해설

- 이상기체상태 방정식

$$PV = nRT = \frac{W}{M}RT$$

※ P: 압력[Pa], V: 부피[m³], n: 기체몰수, R: 일반기체상수[J/kmol·K], M: 기체분자량[kg], W: 기체질량[kg], T: 절대온도

- $V = \dfrac{WRT}{PM}$
  $= \dfrac{45\text{kg} \times 8314[\text{J/kmol·K}] \times 288\text{K}}{101 \times 10^3 \times 44\text{kg/kmol}}$
  $\simeq 24.3\text{m}^3$

정답 ④

18. 점성계수와 동점성계수에 관한 설명으로 올바른 것은?

① 동점성계수 = 점성계수 × 밀도
② 점성계수 = 동점성계수 × 중력가속도
③ 동점성계수 = 점성계수 / 밀도
④ 점성계수 = 동점성계수 / 중력가속도

| 해설

동점성계수$(\nu) = \dfrac{\mu(점성계수)}{\rho(밀도)}$

※ μ[kg/m·s], ρ[kg/m³], ν[m²/s, cm²/s = stokes]

정답 ③

19. 일률(시간당 에너지)의 차원을 기본 차원인 M(질량), L(길이), T(시간)로 올바르게 표시한 것은?

① L^2T^{-2}
② $ML^{-1}T^{-2}$
③ ML^2T^{-2}
④ ML^2T^{-3}

| 해설

$$일률 = \dfrac{J}{S} = \dfrac{N \cdot m}{S}$$
$$= \dfrac{kg \cdot m/s^2 \cdot m}{S}$$
$$= \dfrac{kg \cdot m^2}{S^3}$$
$$\therefore \dfrac{M \cdot L^2}{T^3} = ML^2T^{-3}$$

정답 ④

20. 그림과 같은 관에 비압축성 유체가 흐를 때 A 단면의 평균속도가 V_1이라면 B 단면에서의 평균속도 V_2는? (단, A 단면의 지름은 d_1이고 B 단면의 지름은 d_2이다)

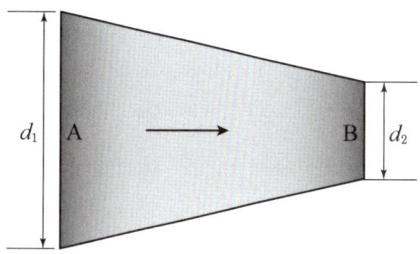

① $V_2 = \left(\dfrac{d_1}{d_2}\right) V_1$
② $V_2 = \left(\dfrac{d_1}{d_2}\right)^2 V_1$
③ $V_2 = \left(\dfrac{d_2}{d_1}\right) V_1$
④ $V_2 = \left(\dfrac{d_2}{d_1}\right)^2 V_1$

| 해설

- 유량은 같으므로 $Q_1 = Q_2$
- $A_1 V_1 = A_2 V_2$

$$V_2 = \dfrac{A_1}{A_2} V_1 = \dfrac{\frac{\pi}{4} d_1^2}{\frac{\pi}{4} d_2^2} V_1 = \left(\dfrac{d_1}{d_2}\right)^2 V_1$$

정답 ②

소방기계시설의 구조 및 원리

21. 작동전압이 22,900V의 고압의 전기기기가 있는 장소에 물분무설비를 설치할 때 전기기기와 물분무헤드 사이의 최소 이격 거리는 얼마로 해야 하는가?

① 70cm 이상   ② 80cm 이상
③ 110cm 이상 ④ 150cm 이상

| 해설

66kV 이하이므로 70cm 이상으로 하여야 한다.

전압[kV]	거리[cm]
66 이하	70 이상
66 초과 77 이하	80 이상
77 초과 110 이하	110 이상
110 초과 154 이하	150 이상
154 초과 181 이하	180 이상
181 초과 220 이하	210 이상
220 초과 276 이하	260 이상

정답 ①

22. 다음 중 일반화재(A급 화재)에 적응성을 만족하지 못한 소화약제는?

① 포소화약제
② 강화액소화약제
③ 할론소화약제
④ 이산화탄소소화약제

| 해설

이산화탄소소화약제는 A급 화재에 적응성이 없다.

정답 ④

23. 거실 제연설비 설계 중 배출량 선정에 있어서 고려하지 않아도 되는 사항은?

① 예상제연구역의 수직거리
② 예상제연구역의 바닥면적
③ 제연설비의 배출방식
④ 자동식 소화설비 및 피난설비의 설치 유무

| 해설

바닥면적, 수직거리, 배출방식에 의해 배출량이 산정되며, 자동식 소화설비 및 피난설비의 설치 유무는 고려 대상에 포함되지 않는다.

정답 ④

24. 폐쇄형 스프링클러헤드를 최고 주위온도 40℃인 장소(공장 및 창고 제외)에 설치할 경우 표시온도는 몇 ℃의 것을 설치하여야 하는가?

① 79℃ 미만
② 79℃ 이상 121℃ 미만
③ 121℃ 이상 162℃ 미만
④ 162℃ 이상

| 해설

79℃ 이상 121℃ 미만의 것을 설치하여야 한다.

설치장소의 최고 주위온도	표시온도
39℃ 미만	79℃ 미만
39℃ 이상 64℃ 미만	79℃ 이상 121℃ 미만
64℃ 이상 106℃ 미만	121℃ 이상 162℃ 미만
106℃ 이상	162℃ 이상

정답 ②

25. 스프링클러헤드를 설치하지 않을 수 있는 장소로만 나열된 것은?

① 계단, 병실, 목욕실, 냉동창고의 냉동실, 아파트(대피공간 제외)
② 발전실, 수술실, 응급처치실, 통신기기실, 관람석이 없는 테니스장
③ 냉동창고의 냉동실, 변전실, 병실, 목욕실, 수영장 관람석
④ 수술실, 관람석이 없는 테니스장, 변전실, 발전실, 아파트(대피공간 제외)

| 해설

스프링클러설비 설치 제외장소는 다음과 같다.
㉠ 계단실(특별피난계단의 부속실을 포함한다)·경사로·승강기의 승강로·비상용승강기의 승강장
㉡ 통신기기실·전자기기실
㉢ 발전실·변전실·변압기
㉣ 병원의 수술실·응급처치실
㉤ 천장과 반자 사이의 거리가 2m 미만인 부분
㉥ 천장·반자 중 한쪽이 불연재료로 되어 있고 천장과 반자 사이의 거리가 1m 미만인 부분
㉦ 천장 및 반자가 불연재료 외의 것으로 되어 있고 천장과 반자 사이의 거리가 0.5m 미만인 부분
㉧ 펌프실·물탱크실, 엘리베이터 권상기실
㉨ 현관 또는 로비 등으로서 바닥으로부터 높이가 20m 이상인 장소
㉩ 영하의 냉장창고의 냉장실 또는 냉동창고의 냉동실
㉪ 고온의 노가 설치된 장소 또는 물과 격렬하게 반응하는 물품의 저장 또는 취급장소
㉫ 정수장·오물처리장
㉬ 펄프공장의 작업장·음료수공장
㉭ 실내에 설치된 테니스장·게이트볼장·정구장

정답 ②

26. 학교, 공장, 창고시설에 설치하는 옥내소화전에서 가압송수장치 및 기동장치가 동결의 우려가 있는 경우 일부 사항을 제외하고는 주펌프와 동등 이상의 성능이 있는 별도의 펌프로서 내연기관의 기동과 연동하여 작동되거나 비상전원을 연결한 펌프를 추가 설치해야 한다. 다음 중 이러한 조치를 취해야 하는 경우는?

① 지하층 없이 지상층만 있는 건축물
② 고가수조를 가압송수장치로 설치한 경우
③ 수원이 건축물의 최상층에 설치된 방수구보다 높은 위치에 설치된 경우
④ 건축물의 높이가 지표면으로부터 10m 이하인 경우

| 해설

다음의 경우에만 추가 설치 제외사유에 해당한다.
㉠ 지하층만 있는 건축물
㉡ 고가수조를 가압송수장치로 설치한 경우
㉢ 수원이 건축물의 최상층에 설치된 방수구보다 높은 위치에 설치된 경우
㉣ 건축물의 높이가 지표면으로부터 10m 이하인 경우
㉤ 가압수조를 가압송수장치로 설치한 경우

정답 ①

27. 다음 중 할로겐화합물소화설비의 수동식 기동장치 점검 내용으로 옳지 않은 것은?

① 방호구역마다 설치되어 있는지 점검한다.
② 방출지연용 비상스위치가 설치되어 있는지 점검한다.
③ 화재감지기와 연동되어 있는지 점검한다.
④ 조작부는 바닥으로부터 0.8m 이상 1.5m 이하의 위치에 설치되어 있는지 점검한다.

| 해설

할로겐소화설비의 자동식 기동장치는 자동화재탐지설비의 감지기의 작동과 연동하는 것으로 수동식 기동장치는 해당되지 않는다.

정답 ③

28. 화재 시 연기가 찰 우려가 없는 장소로서 호스릴 분말소화설비를 설치할 수 있는 기준 중 다음 ( )안에 알맞은 것은?

- 지상 1층 및 피난층에 있는 부분으로서 지상에서 수동 또는 원격조작에 따라 개방할 수 있는 개구부의 유효면적의 합계가 바닥면적의 (㉠)% 이상이 되는 부분
- 전기설비가 설치되어 있는 부분 또는 다량의 화기를 사용하는 부분의 바닥면적이 해당 설비가 설치되어 있는 구획의 바닥면적의 (㉡) 미만이 되는 부분

	㉠	㉡
①	15	1/5
②	15	1/2
③	20	1/5
④	20	1/2

| 해설

- 지상 1층 및 피난층에 있는 부분으로서 지상에서 수동 또는 원격조작에 따라 개방할 수 있는 개구부의 유효면적의 합계가 바닥면적의 15(㉠)% 이상이 되는 부분
- 전기설비가 설치되어 있는 부분 또는 다량의 화기를 사용하는 부분(해당 설비의 주위 5m 이내의 부분을 포함한다)의 바닥면적이 해당 설비가 설치되어 있는 구획의 바닥면적의 5분의 1(㉡) 미만이 되는 부분

정답 ①

29. 다음 ( ) 안에 들어가는 기기로 옳은 것은?

- 분말소화약제의 가압용 가스용기를 3병 이상 설치한 경우에는 2개 이상의 용기에 (㉠)를 부착하여야 한다.
- 분말소화약제의 가압용 가스용기에는 2.5MPa 이하의 압력에서 조정이 가능한 (㉡)를 설치하여야 한다.

	㉠	㉡
①	전자개방밸브	압력조정기
②	전자개방밸브	정압작동장치
③	압력조정기	전자개방밸브
④	압력조정기	정압개방밸브

| 해설

- 분말소화약제의 가압용 가스용기를 3병 이상 설치한 경우에는 2개 이상의 용기에 전자개방밸브(㉠)를 부착하여야 한다.
- 분말소화약제의 가압용 가스용기에는 2.5MPa 이하의 압력에서 조정이 가능한 압력조정기(㉡)를 설치하여야 한다.

정답 ①

30. 이산화탄소소화약제의 저장용기에 관한 일반적인 설명으로 옳지 않은 것은?

① 방호구역 내의 장소에 설치하되 피난구 부근을 피하여 설치할 것
② 온도가 40℃ 이하이고, 온도변화가 적은 곳에 설치할 것
③ 직사광선 및 빗물이 침투할 우려가 없는 곳에 설치할 것
④ 용기간의 간격은 점검에 지장이 없도록 3cm 이상의 간격을 유지할 것

| 해설

방호구역 외의 장소에 설치할 것. 다만, 방호구역 내에 설치할 경우에는 피난 및 조작이 용이하도록 피난구 부근에 설치하여야 한다.

정답 ①

31. 다음 중 피난사다리 하부 지지점에 미끄럼 방지장치를 설치하여야 하는 것은?

① 내림식 사다리   ② 올림식 사다리
③ 수납식 사다리   ④ 신축식 사다리

| 해설
올림식 사다리는 상부 지지점에 걸어 올려 사용하며 상부 지지점(끝으로부터 60cm 이내의 임의 부분)이 미끄러지거나 넘어지지 않도록 안전장치를 설치하여야 하며, 하부 지지점에도 미끄러짐을 막는 장치를 설치하여야 한다.

정답 ②

32. 포소화약제의 혼합장치 중 펌프의 토출관에 압입기를 설치하여 포소화약제 압입용 펌프로 소화약제를 압입시켜 혼합하는 방식은?

① 펌프 프로포셔너방식
② 프레져사이드 프로포셔너방식
③ 라인 프로포셔너방식
④ 프레져 프로포셔너방식

| 해설
펌프의 토출관에 압입기를 설치하여 포소화약제 압입용 펌프로 포소화약제를 압입시켜 혼합하는 방식은 "프레져사이드 프로포셔너방식"이다.
① "펌프 프로포셔너방식"이란 펌프의 토출관과 흡입관 사이의 배관 도중에 설치한 흡입기에 펌프에서 토출된 물의 일부를 보내고, 농도조정밸브에서 조정된 포소화약제의 필요량을 포소화약제 탱크에서 펌프 흡입측으로 보내어 이를 혼합하는 방식을 말한다.
③ "라인 프로포셔너방식"이란 펌프와 발포기의 중간에 설치된 벤추리관의 벤추리작용에 따라 포소화약제를 흡입·혼합하는 방식을 말한다.
④ "프레져 프로포셔너방식"이란 펌프와 발포기의 중간에 설치된 벤추리관의 벤추리작용과 펌프 가압수의 포소화약제 저장탱크에 대한 압력에 따라 포소화약제를 흡입·혼합하는 방식을 말한다.

정답 ②

33. 제연설비에서 예상제연구역의 각 부분으로부터 하나의 배출구까지의 수평거리를 몇 m 이내가 되도록 하여야 하는가?

① 10m   ② 12m
③ 15m   ④ 20m

| 해설
예상제연구역의 각 부분으로부터 하나의 배출구까지의 수평거리는 10m 이내가 되도록 하여야 한다.

정답 ①

34. 상수도 소화용수설비의 소화전은 특정소방대상물의 수평투영면 각 부분으로부터 최대 몇 m 이하가 되도록 설치하는가?

① 25m   ② 40m
③ 100m ④ 140m

| 해설
소화전은 특정소방대상물의 수평투영면의 각 부분으로부터 140m 이하가 되도록 설치한다.

정답 ④

35. 물분무소화설비 가압송수장치의 토출량에 대한 최소 기준으로 옳은 것은? (단, 특수가연물을 저장·취급하는 특정소방대상물 및 차고 주차장의 바닥면적은 50m² 이하인 경우는 50m²를 기준으로 한다)

① 차고 또는 주차장의 바닥면적 1m²에 대해 10L/min로 20분간 방수할 수 있는 양 이상
② 특수가연물을 저장·취급하는 특정 소방대상물의 바닥면적 1m²에 대해 20L/min로 20분간 방수할 수 있는 양 이상
③ 케이블 트레이, 케이블 덕트는 투영된 바닥면적 1m²에 대해 10L/mim로 20분간 방수할 수 있는 양 이상
④ 절연유 봉입 변압기는 바닥면적을 제외한 표면적을 합한 면적 1m²에 대해 10L/min로 20분간 방수할 수 있는 양 이상

| 해설
- 절연유 봉입 변압기는 바닥면적을 제외한 표면적을 합한 면적 1m²에 대해 10L/min로 20분간 방수할 수 있는 양 이상이어야 한다.
- 차고 또는 주차장은 그 바닥면적(최대 방수구역의 바닥면적을 기준으로 하며, 50m² 이하인 경우에는 50m²) 1m²에 대하여 20L를 곱한 양 이상이 되도록 한다.
- 특수가연물을 저장·취급하는 특정소방대상물 또는 그 부분은 그 바닥면적(최대 방수구역의 바닥면적을 기준으로 하며, 50m² 이하인 경우에는 50m²) 1m²에 대하여 10L를 곱한 양 이상이 되도록 한다.
- 케이블트레이, 케이블덕트 등은 투영된 바닥면적 1m²당 12L를 곱한 양 이상이 되도록 한다.

정답 ④

36. 피난기구의 설치기준으로 옳지 않은 것은?

① 피난기구는 소방대상물의 기둥·바닥·보, 기타 구조상 견고한 부분에 볼트조임·매입·용접, 기타의 방법으로 견고하게 부착할 것
② 2층 이상의 층에 피난사다리(하향식 피난구용 내림식사다리는 제외한다)를 설치하는 경우에는 금속성 고정사다리를 설치하고, 피난에 방해되지 않도록 노대는 설치되지 않아야 할 것
③ 승강식피난기 및 하향식 피난구용 내림식 사다리는 설치경로가 설치층에서 피난층까지 연계될 수 있는 구조로 설치할 것. 다만, 건축물의 구조 및 설치 여건상 불가피한 경우에는 그러하지 아니한다.
④ 승강식피난기 및 하향식 피난구용 내림식 사다리의 하강식 내측에는 기구의 연결 금속구 등이 없어야 하며 전개된 피난기구는 하강구 수평투영면적 공간 내의 범위를 침범하지 않는 구조이어야 할 것. 단, 직경 60cm 크기의 범위를 벗어난 경우이거나, 직하층의 바닥면으로부터 높이 50cm 이하의 범위는 제외한다.

| 해설
②의 경우 '4층 이상의 층에 피난사다리(하향식 피난구용 내림식사다리는 제외한다)를 설치하는 경우에는 금속성 고정사다리를 설치하고, 당해 고정사다리에는 쉽게 피난할 수 있는 구조의 노대를 설치할 것'이 옳은 내용이다.

정답 ②

37. 포소화설비의 자동식 기동장치를 폐쇄형 스프링클러헤드의 개방과 연동하여 가압송수장치·일제개방밸브 및 포소화약제 혼합 장치를 기동하는 경우 다음 (   ) 안에 알맞은 것은? (단, 자동화재탐지설비의 수신기가 설치된 장소에 당시 사람이 근무하고 있고, 화재시 즉시 해당 조작부를 작동시킬 수 있는 경우는 제외한다)

> 표시온도가 (㉠)℃ 미만인 것을 사용하고, 1개의 스프링클러헤드의 경계면적은 (㉡)m² 이하로 할 것

	㉠	㉡
①	79	8
②	121	8
③	79	20
④	121	20

| 해설

폐쇄형 스프링클러헤드를 사용하는 경우 표시온도가 79℃ 미만인 것을 사용하고, 1개의 스프링클러헤드의 경계면적은 20m² 이하로 할 것

정답 ③

38. 특정소방대상물별 소화기구의 능력단위의 기준 중 다음 (   )안에 알맞은 것은?

특정소방대상물	소화기구의 능력단위
장례식장 및 의료시설	해당 용도의 바닥면적 (㉠)m² 마다 능력단위 1단위 이상
노유자시설	해당 용도의 바닥면적 (㉡)m² 마다 능력단위 1단위 이상
위락시설	해당 용도의 바닥면적 (㉢)m² 마다 능력단위 1단위 이상

	㉠	㉡	㉢
①	30	50	100
②	30	100	50
③	50	100	30
④	50	30	100

| 해설

특정소방대상물	소화기구의 능력단위
1. 위락시설	해당 용도의 바닥면적 30(㉢)m² 마다 능력단위 1단위 이상
2. 공연장·집회장·관람장·문화재·장례식장 및 의료시설	해당 용도의 바닥면적 50m² 마다 능력단위 1단위 이상
3. 근린생활시설·판매시설·운수시설·숙박시설·노유자시설·전시장·공동주택·업무시설·방송통신시설·공장·창고시설·항공기 및 자동차 관련 시설 및 관광휴게시설	해당 용도의 바닥면적 100(㉡)m² 마다 능력단위 1단위 이상
4. 그 밖의 것	해당 용도의 바닥면적 200(㉢)m² 마다 능력단위 1단위 이상

정답 ③

39. 아래 평면도와 같이 반자가 있는 어느 실내에 전등이나 공조용 디퓨져 등의 시설물을 무시하고 수평거리를 2.1m로 하여 스프링클러헤드를 정방형으로 설치하고자 할 때 최소 몇 개의 헤드를 설치해야 하는가? (단, 반자 속에는 헤드를 설치하지 아니하는 것으로 본다)

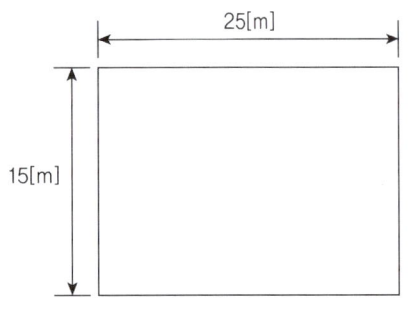

① 24개　　② 42개
③ 54개　　④ 72개

| 해설

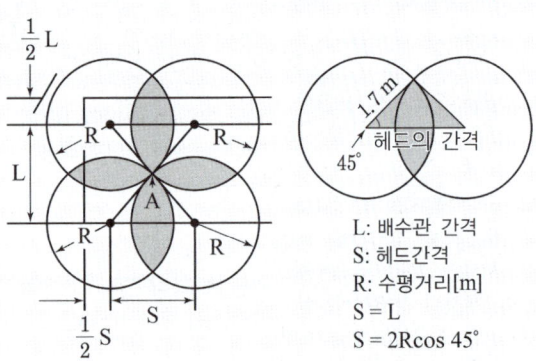

L: 배수관 간격
S: 헤드간격
R: 수평거리[m]
S = L
S = 2Rcos 45°

- $S = 2R\cos 45° = 2 \times 2.1 \times \dfrac{1}{\sqrt{2}} = 2.97$
- 가로방향 $\dfrac{25}{2.97} = 9$

　세로방향 $\dfrac{15}{2.97} = 5.1 \simeq 6$

∴ $9 \times 6 = 54$개

정답 ③

40. 소화용수설비 중 소화수조 및 저수조에 대한 설명으로 틀린 것은?

① 소화수조, 저수조의 채수구 또는 흡수관투입구는 소방차가 2m 이내의 지점까지 접근할 수 있는 위치에 설치할 것
② 지하에 설치하는 소화용수설비의 흡수관투입구는 그 한 변이 0.6m 이상인 것으로 할 것
③ 채수구는 지면으로부터의 높이가 0.5m 이상 1m 이하의 위치에 설치하고 "채수구"라고 표시한 표시를 할 것
④ 소화수조가 옥상 또는 옥탑의 부분에 설치된 경우에는 지상에 설치된 채수구에서의 압력이 0.1MPa 이상이 되도록 할 것

| 해설

소화수조가 옥상 또는 옥탑의 부분에 설치된 경우에는 지상에 설치된 채수구에서의 압력이 0.15MPa 이상이 되도록 하여야 한다.

정답 ④

2019년 제1회

소방유체역학

01. 다음 중 열역학 제1법칙에 관한 설명으로 옳은 것은?

① 열은 그 자신만으로 저온에서 고온으로 이동할 수 없다.
② 일은 열로 변환시킬 수 있고 열은 일로 변환시킬 수 있다.
③ 사이클 과정에서 열이 모두 일로 변환할 수 없다.
④ 열평형 상태에 있는 물체의 온도는 같다.

| 해설

열역학 제1법칙에 대한 설명으로 옳은 것은 ②의 내용이다.
①, ③은 열역학 제2법칙에 대한 설명이다.
④는 열역학 제0법칙에 대한 설명이다.

정답 ②

02. 안지름 25mm, 길이 10m의 수평 파이프를 통해 비중 0.8, 점성계수는 5×10^{-3} kg/m·s인 기름을 유량 0.2×10^{-3} m³/s로 수송하고자 할 때, 필요한 펌프의 최소 동력은 약 몇 W인가?

① 0.21
② 0.58
③ 0.77
④ 0.81

| 해설

- 펌프의 최소 동력 $= \gamma Q H$

  배관마찰손실 $= f \dfrac{l}{d} \dfrac{v^2}{2g}$

  레이놀즈수 $Re = \dfrac{\rho VD}{\mu} = \dfrac{VD}{\nu}$, $f = \dfrac{64}{Re}$

  ※ γ: 비중량[N/m³], Q: 유량[m³/s], H: 전양정[m], f: 마찰계수, l: 배관길이[m], d: 배관직경[m], v: 유속[m/s], g: 9.8m/s², ρ: 밀도[kg/m³], μ: 점성계수[kg/m·s], D: 관의 직경[m], ν: 동점성계수[m²/s]

- $Q = Av$

  $v = \dfrac{Q}{A} = \dfrac{0.2 \times 10^{-3}}{\dfrac{\pi}{4} \times (0.025)^2} = 0.4074 \text{m/s}$

  $\rho = 0.8 \times 1000 \text{kg/m}^3 = 800 \text{kg/m}^3$

  $Re = \dfrac{800 \times 0.4074 \times 0.025}{5 \times 10^{-3}} = 1629.6$

  $f = \dfrac{64}{1629.6} = 0.04$

- 마찰손실수두 $= 0.04 \times \dfrac{10}{0.025} \times \dfrac{0.4074^2}{2 \times 9.8} = 0.1355 \text{m}$

∴ 펌프의 최소 동력
 $= 0.8 \times 9800 \times 0.2 \times 10^{-3} \times 0.1355 = 0.21 \text{W}$

정답 ①

03. 수은의 비중이 13.6일 때 수은의 비체적은 몇 m³/kg인가?

① $\dfrac{1}{13.6}$

② $\dfrac{1}{13.6} \times 10^{-3}$

③ 13.6

④ 13.6×10^{-3}

| 해설

- 비체적 = $\dfrac{1}{\rho(밀도)}$
- 수은의 밀도 = 수은의 비중 × 물의 밀도
  $= 13.6 \times 1000 \text{kg/m}^3 = 13600 \text{kg/m}^3$

∴ 비체적 $= \dfrac{1}{13600} = \dfrac{1}{13.6 \times 10^3} = \dfrac{1}{13.6} \times 10^{-3}$

정답 ②

04. 그림과 같은 U자관 차압 액주계에서 A와 B에 있는 유체는 물이고 그 중간의 유체는 수은(비중 13.6)이다. h_1 = 20cm, h_2 = 30cm, h_3 = 15cm일 때 A의 압력(P_A)와 B의 압력(P_B)의 차이($P_A - P_B$)는 약 몇 kPa인가?

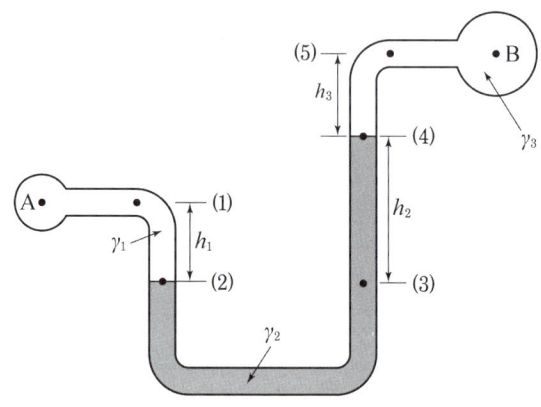

① 35.4   ② 39.5
③ 44.7   ④ 49.8

| 해설

- $P_A = P_2 - \gamma_1 h_1$ - ㉠
  $P_2 = P_3$ - ㉡
  $P_3 = P_4 + \gamma_2 h_2$
  ㉡식에 의해 $P_2 = P_4 + \gamma_2 h_2$ - ㉢
  ㉢식을 ㉠식에 대입하면 $P_A = P_4 + \gamma_2 h_2 - \gamma_1 h_1$ - ㉣
  $P_4 = P_B + \gamma_3 h_3$ - ㉤
- ㉤식을 ㉣식에 대입하면
  $P_A = P_B + \gamma_3 h_3 + \gamma_2 h_2 - \gamma_1 h_1$
  ※ $\gamma_1 = \gamma_3$, $\gamma_2 = 13.6 \times 9.8 \text{kN/m}^3 = 133.28 \text{kN/m}^3$

∴ $P_A - P_B = \gamma_2 h_2 - \gamma_1 h_1 + \gamma_1 h_3$
  $= 133.28 \times 0.3 - 9.8 \times 0.2 + 9.8 \times 0.15$
  $= 39.5 \text{kPa}$

정답 ②

05. 평균유속 2m/s로 50L/s 유량의 물을 흐르게 하는데 필요한 관의 안지름은 약 몇 mm인가?

① 158　　② 168
③ 178　　④ 188

| 해설

- $Q = Av$, $v = \dfrac{Q}{A}$

  ※ Q: 유량[m³/s], v: 유속[m/s], A: 단면적[m²]

- $v = \dfrac{Q}{\dfrac{\pi}{4}d^2}$, $\dfrac{\pi}{4}d^2 v = Q$

  $d = \sqrt{\dfrac{4Q}{\pi v}} = \sqrt{\dfrac{4 \times \dfrac{50}{1000}}{\pi \times 2}} = 0.17841\text{m} = 178.41\text{mm}$

정답 ③

06. 30℃에서 부피가 10L인 이상기체를 일정한 압력으로 0℃로 냉각시키면 부피는 약 몇 L로 변하는가?

① 3　　② 9
③ 12　　④ 18

| 해설

- 샤를의 법칙

  $\dfrac{V_1}{T_1} = \dfrac{V_2}{T_2}$

  ※ V_1: 처음부피, V_2: 나중부피, T_1: 처음온도, T_2: 나중온도

- $\dfrac{10}{273+30} = \dfrac{V_2}{273}$

  ∴ $V_2 = 9\text{L}$

정답 ②

07. 이상적인 카르노사이클의 과정인 단열압축과 등온압축의 엔트로피 변화에 관한 설명으로 옳은 것은?

① 등온압축의 경우 엔트로피 변화는 없고, 단열압축의 경우 엔트로피 변화는 감소한다.
② 등온압축의 경우 엔트로피 변화는 없고, 단열압축의 경우 엔트로피 변화는 증가한다.
③ 단열압축의 경우 엔트로피 변화는 없고, 등온압축의 경우 엔트로피 변화는 감소한다.
④ 단열압축의 경우 엔트로피 변화는 없고, 등온압축의 경우 엔트로피 변화는 증가한다.

| 해설

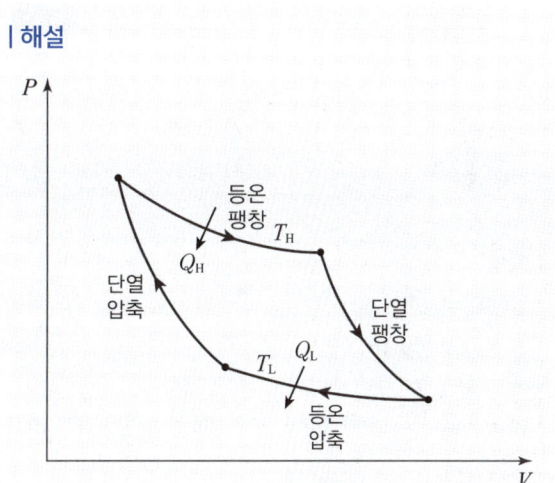

단열압축의 경우 엔트로피 변화는 없고, 등온압축의 경우 엔트로피 변화는 감소한다. 따라서 ③이 옳은 내용이다.

① 엔트로피 변화는 $\dfrac{\triangle Q}{T}$ 이다. 등온압축은 엔트로피 변화가 있고 단열과정은 $\triangle Q = 0$ 이므로 엔트로피 변화는 0이다.
② 등온압축은 엔트로피 변화가 0이 아니다. 단열과정은 엔트로피 변화가 0이다.
④ 등온압축의 경우 $\triangle Q$가 음수이므로 엔트로피는 감소한다.

정답 ③

08. 그림에서 물탱크차가 받는 추력은 약 몇 N인가? (단, 노즐의 단면적은 0.03m²이며, 탱크 내의 계기압력은 40kPa이다. 또한 노즐에서 마찰손실은 무시한다)

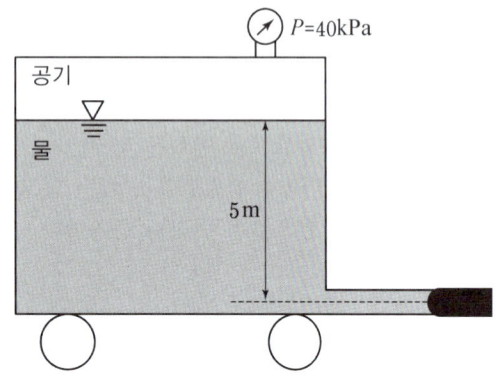

① 812
② 1,489
③ 2,709
④ 5,339

| 해설
- 평판에 작용하는 힘
$F = \rho Q v = \rho A v^2$
  ※ ρ: 밀도, Q: 유량, v: 유속, A: 단면적
- 탱크 안을 1, 노즐을 2라고 하면 베르누이 방정식에 의해
$\dfrac{v_1^2}{2g} + \dfrac{P_1}{\gamma} + y_1 = \dfrac{v_2^2}{2g} + \dfrac{P_2}{\gamma} + y_2$
  ※ P_2는 대기압이고, 0이라고 가정한다.
   P_1은 계기압 40kPa, $v_1 = 0$이라고 가정한다.
$\dfrac{P_1}{\gamma} + y_1 = \dfrac{v_1^2}{2g} + y_2$

$\dfrac{40\text{kPa}}{9.8\text{kN/m}^3} + 5 = \dfrac{v_2^2}{2 \times 9.8} + 0$

∴ $v_2 = 13.34\text{m/s}$

∴ $F = \rho A v^2 = 1000 \times 0.03 \times 13.34^2 \cong 5339\text{N}$

정답 ④

09. 비중이 0.877인 기름이 단면적이 변하는 원관을 흐르고 있으며 체적유량은 0.146m³/s이다. A점에서는 안지름이 150mm, 압력이 91kPa이고, B점에서는 안지름이 450mm, 압력이 60.3kPa이다. 또한 B점은 A점보다 3.66m 높은 곳에 위치한다. 기름이 A점에서 B점까지 흐르는 동안의 손실수두는 약 몇 m인가? (단, 물의 비중량은 9810N/m³이다)

① 3.3
② 7.2
③ 10.7
④ 14.1

| 해설
- 수정 베르누이 방정식
$\dfrac{v_1^2}{2g} + \dfrac{P_1}{\gamma} + y_1 = \dfrac{v_2^2}{2g} + \dfrac{P_2}{\gamma} + y_2 + H$
  ※ $\dfrac{v^2}{2g}$: 속도수두, $\dfrac{P}{\gamma}$: 압력수두, y: 위치수두, H: 손실수두

- $v_A = \dfrac{Q}{A_A} = \dfrac{0.146\text{m}^3/\text{s}}{\dfrac{\pi}{4} \times (0.15)^2} = 8.26\text{m/s}$

- $v_B = \dfrac{Q}{A_B} = \dfrac{0.146}{\dfrac{\pi}{4} \times (0.45)^2} = 0.92\text{m/s}$

- $\dfrac{v_1^2}{2g} + \dfrac{P_1}{\gamma} + y_1 = \dfrac{v_2^2}{2g} + \dfrac{P_2}{\gamma} + y_2 + H$

$\dfrac{8.26^2}{2 \times 9.8} + \dfrac{91}{0.877 \times 9.81} + 0$

$= \dfrac{0.92^2}{2 \times 9.8} + \dfrac{60.3}{0.877 \times 9.81} + 3.66 + H$

∴ $H = 3.3\text{m}$

정답 ①

10. 그림과 같이 피스톤의 지름이 각각 25cm와 5cm이다. 작은 피스톤을 화살표 방향으로 20cm만큼 움직일 경우 큰 피스톤이 움직이는 거리는 약 몇 mm인가? (단, 누설은 없고, 비압축성이라고 가정한다)

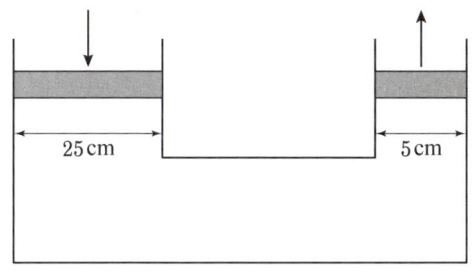

① 2
② 4
③ 8
④ 10

| 해설

- 이동한 부피의 양은 같다. $V_1 = V_2$
- $V_1 = \frac{\pi}{4}D_1^2 h_1$, $V_2 = \frac{\pi}{4}D_2^2 h_2$

$$\frac{\pi}{4}D_1^2 h_1 = \frac{\pi}{4}D_2^2 h_2$$

$$h_1 = \left(\frac{D_2}{D_1}\right)^2 h_2 = \left(\frac{5}{25}\right)^2 \cdot 20 = 0.8\text{cm} = 8\text{mm}$$

정답 ③

11. 스프링클러헤드의 방수압이 4배가 되면 방수량은 몇 배가 되는가?

① $\sqrt{2}$ 배
② 2배
③ 4배
④ 8배

| 해설

- 방수량 $Q = K\sqrt{10P}$
  ※ Q: 방수량[L/min], P: 방수압[MPa], K: 방출계수
- $Q_1 = K\sqrt{10P}$
  $Q_2 = K\sqrt{10 \times 4P_1} = 2K\sqrt{10P_1}$
  ∴ $Q_2 = 2Q_1$

정답 ②

12. 다음 중 표준대기압인 1기압에 가장 가까운 것은?

① 860mmHg
② 10.33mAq
③ 101.325bar
④ 1.0332kgf/m²

| 해설

표준대기압 = 1atm
= 760mmHg = 76cmHg = 0.76mHg
= 10.332mAq[mH₂O]
= 10332mmAq[mmH₂O]
= 101325Pa[N/m²] = 101.325kPa[kN/m²]
= 0.101325MPa[MN/m²]
= 1.013bar = 1013mbar
= 14.7psi

정답 ②

13. 안지름 10cm의 관로에서 마찰손실수두가 속도수두와 같다면 그 관로의 길이는 약 몇 m인가? (단, 관마찰계수는 0.03이다)

① 1.58
② 2.54
③ 3.33
④ 4.52

| 해설

- 마찰손실수두(Darcy 공식)

$$H = f\frac{l}{d}\frac{v^2}{2g}$$

※ f: 마찰계수, d: 직경[m], l: 배관길이[m], v: 유속[m/s], g: 중력가속도[m/s²]

- $f\frac{l}{d}\frac{v^2}{2g} = \frac{v^2}{2g}$

  $f\frac{l}{d} = 1$

  $l = \frac{d}{f} = \frac{0.1}{0.03} = 3.33\text{m}$

정답 ③

14. 원심식 송풍기에서 회전수를 변화시킬 때 동력변화를 구하는 식으로 옳은 것은? (단, 변화 전후의 회전수는 각각 N_1, N_2, 동력은 L_1, L_2이다)

① $L_2 = L_1 \times \left(\dfrac{N_1}{N_2}\right)^3$

② $L_2 = L_1 \times \left(\dfrac{N_1}{N_2}\right)^2$

③ $L_2 = L_1 \times \left(\dfrac{N_2}{N_1}\right)^3$

④ $L_2 = L_1 \times \left(\dfrac{N_2}{N_1}\right)^2$

| 해설

- 동력에서의 상사법칙

$\dfrac{L_2}{L_1} = \left(\dfrac{N_2}{N_1}\right)^3 \left(\dfrac{D_2}{D_1}\right)^5$

- $L_2 = L_1 \times \left(\dfrac{N_2}{N_1}\right)^3 (1)^5 = L_1 \times \left(\dfrac{N_2}{N_1}\right)^3$

정답 ③

15. 그림과 같은 1/4원형의 수문(水門) AB가 받는 수평성분 힘(F_H)과 수직성분 힘(F_V)은 각각 약 몇 kN인가? (단, 수문의 반지름은 2m, 폭은 3m이다)

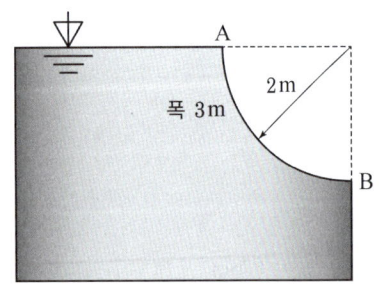

① $F_H = 24.4$, $F_V = 46.2$
② $F_H = 24.4$, $F_V = 92.4$
③ $F_H = 58.8$, $F_V = 46.2$
④ $F_H = 58.8$, $F_V = 92.4$

| 해설

- 수평분력 $F_H = \gamma y_G A = \gamma y_G R \cdot b$

  ※ γ: 비중량, y_G: 도심, A: 수평투영면적, R: 수문반지름, b: 폭

- 수직분력 $F_V = \gamma V = \gamma \dfrac{\pi}{4} R^2 \cdot b$

  ※ γ: 비중량, V: 곡면 위의 부피, R: 수문반지름, b: 폭

- $F_H = 9.8\text{kN/m}^3 \times 1\text{m} \times 2\text{m} \times 3\text{m} = 58.8\text{kN}$

  $F_V = 9.8\text{kN/m}^3 \times \dfrac{\pi}{4} \times 2 \times 3 = 92.4\text{kN}$

정답 ④

16. 펌프 중심으로부터 2m 아래에 있는 물을 펌프 중심으로부터 15m 위에 있는 송출수면으로 양수하려 한다. 관로의 전 손실수두가 6m이고, 송출수량이 1m³/min라면 필요한 펌프의 동력은 약 몇 W인가?

① 2777
② 3103
③ 3430
④ 3757

| 해설

- 펌프의 동력 $P[\text{W}] = \gamma Q H$

  ※ γ: 비중량[N/m³], Q: 유량[m³/s], H: 전양정[m]

- $P = 9800\text{N/m}^3 \times \dfrac{1}{60}\text{m}^3/\text{s} \times (2+15+6)\text{m}$

  $\cong 3757\text{W}$

정답 ④

17. 일반적인 배관 시스템에서 발생되는 손실을 주손실과 부차적 손실로 구분할 때 다음 중 주손실에 속하는 것은?

① 직관에서 발생하는 마찰손실
② 파이프 입구와 출구에서의 손실
③ 단면의 확대 및 축소에 의한 손실
④ 배관부품(엘보, 리턴밴드, 티, 리듀서, 유니언, 밸브 등)에서 발생하는 손실

| 해설
- 주손실: 직관의 마찰손실
- 부차적 손실
  ㉠ 배관 단면의 급격한 변화
  ㉡ 유동 단면의 장애물
  ㉢ 배관 부속품
  ㉣ 곡선부의 손실

정답 ①

18. 온도차이 20℃, 열전도율 5W/m·K, 두께 20cm인 벽을 통한 열유속(heat flux)과 온도차이 40℃, 열전도율 10W/m·K, 두께 t인 같은 면적을 가진 벽을 통한 열유속이 같다면 두께 t는 약 몇 cm인가?

① 10 ② 20
③ 40 ④ 80

| 해설
- 전도에 의한 열전달률
$$q[W] = \frac{kA\Delta T}{t}$$
※ k: 열전도도[W/m·K], t: 물체의 두께[m], A: 전달면적[m²], ΔT: 온도차[K]

- $\dfrac{5 \times A \times 20}{20} = \dfrac{10 \times A \times 40}{t}$

∴ $t = 80\text{cm}$

정답 ④

19. 낙구식 점도계는 어떤 법칙을 이론적 근거로 하는가?

① Stokes의 법칙
② 열역학 제1법칙
③ Hagen-Poiseuille의 법칙
④ Boyle의 법칙

| 해설
낙구식 점도계는 스토크스 법칙을 이론적 근거로 한다.

점도계의 종류	근거 법칙
낙구식 점도계	스토크스 법칙
오스왈드 점도계 세이볼트 점도계	하겐-포아젤 법칙
스토머 점도계 맥마이첼 점도계	뉴튼의 점성 법칙

정답 ①

20. 지면으로부터 4m의 높이에 설치된 수평관 내로 물이 4m/s로 흐르고 있다. 물의 압력이 78.4kPa인 관내의 한 점에서 전수두는 지면을 기준으로 약 몇 m인가?

① 4.76 ② 6.24
③ 8.82 ④ 12.81

| 해설
$$\text{전수두(전양정)} = \frac{v^2}{2g} + \frac{P}{\gamma} + y$$

$$\text{전수두} = \frac{4^2}{2 \times 9.8} + \frac{78.4}{9.8} + 4 = 12.81\text{m}$$

정답 ④

소방기계시설의 구조 및 원리

21. 대형 이산화탄소소화기의 소화약제 충전량은 얼마인가?

① 20kg 이상　　② 30kg 이상
③ 50kg 이상　　④ 70kg 이상

| 해설

대형소화기의 소화약제 충전량은 다음과 같다.
㉠ 물소화기: 80L 이상
㉡ 강화액소화기: 60L 이상
㉢ 할로겐화합물소화기: 30kg 이상
㉣ 이산화탄소소화기: 50kg 이상
㉤ 분말소화기: 20kg 이상
㉥ 포소화기: 20L 이상

　　　　　　　　　　　　　　　　정답 ③

22. 개방형스프링클러설비에서 하나의 방수구역을 담당하는 헤드의 개수는 몇 개 이하로 해야 하는가? (단, 방수구역은 나누어져 있지 않고 하나의 구역으로 되어 있다)

① 50　　② 40
③ 30　　④ 20

| 해설

하나의 방수구역을 담당하는 헤드의 개수는 50개 이하로 할 것. 다만, 2개 이상의 방수구역으로 나눌 경우에는 하나의 방수구역을 담당하는 헤드의 개수는 25개 이상으로 한다.

　　　　　　　　　　　　　　　　정답 ①

23. 분말소화설비의 가압용 가스용기에 대한 설명으로 틀린 것은?

① 가압용 가스용기를 3병 이상 설치한 경우에는 2개 이상의 용기에 전자개방밸브를 부착할 것
② 가압용 가스용기에는 2.5MPa 이하의 압력에서 조정이 가능한 압력조정기를 설치할 것
③ 가압용 가스에 질소가스를 사용하는 것의 질소가스는 소화약제 1kg마다 20L(35℃에서 1기압의 압력상태로 환산한 것) 이상으로 할 것
④ 축압용 가스에 질소가스를 사용하는 것의 질소가스는 소화약제 1kg마다 10L(35℃에서 1기압의 압력상태로 환산한 것) 이상으로 할 것

| 해설

가압용 가스에 질소가스를 사용하는 것의 질소가스는 소화약제 1kg마다 40L(35℃에서 1기압의 압력상태로 환산한 것) 이상으로 한다.

　　　　　　　　　　　　　　　　정답 ③

24. 소화용수설비의 소화수조가 옥상 또는 옥탑의 부분에 설치된 경우 지상에 설치된 채수구에서의 압력은 얼마 이상이어야 하는가?

① 0.15MPa　　② 0.20MPa
③ 0.25MPa　　④ 0.35MPa

| 해설

소화수조가 옥상 또는 옥탑의 부분에 설치된 경우에는 지상에 설치된 채수구에서의 압력이 0.15MPa 이상이 되도록 하여야 한다.

　　　　　　　　　　　　　　　　정답 ①

25. 스프링클러소화설비의 배관 내 압력이 얼마 이상일 때 압력배관용탄소강관을 사용해야 하는가?

① 0.1MPa
② 0.5MPa
③ 0.8MPa
④ 1.2MPa

| 해설
배관 내 사용압력이 1.2MPa 이상일 경우 압력배관용탄소강관, 배관용 아크용접 탄소강강관(KS D 3583)를 사용한다.

정답 ④

26. 할론소화설비에서 국소방출방식의 경우 할론소화약제의 양을 산출하는 식은 다음과 같다. 여기서 A는 무엇을 의미하는가? (단, 가연물이 비산할 우려가 있는 경우로 가정한다)

$$Q = X - Y\frac{a}{A}$$

① 방호공간의 벽면적의 합계
② 창문이나 문의 틈새면적의 합계
③ 개구부 면적의 합계
④ 방호대상물 주위에 설치된 벽의 면적의 합계

| 해설

$$Q = X - Y\frac{a}{A}$$

Q: 방호공간 1m²에 대한 할론소화약제의 양[kg/m²]
a: 방호대상물의 주위에 설치된 벽의 면적의 합계[m²]
A: 방호공간의 벽면적(벽이 없는 경우에는 벽이 있는 것으로 가정한 당해 부분의 면적)의 합계[m²]
X 및 Y: 다음 표의 수치

소화약제의 종별	X의 수치	Y의 수치
할론 2402	5.2	3.9
할론 1211	4.4	3.3
할론 1301	4.0	3.0

정답 ①

27. 이산화탄소소화약제의 저장용기 설치기준 중 옳은 것은?

① 저장용기의 충전비는 고압식은 1.9 이상 2.3 이하, 저압식은 1.5 이상 1.9 이하로 할 것
② 저압식 저장용기에는 액면계 및 압력계와 1.7MPa 이상 2.1MPa 이하의 압력에서 작동하는 압력경보장치를 설치할 것
③ 저장용기는 고압식은 25MPa 이상, 저압식은 3.5MPa 이상의 내압시험압력에 합격한 것으로 할 것
④ 저압식 저장용기에는 내압시험압력의 1.8배의 압력에서 작동하는 안전밸브와 내압시험압력의 0.8배부터 내압시험압력까지의 범위에서 작동하는 봉판을 설치할 것

| 해설
저장용기는 고압식은 25MPa 이상, 저압식은 3.5MPa 이상의 내압시험압력에 합격한 것으로 한다.
① 저장용기의 충전비는 고압식은 1.5 이상 1.9 이하, 저압식 1.1 이상 1.4 이하로 한다.
② 저압식 저장용기에는 액면계 및 압력계와 1.9MPa 이상 2.3MPa 이하의 압력에서 작동하는 압력경보장치를 설치한다.
④ 저압식 저장용기에는 내압시험압력의 0.64배부터 0.8배의 압력에서 작동하는 안전밸브와 내압시험압력의 0.8배부터 내압시험압력에서 작동하는 봉판을 설치한다.

정답 ③

28. 포헤드를 정방형으로 설치 시 헤드와 벽과의 최대 이격거리는 약 몇 m인가?

① 1.48 ② 1.62
③ 1.76 ④ 1.91

| 해설

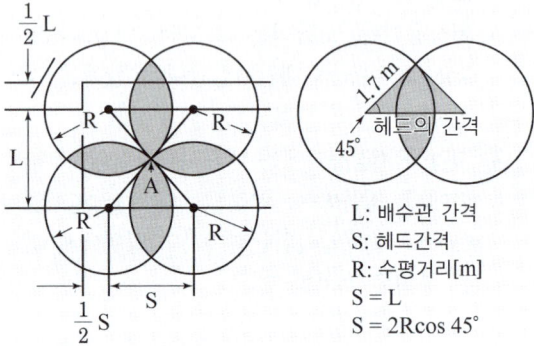

L: 배수관 간격
S: 헤드간격
R: 수평거리[m]
S = L
S = 2Rcos 45°

$$S = 2R\cos 45° = 2 \times 2.1 \times \frac{1}{\sqrt{2}} = 2.97$$

벽과 헤드의 거리 = $\frac{S}{2} = \frac{2.97}{2} = 1.48$

정답 ①

29. 소화용수설비와 관련하여 다음 설명 중 ( ) 안에 들어갈 항목으로 옳게 짝지어진 것은?

> 상수도소화용수설비를 설치하여야 하는 특정소방대상물은 다음의 어느 하나와 같다. 다만, 상수도소화용수설비를 설치하여야 하는 특정소방대상물의 대지 경계선으로부터 (㉠)m 이내에 지름 (㉡)mm 이상인 상수도용 배수관이 설치되지 않은 지역의 경우에는 화재안전기준에 따른 소화수조 또는 저수조를 설치하여야 한다.

	㉠	㉡
①	150	75
②	150	100
③	180	75
④	180	100

| 해설
상수도소화용수설비를 설치하여야 하는 특정소방대상물의 대지 경계선으로부터 180(㉠)m 이내에 지름 75(㉡)mm 이상인 상수도용 배수관이 설치되지 않은 지역의 경우에는 화재안전기준에 따른 소화수조 또는 저수조를 설치하여야 한다.

정답 ③

30. 연소방지설비의 수평주행배관의 설치기준에 대한 설명 중 ( ) 안의 항목이 옳게 짝지어진 것은?

> 연소방지설비에 있어서의 수평주행배관의 구경은 (㉠)mm 이상의 것으로 하되, 연소방지설비 전용헤드 및 스프링클러헤드를 향하여 상향으로 (㉡) 이상의 기울기로 설치하여야 한다.

	㉠	㉡
①	80	1/1000
②	100	1/1000
③	80	2/1000
④	100	2/1000

| 해설

연소방지설비에 있어서의 수평주행배관의 구경은 100(㉠)mm 이상의 것으로 하되, 연소방지설비 전용헤드 및 스프링클러헤드(방수헤드)를 향하여 상향으로 1,000분의 1(㉡) 이상의 기울기로 설치하여야 한다.

정답 ②

31. 예상제연구역 바닥면적 400m² 미만 거실의 공기유입구와 배출구간의 직선거리 기준으로 옳은 것은? (단, 제연경계에 의한 구획을 제외한다)

① 2m 이상 확보되어야 한다.
② 3m 이상 확보되어야 한다.
③ 5m 이상 확보되어야 한다.
④ 10m 이상 확보되어야 한다.

| 해설

바닥면적 400m² 미만의 거실인 예상제연구역에 대하여서는 바닥 외의 장소에 설치하고 공기유입구와 배출구간의 직선거리는 5m 이상으로 한다.

정답 ③

32. 다음 중 스프링클러설비와 비교한 물분무소화설비의 장점으로 옳지 않은 것은?

① 소량의 물을 사용함으로써 물의 사용량 및 방사량을 줄일 수 있다.
② 운동에너지가 크므로 파괴주수효과가 크다.
③ 전기 절연성이 높아서 고압통전기기의 화재에도 안전하게 사용할 수 있다.
④ 물의 방수과정에서 화재열에 따른 부피증가량이 커서 질식효과를 높일 수 있다.

| 해설

물분무소화설비는 미세입자이므로 파괴주수효과는 없다.

정답 ②

33. 일정 이상의 층수를 가진 오피스텔에서는 모든 층에 주거용 주방자동소화장치를 설치해야 하는데, 몇 층 이상인 경우 이러한 조치를 취해야 하는가?

① 15층 이상
② 20층 이상
③ 25층 이상
④ 30층 이상

| 해설

주거용 주방자동소화장치의 설치 대상은 아파트 또는 30층 이상 오피스텔의 모든 층이다.

정답 ④

34. 수직강하식 구조대가 구조적으로 갖추어야 할 조건으로 옳지 않은 것은? (단, 건물 내부의 별실에 설치하는 경우는 제외한다)

① 구조대의 포지는 외부포지와 내부포지로 구성한다.
② 포지는 사용 시 충격을 흡수하도록 수직방향으로 현저하게 늘어나야 한다.
③ 구조대는 연속하여 강하할 수 있는 구조이어야 한다.
④ 입구틀 및 취부틀의 입구는 지름 50cm 이상의 구체가 통과할 수 있어야 한다.

| 해설
② 포지는 사용 시 수직방향으로 현저하게 늘어나지 않아야 한다.
④ 50cm에서 60cm로 개정되었다. (복수정답)

정답 ②, ④

35. 주차장에 분말소화약제 120kg을 저장하려고 한다. 이때 필요한 저장용기의 최소 내용적[L]은?

① 96　　② 120
③ 150　　④ 180

| 해설
소화약제의 종별에 따른 저장용기의 내용적은 다음과 같다.

소화약제의 종별	소화약제 1kg당 저장용기의 내용적
제1종 분말 (탄산수소나트륨을 주성분으로 한 분말)	0.8L
제2종 분말 (탄산수소칼륨을 주성분으로 한 분말)	1L
제3종 분말 (인산염을 주성분으로 한 분말)	1L
제4종 분말 (탄산수소칼륨과 요소가 화합된 분말)	1.25L

주차장에는 제3종 분말을 사용하며, 1kg당 1L이므로 120kg을 저장하기 위한 저장용기의 최소 내용적은 120L이다.

정답 ②

36. 다음 중 노유자시설의 4층 이상 10층 이하에서 적응성이 있는 피난기구가 아닌 것은?

① 피난교　　② 다수인피난장비
③ 승강식피난기　　④ 미끄럼대

| 해설
• 피난기구의 화재안전기준상 노유자시설의 4층 이상 10층 이하에서 적응성이 있는 피난기구에는 피난교, 다수인피난장비, 승강식 피난기가 있으며, 미끄럼대는 포함되지 않는다.
• 미끄럼대는 노유자시설의 1층~3층에서 적응성이 있다.

정답 ④

37. 물분무소화설비를 설치하는 차고의 배수설비 설치기준으로 옳지 않은 것은?

① 차량이 주차하는 장소의 적당한 곳에 높이 10cm 이상의 경계턱으로 배수구를 설치할 것
② 길이 40m 이하마다 집수관, 소화핏트 등 기름분리장치를 설치할 것
③ 차량이 주차하는 바닥은 배수구를 향하여 100분의 1 이상의 기울기를 유지할 것
④ 배수설비는 가압송수장치의 최대 송수능력의 수량을 유효하게 배수할 수 있는 크기 및 기울기로 할 것

| 해설
차량이 주차하는 바닥은 배수구를 향하여 100분의 2 이상의 기울기를 유지한다.

정답 ③

38. 층수가 10층인 일반창고에 습식 폐쇄형 스프링클러헤드가 설치되어 있다면 이 설비에 필요한 수원의 양은 얼마 이상이어야 하는가? (단, 이 창고는 특수가연물을 저장·취급하지 않는 일반물품을 적용하고, 헤드가 가장 많이 설치된 층은 8층으로서 40개가 설치되어 있다)

① $16m^3$
② $32m^3$
③ $48m^3$
④ $64m^3$

| 해설

폐쇄형스프링클러헤드를 사용하는 경우에는 다음 표의 스프링클러설비 설치장소별 스프링클러헤드의 기준개수[스프링클러헤드의 설치개수가 가장 많은 층(아파트의 경우에는 설치개수가 가장 많은 세대)에 설치된 스프링클러헤드의 개수가 기준개수보다 작은 경우에는 그 설치개수를 말한다]에 $1.6m^3$를 곱한 양 이상이 되도록 할 것

스프링클러설비 설치장소			기준개수
지하층을 제외한 층수가 10층 이하인 소방대상물	공장 또는 창고 (랙크식 창고 포함)	특수가연물을 저장·취급하는 것	30
		그 밖의 것	20
	근린생활시설· 판매시설· 운수시설 또는 복합건축물	판매시설 또는 복합건축물 (판매시설이 설치되는 복합건축물)	30
		그 밖의 것	20
	그 밖의 것	헤드의 부착높이가 5m 이상인 것	20
		헤드의 부착높이가 5m 미만인 것	10
아파트			10
지하층을 제외한 층수가 11층 이상인 소방대상물(아파트 제외)·지하가, 지하역사			30

※ 비고: 하나의 소방대상물의 2 이상의 "스프링클러헤드의 기준개수"란에 해당하는 때에는 기준개수가 많은 난을 기준으로 한다. 다만, 각 기준개수에 해당하는 수원을 별도로 설치하는 경우에는 그러하지 아니하다.

∴ 헤드의 개수는 20개이다.
  $20 \times 1.6 = 32m^3$

정답 ②

39. 포소화설비에서 펌프의 토출관에 압입기를 설치하여 포소화약제 압입용 펌프로 포소화약제를 압입시켜 혼합하는 방식은?

① 라인 프로포셔너방식
② 펌프 프로포셔너방식
③ 프레져 프로포셔너방식
④ 프레져사이드 프로포셔너방식

| 해설

펌프의 토출관에 압입기를 설치하여 포소화약제 압입용 펌프로 포소화약제를 압입시켜 혼합하는 방식은 "프레져사이드 프로포셔너방식"이다.

정답 ④

40. 다음 중 옥내소화전의 배관 등에 대한 설치방법으로 옳지 않은 것은?

① 펌프의 토출측 주배관의 구경은 평균 유속을 5m/s가 되도록 설치하였다.
② 배관 내 사용압력이 1.1MPa인 곳에 배관용탄소강관을 사용하였다.
③ 옥내소화전 송수구를 단구형으로 설치하였다.
④ 송수구로부터 주배관에 이르는 연결배관에는 개폐밸브를 설치하지 않았다.

| 해설

① 펌프의 토출측 주배관의 구경은 유속이 4m/s 이하가 될 수 있는 크기 이상으로 하여야 한다.
② 배관 내 사용압력이 1.2MPa 미만일 경우는 배관용탄소강관, 이음매 없는 구리 및 구리합금관, 배관용 스테인레스강관을 사용한다.
③ 송수구는 구경 65mm의 쌍구형 또는 단구형으로 한다.
④ 송수구로부터 주배관에 이르는 연결배관에는 개폐밸브를 설치하지 않는다.

정답 ①

2018년 제4회

소방유체역학

01. 이상기체의 등엔트로피 과정에 대한 설명 중 틀린 것은?

① 폴리트로픽 과정의 일종이다.
② 가역단열과정에서 나타난다.
③ 온도가 증가하면 압력이 증가한다.
④ 온도가 증가하면 비체적이 증가한다.

| 해설

$\dfrac{T_2}{T_1} = \left(\dfrac{V_1}{V_2}\right)^{K-1}$ 에 의해서 온도가 증가하면 비체적은 감소한다.

정답 ④

02. 관내에서 물이 평균속도 9.8m/s로 흐를 때의 속도수두는 약 몇 m인가?

① 4.9   ② 9.8
③ 48   ④ 128

| 해설

속도수두 $h = \dfrac{v^2}{2g} = \dfrac{9.8^2}{2 \times 9.8} = \dfrac{9.8}{2} = 4.9\text{m}$

정답 ①

03. 그림과 같이 스프링상수(spring constant)가 10N/cm인 4개의 스프링으로 평판 A가 벽 B에 그림과 같이 설치되어 있다. 유량 0.01m³/s, 속도 10m/s인 물 제트가 평판 A의 중앙에 직각으로 충돌할 때, 물 제트에 의해 평판과 벽 사이의 단축되는 거리는 약 몇 cm인가?

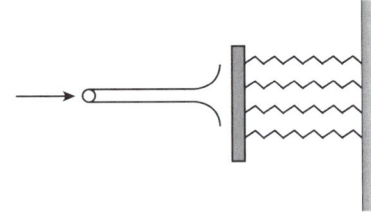

① 2.5   ② 5
③ 10   ④ 40

| 해설

• 고정평판에 작용하는 힘
$= \rho Q v = \rho A v^2$
$= 1000\text{kg/m}^3 \times 0.01\text{m}^3\text{s} \times 10\text{m/s}$
$= 100\text{N}$

• 후크의 법칙 $F = Kx$ 에서 스프링이 4개이므로
$F = 4Kx$
$100\text{N} = 4 \times 10\text{N/cm} \times x$
$\therefore x = \dfrac{100}{40} = 2.5\text{cm}$

정답 ①

04. 이상기체의 정압비열 C_P와 정적비열 C_V의 관계로 옳은 것은? (단, R은 이상기체상수이고, k는 비열이다)

① $C_P = \dfrac{1}{2} C_V$ ② $C_P < C_V$

③ $C_P - C_V = R$ ④ $\dfrac{C_V}{C_P} = k$

| 해설

비열비 $k = \dfrac{C_P}{C_V}$, $C_P - C_V = R$

정답 ③

05. 피스톤의 지름이 각각 10mm, 50mm인 두 개의 유압장치가 있다. 두 피스톤 내부에 작용하는 압력은 동일하고, 큰 피스톤이 1000N의 힘을 발생시킨다고 할 때 작은 피스톤이 발생시키는 힘은 약 몇 N인가?

① 40   ② 400
③ 25,000   ④ 245,000

| 해설

- 파스칼의 원리

$\dfrac{F_1}{A_1} = \dfrac{F_2}{A_2}$

$F_1 = \dfrac{A_1}{A_2} \times F_2$

- $F_1 = \dfrac{\frac{\pi}{4}(0.01)^2}{\frac{\pi}{4}(0.05)^2} \times 1000\text{N} = 40\text{N}$

정답 ①

06. 유체가 매끈한 원관 속을 흐를 때 레이놀즈수가 1200이라면 관마찰계수는 얼마인가?

① 0.0254   ② 0.00128
③ 0.0059   ④ 0.053

| 해설

- 층류($Re < 2100$), 관마찰계수 $f = \dfrac{64}{Re}$
- $f = \dfrac{64}{1200} = 0.053$

정답 ④

07. 2cm 떨어진 두 수평한 판 사이에 기름이 차있고, 두 판 사이의 정중앙에 두께가 매우 얇은 한 변의 길이가 10cm인 정사각형 판이 놓여있다. 이 판을 10cm/s의 일정한 속도로 수평하게 움직이는 데 0.02N의 힘이 필요하다면, 기름의 점도는 약 몇 N·s/m²인가? (단, 정사각형 판의 두께는 무시한다)

① 0.1   ② 0.2
③ 0.01   ④ 0.02

| 해설

$F = 2 \times \tau A = 2 \times \mu \dfrac{du}{dy} \times A = 0.02\text{N}$

$2\mu \dfrac{u}{h} A = 0.02$

$\therefore \mu = \dfrac{0.02 h}{2uA}$

$= \dfrac{0.02 \times 0.01}{2 \times 0.1 \times 0.1 \times 0.1}$

$= \dfrac{0.02}{0.2} = 0.1\text{N} \cdot \text{s/m}^2$

정답 ①

08. 부자(float)의 오르내림에 의해서 배관 내의 유량을 측정하는 기구의 명칭은?

① 피토관(pitot tube)
② 로터미터(rotameter)
③ 오리피스(orifice)
④ 벤투리미터(venturi meter)

| 해설
- 부자의 오르내림에 의해서 배관 내의 유량을 측정하는 기구는 로터미터이다.
- 로터미터는 유체 속에 부자를 띄워 유량을 직접 눈으로 볼 수 있게 한 기구이다. 유량측정장치로는 오리피스미터, 벤튜리미터, 로터미터, 위어가 있다.

정답 ②

09. 다음 열역학적 용어에 대한 설명으로 틀린 것은?

① 물질의 3중점(triple point)은 고체, 액체, 기체의 3상이 평형상태로 공존하는 상태의 지점을 말한다.
② 일정한 압력하에서 고체가 상변화를 일으켜 액체로 변화할 때 필요한 열을 융해열(융해 잠열)이라 한다.
③ 고체가 일정한 압력하에서 액체를 거치지 않고 직접 기체로 변화하는데 필요한 열을 승화열이라 한다.
④ 포화액체를 정압하에서 가열할 때 온도변화 없이 포화증기로 상변화를 일으키는데 사용되는 열을 현열이라 한다.

| 해설
- 포화액체를 정압하에서 가열할 때 온도변화 없이 포화증기로 상변화를 일으키는데 사용되는 열은 기화잠열이다.
- 현열은 상변화 없이 오직 온도변화에 사용되는 열을 말한다.

정답 ④

10. 펌프를 이용하여 10m 높이 위에 있는 물탱크로 유량 $0.3m^3$/min의 물을 퍼올리려고 한다. 관로 내 마찰손실수두가 3.8m, 펌프의 효율이 85%일 때 펌프에 공급해야 하는 동력은 약 몇 W인가?

① 128
② 796
③ 677
④ 219

| 해설
- 축동력(펌프에 실제로 주어지는 동력)

$$P[W] = \frac{\gamma QH}{\eta}$$

※ γ: 비중량[N/m³], Q: 유량[m³/s], H: 전양정[m], η: 펌프효율

- $\gamma = 9800 N/m^3$
  $Q = 0.3 m^3/min = 0.3 m^3/60s = 0.005 m^3/s$
  H = 실제양정 + 손실양정 = $10 + 3.8 = 13.8m$
  $P = \frac{9800 \times 0.005 \times 13.8}{0.85} = 796W$

정답 ②

11. 회전속도 1000rpm일 때 송출량 Q m³/min, 전양정 H m인 원심펌프가 상사한 조건에서 송출량이 $1.1Q$ m³/min가 되도록 회전속도를 증가시킬 때, 전양정은 어떻게 되는가?

① $0.91H$
② H
③ $1.1H$
④ $1.21H$

| 해설

- 상사의 법칙

$$\frac{Q_2}{Q_1} = \left(\frac{N_2}{N_1}\right)\left(\frac{D_2}{D_1}\right)^3$$

$$\frac{H_2}{H_1} = \left(\frac{N_2}{N_1}\right)^2\left(\frac{D_2}{D_1}\right)^2$$

$$\frac{P_2}{P_1} = \left(\frac{N_2}{N_1}\right)^3\left(\frac{D_2}{D_1}\right)^5$$

※ Q: 유량, H: 전양정, D: 임펠러 직경, N: 임펠러 회전수

- $\dfrac{1.1Q}{Q} = \dfrac{N_2}{1000} \cdot 1^3$

  $N_2 = 1000 \times 1.1 = 1100\text{rpm}$

  $\dfrac{H_2}{H_1} = \left(\dfrac{1100}{1000}\right)^2 \cdot 1^2 = 1.1^2$

  ∴ $H_2 = 1.21 H_1$

정답 ④

12. 모세관 현상에 있어서 물이 모세관을 따라 올라가는 높이에 대한 설명으로 옳은 것은?

① 표면장력이 클수록 높이 올라간다.
② 관의 지름이 클수록 높이 올라간다.
③ 밀도가 클수록 높이 올라간다.
④ 중력의 크기와는 무관하다.

| 해설

- 모세관의 상승높이 $h = \dfrac{4\sigma\cos\theta}{\gamma d} = \dfrac{4\sigma\cos\theta}{\rho g d}$

  ※ σ: 표면장력[N/m], θ: 접촉각, γ: 비중량[N/m³],
  ρ: 밀도[kg/m³], g: 9.8m/s², d: 관의 직경[m]

- 관의 지름이 작을수록 높이 올라간다.
- 밀도가 작을수록 높이 올라간다.
- 중력의 크기와 관계 있다.

정답 ①

13. 그림과 같이 30°로 경사진 0.5m × 3m 크기의 수문평판 AB가 있다. A 지점에서 힌지로 연결되어 있을 때 이 수문을 열기 위하여 B 점에서 수문에 직각방향으로 가해야 할 최소힘은 약 몇 N인가? (단, 힌지 A에서의 마찰은 무시한다)

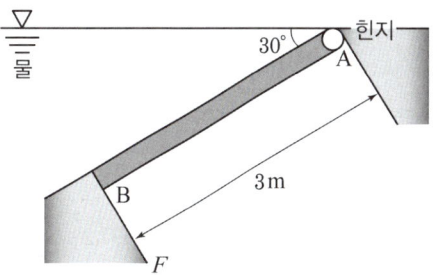

① 7350
② 7355
③ 14700
④ 14710

| 해설

- 경사면에 작용하는 힘 $F = \gamma y_G \sin\theta A$

  작용점의 위치 $y_P = \dfrac{I_G}{y_G A} + y_G$

  ※ γ: 비중량[N/m³], y_G: 도심[m],
  I_G: 도심에 관한 2차 모멘트[m⁴], A: 단면적[m²]

  2차 모멘트 $I_G = \dfrac{bh^3}{12}$ (※ b: 폭, h: 높이)

- $F = 9800 \times 1.5 \times \sin 30° \times 0.5 \times 3 = 11025\text{N}$

  $y_P = \dfrac{\frac{0.5 \times 3^3}{12}}{1.5 \times 0.5 \times 3} + 1.5 = 2\text{m}$

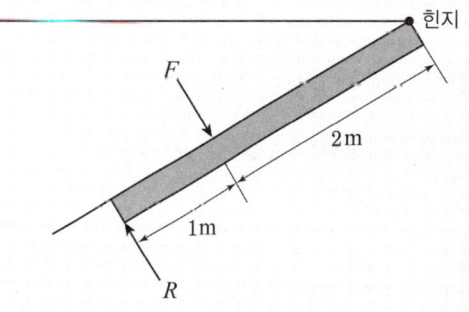

$F \times 2 = R \times 3$

∴ $R = \dfrac{2}{3}F = \dfrac{2}{3} \times 11025 = 7350\text{N}$

정답 ①

14. 관내에 물이 흐르고 있을 때, 그림과 같이 액주계를 설치하였다. 관내에서 물의 유속은 약 몇 m/s 인가?

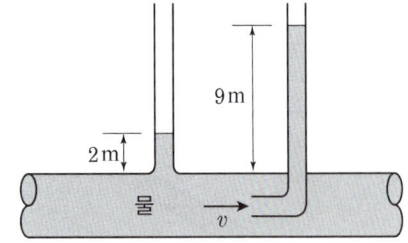

① 2.6 ② 7
③ 11.7 ④ 137.2

| 해설

- 전압 = 정압 + 동압
  9 = 2 + 동압
  ∴ 동압수두 = 7m
- 유속 $v = \sqrt{2gh} = \sqrt{2 \times 9.8 \times 7} = 11.71 \text{m/s}$

정답 ③

15. 파이프 단면적이 2.5배로 급격하게 확대되는 구간을 지난 후의 유속이 1.2m/s이다. 부차적 손실 계수가 0.36이라면 급격확대로 인한 손실수두는 몇 m인가?

① 0.0264 ② 0.0661
③ 0.165 ④ 0.331

| 해설

- 급격한 확대관에서의 손실수두 $H = k\dfrac{v^2}{2g}$
- $Q_1 = Q_2$, $A_1 v_1 = A_2 v_2$
  $A_1 v_1 = 2.5 A_1 \times 1.2 \text{m/s}$
  ∴ $v_1 = 2.5 \times 1.2 \text{m/s} = 3 \text{m/s}$
  ∴ $H = 0.36 \times \dfrac{3^2}{2 \times 9.8} = 0.165 \text{m}$

정답 ③

16. 관 A에는 비중 S_1 = 1.5인 유체가 있으며, 마노미터 유체는 비중 S_2 = 13.6인 수은이고, 마노미터에서의 수은의 높이차 h_2는 20cm이다. 이후 관 A의 압력을 종전보다 40kPa 증가했을 때, 마노미터에서 수은의 새로운 높이차(h_2')는 약 몇 cm 인가?

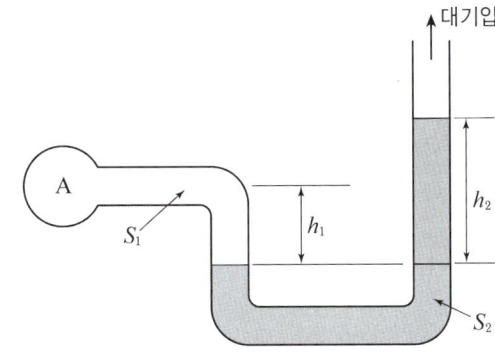

① 28.4
② 35.9
③ 46.2
④ 51.8

| 해설

$P_A = \gamma_{수은} h_2 + 대기압$
대기압을 0이라 가정할 때
처음 $P_A = 13.6 \times 0.8 \text{kN/m}^3 \times 0.2 = 26.656 \text{kPa}$
나중 $P_A + 40 \text{kPa} = \gamma_{수은} h_2' = 13.6 \times 9.8 \times h_2'$
$h_2' = 0.050012 \text{m} = 50.012 \text{cm}$
그러나 A에는 비중 1.5인 유체가 들어 있으므로 h_2'는 50.012cm보다는 약간 상승해야 한다. 따라서 ④가 정답이 된다.

정답 ④

17. 다음 기체, 유체, 액체에 대한 설명 중 옳은 것만을 모두 고른 것은?

> ⓐ 기체: 매우 작은 응집력을 가지고 있으며, 자유표면을 가지지 않고 주어진 공간을 가득 채우는 물질
> ⓑ 유체: 전단응력을 받을 때 연속적으로 변형하는 물질
> ⓒ 액체: 전단응력이 전단변형률과 선형적인 관계를 가지는 물질

① ⓐ, ⓑ
② ⓐ, ⓒ
③ ⓑ, ⓒ
④ ⓐ, ⓑ, ⓒ

| 해설

ⓒ는 뉴토니안 유체를 설명하고 있으며, 모든 유체가 뉴토니안은 아니다.

정답 ①

18. 지름 2cm의 금속 공은 선풍기를 켠 상태에서 냉각하고, 지름 4cm의 금속 공은 선풍기를 끄고 냉각할 때 동일 시간당 발생하는 대류열전달량의 비(2cm 공 : 4cm 공)는? (단, 두 경우 온도차는 같고, 선풍기를 켜면 대류열전달계수가 10배가 된다고 가정한다)

① 1 : 0.3375
② 1 : 0.4
③ 1 : 5
④ 1 : 10

| 해설

- 대류에 의한 열전달량 $q[W] = hA\triangle T$
  ※ h: 대류열전달계수[W/m²·K], A: 단면적[m²], $\triangle T$: 온도변화[K]
- $q_1 = h_1 A_1 \triangle T$, $q_2 = h_2 A_2 \triangle T$, $h_1 = 10h_2$

  $A_1 = 4\pi \cdot 2^2 = 4 \cdot 4\pi$

  $A_2 = 4\pi \cdot 4^2 = 16 \cdot 4\pi$

  ∴ $q_1 : q_2 = (10h_2 \cdot 4 \cdot 4^2 \triangle T) : (h_2 \cdot 16 \cdot 4\pi \triangle T)$
  $= 40 : 16 = 10 : 4 = 1 : 0.4$

정답 ②

19. 관로에서 20℃의 물이 수조에 5분 동안 유입되었을 때 유입된 물의 중량이 60kN이라면 이 때 유량은 몇 m³/s인가?

① 0.015
② 0.02
③ 0.025
④ 0.03

| 해설

- 체적유량 $Q[m^3/s] = Av$
  질량유량 $\overline{m}[kg/s] = \rho Av$
  중량유량 $\overline{G}[N/s] = \gamma Av$
- 5분 동안 유입된 중량이 60kN이므로

  1초당 중량유량은 $\dfrac{60000N}{5 \times 60} = 200N/s = \gamma Av$

  체적유량 $Q = \dfrac{\gamma Av}{\gamma} = \dfrac{200}{9800} = 0.02 m^3/s$

정답 ②

20. 펌프의 캐비테이션을 방지하기 위한 방법으로 틀린 것은?

① 펌프의 설치 위치를 낮추어서 흡입 양정을 작게 한다.
② 흡입관을 크게 하거나 밸브, 플랜지 등을 조정하여 흡입손실수두를 줄인다.
③ 펌프의 회전속도를 높여 흡입속도를 크게 한다.
④ 2대 이상의 펌프를 사용한다.

| 해설

- ③의 경우 흡입속도를 작게 하여야 한다.
- 캐비테이션의 발생 원인은 다음과 같다.
  ㉠ 흡입측 유속이 빠를 때
  ㉡ 흡입측 마찰손실이 클 경우
  ㉢ 흡입관경이 작을 때
  ㉣ 흡입압력이 낮을 때
  ㉤ 흡입온도가 높을 때

정답 ③

소방기계시설의 구조 및 원리

21. 자동화재탐지설비의 감지기의 작동과 연동하는 분말소화설비 자동식 기동장치의 설치기준 중 다음 (   ) 안에 알맞은 것은?

> - 전기식 기동장치로서 (㉠)병 이상의 저장용기를 동시에 개방하는 설비는 2병 이상의 저장용기에 전자개방밸브를 부착할 것
> - 가스압력식 기동장치의 기동용 가스용기 및 해당 용기에 사용하는 밸브는 (㉡)MPa 이상의 압력에 견딜 수 있는 것으로 할 것

	㉠	㉡
①	3	2.5
②	7	2.5
③	3	25
④	7	25

| 해설
- 전기식 기동장치로서 7(㉠)병 이상의 저장용기를 동시에 개방하는 설비는 2병 이상의 저장용기에 전자개방밸브를 부착할 것
- 기동용 가스용기 및 해당 용기에 사용하는 밸브는 25(㉡)MPa 이상의 압력에 견딜 수 있는 것으로 할 것

정답 ④

22. 소화용수설비인 소화수조가 옥상 또는 옥탑 부근에 설치된 경우에는 지상에 설치된 채수구에서의 압력이 최소 몇 MPa 이상이 되어야 하는가?

① 0.8 ② 0.13
③ 0.15 ④ 0.25

| 해설
소화수조가 옥상 또는 옥탑의 부분에 설치된 경우에는 지상에 설치된 채수구에서의 압력이 0.15MPa 이상이 되도록 하여야 한다.

정답 ③

23. 옥내소화전설비 수원의 산출된 유효수량 외에 유효수량의 1/3 이상을 옥상에 설치하지 아니할 수 있는 경우의 기준 중 다음 (   ) 안에 알맞은 것은?

> - 수원이 건축물의 최상층에 설치된 (㉠)보다 높은 위치에 설치된 경우
> - 건축물의 높이가 지표면으로부터 (㉡)m 이하인 경우

	㉠	㉡
①	송수구	7
②	방수구	7
③	송수구	10
④	방수구	10

| 해설
- 수원이 건축물의 최상층에 설치된 방수구(㉠)보다 높은 위치에 설치된 경우
- 건축물의 높이가 지표면으로부터 10(㉡)m 이하인 경우

정답 ④

24. 특별피난계단의 계단실 및 부속실 제연설비의 차압 등에 관한 기준 중 옳은 것은?

① 제연설비가 가동되었을 경우 출입문의 개방에 필요한 힘은 130N 이하로 하여야 한다.
② 제연구역과 옥내와의 사이에 유지하여야 하는 최소차압은 40Pa(옥내에 스프링클러설비가 설치된 경우에는 12.5Pa) 이상으로 하여야 한다.
③ 피난을 위하여 제연구역의 출입문이 일시적으로 개방되는 경우 개방되지 아니하는 제연구역과 옥내와의 차압은 기준 차압의 60% 미만이 되어서는 아니 된다.
④ 계단실과 부속실을 동시에 제연하는 경우 부속실의 기압은 계단실과 같게 하거나 계단실의 기압보다 낮게 할 경우에는 부속실과 계단실의 압력차이는 10Pa 이하가 되도록 하여야 한다.

| 해설
- 제연구역과 옥내와의 사이에 유지하여야 하는 최소차압은 40Pa(옥내에 스프링클러설비가 설치된 경우에는 12.5Pa) 이상으로 하여야 한다.
- 제연설비가 가동되었을 경우 출입문의 개방에 필요한 힘은 110N 이하로 하여야 한다.
- 출입문이 일시적으로 개방되는 경우 개방되지 아니하는 제연구역과 옥내와의 차압은 기준에 따른 차압의 70% 미만이 되어서는 아니 된다.
- 계단실과 부속실을 동시에 제연하는 경우 부속실의 기압은 계단실과 같게 하거나 계단실의 기압보다 낮게 할 경우에는 부속실과 계단실의 압력차이는 5Pa 이하가 되도록 하여야 한다.

정답 ②

25. 소화용수설비에 설치하는 채수구의 설치기준 중 다음 ( ) 안에 알맞은 것은?

> 채수구는 지면으로부터의 높이가 (㉠)m 이상 (㉡)m 이하의 위치에 설치하고 "채수구"라고 표시한 표지를 할 것

	㉠	㉡
①	0.5	1.0
②	0.5	1.5
③	0.8	1.0
④	0.8	1.5

| 해설
채수구는 지면으로부터의 높이가 0.5m 이상 1m 이하의 위치에 설치하고 "채수구"라고 표시한 표지를 할 것

정답 ①

26. 특정소방대상물에 따라 적응하는 포소화설비의 설치기준 중 특수가연물을 저장·취급하는 공장 또는 창고에 적응성을 갖는 포소화설비가 아닌 것은?

① 포헤드설비
② 고정포방출설비
③ 압축공기포소화설비
④ 호스릴포소화설비

| 해설
특수가연물을 저장·취급하는 공장 또는 창고에 적응성을 갖는 포소화설비에는 포워터스프링클러설비, 포헤드설비 또는 고정포방출설비, 압축공기포소화설비가 있으며, 호스릴포소화설비는 포함되지 않는다.

정답 ④

27. 개방형스프링클러헤드 30개를 설치하는 경우 급수관의 구경은 몇 mm로 하여야 하는가?

① 65   ② 80
③ 90   ④ 100

| 해설

급수관의 구경 구분	25	32	40	50	65	80	90	100	125	150
가	2	3	5	10	30	60	80	100	160	161 이상
나	2	4	7	15	30	60	65	100	160	161 이상
다	1	2	5	8	15	27	40	55	90	91 이상

㉠ 폐쇄형스프링클러헤드를 사용하는 설비의 경우로서 1개 층에 하나의 급수배관(또는 밸브 등)이 담당하는 구역의 최대면적은 3,000m² 를 초과하지 아니할 것
㉡ 폐쇄형스프링클러헤드를 설치하는 경우에는 "가"란의 헤드 수에 따를 것
㉢ 폐쇄형스프링클러헤드를 설치하고 반자 아래의 헤드와 반자 속의 헤드를 동일 급수관의 가지관상에 병설하는 경우에는 "나"란의 헤드 수에 따를 것
㉣ 제10조 제3항 제1호의 경우로서 폐쇄형스프링클러헤드를 설치하는 설비의 배관구경은 "다"란에 따를 것
㉤ 개방형스프링클러헤드를 설치하는 경우 하나의 방수구역이 담당하는 헤드의 개수가 30개 이하일 때는 "다"란의 헤드수에 의하고, 30개를 초과할 때는 수리계산 방법에 따를 것
∴ "다"란의 헤드수는 27개 이하일 때 직경 80이고 40 이하일 때 직경 90이므로 직경 90을 사용한다.

정답 ③

28. 포소화설비의 배관 등의 설치기준 중 옳은 것은?

① 포워터스프링클러설비 또는 포헤드설비의 가지배관의 배열은 토너먼트방식으로 한다.
② 송액관은 겸용으로 하여야 한다. 다만, 포소화전의 기동장치의 조작과 동시에 다른 설비의 용도에 사용하는 배관의 송수를 차단할 수 있거나, 포소화설비의 성능에 지장이 없는 경우에는 전용으로 할 수 있다.
③ 송액관은 포의 방출 종료 후 배관 안의 액을 배출하기 위하여 적당한 기울기를 유지하도록 하고 그 낮은 부분에 배액밸브를 설치하여야 한다.
④ 연결송수관설비의 배관과 겸용할 경우의 주배관은 구경 65mm 이상, 방수구로 연결되는 배관의 구경은 100mm 이상의 것으로 하여야 한다.

| 해설

송액관은 포의 방출 종료 후 배관 안의 액을 배출하기 위하여 적당한 기울기를 유지하도록 하고 그 낮은 부분에 배액밸브를 설치하여야 한다.
① 포워터스프링클러설비 또는 포헤드설비의 가지배관의 배열은 토너먼트방식이 아니어야 한다.
② 송액관은 전용으로 하여야 한다
④ 연결송수관설비의 배관과 겸용할 경우의 주배관은 구경 100mm 이상, 방수구로 연결되는 배관의 구경은 65mm 이상의 것으로 하여야 한다.

정답 ③

29. 고압의 전기기기가 있는 장소에 있어서 전기의 절연을 위한 전기기기와 물분무헤드 사이의 최소 이격거리 기준으로 옳은 것은?

① 66kV 이하 - 60cm 이상
② 66kV 초과 77kV 이하 - 80cm 이상
③ 77kV 초과 110kV 이하 - 100cm 이상
④ 110kV 초과 154kV 이하 - 140cm 이상

| 해설
전압에 따른 이격거리의 기준은 다음과 같다.

전압[kV]	거리[cm]
66 이하	70 이상
66 초과 77 이하	80 이상
77 초과 110 이하	110 이상
110 초과 154 이하	150 이상
154 초과 181 이하	180 이상
181 초과 220 이하	210 이상
220 초과 276 이하	260 이상

따라서 ②의 '66kV 초과 77kV 이하 - 80cm 이상'이 옳은 내용이다.

정답 ②

30. 청정소화약제 소화설비(할로겐화합물 및 불활성기체소화설비)를 설치할 수 없는 장소의 기준으로 옳은 것은? (단, 소화성능이 인정되는 위험물은 제외한다)

① 제1류 위험물 및 제2류 위험물 사용
② 제2류 위험물 및 제4류 위험물 사용
③ 제3류 위험물 및 제5류 위험물 사용
④ 제4류 위험물 및 제6류 위험물 사용

| 해설
할로겐화합물 및 불활성기체소화설비는 사람이 상주하는 곳으로써 최대허용설계농도를 초과하는 장소, 제3류 위험물 및 제5류 위험물을 사용하는 장소에서는 설치할 수 없다.

정답 ③

31. 스프링클러설비를 설치하여야 할 특정소방대상물에 있어서 스프링클러헤드를 설치하지 아니할 수 있는 기준 중 틀린 것은?

① 천장과 반자 양쪽이 불연재료로 되어 있고 천장과 반자 사이의 거리가 2.5m 미만인 부분
② 천장 및 반자가 불연재료 외의 것으로 되어 있고 천장과 반자 사이의 거리가 0.5m 미만인 부분
③ 천장·반자 중 한쪽이 불연재료로 되어 있고 천장과 반자 사이의 거리가 1m 미만인 부분
④ 현관 또는 로비 등으로서 바닥으로부터 높이가 20m 이상인 장소

| 해설
①의 경우 천장과 반자 양쪽이 불연재료로 되어 있는 경우로서 천장과 반자 사이의 거리가 2m 미만인 부분이 옳은 내용이다.

정답 ①

32. 대형소화기에 충전하는 최소 소화약제의 기준 중 다음 ( ) 안에 알맞은 것은?

- 분말소화기: (㉠)kg 이상
- 물소화기: (㉡)L 이상
- 이산화탄소소화기: (㉢)kg 이상

	㉠	㉡	㉢
①	30	80	50
②	30	50	60
③	20	80	50
④	20	50	60

| 해설

대형소화기에 충전하는 최소 소화약제의 기준은 다음과 같다.
ⓐ 물소화기: 80(㉡)L 이상
ⓑ 강화액소화기: 60L 이상
ⓒ 할로겐화합물소화기: 30kg 이상
ⓓ 이산화탄소소화기: 50(㉢)kg 이상
ⓔ 분말소화기: 20(㉠)kg 이상
ⓕ 포소화기: 20L 이상

정답 ③

33. 미분무소화설비의 배관의 배수를 위한 기울기 기준 중 다음 ( ) 안에 알맞은 것은? (단, 배관의 구조상 기울기를 줄 수 없는 경우는 제외한다)

개방형 미분무소화설비에는 헤드를 향하여 상향으로 수평주행배관의 기울기를 (㉠) 이상, 가지배관의 기울기를 (㉡) 이상으로 할 것

	㉠	㉡
①	1/100	1/500
②	1/500	1/100
③	1/250	1/500
④	1/500	1/250

| 해설

개방형 미분무소화설비에는 헤드를 향하여 상향으로 수평주행배관의 기울기를 500분의 1(㉠) 이상, 가지배관의 기울기를 250분의 1(㉡) 이상으로 할 것

정답 ④

34. 국소방출방식의 할로겐화합물소화설비(할론소화설비)의 분사헤드 설치기준 중 다음 ( ) 안에 알맞은 것은?

> 분사헤드의 방사압력은 할론 2402를 방사하는 것은 (㉠)MPa 이상, 할론 2402를 방출하는 분사헤드는 해당 소화약제가 (㉡)으로 분무되는 것으로 하여야 하며, 기준저장량의 소화약제를 (㉢)초 이내에 방사할 수 있는 것으로 할 것

	㉠	㉡	㉢
①	0.1	무상	10
②	0.2	적상	10
③	0.1	무상	30
④	0.2	적상	30

| 해설
- 분사헤드의 방사압력은 할론 2402를 방사하는 것은 0.1(㉠)MPa 이상, 할론 2402를 방출하는 분사헤드는 해당 소화약제가 무상(㉡)으로 분무되는 것으로 하여야 하며, 기준저장량의 소화약제를 10(㉢)초 이내에 방사할 수 있는 것으로 할 것
- 분사헤드의 방사압력의 경우 할론 1211을 방사하는 것은 0.2MPa 이상, 할론 1301을 방사하는 것은 0.9MPa 이상으로 한다.

정답 ①

35. 특정소방대상물의 용도 및 장소별로 설치하여야 할 인명구조기구 종류의 기준 중 다음 ( ) 안에 알맞은 것은?

특정소방대상물	인명구조기구의 종류
물분무등소화설비 중 ( )를 설치하여야 하는 특정소방대상물	공기호흡기

① 이산화탄소소화설비
② 분말소화설비
③ 할로겐화합물소화설비(할론소화설비)
④ 청정소화약제소화설비(할로겐화합물 및 불활성기체소화설비)

| 해설
물분무등소화설비 중 이산화탄소소화설비를 설치하여야 하는 특정소방대상물의 인명구조기구는 공기호흡기이다.

정답 ①

36. 송수구가 부설된 옥내소화전을 설치한 특정소방대상물로서 연결송수관설비의 방수구를 설치하지 아니할 수 있는 층의 기준 중 다음 (   ) 안에 알맞은 것은? (단, 집회장·관람장·백화점·도매시장·소매시장·판매시설·공장·창고시설 또는 지하가를 제외한다)

- 지하층을 제외한 층수가 (㉠)층 이하이고 연면적이 (㉡)m² 미만인 특정소방대상물의 지상층의 용도로 사용되는 층
- 지하층의 층수가 (㉢) 이하인 특정소방대상물의 지하층

	㉠	㉡	㉢
①	3	5000	3
②	4	6000	2
③	5	3000	3
④	6	4000	2

| 해설

특정소방대상물로서 연결송수관설비의 방수구를 설치하지 아니할 수 있는 층의 기준은 다음과 같다.
㉠ 아파트의 1층 및 2층
㉡ 소방차의 접근이 가능하고 소방대원이 소방차로부터 각 부분에 쉽게 도달할 수 있는 피난층
㉢ 송수구가 부설된 옥내소화전을 설치한 특정소방대상물(집회장·관람장·백화점·도매시장·소매시장·판매시설·공장·창고시설 또는 지하가를 제외한다)로서 다음의 어느 하나에 해당하는 층
  ⓐ 지하층을 제외한 층수가 4층 이하이고 연면적이 6,000m² 미만인 특정소방대상물의 지상층
  ⓑ 지하층의 층수가 2 이하인 특정소방대상물의 지하층

정답 ②

37. 다수인 피난장비의 설치기준으로 옳지 않은 것은?

① 사용 시에 보관실 외측 문이 먼저 열리고 탑승기가 외측으로 자동으로 전개될 것
② 보관실의 문은 상시 개방상태를 유지하도록 할 것
③ 하강 시에 탑승기가 건물 외벽이나 돌출물에 충돌하지 않도록 설치할 것
④ 피난층에는 해당 층에 설치된 피난기구가 착지에 지장이 없도록 충분한 공간을 확보할 것

| 해설

②의 경우 다수인피난장비 보관실은 건물 외측보다 돌출되지 아니하고, 빗물·먼지 등으로부터 장비를 보호할 수 있는 구조이어야 한다.

정답 ②

38. 분말소화설비의 분말소화약제 저장용기의 설치기준으로 옳은 것은?

① 저장용기에는 가압식은 최고사용압력의 0.8배 이하, 축압식은 용기의 내압시험압력의 1.8배 이하의 압력에서 작동하는 안전밸브를 설치할 것
② 저장용기의 충전비는 0.8 이상으로 할 것
③ 저장용기 간의 간격은 점검에 지장이 없도록 5cm 이상의 간격을 유지할 것
④ 저장용기에는 저장용기의 내부압력이 설정압력으로 되었을 때 주밸브를 개방하는 압력조정기를 설치할 것

| 해설

저장용기의 충전비는 0.8 이상으로 한다.
① 저장용기에는 가압식은 최고사용압력의 1.8배 이하, 축압식은 용기의 내압시험압력의 0.8배 이하의 압력에서 작동하는 안전밸브를 설치한다.
③ 용기 간의 간격은 점검에 지장이 없도록 3cm 이상의 간격을 유지한다.
④ 저장용기에는 저장용기의 내부압력이 설정압력으로 되었을 때 주밸브를 개방하는 정압작동장치를 설치한다.

정답 ②

39. 바닥면적이 1300m²인 관람장에 소화기구를 설치할 경우 소화기구의 최소 능력단위는? (단, 주요구조부가 내화구조이고, 벽 및 반자의 실내와 면하는 부분이 불연재료로 된 특정소방대상물이다)

① 7단위　　② 13단위
③ 22단위　　④ 26단위

| 해설

• 특정소방대상물에 따른 소화기구의 능력단위는 다음과 같다.

특정소방대상물	소화기구의 능력단위
1. 위락시설	해당 용도의 바닥면적 30m² 마다 능력단위 1단위 이상
2. 공연장·집회장·관람장·문화재·장례식장 및 의료시설	해당 용도의 바닥면적 50m² 마다 능력단위 1단위 이상
3. 근린생활시설·판매시설·운수시설·숙박시설·노유자시설·전시장·공동주택·업무시설·방송통신시설·공장·창고시설·항공기 및 자동차 관련 시설 및 관광휴게시설	해당 용도의 바닥면적 100m² 마다 능력단위 1단위 이상
4. 그 밖의 것	해당 용도의 바닥면적 200m² 마다 능력단위 1단위 이상

• 소화기구의 능력단위를 산출함에 있어서 건축물의 주요구조부가 내화구조이고, 벽 및 반자의 실내에 면하는 부분이 불연재료, 준불연재료 또는 난연재료로 된 특정소방대상물에 있어서는 위 표의 기준면적의 2배를 해당 특정소방대상물의 기준면적으로 한다.

∴ 최소능력단위 $= \dfrac{1300}{50 \times 2} = 13$ 단위

정답 ②

40. 화재조기진압용 스프링클러설비 헤드의 기준 중 다음 (　) 안에 알맞은 것은?

> 헤드 하나의 방호면적은 (㉠)m² 이상 (㉡)m² 이하로 할 것

	㉠	㉡
①	2.4	3.7
②	3.7	9.1
③	6.0	9.3
④	9.1	13.7

| 해설

헤드 하나의 방호면적은 6.0m² 이상 9.3m² 이하로 한다.

정답 ③

2018년 제2회

소방유체역학

01. 효율이 50%인 펌프를 이용하여 저수지의 물을 1초에 10L씩 30m 위쪽에 있는 논으로 퍼올리는데 필요한 동력은 약 몇 kW인가?

① 18.83 ② 10.48
③ 2.94   ④ 5.88

| 해설

축동력 $P[W] = \dfrac{\gamma Q H}{\eta}$

$P[W] = \dfrac{9800[N/m^3] \times \dfrac{10}{1000}[m^3/s] \times 30[m]}{0.5}$

$= 5880W = 5.88kW$

정답 ④

02. 펌프가 실제 유동시스템에 사용될 때 펌프의 운전점은 어떻게 결정하는 것이 좋은가?

① 시스템 곡선과 펌프성능 곡선의 교점에서 운전한다.
② 시스템 곡선과 펌프효율 곡선의 교점에서 운전한다.
③ 펌프성능 곡선과 펌프효율 곡선의 교점에서 운전한다.
④ 펌프효율 곡선의 최고점, 즉 최고 효율점에서 운전한다.

| 해설

시스템 곡선과 펌프성능 곡선의 교점에서 운전한다.

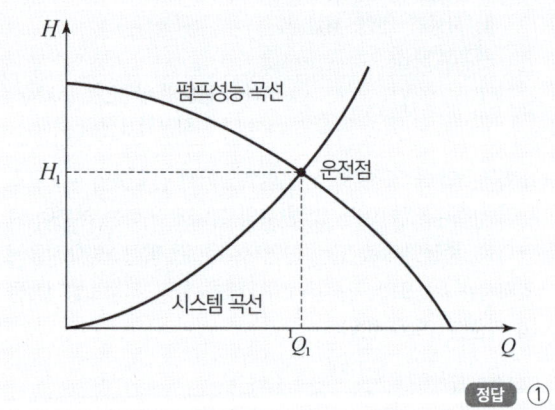

정답 ①

03. 비중이 1.03인 바닷물에 비중 0.9인 빙산이 떠있다. 전체 부피의 몇 %가 해수면 위로 올라와 있는가?

① 12.6   ② 10.8
③ 7.2   ④ 6.3

| 해설

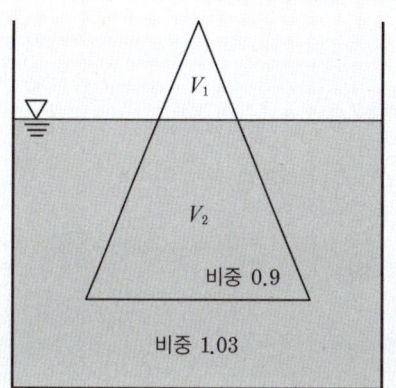

- $V = V_1 + V_2$
  $V_2 = V - V_1$ - ㉠
- 중력 = 부력
  $\rho_{ice} g V = \rho_{sw} g V_2$
  ㉠식을 대입하면
  $\rho_{ice} g V = \rho_{sw} g (V - V_1)$
  양변을 ρ_w(물의 밀도)로 나눈다.
  $\dfrac{\rho_{ice}}{\rho_w} V = \dfrac{\rho_{sw}}{\rho_w}(V - V_1)$
  $0.9 V = 1.03(V - V_1)$
  $0.9 V = 1.03 V - 1.03 V_1$
  $1.03 V_1 = 0.13 V$
  $V_1 = \dfrac{0.13}{1.03} V = 0.126 V$

∴ $0.126 \times 100 = 12.6\%$

정답 ①

04. 그림과 같이 중앙부분에 구멍이 뚫린 원판에 지름 D의 원형 물제트가 대기압 상태에서 V의 속도로 충돌하여, 원판 뒤로 지름 $\dfrac{D}{2}$의 원형 물제트가 V의 속도로 흘러나가고 있을 때, 이 원판이 받는 힘은 얼마인가? (단, ρ는 물의 밀도이다)

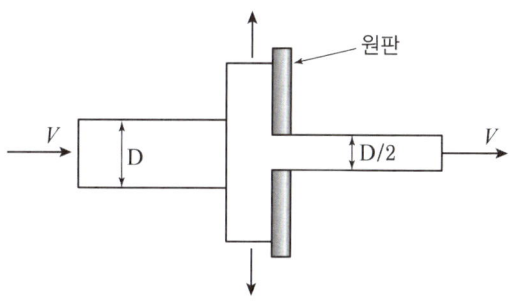

① $\dfrac{3}{16}\rho\pi V^2 D^2$

② $\dfrac{3}{8}\rho\pi V^2 D^2$

③ $\dfrac{3}{4}\rho\pi V^2 D^2$

④ $3\rho\pi V^2 D^2$

| 해설

- 평판에 작용하는 반발력은 $\rho Q V = \rho A V^2$
  왼쪽의 V로 인한 반발력 $\rho\dfrac{\pi}{4}D^2 V^2 = \dfrac{\rho}{4}\pi D^2 V^2$ - ㉠
  오른쪽의 V로 인한 반발력 $\rho\dfrac{\pi}{4}\left(\dfrac{D}{2}\right)^2 V^2 = \dfrac{\rho}{16}\pi D^2 V^2$ - ㉡
- ㉠ - ㉡ = $\dfrac{\rho}{4}\pi D^2 V^2 - \dfrac{\rho}{16}\pi D^2 V^2 = \dfrac{3}{16}\rho\pi D^2 V^2$

정답 ①

05. 저장용기로부터 20°C의 물을 길이 300m, 지름 900mm인 콘크리트 수평 원관을 통하여 공급하고 있다. 유량이 $1m^3/s$일 때 원관에서의 압력강하[kPa]는? (단, 관마찰계수는 약 0.023이다)

① 3.57　　② 9.47
③ 14.3　　④ 18.8

| 해설

- Darcy-weisbach 공식에 의한 마찰손실수두

$$H = f\frac{l}{d}\frac{v^2}{2g}$$

- $v = \dfrac{Q}{A} = \dfrac{1m^3/s}{\dfrac{\pi}{4}(0.9)^2 m^2} = 1.572 m/s$

- $H = 0.023 \times \dfrac{300}{0.9} \times \dfrac{1.572^2}{2 \times 9.8} = 0.966 m$

∴ 압력강하 $= \gamma h = 9.8 kN/m^3 \times 0.966 m = 9.47 kPa$

정답 ②

06. 물탱크에 담긴 물의 수면의 높이가 10m인데, 물탱크 바닥에 원형 구멍이 생겨서 10L/s만큼 물이 유출되고 있다. 원형 구멍의 지름은 약 몇 cm인가? (단, 구멍의 유량보정계수는 0.6이다)

① 2.7　　② 3.1
③ 3.5　　④ 3.9

| 해설

- 구멍에서의 유속 $V = \sqrt{2gh}$
- 유량 $Q = VA = \sqrt{2gh} \times \dfrac{\pi}{4}d^2$
- 보정된 유량 $0.6 VA = 0.6 \times \sqrt{2gh} \times \dfrac{\pi}{4}d^2$

$$= 10 L/s = \dfrac{10}{1000} m^3/s$$
$$= 0.01 m^3/s$$

∴ $d^2 = \dfrac{0.01 \times 4}{\pi \times 0.6 \times \sqrt{2gh}}$

$d = \sqrt{\dfrac{0.01 \times 4}{\pi \times 0.6 \times \sqrt{2 \times 9.8 \times 10}}} = 0.039 m = 3.9 cm$

정답 ④

07. 20°C 물 100L를 화재현장의 화염에 살수하였다. 물이 모두 끓는점(100°C)까지 가열되는 동안 흡수하는 열량은 약 몇 kJ인가? (단, 물의 비열은 4.2kJ/kg·K이다)

① 500　　② 2,000
③ 8,000　　④ 33,600

| 해설

- 물이 흡수한 열량 $Q = cm\Delta T$
  ※ c: 비열, m: 질량, ΔT: 온도차
- $c = 4.2 kJ/kg·K$, $m = 100 kg$, $\Delta T: 80°C$

∴ $Q = 4.2 \times 100 \times 80 = 33600 kJ$

정답 ④

08. 아래 그림과 같은 반지름이 1m이고, 폭이 3m인 곡면의 수문 AB가 받는 수평분력은 약 몇 N인가?

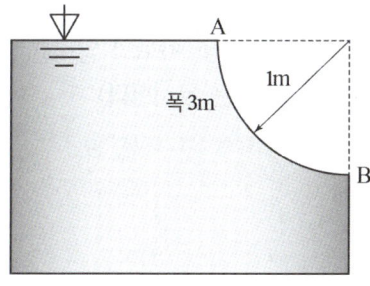

① 7,350
② 14,700
③ 23,900
④ 29,400

| 해설

수평분력 $F_H = \gamma y_G A$

※ $\gamma = 9800 \text{N/m}^3$, $y_G = \frac{1}{2} = 0.5\text{m}$, A (수평투영면적) $= 3 \times 1\text{m}^2$

∴ $F_H = 9800 \times 0.5 \times 3 = 14700\text{N}$

정답 ②

09. 초기온도와 압력이 각각 50℃, 600kPa인 이상기체를 100kPa까지 가역 단열팽창시켰을 때 온도는 약 몇 K인가? (단, 이 기체의 비열비는 1.4이다)

① 194
② 216
③ 248
④ 262

| 해설

단열과정 $\dfrac{T_2}{T_1} = \left(\dfrac{P_2}{P_1}\right)^{\frac{K-1}{K}}$

※ $T_1 = 50 + 273 = 323\text{K}$
$P_1 = 600\text{kPa}$, $P_2 = 100\text{kPa}$

$\dfrac{T_2}{323} = \left(\dfrac{100}{600}\right)^{\frac{1.4-1}{1.4}}$

∴ $T_2 = 323 \left(\dfrac{1}{6}\right)^{\frac{0.4}{1.4}} \simeq 194\text{K}$

정답 ①

10. 100cm × 100cm이고, 300℃로 가열된 평판에 25℃의 공기를 불어준다고 할 때 열전달량은 약 몇 kW인가? (단, 대류열전달계수는 30W/m²·K이다)

① 2.98
② 5.34
③ 8.25
④ 10.91

| 해설

- $q = hA\Delta T$
- h: 대류열전달계수(30W/m²·K)
  A: 100cm × 100cm = 1m × 1m = 1m²
  ΔT: 300 − 25 = 275K
- ∴ 열전달량 $q = 30 \times 1 \times 275 = 8250\text{W} = 8.25\text{kW}$

정답 ③

11. 호주에서 무게가 20N인 어떤 물체를 한국에서 재어보니 19.8N이었다면 한국에서의 중력가속도는 약 몇 m/s²인가? (단, 호주에서의 중력가속도는 9.82m/s²이다)

① 9.72
② 9.75
③ 9.78
④ 9.82

| 해설

- $W = mg$
  ※ W: 무게, m: 질량, g: 중력가속도
- 호주에서 $W = 20\text{N}$, $g = 9.82\text{m/s}^2$이므로
  $m = \dfrac{W}{g} = \dfrac{20}{9.82} = 2.0366\text{kg}$
- 한국에서 $W = 19.8\text{N}$, $m = 2.0366\text{kg}$이므로
  $g = \dfrac{W}{m} = \dfrac{19.8}{2.0366} = 9.72\text{m/s}^2$

정답 ①

12. 비압축성 유체를 설명한 것으로 가장 옳은 것은?

① 체적탄성계수가 0인 유체를 말한다.
② 관로 내에 흐르는 유체를 말한다.
③ 점성을 갖고 있는 유체를 말한다.
④ 난류 유동을 하는 유체를 말한다.

| 해설

비압축성 유체는 체적탄성이 없다. 체적이 일정하다.

정답 ①

13. 지름 20cm의 소화용 호스에 물이 질량유량 80kg/s로 흐른다. 이때 평균유속은 약 몇 m/s인가?

① 0.58
② 2.55
③ 5.97
④ 25.48

| 해설

질량유량 $= 80 \text{kg/s} = \rho A v$

$\therefore v = \dfrac{80}{\rho A} = \dfrac{80}{1000 \text{kg/m}^3 \times \dfrac{\pi}{4}\left(\dfrac{20}{100}\right)^2} = 2.55 \text{m/s}$

정답 ②

14. 깊이 1m까지 물을 넣은 물탱크의 밑에 오리피스가 있다. 수면에 대기압이 작용할 때의 초기 오리피스에서의 유속 대비 2배 유속으로 물을 유출시키려면 수면에는 몇 kPa의 압력을 더 가하면 되는가? (단, 손실은 무시한다)

① 9.8
② 19.6
③ 29.4
④ 39.2

| 해설

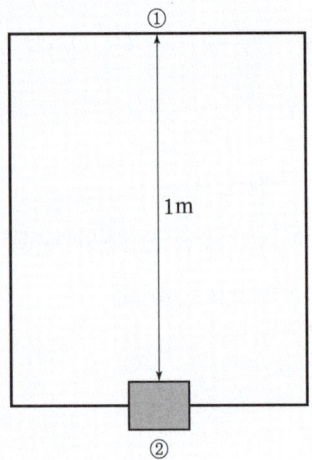

- 베르누이 방정식에 의해

$y_1 + \dfrac{P_1}{\gamma} + \dfrac{v_1^2}{2g} = y_2 + \dfrac{P_2}{\gamma} + \dfrac{v_2^2}{2g}$

※ $v_1 = 0$, P_2: 대기압, P_1: 초기는 대기압

$v_2^2 = 2g(y_1 - y_2)$

$v_2 = \sqrt{2g(y_1 - y_2)} = \sqrt{2 \times 9.8 \times 1} = \sqrt{19.6}$

- 만약 v_2가 $2v_2 = 2\sqrt{19.6}$가 되면

$y_1 + \dfrac{\Delta P + P_2}{\gamma} = y_2 + \dfrac{P_2}{\gamma} + \dfrac{(2v_2)^2}{2g}$

※ P_2: 대기압, ΔP: 증가시켜야 하는 압력

$\dfrac{\Delta P}{\gamma} = y_2 - y_1 + \dfrac{4 \times 19.6}{2g} = -1 + \dfrac{4 \times 19.6}{2 \times 9.8}$

$\therefore \Delta P = \gamma\left(-1 + \dfrac{4 \times 19.6}{2 \times 9.8}\right)$
$= 9.8(-1 + 4)$
$= 9.8 \times 3 = 29.4 \text{kPa}$

정답 ③

15. 그림과 같은 거꾸로 된 마노미터에서 물과 기름, 수은이 채워져 있다. a = 10cm, c = 25cm이고 A의 압력이 B의 압력보다 80kPa 작을 때 b의 길이는 약 몇 cm인가? (단, 수은의 비중량은 133100N/m³, 기름의 비중은 0.9이다)

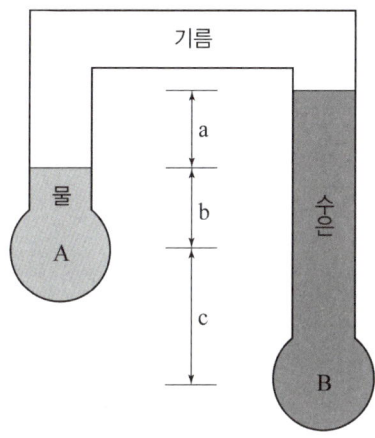

① 17.8 ② 27.8
③ 37.8 ④ 47.8

| 해설

$P_A = P_2 + \gamma_{기름}a + \gamma_물 b - ㉠$
$P_2 = P_1$
$P_B = P_1 + \gamma_{수은}(a+b+c)$
　　$= P_2 + \gamma_{수은}(a+b+c)$
㉠에서 $P_2 = P_A - \gamma_{기름}a - \gamma_물 b$
$P_B = P_A - \gamma_{기름}a - \gamma_물 b + \gamma_{수은}(a+b+c)$
$P_B - P_A = a(\gamma_{수은} - \gamma_{기름}) + b(\gamma_{수은} - \gamma_물) + c \cdot \gamma_{수은}$
$80 = 0.1(133.1 - 0.9 \times 0.98) + b(133.1 - 9.8)$
　　　$+ 0.25 \times 133.1$
※ $\gamma_{기름}$ = 비중$_{기름}$×물의비중량 = $0.9 \times 9.8 \text{kN/m}^3$
$123.3b = 34.297$
$\therefore b = \dfrac{34.297}{123.3} = 0.278\text{m} = 27.8\text{cm}$

정답 ②

16. 공기를 체적비율이 산소(O_2, 분자량 32g/mol) 20%, 질소(N_2, 분자량 28g/mol) 80%의 혼합기체라 가정할 때 공기의 기체상수는 약 몇 kJ/kg·K 인가? (단, 일반기체상수는 8.3145kJ/kmol·K 이다)

① 0.294 ② 0.289
③ 0.284 ④ 0.279

| 해설

$\overline{R} = \dfrac{R}{M}$

※ $\overline{R}$: 특별기체상수, R: 일반기체상수, M: 혼합기체분자량
$R = 8.3145 \text{kJ/kmol·K}$
$M = 0.2 \times 32 + 0.8 \times 28 = 28.8\text{g/mol}$
$\therefore \overline{R} = \dfrac{8.3145}{28.8} = 0.289 \text{kJ/kg·K}$

정답 ②

17. 물이 소방노즐을 통해 대기로 방출될 때 유속이 24m/s가 되도록 하기 위해서는 노즐입구의 압력은 몇 kPa가 되어야 하는가? (단, 압력은 계기 압력으로 표시되며 마찰손실 및 노즐입구에서의 속도는 무시한다)

① 153 ② 203
③ 288 ④ 312

| 해설

• 속도수두 $h = \dfrac{v^2}{2g} = \dfrac{24^2}{2 \times 9.8} = 29.38\text{m}$

• 압력수두 $P = \gamma h = 9.8\text{kN/m}^3 \times 29.38\text{m} \cong 288\text{kPa}$

정답 ③

18. 무한한 두 평판 사이에 유체가 채워져 있고 한 평판은 정지해 있고 또 다른 평판은 일정한 속도로 움직이는 Couette 유동을 하고 있다. 유체 A만 채워져 있을 때 평판을 움직이기 위한 단위면적당 힘을 τ_1이라 하고, 같은 평판 사이에 점성이 다른 유체 B만 채워져 있을 때 필요한 힘을 τ_2라 하면, 유체 A와 B가 반반씩 위아래로 채워져 있을 때 평판을 같은 속도로 움직이기 위한 단위면적당 힘에 대한 표현으로 옳은 것은?

① $\dfrac{\tau_1 + \tau_2}{2}$ ② $\sqrt{\tau_1 \tau_2}$

③ $\dfrac{2\tau_1 \tau_2}{\tau_1 + \tau_2}$ ④ $\tau_1 + \tau_2$

| 해설

- Couette 유동

$\tau \alpha \mu \dfrac{du}{dy}$

※ τ: 전단응력[Pa], μ: 점성계수[Pa·s], u: 수평방향유속[m/s], y: 수직방향[m]

- A유체: 점성계수 μ_1

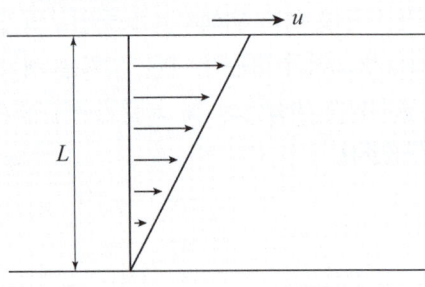

$\tau_1 = \mu_1 \dfrac{du}{dy} = \mu_1 \dfrac{u}{L}$ - ㉠

- B유체: 점성계수 μ_2

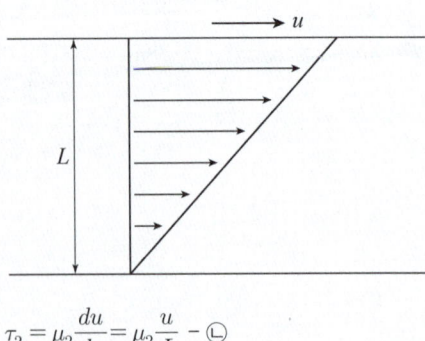

$\tau_2 = \mu_2 \dfrac{du}{dy} = \mu_2 \dfrac{u}{L}$ - ㉡

- A와 B유체

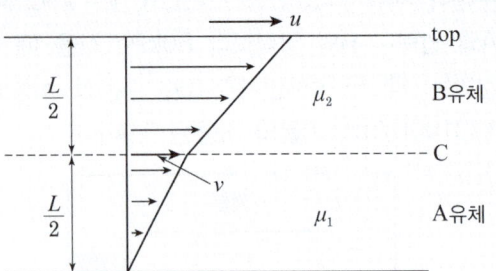

경계면에서의 전단응력 $\tau_C = \mu_1 \dfrac{v}{\frac{L}{2}} = \dfrac{2\mu_1 v}{L}$

윗면에서의 전단응력 $\tau_t = \mu_2 \dfrac{u-v}{\frac{L}{2}} = \dfrac{2\mu_2(u-v)}{L}$

$\tau_C = \tau_t$

$\dfrac{2\mu_1 v}{L} = \dfrac{2\mu_2(u-v)}{L}$

$\mu_1 v = \mu_2 u - \mu_2 v$

$(\mu_1 + \mu_2)v = \mu_2 u$

$v = \dfrac{\mu_2 u}{\mu_1 + \mu_2}$

$\therefore \tau_C = \dfrac{2\mu_1}{L}\left(\dfrac{\mu_2 u}{\mu_1 + \mu_2}\right) = \dfrac{2u}{L}\left(\dfrac{\mu_1 \mu_2}{\mu_1 + \mu_2}\right)$ - ㉢

㉠식에서 $\mu_1 = \dfrac{\tau_1 L}{u}$

㉡식에서 $\mu_2 = \dfrac{\tau_2 L}{u}$

㉢식에 대입하면 $\tau_C = \dfrac{2u}{L}\left(\dfrac{\dfrac{\tau_1 L}{u} \cdot \dfrac{\tau_2 L}{u}}{\dfrac{\tau_1 L}{u} + \dfrac{\tau_2 L}{u}}\right)$

$= \dfrac{2u}{L}\left(\dfrac{\dfrac{\tau_1 \tau_2 L}{u}}{\tau_1 + \tau_2}\right) = \dfrac{2\tau_1 \tau_2}{\tau_1 + \tau_2}$

정답 ③

19. 동점성계수가 $1.15 \times 10^{-6} m^2/s$인 물이 30mm 지름의 원관 속을 흐르고 있다. 층류가 기대될 수 있는 최대 유량은 약 몇 m^3/s인가? (단, 임계 레이놀즈수는 2100이다)

① 2.85×10^{-5} ② 5.69×10^{-5}
③ 2.85×10^{-7} ④ 5.69×10^{-7}

| 해설

$$Re = \frac{\rho VD}{\mu} = \frac{VD}{\nu}$$

※ ρ: 밀도, V: 유속, D: 직경, μ: 점성계수, ν: 동점성계수

$$2100 = \frac{VD}{\nu}$$

$$V = \frac{2100 \times \nu}{D} = \frac{2100 \times 1.15 \times 10^{-6}}{0.03}$$

$$= 0.0805 m/s$$

∴ 유량 $Q = AV = \frac{\pi}{4}(0.03)^2 \times 0.0805$

$$= 5.69 \times 10^{-5} m^3/s$$

정답 ②

20. 다음과 같은 유동형태를 갖는 파이프 입구 영역의 유동에서 부차적 손실계수가 가장 큰 것은?

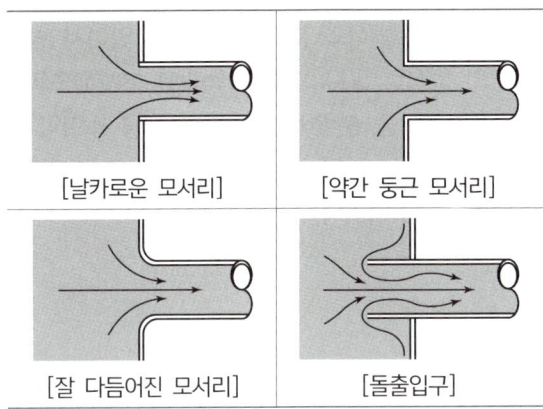

[날카로운 모서리]　[약간 둥근 모서리]
[잘 다듬어진 모서리]　[돌출입구]

① 날카로운 모서리
② 약간 둥근 모서리
③ 잘 다듬어진 모서리
④ 돌출입구

| 해설

부차적 손실계수의 크기는 돌출입구 → 날카로운 모서리 → 약간 둥근 모서리 → 잘 다듬어진 모서리 순이다.

정답 ④

소방기계시설의 구조 및 원리

21. 전역방출방식의 분말소화설비에 있어서 방호구역의 용적이 500m³일 때 적합한 분사헤드의 수는? (단, 제1종 분말이고, 체적 1m³당 소화약제의 양은 0.60kg이며, 분사헤드 1개의 분당 표준 방사량은 18kg이다)

① 17개　　② 30개
③ 34개　　④ 134개

| 해설
- 기준저장량의 소화약제를 30초 이내에 방사할 수 있는 것으로 할 것

$500 \times 0.6 = 300\mathrm{kg}$

∴ 1분당 방사량은 $300 \times 2 = 600\mathrm{kg}$이다.

- $\dfrac{600}{N} = 18\mathrm{kg}$

※ N: 분사헤드의 수

∴ $N = 33.33 ≒ 34$개

정답 ③

22. 이산화탄소소화약제의 저장용기 설치기준 중 옳은 것은?

① 저장용기의 충전비는 고압식은 1.9 이상 2.3 이하, 저압식은 1.5 이상 1.9 이하로 할 것
② 저압식 저장용기에는 액면계 및 압력계와 1.91MPa 이상 2.1MPa 이하의 압력에서 작동하는 압력경보장치를 설치할 것
③ 저장용기 고압식은 25MPa 이상, 저압식은 3.5MPa 이상의 내압시험압력에 합격한 것으로 할 것
④ 저압식 저장용기에는 내압시험압력의 1.8배의 압력에서 작동하는 안전밸브와 내압시험압력의 0.8배로부터 내압시험압력에서 작동하는 봉판을 설치할 것

| 해설

저장용기 고압식은 25MPa 이상, 저압식은 3.5MPa 이상의 내압시험압력에 합격한 것으로 한다.
① 저장용기의 충전비는 고압식은 1.5 이상 1.9 이하, 저압식은 1.1 이상 1.4 이하로 한다.
② 저압식 저장용기에는 액면계 및 압력계와 1.9MPa 이상 2.3MPa 이하의 압력에서 작동하는 압력경보장치를 설치한다.
④ 저압식 저장용기에는 내압시험압력의 0.64배부터 0.8배의 압력에서 작동하는 안전밸브와 내압시험압력의 0.8배부터 내압시험압력에서 작동하는 봉판을 설치한다.

정답 ③

23. 화재시 연기가 찰 우려가 없는 장소로서 호스릴분말소화설비를 설치할 수 있는 기준 중 다음 (   ) 안에 알맞은 것은?

> - 지상 1층 및 피난층에 있는 부분으로서 지상에서 수동 또는 원격조작에 따라 개방할 수 있는 개구부의 유효면적의 합계가 바닥면적의 (㉠)% 이상이 되는 부분
> - 전기설비가 설치되어 있는 부분 또는 다량의 화기를 사용하는 부분의 바닥면적이 해당 설비가 설치되어 있는 구획의 바닥면적의 (㉡) 미만이 되는 부분

	㉠	㉡
①	15	1/5
②	15	1/2
③	20	1/5
④	20	1/2

| 해설
- 지상 1층 및 피난층에 있는 부분으로서 지상에서 수동 또는 원격조작에 따라 개방할 수 있는 개구부의 유효면적의 합계가 바닥면적의 15(㉠)% 이상이 되는 부분
- 전기설비가 설치되어 있는 부분 또는 다량의 화기를 사용하는 부분(해당 설비의 주위 5m 이내의 부분을 포함한다)의 바닥면적이 해당 설비가 설치되어 있는 구획의 바닥면적의 5분의 1(㉡) 미만이 되는 부분

정답 ①

24. 소화수조의 소요수량이 20m³ 이상 40m³ 미만인 경우 설치하여야 하는 채수구의 개수로 옳은 것은?

① 1개   ② 2개   ③ 3개   ④ 4개

| 해설
소요수량이 20m³ 이상 40m³ 미만인 경우 1개를 설치해야 한다.

소요수량	채수구의 수
20m³ 이상 40m³ 미만	1개
40m³ 이상 100m³ 미만	2개
100m³ 이상	3개

정답 ①

25. 건축물에 설치하는 연결살수설비 헤드의 설치기준 중 다음 (   ) 안에 알맞은 것은?

> 천장 또는 반자의 각 부분으로부터 하나의 살수헤드까지의 수평거리가 연결살수설비 전용헤드의 경우에는 (㉠)m 이하, 스프링클러헤드의 경우는 (㉡)m 이하로 할 것. 다만, 살수헤드의 부착면과 바닥과의 높이가 (㉢)m 이하인 부분은 살수헤드의 살수 분포에 따른 거리로 할 수 있다.

	㉠	㉡	㉢
①	3.7	2.3	2.1
②	3.7	2.1	2.3
③	2.3	3.7	2.3
④	2.3	3.7	2.1

| 해설
천장 또는 반자의 각 부분으로부터 하나의 살수헤드까지의 수평거리가 연결살수설비 전용헤드의 경우에는 3.7(㉠)m 이하, 스프링클러헤드의 경우는 2.3(㉡)m 이하로 할 것. 다만, 살수헤드의 부착면과 바닥과의 높이가 2.1(㉢)m 이하인 부분은 살수헤드의 살수분포에 따른 거리로 할 수 있다.

정답 ①

26. 포소화설비의 자동식 기동장치를 폐쇄형 스프링클러헤드의 개방과 연동하여 가압송수장치, 일제개방밸브 및 포소화약제 혼합장치를 기동하는 경우의 설치기준 중 다음 ( ) 안에 알맞은 것은? (단, 자동화재탐지설비의 수신기가 설치된 장소에 상시 사람이 근무하고 있고, 화재시 즉시 해당 조작부를 작동시킬 수 있는 경우는 제외한다)

> 표시온도가 (㉠)℃ 미만의 것을 사용하고, 1개의 스프링클러헤드의 경계면적은 (㉡)m² 이하로 할 것

	㉠	㉡
①	79	8
②	121	8
③	79	20
④	121	20

| 해설
표시온도가 79(㉠)℃ 미만인 것을 사용하고, 1개의 스프링클러헤드의 경계면적은 20(㉡)m² 이하로 할 것

정답 ③

27. 스프링클러설비 가압송수장치의 설치기준 중 고가수조를 이용한 가압송수장치에 설치하지 않아도 되는 것은?

① 수위계
② 배수관
③ 오버플로우관
④ 압력계

| 해설
고가수조에는 수위계·배수관·급수관·오버플로우관 및 맨홀을 설치하며, 압력계는 설치하지 않아도 된다.

정답 ④

28. 특별피난계단의 계단실 및 부속실 제연설비의 차압 등에 관한 기준 중 다음 ( ) 안에 알맞은 것은?

> 제연설비가 가동되었을 경우 출입문의 개방에 필요한 힘은 ( )N 이하로 하여야 한다.

① 12.5
② 40
③ 70
④ 110

| 해설
제연설비가 가동되었을 경우 출입문의 개방에 필요한 힘은 110N 이하로 하여야 한다.

정답 ④

29. 완강기의 최대사용자수 기준 중 다음 ( ) 안에 알맞은 것은?

> 최대사용자수(1회에 강하할 수 있는 사용자의 최대수)는 최대사용하중을 ( )N으로 나누어서 얻은 값으로 한다.

① 250
② 500
③ 750
④ 1,500

| 해설
최대사용자수(1회에 강하할 수 있는 사용자의 최대수)는 최대사용하중을 1500N으로 나누어서 얻은 값(1 미만의 수는 계산하지 아니한다)으로 한다.

정답 ④

30. 화재조기진압용 스프링클러설비 가지배관의 배열 기준 중 천장의 높이가 9.1m 이상 13.7m 이하인 경우 가지배관 사이의 거리 기준으로 옳은 것은?

① 2.4m 이상 3.1m 이하
② 2.4m 이상 3.7m 이하
③ 6.0m 이상 8.5m 이하
④ 6.0m 이상 9.3m 이하

| 해설
가지배관 사이의 거리는 2.4m 이상 3.7m 이하로 할 것. 다만, 천장의 높이가 9.1m 이상 13.7m 이하인 경우에는 2.4m 이상 3.1m 이하로 한다.

정답 ①

31. 스프링클러설비 헤드의 설치기준 중 다음 (   ) 안에 알맞은 것은?

살수가 방해되지 아니하도록 스프링클러헤드부터 반경 (㉠)cm 이상의 공간을 보유할 것. 다만, 벽과 스프링클러헤드간의 공간은 (㉡)cm 이상으로 한다.

	㉠	㉡
①	10	60
②	30	10
③	60	10
④	90	60

| 해설
살수가 방해되지 아니하도록 스프링클러헤드로부터 반경 60(㉠)cm 이상의 공간을 보유할 것. 다만, 벽과 스프링클러헤드간의 공간은 10(㉡)cm 이상으로 한다.

정답 ③

32. 포소화약제의 혼합장치에 대한 설명 중 옳은 것은?

① 라인 프로포셔너방식이란 펌프의 토출관과 흡입관 사이의 배관 도중에 설치한 흡입기에 펌프에서 토출된 물의 일부를 보내고, 농도조절밸브에서 조정된 포소화약제의 필요량을 포소화약제 탱크에서 펌프 흡입측으로 보내어 이를 혼합하는 방식을 말한다.
② 프레져사이드 프로포셔너방식이란 펌프의 토출관에 압입기를 설치하여 포소화약제 압입용 펌프로 포소화약제를 압입시켜 혼합하는 방식을 말한다.
③ 프레져 프로포셔너방식이란 펌프와 발포기 중간에 설치된 벤추리관의 벤추리작용에 따라 포소화약제를 흡입·혼합하는 방식을 말한다.
④ 펌프 프로포셔너방식이란 펌프와 발포기의 중간에 설치된 벤추리관의 벤추리작용과 펌프 가압수의 포소화약제 저장탱크에 대한 압력에 따라 포소화약제를 흡입·혼합하는 방식을 말한다.

| 해설
프레져사이드 프로포셔너방식이란 펌프의 토출관에 압입기를 설치하여 포소화약제 압입용 펌프로 포소화약제를 압입시켜 혼합하는 방식을 말한다.
① 라인 프로포셔너방식이란 펌프와 발포기의 중간에 설치된 벤추리관의 벤추리작용에 따라 포소화약제를 흡입·혼합하는 방식을 말한다.
③ 프레져 프로포셔너방식이란 펌프와 발포기의 중간에 설치된 벤추리관의 벤추리작용과 펌프 가압수의 포소화약제 저장탱크에 대한 압력에 따라 포소화약제를 흡입 혼합하는 방식을 말한다.
④ 펌프 프로포셔너방식이란 펌프의 토출관과 흡입관 사이의 배관 도중에 설치한 흡입기에 펌프에서 토출된 물의 일부를 보내고, 농도조정밸브에서 조정된 포소화약제의 필요량을 포소화약제 탱크에서 펌프 흡입측으로 보내어 이를 혼합하는 방식을 말한다.

정답 ②

33. 전동기 또는 내연기관에 따른 펌프를 이용하는 옥외소화전설비의 가압송수장치의 설치기준 중 다음 ( ) 안에 알맞은 것은?

> 해당 특정소방대상물에 설치된 옥외소화전(2개 이상 설치된 경우에는 2개의 옥외소화전)을 동시에 사용할 경우 각 옥외소화전의 노즐선단에서의 방수압력이 (㉠)MPa 이상이고, 방수량이 (㉡)L/min 이상이 되는 성능의 것으로 할 것

	㉠	㉡
①	0.17	350
②	0.25	350
③	0.17	130
④	0.25	130

| 해설

해당 특정소방대상물에 설치된 옥외소화전(2개 이상 설치된 경우에는 2개의 옥외소화전)을 동시에 사용할 경우 각 옥외소화전의 노즐선단에서의 방수압력이 0.25(㉠)MPa 이상이고, 방수량이 350(㉡)L/min 이상이 되는 성능의 것으로 할 것

정답 ②

34. 미분무소화설비 용어의 정의 중 다음 ( ) 안에 알맞은 것은?

> "미분무"란 물만을 사용하여 소화하는 방식으로 최소설계압력에서 헤드로부터 방출되는 물입자 중 99%의 누적체적분포가 (㉠)μm 이하로 분무되고 (㉡)급 화재에 적응성을 갖는 것을 말한다.

	㉠	㉡
①	400	A, B, C
②	400	B, C
③	200	A, B, C
④	200	B, C

| 해설

"미분무"란 물만을 사용하여 소화하는 방식으로 최소설계압력에서 헤드로부터 방출되는 물입자 중 99%의 누적체적분포가 400(㉠)μm 이하로 분무되고 A, B, C(㉡)급 화재에 적응성을 갖는 것을 말한다.

정답 ①

35. 소화기구의 소화약제별 적응성 중 C급 화재에 적응성이 없는 소화약제는?

① 마른모래
② 청정소화약제
③ 이산화탄소소화약제
④ 중탄산염류소화약제

| 해설

마른모래의 경우 A급, B급 화재에는 적응성이 있으나 C급 화재에는 적응성이 없다.

정답 ①

36. 소화약제 외의 것을 이용한 간이소화용구의 능력단위 기준 중 다음 ( ) 안에 알맞은 것은?

간이소화용구		능력단위
마른모래	삽을 상비한 50L 이상의 것 1포	( )단위

① 0.5
② 1
③ 3
④ 5

| 해설

간이소화용구		능력단위
1. 마른모래	삽을 상비한 50L 이상의 것 1포	0.5단위
2. 팽창질석 또는 팽창진주암	삽을 상비한 80L 이상의 것 1포	

정답 ①

37. 다음과 같은 소방대상물의 부분에 완강기를 설치할 경우 부착 금속구의 부착위치로서 가장 적합한 위치는?

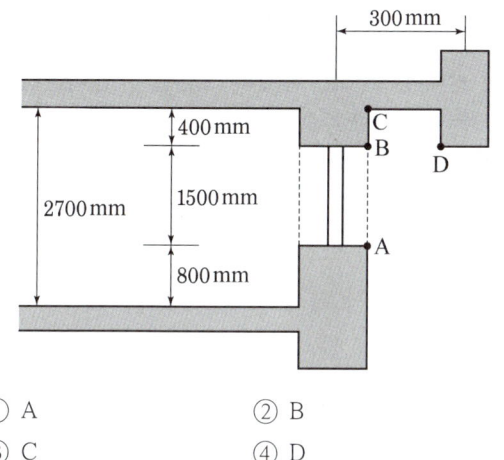

① A ② B
③ C ④ D

| 해설
완강기는 강하시 로프가 소방대상물과 접촉하여 손상되지 아니하도록 하며, D 부착위치에서는 소방대상물과 접촉하지 아니한다.

정답 ④

38. 연소방지설비의 배관의 설치기준 중 다음 ( ) 안에 알맞은 것은?

> 연소방지설비에 있어서의 수평주행배관의 구경은 100mm 이상의 것으로 하되, 연소방지설비 전용헤드 및 스프링클러헤드를 향하여 상향으로 ( ) 이상의 기울기로 설치하여야 한다.

① 2/100   ② 1/1,000
③ 1/100   ④ 1/500

| 해설
연소방지설비에 있어서의 수평주행배관의 구경은 100mm 이상의 것으로 하되, 연소방지설비 전용헤드 및 스프링클러헤드("방수헤드"라 한다. 이하 같다)를 향하여 상향으로 1,000분의 1 이상의 기울기로 설치하여야 한다.

정답 ②

39. 상수도소화용수설비의 소화전은 특정소방대상물의 수평투영면의 각 부분으로부터 몇 m 이하가 되도록 설치하여야 하는가?

① 200   ② 140
③ 100   ④ 70

| 해설
소화전은 특정소방대상물의 수평투영면의 각 부분으로부터 140m 이하가 되도록 설치한다.

정답 ②

40. 이산화탄소소화약제 저압식 저장용기의 충전비로 옳은 것은?

① 0.9 이상 1.1 이하
② 1.1 이상 1.4 이하
③ 1.4 이상 1.7 이하
④ 1.5 이상 1.9 이하

| 해설
저장용기의 충전비는 고압식은 1.5 이상 1.9 이하, 저압식은 1.1 이상 1.4 이하로 한다.

정답 ②

2018년 제1회

소방유체역학

01. 유속 6m/s로 정상류의 물이 화살표 방향으로 흐르는 배관에 압력계와 피토계가 설치되어 있다. 이 때 압력계의 계기압력이 300kPa이었다면 피토계의 계기압력은 약 몇 kPa인가?

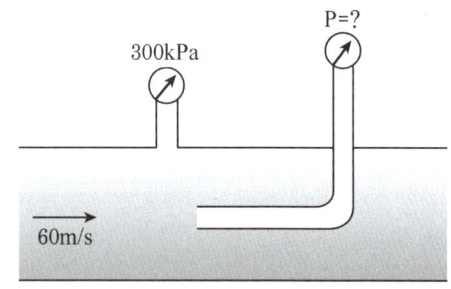

① 180 ② 280
③ 318 ④ 336

| 해설

- 속도수두 $h = \dfrac{v^2}{2g} = \dfrac{6^2}{2 \times 9.8} = 1.84\text{m}$
- 동압 $P = \gamma h$
  ※ γ: 물의 비중량 9.8kN/m³, h: 속도수두
  $P = 9.8 \times 1.84 = 18\text{kPa}$
- 전압 = 정압 + 동압
  = 300kPa + 18kPa
  = 318kPa

정답 ③

02. 관내에 흐르는 유체의 흐름을 구분하는데 사용되는 레이놀즈수의 물리적인 의미는?

① 관성력/중력   ② 관성력/탄성력
③ 관성력/압축력   ④ 관성력/점성력

| 해설

- 관내에 흐르는 유체의 흐름을 구분하는데 사용되는 레이놀즈수의 물리적인 의미는 '관성력/점성력'이다.
- ①은 프루드수, ②는 마하수, ③은 오일러수의 역수이다.

정답 ④

03. 정육면체의 그릇에 물을 가득 채울 때, 그릇 밑면이 받는 압력에 의한 수직방향 평균 힘의 크기를 P라고 하면, 한 측면이 받는 압력에 의한 수평방향 평균 힘의 크기는 얼마인가?

① 0.5P   ② P
③ 2P   ④ 4P

| 해설

밑바닥에 작용하는 힘 $P = \rho g H A$

압력 $\rho g \dfrac{H}{2}$

평균힘 $= \rho g \dfrac{H}{2} \times A = \dfrac{1}{2}\rho g H A = 0.5P$

정답 ①

04. 그림과 같이 수직 평판에 속도 2m/s로 단면적이 0.01m²인 물제트가 수직으로 세워진 벽면에 충돌하고 있다. 벽면의 오른쪽에서 물제트를 왼쪽 방향으로 쏘아 벽면의 평형을 이루게 하려면 물제트의 속도를 약 몇 m/s로 해야 하는가? (단, 오른쪽에서 쏘는 물제트의 단면적은 0.005m²이다)

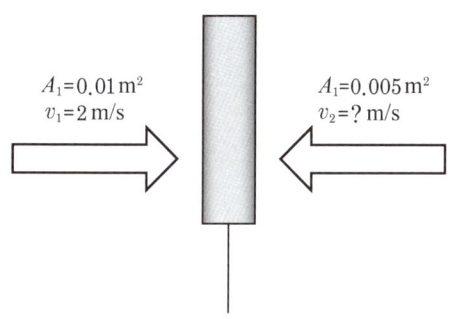

① 1.42
② 2.00
③ 2.83
④ 4.00

| 해설

- 고정판에 작용하는 힘 $\rho Q v$
  ※ ρ: 밀도, Q: 유량, v: 유속
- $\rho Q v = \rho A v^2$ (※ A: 제트의 단면적)
  $\rho A_1 v_1^2 (왼쪽) = \rho A_2 v_2^2 (오른쪽)$
  $A_1 v_1^2 = A_2 v_2^2$
  $0.01 \times 2^2 = 0.005 \times v_2^2$
  $v_2^2 = 8$
  $\therefore v_2 = \sqrt{8} = 2.83$

정답 ③

05. 그림과 같은 사이펀에서 마찰손실을 무시할 때, 사이펀 끝단에서의 속도(V)가 4m/s이기 위해서는 h가 약 몇 m이어야 하는가?

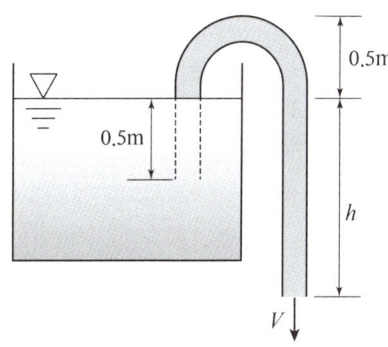

① 0.82m
② 0.77m
③ 0.72m
④ 0.87m

| 해설

$$h = \frac{v^2}{2g} = \frac{4^2}{2 \times 9.8} = 0.816 \approx 0.82\,\mathrm{m}$$

정답 ①

06. 펌프에 의하여 유체에 실제로 주어지는 동력은? (단, L_w는 동력[kW], γ는 물의 비중량[N/m³], Q는 토출량[m³/min], H는 전양정[m], g는 중력가속도[m/s²]이다)

① $L_w = \dfrac{\gamma Q H}{102 \times 60}$
② $L_w = \dfrac{\gamma Q H}{1000 \times 60}$
③ $L_w = \dfrac{\gamma Q H g}{102 \times 60}$
④ $L_w = \dfrac{\gamma Q H g}{1000 \times 60}$

| 해설

$$L_w[\mathrm{kW}] = \frac{\gamma[\mathrm{N/m^3}] \times Q[\mathrm{m^3/s}] \times H[\mathrm{m}]}{1000}$$

$$= \frac{\gamma[\mathrm{N/m^3}] \times Q[\mathrm{m^3/min}] \times H[\mathrm{m}]}{1000 \times 60}$$

$$= \frac{\gamma[\mathrm{kg_f/m^3}] \times Q[\mathrm{m^3/s}] \times H[\mathrm{m}]}{102}$$

$$= \frac{\gamma[\mathrm{kg_f/m^3}] \times Q[\mathrm{m^3/min}] \times H[\mathrm{m}]}{102 \times 60}$$

정답 ②

07. 성능이 같은 3대의 펌프를 병렬로 연결하였을 경우 양정과 유량은 얼마인가? (단, 펌프 1대에서 유량은 Q, 양정은 H라고 한다)

① 유량은 9Q, 양정은 H
② 유량은 9Q, 양정은 3H
③ 유량은 3Q, 양정은 3H
④ 유량은 3Q, 양정은 H

| 해설
- 펌프병렬연결: 유량 n배
- 펌프직렬연결: 양정 n배
∴ 3대의 펌프가 병렬이므로 유량 3배, 양정은 그대로이다.

정답 ④

08. 비압축성 유체의 2차원 정상 유동에서 x 방향의 속도를 u, y 방향의 속도를 v라고 할 때 다음에 주어진 식들 중에서 연속 방정식을 만족하는 것은 어느 것인가?

① $u = 2x + 2y, \ v = 2x - 2y$
② $u = a + 2y, \ v = x^2 - 2y$
③ $u = 2x + y, \ v = x^2 + 2y$
④ $u = x + 2y, \ v = 2x - y^2$

| 해설
- 비압축성 2차원 유동 연속방정식 만족조건 $\dfrac{\partial u}{\partial y} = \dfrac{\partial v}{\partial x}$

① $\dfrac{\partial u}{\partial y} = 2, \ \dfrac{\partial v}{\partial x} = 2$
② $\dfrac{\partial u}{\partial y} = 2, \ \dfrac{\partial v}{\partial x} = 2x$
③ $\dfrac{\partial u}{\partial y} = 1, \ \dfrac{\partial v}{\partial x} = 2x$
④ $\dfrac{\partial u}{\partial y} = 2, \ \dfrac{\partial v}{\partial x} = 2$

- ①과 ④ 중 유동함수 Ψ일 때 $\dfrac{\partial \Psi}{\partial y} = u, \ -\dfrac{\partial \Psi}{\partial x} = v$를 만족하는 것은 ①이다.

정답 ①

09. 다음 중 동력의 단위가 아닌 것은?

① J/s
② W
③ kg·m²/s
④ N·m/s

| 해설
$$동력 = \dfrac{일}{시간} = \dfrac{F \cdot d}{t} = \dfrac{ma \cdot d}{t}$$
$$= \dfrac{kg \cdot m/s^2 \cdot m}{s} = kg \cdot m^2 \cdot s^3$$

정답 ③

10. 반지름 10cm인 금속구가 대류에 의해 열을 외부 공기로 방출한다. 이때 발생하는 열전달량이 40W이고, 구 표면과 공기 사이의 온도차가 50℃라면 공기와 구 사이의 대류열전달계수[W/m²·K]는 약 얼마인가?

① 25
② 50
③ 75
④ 100

| 해설
뉴튼의 냉각법칙 $q[W] = hA\Delta T$
$$h = \dfrac{q}{A\Delta T} = \dfrac{40}{4\pi(0.05)^2 50} \simeq 25.5 [W/m^2 \cdot K]$$

정답 ①

11. 지름 0.4m인 관에 물이 0.5m³/s로 흐를 때 길이 300m에 대한 동력손실은 60kW였다. 이때 관마찰계수 f는 약 얼마인가?

① 0.015   ② 0.020
③ 0.025   ④ 0.030

| 해설

- $P(동력손실[kW]) = \dfrac{\gamma \times Q \times H}{1000}$

  ※ γ: 비중량[N/m³], Q: 유량, H: 마찰손실수두

  $H = \dfrac{1000P}{\gamma \times Q} = \dfrac{1000 \times 60}{9800 \times 0.5} \simeq 12.2\text{m}$

- 직관의 마찰손실 $H = f \dfrac{l}{d} \dfrac{v^2}{2g}$

  $v = \dfrac{Q}{A} = \dfrac{0.5}{\pi(0.4)^2/4} = 3.98\text{m/s}$

  $\therefore f = \dfrac{2dgH}{lv^2} = \dfrac{2 \times 0.4 \times 9.8 \times 12.2}{300 \times 3.98^2} \simeq 0.020$

정답 ②

12. 체적이 10m³인 기름의 무게가 30000N이라면 이 기름의 비중은? (단, 물의 밀도는 1000kg/m³이다)

① 0.153   ② 0.306
③ 0.459   ④ 0.612

| 해설

- 기름의 비중량 = $\dfrac{무게}{부피} = \dfrac{30000\text{N}}{10\text{m}^3} = 3000\text{N/m}^3$

- 물의 비중량 = 물의 밀도 × g = $1000\text{kg/m}^3 \times 9.8$
  $= 9800\text{N/m}^3$

- 기름의 비중 = $\dfrac{기름의\ 밀도}{물의\ 밀도} = \dfrac{기름의\ 비중량}{물의\ 비중량}$
  $= \dfrac{3000}{9800} \simeq 0.306$

정답 ②

13. 비열에 대한 다음 설명 중 틀린 것은?

① 정적비열은 체적이 일정하게 유지되는 동안 온도변화에 대한 내부에너지 변화율이다.
② 정압비열을 정적비열로 나눈 것이 비열비이다.
③ 정압비열은 압력이 일정하게 유지될 때 온도변화에 대한 엔탈피 변화율이다.
④ 비열비는 일반적으로 1보다 크나 1보다 작은 물질도 있다.

| 해설

$k = \dfrac{C_P(정압비열)}{C_V(정적비열)} > 1$

정답 ④

14. 초기 상태에서 압력 100kPa, 온도 15℃인 공기가 있다. 공기의 부피가 초기 부피의 1/20이 될 때까지 단열압축할 때 압축 후의 온도는 약 몇 ℃인가? (단, 공기의 비열비는 1.4이다)

① 54   ② 348
③ 682 ④ 912

| 해설

- $\dfrac{T_2}{T_1} = \left(\dfrac{V_1}{V_2}\right)^{K-1}$

  ※ 초기온도 $T_1 = 273 + 15 = 288\text{K}$
  초기부피 V_1
  나중온도 T_2
  나중부피 $V_2 = \dfrac{1}{20}V_1$
  $K = 1.4$

- $\dfrac{T_2}{288} = \left(\dfrac{V_1}{\frac{1}{20}V_1}\right)^{1.4-1}$

  $T_2 = 288 \times (20)^{0.4} \simeq 955\text{K}$

  $\therefore 955 - 273 = 682℃$

정답 ③

15. 비중 0.92인 빙산이 비중 1.025의 바닷물 수면에 떠 있다. 수면 위에 나온 빙산의 체적이 150m³이면 빙산의 전체 체적은 약 몇 m³인가?

① 1314
② 1464
③ 1725
④ 1875

| 해설

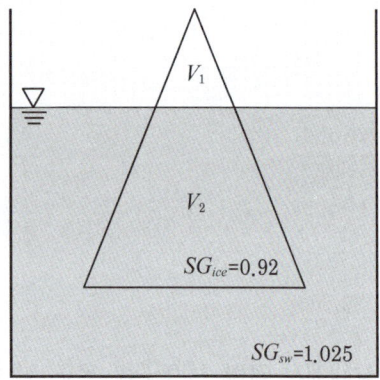

- $V = V_1 + V_2$ (전체부피 = 수면위부피 + 잠긴부피)

  $V_1 = 150 \text{m}^3$

  $V_2 = V - V_1 = V - 150$ - ㉠

  $\dfrac{\rho_{ice}}{\rho_w} = 0.92,\ \dfrac{\rho_{sw}}{\rho_w} = 1.025$ - ㉡

- 중력 = 부력

  $\rho_{ice}\,g\,V = \rho_{sw}\,g\,V_2$

  ㉠식 대입 $\rho_{ice}\,g\,V = \rho_{sw}\,g\,(V-150)$

  양변을 ρ_w로 나누면 $\dfrac{\rho_{ice}}{\rho_w}V = \dfrac{\rho_{sw}}{\rho_w}(V-150)$

  ㉡식을 이용하면

  $0.92\,V = 1.025\,(V - 150)$

  $0.92\,V = 1.025\,V - 153.75$

  $-0.105\,V = -153.75$

  $\therefore V = \dfrac{-153.75}{-0.105} = 1464.29 \simeq 1464\text{m}^3$

정답 ②

16. 수격작용에 대한 설명으로 맞는 것은?

① 관로가 변할 때 물의 급격한 압력 저하로 인해 수중에서 공기가 분리되어 기포가 발생하는 것을 말한다.
② 펌프의 운전 중에 송출압력과 송출유량이 주기적으로 변동하는 현상을 말한다.
③ 관로의 급격한 온도변화로 인해 응결되는 현상을 말한다.
④ 흐르는 물을 갑자기 정지시킬 때 수압이 급격히 변화하는 현상을 말한다.

| 해설

- 수격작용은 유체 속도의 급격한 변화로 인해 압력의 급변화가 생기는 현상이고, 배관과 부속물에 데미지를 줄 수 있다.
- ①은 캐비테이션, ②는 서징 현상에 대한 설명이다.

정답 ④

17. 그림에서 $h_1 = 120\text{mm}$, $h_2 = 180\text{mm}$, $h_3 = 100\text{mm}$일 때 A에서의 압력과 B에서의 압력의 차이 $(P_A - P_B)$를 구하면? [단, $A,\ B$ 속의 액체는 물이고, 차압액주계에서의 중간 액체는 수은(비중 13.6)이다]

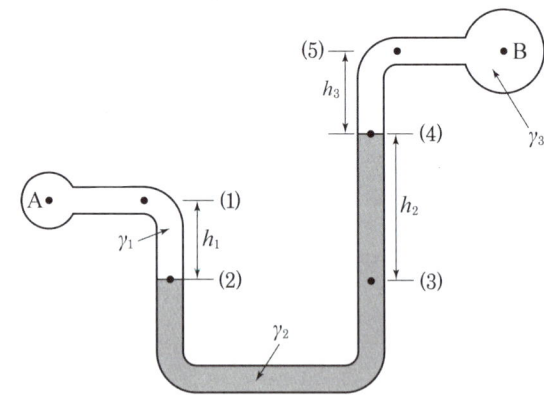

① 20.4kPa
② 23.8kPa
③ 26.4kPa
④ 29.8kPa

| 해설

- $P_2 = P_A + \gamma_1 h_1$
  $P_2 = P_3$
  $P_3 = P_4 + \gamma_2 h_2$
  $P_4 = P_B + \gamma_3 h_3$
  $P_3 = P_B + \gamma_3 h_3 + \gamma_2 h_2$
  $P_2 = P_B + \gamma_3 h_3 + \gamma_2 h_2$
  $P_A = P_2 - \gamma_1 h_1 = P_B + \gamma_3 h_3 + \gamma_2 h_2 - \gamma_1 h_1$
  $\therefore P_A - P_B = \gamma_3 h_3 + \gamma_2 h_2 - \gamma_1 h_1$

- $\gamma_1 = \gamma_3$(물의 비중량) $= 9.8 \text{kN/m}^3$
  γ_2(수은의 비중량) $= 13.6 \times 9.8 = 133.28 \text{kN/m}^3$

- $P_A - P_B = 9.8 \times 0.1 + 133.28 \times 0.18 - 9.8 \times 0.12$
  $= 23.79 \text{kN/m}^2 \simeq 23.8 \text{kPa}$

정답 ②

18. 원형 단면을 가진 관내에 유체가 완전 발달된 비압축성 층류유동으로 흐를 때 전단응력은?

① 중심에서 0이고, 중심선으로부터 거리에 비례하여 변한다.
② 관벽에서 0이고, 중심선에서 최대이며 선형분포 한다.
③ 중심에서 0이고, 중심선으로부터 거리의 제곱에 비례하여 변한다.
④ 전 단면에 걸쳐 일정하다

| 해설

$\tau = \mu \dfrac{du}{dy}$

- $y = 0$(중심)에서 전단응력은 0
- $y = r$(벽)에서 전단응력은 최대

정답 ①

19. 부피가 0.3m³으로 일정한 용기 내의 공기가 원래 300kPa(절대압력), 400K의 상태였으나, 일정 시간동안 출구가 개방되어 공기가 빠져나가 200kPa(절대압력), 350K의 상태가 되었다. 빠져나간 공기의 질량은 약 몇 g인가? (단, 공기는 이상기체로 가정하며 기체상수는 287J/kg·K이다)

① 74 ② 187
③ 295 ④ 388

| 해설

- 보일-샤를의 법칙

$\dfrac{P_1 V_1}{T_1} = \dfrac{P_2 V_2}{T_2}$

$\dfrac{300 \times 0.3}{400} = \dfrac{200 \times V_2}{350}$

$V_2 = 0.3938 \text{m}^3$

빠져나간 공기의 부피는 $0.3938 - 0.3 = 0.0938 \text{m}^3$

- $PV = m\overline{R}T$ ※ $\overline{R} = 287 \text{J/kg} \cdot \text{K}$

$m = \dfrac{PV}{\overline{R}T} = \dfrac{200000 \times 0.0938}{287 \times 350} = 0.18667 \text{kg} \simeq 187\text{g}$

정답 ②

20. 한 변의 길이가 L인 정사각형 단면의 수력지름(hydraulic diameter)은?

① L/4 ② L/2
③ L   ④ 2L

| 해설

비원형단면 → 원형단면

- 접수면적(A) = L^2
- 접수길이(P) = $4L$
- 수력반경(R_h) = $\dfrac{A}{P} = \dfrac{L^2}{4L} = \dfrac{L}{4}$
- 수력직경(D_h) = $4R_h = 4 \times \dfrac{L}{4} = L$

정답 ③

소방기계시설의 구조 및 원리

21. 제연설비의 배출량 기준 중 다음 ( ) 안에 알맞은 것은?

> 거실의 바닥면적이 400m² 미만으로 구획된 예상제연구역에 대한 배출량은 바닥면적 1m²당 (㉠)m³/min 이상으로 하되, 예상제연구역 전체에 대한 최저 배출량은 (㉡)m³/hr 이상으로 하여야 한다.

	㉠	㉡
①	0.5	10,000
②	1	5,000
③	1.5	15,000
④	2	5,000

| 해설

거실의 바닥면적이 400m² 미만으로 구획된 예상제연구역에 대한 배출량은 바닥면적 1m²당 1(㉠)m³/min 이상으로 하되, 예상제연구역 전체에 대한 최저 배출량은 5,000(㉡)m³/hr 이상으로 하여야 한다.

정답 ②

22. 케이블트레이에 물분무소화설비를 설치하는 경우 저장하여야 할 수원의 최소 저수량은 몇 m³인가? (단, 케이블트레이의 투영된 바닥면적은 70m²이다)

① 12.4   ② 14
③ 16.8   ④ 28

| 해설

케이블트레이, 케이블덕트 등은 투영된 바닥면적 1m²에 대하여 12L/min로 20분간 방수할 수 있는 양 이상으로 한다.
∴ 12 × 20 × 70 = 16800L = 16.8m³

정답 ③

23. 호스릴이산화탄소소화설비의 노즐은 20℃에서 하나의 노즐마다 몇 kg/min 이상의 소화약제를 방사할 수 있는 것이어야 하는가?

① 40   ② 50
③ 60   ④ 80

| 해설

노즐은 20℃에서 하나의 노즐마다 60kg/min 이상의 소화약제를 방사할 수 있는 것으로 한다.

정답 ③

24. 차고·주차장의 부분에 호스릴포소화설비 또는 포소화전설비를 설치할 수 있는 기준 중 틀린 것은?

① 지상 1층으로서 방화구획 되거나 지붕이 없는 부분
② 지상에서 수동 또는 원격조작에 따라 개방이 가능한 개구부의 유효면적의 합계가 바닥면적의 20% 이상인 부분
③ 옥외로 통하는 개구부가 상시 개방된 구조의 부분으로서 그 개방된 부분의 합계면적이 해당 차고 또는 주차장의 바닥면적의 20% 이상인 부분
④ 완전 개방된 옥상주차장 또는 고가 밑의 주차장 등으로서 주된 벽이 없고 기둥 뿐이거나 주위가 위해방지용 철주 등으로 둘러싸인 부분

| 해설

관련 법령의 개정(2019.8.13)으로 ②, ③이 삭제되었다.

정답 ②, ③

25. 특별피난계단의 계단실 및 부속실 제연설비의 수직풍도에 따른 배출기준 중 각층의 옥내와 면하는 수직풍도의 관통부에 설치하여야 하는 배출댐퍼 설치기준으로 틀린 것은?

① 화재층의 옥내에 설치된 화재감지기의 동작에 따라 당해층의 댐퍼가 개방될 것
② 풍도의 배출댐퍼는 이·탈착구조가 되지 않도록 설치할 것
③ 개폐여부를 당해 장치 및 제어반에서 확인할 수 있는 감지기능을 내장하고 있을 것
④ 배출댐퍼는 두께 1.5mm 이상의 강판 또는 이와 동등 이상의 성능이 있는 것으로 설치하여야 하며 비내식성 재료의 경우에는 부식방지 조치를 할 것

| 해설
풍도의 내부마감상태에 대한 점검 및 댐퍼의 정비가 가능한 이·탈착구조로 하여야 한다.

정답 ②

26. 인명구조기구의 종류가 아닌 것은?

① 방열복　　② 구조대
③ 공기호흡기　④ 인공소생기

| 해설
구조대는 피난기구에 해당한다.

정답 ②

27. 분말소화약제의 가압용 가스용기의 설치기준으로 옳지 않은 것은?

① 분말소화약제의 저장용기에 접속하여 설치하여야 한다.
② 가압용 가스는 질소가스 또는 이산화탄소로 하여야 한다.
③ 가압용 가스용기를 3병 이상 설치한 경우에 있어서는 2개 이상의 용기에 전자개방밸브를 부착하여야 한다.
④ 가압용 가스용기에는 2.5MPa 이상의 압력에서 압력 조정이 가능한 압력조정기를 설치하여야 한다.

| 해설
분말소화약제의 가압용 가스용기에는 2.5MPa 이하의 압력에서 조정이 가능한 압력조정기를 설치하여야 한다.

정답 ④

28. 스프링클러헤드의 설치기준으로 옳은 것은?

① 살수가 방해되지 아니하도록 스프링클러헤드로부터 반경 30cm 이상의 공간을 보유할 것
② 스프링클러헤드와 그 부착면과의 거리는 60cm 이하로 할 것
③ 측벽형스프링클러헤드를 설치하는 경우 긴 변의 한쪽 벽에 일렬로 설치하고 3.2m 이내마다 설치할 것
④ 연소할 우려가 있는 개구부에는 그 상하좌우에 2.5m 간격으로 스프링클러헤드를 설치하되, 스프링클러헤드와 개구부의 내측면으로부터 직선거리는 15cm 이하가 되도록 할 것

| 해설
연소할 우려가 있는 개구부에는 그 상하좌우에 2.5m 간격으로 스프링클러헤드를 설치하되, 스프링클러헤드와 개구부의 내측면으로부터 직선거리는 15cm 이하가 되도록 한다.
① 살수가 방해되지 아니하도록 스프링클러헤드로부터 반경 60cm 이상의 공간을 보유하여야 한다.
② 스프링클러헤드와 그 부착면과의 거리는 30cm 이하로 한다.
③ 측벽형스프링클러헤드를 설치하는 경우 긴 변의 한쪽 벽에 일렬로 설치하고 3.6m 이내마다 설치한다.

정답 ④

29. 포헤드의 설치기준 중 다음 ( ) 안에 알맞은 것은?

> 압축공기포소화설비의 분사헤드는 천장 또는 반자에 설치하되 방호대상물에 따라 측벽에 설치할 수 있으며 유류탱크 주위에는 바닥면적 (㉠)m² 마다 1개 이상, 특수가연물저장소에는 바닥면적 (㉡)m²마다 1개 이상으로 당해 방호대상물의 화재를 유효하게 소화할 수 있도록 할 것

	㉠	㉡		㉠	㉡
①	8	9	②	9	8
③	9.3	13.9	④	13.9	9.3

| 해설

압축공기포소화설비의 분사헤드는 천장 또는 반자에 설치하되 방호대상물에 따라 측벽에 설치할 수 있으며 유류탱크 주위에는 바닥면적 13.9(㉠)m²마다 1개 이상, 특수가연물저장소에는 바닥면적 9.3(㉡)m²마다 1개 이상으로 당해 방호대상물의 화재를 유효하게 소화할 수 있도록 할 것

정답 ④

30. 분말소화설비의 수동식 기동장치의 부근에 설치하는 비상스위치에 대한 설명으로 옳은 것은?

① 자동복귀형 스위치로서 수동식 기동장치의 타이머를 순간정지시키는 기능의 스위치를 말한다.
② 자동복귀형 스위치로서 수동식 기동장치가 수신기를 순간정지시키는 기능의 스위치를 말한다.
③ 수동복귀형 스위치로서 수동식 기동장치의 타이머를 순간정지시키는 기능의 스위치를 말한다.
④ 수동복귀형 스위치로서 수동식 기동장치가 수신기를 순간정지시키는 기능의 스위치를 말한다.

| 해설

수동식 기동장치의 부근에는 소화약제의 방출을 지연시킬 수 있는 비상스위치(자동복귀형 스위치로서 수동식 기동장치의 타이머를 순간정지시키는 기능의 스위치를 말한다)를 설치하여야 한다.

정답 ①

31. 이산화탄소소화설비의 배관의 설치기준 중 다음 ( ) 안에 알맞은 것은?

> 고압식의 경우 개폐밸브 또는 선택밸브의 2차측 배관부속은 호칭압력 4.5MPa 이상의 것을 사용하여야 하며, 1차측 배관부속은 호칭압력 (㉠)MPa 이상의 것을 사용하여야 하고, 저압식의 경우에는 (㉡)MPa의 압력에 견딜 수 있는 배관부속을 사용할 것

	㉠	㉡		㉠	㉡
①	3.0	2.0	②	9.5	4.5
③	3.0	2.5	④	4.0	2.5

| 해설

고압식의 경우 개폐밸브 또는 선택밸브의 2차측 배관부속은 호칭압력 4.5MPa 이상의 것을 사용하여야 하며, 1차측 배관부속은 호칭압력 9.5(㉠)MPa 이상의 것을 사용하여야 하고, 저압식의 경우에는 4.5(㉡)MPa의 압력에 견딜 수 있는 배관부속을 사용할 것

정답 ②

32. 옥외소화전설비 설치시 고가수조의 자연낙차를 이용한 가압송수장치의 설치기준 중 고가수조의 최소 자연낙차수두 산출 공식으로 옳은 것은? (단, H: 필요한 낙차[m], h_1: 소방용 호스 마찰손실수두[m], h_2: 배관의 마찰손실수두[m]이다)

① $H = h_1 + h_2 + 25$
② $H = h_1 + h_2 + 17$
③ $H = h_1 + h_2 + 12$
④ $H = h_1 + h_2 + 10$

| 해설

$H = h_1 + h_2 + 25$

※ H: 필요한 낙차[m]
 h_1: 소방용 호스 마찰손실수두[m]
 h_2: 배관의 마찰손실수두[m]

정답 ①

33. 물분무헤드의 설치제외 기준 중 다음 ( ) 안에 알맞은 것은?

> 운전시에 표면의 온도가 ( )℃ 이상으로 되는 등 직접분무를 하는 경우 그 부분에 손상을 입힐 우려가 있는 기계장치 등이 있는 장소

① 100 ② 260
③ 280 ④ 980

| 해설

운전 시에 표면의 온도가 260℃ 이상으로 되는 등 직접 분무를 하는 경우 그 부분에 손상을 입힐 우려가 있는 기계장치 등이 있는 장소

정답 ②

34. 연면적이 35000m²인 특정소방대상물에 소화용수설비를 설치하는 경우 소화수조의 최소 저수량은 약 몇 m³인가? (단, 지상 1층 및 2층의 바닥면적 합계가 15000m² 이상인 경우이다)

① 28 ② 46.7
③ 56 ④ 93.3

| 해설

소방대상물의 구분	면적
1. 1층 및 2층의 바닥면적 합계가 15,000m² 이상인 소방대상물	7,500m²
2. 제1호에 해당되지 아니하는 그 밖의 소방대상물	12,500m²

소화수조 또는 저수조의 저수량은 특정소방대상물의 연면적을 다음 표에 따른 기준면적으로 나누어 얻은 수(소수점 이하의 수는 1로 본다)에 20m³를 곱한 양 이상이 되도록 하여야 한다.

$\frac{35000}{7500} = 4.7 \simeq 5$

$\therefore 5 \times 20 = 100m^3$

정답 ④

35. 소화기에 호스를 부착하지 아니할 수 있는 기준 중 틀린 것은?

① 소화약제의 중량이 2kg 이하인 분말소화기
② 소화약제의 중량이 3kg 이하인 이산화탄소소화기
③ 소화약제의 중량이 4kg 이하인 할로겐화합물소화기
④ 소화약제의 중량이 5kg 이하인 산알칼리소화기

| 해설

호스를 부착하지 않는 소화기의 종류는 다음과 같다.
㉠ 소화약제의 중량이 4kg 이하인 할로겐화합물소화기
㉡ 소화약제의 중량이 3kg 이하인 이산화탄소소화기
㉢ 소화약제의 중량이 2kg 이하의 분말소화기
㉣ 소화약제의 용량이 3L 이하의 액체계 소화약제 소화기

정답 ④

36. 고정식 사다리의 구조에 따른 분류로 틀린 것은?

① 굽히는식 ② 수납식
③ 접는식   ④ 신축식

| 해설

고정식 사다리의 종류는 수납식, 접는식, 신축식이 있으며, 굽히는식은 포함되지 않는다.

정답 ①

37. 폐쇄형 스프링클러헤드 퓨지블링크형의 표시온도가 121℃~162℃인 경우 후레임의 색별로 옳은 것은? (단, 폐쇄형헤드이다)

① 파랑　　　② 빨강
③ 초록　　　④ 흰색

| 해설

유리벌브형		퓨지블링크형	
표시온도[℃]	액체의 색별	표시온도[℃]	후레임의 색별
57℃	오렌지	77℃ 미만	색 표시 안함
68℃	빨강	78℃~120℃	흰색
79℃	노랑	121℃~162℃	파랑
93℃	초록	163℃~203℃	빨강
141℃	파랑	204℃~259℃	초록
182℃	연한자주	260℃~319℃	오렌지
227℃ 이상	검정	320℃ 이상	검정

폐쇄형 스프링클러헤드 퓨지블링크형의 표시온도가 121℃~162℃인 경우 후레임의 색별은 파랑이다.

정답 ①

38. 발전실의 용도로 사용되는 바닥면적이 280m²인 발전실에 부속용도별로 추가하여야 할 적응성이 있는 소화기의 최소 수량은 몇 개인가?

① 2　　　② 4
③ 6　　　④ 12

| 해설

발전실·변전실·송전실·변압기실·배전반실·통신기기실·전산기기실·기타 이와 유사한 시설이 있는 장소의 경우 해당 용도의 바닥면적 50m²마다 적응성이 있는 소화기 1개 이상 또는 유효설치방호체적 이내의 가스·분말·고체에어로졸 자동소화장치, 캐비닛형자동소화장치를 추가하여야 한다.

∴ $\frac{280}{50} = 5.6 \approx 6$개

정답 ③

39. 습식유수검지장치를 사용하는 스프링클러설비에 동장치를 시험할 수 있는 시험장치의 설치위치 기준으로 옳은 것은?

① 유수검지장치에서 가장 먼 가지 배관의 끝으로부터 연결하여 설치할 것
② 교차관의 중간 부분에 연결하여 설치할 것
③ 유수검지장치의 측면배관에 연결하여 설치할 것
④ 유수검지장치에서 가장 먼 교차배관의 끝으로부터 연결하여 설치할 것

| 해설

시험장치는 습식스프링클러설비 및 부압식스프링클러설비에 있어서는 유수검지장치 2차측 배관에 연결하여 설치하고 건식스프링클러설비인 경우 유수검지장치에서 가장 먼 거리에 위치한 가지배관의 끝으로부터 연결하여 설치할 것

정답 ①

40. 물분무소화설비 수원의 저수량 설치기준으로 옳지 않은 것은?

① 특수가연물을 저장 또는 취급하는 특정소방대상물 또는 그 부분에 있어서 그 바닥면적 1m²에 대하여 10L/min으로 20분간 방수할 수 있는 양 이상으로 할 것
② 차고 또는 주차장은 그 바닥면적 1m²에 대하여 20L/min으로 20분간 방수할 수 있는 양 이상으로 할 것
③ 케이블 덕트는 투영된 바닥면적 1m²에 대하여 12L/min으로 20분간 방수할 수 있는 양 이상으로 할 것
④ 컨베이어 벨트 등은 벨트 부분의 바닥면적 1m²에 대하여 20L/min으로 20분간 방수할 수 있는 양 이상으로 할 것

| 해설

컨베이어 벨트 등은 벨트 부분의 바닥면적 1m²에 대하여 10L/min로 20분간 방수할 수 있는 양 이상으로 한다.

정답 ④

2026 대비 최신개정판

해커스
소방설비기사
필기 기계
한권완성 이론+최신기출+핵심노트

개정 5판 1쇄 발행 2025년 9월 9일

지은이	권대영
펴낸곳	㈜챔프스터디
펴낸이	챔프스터디 출판팀

주소	서울특별시 서초구 강남대로61길 23 ㈜챔프스터디
고객센터	02-537-5000
교재 관련 문의	publishing@hackers.com
동영상강의	pass.Hackers.com

ISBN	978-89-6965-625-4 (13530)
Serial Number	05-01-01

저작권자 ⓒ 2025, 권대영
이 책의 모든 내용, 이미지, 디자인, 편집 형태는 저작권법에 의해 보호받고 있습니다.
서면에 의한 저자와 출판사의 허락 없이 내용의 일부 혹은 전부를 인용, 발췌하거나 복제, 배포할 수 없습니다.

자격증 교육 1위
해커스자격증
pass.Hackers.com

· 대기업 연구원 출신 권대영 선생님의 **본 교재 인강**(교재 내 할인쿠폰 수록)
· 소방설비기사 **무료 특강&이벤트, 최신 기출문제** 등 다양한 학습 콘텐츠

주간동아 선정 2022 올해의 교육브랜드 파워 온·오프라인 자격증 부문 1위

해커스
소방설비기사
필기 기계
한권완성

시험장에 꼭 가져가야 할

핵심노트

해커스

PART 01 | 소방유체역학

CHAPTER 01 | 기본 유체역학

1 유체

1. 유체

정지하고 있을 때 수직방향의 압력(법선응력)만 작용하고 있는 물질이다.

2. 유체의 종류

압축성 유체와 비압축성 유체, 점성 유체와 비점성 유체, 이상 유체와 실제 유체로 나눌 수 있다.

2 단위와 차원

1. 단위

물리량의 정량적인 표현으로 국제표준인 SI단위계를 사용하며, MKS와 CGS단위계가 있다.

2. 차원

물리량의 정성적인 표현으로 절대단위계에서는 MLT를, 중력단위계에서는 FLT를 사용한다.

3 밀도(Density)

$$\rho(\text{밀도, kg/m}^3) = \frac{m(\text{질량})}{V(\text{부피})}$$

4 비중량과 비체적

1. 비중량(Specific Weight)

$$\gamma(\text{비중량, N/m}^3) = \rho g$$

$$\text{물의 비중량} = 9.807 \text{kN/m}^3$$

2. 비체적(Specific Volume)

$$v(\text{비체적, m}^3/\text{kg}) = \frac{V(\text{부피})}{m(\text{질량})} = \frac{1}{\rho(\text{밀도})}$$

5 뉴튼의 점성법칙

두 평판 사이로 점성 있는 유체가 흐를 때 흐름에 평행한 방향으로 생기는 전단응력은 흐름의 수직방향의 유속의 속도기울기에 비례한다는 법칙이다.

$$\tau = \mu \frac{dy}{du}$$

6 체적탄성계수(K)

(1) 물질의 부피변화에 저항하는 정도를 나타내는 물리량으로 이 값이 클수록 물체의 부피가 변화하기 어렵다.

(2) 압력의 변화량을 부피의 변화율로 나눈 값을 말한다.

$$K = -\frac{\Delta P}{\frac{\Delta V}{V}} \ [\text{N/m}^2 = \text{Pa}]$$

7 압축률(β)

물질에 힘을 가할 때 부피의 변화정도를 표현하는 물리량으로 큰 값을 가지면 쉽게 변형된다는 것을 의미한다.

$$\beta = \frac{1}{K} = -\frac{\frac{\Delta V}{V}}{\Delta P} \ [\text{m}^2/\text{N}]$$

8 표면장력(Surface Tension)

표면에 있는 물 분자는 안쪽 방향의 힘만을 받기 때문에 구 모양의 표면 형태를 갖추게 되는데, 이때 표면적을 최소화하기 위해 안쪽으로 잡아당기는 힘을 표면장력이라 한다.

CHAPTER 02 | 유체 정역학

1 유체정역학의 기본 개념

(1) 유체와 접하는 면에 수직한 방향으로 압력이 작용한다.

(2) 어떤 점에서 작용하는 압력의 크기는 모든 방향으로 동일하다.

(3) 압력은 깊이만의 함수이다.

2 압력과 부력

1. 압력

(1) 유체가 어떤 힘을 받을 때, 단위면적에 작용하는 힘의 크기 P를 말한다.

$$P = \frac{F}{A} [\text{N/m}^2 = \text{Pa}]$$

(2) 표준대기압

$$\begin{aligned} 1\text{atm} &= 101325\text{Pa} = 101.325\text{kPa} = 0.101325\text{MPa} \\ &= 760\text{mmHg} = 76\text{cmHg} = 0.76\text{mHg} \\ &= 10332\text{mmAq} = 10.332\text{mAq} \\ &= 1.013\text{bar} = 101.325\text{mbar} \\ &= 14.7\text{psi} \end{aligned}$$

2. 부력(Buoyancy)

물체가 유체에 잠겼을 때 윗면과 아랫면의 압력의 차이로 위로 향하는 힘을 받는데 이를 부력이라 한다.

$$B(\text{부력}) = F_2 - F_1 = \gamma_l y_2 A - \gamma_l y_1 A = \gamma_l (y_2 - y_1) A$$

($^*\gamma_l$: 액체의 비중량, A: 물체의 단면적)

3 파스칼의 원리

정지된 유체에 압력을 가하면 유체의 모든 부분에 모든 방향으로 같은 크기의 압력이 전달된다.

$$\frac{F_1}{A_1} = \frac{F_2}{A_2}$$

4 액주계

$$P_A + \gamma_1 y_1 = P_B$$
$$P_B = P_C = P_A + \gamma_1 y_1$$
$$P_C = P_D + \gamma_2 y_2$$
$$P_D = P_C - \gamma_2 y_2 = P_A + \gamma_1 y_1 - \gamma_2 y_2$$

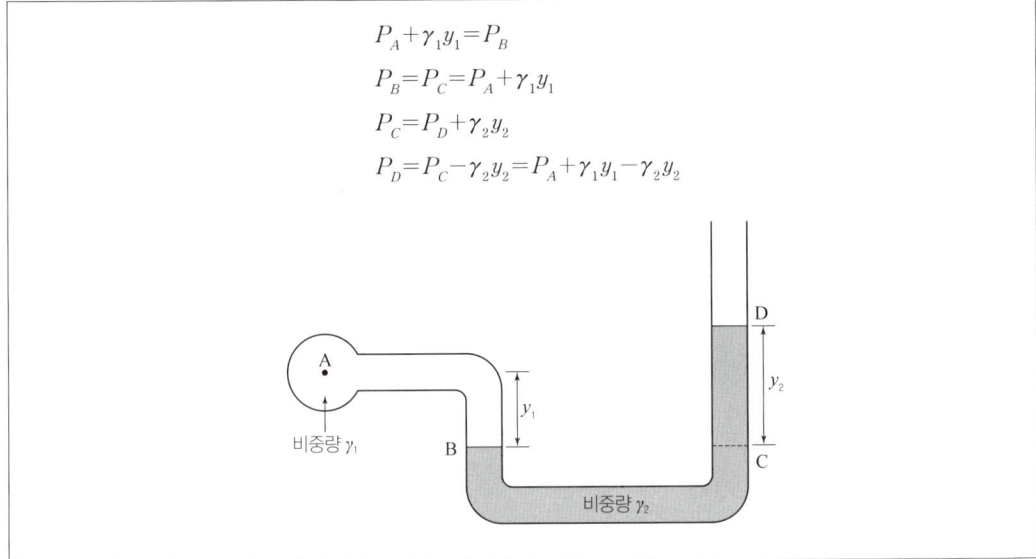

5 평면과 곡면에 작용하는 유체력

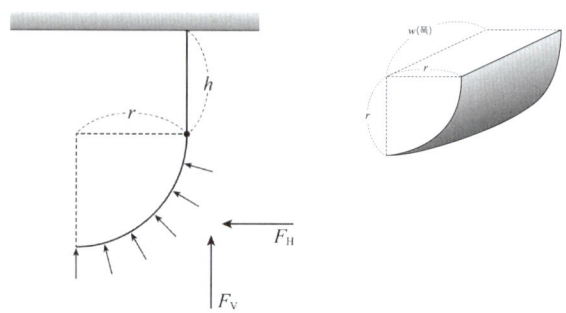

(1) 수평분력

$$F_H = \gamma y_c A = \gamma \left(h + \frac{r}{2}\right) A$$
(*A: 옆면적)

(2) 수직분력

$$F_V = \gamma V = \gamma \left(rhw + \frac{\pi r^2}{4}w\right)$$
(*V: 원형문 위의 유체부피)

(3) 전압력의 합력

$$F_R = \sqrt{F_H^2 + F_V^2}$$

CHAPTER 03 | 유체 동역학

1 유체유동의 개념

1. 유체유동의 종류

(1) 정상류

시간의 흐름에도 변화하지 않고 유동, 압력, 온도, 밀도, 속도가 항상 일정하다.

(2) 비정상류

시간의 흐름에 따라 유체의 압력, 온도, 밀도, 속도가 변할 수 있는 유동이다.

2. 유동표현의 종류

(1) 유선(Stream Line)

유체가 흐르면 각 점에서 속도벡터가 존재하게 되며, 이 속도벡터의 접선을 그려서 모두 연결하면 곡선이 되는데 이 곡선을 유선이라 한다.

(2) 유적선(Path Line)

① 유체의 입자를 따라가면서 그린 선

② 정상류에서는 유선과 일치하고, 비정상류에서는 유선과 일치하지 않는다.

(3) 유맥선(Streak Line)

공간상의 특정 점을 지정하고 그 곳을 지나간 유체입자들을 이은 선이며, 순간궤적을 말한다.

2 연속방정식

1. 질량유량

$$\rho_1 A_1 v_1 = \rho_2 A_2 v_2$$

(*ρ: 밀도, A: 단면적, v: 유속)

2. 중량유량

$$\gamma_1 A_1 v_1 = \gamma_2 A_2 v_2$$

(*γ: 비중량, A: 단면적, v: 유속)

3. 체적유량

$$A_1 v_1 = A_2 v_2$$

(*A: 단면적, v: 유속)

3 운동량이론

1. 고정된 평판에 작용하는 힘

$$F = \rho Q(v_2 - v_1)$$
$$-F = \rho Q(0 - v)$$
$$F = \rho Q v = \rho A v v = \rho A v^2$$

(*F: 평판에 가하는 힘, ρ: 유체의 밀도, Q: 유량, A: 노즐의 단면적, v: 유체의 속도)

2. 노즐의 플랜지에 작용하는 힘

$$F = \rho Q^2 \left(\frac{A_1 - A_2}{2A_1 A_2}\right) = \frac{\gamma}{g} Q^2 \left(\frac{A_1 - A_2}{2A_1 A_2}\right)$$

4 베르누이 방정식

1. 베르누이 방정식의 식

$$\frac{v_1^2}{2g} + \frac{P_1}{\gamma} + y_1 = \frac{v_2^2}{2g} + \frac{P_2}{\gamma} + y_2$$

(*v_1, v_2: 속도, P_1, P_2: 압력, γ: 비중량, y_1, y_2: 높이)

2. 수정된 베르누이 방정식의 식

$$\frac{v_1^2}{2g} + \frac{P_1}{\gamma} + y_1 = \frac{v_2^2}{2g} + \frac{P_2}{\gamma} + y_2 + H_L$$

(*H_L: 손실수두)

5 유동측정

1. 정압관과 피토관

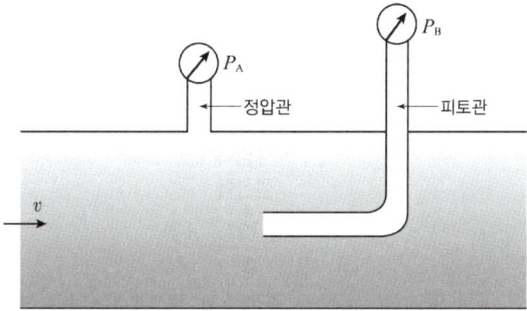

P_A는 유체 정지상태의 정압을 나타내고, P_B는 유체가 움직일 때의 전압을 나타낸다.

$$전압(P_B) = 정압(P_A) + 동압$$
$$동압 = P_B - P_A$$

2. 유속측정

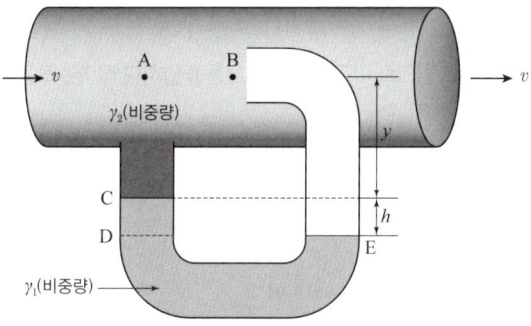

$$\therefore \frac{v_A^2}{2g} = \frac{P_B - P_A}{\gamma_2} = \frac{\gamma_1 h - \gamma_2 h}{\gamma_2}$$

$$v_A^2 = 2g \frac{\gamma_1 h - \gamma_2 h}{\gamma_2}$$

$$v_A = \sqrt{2gh\left(\frac{\gamma_1 - \gamma_2}{\gamma_2}\right)} = \sqrt{2gh\left(\frac{S_1 - S_2}{S_2}\right)}$$

($*\gamma_1$: 피토관 유체의 비중량, γ_2: 배관 유체의 비중량, S_1: 피토관 유체의 비중, S_2: 배관 유체의 비중)

CHAPTER 04 | 관유동

1 유동의 종류

1. 레이놀즈수(Reynold's number)의 정의

$$Re = \frac{관성력}{점성력}$$
$$= \frac{\rho VD}{\mu} = \frac{VD}{v}$$

(*ρ: 밀도, V: 유속, D: 관직경, μ: 점성계수, v: 동점성계수)

2. 흐름의 종류

(1) 층류(Laminar Flow)

유체가 흐트러지지 않고 균일하게 흐르는 것을 말하며 레이놀즈수 2,100 이하이다.

(2) 천이류(Transition Flow)

층류인 유동이 갑자기 교란되어져 난류가 되는 유동을 말하며 레이놀즈수 2,100에서 4,000 사이이다.

(3) 난류(Turbulent Flow)

유체의 층이 평행하게 흐르지 않고 임의로 마구 뒤섞이는 유동을 말하며 레이놀즈수 4,000 이상이다.

2 마찰손실

1. 배관손실

(1) 달시-바이스바하의 식(Darcy-Weisbach equation)

① 일정한 길이의 직관에 유체가 흐를 때 마찰로 인한 압력이나 수두손실을 유속과의 관계로 나타낸 식이다.
② 층류와 난류에 모두 사용 가능하다.

$$H = f \frac{l}{D} \frac{V^2}{2g}$$

(*H: 마찰손실수두, f: 관마찰계수, l: 직관의 길이, D: 직관의 직경, V: 유속, g: 중력가속도)

(2) 하겐-포아젤 방정식(Hagen-Poiselle Equation)

비압축성이고 층류인 정상상태의 유동에서의 압력손실과 마찰손실수두를 표현한다.

$$압력손실\,(\Delta P) = \frac{128\mu l Q}{\pi D^4}$$

$$마찰손실수두\,(H) = \frac{128\mu l Q}{\gamma \pi D^4}$$

(*μ: 점성계수, l: 배관길이, Q: 유량, D: 배관직경, γ: 비중량)

2. 배관의 부차적 손실

배관의 마찰과 낙차에 의한 손실 이외에 다음의 부차적 손실이 발생한다.

① 밸브 및 배관 피팅에서의 손실

$$H(부차적\,손실) = K\frac{v^2}{2g}$$

(*K: 부차적 손실계수)

$$K\frac{v^2}{2g} = f\frac{L_e}{D}\frac{v^2}{2g}$$

$$K = f\frac{L_e}{D}\,\text{이므로}\; L_e = \frac{KD}{f}$$

② 배관 입구와 출구에서의 손실
③ 배관 팽창부나 수축부에서의 손실

CHAPTER 05 | 유체기계

1 펌프의 종류

1. 터보(Turbo) 펌프

원심식 펌프 (Centrifugal Pump)	• 볼류트 펌프(Volute Pump) • 터빈 펌프(Turbine Pump)
축류식 펌프	• 축류펌프 • 경사류펌프

2. 용적형 펌프

왕복식 펌프	• 피스톤펌프 • 플런져펌프 • 다이아프램펌프
회전식 펌프	• 기어펌프 • 나사펌프 • 베인펌프 • 재생펌프

2 펌프의 운전

1. 펌프의 직렬운전

같은 성능의 펌프를 직렬로 연결하면 유량은 동일하고 양정(압력)은 2배가 된다.

2. 펌프의 병렬운전

같은 성능의 펌프를 병렬로 연결하면 양정(압력)은 동일하고 유량은 2배가 된다.

3 펌프의 계산

1. 비속도(비교회전속도 N_s)

$$N_s = \frac{N\sqrt{Q}}{H^{\frac{3}{4}}}$$

(*N: 회전수[rpm], Q: 유량[m³/min], H: 양정[m])

※ 다단펌프의 경우 H 대신에 $\frac{H}{n}$ (n: 단수)를 대입함

2. 유효흡입수두(NPSHav)

펌프가 문제 없이 작동되기 위한 압력(양정)을 의미하며, 흡입조건과 환경조건(배관시스템)에 의해 결정된다.

$$NPSHav = H_a \pm H_z - H_f - H_v$$
$$= \frac{P_a}{\gamma} \pm H_z - H_f - \frac{P_v}{\gamma}$$

(*H_a: 대기압, H_z: 흡입양정, H_f: 흡입마찰손실 수두, H_v: 포화증기압 수두, γ: 비중량, P_a: 대기압, P_v: 포화증기압)

$+$: 수면이 펌프보다 높이 있는 경우(압입)

$-$: 수면이 펌프보다 낮게 있는 경우(흡입)

3. 필요흡입수두(NPSHre)

펌프의 고유특성으로 펌프의 설계에 의해 결정된다. 펌프가 작동하기 위해 필요한 흡입양정을 말한다.

4. NPSHav와 NPSHre의 관계

(1) NPSHav < NPSHre: 캐비테이션(Cavitation) 발생

(2) NPSHav > NPSHre: 캐비테이션(Cavitation) 발생하지 않음

(3) 실무조건 NPSHav ≥ NPSHre × 1.3

5. 수동력

펌프 임펠러가 유체에 가하여 토출시키는 동력을 말한다.

$$P = \frac{\gamma QH}{\eta}$$

(*P: 펌프의 동력[kW], γ: 물의 비중량[kN/m³], H: 양정[m])

$$P[\text{kW}] = \frac{\gamma[\text{N/m}^3] \times Q[\text{m}^3/\text{s}] \times H[\text{m}]}{1000}$$

$$= \frac{\gamma[\text{N/m}^3] \times Q[\text{m}^3/\text{min}] \times H[\text{m}]}{1000 \times 60}$$

$$= \frac{\gamma[\text{kg}_f/\text{m}^3] \times Q[\text{m}^3/\text{s}] \times H[\text{m}]}{102}$$

$$= \frac{\gamma[\text{kg}_f/\text{m}^3] \times Q[\text{m}^3/\text{min}] \times H[\text{m}]}{102 \times 60}$$

6. 축동력

모터가 펌프 임펠러에 가하는 동력을 말한다.

$$P = \frac{\gamma QH}{\eta}$$

(*P: 펌프의 동력[kW], γ: 물의 비중량[kN/m³], H: 양정[m], η: 펌프의 효율)

7. 모터(전동기)동력

펌프를 작동시키기 위해 모터(전동기)에 공급해야 하는 실제 동력(Power)을 말한다.

$$P = \frac{\gamma QH}{\eta} \times K$$

(*P: 펌프의 동력[kW], γ: 물의 비중량[kN/m³], H: 양정[m], η: 펌프의 효율, K: 전달계수)

8. 펌프의 상사

펌프의 임펠러 사이즈가 달라도, 비속도가 같다면 이를 기하학적 상사라고 하고 3가지의 상사법칙이 존재한다.

(1) 유량의 상사

$$\frac{Q_2}{Q_1} = \left(\frac{N_2}{N_1}\right) \times \left(\frac{D_2}{D_1}\right)^3$$

(*Q_1, Q_2: 유량[m³/s], N_1, N_2: 회전수[rpm], D_1, D_2: 직경[m])

(2) 양정의 상사

$$\frac{H_2}{H_1} = \left(\frac{N_2}{N_1}\right)^2 \times \left(\frac{D_2}{D_1}\right)^2$$

(*H_1, H_2: 양정[m])

(3) 축동력의 상사

$$\frac{P_2}{P_1} = \left(\frac{N_2}{N_1}\right)^3 \times \left(\frac{D_2}{D_1}\right)^5$$

(*P_1, P_2: 축동력[kW])

4 펌프의 이상현상

1. 공동현상(Cavitation)

물이 펌프배관에 흡입될 때에 흡입속력이 빨라지면 압력이 강하한다. 만약 압력이 주위 환경의 포화증기압보다 작아지면 물이 수증기로 증발되어 기포를 생성한다.

2. 서징(Surging)

맥동현상이라고도 하며 펌프 작동시 압력, 유량, 임펠러의 회전수가 주기적으로 변하는 현상이고 펌프나 배관이 파손될 수 있다.

3. 수격현상(Water Hammering)

배관의 밸브를 갑자기 닫으면 운동하는 물체를 정지시킬 때와 같이 심한 충격을 받고 급격한 압력변화가 배관에 바로 전달되어 진동과 충격음을 유발하고 때로는 고장이 원인이 되기도 하다.

CHAPTER 06 | 열역학

1 열역학법칙

1. 열역학0법칙
물체A와 물체C가 열적평형상태에 있고, 물체B와 물체C가 열적평형상태에 있으면, 물체A와 B는 열적평형상태에 있다는 법칙이다. 열적평형상태에 있으면 동일 온도라고 할 수 있고, 이는 온도계의 기본 원리이다.

2. 열역학1법칙
외부와의 교류가 없을 때 에너지 총합은 일정하다는 에너지보존법칙이다.

3. 열역학2법칙
자연현상은 엔트로피가 증가하는 방향으로 진행이 되며 방향성이 존재한다는 법칙이다.

2 열역학 계산

1. 엔탈피(Enthalpy)
어떤 물질이 특정 온도와 압력에서 가지는 고유한 에너지로서 그 계의 내부에너지와 압력과 부피의 곱의 합이다.

$$H = U + PV$$
(*H: 엔탈피[kJ], U: 내부 에너지[kJ], P: 압력[kPa], V: 부피[m^3])

2. 엔트로피(Entropy)
(1) 무질서도를 나타내는 물리량으로 주어진 열이 일로 전환될 수 있는 가능성을 나타내기도 한다.
(2) 가역단열과정에서는 엔트로피 변화 $\Delta S = 0$, 비가역 단열과정에서는 $\Delta S = \frac{\Delta Q}{T}$ 로 표현되고 ΔS는 증가한다.
 (*ΔS: 엔트로피[kJ/K], ΔQ: 열량[kJ], T: 절대온도[K])

3. 현열
상변화 없이 온도변화에만 사용되는 열량이다.

$$Q = cm\Delta T$$
(*c: 비열[kJ/kg·K], m: 질량[kg], ΔT: 온도변화[K])

4. 잠열

온도변화 없이 상변화에만 필요한 열량이다.

$$Q = Lm$$
(*Q: 잠열[kJ], L: 단위잠열[kJ/kg], m: 질량[kg])

① 물의 융해잠열: 80kcal/kg, 335kJ/kg
② 물의 증발잠열: 539kcal/kg, 2256kJ/kg

5. 비열

어떤 물질 1g의 온도를 1℃ 올리는 데 필요한 열량을 말한다.

(1) 정압비열(C_p)

압력을 일정하게 유지할 때의 비열이다.

(2) 정적비열(C_v)

부피를 일정하게 유지할 때의 비열이다.

(3) 비열비(k)

정압비열과 정적비열의 비(C_p/C_v)이다.

(4) 특별기체상수($\overline{R}$)

정압비열과 정적비열의 차를 말한다.

$$\overline{R} = C_p - C_v = \frac{R(\text{일반기체상수})}{M(\text{분자량})}$$

6. 기체방정식

(1) 보일의 법칙(Boyle's Law)

$$P_1 V_1 = P_2 V_2$$
(*P_1, P_2: 기체의 압력, V_1, V_2: 기체의 부피)

(2) 샤를의 법칙(Charles's Law)

$$\frac{V_1}{T_1} = \frac{V_2}{T_2}$$
(*V_1, V_2: 기체의 부피, T_1, T_2: 기체의 온도)

(3) 보일-샤를의 법칙(Boyle-Charles's Law)

$$\frac{P_1 V_1}{T_1} = \frac{P_2 V_2}{T_2}$$

(4) 이상기체 상태방정식(Ideal Gas Law)

이상기체의 상태와 양을 나타내는 방정식으로 일반기체상수(R)를 사용하는 식과 특별기체상수($\overline{R}$)를 사용하는 식, 2개가 존재한다.

$$PV = nRT$$

(*P: 압력[Pa], V: 체적[m³], n: 몰수($\frac{W(\text{기체질량})}{M(\text{기체분자량})}$), R: 일반기체상수(8.314J/mol·K), T: 절대온도[K])

$$PV = W\overline{R}T$$

(*P: 압력[Pa], V: 체적[m³], W: 기체질량[kg], $\overline{R}$: 특별기체상수(287J/kg·K), T: 절대온도[K])

(5) 폴리트로픽 변화

이상기체가 아닌 실제기체의 압력과 부피는 $PV^n = c$(일정)에 의한 변화를 하며, n의 값에 따라 4가지의 상태변화를 한다.

지수 n	상태변화
0	등압변화
1	등온변화
k	단열변화
∞	등적변화

단열팽창 $n = k$

$$\frac{T_2}{T_1} = \left(\frac{V_1}{V_2}\right)^{k-1} = \left(\frac{P_2}{P_1}\right)^{\frac{k-1}{k}}$$

(*T_1, T_2: 온도, V_1, V_2: 부피, P_1, P_2: 압력, k: 비열비)

7. 카르노사이클

2개의 가역단열과정과 2개의 가역등온과정으로 이루어진 이상적인 열기관의 사이클이다. 효율이 가장 높은 가상적인 기관이라서 실제 존재하는 모든 기관의 효율은 카르노사이클보다 작게 된다.

$$\eta_c = \frac{Q_H - Q_L}{Q_H} = 1 - \frac{Q_L}{Q_H} = 1 - \frac{T_L}{T_H}$$

(*Q_H: 흡수열량, Q_L: 방출열량, T_H: 고온부의 온도, T_L: 저온부의 온도)

3 열전달

1. 전도(Conduction)

(1) 물질의 이동은 없이 열이 고온에서 저온으로 전달되는 현상이고, 주로 고체나 유체에서 일어나며 분자운동에 의한 열전달이다.

(2) 열전달 되는 양은 푸리에(Fourier)법칙에 의해 표현된다.

$$\dot{q} = -kA\frac{\Delta T}{\Delta x}$$

(* $\dot{q}$: 열전도율[W], k: 열전도도[W/m·K], Δx: 물체의 두께, ΔT: 온도차이)

2. 대류(Convection)

(1) 공기나 물과 같은 유체를 통하여 열이 전달되는 현상이다.

(2) 열이 유체를 따라 고온부에서 저온부로 이동한다.

(3) 뉴튼의 냉각법칙(Newton's law of cooling)에 의해 열전달 되는 양을 표현한다.

$$\dot{q} = hA\Delta T = hA(T_2 - T_1)$$

(* $\dot{q}$: 열전도율[W], k: 대류열전달계수[W/m²·K], A: 열전달면적, $\triangle T$: 온도차이)

3. 복사(Radiation)

(1) 열이 전자기파의 형태로 전달되기 때문에 열전달 매질이 필요 없다.

(2) 태양빛이 지구에 도달하는 방식이다.

(3) 복사되는 열전달 양은 스테판-볼쯔만(Stephan-Boltzman)식에 의한다.

$$E = \sigma A T_s^4$$

$$\dot{q} = \sigma A (T_s^4 - T_a^4)$$

(* E: 복사에너지[W], A: 열전달면적, $\dot{q}$: 열전달률,
σ: 스테판-볼쯔만상수(5.67×10^{-8}[W/m²·K⁴]), T_s: 흑체온도, T_a: 주위온도)

PART 02 | 소방기계시설의 구조 및 원리

CHAPTER 01 | 소화에 필요한 설비

1 소화설비

1. 간이 소화용구

간이소화용구	용량	능력단위
마른모래	50L 이상의 것 1포(삽을 상비)	0.5단위
팽창질석, 팽창진주암	80L 이상의 것 1포(삽을 상비)	0.5단위

2. 소화기의 크기에 의한 분류

구분	소형 소화기	대형 소화기
능력단위 (소화능력의 수치값)	1단위 이상 10단위 미만	• A급: 10단위 이상 • B급: 20단위 이상 • 운반대와 바퀴가 설치되어야 한다.
보행거리	20m 이내	30m 이내

3. 대형소화기의 소화약제 충전량

소화약제	충전량	소화약제	충전량
능력단위 (소화능력의 수치값)	20L 이상	분말	20kg 이상
강화액	60L 이상	할로겐화합물	30kg 이상
물	80L 이상	이산화탄소	50kg 이상

4. 8초 이상 사용 시 소화기 온도범위

소화액 종류	사용온도
강화액, 분말 액제	-20~40℃
그 밖의 것	0~40℃

5. 소화기 호스 탈착여부

소화액 종류	약제의 중량
분말소화기	2kg 이하
이산화탄소 소화기	3kg 이하
할로겐화합물 소화기	4kg 이하
액체계 소화약제 소화기	3L 이하

6. 특정소방대상물별 소화기 능력단위기준

특정소방대상물	소화기구의 능력단위(바닥면적)
1) 위락시설	30m²마다 1단위 이상
2) 공연장, 집회장, 관람장, 문화재, 장례식장 및 의료시설	50m²마다 1단위 이상
3) 근린생활시설, 판매, 운수, 숙박, 노유자시설, 전시장, 공동주택, 업무시설, 방송통신시설, 공장, 창고시설, 항공기 및 자동차 관련시설, 관광 휴게시설	100m²마다 1단위 이상
4) 그 밖의 것	200m²마다 1단위 이상

2 옥내소화전설비

1. 수원의 양

> 수원의 양 = 옥내소화전 개수 × 옥내소화전 노즐1개의 분당 방출량(130L/min) × 방출시간[min]

(1) 30층 미만 건축물 수원의 양

> 수원의 양 = 옥내소화전 개수 × 130L/min × 20[min]

(2) 30층 이상 50층 미만 건축물 수원의 양

> 수원의 양 = 옥내소화전 개수 × 130L/min × 40[min]

(3) 50층 이상 건축물 수원의 양

> 수원의 양 = 옥내소화전 개수 × 130L/min × 60[min]

2. 옥상 수조의 수원의 양

(1) 옥상수조 수원의 양은 앞의 유효수량의 1/3 이상을 옥상에 저장하여야 한다.

(2) 다음의 경우는 옥상수조의 설치를 면제한다.
   ① 지하층만 있는 건축물
   ② 고가수조를 가압송수장치로 설치한 경우
   ③ 수원이 건축물의 최상층에 설치된 방수구보다 높은 위치에 설치된 경우
   ④ 건축물의 높이가 지표면으로부터 10m 이하인 경우
   ⑤ 주펌프와 동등 이상의 성능이 있는 별도의 펌프로서, 내연기관의 기동과 연동하여 작동되거나 비상전원을 연결하여 설치한 경우
   ⑥ 가압수조를 가압송수장치로 설치한 옥내소화전설비
   ⑦ 학교, 공장, 창고 시설로서 동결 우려장소에 있어서는 기동스위치에 보호판을 부착하여 옥내소화전함 내에 설치한 경우

3. 펌프의 운전

토출량	큰유량: m³/min	작은유량: L/min
토출량 환산	$Xm^3/min = 1000 XL/min[Lpm]$	
토출압	정격압력100% = YMPa = 100Ym	
체절운전(A점)	공회전(물이 방사되지 않음)	토출압 < 정격압력의 140%
최대운전(C점)	정격 토출량의 150%	토출압 > 정격압력의 65%

3 옥외소화전설비

1. 수원

(1) 펌프 토출량

$$350\text{L/min} \times N$$
(*옥외소화전 설치개수, 2개 이상 시 2개로 계산)

(2) 수원의 양

$$350\text{L/min} \times N \times 20\text{min} = 7N\,\text{m}^3$$

2. 배관

호스접결구	• 지면으로부터 높이가 0.5m 이상 1m 이하 • 특정소방대상물의 각 부분으로부터 수평거리 40m 이내에 설치
호스	직경 65mm
배관	배관용 탄소강관, 압력배관용 탄소강관, 이음매 없는 배관용동관(사용압력 1.2MPa 이상일 경우)

3. 옥외소화전함 설치기준

옥외소화전으로부터	5m 이내에 설치
옥외소화전 10개 이하	옥외소화전마다 5m 이내에 1개 이상 설치
옥외소화전 11개 이상 30개 이하	11개의 소화전함을 분산 설치
옥외소화전 31개 이상	옥외소화전 3개마다 1개 이상의 함을 설치

4 스프링클러설비

1. 헤드의 종류

RTI(Response Time Index)는 주위의 기류, 온도 및 작동시간에 따라 얼마나 빨리 헤드 개방 시간에 도달하는지를 나타내는 지수이다.

$$RTI = \tau\sqrt{u}$$

(*RTI: 반응시간지수$[(m \cdot s)^{0.5}]$, τ: 감열체시간상수[s], u: 기류속도[m/s])

헤드 종류	RTI
조기반응형(Quick response)	50 이하
특수반응형(Special response)	51 초과 80 이하
표준반응형(Standard response)	80 초과 350 이하

2. 스프링클러 헤드의 표시온도

폐쇄형 스프링클러는 설치장소의 평상시 최고 주위온도에 따라 다음 표의 표시온도의 것으로 설치하여야 한다.

설치장소의 최고주위온도	표시온도
39℃ 미만	79℃ 미만
39℃ 이상 64℃ 미만	79℃ 이상 121℃ 미만
64℃ 이상 106℃ 미만	121℃ 이상 162℃ 미만
106℃ 이상	162℃ 이상

3. 스프링클러 헤드 배치

(1) 설치장소별 수평거리

설치 장소	수평 거리
무대부, 특수가연물 저장, 취급장소	1.7m 이하
기타구조	2.1m 이하
내화구조	2.3m 이하
공동주택(아파트)	3.2m 이하

(2) 스프링클러헤드 배치

[정방형(정사각형)]

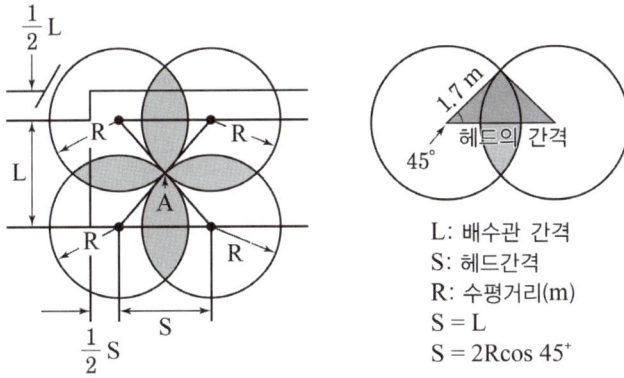

L: 배수관 간격
S: 헤드간격
R: 수평거리(m)
S = L
S = 2Rcos 45°

$$S = 2R\cos 45° \ (S: 헤드간격, R: 수평거리)$$

수평거리	헤드간격
1.7m	$2R\cos 45° = 2 \times 1.7 \times \dfrac{1}{\sqrt{2}} = 2.4\text{m}$

(3) 배수를 위한 배관의 기울기
① 습식 스프링클러 또는 부압식 스프링클러의 배관은 수평으로 설치한다.
② 습식 스프링클러 또는 부압식 스프링클러 외의 설비는 상향으로 수평주행배관의 기울기를 1/500 이상, 가지배관의 기울기를 1/250 이상으로 한다.

4. 시험장치
습식 스프링클러, 건식 스프링클러, 부압식 스프링클러를 사용하는 경우 유수검지장치를 시험하기 위하여 가지배관의 말단에 동작시험장치를 설치한다.
(1) 유수검지장치에서 가장 먼 가지배관의 끝부터 연결하여 설치한다.
(2) 시험장치 배관의 구경은 유수검지장치에서 가장 먼 가지배관과 동일한 구경으로 하고 그 끝에 개폐밸브 및 개방형헤드를 설치한다.

5. 송수구의 설치기준
(1) 구경 65mm의 쌍구형으로 한다.
(2) 폐쇄형 스프링클러헤드를 사용하는 스프링클러설비 송수구는 하나의 층의 바닥면적이 3,000m²를 넘을 때마다 1개 이상을 설치한다(5개를 넘길 때는 5개).
(3) 지면으로부터 높이가 0.5m ~ 1m 이하의 위치에 설치한다.
(4) 송수구의 가까운 부분에 자동배수밸브 및 체크밸브를 설치한다.
(5) 송수구에는 이물질을 막기 위한 마개를 씌워야 한다.

5 물분무소화설비

(냉각효과), (질식효과), (유화효과), (희석효과)

(1) 수원

설치장소	분당 토출량[L/min]	필요저수량[L]
특수가연물 저장, 취급	바닥면적×10L (바닥면적 50m² 이하는 50m²로 한다)	바닥면적×10L×200min
컨베이어 벨트	벨트 부분의 바닥면적×10L	바닥면적×10L×200min
절연유봉입 변압기	바닥 부분을 제외한 면적×10L	바닥 부분을 제외한 면적×10L×200min
케이블트레이, 케이블덕트	투영된 바닥면적×12L	투영된 바닥면적×12L×200min
차고, 주차장	바닥면적×20L (바닥면적 50m² 이하는 50m²로 한다)	바닥면적×20L×200min (바닥면적 50m² 이하는 50m²로 한다)

(2) 전기기기와 물분무헤드 사이의 거리

전압[kV]	거리[cm]	전압[kV]	거리[cm]
66 이하	70 이상	154 초과 181 이하	180 이상
66 초과 77 이하	80 이상	181 초과 220 이하	210 이상
77 초과 110 이하	110 이상	220 초과 275 이하	260 이상
110 초과 154 이하	150 이상		

(3) 물분무헤드의 설치제외

① 물에 심하게 반응하는 물질 또는 물과 반응하여 위험한 물질을 생성하는 물질을 저장 또는 취급하는 장소
② 고온의 물질 및 증류범위가 넓어 끓어 넘치는 위험이 있는 물질을 저장 또는 취급하는 장소
③ 운전시에 표면의 온도가 260℃ 이상으로 되는 등 직접분무를 하는 경우 그 부분에 손상을 입힐 우려가 있는 기계장치 등이 있는 장소

(4) 배수설비

① 차량이 주차하는 장소의 적당한 곳에 높이 10cm 이상의 경계턱으로 배수구를 설치할 것
② 배수구에는 새어나온 기름을 모아 소화할 수 있도록 길이 40m 이하마다 집수관·소화핏트 등 기름분리장치를 설치할 것
③ 차량이 주차하는 바닥은 배수구를 향하여 100분의 2 이상의 기울기를 유지할 것

6 포소화설비

물과 포소화약제(계면활성제)를 혼합하여 거품을 만들어 화재 대상을 덮는다. 산소를 차단하는 질식소화와 수분에 의한 냉각소화가 가능하다.

(1) 수원

① 특수가연물을 저장·취급하는 공장 또는 창고: 포워터스프링클러설비 또는 포헤드설비의 경우 10분간 방사할 수 있는 양 이상으로 할 것
② 차고 또는 주차장: 호스릴포소화설비 또는 포소화전설비의 경우에는 방수구가 가장 많은 층의 설치개수(호스릴포방수구 또는 포소화전방수구가 5개 이상 설치된 경우에는 5개)에 $6m^3$를 곱한 양 이상으로 할 것
③ 항공기격납고: 포워터스프링클러설비·포헤드설비, 고정포방출설비의 10분간 방사할 수 있는 양 이상으로 할 것
④ 압축공기포소화설비를 설치: 최소 10분간 방사할 수 있어야 한다.
⑤ 압축공기포소화설비의 설계방출밀도[L/min·m^2]: 일반가연물, 탄화수소류는 1.63L/min·m^2 이상, 특수가연물, 알코올류와 케톤류는 2.3L/min·m^2 이상으로 하여야 한다.

(2) 고정포방출구의 종류

① I형 방출구: 방출된 포가 탱크의 유면 위를 덮는다. Cone Roof Tank(추모양 지붕 탱크)에 사용된다.
② II형 방출구: 탱크의 액면위에서 방출된 포가 반사판에서 반사되어 탱크 측판 내부로 흘러들어 유면을 덮어 소화작용을 한다. 고정지붕구조나 Cone Roof Tank에 사용된다.
③ III형 방출구(표면하 주입): 탱크의 하부에서 방출하여 위로 떠올라 유면을 덮어 소화 작용을 한다.
④ IV형 방출구(반표면하 주입): 표면하 주입방식을 개선한 것으로 포가 아니라 호스가 유면 위로 떠올라 포를 방출한다.

(3) 포소화약제 혼합장치

① 펌프 프로포셔너방식(Pump Proportioner Type): 펌프의 토출관과 흡입관 사이의 배관 도중에 설치한 흡입기에 펌프에서 토출된 물의 일부를 보내고, 농도 조정밸브에서 조정된 포 소화약제의 필요량을 포 소화약제 탱크에서 펌프 흡입측으로 보내어 이를 혼합하는 방식을 말한다.
② 프레져 프로포셔너방식(Pressure Proportioner Type): 펌프와 발포기의 중간에 설치된 벤추리관의 벤추리작용과 펌프 가압수의 포 소화약제 저장탱크에 대한 압력에 따라 포 소화약제를 흡입·혼합하는 방식을 말한다.
③ 라인 프로포셔너방식(Line Proportioner Type): 펌프와 발포기의 중간에 설치된 벤추리관의 벤추리작용에 따라 포 소화약제를 흡입·혼합하는 방식을 말한다.
④ 프레져사이드 프로포셔너방식(Pressure Side Proportioner Type): 펌프의 토출관에 압입기를 설치하여 포 소화약제 압입용펌프로 포 소화약제를 압입시켜 혼합하는 방식을 말한다.
⑤ 압축공기포소화설비: 압축공기 또는 압축질소를 일정비율로 포수용액에 강제 주입 혼합하는 방식을 말한다.

7 이산화탄소소화설비

액체 이산화탄소 형태로 저장되어 있다가 기체로 방사된다. 이 때 기화열로 주위의 열을 빼앗아 냉각소화, 산소농도를 낮추어 질식소화, 공기보다 무거워서 화재 대상물 표면을 덮는 피복소화를 한다.

(1) 충전비

$$C = \frac{V}{G}$$

(*C: 충전비, V: 저장용기 부피[L], G: 액체이산화탄소 중량[kg])

구 분	충전비	내압시험 압력
저압식	1.1~1.4	3.5MPa 이상
고압식	1.5~1.9	25MPa 이상

(2) 전역방출방식 표면화재의 소화약제의 양

$$Q = V \times a \times C + A \times b$$

(*V: 방호구역체적[m³], a: 방호구역 체적당 소화약제량[kg/m³], C: 보정계수, A: 개구부면적[m²], b: 개구부 가산량)

방호구역 체적	방호구역 체적 1m³에 대한 소화약제의 양	소화약제 저장량의 최저한도의 양
45m³ 미만	1.00kg	45kg
45m³ 이상 150m³ 미만	0.90kg	45kg
150m³ 이상 1,450m³ 미만	0.80kg	135kg
1,450m³ 이상	0.75kg	1,125kg

(3) 전역방출방식 심부화재의 소화약제의 양

$$Q = V \times a + A \times b$$

(*V: 방호구역체적[m³], a: 방호구역 체적당 소화약제량[kg/m³], A: 개구부면적[m²], b: 개구부 가산량)

방호구역의 개구부에 자동폐쇄장치를 설치하지 아니한 경우에는 산출한 양에 개구부 면적 1m²당 10kg을 가산하여야 한다. 이 경우 개구부의 면적은 방호구역 전체 표면적의 3% 이하로 하여야 한다.

(4) 배관의 구경

다음의 시간 내에 방사되어야 한다.

전역방출방식		국소방출방식
표면화재	심부화재	
1분	7분(설계농도가 2분 이내에 30%에 도달하여야 한다)	30초

방호대상물	방호구역 체적 $1m^3$에 대한 소화약제의 양	설계농도[%]
유압기기를 제외한 전기설비, 케이블실	1.3kg	50
체적 $55m^3$ 미만의 전기설비	1.6kg	50
서고, 전자제품창고, 목재가공품창고, 박물관	2.0kg	65
고무류, 면화류창고, 모피창고, 석탄창고, 집진설비	2.7kg	75

(5) 분사헤드

① 방사된 소화약제가 방호구역의 전역에 균일하고 신속히 확산할 수 있도록 한다.
② 분사헤드의 방사압력이 2.1MPa(저압식은 1.05MPa) 이상의 것으로 한다.

구분	저압식	고압식
분사헤드의 방사압력	1.05MPa 이상	2.1MPa 이상

8 할론소화설비

할로겐족의 기체를 소화약제로 사용하며 연소의 연쇄반응을 차단하며 질식, 냉각작용에 의해 소화를 한다. 성능은 우수하나 오존파괴 때문에 잘 사용하지는 않는다.

(1) 저장용기의 설치 기준

구분	축압식 저장용기 질소 압력	축압식 저장용기 충전비	가압식 저장용기 충전비
할론 1211	1.1MPa 또는 2.5MPa	0.7~1.4	
할론 1301	2.5MPa 또는 4.2MPa	0.9~1.6	
할론 2402	-	0.67~2.75	0.51~0.67

(2) 분사헤드의 방사압력

구분	할론 2402	할론 1211	할론 1301
방사압력	0.1MPa	0.2MPa	0.9MPa

9 할로겐화합물 및 불활성가스소화설비

할론소화약제가 성능은 우수하나 오존층 파괴의 원인이므로 현재는 "할로겐화합물 및 불활성기체소화약제"로 대체하였다. "할로겐화합물 및 불활성기체소화약제"란 할로겐화합물(할론 1301, 할론 2402, 할론 1211 제외) 및 불활성기체로서 전기적으로 비전도성이며 휘발성이 있거나 증발 후 잔여물을 남기지 않는 소화약제를 말한다.

1. 할로겐화합물소화약제의 양

$$W = V/S \times [C/(100-C)]$$

*여기서, W: 소화약제의 무게[kg]
V: 방호구역의 체적[m³]
S: 소화약제별 선형상수($K_1 + K_2 \times t$)[m³/kg]
C: 체적에 따른 소화약제의 설계농도[%]
t: 방호구역의 최소예상온도(0°C)

2. 불활성기체소화약제의 양

$$X = 2.303(Vs/S) \times \log_{10}(100/(100-C))$$

*여기서, X: 공간체적당 더해진 소화약제의 부피[m³/m³]
S: 소화약제별 선형상수($K_1 + K_2 \times t$)[m³/kg]
C: 체적에 따른 소화약제의 설계농도[%]
Vs: 20°C에서 소화약제의 비체적[m³/kg]
t: 방호구역의 최소예상온도(0°C)

3. 분사헤드

(1) 분사헤드의 설치높이는 방호구역의 바닥으로부터 최소 0.2m 이상 최대 3.7m 이하로 하여야 하며 천장높이가 3.7m를 초과할 경우에는 추가로 다른 열의 분사헤드를 설치한다.

(2) 분사헤드의 오리피스의 면적은 분사헤드가 연결되는 배관구경면적의 70%를 초과하여서는 아니 된다.

10 분말소화설비

물에 의한 소화가 어려울 때 고체 분말을 이용하여 질식효과, 냉각효과를 일으켜 소화 작용을 한다. 그러나 고체분말을 제거하기 위한 청소장치, 압력조정장치가 추가된다.

1. 저장용기 설치장소 기준

(1) 방호구역 외의 장소에 설치한다(방호구역 내에 설치할 경우에는 피난 및 조작이 용이하도록 피난구 부근에 설치).

(2) 온도가 40°C 이하이고 온도의 변화가 작은 곳에 설치한다.

(3) 직사광선 및 빗물이 침투할 우려가 없는 곳에 설치한다.

(4) 방화문으로 구획된 실에 설치한다.

(5) 용기의 설치장소에는 해당 용기가 설치된 곳임을 표시하는 표지를 한다.

(6) 용기 간의 간격은 점검에 지장이 없도록 3cm 이상의 간격을 유지한다.

(7) 저장용기와 집합관을 연결하는 연결배관에는 체크밸브를 설치한다.

2. 저장용기의 설치기준

(1) 저장용기의 내용적

소화약제의 종별	소화약제 1kg당 저장용기의 내용적
제1종 분말(탄산수소나트륨을 주성분으로 한 분말)	$0.8L$
제2종 분말(탄산수소칼륨을 주성분으로 한 분말)	$1L$
제3종 분말(인산염을 주성분으로 한 분말)	$1L$
제4종 분말(탄산수소칼륨과 요소가 화합된 분말)	$1.25L$

(2) 저장용기에는 가압식은 최고사용압력의 1.8배 이하, 축압식은 용기의 내압시험압력의 0.8배 이하의 압력에서 작동하는 안전밸브를 설치한다.

(3) 저장용기에는 저장용기의 내부압력이 설정압력으로 되었을 때 주밸브를 개방하는 정압작동장치를 설치한다.

(4) 저장용기의 충전비는 0.8 이상으로 한다.

(5) 저장용기 및 배관에는 잔류 소화약제를 처리할 수 있는 청소장치를 설치한다.

(6) 축압식의 분말소화설비는 사용압력의 범위를 표시한 지시압력계를 설치한다.

3. 가압용 가스용기

(1) 분말소화약제의 가스용기는 분말소화약제의 저장용기에 접속하여 설치하여야 한다.

(2) 분말소화약제의 가압용가스 용기를 3병 이상 설치한 경우에는 2개 이상의 용기에 전자개방밸브를 부착하여야 한다.

(3) 분말소화약제의 가압용가스 용기에는 2.5MPa 이하의 압력에서 조정이 가능한 압력조정기를 설치하여야 한다.

(4) 가압용가스 또는 축압용가스는 질소가스 또는 이산화탄소로 한다.

구분	가압용 가스	축압용 가스
질소가스 사용	소화약제 1kg마다 40L 이상	소화약제 1kg마다 10L 이상
이산화탄소 사용	소화약제 1kg마다 20g 이상 + 배관의 청소에 필요한 양	

4. 배관

(1) 배관은 전용으로 한다.

(2) 강관을 사용하는 경우의 배관은 아연도금에 따른 배관용탄소강관(KS D 3507)이나 이와 동등 이상의 강도·내식성 및 내열성을 가진 것으로 한다.

(3) 동관을 사용하는 경우의 배관은 고정압력 또는 최고사용압력의 1.5배 이상의 압력에 견딜 수 있는 것을 사용한다.

CHAPTER 02 | 피난구조에 관한 설비

1 피난기구

11층 미만에 사용한다.

1. 피난기구의 종류

- 피난사다리
- 간이완강기
- 공기안전매트
- 승강식 피난기
- 미끄럼대
- 피난교
- 피난용밧줄
- 완강기
- 구조대
- 다수인 피난장비
- 하향식 피난구용 내림식사다리
- 미끄럼봉
- 피난용트랩

(1) 피난사다리

고정식, 올림식, 내림식의 3가지 종류가 있다.

(2) 완강기의 구조

① 조속기(속도조절기)

② 속도조절기의 연결부

③ 연결금속구

④ 로프: 와이어로프를 사용하여야 하고 지름 3mm 이상, 안전계수 5 이상이어야 한다.

⑤ 벨트: 벨트의 너비는 45mm 이상, 최소원주길이는 55~65cm, 최대원주길이는 160~180cm이어야 한다.

⑥ 지지대: 완강기와 간이 완강기를 소방대상물에 고정설치하는 기구. 연직방향으로 최대사용자수에 5,000N을 곱한 하중을 가하는 경우 파괴, 균열 및 현저한 변형이 없어야 한다.

⑦ 최대사용자수: 최대사용하중을 1,500N으로 나누어서 얻은 값으로 한다.

2. 피난기구 설치개수

원칙	층마다 설치한다.
설치대상 특정소방대상물	설치개수
숙박시설, 노유자시설 및 의료시설	
위락시설, 문화 및 집회시설, 운동시설, 판매시설, 복합용도의 층	바닥면적 500m²마다 1개 이상
그 밖의 용도의 층	
계단실형 아파트	각 세대마다 1개 이상

3. 피난기구 설치 제외

(1) 다음에 적합한 층
   ① 주요구조부가 내화구조로 되어 있어야 할 것
   ② 실내의 면하는 부분의 마감이 불연재료·준불연재료 또는 난연재료로 되어 있어야 할 것
   ③ 거실의 각 부분으로부터 직접 복도로 쉽게 통할 수 있어야 할 것
   ④ 복도에 2 이상의 특별피난계단 또는 피난계단이 설치되어 있어야 할 것
   ⑤ 복도의 어느 부분에서도 2 이상의 방향으로 각각 다른 계단에 도달할 수 있어야 할 것

(2) 다음 기준에 적합한 소방대상물 중 그 옥상의 직하층 또는 최상층
   ① 주요구조부가 내화구조로 되어 있어야 할 것
   ② 옥상의 면적이 $1,500m^2$ 이상이어야 할 것
   ③ 옥상으로 쉽게 통할 수 있는 창 또는 출입구가 설치되어 있어야 할 것
   ④ 옥상이 소방사다리차가 쉽게 통행할 수 있는 도로

(3) 주요구조부가 내화구조이고 지하층을 제외한 층수가 4층 이하이며 소방사다리차가 쉽게 통행할 수 있는 도로 또는 공지에 면하는 부분에 개구부가 2 이상 설치되어 있는 층

(4) 편복도형 아파트 또는 발코니 등을 통하여 인접세대로 피난할 수 있는 구조로 되어 있는 계단실형 아파트

(5) 주요구조부가 내화구조로서 거실의 각 부분으로 직접 복도로 피난할 수 있는 학교

(6) 무인공장 또는 자동창고로서 사람의 출입이 금지된 장소

(7) 건축물의 옥상부분으로서 거실에 해당하지 아니하고 층수로 산정된 층으로 사람이 근무하거나 거주하지 아니하는 장소

2 인명구조기구

[설치 기준]

특정소방대상물	인명구조기구의 종류	설치 수량
지하층을 포함하는 층수가 7층 이상인 관광호텔 및 5층 이상인 병원	• 방열복 또는 방화복(헬멧, 보호장갑 및 안전화를 포함한다) • 공기호흡기 • 인공소생기	각 2개 이상 비치할 것. 다만, 병원의 경우에는 인공소생기를 설치하지 않을 수 있다.
• 문화 및 집회시설 중 수용인원 100명 이상의 영화상영관 • 판매시설 중 대규모 점포 • 운수시설 중 지하역사 • 지하가 중 지하상가	공기호흡기	층마다 2개 이상 비치할 것. 다만, 각 층마다 갖추어 두어야 할 공기호흡기 중 일부를 직원이 상주하는 인근 사무실에 갖추어 둘 수 있다.
물분무등소화설비 중 이산화탄소소화설비를 설치하여야 하는 특정소방대상물	공기호흡기	이산화탄소소화설비가 설치된 장소의 출입구 외부 인근에 1대 이상 비치할 것

CHAPTER 03 | 소화용수에 관한 설비

1 상수도소화용수설비

1. 설치대상
연면적 5,000m² 이상인 것 또는 가스시설로서 지상에 노출된 탱크의 저장용량의 합계가 100톤 이상인 것

2. 설치기준
(1) 호칭지름 75mm 이상의 수도배관에 호칭지름 100mm 이상의 소화전을 접속한다.

(2) 소방자동차 등의 진입이 쉬운 도로변 또는 공지에 설치한다.

(3) 특정소방대상물의 수평투영면의 각 부분으로부터 140m 이하가 되도록 설치한다.

2 소화수조 및 저수조

1. 설치대상
"소화수조 및 저수조"란 수조를 설치하고 여기에 소화에 필요한 물을 항시 채워두는 것을 말한다. 건축물로부터 180m 이내에 75mm 이상의 상수도 수도관이 설치되지 않았을 때는 소화수조 또는 저수조를 설치하여야 하고 동시에 흡수관 투입구와 채수구(소방차의 소방호스와 접결되는 흡입구)를 설치하여야 한다.

2. 소화수조 및 저수조의 설치기준

(1) 소화수조, 저수조의 채수구 또는 흡수관투입구는 소방차가 2m 이내의 지점까지 접근할 수 있는 위치에 설치하여야 한다.

(2) 소화수조 또는 저수조의 저수량은 특정소방대상물의 연면적을 다음 표에 따른 기준면적으로 나누어 얻은 수(소수점 이하의 수는 1로 본다)에 20m³를 곱한 양 이상이 되도록 하여야 한다.

소방대상물의 구분	면적
1) 1층 및 2층의 바닥면적 합계가 15,000m² 이상인 소방대상물	7,500m²
2) 위 1)에 해당되지 아니하는 그 밖의 소방대상물	12,500m²

(3) 채수구의 수

소요수량	20m² 이상 40m² 미만	40m² 이상 100m² 미만	100m² 이상
채수구의 수	1개	2개	3개

(4) 가압송수장치의 분당 송수량

소요수량	20m² 이상 40m² 미만	40m² 이상 100m² 미만	100m² 이상
가압송수장치의 1분당 양수량	1,100t 이상	2,200t 이상	3,300t 이상

CHAPTER 04 | 소화활동에 관한 설비

1 제연설비

1. 배출량 및 배출방식

(1) 거실의 바닥면적이 400m² 미만으로 구획된 예상제연구역에 대한 배출량

① 바닥면적 1m²당 1m³/min 이상으로 하되, 예상제연구역 전체에 대한 최저 배출량은 5,000m³/hr 이상으로 한다.

② 바닥면적이 50m² 미만인 예상제연구역을 통로배출방식으로 하는 경우에는 통로보행중심선의 길이 및 수직거리에 따라 다음 표에서 정하는 기준량 이상으로 한다.

통로길이	수직거리	배출량	비고
40m 이하	2m 이하	25,000m³/hr	벽으로 구획된 경우를 포함한다.
	2m 초과 2.5m 이하	30,000m³/hr	
	2.5m 초과 3m 이하	35,000m³/hr	
	3m 초과	45,000m³/hr	
40m 초과 60m 이하	2m 이하	30,000m³/hr	벽으로 구획된 경우를 포함한다.
	2m 초과 2.5m 이하	35,000m³/hr	
	2.5m 초과 3m 이하	40,000m³/hr	
	3m 초과	50,000m³/hr	

(2) 바닥면적 400m² 이상인 거실의 예상제연구역의 배출량

예상제연구역이 직경 40m인 원의 범위 안에 있을 경우에는 배출량이 40,000m³/hr 이상으로 한다. 다만, 예상제연구역이 제연경계로 구획된 경우에는 그 수직거리에 따라 배출량은 다음 표에 따른다.

수직거리	배출량
2m 이하	40,000m³/hr 이상
2m 초과 2.5m 이하	45,000m³/hr 이상
2.5m 초과 3m 이하	50,000m³/hr 이상
3m 초과	60,000m³/hr 이상

(3) 예상제연구역이 직경 40m인 원의 범위를 초과할 경우에는 배출량이 45,000m³/hr 이상으로 한다. 다만, 예상제연구역이 제연경계로 구획된 경우에는 그 수직거리에 따라 배출량은 다음 표에 따른다.

수직거리	배출량
2m 이하	45,000m³/hr 이상
2m 초과 2.5m 이하	50,000m³/hr 이상
2.5m 초과 3m 이하	55,000m³/hr 이상
3m 초과	65,000m³/hr 이상

(4) 예상제연구역이 통로인 경우의 배출량은 45,000m³/hr 이상으로 한다. 다만, 예상제연구역이 제연경계로 구획된 경우에는 그 수직거리에 따라 배출량은 위의 표에 따른다.

2. 배출풍도

(1) "배출풍도"란 예상제연구역의 공기를 외부로 배출하도록 하는 풍도를 말한다.

(2) 배출풍도는 아연도금강판 또는 이와 동등 이상의 내식성·내열성이 있는 것으로 하며, 내열성(석면재료를 제외한다)의 단열재로 유효한 단열 처리를 하고, 강판의 두께는 배출풍도의 크기에 따라 다음 표에 따른 기준 이상으로 한다.

강판두께	풍도단면의 긴변 또는 직경의 크기
0.5mm	450mm 이하
0.6mm	450mm 초과 750mm 이하
0.8mm	750mm 초과 1,500mm 이하
1.0mm	1,500mm 초과 2,250mm 이하
1.2mm	2,250mm 초과

(3) 배출기의 흡입측 풍도 안의 풍속은 15m/s 이하로 하고 배출측 풍속은 20m/s 이하로 한다.

2 특별피난계단의 계단실 및 부속실 제연설비

1. 차압

(1) 제연구역과 옥내와의 사이에 유지하여야 하는 최소차압은 40Pa(옥내에 스프링클러설비가 설치된 경우에는 12.5Pa) 이상으로 하여야 한다.

(2) 제연설비가 가동되었을 경우 출입문의 개방에 필요한 힘은 110N 이하로 하여야 한다.

(3) 출입문이 일시적으로 개방되는 경우 개방되지 아니하는 제연구역과 옥내와의 차압은 제1항의 기준에 불구하고 제1항의 기준에 따른 차압의 70% 미만이 되어서는 아니 된다.

(4) 계단실과 부속실을 동시에 제연하는 경우 부속실의 기압은 계단실과 같게 하거나 계단실의 기압보다 낮게 할 경우에는 부속실과 계단실의 압력 차이는 5Pa 이하가 되도록 하여야 한다.

2. 방연풍속

"방연풍속"이란 옥내로부터 제연구역 내로 연기의 유입을 유효하게 방지할 수 있는 풍속을 말한다. 다음의 기준에 따른다.

제연구역		방연풍속
계단실 및 그 부속실을 동시에 제연하는 것 또는 계단실만 단독으로 제연하는 것		0.5m/s 이상
부속실만 단독으로 제연하는 것 또는 비상용 승강기의 승강장만 단독으로 제연하는 것	부속실 또는 승강장이 면하는 옥내가 거실인 경우	0.7m/s 이상
	부속실 또는 승강장이 면하는 옥내가 복도로서 그 구조가 방화구조(내화시간이 30분 이상인 구조를 포함한다)인 것	0.5m/s 이상

3. 유입공기의 배출

(1) "유입공기"란 제연구역으로부터 옥내로 유입하는 공기로서 차압에 따라 누설하는 것과 출입문의 개방에 따라 유입하는 것을 말한다.

(2) 유입공기는 화재층의 제연구역과 면하는 옥내로부터 옥외로 배출되도록 하여야 한다.

(3) 수직풍도에 따른 배출

옥상으로 직통하는 전용의 배출용 수직풍도를 설치하여 배출하는 것이다.

① 자연배출식: 굴뚝효과에 따라 배출하는 것이다.

② 기계배출식: 수직풍도의 상부에 전용의 배출용 송풍기를 설치하여 강제로 배출하는 것이다.

3 연결송수관설비

연결송수관설비는 초기소화활동 이후 소방차로부터 송수관에 연결되어 소방관들이 방수할 수 있도록 하는 설비이다. 송수구, 배관, 방수구, 방수기구함, 가압송수장치로 구성되어 있다.

(1) 송수구

"송수구"란 소화설비에 소화용수를 보급하기 위하여 건물 외벽 또는 구조물의 외벽에 설치하는 관을 말한다.

① 지면으로부터 높이가 0.5m 이상 1m 이하의 위치에 설치
② 구경 65mm의 쌍구형으로 한다.
③ 송수구의 부근에는 자동배수밸브 및 체크밸브를 다음의 기준에 따라 설치한다.

구분	정의	사용대상	설치순서
습식	항상 배관에 물이 차있다.	31m 이상, 11층 이상	송수구 → 자동배수밸브 → 체크밸브
건식	배관이 비어 있어, 화재시 공급받는다.	31m 미만, 11층 미만	송수구 → 자동배수밸브 → 체크밸브 → 자동배수밸브

(2) 방수구

"방수구"란 소화설비로부터 소화용수를 방수하기 위하여 건물내벽 또는 구조물의 외벽에 설치하는 관을 말한다.

→ 연결송수관설비의 방수구는 그 특정소방대상물의 층마다 설치한다. 다음의 경우는 제외가능하다.

① 아파트의 1층 및 2층
② 소방차의 접근이 가능하고 소방대원이 소방차로부터 각 부분에 쉽게 도달할 수 있는 피난층
③ 송수구가 부설된 옥내소화전을 설치한 특정소방대상물(집회장·관람장·백화점·도매시장·소매시장·판매시설·공장·창고시설 또는 지하가를 제외한다)로서 다음의 어느 하나에 해당하는 층
  ㉠ 지하층을 제외한 층수가 4층 이하이고 연면적이 6,000m² 미만인 특정소방대상물의 지상층
  ㉡ 지하층의 층수가 2 이하인 특정소방대상물의 지하층

(3) 가압송수장치

지표면에서 최상층 방수구의 높이가 70m 이상의 특정소방대상물에는 다음의 기준에 따라 연결송수관설비의 가압송수장치를 설치하여야 한다.

→ 펌프의 토출량은 2,400L/min(계단식 아파트의 경우에는 1,200L/min) 이상이 되는 것으로 할 것. 다만, 해당 층에 설치된 방수구가 3개를 초과(방수구가 5개 이상인 경우에는 5개)하는 것에 있어서는 1개마다 800L/min(계단식 아파트의 경우에는 400L/min)를 가산한 양이 되는 것으로 한다.

구분	특정소방대상물	계단식 아파트
토출량	2,400L/min	1,200L/min
가산량[해당 층에 설치된 방수구가 3개를 초과하는 경우(방수구가 5개 이상인 경우에는 5개)]	1개마다 800L/min	1개마다 400L/min

4 연결살수설비

연결살수설비는 소방관의 직접 진입이 어려운 곳에 소방차로부터 직접 물을 공급받아 방사하도록 되어 있는 설비이고, 송수구역마다 선택밸브가 설치되어 있다.

(1) 송수구

① 가연성가스의 저장·취급시설에 설치하는 연결살수설비의 송수구는 그 방호대상물로부터 20m 이상의 거리를 두거나 방호대상물에 면하는 부분이 높이 1.5m 이상 폭 2.5m 이상의 철근콘크리트 벽으로 가려진 장소에 설치하여야 한다.
② 송수구는 구경 65mm의 쌍구형으로 설치한다(하나의 송수구역에 부착하는 살수헤드의 수가 10개 이하인 것은 단구형의 것으로 할 수 있다).
③ 개방형헤드를 사용하는 송수구의 호스접결구는 각 송수구역마다 설치한다(송수구역을 선택할 수 있는 선택밸브가 설치되어 있고 각 송수구역의 주요구조부가 내화구조로 되어 있는 경우에는 제외).
④ 지면으로부터 높이가 0.5m 이상 1m 이하의 위치에 설치한다.
⑤ 송수구로부터 주배관에 이르는 연결배관에는 개폐밸브를 설치하지 않는다(스프링클러설비·물분무소화설비·포소화설비 또는 연결송수관설비의 배관과 겸용하는 경우에는 제외).
⑥ 송수구의 부근에는 "연결살수설비 송수구"라고 표시한 표지와 송수구역 일람표를 설치한다.
⑦ 개방형헤드를 사용하는 연결살수설비에 있어서 하나의 송수구역에 설치하는 살수헤드의 수는 10개 이하가 되도록 하여야 한다.

(2) 헤드의 설치제외

① 통신기기실·전자기기실·기타 이와 유사한 장소
② 발전실·변전실·변압기·기타 이와 유사한 전기설비가 설치되어 있는 장소
③ 병원의 수술실·응급처치·기타 이와 유사한 장소
④ 펌프실·물탱크실 그 밖의 이와 비슷한 장소
⑤ 현관 또는 로비 등으로서 바닥으로부터 높이가 20m 이상인 장소
⑥ 냉장창고의 영하의 냉장실 또는 냉동창고의 냉동실
⑦ 고온의 노가 설치된 장소 또는 물과 격렬하게 반응하는 물품의 저장 또는 취급장소

5 지하구 화재안전기준

(1) 배관

① 연소방지설비전용헤드를 사용하는 경우에는 다음 표에 따른 구경 이상으로 한다.

하나의 배관에 부착하는 살수헤드의 개수	1개	2개	3개	4개 또는 5개	6개 이상
배관의 구경[mm]	32	40	50	65	80

② 개방형 스프링클러 헤드를 사용하는 경우에는 스프링클러설비의 화재안전기술기준(NFTC 103)에 따른다.

(2) 방수헤드

"방수헤드"라 함은 연소방지설비전용헤드 또는 스프링클러헤드를 말한다.

① 천장 또는 벽면에 설치할 것

② 헤드간의 수평거리는 연소방지설비 전용헤드의 경우에는 2 m 이하, 개방형스프링클러헤드의 경우에는 1.5 m 이하로 할 것

③ 소방대원의 출입이 가능한 환기구·작업구마다 지하구의 양쪽방향으로 살수헤드를 설정하되, 한쪽 방향의 살수구역의 길이는 3 m 이상으로 할 것. 다만, 환기구 사이의 간격이 700 m를 초과할 경우에는 700 m 이내마다 살수구역을 설정하되, 지하구의 구조를 고려하여 방화벽을 설치한 경우에는 그렇지 않다.

(3) 무선통신보조설비

옥외안테나는 방재실 인근과 공동구의 입구 및 연소방지설비의 송수구가 설치된 장소(지상)에 설치해야 한다.

(4) 통합감시시설

수신기는 지하구의 통제실에 설치한다.